Krause
Grundlagen der Konstruktion

Grundlagen der Konstruktion

Elektronik • Elektrotechnik •
Feinwerktechnik • Mechatronik

Herausgegeben von
Werner Krause

10., aktualisierte Auflage
mit 350 Bildern und 67 Tafeln
sowie einem Anhang Technisches Zeichnen

HANSER

Federführung und Gesamtkonzeption:
Prof. Dr.-Ing. habil. Dr. h.c. Werner Krause
Institut für Feinwerktechnik und Elektronik-Design der Technischen Universität Dresden

Autoren
Prof. Dr.-Ing. habil. Dr. h.c. Werner Krause
Prof. Dr.-Ing. Dr. paed. Alfons Holfeld (†)
Prof. Dr.-Ing. Günter Röhrs
Institut für Feinwerktechnik und Elektronik-Design der Technischen Universität Dresden

unter Mitarbeit von
Prof. Dr.-Ing. habil. Dr. h.c. Günter Höhne (Abschnitt 1)
Doz. Dr.-Ing. habil. Manfred Meissner (Abschnitt 2.1)
Institut für Maschinen- und Gerätekonstruktion der Technischen Universität Ilmenau

sowie zum Anhang Technisches Zeichnen von
Priv.-Doz. Dr.-Ing. Thomas Nagel
Prof. Dr.-Ing. habil. Jens Lienig
Dipl.-Ing. (FH) Iris Bönisch
Dr.-Ing. Frank Reifegerste
Institut für Feinwerktechnik und Elektronik-Design der Technischen Universität Dresden

Dr.-Ing. Gunhild Chilian
Heidi König
Institut für Maschinen- und Gerätekonstruktion der Technischen Universität Ilmenau

Die Deutsche Bibliothek – CIP-Einheitsaufnahme

Ein Titeldatensatz für diese Publikation ist bei Der Deutschen Bibliothek erhältlich.

Dieses Werk ist urheberrechtlich geschützt.
Alle Rechte, auch die der Übersetzung, des Nachdruckes und der Vervielfältigung des Buches oder Teilen daraus, vorbehalten. Kein Teil des Werkes darf ohne schriftliche Genehmigung des Verlages in irgendeiner Form (Fotokopie, Mikrofilm oder einem anderen Verfahren), auch nicht für Zwecke der Unterrichtsgestaltung — mit Ausnahme der in den §§ 53, 54 URG genannten Sonderfälle —, reproduziert oder unter Verwendung elektronischer Systeme verarbeitet, vervielfältigt oder verbreitet werden.

ISBN 978-3-446-45470-5
E-Book-ISBN 978-3-446-45569-6

© 2018 Carl Hanser Verlag München
www.hanser-fachbuch.de
Lektorat: Dipl.-Ing. Volker Herzberg
Herstellung: Katrin Wulst
Titelillustration: Frank Wohlgemuth, Hamburg
Einbandrealisierung: Stephan Rönigk
Satz: Kösel Media GmbH, Krugzell
Druck und Binden: Hubert&Co, Göttingen
Printed in Germany

Vorwort

Das Erzeugnisspektrum in Elektronik, Elektrotechnik, Feinwerktechnik und Mechatronik umfaßt Maschinen, Geräte und Anlagen für die Erzeugung, Übertragung und Anwendung von Elektroenergie sowie die informationsübertragenden Baugruppen, Geräte und Anlagen der Nachrichten-, Meß- und Automatisierungstechnik, der Datenverarbeitung und Rechentechnik sowie der Feinmechanik und Optik. Diese Erzeugnisse werden aus mechanischen, elektrischen, elektronischen und optischen Bauelementen und Funktionsgruppen aufgebaut. Das Spektrum reicht von hochkomplizierten Anlagen, vielfach in einmaliger Spezialausführung hergestellt, bis zu Produkten der Konsumgüterindustrie, deren hoher Bedarf meist nur durch Anwendung spezieller und ausgereifter Verfahren der Massenfertigung gedeckt werden kann.

Auf dem Gebiet der Elektrotechnik, z. B. im Elektromaschinenbau, steht dabei vielfach die Leistungsübertragung im Vordergrund, die mit möglichst hohem Wirkungsgrad erfolgen soll. In der Elektronik und Feinwerktechnik dagegen müssen vorwiegend Informationen der verschiedensten Art erfaßt, gespeichert, verarbeitet oder zur Aufnahme durch den Menschen aufbereitet werden, wobei hohe Arbeitsgeschwindigkeiten und zugleich große Genauigkeiten z. B. bei der Einhaltung vorgegebener Übertragungsfunktionen erforderlich sind. Darüber hinaus wird bei allen Erzeugnissen dieser Fachgebiete gesteigerte Leistungsfähigkeit sowie erhöhte Zuverlässigkeit, Lebensdauer und Umweltfreundlichkeit unter Wahrung wirtschaftlicher Aspekte gefordert. Die Tendenz geht dahin, die informationsverarbeitenden Funktionsgruppen unter Verwendung mikroelektronischer Bausteine zu realisieren und mechanische durch elektronische Prinzipe überall dort abzulösen, wo es funktionell und ökonomisch vorteilhaft ist. An der Geräteperipherie werden dagegen in zunehmendem Maße leistungsfähige mechanische und elektromechanische Baugruppen benötigt.

In der Konstruktion ist man bestrebt, durch eine sichere Beherrschung mechanischer Konstruktionselemente und mit Hilfe neuer konstruktiver Lösungen mit dieser Entwicklung Schritt zu halten. Deshalb müssen sowohl Ingenieure für Technische Kybernetik und Automatisierungstechnik, Elektrotechnik, Informationstechnik, elektronische Bauelemente und Informationsverarbeitung als auch Betriebswirtschaftler, Arbeitswissenschaftler und Berufspädagogen ebenso wie die Konstrukteure und Technologen der Elektronik, Elektrotechnik, Feinwerktechnik und Mechatronik im Studium eine vertiefte Konstruktionsausbildung erhalten. Sie soll dazu befähigen, Maschinen, Geräte und Anlagen schnell verstehen, mitentwickeln, aufbauen und anwenden zu können.

Seit seinem Erscheinen hat das Lehrbuch in Lehre und Praxis ein weithin positives Echo gefunden, so daß auch die 6. Auflage in kurzer Zeit vergriffen war. Dieser Umstand erklärt sich aus der Tatsache, daß das Buch auf die Grundstudienpläne der Studiengänge Elektrotechnik und Mechatronik zugeschnitten ist und damit den Bedürfnissen der Hoch- und Fachhochschulausbildung vieler Studenten dieser Studiengänge und angrenzender Studienrichtungen unmittelbar entspricht. Es wird an vielen Bildungseinrichtungen im Zusammenhang mit der notwendigen effektiveren Gestaltung von Vorlesungen und Übungen genutzt und ist zugleich zur Intensivierung des Selbststudiums gut geeignet.

Ein weiterer Grund für die anhaltende Nachfrage ist aber sicherlich darin zu suchen, daß die übersichtliche und z. T. katalogartige Aufbereitung des Stoffes sowie die zahlreichen tabellarisch geordneten Fakten auch dem in der Praxis tätigen Ingenieur als Orientierung und Wissensspeicher dienen.

Da für datenintensive und wiederkehrende Routinearbeiten verstärkt Rechentechnik zum Einsatz kommt, wurde bereits in der 6. Auflage ein Abschnitt zum rechnerunterstützten Konstruieren (CAD) aufgenommen und außerdem das automatisierungsgerechte Gestalten von Konstruktionselementen berücksichtigt. Weitere Erkenntnisse zur Systematisierung dieser Elemente zwangen dazu, die Gebiete der mechanischen Verbindungselemente und -verfahren sowie der Lager neu und damit eindeutiger als bisher zu ordnen.

In der 7. Auflage fanden zudem jüngste Ergebnisse der internationalen Normung z. B. auf dem Gebiet der Toleranzen und Passungen sowie Fortschritte bei der Dimensionierung und Tragfähigkeitsberechnung von mechanischen Verbindungen und Funktionselementen, u. a. von Zahnrädern, Berücksichtigung. Die Literaturangaben wurden generell erneuert; dank vielfältiger Lehrerfahrungen gelang es, eine Reihe von Ergänzungen und methodisch verbesserten Darstellungen einzuarbeiten, so daß die Ausführungen dem neuesten Stand der Technik und den Erfordernissen einer modernen Ausbildung entsprechen.

Diese 7. Auflage trug vor allem aber auch den Bedingungen Rechnung, die sich aus der 1990 vollzogenen Vereinigung Deutschlands ergaben und die nunmehr einheitliche Orientierung aller Stoffgebiete auf DIN- und DIN ISO-Normen sowie auf VDI/VDE-Richtlinien erforderte. In der 2002 erschienenen 8. Auflage erfolgten einige inhaltliche Erweiterungen, so unter anderem zum rechnerunterstützten Konstruieren und Simultaneous Engineering, zur Outsert-Technik, zu Federlagern und zu Zahnriemengetrieben. Sie war nun ebenfalls vergriffen, so daß sich Verlag und Herausgeber im Jahr 2012 zu einer vollständig überarbeiteten 9. Auflage entschlossen hatten. Dabei wurden das Kapitel zum konstruktiven Entwicklungsprozeß neu bearbeitet und alle weiteren Gebiete unter Beachtung der europäischen EN-Normen aktualisiert. Dies führte bei den Werkstoffangaben, bei Löt- und Klebverbindungen sowie bei Federn, Gleitlagern und Zahnrädern zu wesentlichen inhaltlichen Veränderungen. Aber auch die Ausführungen zu einer ganzen Reihe von Verbindungselementen und zu Zahnriemengetrieben waren an diese Normen anzupassen. Darüber hinaus gelang es, dank vielfältiger Erfahrungen beim Einsatz des Buches in Lehre und Praxis sowie unter Beachtung neuer VDI/VDE-Richtlinien inhaltliche Ergänzungen zur Berechnung und Gestaltung von Konstruktionselementen einzuarbeiten. Zudem wurde das Literaturverzeichnis auf den aktuellen Stand gebracht.

Hochschullehrer regten außerdem an, den Untertitel auf die Mechatronik auszudehnen, da das Buch auch von Studenten dieser Ausbildungsrichtung gern genutzt wird, und einen Anhang zum Grundwissen des Technischen Zeichnens beizufügen mit dem Hinweis darauf, daß dieses Gebiet leider kaum noch in den Lehrplänen zu finden ist.

In der nunmehr vorliegenden 10., aktualisierten Auflage erfolgten inhaltliche Ergänzungen, wobei neue oder überarbeitete Normen und Richtlinien Berücksichtigung fanden, so unter anderem bei der Kennzeichnung der Oberflächenrauheit und der Beschriftung elektronischer Bauelemente. Leider wurden aber inzwischen auch seit Langem in der Feinwerktechnik geltende DIN-Normen zu Toleranzen und Passungen sowie zu Stirnradgetrieben der Feinwerktechnik zurückgezogen, ohne daß es Nachfolgedokumente gibt. Es war deshalb erforderlich, die zugehörigen Abschnitte diesen Änderungen anzupassen. Außerdem wurden eine Reihe von Bildern gemäß aktueller Regeln zum Technischen Zeichnen korrigiert sowie auch die Literaturangaben am Ende des Buches bezüglich neuer Auflagen bzw. neu erschienener Bücher nochmals überarbeitet.

Allen Autoren danke ich für die bewährte kollegiale Zusammenarbeit bei der Vorbereitung dieser 10. Auflage. Ihre schnelle Herausgabe konnte im Ergebnis vielfältiger Bemühungen des Carl Hanser Verlages erfolgen, dem mein besonderer Dank gilt.

Dresden *Werner Krause*

Inhaltsverzeichnis

1	**Der konstruktive Entwicklungsprozeß**	13
1.1	Stellung der Konstruktion im Produktlebenszyklus	13
1.2	Ablauf und Methoden des Konstruierens	14
1.3	Rechnerunterstütztes Konstruieren – CAD	19
2	**Grundlagen der Konstruktionsarbeit**	23
2.1	Gestalten von Bauteilen	23
	2.1.1 Gestaltungsgrundsätze	23
	2.1.2 Festlegen der Bauteilgestalt	24
	2.1.2.1 Bauteilform	24
	2.1.2.2 Werkstoff und Herstellung	26
	2.1.2.3 Bauteilzustand	26
	2.1.3 Regeln, Prinzipien und Einflüsse	26
	2.1.4 Arbeitsschritte beim Gestalten	30
2.2	Normzahlen und Normmaße	31
2.3	Toleranzen und Passungen	32
	2.3.1 Toleranzen	32
	2.3.2 Passungen	41
	2.3.3 Maß- und Toleranzketten	46
	2.3.3.1 Maximum-Minimum-Methode	47
	2.3.3.2 Wahrscheinlichkeitstheoretische Methode	49
	2.3.4 Toleranz- und passungsgerechtes Gestalten	50
2.4	Werkstoffwahl	51
2.5	Aufgaben und Lösungen zu Abschnitt 2	55
3	**Statik und Festigkeitslehre**	60
3.1	Einführung	60
3.2	Statik	60
	3.2.1 Kräfte an starren Körpern	61
	3.2.2 Ebenes zentrales Kraftsystem	63
	3.2.3 Ebenes allgemeines Kraftsystem	64
	3.2.4 Kräftepaar und Moment	65
	3.2.5 Gleichgewichtsbedingungen	66
	3.2.6 Standsicherheit	66
	3.2.7 Bestimmung der Auflagergrößen (Auflagerreaktionen)	67
	3.2.8 Schnittreaktionen	69
3.3	Festigkeitslehre	71
	3.3.1 Grundbegriffe	71

		3.3.2 Ermittlung der Nennspannungen	74
		3.3.2.1 Beanspruchung durch Kräfte	74
		3.3.2.2 Beanspruchung durch Momente	78
		3.3.2.3 Zusammengesetzte Beanspruchung	83
		3.3.3 Ermittlung der zulässigen Spannungen	84
		3.3.3.1 Werkstoffkenngrößen	84
		3.3.3.2 Festigkeitsnachweis	86
3.4	Aufgaben und Lösungen zu Abschnitt 3		87

4 Mechanische Verbindungselemente und -verfahren ... 91

4.1	Stoffschlüssige Verbindungen		91
	4.1.1	Schweißverbindungen	91
	4.1.2	Lötverbindungen	97
	4.1.3	Klebverbindungen	101
	4.1.4	Kittverbindungen	102
4.2	Formschlüssige Verbindungen		103
	4.2.1	Nietverbindungen	103
	4.2.2	Stift- und Keilverbindungen	106
	4.2.3	Feder- und Profilwellenverbindungen	109
	4.2.4	Verbindungen durch Bördeln, Sicken, Falzen, Einrollen, Lappen, Schränken und Blechsteppen	111
	4.2.5	Spreizverbindungen	113
	4.2.6	Einbettverbindungen	114
4.3	Kraftschlüssige Verbindungen		115
	4.3.1	Preßverbindungen (Preßverbände)	115
	4.3.2	Schraubenverbindungen	119
	4.3.3	Klemmverbindungen	130

5 Elektrische Leitungsverbindungen ... 132

5.1	Funktion und Aufbau		132
5.2	Leitungselemente		132
5.3	Verbindungselemente und -verfahren		135
	5.3.1	Stoffschlüssige Verbindungen	135
	5.3.2	Kraftschlüssige Verbindungen	135
5.4	Verdrahtungen		137
	5.4.1	Klassifikation	137
	5.4.2	Kabelverdrahtung	137
	5.4.3	Flachverdrahtung	138
	5.4.4	Freiverdrahtung	139
5.5	Aufgaben und Lösungen zu den Abschnitten 4 und 5		143

6 Federn ... 147

6.1	Grundbegriffe, Federkennlinien		147
6.2	Federwerkstoffe		149
6.3	Berechnung der Einzelfeder		149
	6.3.1	Grundlagen	149

6.3.2	Biegefedern	150
6.3.3	Torsionsfedern	154
6.4	Federsysteme	156
6.4.1	Reihenschaltung von Federn	156
6.4.2	Parallelschaltung von Federn	157
6.5	Tellerfedern	157
6.6	Gummifedern	158
6.7	Bimetallfedern (Thermobimetalle)	159
6.8	Aufgaben und Lösungen zu Abschnitt 6	161

7 Achsen und Wellen 163

7.1	Beanspruchungen	163
7.2	Entwurfsberechnung	163
7.2.1	Überschlägliche Bestimmung des Achsendurchmessers	163
7.2.2	Überschlägliche Bestimmung des Wellendurchmessers	164
7.3	Nachrechnung	164
7.3.1	Nachrechnung der vorhandenen Spannungen	165
7.3.2	Nachrechnung der Verformung	167
7.3.3	Schwingungsberechnung	168
7.4	Werkstoffwahl und konstruktive Gestaltung	170
7.5	Aufgaben und Lösungen zu Abschnitt 7	170

8 Lager 173

8.1	Gleitlager	174
8.1.1	Gleitreibung	174
8.1.2	Berechnung und Konstruktion der Gleitlager	176
8.1.2.1	Verschleißlager	176
8.1.2.2	Hydrodynamische Gleitlager	178
8.1.3	Werkstoffwahl	182
8.1.4	Schmierung	185
8.1.5	Sinterlager	187
8.1.6	Steinlager	188
8.1.7	Spitzenlager	188
8.1.8	Stoßsicherungen	190
8.2	Wälzlager	191
8.2.1	Rollreibung	191
8.2.2	Aufbau und Eigenschaften der Wälzlager	191
8.2.3	Ausführungsformen der Wälzlager und ihre Anwendung	194
8.2.4	Miniaturwälzlager	195
8.2.5	Berechnung der Wälzlager	196
8.2.6	Einbau von Wälzlagern	199
8.2.7	Schneidenlager	201
8.3	Federlager	203

9 Geradführungen 204

9.1 Gleitführungen 204
9.2 Wälzführungen 206
9.3 Federführungen 207
9.4 Aufgaben und Lösungen zu den Abschnitten 8 und 9 208

10 Kupplungen 211

10.1 Feste Kupplungen 211
10.2 Ausgleichskupplungen 212
10.3 Schaltkupplungen 217
    10.3.1 Schaltbare Kupplungen 217
    10.3.2 Selbstschaltende Kupplungen 221
10.4 Aufgaben und Lösungen zu Abschnitt 10 223

11 Zahnrad- und Zugmittelgetriebe 225

11.1 Einteilung der Getriebearten 225
11.2 Zahnradgetriebe — Übersicht 227
    11.2.1 Einteilung nach der Gestellanordnung der Räder 227
    11.2.2 Einteilung nach der Anzahl der Übersetzungsstufen 227
    11.2.3 Einteilung nach Lage der Achsen und geometrischer Grundform der Radkörper 228
11.3 Zahnräder 229
    11.3.1 Grundgesetze der Verzahnung 229
    11.3.2 Bezeichnungen und Bestimmungsgrößen an Zahnrädern 229
    11.3.3 Profilformen 231
    11.3.4 Stirnräder mit Evolventengeradverzahnung 231
    11.3.4.1 Die Evolvente 231
    11.3.4.2 Bezugsprofil und Verzahnungsgrößen 232
    11.3.4.3 Eingriffsverhältnisse und Profilüberdeckung 233
    11.3.4.4 Herstellung der Zahnräder 234
    11.3.4.5 Unterschnitt und Grenzzähnezahl 235
    11.3.4.6 Profilverschiebung 235
    11.3.4.7 Verzahnungstoleranzen, Getriebepassungen 238
    11.3.5 Stirnräder mit Evolventenschrägverzahnung 239
    11.3.6 Tragfähigkeitsberechnung 241
    11.3.6.1 Zahnkräfte 242
    11.3.6.2 Entwurfsberechnung 242
    11.3.6.3 Nachrechnung der Zahnfußtragfähigkeit 243
    11.3.6.4 Nachrechnung der Zahnflankentragfähigkeit 245
    11.3.6.5 Berechnung von Kunststoffzahnrädern 247
    11.3.7 Werkstoffwahl 248
    11.3.8 Konstruktive Gestaltung und Schmierung 249
11.4 Bauformen der Zahnradgetriebe 252
    11.4.1 Stirnradgetriebe 252
    11.4.2 Kegelradgetriebe 254

	11.4.3 Schneckengetriebe	255
	11.4.4 Schraubenstirnradgetriebe	255
11.5	Zugmittelgetriebe	256
	11.5.1 Zugmittelgetriebe mit Kraftpaarung (Schnur-, Band-, Flachriemen- und Keilriemengetriebe)	257
	11.5.2 Zugmittelgetriebe mit Formpaarung (Zahnriemen- und Kettengetriebe)	260
11.6	Aufgaben und Lösungen zu Abschnitt 11	263

A	**Anhang Technisches Zeichnen**	267
A1	Aufbau und Bestandteile eines Zeichnungssatzes	269
A2	Projektionsarten und Anordnung von Ansichten	273
A3	Darstellung von Schnitten	275
A4	Allgemeine Richtlinien für die Bemaßung	280
A5	Bemaßung von Konstruktions- und Formelementen	287
A6	Stromlaufpläne	304
A7	Beschriftung elektronischer Bauelemente	309
A8	E-Reihen	315

Literaturverzeichnis 316

Sachwörterverzeichnis 322

1 Der konstruktive Entwicklungsprozeß

Zu den Grundlagen der Konstruktion gehören neben dem Wissen über den Aufbau und die Wirkungsweise technischer Produkte Kenntnisse zum methodischen Vorgehen beim Konstruieren einschließlich des Einsatzes effektiver Hilfsmittel.

Die Bearbeitung von Konstruktionsaufgaben ist ein gedanklicher Prozeß, der in Abhängigkeit von der Komplexität des zu entwickelnden Produktes eine disziplinübergreifende Zusammenarbeit von Fachleuten der Feinwerktechnik, Mechatronik, Optik, Werkstofftechnik, Betriebswirtschaft u. a. erfordert. Der konstruktive Entwicklungsprozeß kann durch eine zweckmäßige Gliederung in Arbeitsschritte, Verwendung bewährter Vorschriften und Regeln sowie durch Einsatz der Rechentechnik rationell gestaltet werden. Der fachlichen Ausrichtung des Buches folgend, beschreibt dieser Abschnitt konstruktionswissenschaftliche Grundlagen sowie ausgewählte Methoden und gibt Hinweise zur rechnerunterstützten Konstruktion, bezogen auf mechanische Funktionselemente.

1.1 Stellung der Konstruktion im Produktlebenszyklus

Der Lebenszyklus (Lebenslauf, Lebensweg) eines Produktes (engl.: Product Life Cycle) umfaßt alle Phasen der Existenz des Produktes **(Bild 1.1)**, beginnend mit der ersten Idee in der Planungsphase bis zu seiner Verwertung durch Recycling oder Entsorgung [1.1].

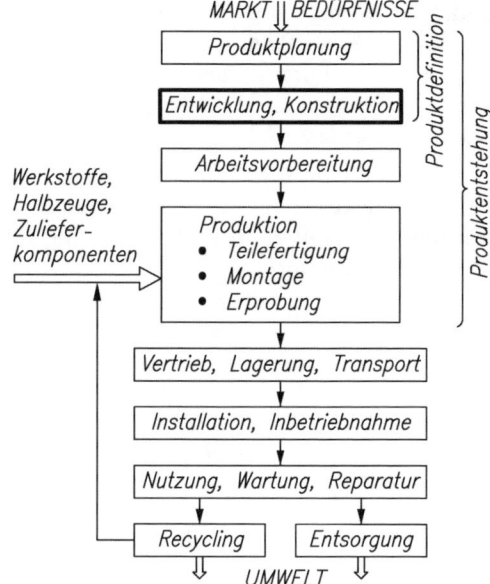

Bild 1.1 Der Lebenszyklus eines technischen Produktes

14   1 Der konstruktive Entwicklungsprozeß

Konstruktionsaufgaben entspringen gesellschaftlichen Bedürfnissen, die sich am Markt zeigen. Produktplanung, Entwicklung und Konstruktion legen alle entscheidenden Eigenschaften des zukünftigen Produktes fest (Produktdefinition). Sie liefern die notwendigen Unterlagen bzw. Daten für die Vorbereitung und Durchführung der Produktion und alle nachfolgenden Phasen in seinem Lebenszyklus.

In dieser Schlüsselstellung bestimmt der Konstrukteur mit seinem Ergebnis den Gebrauchswert des Erzeugnisses und legt 75 % der Gesamtkosten fest. Nur in dem Maße, wie es ihm gelingt, die vielfältigen und z. T. widersprüchlichen Forderungen aus allen Lebensphasen des gewünschten Produktes technisch umzusetzen, wird das angestrebte Ziel erreicht.

1.2   Ablauf und Methoden des Konstruierens
[3] [12] [1.1] bis [1.13]

Das Ergebnis des Konstruierens ist die Konstruktionsdokumentation. Sie umfaßt technische Zeichnungen, Stücklisten, Anleitungen für Montage, Justierung, Prüfung, Inbetriebnahme u. a. (s. auch Anhang „Technisches Zeichnen"). Diese erzeugt man heute meist in elektronischer Form. Das Vorgehen beim Konstruieren wird maßgeblich von den Eigenschaften des zu entwickelnden Produktes selbst bestimmt. Die schrittweise Analyse eines Produktes liefert somit die Informationen, die beim Konstruieren in geeigneter Reihenfolge zu erarbeiten sind **(Tafel 1.1)**. Die beschriebene Justiereinrichtung gestattet eine feinfühlige ebene Bewegung der Marke M auf zwei Kreisbahnen. Das Erkennen dieser Funktion wird erleichtert, wenn man in der technischen Zeichnung die Koppelstellen zur Umgebung (Gestell, Hand des Bedieners, Lichtbündel zur Beleuchtung der Marke – in der Seitenansicht erkennbar) mit darstellt und danach die starren Verbindungen sowie Hilfselemente, wie die zur Lagesicherung dienenden Zugschrauben, eliminiert. Aus der so auf funktionsentscheidende Bestandteile vereinfachten Grobgestalt folgt im nächsten Abstraktionsschritt das symbolisch dargestellte technische Prinzip mit den Bewegungs- und Gestaltparametern, die die Funktion bestimmen. Die Funktionsstruktur faßt Elementegruppen zu Funktionselementen zusammen. Sie zeigt eine Reihenschaltung der beiden unabhängig voneinander zu betätigenden Bewegungseinheiten, wodurch sich die Schraube 2 und der übersetzende Hebel r_2/b bei Betätigung von Schraube 1 um das gestellfeste Festkörpergelenk mitbewegen. Die durch Zusammenfassen der Teilfunktionen gefundene Gesamtfunktion beschreibt die Übertragung der Bewegungen S_{E1} und S_{E2} am Umfang der Stellknöpfe in die Zweikoordinaten-Positionierbewegung S_{Aa}, S_{Ab}.

Verallgemeinert man diese Systemanalyse, so folgen daraus die im **Bild 1.2** zusammengestellten Produkteigenschaften. Unabhängig davon, ob ein komplexes Gerät oder ein Einzelteil zu entwickeln sind, muß der Konstrukteur für jedes Produkt sowohl die Einsatzumgebung als auch die Funktion und die Gestalt eindeutig und vollständig bestimmen.

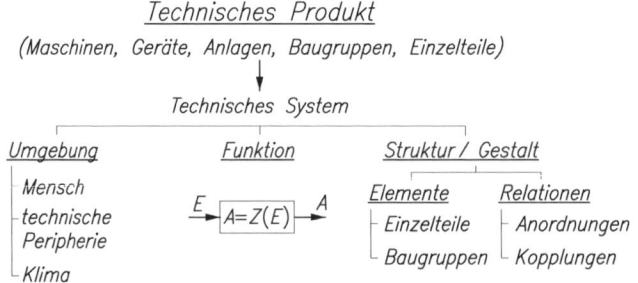

Bild 1.2 Systemeigenschaften technischer Produkte

Eine Konstruktionsaufgabe enthält Forderungen über den Zweck, das Einsatzgebiet, die Leistung u. ä., die in ihrem Kern die *Funktion* des technischen Gebildes festlegen. Gesucht ist die *Struktur*, letztlich die *Gestalt*, die in der Lage ist, in einer definierten *Umgebung*, d. h. in Wechselwirkung mit dem Nutzer, mit anderen technischen Einrichtungen und der umgebenden Atmosphäre die Funktion sicher zu erfüllen. Der in Tafel 1.1 beschriebene Analyseablauf kehrt sich dann um. Die Aufgabe des Konstrukteurs besteht demnach in der Synthese einer Struktur. Dieser Vorgang beim Lösen einer Konstruktionsaufgabe ist *mehrdeutig* und *unbestimmt*, ein typisches Kennzeichen schöpferischer Prozesse. Für die Erfüllung einer technischen Funktion sind mehrere unterschiedliche Strukturen einsetzbar (Mehrdeutigkeit), und das Bestimmen dieser Lösungsmenge ist mit Unsicherheit behaftet (es gibt keinen determinierten Lösungsweg). Deshalb sollte man beim Konstruieren stets systematisch vorgehen.

Tafel 1.1 Abstraktionsstufen der Produktbeschreibung

	Abstraktionsstufe	Darstellungsmittel	Inhalt	Beispiel Justiereinrichtung	
A N A L Y S E	Technischer Entwurf	Technische Zeichnung	vollständige, maßstäbliche Beschreibung der Gestalt des Produktes	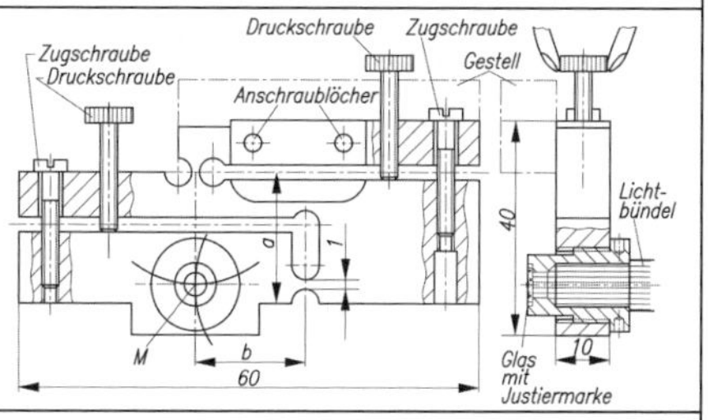	
	Grobentwurf	Technische Zeichnung	funktionswichtige Gestalt	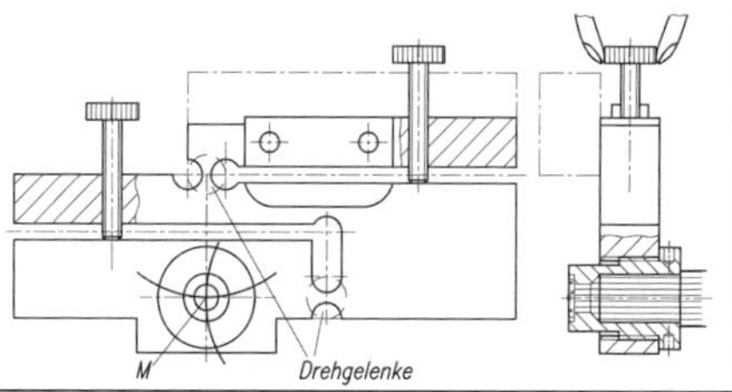	
	Technisches Prinzip (Wirkprinzip, Arbeitsprinzip)	Prinzipskizze (funktionsorientierte Symbole)	Prinzipelemente und deren Relationen (Anordnung, Kopplungen)	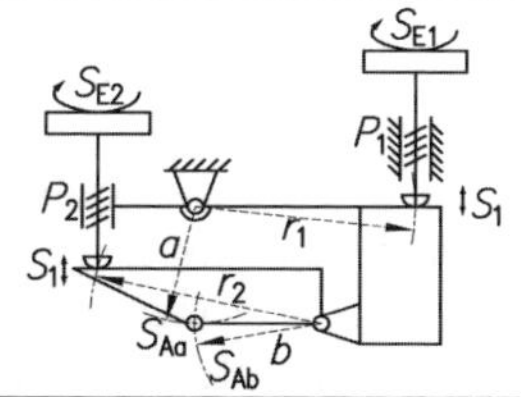	S Y N T H E S E
	Funktionsstruktur	Blockbild	Funktionselemente (Teilfunktionen), Kopplungen	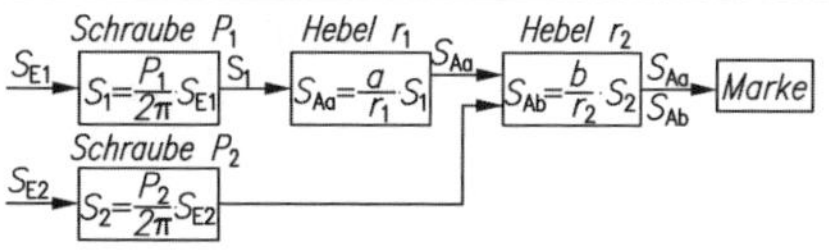	
	Gesamtfunktion	Blockbild, Gleichung, Diagramm	Ein- und Ausgangsgrößen sowie deren Beziehungen	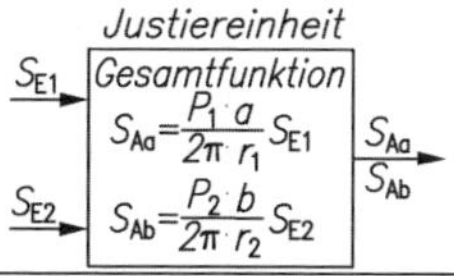	

Bild 1.3 beschreibt als „top-down"-Ablauf die methodischen Arbeitsschritte. Die horizontale Aufspaltung am Ende der Prinzipphase berücksichtigt physikalisch heterogene technische Lösungen, die für mechatronische und feinmechanisch-optische Produkte charakteristisch sind und die eine Teamarbeit entsprechender Spezialisten erfordert. Der Inhalt dieses Buches konzentriert sich auf das Entwerfen und Gestalten mechanischer Elemente und Baugruppen.

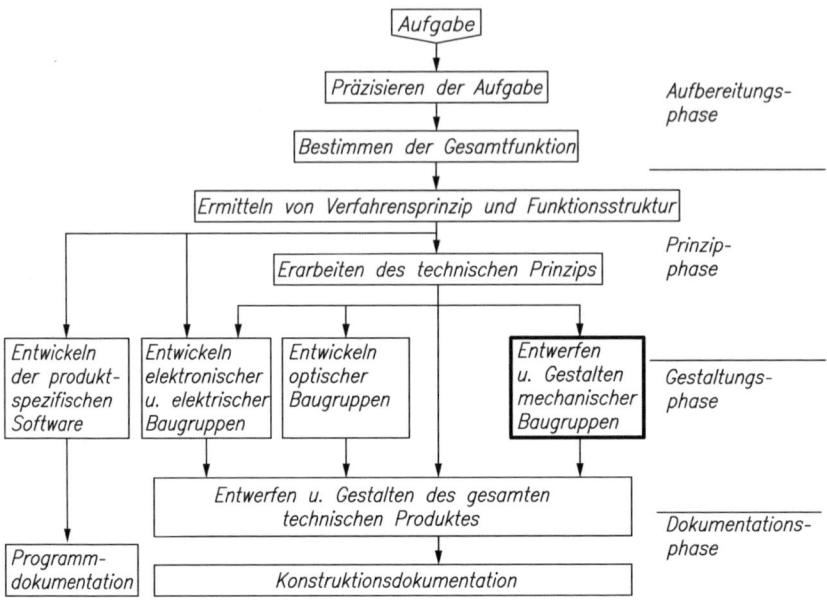

Bild 1.3 Konstruktiver Entwicklungsprozeß für Produkte der Feinwerktechnik und Mechatronik (nach VDI-Richtlinie 2221) [1.13]

Das Entwerfen einer Baugruppe nach dem Ablauf im Bild 1.3 und die dabei mögliche Lösungsvielfalt auf allen Entwicklungsebenen zeigt **Bild 1.4**. Das mit der Energie W_{el} elektrisch angetriebene Positioniersystem soll ein Prüfobjekt in der Koordinatenrichtung x um $s_x(t)$ verschieben. Diese Gesamtfunktion ist beim Präzisieren der Aufgabe durch weitere Forderungen zu ergänzen (Spezifikation der Ein- und Ausgangsgrößen, Bauraum, Kosten u. a.). Davon ausgehend bestimmt man nun Funktionsstrukturen durch Zerlegen der Gesamtfunktion in Teilfunktionen, beginnend mit der geforderten Ausgangsgröße $s_x(t)$.
Zur Realisierung dieser Linearbewegung und als Träger für das Objekt ist eine Geradführung (s. Abschn. 9) am Ende der Funktionskette erforderlich. Für das Erzeugen der Bewegung $s_x(t)$ eignen sich sowohl ein rotatorischer Motor (Funktionsstruktur 1), der über eine Kupplung mit dem Umsetzer $\varphi \rightarrow s_x(t)$ verbunden ist, als auch ein Linearmotor (Funktionsstruktur 2).
Da sich jede Teilfunktion durch unterschiedliche Konstruktionselemente realisieren läßt, entstehen unter Nutzung von Katalogen, Konstruktionsdatenbanken [1.8] sowie geeigneten Übersichten **(Tafel 1.2)** mittels **Kombination** [3] [12] [1.2] für jede Funktionsstruktur mehrere Prinzipvarianten (Prinzipe 1.1 bis 2.2). Die optimale Variante findet man durch Bewertung nach funktionellen, ergonomischen, fertigungstechnischen, ökonomischen und anderen Kriterien der Entwicklungsaufgabe. Der Entwurf 1.1.1 im Bild 1.4 ist aus Elementen konfiguriert, die Herstellerkatalogen entnommen sind. Er ist noch durch das Gestell mit Hilfe der Regeln in Abschn. 2 zu einem Gesamtentwurf zu vervollständigen. Die durch die Federführung spielfreie Piezo-Positioniereinheit (Entwurf 2.1.1) realisiert Verstellwege im μm-Bereich.

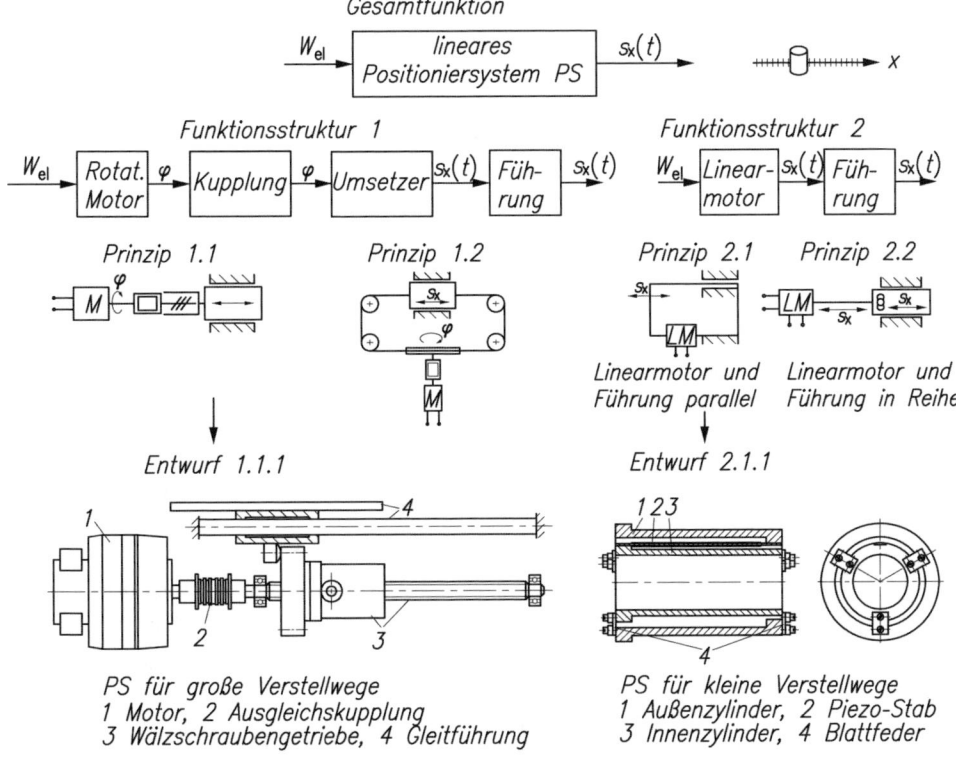

Bild 1.4 Systematischer Entwurf eines linearen Positioniersystems PS (Auswahl von zwei Konzepten)

Nach Tafel 1.2 sind mechanische Elemente grundsätzlich als Stützelemente für die statische Anordnung von Bauteilen sowie für das Bereitstellen, Anpassen und Übertragen mechanischer Energie in Bewegungssystemen einsetzbar. Gestelle, Gehäuse sowie andere Träger- und Verbindungselemente sind beim Aufbau aller Produkte unverzichtbar, da sie die nichtmechanischen Funktionselemente (optische, elektrische, elektronische) in ihrer für die Funktion notwendigen Lage sichern und oft auch ihrem Schutz dienen. In Produkten der Präzisionstechnik müssen sie häufig Aufgaben der Feinpositionierung und Justierung übernehmen. Hierfür entwickelt man durch Integration von Sensor- bzw. Aktorelementen mechatronische Komponenten (letzte Spalte in Tafel 1.2), die sich in geräteinterne Steuerungen und Regelungen einbinden lassen [1.7].

Ebenso wie für eine technische Funktion mehrere Elemente einsetzbar sind, kann ein Bauelement unterschiedliche Funktionen einzeln oder gleichzeitig auch mehrere erfüllen, was man durch **Variation** seiner Umgebung und Gestalt erreicht [3]. Die Schraubenfeder in **Tafel 1.3** ist je nach Einsatzumgebung und entsprechender Formgebung der Federenden für vielfältige Zwecke nutzbar. In der elastischen Lampenfassung erfüllt die Feder ebenso wie das in Bild 8.56 dargestellte Spannband (s. Abschn. 8.3) gleichzeitig drei Funktionen. Diese *Funktionenintegration* [12] nutzt man für die Miniaturisierung von Produkten sowie für die Kompaktbauweise mechatronischer Systeme. Die Anzahl der einem Bauteil übertragbaren Funktionen entspricht der Anzahl seiner technisch nutzbaren physikalischen Eigenschaften.

1 Der konstruktive Entwicklungsproceß

Tafel 1.2 Systematik mechanischer Elemente

Zweck	Funktion	Funktionselemente	Konstruktionselemente	Skizze	Mechatronische Elemente
1. Anordnung von Elementen	Stützen	Stützelemente	Gestell, Gehäuse, Fassung, Balken, Stativ, Leiterplatte	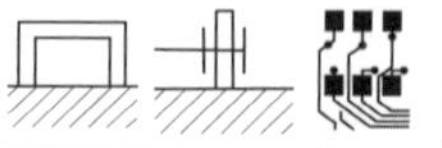	Piezostab
		Verbindungen fest – stoffschlüssig			Memory-Verbindung, sensitive Schrauben
		Verbindungen fest – formschlüssig			
		Verbindungen fest – kraftschlüssig			
		Verbindungen beweglich – Lagerung		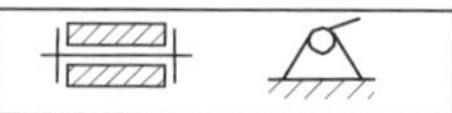	Magnetlager, feldgeführtes Element
		Verbindungen beweglich – Führung		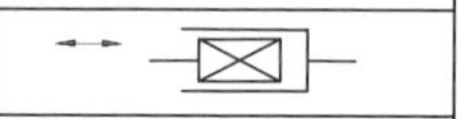	
		Verbindungen beweglich – Gelenk mit $f > 1$			
2. Bereitstellen mechan. Energie	Speichern	Speicher	Massestück, Schwungmasse, Pendel, Feder, Luftfeder	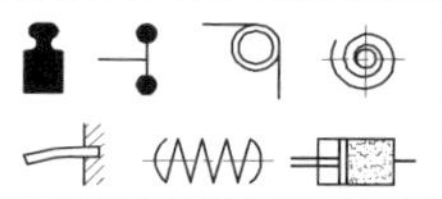	Schwingquarz, quarzgesteuertes Schrittwerk
	Wandeln	Wandler	elektromechanisches Element, Motor, Elektromagnet, Bimetall	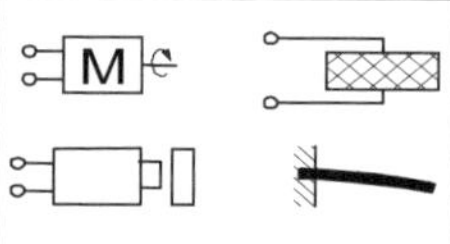	elektrochemischer, magnetostriktiver, Memory-Aktor, Ultraschallmotor, Piezotranslator
3. Anpassen mechanischer Energie	Umsetzen	Getriebe	Zahnrad-, Reibrad-, Zugmittel-, Schrauben-, Koppel-, Kurven-, Hebel-, Federgetriebe	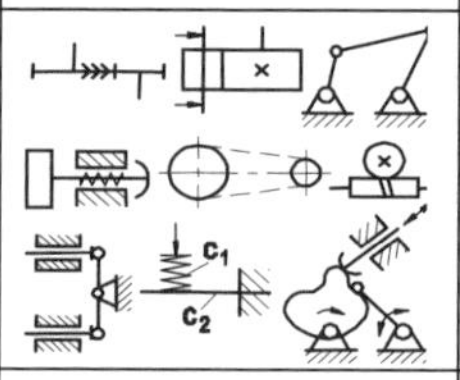	gekoppelte Elektromotoren, elektrisch gesteuertes Getriebe
	Verstärken				
	Reduzieren	Aufhalter	Anschlag, Bremse, Dämpfung	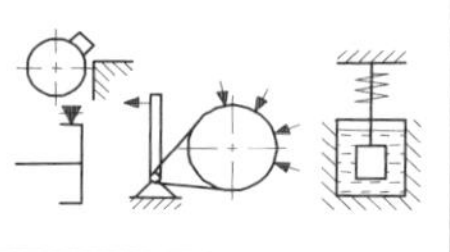	Wirbelstrombremse, elektr. einstellbare Dämpfer und Bremsen, Verschleißdetektion
	Sperren	Festhalter	Gesperre, Gehemme	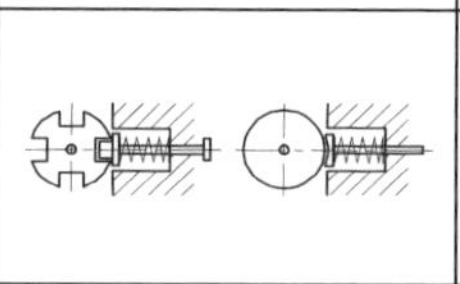	Piezoklemmung, elektrostat. Festhaltung, Memoryklemme, Magnet-Rastung
	Schalten				
4. Übertragen mechan. Energie	Koppeln	Kupplungen	Schaltkupplung, Ausgleichs- und starre Kupplung	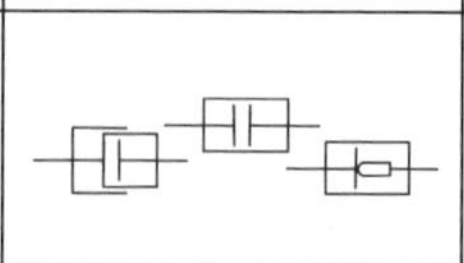	elektromagn., elektrostat. Kupplung, Kuppl. mit Piezosteller, Verschleißdetektion
	Leiten	Leiter (mechanisch)	Achse, Welle, Rohr, Getriebe ($i = 1$)	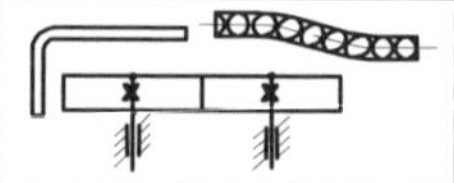	„elektrische", „magnetische" Welle
	Vereinigen, Verzweigen	Verteiler	Differenz- und Summengetriebe	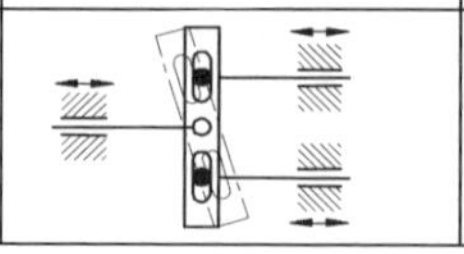	gekoppelte Aktoren, kaskadierte Antriebe

Tafel 1.3 Verwendungsmöglichkeiten einer Feder durch Variation seiner Umgebung

Zweck/Aufgabe	Konstruktionsvarianten (Auswahl)	Funktionen der Feder
Erzeugen der Rastkraft	Rastung	Speichern mechanischer Energie
Erzeugen einer beschleunigten Bewegung	Spannwerk	
Vermeiden von Stößen	elastische Kopplung	
Kraftmessung	 Federwaage	Wandeln ($F \rightarrow s$)
Verhindern der Drehung einer Welle in einer Richtung	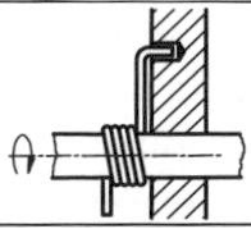 Schlingfeder	Sperren
Variable Übertragung einer Drehbewegung	 biegsame Welle	Leiten mechanischer Energie
Übersetzen einer Drehbewegung ins Langsame	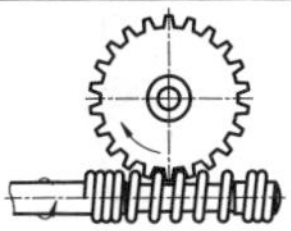 Schneckengetriebe (Feder als Schnecke)	Verstärken/Reduzieren, Richtungsänderung der Drehbewegung
Elastische Halterung einer Glühlampe	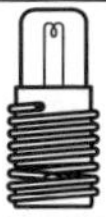 Lampenfassung	Positionieren, Speichern (mechanische Energie), Leiten (elektrische Energie)

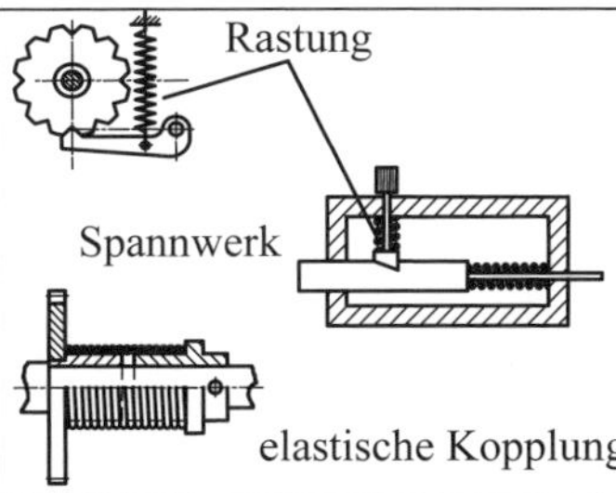

1.3 Rechnerunterstütztes Konstruieren – CAD

In Elektronik, Elektrotechnik, Feinwerktechnik und Mechatronik ist die Rechentechnik zu einem unverzichtbaren Hilfsmittel für alle Prozesse des Produktlebenszyklus geworden. Man spricht von CAx-Systemen (CA für „Computer-Aided", x für den jeweiligen Einsatzfall) [1.5] [1.6] [1.10]. In der Erzeugnisentwicklung, Arbeitsvorbereitung und Produktion verwirklichen durchgängige CAD/CAM-Systeme (CAD: Computer Aided Design, CAM: Computer Aided Manufacturing) im Dialog mit dem Menschen alle informationellen Prozesse. Für mechanische Elemente und Baugruppen fördern CAx-Systeme

– die Qualität der Konstruktionsergebnisse durch Variantenentwicklung, exakte Dimensionierung, Optimierung, Funktions- und Fertigungssimulation sowie
– die Produktivität der Konstruktionsarbeit und der nachfolgenden Prozesse durch rationelle Datenspeicherung und -bereitstellung, automatisches Zeichnen, maschinelle Dokumentation der Ergebnisse, Wiederverwendung und Anpassung bewährter Konstruktionen, rationellen Änderungsdienst, direkten Datenaustausch mit anderen Betriebsbereichen.

In der Praxis dominieren 3D-CAD-Systeme beim Entwurf technischer Produkte, die rechnerintern ein vollständiges dreidimensionales geometrisches Modell des Objektes generieren. Der Nutzer kann mittels Skizzenmodus im Dialog schrittweise aus einer zweidimensionalen Darstellung einer Kontur durch Verschieben (Ziehen, Extrudieren) oder Drehen um eine geeignete Achse einen Körper entwerfen **(Tafel 1.4)**. Komplexere geometrische Formen lassen sich durch die Booleschen Operationen Vereinigung, Subtraktion/Differenz oder Durchschnitt/Verschneidung einfacher Elemente erzeugen.

Tafel 1.4 Ablauf der parametrischen 3D-CAD-Modellierung des Lagerbocks aus Bild 2.8b in Abschn. 2

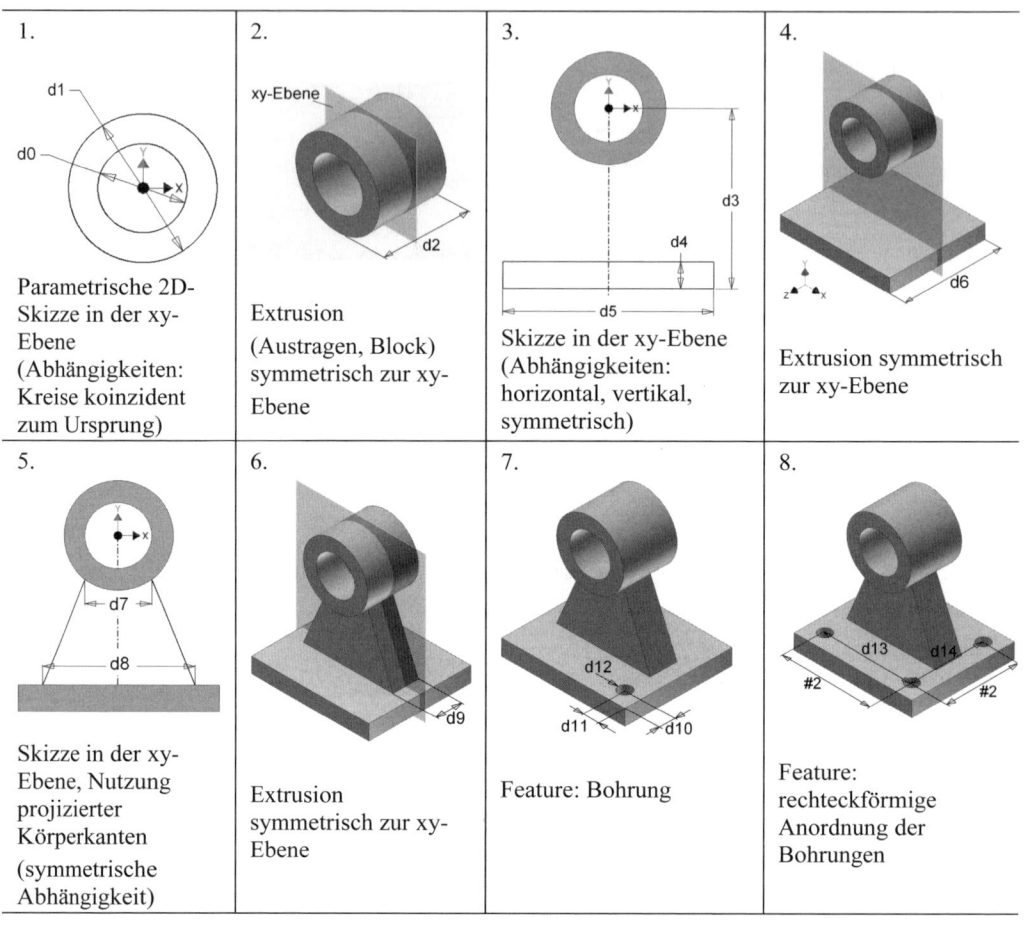

Häufig benutzte Formelemente können die Entwurfsarbeit als sog. Features [1.13] unterstützen, indem man Formelementen einen Verwendungszweck (Gestaltelement, Funktion, Fertigung, Montagehilfe o. ä.) und damit eine Semantik zuordnet. So ist ein zylindrisches Loch z. B. als Bohrung (wie in Tafel 1.4, Arbeitsschritt 7), als Lagerstelle, als Einfügestelle für einen Paßstift oder als Öffnung für ein Lichtbündel beim Entwerfen modellierbar.

Ein wichtiger Vorzug der modernen 3D-CAD-Systeme ist die *parametrische* Modellierung. Geometrische Parameter (Längen, Winkel, Abstände, Radien) sowie nichtgeometrische Größen (Kräfte, Momente, Werkstoffdaten u. a.) sind Variable im Geometriemodell und lassen sich durch arithmetische (+, -, x, :), logische (<, =, >, UND, ODER) und geometrische (horizontal, vertikal, parallel, koinzident u. ä.) Beziehungen verknüpfen. Sie ermöglichen Änderungen des Entwurfs unter Beibehaltung des Zusammenhangs, in dem die Bauteile stehen. Die *assoziative* Verknüpfung unterstützt den Entwurf zusammenhängender Elemente **(Tafel 1.5)** und das Erzeugen von Maßvarianten für eine entworfene Grundgestalt (Variantenkonstruktion auf Basis eines Mastermodells). Norm- und Wiederholteile können aus

Bibliotheken des CAD-Systems oder von Herstellern effektiv eingefügt werden. Verbunden damit ist das Eintragen in eine Stückliste, die das System beim Entwerfen automatisch erzeugt.

Tafel 1.5 Parametrisch-assoziative Modellierung beim Zusammenbau

Skizze für Welle:	Extrusion:	Varianten:	Normteile:
neues Bauteil Welle, Skizze: Innendurchmesser der Lagerbohrung = Wellendurchmesser, Welle ist assoziativ zum Lagerbock	symmetrisch zur xy-Ebene und Feature „Fase" am Wellenende, axiale Lage durch zusätzliche Beziehung (fluchtende Ebenen) bestimmbar	Welle paßt sich den Änderungen des Lagerbocks an	Platzierung der Schrauben mit parametrischen Abhängigkeiten, Ergebnis: 3D-Geometriemodell

Im CAD-System erzeugte technische Zeichnung:	Einzelheit: Schraubenverbindung (wenn der Gewindebolzen ausnahmsweise geschnitten dargestellt werden muß, um innen liegende Details, z. B. den Innensechskant zu zeigen)
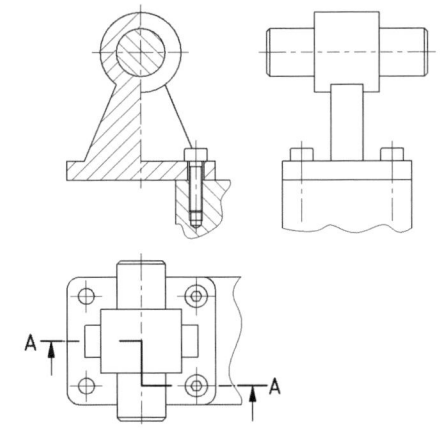	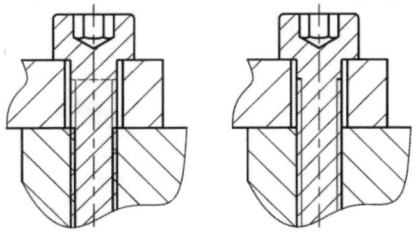 links: fehlerhafte Gewindedarstellung (übereinander liegende Schraffuren, Körperkanten der Bohrung liegen in der Schraube) rechts: normgerechte Zeichnung (DIN EN ISO 4762 - M4 x 16)

CAD-Systeme gestatten, aus dem 3D-Modell technische Zeichnungen mit den erforderlichen Ansichten, Schnitten und Einzelheiten maßstäblich zu erzeugen (Tafel 1.5 unten). Diese Zeichnungen sind jedoch oft nicht normgerecht. Um eine verbindliche (justitiable) Zeichnungsdokumentation (s. Anhang „Technisches Zeichnen") zu erhalten, ist eine Nachbereitung erforderlich, wie die Korrektur von Linienbreiten, Schraffuren, unsichtbaren Kanten, Ergänzen von Kommentaren u. ä.
Voraussetzung für die effektive Nutzung dieser Werkzeuge ist eine räumliche Vorstellung von dem zu entwerfenden Objekt auf der Grundlage von Formelementen, wie sie in den Bildern 2.3,

2.4, 2.5 und 2.8 in Abschn. 2 dargestellt sind, was man zweckmäßig durch entsprechende Handskizzen unterstützt. Auch beim Bildschirmdialog ist das Vorgehen von „innen" nach „außen" (beginnend mit den funktionswichtigen Formelementen) angezeigt, wie es die Folge der Arbeitsschritte in Tafel 1.4 verdeutlicht.

Die sehr anschaulichen dreidimensionalen Geometriemodelle lassen sich auch als „virtuelle Prototypen" zur Überprüfung vielfältiger Eigenschaften des entworfenen Produktes wie Funktion, Festigkeit, Fertigung, Montage, Bedienung u. a. mittels Rechnersimulation [1.9] [1.10] nutzen. Eine Simulation der Montage im **Bild 1.5** zeigt die erforderlichen Fügerichtungen und erlaubt bei Verwendung eines Zeitmaßstabs für die Ausführung der Operationen auch die Optimierung der Montagefolge.

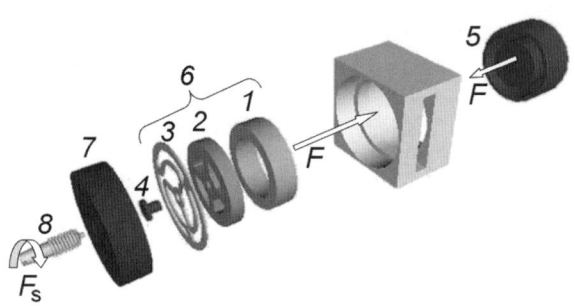

Bild 1.5
Montagesimulation eines Magnetventils
1 bis *8* Montagefolge
F Fügerichtungen, F_S Schraubbewegung

Auf Grundlage eines 3D-Modells sind Deformationen und Spannungen mechanischer Elemente unter Belastung durch Anwendung der Finite-Elemente-Methode (FEM) effektiv überprüfbar **(Bild 1.6)**.

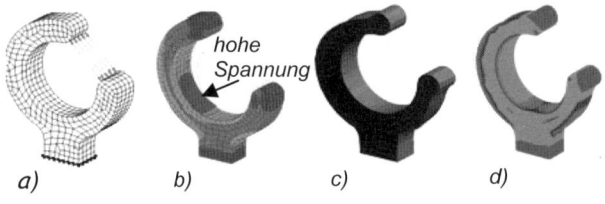

Bild 1.6
FEM-Simulation einer Halterung
a) Gestaltentwurf mit FEM-Netz und Kräften;
b) Spannungsberechnung mittels FEM;
c) verbesserter Entwurf;
d) Nachweis der zulässigen Beanspruchung

Zum rechnerunterstützten Konstruieren gehört auch die Dimensionierung. Für alle mechanischen Bauelemente ist dazu spezielle Software verfügbar [1.10] [1.11] [1.12]. Standardberechnungen sind effektiv mit Berechnungsmodulen unmittelbar in CAD-Systemen möglich. Ihre Anwendung zur Auslegung, Nachrechnung und Optimierung erfordert folgende Aktivitäten:

– Aufbereiten des Entwurfs nach dem im Programm benutzten Berechnungsmodell,
– Bestimmen der Eingabeparameter, Wertebereiche, Restriktionen,
– Ausführen der Berechnung mit Bereitstellung von Parametern aus Datenbanken,
– Auswerten und Überprüfen der Ergebnisse.

Für die Aufbereitung des Berechnungsansatzes, der Eingabedaten und die Überprüfung der Computerausgaben durch Überschlagsrechnung, die in jedem Fall erfolgen sollte, stellen die Abschnitte 3 bis 11 des Buches die notwendigen Grundlagen für mechanische Elemente bereit.

2 Grundlagen der Konstruktionsarbeit

Bei der konstruktiven Entwicklung technischer Erzeugnisse nimmt das *Gestalten* von Bauelementen und Baugruppen einen wesentlichen Raum ein. Der Nutzer erwartet neben einer zweckmäßigen, formschönen und fertigungstechnisch günstigen Gestalt der Elemente und der aus ihnen zusammengefügten Baugruppen und Geräte möglichst geringe Anschaffungs- und Betriebskosten, einen sparsamen Energieverbrauch sowie die ökonomische Verwendung von Werkstoffen. In erster Linie ist jedoch die *Funktion* zuverlässig zu erfüllen und ein hoher *Gebrauchswert* zu sichern. Dabei ist stets die Gesamtheit aller Anforderungen zu beachten. Auf wichtige Regeln und Einflüsse wird im folgenden Abschnitt eingegangen.

Um einen gesicherten Austauschbau und vor allem auch eine wirtschaftliche Fertigung zu ermöglichen, muß die Vielzahl möglicher Ausführungsformen und geometrischer Abmessungen von Bauelementen, von Werkstoffen und deren Anlieferungsformen, von technischen Parametern usw. sinnvoll eingeengt werden. Das erfolgt durch Normen, bei denen nach dem Geltungsbereich zwischen internationalen, nationalen, Fachbereich- und Werknormen unterschieden wird.

Beispiele sind die internationalen ISO-Normen, die Normen der Bundesrepublik Deutschland (DIN) und die europäischen EN-Normen. Sie sind als Einzelblätter und, nach bestimmten Sachgebieten zusammengestellt, zusätzlich in Form von Taschenbüchern (z. B. für technische Zeichnungen, Stahl usw.) verfügbar. In Verzeichnissen, die auf dem letzten Stand gehalten werden, sind alle gültigen Normen angeführt (z. B. DIN-Katalog für technische Regeln Bd. 1 und 2).

Zu den wichtigsten genormten Arbeitsunterlagen bei der konstruktiven Entwicklung von Erzeugnissen gehören Normzahlen und Normmaße, Toleranzen und Passungen sowie die verfügbaren Werkstoffe. Ihre Anwendung ist ebenfalls in den nachfolgenden Abschnitten dargestellt. Außerdem ist eine Vielzahl von Konstruktionselementen in Form, Abmessungen und Werkstoff genormt. Auf die Arbeit mit diesen Unterlagen wird in den entsprechenden Hauptabschnitten eingegangen.

2.1 Gestalten von Bauteilen
[3] [4] [5] [8] [12]

Konstruktionselemente als mechanische Bauteile von Baugruppen und Geräten sind Träger technischer Wirkungen und meist Bauteile, deren wesentliche Funktion die Nutzung bestimmter physikalischer Zusammenhänge ist. Für ihren Entwurf und die Gestaltung existiert oft keine eigene Aufgabenstellung, da sie sich vielfach aus der übergeordneten, z. B. aus der für das Gesamtgerät, ableitet bzw. als integrierter Bestandteil dieser zu bearbeiten ist.

2.1.1 Gestaltungsgrundsätze

Bauteile haben bestimmte *Teilfunktionen* zu erfüllen. Daneben müssen eine möglichst einfache und billige Herstellung sowie die ökonomische Nutzung und die Erfüllung ästhetischer Ansprüche gewährleistet sein. Aus diesen Grundforderungen ergeben sich alle weiteren Forderungen, die allgemein an technische Gebilde zu stellen sind. In allen Fällen gilt die Grundregel:
- Technische Gebilde sind **eindeutig, einfach** und **sicher** zu gestalten.

Die **eindeutige** Realisierung eines gewählten Wirkprinzips erfordert z. B. die geordnete, d. h. nicht überbestimmte, Sicherstellung des Kraft-, Stoff- und Signalflusses. Verstöße gegen dieses Prinzip führen u. a. zu ungewollten Zwangszuständen mit erhöhten Kräften und Verformungen. Doppelpassungen (s. Tafel 2.14/5.), mehr als eine Festlageranordnung bei der Lagerung von Wellen (s. Abschn. 8, Bild 8.42) sowie bei Führungen (s. Abschn. 9, Bild 9.8) oder unterschiedliche Wärmedehnungen an Bauteilen (z. B. Glasdurchführungen) können solche Zwangszustände bewirken und stellen somit überbestimmte (mehrdeutige) Lösungen dar [12]. **Bild 2.1** zeigt die Gestaltung der eindeutigen Einbaulage an einem Leistungstransistor.

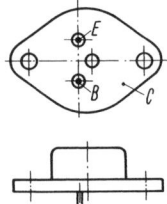

Bild 2.1 Eindeutige Einbaulage der Anschlüsse an einem Leistungstransistor durch unsymmetrische Anordnung

Die **einfache** Gestaltung wird u. a. durch die Wahl einer einfachen Form des technischen Gebildes (s. Abschn. 2.1.2), eines geeigneten Werkstoffs und des Aufbaus der Erzeugnisse aus möglichst wenigen Einzelteilen erreicht. Dadurch sind wirtschaftliche Fertigung und Montage möglich [3] [4] [5].

Die **sichere** Gestaltung umfaßt die konsequente Erfüllung der Tragfähigkeitsanforderungen, die Zuverlässigkeit, den Arbeitsschutz (z. B. Berührungsschutz), den Umweltschutz, die Wartung, die Montage usw.

2.1.2 Festlegen der Bauteilgestalt

Bauteile sind aus *Formelementen* aufgebaut (s. Bild 2.3). Häufig verwendete Grundformen sind Würfel, Quader, Pyramide, Zylinder, Kegel und Kugel bzw. Teile dieser. Durch sie wird die *Form* der Bauteile bestimmt, die aus Gründen einer *wirtschaftlichen Fertigung* möglichst einfach sein soll.

2.1.2.1 Bauteilform

Entsprechend der Arbeitsweise der Werkzeugmaschinen sind für die die Formelemente begrenzenden Oberflächen ebenflächige (durch Hobeln, Fräsen und Schleifen) oder zylindrische Grundformen (durch Drehen und Bohren) zu bevorzugen. Ebene (Quadrat, Rechteck, Rhombus, Kreis und Kombinationen) und zylindrische geometrische Grundformen bilden in den meisten Fällen auch die funktionsbestimmenden bzw. funktionswichtigen Flächen, die *Wirkflächen* der Bauteile.

Zylinderförmige Bauteile werden je nach dem Verhältnis Durchmesser/Länge als Stäbe, Achsen, Rollen oder Ronden bezeichnet. Ein Quader kann je nach den Verhältnissen seiner Abmessungen als Stange, Platte, Blech oder Folie ausgeführt sein. Solche Formen haben oft **Halbzeuge**, die vorgefertigt mit genormten Querschnitten und Abmessungen vorliegen **(Bild 2.2)**.

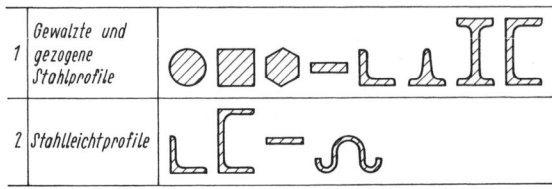

Bild 2.2 Genormte Stahlprofile

Die meisten technischen Gebilde lassen sich durch Kombination aus den verschiedensten *Grundformen* zusammensetzen. Der im **Bild 2.3** dargestellte Kontaktfedergrundkörper ist aus quaderförmigen Grundformen aufgebaut. Verknüpfungs- und Anschlußflächen sind Rechtecke, die Zusatzelemente dagegen Drehteile mit Zylindern und Kugeln als Grundkörper und Kreisen als Verknüpfungsflächen. Die Rechteckfläche 5.1 ist eine Wirkfläche, die das Befestigen der Feder ermöglichen soll, während die Fläche 5.2 das Bauteil nach außen abschließt (berandet) und somit nur eine Nebenfunktion zu erfüllen hat.

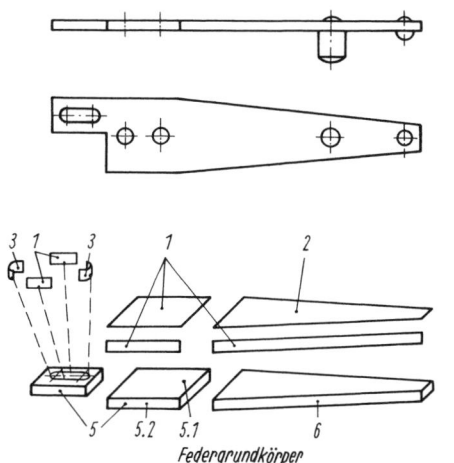
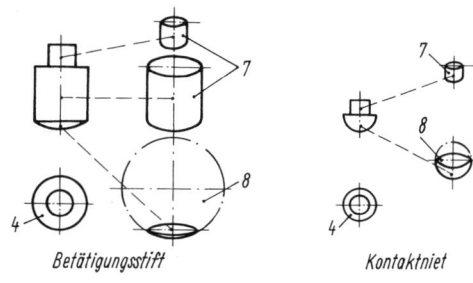

Bild 2.3 Formelemente an einer trapezförmigen Kontaktblattfeder
Flächen: *1* Rechteck; *2* Trapez; *3* Zylindermantel; *4* Kreis; *5.1* Wirkfläche; *5.2* untergeordnete Fläche (Nebenfläche)
Körper: *5* Quader; *6* Prisma; *7* Zylinder; *8* Kugel

Die Auswahl der Formelemente nur nach funktionellen Gesichtspunkten führt zur sogenannten *Zweckform* (**Bild 2.4a**). Die Gestalt von Bauteilen läßt sich aber bei funktionellen und fertigungstechnischen Zusatzforderungen durch Hinzufügen weiterer einfacher Grundformen zur *Ausführungsform* verändern und in den meisten Fällen fertigungstechnisch verbessern (Bild 2.4b) [5].

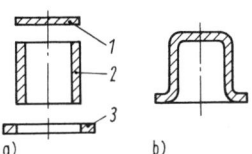

Bild 2.4 Gestaltung einer Gehäusekappe mit Formelementen
a) aus geometrischen Grundformen *1*, *2* und *3* — Zweckform;
b) Tiefziehteil — fertigungstechnische Ausführungsform

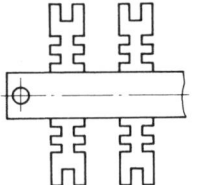
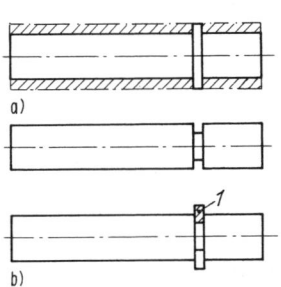

Bild 2.6 Lötfahnengestaltung
rechteckige Grundform wird von Kerben zur Verminderung des Wärmeabflusses zum Lötfahnenträger durchbrochen

Bild 2.5 Gestaltung eines Drehteils
a) nach Zweckform, großer Materialabfall;
b) besser durch Verwendung von gezogenem Halbzeug und Normteil *1* (Sicherungsscheibe nach DIN 6799)

Fertigungstechnische Erwägungen führen z. B. zu der im **Bild 2.5** gezeigten Veränderung der die Funktion erfüllenden Grundform (a) in eine einfachere Form (b), die durch Verwendung genormter Bauteile eine Materialeinsparung ermöglicht.

In bestimmten Fällen sind auch kompliziertere Formen notwendig. Für die Lötfahnenform (**Bild 2.6**) wäre eine Rechteckform bereits funktionserfüllend. Die gewählte Form soll jedoch einen Wärmestau bewirken und den Wärmeabfluß zum Lötfahnenträger verringern.

2.1.2.2 Werkstoff und Herstellung

Zur Realisierung der Form eines Bauteils ist *Werkstoff* erforderlich. Bei seiner Auswahl (s. Abschn. 2.4) sind sowohl die Forderungen aus der *Nutzung* des Bauteils (Festigkeit, Verformung, Verschleiß, Korrosion usw.) als auch die für die *Herstellung* (u. a. Spanbarkeit, Umformbarkeit, Lötbarkeit und Gießbarkeit) sowie die *Ökonomie* (Masse, Kosten, Lieferbedingungen usw.) zu beachten.

Einige Beispiele zeigen die Bilder 2.4 bis 2.6. Ausführliche Darlegungen zum fertigungsgerechten Gestalten von Bauteilen sind in [4] [5] enthalten.

2.1.2.3 Bauteilzustand

Für die Erfüllung der Funktion ist oft auch ein bestimmter *Bauteilzustand* wichtig, der aus Werkstoffeigenschaften (z. B. Härte, thermische und magnetische Eigenschaften, Eigenspannungen), aber auch aus konstruktiven Forderungen (Einbauverhältnisse, Vorspannung usw.) resultieren kann. Solche Zustandseigenschaften sind vom Konstrukteur festzulegen und in den Zeichnungsunterlagen anzugeben, da sie durch die Gestalt nicht zum Ausdruck kommen.

2.1.3 Regeln, Prinzipien und Einflüsse

Aus dem Streben nach optimaler Erfüllung der Funktion, der Herstellbarkeit, der Ökonomie und Ästhetik ergeben sich zahlreiche Forderungen an die Gestalt technischer Gebilde, die in der Formulierung verschiedener Gerechtheiten **(Tafel 2.1)** ihren Niederschlag gefunden haben und aus denen sich zahlreiche Regeln, Richtlinien und Methoden ableiten lassen [3] [12] [1.3]. Nicht für jede technische Lösung sind die angegebenen Regeln und Prinzipien gleich wichtig. Vielmehr hängt es von den speziellen Forderungen der Aufgabenstellung ab, welche den Vorrang erhalten.

Im Hinblick auf den späteren Zusammenbau der Bauteile zu Baugruppen und Geräten kommt dem Gestalten von *Bauelemente-Koppelstellen* besondere Bedeutung zu. Für einen wirtschaftlichen Austauschbau sind neben der Einschränkung der Vielzahl möglicher Konstruktionsmaße durch Anwenden von Normmaßen aus Auswahlreihen (s. Abschn. 2.2) auch die vorrangige Verwendung genormter Bauelemente und die Paßmaßübereinstimmung notwendig. Für jedes Funktionsmaß sind die *Toleranzen* gemäß Abschn. 2.3 nach dem Grundsatz festzulegen:

■ Toleriere so grob wie möglich und nur so fein wie erforderlich.

Um das oftmalige Auswechseln zueinander passender Teile zu gewährleisten und die Montage zu erleichtern, muß weiterhin eine genaue *Lagefixierung* und *-sicherung* erfolgen. Bei Drehteilen wird die Lage in radialer Richtung meist durch einen Zentrierbund und in axialer Richtung durch einen Anlagebund gesichert **(Bild 2.7)**. Zentrierbunde sollten eine ausreichende Breite ($b \geq 4$ mm) haben. Mit Hilfe von Gewinden kann eine Zentrierung nicht erreicht werden. Bei Verschraubungen ist deshalb stets eine zusätzliche Lagesicherung, z. B. durch Stifte (s. Abschn. 4.2.2), erforderlich.

Die verstärkte Anwendung automatisierter Verfahren und von Robotern bei der Herstellung und Montage von Bauteilen [3] [12] [2.3] [2.5] beeinflußt in erheblichem Maße die Ein-

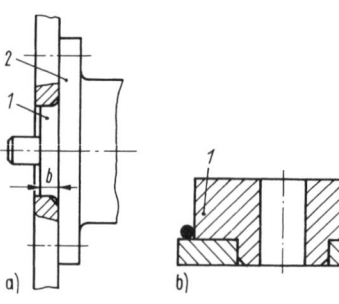

Bild 2.7 Zentrierung und Lagesicherung
a) Motorbefestigung
1 Zentrierbund; *2* Anlagebund des Motors
b) Lötverbindung: Lagesicherung von Buchse *1*, Hebel *2* und Lot *3* beim Schutzgaslöten

zelteilgestaltung, indem Forderungen nach einer *automatisierungs-* bzw. *robotermontagegerechten* Gestaltung erhoben werden. Es sind deshalb z. B. Vorkehrungen zu treffen, um platzsparende Stapelbarkeit ohne Gefahr des Verhakens oder Ineinanderschachtelns der Teile zu erreichen. Für das sichere Ergreifen, automatische Zuführen und Montieren durch Roboter sind einfache und möglichst an verschieden geformten Bauteilen gleichartige Greifflächen vorzusehen. Die Bauteile müssen sich mit einfachen Mitteln vereinzeln lassen und eindeutige Erkennungs- und Unterscheidungsmerkmale für die eingesetzten unterschiedlichen Sensoren besitzen. Auf die vielfältigen hierbei zu beachtenden Regeln wird an Hand zahlreicher Beispiele in [3] [12] [2.5] ausführlich eingegangen. Einige Richtlinien und Beispiele enthält **Tafel 2.2**.

An den Berührungsstellen der Bauteile kann bei Einwirken von Feuchte und aggressiven Gasen *Korrosion* auftreten. Korrosionserscheinungen lassen sich oft nicht vermeiden, sondern nur

Tafel 2.1 Gestaltungsregeln und -prinzipien, Vorgehensweise

a) Forderungen

Gegenstand	Forderungen
Funktion	funktionsgerecht, toleranzgerecht, Erfüllen der gestellten Aufgabe und der sich daraus ableitenden Teilaufgaben
Werkstoff und Dimensionierung	werkstoffgerecht, beanspruchungsgerecht, formänderungsgerecht, verschleißgerecht, korrosionsgerecht
Herstellung	fertigungsgerecht, verarbeitungsgerecht, montagegerecht, automatisierungsgerecht, stückzahlgerecht, justiergerecht, normgerecht
Ergonomie (Beziehung Mensch–Gerät)	gebrauchsgerecht, formgerecht, bediengerecht, handhabungsgerecht
Kontrolle	kontroll- bzw. prüfgerecht
Gebrauch und Instandhaltung	gebrauchsgerecht, instandhaltungsgerecht, wartungsgerecht, transportgerecht
Recycling	wiederverwendungsgerecht (ausführliche Darstellung s. [4])
Kosten	kostengerecht

b) Gestaltungsprinzipien, Auswahl nach [12]

Gestaltungsprinzip	Beispiele, Erläuterungen
• Prinzip der direkten und kurzen Kraftleitung	Kräfte sind auf kürzesten Wegen in die Auflagerstellen zu leiten. Schroffe Kraftumlenkungen und Störungen des Kraftflusses (z. B. Kerben) vermeiden (s. Bild 7.7). Kraftleitende Teile so anordnen, daß in ihnen bevorzugt Zug bzw. Druck entsteht. Biegung vermeiden!
• Prinzip der abgestimmten Verformung	s. Klebverbindung in Bild 4.13b und e
• Prinzipien der Aufgabenteilung	Funktionentrennung, Funktionenintegration (z. B. Spannbandlagerung von Meßspulen, s. Bild 8.54), Strukturtrennung (Gehäuseteilung zwecks Montage), Strukturintegration (Leiterplatte, s. Bild 5.6)
• Prinzip Funktionswerkstoff an Funktionsstelle	Gleitlagerbuchse in Gehäusewand, s. Bilder 8.12 und 8.26
• Prinzip des Vermeidens von Überbestimmtheiten	Überbestimmtheiten führen zu Zwängen, zu erhöhten Bauteilbeanspruchungen und Verformungen sowie Verschleiß (Beispiele s. Tafel 2.14/5.)
• Prinzipien der fehlerarmen Anordnungen	Wahl einer Struktur mit minimierten Fehlern (Fehlerminimierung, innozente bzw. invariante Anordnungen, Fehlerkompensation, z. B. Bilder 10.6e und 10.7c)

Tafel 2.1 Fortsetzung

c) Vorgehensweise beim Gestalten (Beispiel)

1. **Aufgabe:**
   Gegeben: Lage der Bohrungen
            A, B, C (Wirkflächen)
   Gesucht: Feste Verbindung der
            Bohrungen (Hebel)

   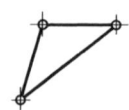

2. **Grundform** (Variation der Verbindung):

   2.1 geschlossen

   2.2 offen
      (2.2.1, 2.2.2, 2.2.3)

   2.3 verzweigt
      (2.3.1, 2.3.2, 2.3.3)

   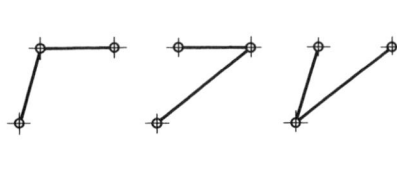

   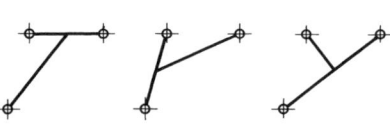

3. **Fertigung und Werkstoff:**
   3.1 aus einem Stück: 3.1.1 Metallformteil (Guß)
                                 3.1.2 Kunststoffformteil
                                 3.1.3 Biege- und Stanzteil

   3.2 zusammengesetzt unter Anwendung von
                                 3.2.1 Stoffschluß
                                 3.2.2 Formschluß
                                 3.2.3 Kraftschluß

4. **Darstellung** (Beispiele):
   Ergebnisse durch Kombination von
      2.1 und 3.2.1   2.2.1 und 3.1.3   2.3.3 und 3.1.1

   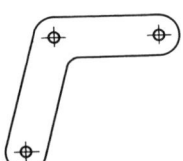
   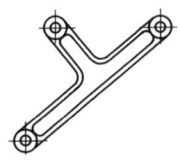

mindern, weil die Ursachen nicht zu beseitigen sind. Bei Kontaktbauelementen hat die Korrosion Einfluß auf den Übergangswiderstand. Deshalb sind meist entsprechende Schutzschichten notwendig. Saure oder basische Anteile in Flußmitteln für Lote z. B. fördern die Korrosion (s. Abschn. 4.1.2). Der Konstrukteur muß durch zweckmäßige Werkstoffwahl und Bauteilgestaltung der Korrosion entgegenwirken. Die zu wählenden Maßnahmen hängen von der Art der zu erwartenden Korrosion ab.

Das Beachten weiterer Einflüsse, wie Kosten (**Bild 2.8a**), Stückzahl, betriebliche Bedingungen, volkswirtschaftliche Bedeutung usw. führt zu unterschiedlichen Ergebnissen, da es nicht möglich ist, allen Regeln vollständig zu genügen.

Tafel 2.2 Gestaltungsrichtlinien für automatisierte Montage und Demontage
Auswahl nach [12]

Ungünstige Lösung	Forderungen, Maßnahmen, Regeln	Günstige Lösung
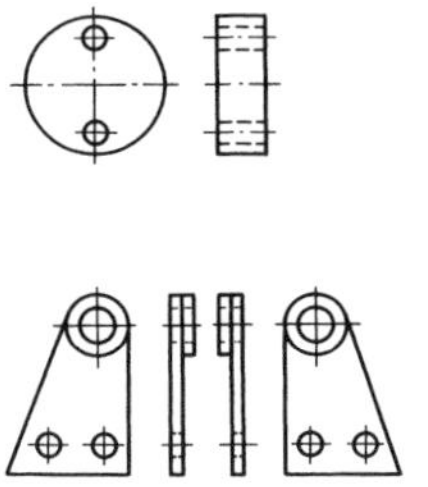	**Erkennbarkeit** — Sorge für lagegerechtes Erkennen des Bauteils, z. B. durch eindeutige Asymmetrie! — Vermeide Bauteile, die sich zwar voneinander unterscheiden, aber gleiche Hauptabmessungen besitzen! — Strebe großen Wiederholteilgrad an und gestalte ähnliche Teile zu konstruktiv gleichen um!	
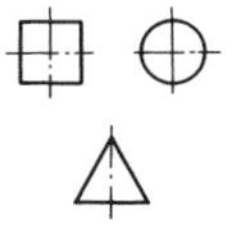	**Greifbarkeit** — Vermeide labile, flexible und oberflächenempfindliche Bauteile! — Strebe einheitliche Greifflächen und zusammenhängende, ausgeprägte Begrenzungsflächen an!	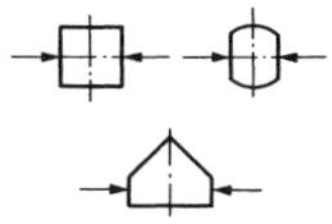
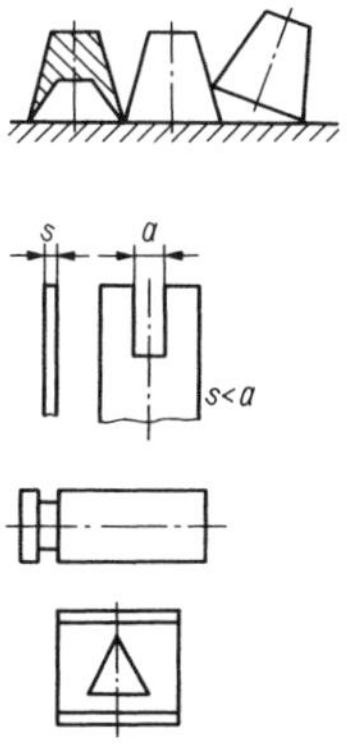	**Handhabbarkeit, Transport, Zuführung** — Wähle Bauteilgestalt so, daß sie Handhabung und Speicherung ermöglicht und begünstigt (Stapel- und Schüttfähigkeit, Roll-, Gleit- oder Hängefähigkeit), aber Verschachteln, Verklemmen und Verhaken vermeidet! — Wähle zusammenhängende Begrenzungsflächen! — Strebe Symmetrie um möglichst viele Achsen und gleiche Symmetrieachsen für die Innen- und Außenform an! — Behalte die bei der Fertigung einmal erreichte Ordnung der Bauteile bei!	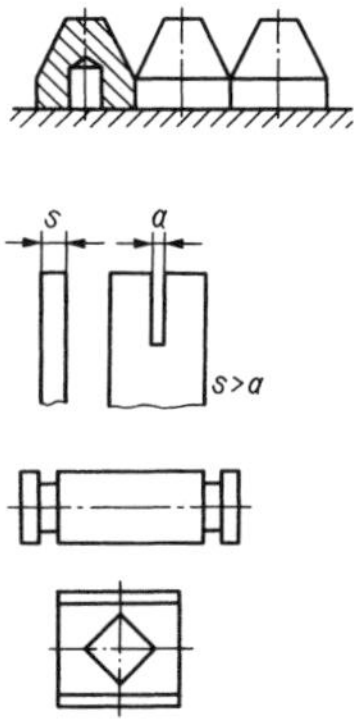
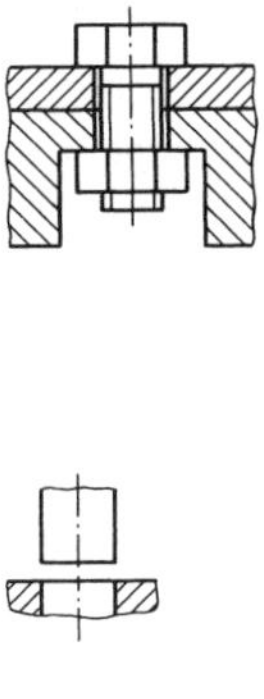	**Fügbarkeit** — Wähle Baugruppen- bzw. Geräteaufbau und entsprechende Bauteilgestalt so, daß nur eine Montagerichtung erforderlich ist! — Minimiere Zahl der Bauteile je Baugruppe bzw. Gerät! — Wähle einfache Fügevorgänge, nutze Elastizität der Bauteile (Schnappverbindungen)! — Vermeide Halteoperationen und beachte Zugänglichkeit für Werkzeug, Greifer bzw. Teilezuführung! — Ermögliche gegenseitiges Zentrieren nachfolgend zu montierender Bauteile und treffe Vorkehrungen für eine Selbstpositionierung! — Nutze Schwerkraft als Fügehilfe!	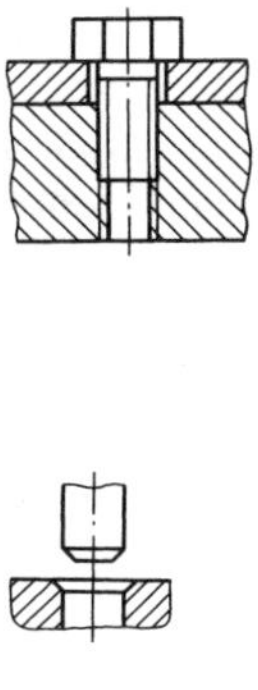

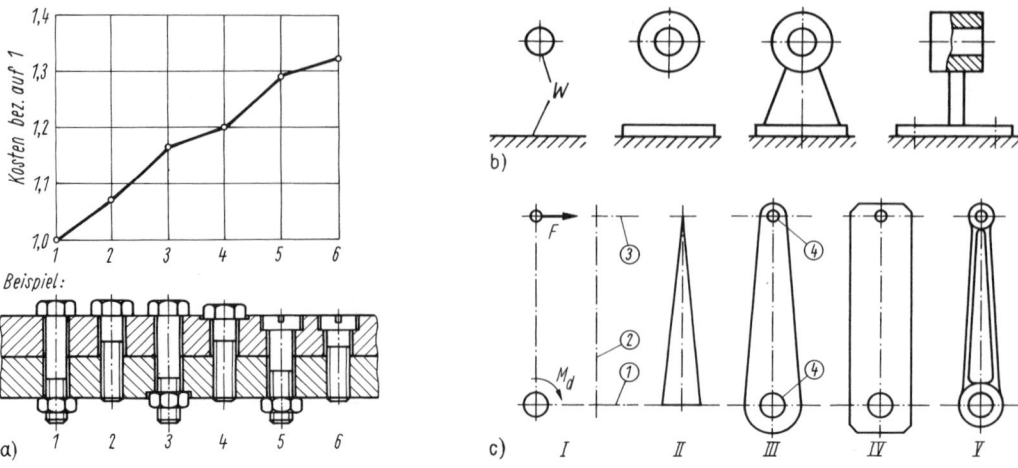

Bild 2.8 Gestaltungsbeispiele
a) Beeinflussung der Kosten bei der Gestaltung von Schraubenverbindungen; b) Gestalten eines Lagerbocks durch Verwenden einfacher Formelemente, Vorgehensweise von „innen" nach „außen" (W Wirkflächen); c) Vorgehensweise beim Gestalten einer Kurbel
① Welle; ② Kurbelarm; ③ Griff; ④ Koppelstellen
I) Aufgabenstellung
II) Erfüllung der Funktion nach Festigkeitsbedingungen ohne Berücksichtigung der Koppelstellen
III) Gestaltung des Kurbelarms von den Koppelstellen ausgehend von „innen" nach „außen" (Grundform)
IV) Gestaltung des Kurbelarms als Blechteil (Einzelfertigung; nicht beanspruchungsgerecht)
V) Gestaltung des Kurbelarms als Gußteil (für größere Stückzahlen)

2.1.4 Arbeitsschritte beim Gestalten

Das Gestalten technischer Gebilde ist unter Berücksichtigung aller in diesem Abschnitt und darüber hinaus der in der Literatur angegebenen Gestaltungsregeln und -hinweise (s. Tafeln 2.1 und 2.2) vorzunehmen. Das Primat kommt der Erfüllung der Funktion zu. Deshalb ist grundsätzlich mit dem Gestalten der Bauteile zu beginnen, die die geforderte *Hauptfunktion* realisieren und danach mit den Teilen, die *Nebenfunktionen* erfüllen, fortzufahren. Bei Einzelteilen sind das die Wirkflächen bzw. Koppelstellen mit anderen Bauteilen, in Baugruppen und Geräten die funktionsbestimmenden Bauteile. Es gilt der Grundsatz:

- Vom Wichtigen zum weniger Wichtigen.

Beim Strukturieren von Baugruppen und Geräten gilt auch der Grundsatz:

- Von „innen" nach „außen".

Eine umgekehrte Vorgehensweise birgt die Gefahr in sich, nach dem Gestalten außen liegender Teile nicht genügend Raum für die innen anzuordnenden zu haben. Das trifft besonders für nach außen abgeschlossene Baugruppen (Schalter, Getriebe, Meßgeräte usw.) zu. Einfache Beispiele zeigen die Bilder 2.8b und c sowie Tafel 2.1c. Beim Gestalten der Kurbel im Bild 2.8c gelangt man unter Erfüllung der Festigkeitsbedingungen und der Funktion zunächst zu der unter II dargestellten Form des Kurbelarms. Die Berücksichtigung der Koppelstellen (Befestigen auf einer Welle und Anbringen eines Griffes) führt beim Gestalten von „innen" nach „außen" zu der unter III dargestellten Grundform. Fertigungstechnische Gesichtspunkte ergeben dann in Abhängigkeit von der erforderlichen Stückzahl die unter IV und V skizzierten Ausführungsvarianten.

In der Literatur [12] [1.3] werden Vorgehensweisen empfohlen, die die Arbeitsschritte als Algorithmus formulieren oder allgemeine Leitlinien für das Gestalten angeben. Ziel jeder konstruktiven Arbeit sollte es sein, durch gewichtetes Anwenden der zahlreichen Regeln bei Beachten der vielfältigen Einflüsse eine optimale technische Lösung zu erhalten.

2.2 Normzahlen und Normmaße
[3]

Bei der Festlegung physikalischer, technischer und ökonomischer Größen (z. B. geometrische Abmessungen, elektrische Spannungen, Leistungen, Drücke, Übersetzungen) sind aus Gründen der Wirtschaftlichkeit Einschränkungen erforderlich. Diese werden über Normzahlen und Normmaße geregelt, die eine logarithmisch aufgebaute Zahlenauswahl darstellen.

Normzahlen. Diese Zahlen sind geringfügig gerundete Glieder geometrischer Reihen. Sie entstehen, indem man die Zwischenbereiche der Zehnerpotenzen 1, 10, 100 usw. so aufteilt, daß das Verhältnis je zwei aufeinanderfolgender Zahlen konstant ist. Dieses Verhältnis (Stufensprung q) ist zusammen mit den daraus entwickelten Zahlenreihen genormt. Für den Stufensprung q und die zugehörigen Reihen gilt $q_r = \sqrt[r]{10}$ mit $r = 5, 10, 20$ und 40 (*Grundreihen R 5* bis *R 40*). Die für den normalen Gebrauch vorgesehenen Hauptwerte dieser Grundreihen (**Tafel 2.3**) sind geringfügig gerundet. Durch Benutzung jedes p-ten Gliedes einer Grundreihe entstehen *abgeleitete Reihen*. So kann man aus der Reihe $R\,20$ durch Auswahl jedes dritten Gliedes die abgeleitete Reihe $R\,20/3$ bilden. r stellt in obiger Beziehung die Stufenzahl dar.

Tafel 2.3 Normzahlen nach DIN 323 (Auszug)

Grundreihen Hauptwerte				Rundwertreihen Rundwerte			Grundreihen Hauptwerte				Rundwertreihen Rundwerte		
R 5	R 10	R 20	R 40	R' 10	R' 20	R' 40	R 5	R 10	R 20	R 40	R' 10	R' 20	R' 40
1,0	1,0	1,0	1,0	1,0	1,0	1,0		3,15	3,15	3,15	3,2	3,2	3,2
			1,06			1,05				3,35			3,4
		1,12	1,12		1,1	1,1			3,55	3,55		3,6	3,6
			1,18			1,2				3,75			3,8
	1,25	1,25	1,25	1,25	1,25	1,25	4,0	4,0	4,0	4,0	4,0	4,0	4,0
			1,32			1,3				4,25			4,2
		1,4	1,4		1,4	1,4			4,5	4,5		4,5	4,5
			1,5			1,5				4,75			4,8
1,6	1,6	1,6	1,6	1,6	1,6	1,6		5,0	5,0	5,0	5,0	5,0	5,0
			1,7			1,7				5,3			5,3
		1,8	1,8		1,8	1,8			5,6	5,6		5,6	5,6
			1,9			1,9				6,0			6,0
	2,0	2,0	2,0	2,0	2,0	2,0	6,3	6,3	6,3	6,3	6,3	6,3	6,3
			2,12			2,1				6,7			6,7
		2,24	2,24		2,2	2,2			7,1	7,1		7,1	7,1
			2,36			2,4				7,5			7,5
2,5	2,5	2,5	2,5	2,5	2,5	2,5		8,0	8,0	8,0	8,0	8,0	8,0
			2,65			2,6				8,5			8,5
		2,8	2,8		2,8	2,8			9,0	9,0		9,0	9,0
			3,0			3,0				9,5			9,5
							10,0	10,0	10,0	10,0	10,0	10,0	10,0

Die Reihen können durch Multiplizieren mit den ganzzahligen Zehnerpotenzen ... 0,01; 0,1; 1; 10; 100; 1000 ... beliebig nach unten oder oben erweitert werden. Die Reihen R' gelten auch als Normmaße in mm.

Bereitet die Anwendung der Hauptwerte Schwierigkeiten oder sind handelsübliche Größen zu berücksichtigen, können die Normzahlen stark gerundet werden (z. B. bei $R\,10$ statt 6,3 Wert 6). Aus den Rundwerten ergeben sich die für die praktische Anwendung wichtigen *Rundwertreihen R' und R''*, wobei die Reihe R'' die gröbste Rundung aufweist und möglichst zu vermeiden ist. Eine der bekanntesten Rundwertreihen mit den Werten 1, 2, 5, 10, 20, 50, 100 usw. findet für die Stufung von Geld, Wägestücken usw. Anwendung.

Normmaße. Die Werte der Reihen R' dienen entsprechend DIN 323 (s. Tafel 2.3) als Normmaße. Sie werden als Vorzugswerte für Längenmaße usw. verwendet.

- Für die meisten konstruktiven Probleme stellt die Reihe $R'\,20$ die zweckmäßigste Zahlenauswahl dar.

Die Nennwerte elektrischer Bauelemente (Widerstände, Kondensatoren usw.) sind dagegen nach einer anderen geometrischen Reihe, der *Internationalen E-Reihe*, gestuft, bei der $q_r = \sqrt[r]{10}$ mit $r = 6, 12, 24, 48$ usw. festgelegt ist (Reihen *E* 6, *E* 12 usw., s. **Anhang**, Abschn. A8).

Die Stufung von Zahlenwerten nach arithmetischen Reihen, bei denen zwischen zwei aufeinanderfolgenden Werten eine konstante Differenz besteht, sind zu vermeiden, da sich eine sehr ungleichmäßige Stufung ergibt (s. Aufgabe 2.1 im Abschn. 2.5).

2.3 Toleranzen und Passungen
[3]

Alle zu fertigenden Werkstücke weichen von den geforderten Maßen ab. Diese Abmaße sind abhängig von den zur Produktion verwendeten Maschinen und Werkzeugen, der Temperaturdifferenz zwischen Bearbeitung und Anwendung, von Spannungen im Werkstück, seinen elastischen Eigenschaften usw. Aufgabe des Konstrukteurs ist es, die Abmaße so festzulegen, daß die Funktion stets erfüllt wird. Dabei ist zu beachten, daß die Fertigung in Verbindung mit der Prüfung um so teurer wird, je enger die Grenzen der Abmaße gezogen werden. Um eine rationelle Fertigung und vor allem einen gesicherten Austauschbau zu ermöglichen, sind genormte Richtlinien geschaffen worden. Sie enthalten Festlegungen zu den Grenzabmaßen und Toleranzen an Einzelteilen *(Toleranzsystem)*, zum Zusammenwirken von mit Toleranzen behafteten Innen- und Außenteilen *(Paßsystem)* sowie zur Genauigkeit der Arbeits- und Prüflehren für die Fertigung *(Grenzmaßsystem für Lehren)*.

2.3.1 Toleranzen

In der Technik werden geometrische Toleranzen und Toleranzen physikalischer, chemischer u. a. Eigenschaften (z. B. Temperatur, Härte, Stoffmengenverhältnisse) unterschieden. Die nachfolgend behandelten geometrischen Toleranzen beziehen sich auf die gesamte Gestalt von Bauteilen und Erzeugnissen und können sowohl die Abmessungen (Höhe, Breite usw.) als auch die Formen (z. B. Kreisform oder Zylinderform), die Lagen (Symmetrie, Parallelität usw.), die kombinierten Formen und Lagen (u. a. Rundlauf und Stirnlauf) sowie die Rauheit der Oberfläche betreffen. Man unterscheidet demgemäß

- Maßtoleranzen,
- Form- und Lagetoleranzen sowie
- Forderungen zur Oberflächenrauheit.

Für spezielle Konstruktionselemente gibt es darüber hinaus Sondertoleranzen, z. B. für Zahnräder (s. Abschn. 11.3.4.7) oder für Gewinde.

Grundbegriffe. Gepaarte Teile berühren sich an den Paßflächen. Man unterscheidet dabei i. allg. zwischen Welle und Bohrung:

- Welle ist die Kurzbezeichnung für alle *Außenmaße* zwischen zwei parallelen ebenen Flächen eines Werkstücks oder parallelen Tangentenebenen an runden Werkstücken.
- Bohrung ist sinngemäß die Kurzbezeichnung für alle *Innenmaße*.

Als Bezugsmaß dient das *Nennmaß N* bzw. *D*.

Am Beispiel einer Bohrung und einer Welle **(Bild 2.9)** sind in **Tafel 2.4** die wichtigsten Bezeichnungen bei tolerierten Maßen nach DIN EN ISO 286 zusammengestellt.

Sie gelten sinngemäß auch für flache Teile.

Für die Tolerierung von Maßen und deren Angabe in Zeichnungen hat man grundsätzlich drei Möglichkeiten **(Bild 2.10)**, s. auch **Anhang**, Abschn. A4.4.

2.3 Toleranzen und Passungen

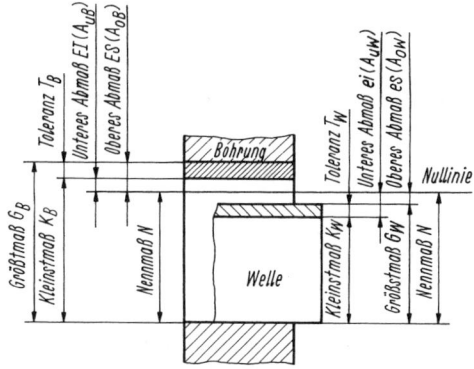

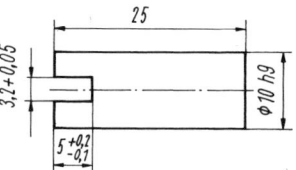

Bild 2.10 Angabe tolerierter Maße in Zeichnungen

Bild 2.9 Bezeichnung der Maße und Toleranzen für Außen- und Innenteile bzw. Wellen und Bohrungen nach DIN EN ISO 286 (bisherige Angaben nach DIN 7182 in Klammern)

Tafel 2.4 Bezeichnungen bei tolerierten Maßen
nach DIN EN ISO 286 (bisherige Angaben nach DIN 7182 in Klammern); Maße in mm

Bezeichnung	Kurzzeichen			Beispiel (Bohrung)	Erläuterungen
Nennmaß	N bzw. D			100	Maß zur Größenangabe, auf das Abmaße bezogen werden
Paßmaß				$100^{+0,2}_{-0,1}$	in Zeichnung eingetragenes toleriertes Nennmaß
Abmaß*) — Ist-Abmaß — oberes Abmaß — unteres Abmaß	E_{ist} ES es EI ei	(A_i) (A_{oB}) (A_{oW}) (A_{uB}) (A_{uW})	— Innenmaße — Außenmaße — Innenmaße — Außenmaße	0,1 0,2 $-0,1$	vorhandene zulässige } Abmaße vom Nennmaß
Beispiel Bohrung: Grenzmaße — Höchstmaß (Größtmaß) — Mindestmaß (Kleinstmaß)	$G = N + ES$ $K = N + EI$	$(= N + A_{oB})$ $(= N + A_{uB})$		100,2 99,9	zulässiges größtes und kleinstes Maß eines Teiles (durch Toleranzangaben festgelegt)
Istmaß	$I = N + E_{ist}$	$(= N + A_i)$		100,1	Maß des fertigen Teiles
Toleranz	$T = G - K$ $ = ES - EI$	$(= A_{oB} - A_{uB})$		0,3	zulässiger Schwankungsbereich zwischen G und K
Nullinie	0——0				durch Nennmaß festgelegte Bezugslinie für Abmaße

*) Abmaße für Außenmaße (Wellen) werden nach DIN EN ISO 286 mit Kleinbuchstaben (es, ei), für Innenmaße (Bohrungen) mit Großbuchstaben (ES, EI) gekennzeichnet.

- *ISO-Toleranzen* (z. B. $\varnothing\,10\,h\,9$ oder $\varnothing\,4\,F\,8$);
- Grenzabmaße (obere und untere Abmaße) für *Maße ohne Toleranzangabe*, die sog. Allgemeintoleranzen bzw. Freimaßtoleranzen (z. B. zu Maß 25 nur im Zeichnungsschriftfeld Angabe der Toleranzklasse *fein, mittel, grob* oder *sehr grob*);
- Toleranzen durch Angabe frei gewählter Abmaße, die nicht genormt sind *(freitolerierte Maße)* (z. B. $5^{+0,2}_{-0,1}$).

Bei der Auswahl dieser Toleranzen und Grenzabmaße sind die Funktion, die Sicherung der wirtschaftlichen Fertigung und Montage sowie die Gewährleistung der Maßkontrolle möglichst mit handelsüblichen Meßzeugen und Lehren zu beachten.

ISO-Toleranzen. Sie sind nur bei besonderen Funktions- und Passungsforderungen anzuwenden und in DIN EN ISO 286 (bisher in DIN 7150 bis 7152, 7160, 7161, 7172 usw.) sowie bisher in DIN 58700 festgelegt. Die Kennzeichnung der Toleranzfelder erfolgt danach durch einen Buchstaben (Lage der Felder bezüglich einer Nullinie) und eine Ziffer (Größe der Felder).

▶ Die Einheit von Lage (z. B. *Grundabmaß h*) und Größe eines Toleranzfeldes (z. B. *Grundtoleranzgrad* bzw. Qualität 9) bezeichnet man als *Toleranzklasse* (z. B. *h* 9).

• Die **Lage der Maßtoleranzfelder** ist auf die durch das Nennmaß festgelegte Bezugslinie, die Nullinie, bezogen. Die Kennzeichnung der Lage erfolgt bei Außenmaßen durch die kleinen Buchstaben *a* bis *z*, *za*, *zb*, *zc* und bei Innenmaßen analog durch die großen Buchstaben *A* bis *Z*, *ZA*, *ZB*, *ZC*, in einigen Fällen auch durch eine Kombination von je zwei Buchstaben (z. B. *cd* oder *EF*). Damit ergeben sich für Außen- und Innenmaße jeweils 28 Lagen, die *Grundabmaße* (**Bild 2.11**). Die Toleranzfelder mit den Buchstaben *h* und *H* liegen an der Nullinie. Ein mit *h* bezeichnetes Toleranzfeld eines Außenmaßes bzw. einer Welle berührt die Nullinie von unten *(Einheitswelle)*, ein solches mit *H* für ein Innenmaß bzw. eine Bohrung dagegen von oben *(Einheitsbohrung)*. Die Toleranzfelder, die mit den übrigen kleinen und großen Buchstaben bezeichnet sind, liegen in definiertem Abstand symmetrisch zur Nullinie.

Bei der Prüfung von Werkstücken unterscheidet man in diesem Zusammenhang Gutgrenzen (Grenzen der maximalen Materialmenge), die bei der Fertigung zuerst, sowie Ausschußgrenzen (Grenzen der minimalen Materialmenge), die bei der Fertigung zuletzt erreicht werden und nach deren Überschreiten das Bauteil Ausschuß ist.

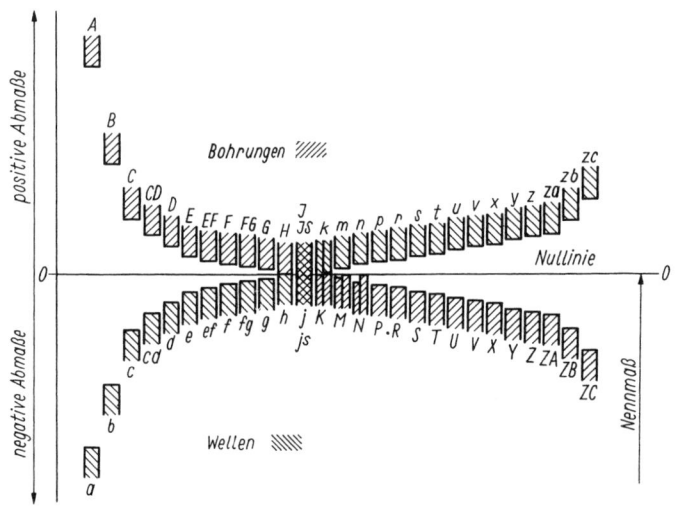

• **Hinweis:** DIN 58700 wurde zurückgezogen, kein Nachfolgedokument.

Bild 2.11
Lagen der ISO-Maßtoleranzfelder für Innenmaße (Bohrungen) und Außenmaße (Wellen)

• *Beispiel* für
 Toleranzklasse   *h* 9
 Grundabmaß ⎯⎯⎯┘ │
 Grundtoleranzgrad ⎯⎯⎯┘
 (bisher Qualität)

• Für die **Größe der Maßtoleranzfelder** gelten folgende Festlegungen:
 — Die Abmessungen von 1 bis 500 mm sind in 25 annähernd geometrisch gestufte Nennmaßbereiche unterteilt, in denen die Toleranzen eines Grundtoleranzgrades (Qualität) dem gleichen Genauigkeitsgrad für alle Nennmaße entsprechen.
 — Die Größe der Toleranzen ist in 20 Bereiche, *Grundtoleranzgrade* bzw. Qualitäten genannt, untergliedert und wird mit den Zahlen 01, 0, 1 bis 18 bezeichnet. Sie bilden die Internationalen Toleranzreihen *IT* 01, *IT* 0, *IT* 1 bis *IT* 18 und sind in DIN EN ISO 286 (bisher DIN 7151) festgelegt (**Tafel 2.5**).
  Zur Berechnung der in diesen Toleranzreihen festgelegten ISO-Grundtoleranzen *T* wird ein international vereinheitlichter Toleranzfaktor *i* für Nennmaße von 1 bis 500 mm herangezogen:

$$i = 0{,}45 \sqrt[3]{D} + 0{,}001 D \tag{2.1}$$

mit *i* in µm und $D = \sqrt{D_1 D_2}$ in mm (D_1, D_2 Grenzen des jeweiligen Nennmaßbereichs).

2.3 Toleranzen und Passungen

Tafel 2.5 ISO-Grundtoleranzen T für Nennmaße nach DIN EN ISO 286 (Auszug), Werte in μm

Nennmaß-bereich in mm	Grundtoleranzgrad (Qualität) IT																		
	01	0	1	2	3	4	5	6	7	8	9	10	11	12	13	14	15	16	17	18
von 1 bis 3	0,3	0,5	0,8	1,2	2	3	4	6	10	14	25	40	60	100	140	250	400	600	1000	1400
über 3 bis 6	0,4	0,6	1	1,5	2,5	4	5	8	12	18	30	48	75	120	180	300	480	750	1200	1800
über 6 bis 10	0,4	0,6	1	1,5	2,5	4	6	9	15	22	36	58	90	150	220	360	580	900	1500	2200
über 10 bis 18	0,5	0,8	1,2	2	3	5	8	11	18	27	43	70	110	180	270	430	700	1100	1800	2700
über 18 bis 30	0,6	1	1,5	2,5	4	6	9	13	21	33	52	84	130	210	330	520	840	1300	2100	3300
über 30 bis 50	0,6	1	1,5	2,5	4	7	11	16	25	39	62	100	160	250	390	620	1000	1600	2500	3900
über 50 bis 80	0,8	1,2	2	3	5	8	13	19	30	46	74	120	190	300	460	740	1200	1900	3000	4600
über 80 bis 120	1	1,5	2,5	4	6	10	15	22	35	54	87	140	220	350	540	870	1400	2200	3500	5400
über 120 bis 180	1,2	2	3,5	5	8	12	18	25	40	63	100	160	250	400	630	1000	1600	2500	4000	6300

Der Grundtoleranzgrad (Qualität) IT 6 ist dem Betrag von $T = 10i$ zugeordnet, und jeder nachfolgende IT-Grundtoleranzgrad entsteht mit Hilfe der R 5-Reihe (Stufensprung $q = \sqrt[5]{10} \approx 1{,}6$). IT 5 entspricht $T \approx 7i$. Für die Festlegung IT 01 bis IT 4 wurden mit Rücksicht auf die zu deren Realisierung notwendigen höheren Fertigungsanstrengungen andere Gesichtspunkte gewählt.
Die allgemeinen Anwendungsbereiche zeigt **Bild 2.12**. Bei deren Auswahl zur Tolerierung von Nennmaßen ist zu beachten, daß ein jeweils nächsthöherer Grundtoleranzgrad bereits ein um 60% größeres Toleranzfeld aufweist und damit eine wesentliche Verringerung der Fertigungskosten ermöglicht.

Bild 2.12 Anwendungsbereiche der ISO-Grundtoleranzgrade (Qualitäten) IT und der Toleranzen T (T beispielhaft für N über 6 bis 10 mm)

Bei Kombination aller möglichen Toleranzfeldlagen mit den Grundtoleranzgraden IT (Qualitäten) entsteht so für jeden Nennmaßbereich eine Vielzahl verschiedener Toleranzfelder. Für den praktischen Gebrauch erfolgte, besonders im Zusammenhang mit dem Paßsystem und um eine wirtschaftliche Handhabung zu sichern, eine Einschränkung im Sinne einer Auswahl. Danach sind im Nennmaßbereich von 1 bis 500 mm nur noch ausgewählte Toleranzfelder für Innen- und Außenmaße vorgesehen, von denen im Sinne einer weiteren Begrenzung nur wenige bevorzugt angewendet werden sollen (**Tafel 2.6**; vgl. DIN EN ISO 286 und bisher DIN 58700).

Tafel 2.6 ISO-Toleranzfelder für Außen- und Innenmaße von 1 bis 500 mm
Auszug aus DIN EN ISO 286 für Grundtoleranzgrade (Qualitäten) IT 6 bis IT 9 und Nennmaße bis 120 mm
Die bisherige Norm DIN 58700 enthält zusätzlich eine Toleranzfeldauswahl und zu empfehlende Passungen für die Feinwerktechnik (s. auch Tafel 2.12)

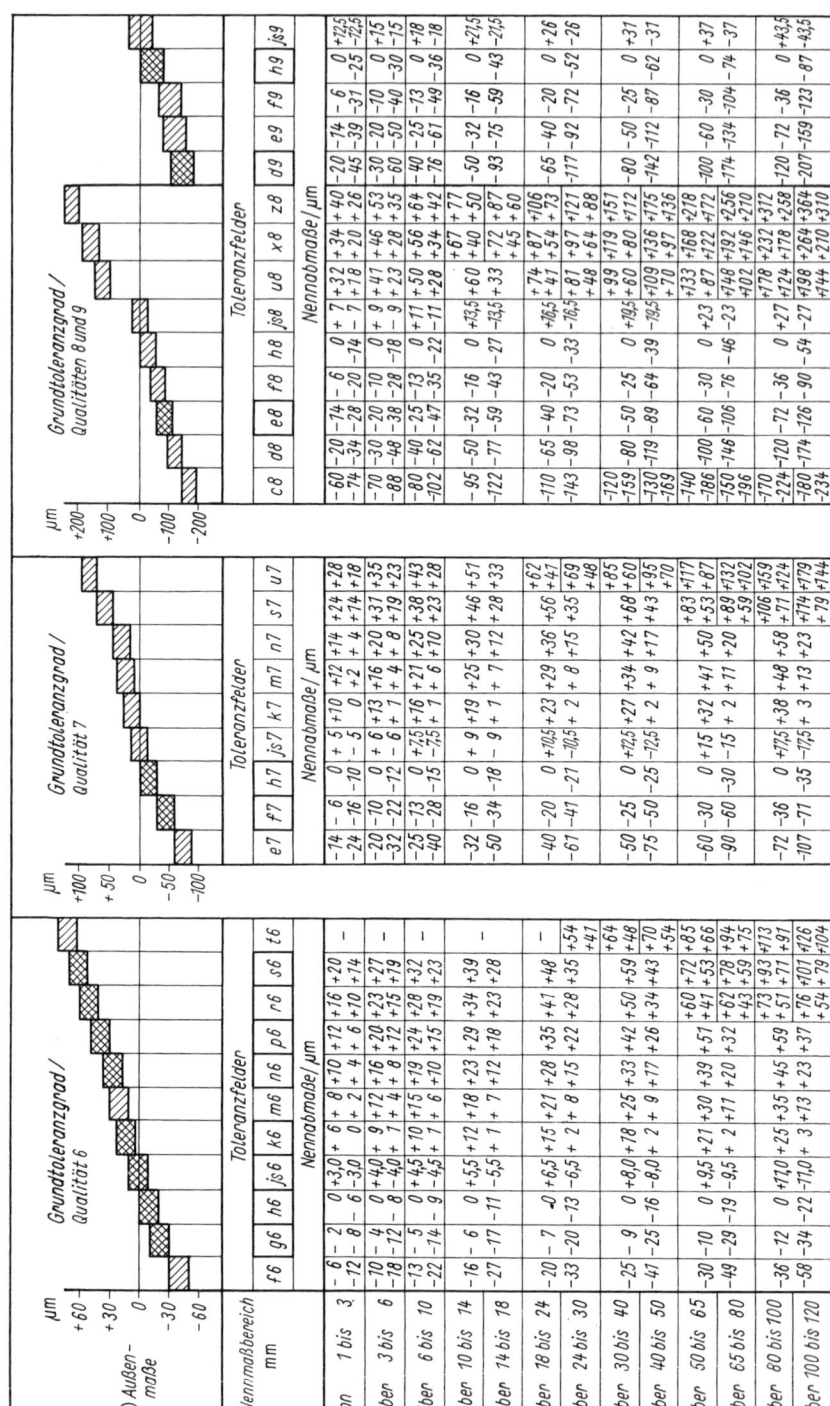

2.3 Toleranzen und Passungen

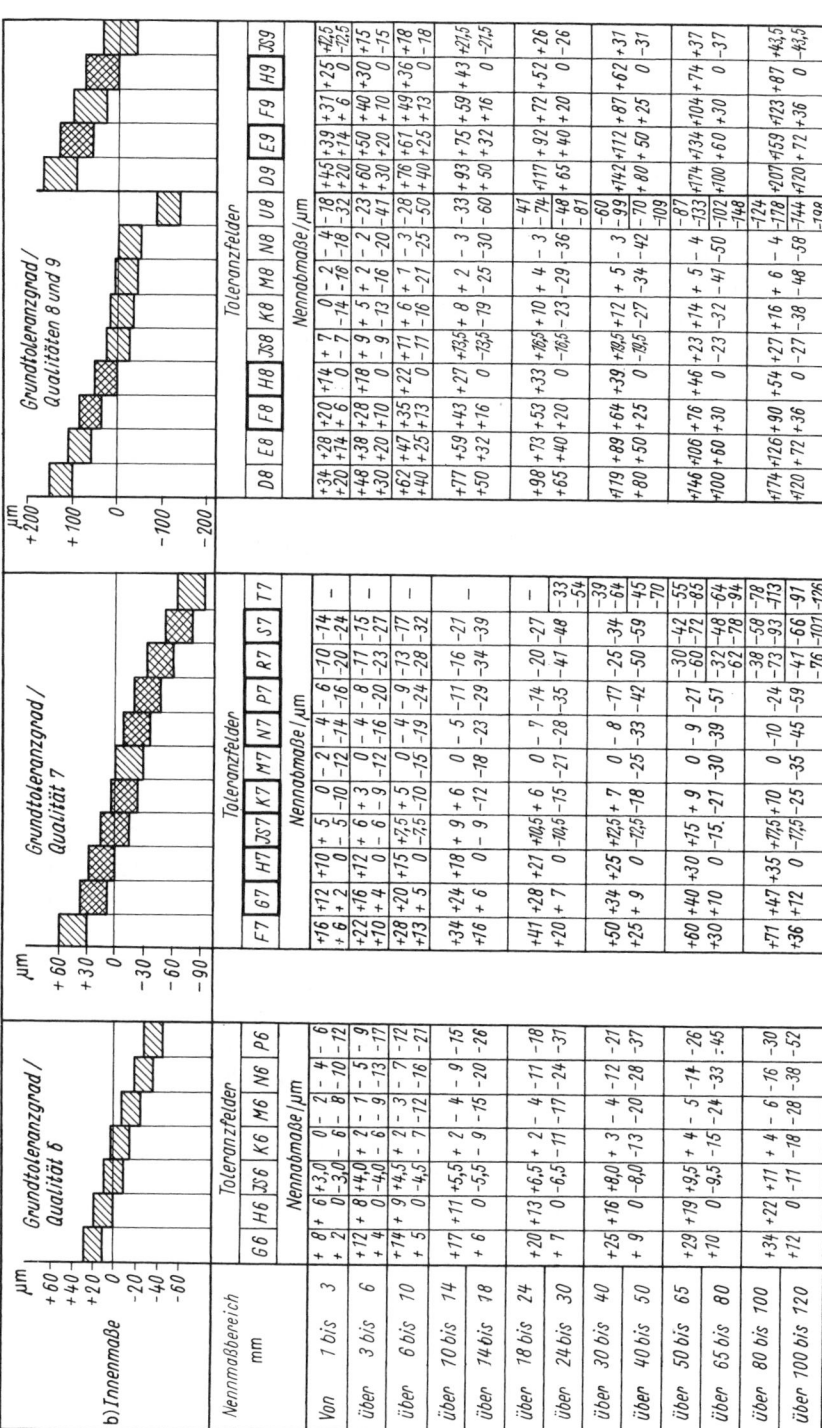

b) Innenmaße

Nennmaßbereich mm		Grundtoleranzgrad / Qualität 6 Toleranzfelder Nennabmaße /μm						Grundtoleranzgrad / Qualität 7 Toleranzfelder Nennabmaße /μm									Grundtoleranzgrad / Qualitäten 8 und 9 Toleranzfelder Nennabmaße /μm									
		G6	H6	JS6	K6	M6	N6	P6	F7	G7	H7	JS7	K7	M7	N7	P7	R7	S7	T7	D8	E8	F8	H8	JS8	K8	M8	N8	U8	D9	E9	F9	H9	JS9
Von	1 bis 3	+8 +2	+6 0	+3,0 −3,0	0 −6	−2 −8	−4 −10	−6 −12	+16 +6	+12 +2	+10 0	+5 −5	0 −10	−2 −12	−4 −14	−6 −16	−10 −20	−14 −24	—	+34 +20	+28 +14	+20 +6	+14 0	+7 −7	0 −14	−2 −16	−4 −18	−18 −32	+45 +20	+39 +14	+31 +6	+25 0	+12,5 −12,5
über	3 bis 6	+12 +4	+8 0	+4,0 −4,0	+2 −6	−1 −9	−5 −13	−9 −17	+22 +10	+16 +4	+12 0	+6 −6	+3 −9	0 −12	−4 −16	−8 −20	−11 −23	−15 −27	—	+48 +30	+38 +20	+28 +10	+18 0	+9 −9	+5 −13	−2 −16	−2 −20	−23 −41	+60 +30	+50 +20	+40 +10	+30 0	+15 −15
über	6 bis 10	+14 +5	+9 0	+4,5 −4,5	+2 −7	−3 −12	−7 −16	−12 −21	+28 +13	+20 +5	+15 0	+7,5 −7,5	+5 −10	0 −15	−4 −19	−9 −24	−13 −28	−17 −32	—	+62 +40	+47 +25	+35 +13	+22 0	+11 −11	+6 −16	+1 −21	−3 −25	−28 −50	+76 +40	+61 +25	+49 +13	+36 0	+18 −18
über	10 bis 14	+17 +6	+11 0	+5,5 0	+2 −9	−4 −15	−9 −20	−15 −26	+34 +16	+24 +6	+18 0	+9 −9	+6 −12	0 −18	−5 −23	−11 −29	−16 −34	−21 −39	—	+77 +50	+59 +32	+43 +16	+27 0	+13,5 0	+8 −19	+2 −25	−3 −30	−33 −60	+93 +50	+75 +32	+59 +16	+43 0	+21,5 −21,5
über	14 bis 18																																	
über	18 bis 24	+20 +7	+13 0	+6,5 −6,5	+2 −11	−4 −17	−11 −24	−18 −31	+41 +20	+28 +7	+21 0	+10,5 −10,5	+6 −15	0 −21	−7 −28	−14 −35	−20 −41	−27 −48	−41 −54	+98 +65	+73 +40	+53 +20	+33 0	+16,5 −16,5	+10 −23	+4 −29	−3 −36	−41 −74	+117 +65	+92 +40	+72 +20	+52 0	+26 −26
über	24 bis 30																		−33 −54										−48 −81					
über	30 bis 40	+25 +9	+16 0	+8,0 −8,0	+3 −13	−4 −20	−12 −28	−21 −37	+50 +25	+34 +9	+25 0	+12,5 −12,5	+7 −18	0 −25	−8 −33	−17 −42	−25 −50	−34 −59	−39 −64	+119 +80	+89 +50	+64 +25	+39 0	+19,5 −19,5	+12 −27	+5 −34	−3 −42	−60 −99	+142 +80	+112 +50	+87 +25	+62 0	+31 −31
über	40 bis 50																		−45 −70									−70 −109					
über	50 bis 65	+29 +10	+19 0	+9,5 −9,5	+4 −15	−5 −24	−14 −33	−26 −45	+60 +30	+40 +10	+30 0	+15 −15	+9 −21	0 −30	−9 −39	−21 −51	−30 −42 −60 −72	−42 −55 −72 −85		+146 +100	+106 +60	+76 +30	+46 0	+23 −23	+14 −32	+5 −41	−4 −50	−87 −133 −102 −148	+174 +100	+134 +60	+104 +30	+74 0	+37 −37
über	65 bis 80																	−32 −48 −62 −78										−124					
über	80 bis 100	+34 +12	+22 0	+11 −11	+4 −18	−6 −28	−16 −38	−30 −52	+71 +36	+47 +12	+35 0	+17,5 −17,5	+10 −25	0 −35	−10 −45	−24 −59	−38 −58 −41 −66	−58 −78 −66 −93		+174 +120	+126 +72	+90 +36	+54 0	+27 −27	+16 −38	+6 −48	−4 −58	−178 −207	+207 +120	+159 +72	+123 +36	+87 0	+43,5 −43,5
über	100 bis 120																		−76 −101 −97 −126														

Anmerkungen: 1. Die Lageschemata der Toleranzfelder sind für den Maßbereich 50 bis 65 mm angegeben; 2. Vorzugstoleranzfelder kreuzschraffiert (ihre Kennzeichnung ist in rechteckigen Rahmen gegeben) sind in der Regel für Passungen bestimmt.

Beachte: In Zeichnungen werden gemäß DIN EN ISO 286 bei den Maßtoleranzfeldern zur Kennzeichnung der Lage die Buchstaben und zur Kennzeichnung der Größe die Zahlen steil (also nicht kursiv) geschrieben; s. auch Beispiele auf Seiten 284 und 285.

Bei Werkstücken mit Abmessungen <1 mm wirken sich Fertigungsungenauigkeiten, Temperatureinflüsse usw. anders aus. Außerdem nehmen z. B. relative Meßfehler mit kleiner werdendem Nennmaß zu. Deshalb müssen die Toleranzfelder für den Nennmaßbereich <1 mm gesondert vereinbart werden (s. [3]). Analoge Festlegungen sind für den Nennmaßbereich > 500 mm bis 3150 mm zu treffen (s. DIN EN ISO 286).

Maße ohne Toleranzangabe und freitolerierte Maße. Maße mit den in DIN EN ISO 286 und bisher in DIN 58700 genormten ISO-Toleranzen sind anzuwenden, wenn besondere Funktions- oder sonstige Passungsforderungen bestehen. Die übrigen Maße bleiben ohne Toleranzangabe (Allgemeintoleranzen, Freimaßtoleranzen), oder diese werden frei gewählt.

Maße ohne Toleranzangabe. Bei der Fertigung von Bauteilen dürfen bestimmte Grenzen nicht überschritten werden. In DIN ISO 2768 (bisher DIN 7168) sind deshalb für die werkstattübliche Genauigkeit und, wenn das betreffende Maß *kein Paßmaß* ist, Grenzabmaße bei spanender Bearbeitung für Längenmaße **(Tafel 2.7)**, für Rundungshalbmesser, Winkel usw. in vier Toleranzklassen symmetrisch zur Nullinie festgelegt, deren Angabe nur im Zeichnungsschriftfeld erfolgt.

Tafel 2.7 Allgemeintoleranzen (Freimaßtoleranzen) – Grenzabmaße für Längenmaße *)
nach DIN ISO 2768 T1; Werte in mm

Toleranzklasse		Grenzabmaße für Nennmaßbereiche							
Kurz- zeichen	Benen- nung	von 0,5[1]) bis 3	über 3 bis 6	über 6 bis 30	über 30 bis 120	über 120 bis 400	über 400 bis 1000	über 1000 bis 2000	über 2000 bis 4000
f	fein	±0,05	±0,05	±0,1	±0,15	±0,2	±0,3	±0,5	–
m	mittel	±0,1	±0,1	±0,2	±0,3	±0,5	±0,8	±1,2	±2
c	grob	±0,2	±0,3	±0,5	±0,8	±1,2	±2	±3	±4
v	sehr grob	–	±0,5	±1	±1,5	±2,5	±4	±6	±8

[1]) Für Nennmaße unter 0,5 mm sind die Grenzabmaße direkt an dem (den) entsprechenden Nennmaß(en) anzugeben.
*) Grenzabmaße für Rundungshalbmesser, Fasenhöhen und Winkelmaße, Allgemeintoleranzen für Geradheit, Ebenheit, Rechtwinkligkeit, Symmetrie, Rund- und Planlauf s. **Anhang**, Tafel A4.1.

Bei anderen Fertigungsverfahren und speziellen Werkstoffen (z. B. Schnitt- und Stanzteile, gepreßte und spritzgegossene Teile aus Metallen oder Kunststoffen, durch Pressen hergestellte keramische Werkstücke) gelten für Maße ohne Toleranzangabe darüber hinaus besondere Normen [4].

Freitolerierte Maße werden dann vorgesehen, wenn sowohl die ISO-Toleranzen als auch die Allgemein- bzw. Freimaßtoleranzen nicht geeignet erscheinen. Dies kann der Fall sein, wenn beide Toleranzarten z. B. im Rahmen einer groben Vorfertigung durch Schmieden, Vorschruppen usw. noch zu fein sind oder an einem Bauteil oder einer Baugruppe Maße auftreten, die mit Lehren nicht meßbar sind und bei denen durch eine frei gewählte Angabe von symmetrisch zum Nennmaß liegenden Toleranzen der Fertigung das Anstreben des Nennmaßes vorzuschreiben ist.

Form- und Lagetoleranzen

Die Herstellung geometrisch idealer Werkstücke ist nicht möglich. Die einzelnen Formelemente, aus denen ein Werkstück zusammengesetzt ist (s. Bild 2.3), weichen von der geometrisch idealen Form und Lage ab. Es wurden deshalb Begriffe und Symbole für Form- und Lagetoleranzen festgelegt, deren Anwendung und Eintragung in die Zeichnung Funktion und Austauschbau von Bauteilen und Baugruppen sichern.

Formtoleranzen. Alle drei Koordinaten eines Körpers sind toleriert. Es entsteht also eine Toleranzzone, in der sich die äußere Gestalt eines Bauteils bewegen muß.

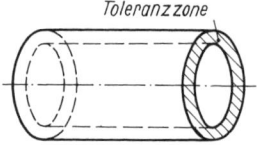

Bild 2.13 Toleranzzone bei einem Zylinder

Tafel 2.8 Angabe von Form- und Lagetoleranzen in Zeichnungen
Auszug aus DIN ISO 1101

Art der Toleranz	Sinn-bild	Beispiel	Art der Toleranz	Sinn-bild	Beispiel
a) Formtoleranzen			b) Lagetoleranzen		
Geradheits-toleranz	—	— 0,2	Parallelitäts-toleranz	//	// 0,1 A
Ebenheits-toleranz	⌷	⌷ 0,1/100 x 100	Rechtwinkligkeits-toleranz	⊥	⊥ 0,05
Rundheits-toleranz	○	○ 0,01	Neigungs-toleranz	∠	∠ 0,08/100 A
Zylinderform-toleranz	⌭	⌭ 0,02	Konzentrizitäts- u. Koaxialitäts-toleranz	◎	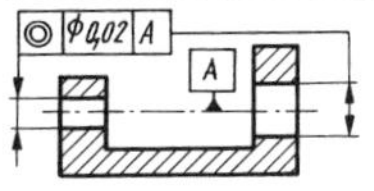 ◎ ⌀0,02 A
Rundlauf-toleranz	↗	↗ 0,1 A-B	Symmetrie-toleranz	⌯	⌯ 0,01

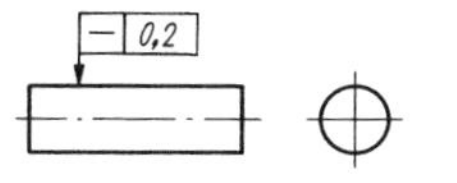

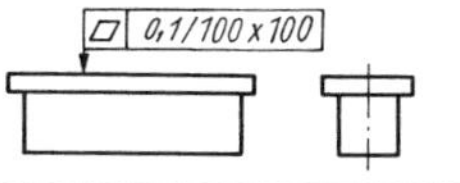

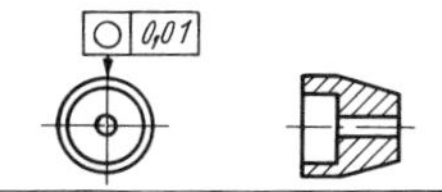

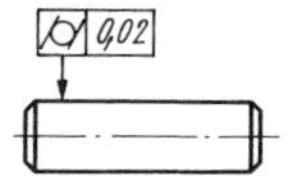

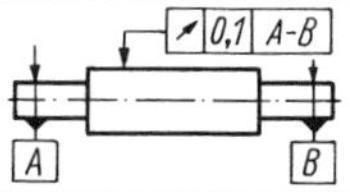

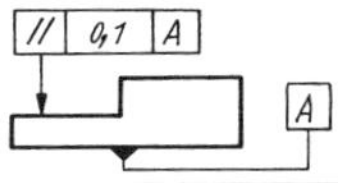

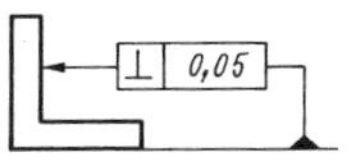

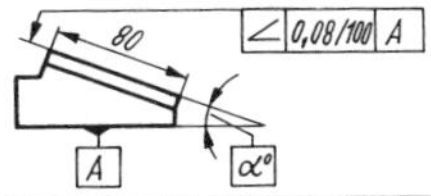

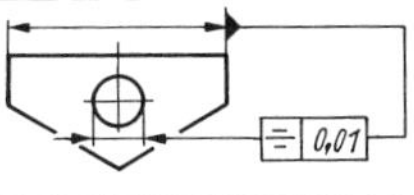

Ein Zylinder **(Bild 2.13)** kann innerhalb der Toleranzzone eine Tonnen- oder Kegelstumpfform usw. aufweisen, oder seine Achslage kann von der Nennlage abweichen. Die Angabe der Kreisformtoleranz, der Ebenheitstoleranz usw. in Zeichnungen ist in DIN ISO 1101 und DIN ISO 2768 T2 festgelegt **(Tafel 2.8a)**.

Lagetoleranzen. Kann z. B. aus fertigungstechnischen Gründen nicht ohne weiteres vorausgesetzt werden, daß die in der Zeichnung bemaßten und tolerierten Teile in einer geforderten Beziehung stehen, so ist die Lage bestimmter Körperkanten zueinander oder zu einer Mittellinie gesondert festzulegen. Diese Lagetoleranzen werden in der Zeichnung i. allg. durch Symbole dargestellt, die ebenfalls in DIN ISO 1101 und DIN ISO 2768 T2 festgelegt sind (Tafel 2.8b). Die Abweichung von der Mittigkeit wurde bisher durch einen gebrochenen Linienzug angegeben, dessen Knickstellen die zu tolerierenden Flächen kennzeichnen **(Bild 2.14a)**. Diese Darstellungsweise ist noch zulässig, sollte aber vermieden und durch das Symbol „Symmetrietoleranz" ersetzt werden (Bild 2.14b). Bei der Eintragung der Toleranzgrenzen für Mitten- oder Symmetrietoleranzen ist zu beachten, daß kein Vorzeichen enthalten sein darf. Es sind dies immer symmetrische ±-Toleranzen.

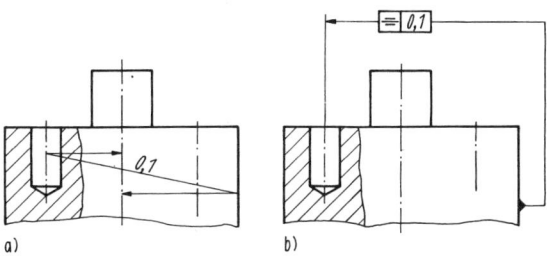

Bild 2.14 Angabe von Mittentoleranzen in Zeichnungen

Oberflächenrauheit und deren Kennzeichnung

Der Oberflächenzustand des fertigen Werkstücks muß insgesamt aus der Zeichnung hervorgehen. Er umfaßt Angaben zur Rauheit, zum anzuwendenden Bearbeitungsverfahren einschließlich des Verlaufs der Bearbeitungsspuren und der Rauheitsbezugsstrecke sowie zur Nachbehandlung der Oberfläche durch Härten, Beschichten usw. [4] [5].

Die geforderte Oberflächenrauheit an Werkstücken sowie die Maß-, Form- und Lagetoleranzen müssen sinnvoll aufeinander abgestimmt sein, da sie eng zusammenhängen. Sie ist mit Symbolen nach **Tafel 2.9** in Verbindung mit Angaben für Rauheitskenngröße, Bearbeitungsspuren, Rauheitsbezugsstrecke und Fertigungsverfahren zu kennzeichnen. Weitere Eintragungen an den Symbolen verdeutlicht **Bild 2.15**.

Tafel 2.9 Symbole für die Oberflächenrauheit (nach DIN EN ISO 1302)

Symbol	Erklärung
∨	Grundsymbol, wenn das Fertigungsverfahren freigestellt ist
∀	Grundsymbol mit Querlinie, wenn die Oberflächenrauheit durch Trennen vorgeschrieben werden muß
∀ (mit Kreis)	Grundsymbol mit Kreis, wenn für die Oberflächenrauheit ein Fertigungsverfahren außer Trennen vorgeschrieben werden muß
∀⊥	Grundsymbol mit Querlinie und Kurzzeichen für die Kennzeichnung des Verlaufs der Bearbeitungsspuren (hier: Bearbeitungsspuren senkrecht zu der Linie, die die gekennzeichnete Fläche darstellt; weitere Zeichen s. DIN EN ISO 1302 [3])

Rauheitsbezugsstrecke (Einzelmeßstrecke) in mm (Vorzugswerte): 0,08; 0,25; 0,8; 2,5; 8,0

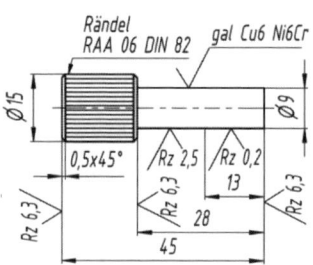

Bild 2.15 Bolzen mit Rändelansatz als Beispiel für die Kennzeichnung von Oberflächen [3], s. auch **Anhang**, Abschn. A4.4
Angabe der Oberflächenbeschaffenheit vorzugsweise durch gemittelte Rauhtiefe Rz oder durch arithmetischen Mittenrauhwert Ra; bei Verwendung des Mittenrauhwertes entfällt Kurzzeichen Ra in der Zeichnung; in grober Vereinfachung gilt $Ra \approx Rz$ und $Rz \approx Rt$ (Rt ist bisherige Rauhtiefe)

Tafel 2.10 Erläuterungen zur Angabe der Oberflächenrauheit

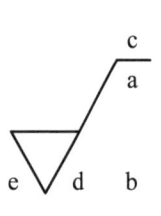

a Angabe der Meßstrecke in mm (Werte s. Tafel 2.9) sowie Anforderungen an die Oberflächenbeschaffenheit (Oberflächenkenngröße, gefolgt vom Zahlenwert, z. B. Mittenrauhwert Ra – arithmetischer Mittelwert der absoluten Beträge des Rauheitsprofils von der mittleren Linie innerhalb der Meßstrecke – oder gemittelte Rauhtiefe Rz – Mittelwert aus den Rauhtiefen von fünf aneinander grenzenden Einzelmeßstrecken – Werte in µm).
b Weitere Anforderungen an die Oberflächenbeschaffenheit.
c Fertigungsverfahren, Behandlung oder Überzug, Sonstiges.
d Symbol für die Rillenrichtung (z. B. ⊥ rechtwinklig zur Projektionsebene der Ansicht, in der Symbol verwendet wird; = parallel zur Projektionsebene).
e Bearbeitungszugabe in mm (z. B. in Rohteilzeichnung von Gußteilen).

Die qualitative Angabe der zulässigen gemittelten Rauhtiefe durch Oberflächenzeichen nach DIN 3141 (∼, ∇, ∇∇, ...) genügt nicht mehr den Ansprüchen. Deshalb wurden die international abgestimmten Symbole in Verbindung mit quantitativen Angaben eingeführt. **Tafel 2.10** enthält dazu nähere Erläuterungen, und die Abhängigkeit vom Fertigungsverfahren zeigt **Tafel 2.11**.

Tafel 2.11 Erreichbare gemittelte Rauhtiefe Rz in Abhängigkeit vom Fertigungsverfahren nach [4]

Rz in µm	0,04	0,06	0,1	0,16	0,25	0,4	0,6	1	1,6	2,5	4	6	10	16	25	40	60	100	160	250	400	600	1000	1600	2500	4000
Sandguß																				■	■	■				
Kokillenguß																■	■	■	■							
Feinguß															■	■	■	■								
Gesenkschmieden																■	■	■	■							
Warmwalzen													■	■	■											
Kaltwalzen									■	■																
Ziehen									■	■																
Feinziehen							■	■																		
Pressen													■	■												
Rollieren					■	■																				
Schlichthobeln													■	■												
Schlichtdrehen													■	■												
Feindrehen										■	■	■														
Feinstdrehen						■	■	■	■																	
Reiben									■	■	■															
Feinreiben							■	■																		
Feinstreiben						■	■	■																		
Schlichtfräsen													■	■												
Feinfräsen										■	■															
Feinstfräsen							■	■	■																	
Räumen									■	■																
Feinräumen							■	■																		
Schleifen								■	■	■																
Feinschleifen						■	■	■																		
Feinstschleifen			■	■	■																					
Honen				■	■	■																				
Feinziehschleifen			■	■																						
Feinstziehschleifen	■	■																								
Feinläppen			■	■																						
Feinstläppen	■	■																								

2.3.2 Passungen

Unter Passungen versteht man die maßlichen Beziehungen zwischen gepaarten Teilen (z. B. Paarung einer Welle mit einer Bohrung). Man unterscheidet drei Passungsarten:

Spielpassungen ergeben sich durch Paarung von Teilen mit Außenmaßen (z. B. Wellen), die stets kleiner sind als die Innenmaße (z. B. Bohrungen) der dazugehörigen Teile. Die Differenz zwischen Innen- und Außenmaß wird Spiel genannt. Die Teile sind in jedem Falle gegeneinander beweglich. Sie finden u. a. bei Gleitlagern und -führungen Anwendung.

Übermaßpassungen ergeben sich bei Paarung von Teilen mit Außenmaßen (z. B. Wellen), die vor dem Zusammenfügen immer größer sind als die Innenmaße (z. B. Bohrungen) der zugehörigen Teile. Die Differenz zwischen Innen- und Außenmaß heißt Übermaß. Nach dem Fügen sitzen die Teile mehr oder weniger fest ineinander. Dabei kann sowohl elastische als auch plastische Verformung auftreten. Sie werden auch als **Preßpassungen** bezeichnet.

Nach der Art ihrer Erzeugung unterscheidet man Längspreßpassungen (Ineinanderpressen der Teile z. B. mittels einer Presse) und Querpreßpassungen durch Ausnutzung der Wärmedehnung (Dehn- oder Schrumpfpassungen). Sie finden Anwendung bei Preßverbindungen, s. Abschn. 4.3.1.

2 Grundlagen der Konstruktionsarbeit

Übergangspassungen liegen zwischen den Spiel- und Übermaßpassungen. Es kann Spiel oder Übermaß vorliegen, je nachdem, ob innerhalb der Toleranzbereiche kleinere Außenmaße mit größeren Innenmaßen oder umgekehrt größere Außenmaße mit kleineren Innenmaßen zusammentreffen. Ihr Fügungscharakter ist also im Gegensatz zu den anderen Passungen von den Istmaßen der gepaarten Teile abhängig.

Bedeutung haben Übergangspassungen u. a. für Zentrierungen und Wälzlagerpassungen.

Im ISO-Paßsystem (DIN EN ISO 286 und bisher DIN 58700) werden die vielfältigen Möglichkeiten eingeschränkt und damit die Toleranzfeldkombinationen erheblich herabgesetzt:

Zum einen sind für Außenmaße nur die Grundtoleranzgrade (Qualitäten) *IT* 4 bis *IT* 12 sowie für Innenmaße nur *IT* 5 bis *IT* 12 zugelassen, und zum anderen muß das Toleranzfeld eines der Teile immer an der Nullinie liegen. Es entstehen so die beiden Paßsysteme *Einheitswelle* (mit *h* 4 bis *h* 12 für Wellentoleranzen) und *Einheitsbohrung* (mit *H* 5 bis *H* 12 für Bohrungstoleranzen), deren Passungscharakter jeweils durch die Wahl der Gegenstücktoleranzen festlegbar ist. **Bild 2.16** zeigt dies am Beispiel der Spielpassungen.

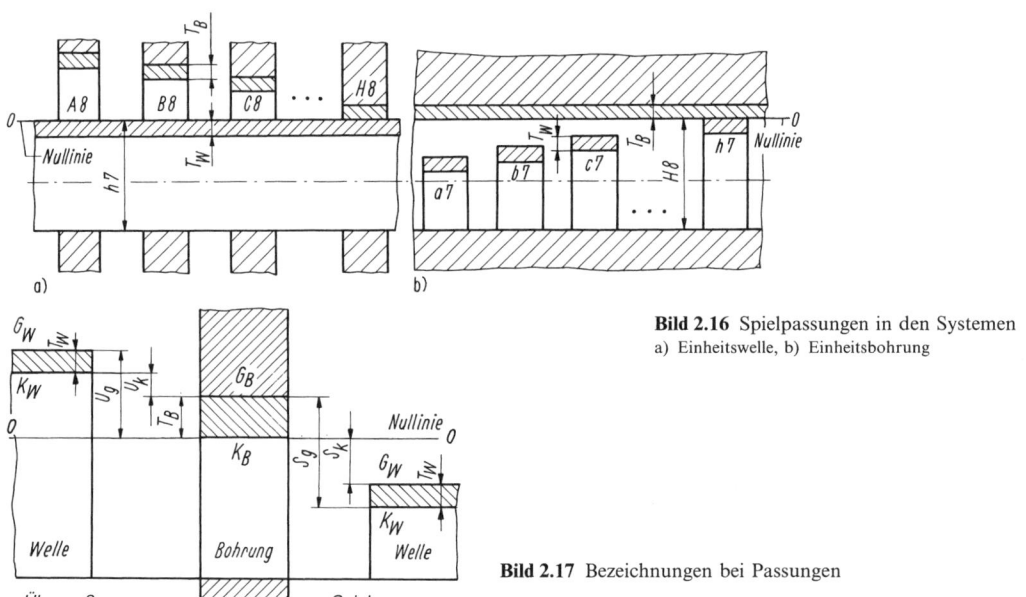

Bild 2.16 Spielpassungen in den Systemen
a) Einheitswelle, b) Einheitsbohrung

Bild 2.17 Bezeichnungen bei Passungen

Grundbegriffe

Als Bezeichnungen wurden eingeführt:

B Bohrung; W Welle; G, g Größtmaß, K, k Kleinstmaß; T Toleranz; T_p Paßtoleranz.

Aus **Bild 2.17** (System Einheitsbohrung, hier Übermaß- und Spielpassung) lassen sich folgende Beziehungen ableiten:

Spiel erhält man, wenn $K_B > G_W$:

$$\text{Größtspiel } S_g = G_B - K_W, \qquad \text{Kleinstspiel } S_k = K_B - G_W. \qquad (2.2a, b)$$

Übermaß liegt vor, wenn $G_B < K_W$:

$$\text{Größtübermaß } U_g = G_W - K_B, \qquad \text{Kleinstübermaß } U_k = K_W - G_B. \qquad (2.3a, b)$$

Für *Übergangspassungen* gilt:

$$\text{Größtspiel } S_g = G_B - K_W, \qquad \text{Größtübermaß } U_g = G_W - K_B. \qquad (2.4a, b)$$

Der Schwankungsbereich zwischen den jeweiligen Extremwerten wird bei allen Passungen *Paßtoleranz* T_p genannt.

2.3 Toleranzen und Passungen

Für sie ergibt sich:

bei Spiel $\quad T_p = S_g - S_k,$ (2.5a)

bei Übermaß $\quad T_p = U_g - U_k,$ (2.5b)

bei Übergang $\quad T_p = S_g + U_g.$ (2.5c)

Für alle Passungsarten gilt außerdem die Kontrollgleichung

$$T_p = T_W + T_B.\quad (2.6)$$

Da die Paßtoleranz T_p durch Größe und Lage eindeutig festgelegt ist, läßt sich jeweils ein Paßtoleranzfeld angeben **(Bild 2.18)**.

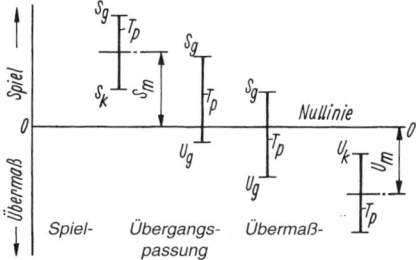

Bild 2.18 Grafische Darstellung der Paßtoleranzfelder

Der Charakter einer Passung wird i. allg., besonders wenn die zu paarenden Bauteile in großen Stückzahlen zu fertigen sind, durch den arithmetischen Mittelwert aus den Größt- und den Kleinstwerten gekennzeichnet, wobei gilt:

mittleres Spiel $\quad S_m = (S_g + S_k)/2,$ (2.7)

mittleres Übermaß $\quad U_m = (U_g + U_k)/2,$ (2.8)

für Übergangspassung $\quad S_m = (S_g - U_g)/2 \quad$ bzw. $\quad U_m = (U_g - S_g)/2.$ (2.9)

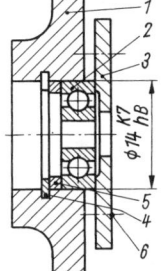

Bild 2.19
Bemaßung einer Passung
(Einbau eines Wälzlagers, s. Abschn. 8.2 und Tafel 8.8)
1 Gehäuse; *2* Wälzlager; *3* Deckel; *4* Sicherungsring nach DIN 472; *5* scharfkantiger Zwischenring (s. Bild 8.44c); *6* Verschraubung

Zu beachten ist, daß in Zeichnungen der Maßunterschied zwischen zwei Teilen prinzipiell nicht dargestellt wird. Die Passungsart geht nur aus der Passungsangabe hinter dem Nennmaß hervor **(Bild 2.19)**.

Passungsauswahl. In den Paßsystemen Einheitswelle und Einheitsbohrung sind die theoretisch möglichen Paarungen (s. Bild 2.11) bereits erheblich eingeschränkt. Zur weiteren Erhöhung der Wirtschaftlichkeit wurde u. a. in DIN EN ISO 286 sowie bisher in DIN 58700 eine Auswahl innerhalb dieser Systeme getroffen. Danach sind im Nennmaßbereich von 1 bis 500 mm nur ausgewählte Passungen für den praktischen Gebrauch empfohlen. Eine Vorzugsreihe in dieser Passungsauswahl umfaßt nur noch wenige Spiel-, Übergangs- und Übermaßpassungen. Diese Vorzugspassungen ermöglichen die Lösung der wesentlichen Passungsprobleme. Sie sind in **Tafel 2.12** nach fallendem mittlerem Spiel S_m zusammen mit einer allgemeinen Charakterisierung und Beispielen dargestellt.

Tafel 2.12 Allgemeine Charakterisierung und Anwendungsbeispiele von Passungen
s. auch Tafel 2.6, Wälzlagerpassungen s. Tafel 8.8

Passungen nach					Allgemeine Charakterisierung	Anwendungsbeispiele	Passungsart
DIN EN ISO 286		bisher DIN 58700					
	S_m bzw. U_m in μm für 3 mm $< N \leq 6$ mm	Reihe 1	Reihe 2	S_m bzw. U_m in μm für 3 mm $< N \leq 6$ mm			
H 11/ c 11	$S_m = 145$	D 11/ h 11 D 10/ h 11	H 11/ d 11	$S_m = 105$ 91,5	Teile sitzen locker aufeinander.	leichtbewegliche Teile der Massenfertigung, z. B. Gleitlager für Drehschalter, einfache Geradführungen, Gleitlager bei handangetriebenen Haushaltmaschinen; Paßteile, die nach Oberflächenbehandlung (Verchromen, Verzinken u. a.) noch genügend Spiel zeigen	
H 11/ h 11	75	D 10/ h 9	D 11/ h 9	83 69	Teile lassen sich sehr leicht fügen und haben reichliches Spiel.	Teile, die auf Wellen verstiftet, geschraubt oder festgeklemmt werden; Distanzbuchsen, Scharnierbolzen	
H 8/d 9 E 9/h 9	54 50	E 9/h 9		50	Teile sind sehr leicht ineinander beweglich und zeigen reichliches Spiel.	langsam rotierende Scheiben und Rollen z. B. für Seiltriebe u. ä.; Stopfbuchsenteile, Gleitlager in Werkzeugmaschinen	
H 8/e 8	38	F 9/h 9 F 8/h 9 F 8/h 8	H 8/e 8 H 8/f 8	40 38 34 28	Teile sind ineinander beweglich und zeigen reichliches bis merkliches Spiel.	verschiebbare Teile von Kupplungen, Gleitlager für schnellaufende Achsen, Kurbelwellen u. ä.; Gleitführungen	Spielpassung
F 8/h 6 H 7/f 7	23 22	H 8/h 9 H 7/f 7		24 22	Teile sind ineinander beweglich und zeigen noch merkliches Spiel.	Stellringe, Handräder, Bedienungsknöpfe, Kupplungen, Scheiben, die auf Wellen verschoben werden; Gleitlager für schnellaufende Achsen und Wellen (doppelt gelagert); Führungssteine in Führungen, Gleitbuchsenhülsen	
		H 8/h 8	G 7/h 8	19 18	Teile sind beweglich und zeigen geringes Spiel.	Gleitlager bei Präzisionsgeräten, gut sitzende Führungsbuchsen; kraftlos verschiebbare Teile auf Achsen und Wellen	
H 7/f 6	20		H 6/f 5	16,5	Teile sind noch beweglich und zeigen nur noch wenig Spiel.		
H 7/g 6	14	G 7/h 6	H 7/g 6	14	Teile lassen sich zusammenfügen, zeigen aber kaum Spiel.	leerlaufende Kupplungsteile, Stellstifte in Führungsbuchsen, verschiebbare Zahnräder	
H 7/h 6	10	H 7/h 6	G 6/h 5 H 6/g 5	10,5 10,5 10	Teile lassen sich von Hand verschieben, gleiten aufeinander, zeigen aber fast kein Spiel.	gut sitzende Stellringe, Wechselräder auf Achsen, hochgenaue Gleitlager mit sehr geringem Spiel und geräuscharmem Lauf	

Tafel 2.12 Fortsetzung

Passungen nach DIN EN ISO 286		bisher DIN 58700			Allgemeine Charakterisierung	Anwendungsbeispiele	Passungsart
	S_m bzw. U_m in µm für 3 mm < N ≦ 6 mm	Reihe 1	Reihe 2	S_m bzw. U_m in µm für 3 mm < N ≦ 6 mm			
H 7/j 6	4	H 7/j 6		4	Teile haften aufeinander und können ohne erheblichen Kraftaufwand zusammengefügt werden.	Zahnräder, Handräder, Scheiben auf Wellen, Gleitlagerbuchsen in Gehäusen bei kleineren Beanspruchungen	Übergangspassung
H 7/k 6	1		H 5/j 5	2	Teile können ohne erheblichen Kraftaufwand zusammengefügt werden (möglichst mit Schmierstoff). Mehrfache Demontage ist möglich.	bedingt verschiebbare Teile, z. B. Zentrierflansche, Getriebeteile hoher Genauigkeit (Wechselräder), Bohrbuchsen, Optikteile	
H 7/n 6	U_m = 6	H 7/m 6 H 7/n 6		U_m = 2 6	Teile sitzen fest und sind nur unter Druck zu fügen; gegen Verdrehen sind sie jedoch zu sichern, wenn Drehmomente zu übertragen sind. Lösen durch Auspressen ist möglich.	Gleitlagerbuchsen in Gehäusen, stoßweise beanspruchte Zahnräder, Ankerkörper auf Wellen	
H 7/r 6	13	H 7/r 6		13	Teile sitzen fest und sind unter Druck zu fügen (Holzhammer, Handspindelpresse). Übertragung kleinerer Drehmomente ohne Verdrehsicherung ist möglich.	feste Bolzen in Bohrungen, Stellringe (erste Stufe von kleinen Getrieben), Gleitlagerbuchsen in Gehäusen bei großen Beanspruchungen	Übermaßpassung
H 7/s 6	17		H 7/s 6 S 7/h 6	17 17	Teile sitzen fest zusammen (Übertragung größerer Drehmomente). Lösen ist nur schwer möglich.	ausgeschnittene (gestanzte) Zahnräder auf Wellen in mechanischen Federwerken u. a.; Kupplungsnaben auf Wellen	
H 8/x 8	28	X 8/h 8 Z 8/h 9		28 29	Teile sitzen sehr fest aufeinander und garantieren die Übertragung größerer Drehmomente. Lösen ist unmöglich, da meist bei warmer Bohrung gefügt.	Getriebeteile, Ringe, Buchsen	

Bei Spielpassungen kann man in den Systemen Einheitswelle und Einheitsbohrung die Grundtoleranzgrade (Qualitäten) der Wellen und Bohrungen generell vertauschen, ohne daß sich Kleinst- und Größtspiel verändern [3] [2.2]. Bei Übergangs- und Übermaßpassungen dagegen kann sich bei gleichen Grundabmaßen (Lagen) der Toleranzfelder und Vertauschen der Grundtoleranzgrade für Welle und Bohrung eine Veränderung des Passungscharakters ergeben. Hier sind also immer genauere Passungsanalysen erforderlich.

46   2 Grundlagen der Konstruktionsarbeit

Bei der Anwendung unter veränderlichen Temperaturen ist zu beachten, daß sich durch Temperaturdehnung die Toleranzfeldlage verschiebt, während die Größe des Toleranzfeldes praktisch unverändert bleibt. Bei Paarung von Teilen mit unterschiedlichen Längen-Temperaturkoeffizienten können sich Spiel bzw. Übermaß einer Passung oder deren Charakter verändern (Übergang von Spielpassung zu Übermaßpassung und umgekehrt [3]). Ähnliche Verhältnisse liegen auch bei Längenänderung durch Wasseraufnahme vor (z. B. bei Kunststoffen [11.8]).

Hingewiesen sei auf gesonderte Festlegungen zur Passungsauswahl für die Nennmaßbereiche <1 mm und >500 mm, die analog den hier dargestellten Toleranzen gemäß DIN EN ISO 286 und bisher DIN 58700 zu treffen sind (s. auch Abschn. 2.3.1).

2.3.3 Maß- und Toleranzketten [3] [12] [2.1] bis [2.3]

Bei der Bemaßung und Tolerierung von Werkstücken und beim Aufbau von Baugruppen ist das Zusammenwirken mehrerer Toleranzfelder oft nicht zu vermeiden, da nicht immer alle Körperkanten z. B. von nur einer Maßbezugslinie aus festgelegt werden können (**Bild 2.20**). Demzufolge entstehen Maßketten und, da alle Maße toleriert sind, auch Toleranzketten.

- Unter einer *Maßkette* versteht man die fortlaufende Aneinanderreihung zusammenwirkender Einzelmaße M_i und eines von diesen abhängigen Schlußmaßes M_0, bei dem sich die Toleranzen aller am Aufbau der Kette beteiligten Einzelmaße auswirken. M_0 kann dabei gegeben oder gesucht sein.

Im allgemeinen liegen lineare Maßketten vor, deren einzelne Glieder voneinander unabhängig sind. Das Nennmaß N_0 des Schlußmaßes M_0 kann in diesem Fall als algebraische Summe der vorzeichenbehafteten Nennmaße N_i der Einzelmaße ermittelt werden:

$$N_0 = \frac{-1}{k_0} \sum_{i=1}^{m} k_i N_i, \qquad (2.10)$$

mit i Laufvariable für Einzelmaße, m Anzahl der Einzelmaße, k Richtungskoeffizient ($k = +1$ oder -1).

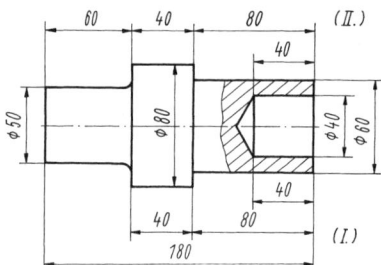

Bild 2.20 Zweckmäßige (I) und unzweckmäßige Bemaßung (II) eines Drehteils

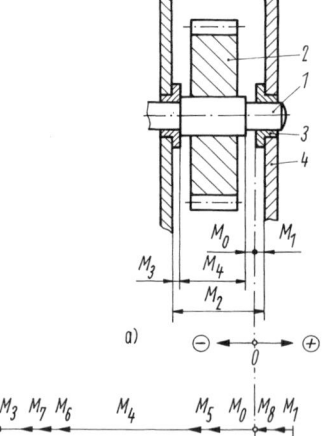

Bild 2.21 Beispiel einer Maßkette bei der Lagerung eines Zahnrads
a) Baugruppe; b) Maßkette
1 Welle; *2* Zahnrad; *3* Buchsen; *4* Gestell

- **Beachte:** Die Einführung des Richtungskoeffizienten k_0 des Schlußmaßes erfolgt deshalb, weil damit das Vorzeichen der Umlaufrichtung der Maßkette bezüglich des Schlußmaßes bedeutungslos wird. Das Schlußmaß kann hierbei also in einem beliebigen Zweig der Maßkette liegen. Ohne Berücksichtigung von k_0 in den Berechnungsgleichungen ist der Richtungssinn der Maßkette so festzulegen, daß das Schlußmaß zum negativen Zweig dieser Kette gehört.

Zur Bildung der für die Toleranzrechnung wichtigen Ausgangsgleichung

$$M_0 = f(M_1, M_2, \ldots, M_m) \qquad (2.11)$$

verfährt man zweckmäßig so, daß an einer beliebigen Schnittstelle der Maßkette ein Ausgangspunkt 0 festgelegt und von diesem aus ein geschlossener Linienzug mit den einzelnen

2.3 Toleranzen und Passungen

Kettengliedern unter Beachtung eines bestimmten Richtungssinns gebildet wird. **Bild 2.21** verdeutlicht dies an einem Beispiel. Die Ausgangsgleichung bei diesem Beispiel lautet ohne Beachtung der Stirnlauftoleranzen (M_5 bis M_8):

$$M_0 = M_2 - M_1 - M_4 - M_3 .$$

Unter Berücksichtigung der o. g. Toleranzen gilt:

$$M_0 = M_2 - M_1 - M_8 - M_5 - M_4 - M_6 - M_7 - M_3 .$$

- Analog zur Maßkette erhält man eine *Toleranzkette* als Aneinanderreihung aller Einzeltoleranzen T_i und der von ihnen abhängigen und ausschließlich aus ihnen resultierenden Schlußtoleranz T_0. Sie bilden ebenfalls einen geschlossenen Linienzug.

Zur Gewährleistung der Funktion bzw. der Montagemöglichkeit der Bauelemente darf das Schlußmaß nur eine bestimmte Toleranz aufweisen. Andererseits sind die Einzeltoleranzen als Glieder einer Summe, die die Schlußtoleranz ist, um so kleiner, je größer die Zahl der Glieder der Toleranzkette ist und je kleiner die Schlußtoleranz gefordert wird, sofern man nicht zusätzliche Justage- oder Einpaßarbeiten bzw. auch gesonderte Einstellglieder in Kauf nehmen will. Der Zusammenhang zwischen einer geforderten Schlußtoleranz und den daraus abzuleitenden Einzeltoleranzen kann nach verschiedenen Methoden berechnet werden, je nachdem, welchen Grad der Austauschbarkeit man fordert.

2.3.3.1 Maximum-Minimum-Methode

Mit der Maximum-Minimum-Methode können Lage und Größe der Toleranzen unter Berücksichtigung der ungünstigsten Kombination der Istwerte berechnet werden. Die Maße der einzelnen Bauteile stellen dabei die theoretisch möglichen Größt- und Kleinstwerte dar. Die Montage derart tolerierter Teile gestaltet sich sehr einfach und wirtschaftlich. Alle Teile beispielsweise einer Losgröße können ohne Überschreiten der erforderlichen Schlußtoleranz miteinander funktionsgerecht gepaart werden. Auch ein schadhaft gewordenes Teil ist ohne Nacharbeit gegen ein anderes austauschbar. Diese Methode garantiert eine *vollständige Austauschbarkeit* und ist deshalb zunächst immer anzustreben. Um allerdings wirtschaftlich zu sein, setzt die Methode entweder weniggliedrige Ketten oder große Schlußtoleranzen bei vielgliedrigen Ketten voraus. Nur so sind hinreichend große, fertigungstechnisch reale Einzeltoleranzen erreichbar.

Zur Lösung der Ausgangsgleichung einer Maßkette in allgemeiner Form gemäß Gl. (2.11) kann das arithmetische Toleranzfortpflanzungsgesetz herangezogen werden [2.2] [12]. Man erhält damit für die Schlußtoleranz T_0:

$$\begin{aligned} T_0 &= \left|\frac{\partial f}{\partial M_1}\right| T_1 + \left|\frac{\partial f}{\partial M_2}\right| T_2 + \ldots + \left|\frac{\partial f}{\partial M_m}\right| T_m \\ &= \sum_{i=1}^{m} \left|\frac{\partial f}{\partial M_i}\right| T_i . \end{aligned} \quad (2.12)$$

Wegen der Unabhängigkeit der Glieder bei den hier betrachteten linearen Maßketten werden die partiellen Ableitungen $|\partial f/\partial M_i| = 1$, und man erhält die vereinfachte Beziehung

$$T_0 = \sum_{i=1}^{m} T_i . \quad (2.13)$$

Eine beliebige Einzeltoleranz T_n innerhalb der Kette kann daraus errechnet werden zu

$$T_n = T_0 - \sum_{i=1}^{n-1} T_i - \sum_{i=n+1}^{m} T_i . \quad (2.14)$$

Die berechnete Toleranz für ein Maß M bezieht sich auf das Toleranzmittenmaß C (arithmetischer Mittelwert aus Größtmaß G und Kleinstmaß K, s. Bild 2.22d):

$$M = C \pm T/2 = N + E_C \pm T/2 . \quad (2.15)$$

E_C ist die algebraische Differenz zwischen dem Toleranzmittenmaß C und dem Nennmaß N. Das Toleranzmittenabmaß E_{C0} des Schlußmaßes M_0 (Index C bezieht sich auf die Toleranzmitte) erhält man mit dem Richtungskoeffizienten $k = +1$ oder -1 aus der Beziehung

$$E_{C0} = \frac{-1}{k_0} \sum_{i=1}^{m} k_i E_{Ci}. \tag{2.16}$$

Analog ergibt sich das Toleranzmittenabmaß E_{Cn} eines Einzelmaßes aus

$$E_{Cn} = \frac{-1}{k_n} \left[k_0 E_{C0} + \sum_{i=1}^{n-1} k_i E_{Ci} + \sum_{i=n+1}^{m} k_i E_{Ci} \right]. \tag{2.17}$$

Insgesamt läßt die Darstellung erkennen, daß die Maße in einer Kette so zu tolerieren sind, daß die Überlagerung aller Einzeltoleranzen die Schlußtoleranz ergibt. Je mehr Maße eine Kette bei gegebener Schlußtoleranz enthält, um so kleiner werden die Einzeltoleranzen. Deshalb sollen Kettenmaße möglichst vermieden werden.

Beispiel: Bemaßung und Tolerierung eines Schnitteils. Für das im **Bild 2.22a** dargestellte Schnitteil seien die drei tolerierten Einzelmaße gegeben. Daraus sind das Nennmaß N_0 sowie die Toleranz T_0 für das Schlußmaß, das für die Fertigung des zugehörigen Werkzeugs wichtig ist, so zu bestimmen, daß vollständige Austauschbarkeit gewährleistet ist.

Zur Vorbereitung wird zunächst gemäß Bild 2.21 die zugehörige Maßkette gezeichnet. Dabei ist zu beachten, daß jener Zweig der Maßkette, der das Schlußmaß enthält, zum negativen Zweig erklärt wurde, die Richtungsfaktoren also dort negativ sind (Bild 2.22b).

Dann werden die Ausgangsgleichung aufgestellt (a) und alle gegebenen Werte in einer Tabelle aufbereitet (b). Danach können mit Gl. (2.10) das Nennmaß N_0, mit Gl. (2.16) das Toleranzmittenabmaß E_{C0} des Schlußmaßes und mit Gl. (2.13) die Schlußtoleranz T_0 berechnet werden.

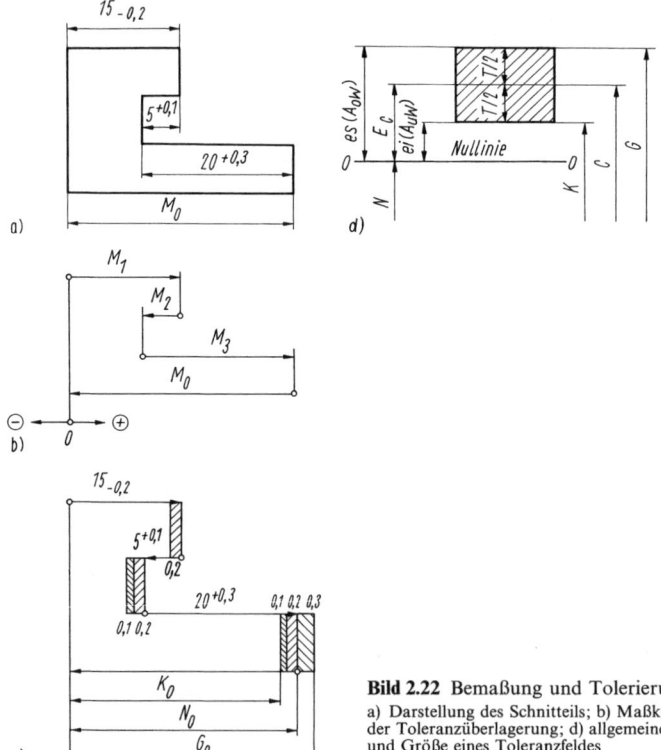

Bild 2.22 Bemaßung und Tolerierung eines Schnitteils
a) Darstellung des Schnitteils; b) Maßkette; c) Verdeutlichung der Toleranzüberlagerung; d) allgemeine Darstellung der Lage und Größe eines Toleranzfeldes
Bezeichnungen der Abmaße s. Tafel 2.4 und Bild 2.9

Lösung:

a) Maßkette (Bild 2.22b) und Ausgangsgleichung
$M_1 - M_2 + M_3 - M_0 = 0$ bzw. $M_0 = M_1 - M_2 + M_3$

b) Aufbereitung der gegebenen Werte (Angaben in mm)

i	M_i	N_i	E_{Ci}	k_i	T_i
1	$15_{-0,2}$	15	$-0,1$	$+1$	0,2
2	$5^{+0,1}$	5	$+0,05$	-1	0,1
3	$20^{+0,3}$	20	$+0,15$	$+1$	0,3

c) Berechnung
Nennmaß N_0 des Schlußmaßes

$$N_0 = \frac{-1}{-1}[(+1)\cdot 15 + (-1)\cdot 5 + (+1)\cdot 20]\,\text{mm} = 30\,\text{mm};$$

Toleranzmittenabmaß E_{C0} des Schlußmaßes

$$E_{C0} = \frac{-1}{-1}[(+1)\cdot(-0,1) + (-1)\cdot 0,05 + (+1)\cdot 0,15]\,\text{mm} = 0\,\text{mm};$$

Schlußtoleranz T_0

$T_0 = T_1 + T_2 + T_3 = (0,2 + 0,1 + 0,3)\,\text{mm} = 0,6\,\text{mm}.$

Damit ergibt sich ein Maß $M_0 = (30 \pm 0,3)$ mm mit einem Größtmaß $G_0 = 30,3$ mm und einem Kleinstmaß $K_0 = 29,7$ mm.

Zur Erläuterung ist im Bild 2.22c die Überlagerung der Einzeltoleranzen veranschaulicht, und Bild 2.22d zeigt nochmals in allgemeiner Form die Angaben zur Kennzeichnung von Lage und Größe eines Toleranzfeldes.

Wenn komplexere Erzeugnisse eine hohe Genauigkeit erfordern und Maßketten mit vielen Kettengliedern aufweisen, führt die Anwendung der Maximum-Minimum-Methode oft zu einer unwirtschaftlichen Fertigung. In diesen Fällen ist die wahrscheinlichkeitstheoretische Methode zweckmäßiger.

2.3.3.2 Wahrscheinlichkeitstheoretische Methode [12] [2.2]

Die Methode geht davon aus, daß bei vielgliedrigen Ketten die ungünstigsten Extremwerte praktisch nur sehr selten zusammentreffen. Die nach den Gln. (2.13) und (2.14) ermittelten Toleranzen lassen sich deshalb unter Beachtung wahrscheinlichkeitstheoretischer Gesetzmäßigkeiten so erweitern, daß für die Fertigung der Einzelteile wesentliche Erleichterungen geschaffen werden, ohne auf eine Austauschbarkeit zu verzichten. Es ist lediglich eine verhältnismäßig kleine, vorher festlegbare Ausfallquote (Überschreiten der vorgegebenen Schlußtoleranz durch die Istabmessungen des Schlußmaßes) in Kauf zu nehmen und daraus abgeleitet ein Mehraufwand an Nacharbeit bzw. Ausschuß. Zudem lassen sich die zunächst nicht verwendbaren Teile bei anderer Kombination vielfach noch zu funktionsfähigen Baugruppen montieren. Die Methode kann also immer dann Anwendung finden, wenn aus technischen oder wirtschaftlichen Gründen eine *unvollständige Austauschbarkeit* zulässig ist. Sie setzt voraus, daß die Verteilung der Istwerte der Maßkettenglieder bekannt oder zumindest abschätzbar ist, daß Montagelosgrößen von mindestens 50 Teilen je Los und vielgliedrige Toleranzketten vorliegen. Wenigliedrige Ketten können nur dann mit dieser Methode untersucht werden, wenn die Istwerte in ganz bestimmten Verteilungen anfallen (s. [2.1] [2.2]).

Tafel 2.13 Faktor t

p in %	10	5	2	1	0,5	0,2	0,1
t	1,65	1,96	2,33	2,58	2,81	3,09	3,37

Die wahrscheinliche Größe der Schlußtoleranz T'_0 (' bezogen auf wahrscheinlichkeitstheoretische Methode) kann aus Gl. (2.12) unter Beachtung bestimmter Gesetzmäßigkeiten der Wahrscheinlichkeitsrechnung bestimmt werden:

$$T'_0 = t\sqrt{\sum_{i=1}^{m}(c_i T'_i)^2}. \tag{2.18}$$

Der Risikofaktor t (Faktor der Student-Verteilung) kann in Abhängigkeit von der wirtschaftlich vertretbaren Ausfallquote p **Tafel 2.13** entnommen werden. Bei der Wahl des Koeffizienten der relativen Streuung c genügt es in nahezu allen Fällen, von einer Normalverteilung der Istwerte auszugehen, für die $c = 0{,}333$ gilt.

An vielen Beispielen [12] [2.2] läßt sich zeigen, daß die mit dieser Methode ermittelte Schlußtoleranz im Vergleich zur Maximum-Minimum-Methode oft nur etwa 50 bis 60% beträgt. Die Toleranzen der einzelnen Maße können also um einen solchen Betrag vergrößert werden. Dabei ist nach dem Grundsatz zu verfahren, das Teil am gröbsten zu tolerieren, das am wertvollsten ist bzw. dessen Fertigung den größten Aufwand erfordert.

2.3.4 Toleranz- und passungsgerechtes Gestalten [3] [5]

Bei der Festlegung von Toleranzen und Passungen ist zu beachten, daß die Wirtschaftlichkeit der Fertigung gewahrt bleibt. Deshalb muß bei der konstruktiven Gestaltung auf eine möglichst kleine Anzahl der Einzelteile und der Paßstellen geachtet werden. Außerdem sind, solange es die Funktion des jeweiligen Erzeugnisses zuläßt, zunächst Allgemeintoleranzen zu wählen und enge Passungen entweder durch den Einsatz elastischer Elemente („elastische Bauweise") oder durch Nachstellbarkeit bzw. Justage zu umgehen.

Toleranzen und Passungen nach dem ISO-System (s. Bild 2.12 sowie Tafeln 2.6 und 2.12) sollten generell nur bei besonderen funktionellen oder Genauigkeitsforderungen Anwendung finden. Jedoch ist auch dann darauf zu achten, daß Überbestimmung durch doppelte Maß- oder Toleranzangaben und Mehrfachpaßstellen vermieden wird.

In **Tafel 2.14** sind ungünstige und günstige Lösungen gegenübergestellt.

Tafel 2.14 Toleranz- und passungsgerechte Gestaltung [5]

Ungünstige Lösung	Erläuterungen	Günstige Lösung
1. *Wähle Teile- und Paßstellenzahl möglichst klein!*		
	Linkes Bild: viele Einzelteile, zwei Toleranzpaare, Bohrung der Buchse wegen Ansatz innen mit Reibahle nicht bearbeitbar *Rechtes Bild:* nur ein Toleranzpaar, durch Wegfall der Buchse läßt sich Bohrung im Gehäuse aufreiben, Deckel einfacher gestaltet, Sicherungsring *1* (Normteil) vereinfacht die Fertigung (s. a. Bild 8.44b, c und Tafel 8.8). *2* scharfkantiger Zwischenring	
2. *Wähle grobe Toleranzen oder Freimaßtoleranzen, solange es die Funktion zuläßt!*		
	Je größer Führungslänge l, desto gröber kann Geradführung toleriert sein. *1* Führungsstab; *2, 3* Anzeigeteil	
	Tolerierte Länge der Buchse *4* begrenzt Axialspiel des Rades *2*; Funktion bleibt erhalten, wenn der gleichlange Wellenabsatz kürzer gehalten wird. *1* abgesetzte Welle; *2* Rad; *3* Gehäuse; *4* Buchse; *5* Stift	

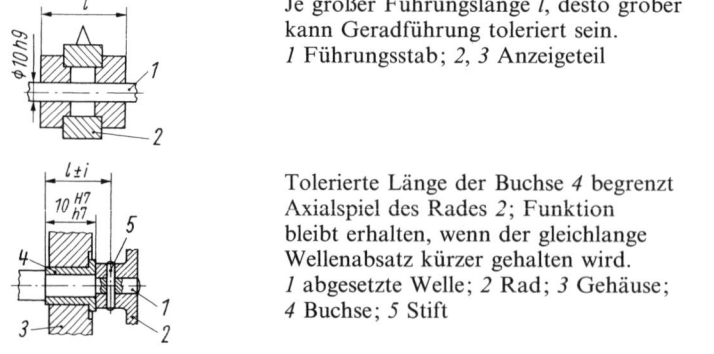
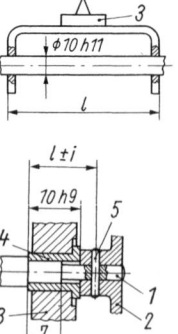

Tafel 2.14 Fortsetzung

Ungünstige Lösung	Erläuterungen	Günstige Lösung

3. *Vermeide enge Toleranzen durch elastische Bauweise (Verwendung von federnden oder gefederten Elementen)!*

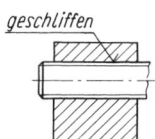

Gewindeschleifen (teuer) ergibt Gewinde mit geringem Anfangsspiel, das sich infolge Verschleiß vergrößert. Günstiger ist axiales (Bild rechts) oder radiales Verspannen von Schrauben- und Muttergewinde durch elastische Verformung; das Spiel wird dauerhaft beseitigt.

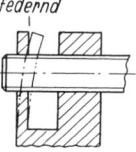

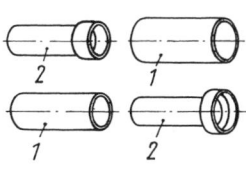

Enge Passungen, z. B. bei dünnwandigen rohrförmigen Teilen, lassen sich durch federnde Ausbildung vermeiden (s. a. Bild 9.5). *1* Außenteil; *2* Innenteil

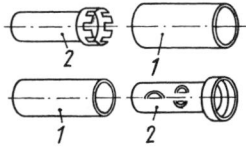

4. *Vermeide enge Toleranzen durch nachstellbare oder justierbare Elemente!*

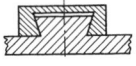

Mit nachstellbarer Führungsleiste *1* einer Schwalbenschwanzführung können enge Herstellungstoleranzen vermieden und verschleißbedingtes Spiel ausgeglichen werden.

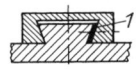

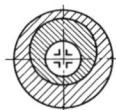

Die Einstellung einer Strichplatte durch zwei Exzenter (drei Passungen) ist billiger mit drei um 120° versetzten Gewindestiften zu erreichen.

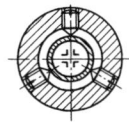

5. *Vermeide toleranzmäßige Überbestimmung und Mehrfachpaßstellen!*

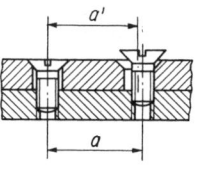

Werden zwei Bauteile durch Senkschrauben verbunden, so ist nur bei sehr enger Tolerierung der Bohrungsabstände zu erwarten, daß der Kopf in der Senkung bündig abschließt. Durch Verwendung zweier Zylinderkopfschrauben wird dieser Fehler ausgeglichen, wenn Bohrung und Senkung genügend groß sind.

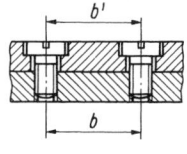

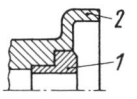

Die Lage der in Gehäuse *2* eingepreßten Buchse *1* ist sowohl radial als auch axial je zweimal festgelegt (linkes Bild). Je eine Begrenzung ist ausreichend (rechtes Bild).

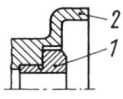

2.4 Werkstoffwahl
[3] [4] [2.6] bis [2.15]

Die Gestalt eines Bauteils festzulegen heißt,

- „in Fertigungsverfahren denken",

wobei der Werkstoffwahl besonderes Augenmerk gewidmet werden muß (s. a. Abschn. 2.1). Für die Elektronik, Elektrotechnik, Feinwerktechnik und Mechatronik liegt ein Sortiment an Werkstoffen vor, aus dem unter Berücksichtigung vielfältiger Gesichtspunkte der für den jeweiligen Einsatzzweck günstigste auszuwählen ist. Neben der Festigkeit und den Kosten haben

2 Grundlagen der Konstruktionsarbeit

Forderungen an spezielle Werkstoffeigenschaften (wie Elastizität, magnetische und elektrische Leitfähigkeit, Korrosions- und Verschleißverhalten usw.) eine besondere Bedeutung. Bei der Auswahl der Werkstoffe ist immer die Einheit von Konstruktion, Technologie und Werkstoff zu beachten, wobei man zunächst die Anforderungen hinsichtlich Funktion, Festigkeit und Lebensdauer an das jeweilige Bauteil analysiert. Danach sind die Möglichkeiten der Formgebung und Fertigung sowie die Kosten zu untersuchen. In zunehmendem Maße spielt auch die Verfügbarkeit eine Rolle.

Tafel 2.15 Eigenschaften ausgewählter Werkstoffe
(s. Tafel 3.2 und Hinweis auf Seite 90 unten)

1 Metallische Werkstoffe

1.1 Eisenwerkstoffe

- Als *Stahl* werden alle ohne Nachbehandlung schmiedbaren Eisenwerkstoffe mit einem C-Gehalt unter 2,0 % bezeichnet, die man zusätzlich in unlegierte sowie in legierte Stähle unterteilt. Das wichtigste Legierungselement ist der Kohlenstoff, da Stahl z. B. erst durch einen C-Gehalt >0,3% wesentlich härtbar wird und Festigkeit und Härte mit dessen weiterer Zunahme ansteigen. Wichtigste Stähle:

  Allgemeine Baustähle sind unlegierte Stähle mit einem C-Gehalt bis zu 0,5 %. Sie werden durch ihre Streckgrenze bei Raumtemperatur für die kleinste Abmessung (s. Tafel 3.2) sowie die Gütegruppe (Kerbschlagarbeit bei bestimmten Temperaturen) gekennzeichnet. Sie sind nicht für eine Wärmebehandlung außer Spannungsarm- und Normalglühen vorgesehen. Schweißgeeignet sind die Stahlsorten S235, S275 und S355. Die Schweißeignung verbessert sich von der Gütegruppe JR bis K2. Für die Stähle S185, E295, E335 und E360 ist die Schweißeignung i. allg. nicht gegeben. Die Korrosionsbeständigkeit ist gering, wodurch auch bei Anwendung unter normalen atmosphärischen Bedingungen ein Oberflächenschutz erforderlich ist (DIN EN 10025).

  Vergütungsstähle werden durch Härten und anschließendes Anlassen von unlegierten bzw. niedriglegierten Stählen mit C-Gehalt zwischen 0,2 und 0,6% bei Temperaturen von 450 bis 700 °C auf große Zähigkeit und Festigkeit gebracht (vergütet) und finden für stoßbeanspruchte, zähe Teile Anwendung, z. B. Qualitätsstähle C25 bis C60, Edelstähle C22E bis C60E, 34CrMo4 (DIN EN 10083).

  Einsatzstähle sind Eisenwerkstoffe, deren Eigenschaften man durch spezielle Wärmebehandlung erreicht. Verwendet werden unlegierte bzw. niedrig legierte Stähle mit einem C-Gehalt unter 0,2%, die zunächst geringe Härte und Festigkeit aufweisen. Durch Einsatzhärten (Glühen der i. allg. fertigen Werkstücke in kohlenstoffabgebenden Mitteln, dadurch Anreichern der Oberfläche mit C, und nachfolgendes Abschrecken) entsteht eine glasharte Oberfläche, während der Kern weich und zäh bleibt. Einsatzstähle werden bei hochwertigen, verschleißbeanspruchten Teilen mit großer dynamischer Festigkeit angewendet, z. B. Qualitätsstähle C10, C15; Edelstähle 15Cr3, 16MnCr5 (DIN EN 10084).

  Automatenstähle weisen sehr gute Zerspanungseigenschaften auf und sind deshalb für Teile mit normalen Festigkeitsanforderungen geeignet, die in großen Stückzahlen spanend zu fertigen sind, z. B. 9S20K, 10S20K (DIN EN 10087).

  Werkzeugstähle dienen der Herstellung von Werkzeugen für spanende Bearbeitung sowie von Schnitt- und Umformwerkzeugen (mit C-Gehalt >0,6%, z. B. C60W bis C130W, 90MnV8) und auch als spezielle Stähle für Halbzeuge und Bleche [3] einschließlich Sonderstähle mit bestimmten magnetischen Eigenschaften (z. B. weichmagnetische Werkstoffe wie Dynamoblech, Hyperm, Permaloy [2.7] bis [2.9]).

- Als *Gußeisen* werden Eisen-Kohlenstoff-Legierungen, in denen nach dem Vergießen das Eutektikum des Eisens mit Zementit (Ledeburit) oder Graphit auftritt, bezeichnet. Nach dem Bruchaussehen unterscheidet man zwischen weißem und grauem (graphithaltigem) Gußeisen.

  Weißes Gußeisen ist sehr hart und wird entweder als Hartguß (GJH) oder nach einer Glühbehandlung als Temperguß (GJMB, GJMW) verwendet. Beim grauen Gußeisen liegt der Graphit lamellar (GJL, GG), wurmförmig (GJV) oder kugelig (GJS, GGG) vor. Gußeisen findet u. a. wegen der guten Gießbarkeit, des z. T. hohen Dämpfungsvermögens (GJL) und der guten Korrosionsbeständigkeit für größere Gestelle, Chassis und Gehäuseteile Anwendung.

  Nahezu alle unlegierten oder legierten Stähle können als *Stahlguß* hergestellt werden, wenn die Festigkeit und Zähigkeit des Stahles gefordert wird und die Bauteile kompliziert gestaltet sind.

1.2 Nichteisenmetall-Werkstoffe

- *Kupfer- und Kupferlegierungen* (Messing, Bronze, Neusilber u. a.).
  Sie zeichnen sich neben guter elektrischer und thermischer Leitfähigkeit je nach Legierungszusammensetzung durch hervorragende Gleiteigenschaften, gutes Federungsverhalten und hohe Korrosionsbeständigkeit aus. Sie sind nicht ferromagnetisch, lassen sich gut bearbeiten und durch Löten verbinden.

Tafel 2.15 Fortsetzung 1

- *Leichtmetalle und Leichtmetallegierungen* (Aluminium-, Magnesium- und Titanwerkstoffe).
Die weiteste Verbreitung als Konstruktionswerkstoffe haben Aluminium und Magnesium sowie deren Legierungen. Sie besitzen eine niedrige Dichte und zeichnen sich durch gute Formbarkeit und gießtechnisch vorteilhafte Verarbeitungsmöglichkeiten (z. B. Druckguß) sowie durch hohe thermische und elektrische Leitfähigkeit aus. Sie überziehen sich mit einer schützenden Oxidhaut, sind jedoch unbeständig gegen Seewasser und organische Säuren. An Kontaktstellen mit anderen (edleren) Metallen besteht außerdem die Gefahr der elektrolytischen Korrosion. Löt- und schweißbar sind diese Werkstoffe nur unter Anwendung besonderer Maßnahmen.
Neben Al- und Mg-Werkstoffen gewinnen Titan und Titanlegierungen zunehmende Bedeutung infolge ihrer hohen Festigkeit bei relativ niedriger Dichte und guter Korrosionsbeständigkeit. Sie sind außerdem tieftemperaturzäh und warmfest. Wegen des z. Z. noch sehr hohen Preises erfolgt die Anwendung vorerst nur in Sonderfällen, in denen sich die spezifischen Eigenschaften voll nutzen lassen, u. a. in der Raumfahrt und in Kernkraftwerken.

- *Edelmetalle* (Gold, Silber, Platin).
Sie besitzen eine hohe Resistenz gegen chemische Einflüsse bei gleichzeitiger guter thermischer und elektrischer Leitfähigkeit. Jedoch sind sie sehr teuer, so daß ihr Einsatz meist nur für dünne Schichten bzw. für elektrische Kontakte erfolgt. Ein breites Anwendungsfeld finden sie in der Mikroelektronik.

- *Sonstige Schwermetalle* (Blei, Nickel, Zinn und Zink sowie deren Legierungen).
Sie weisen eine gute Korrosionsbeständigkeit gegenüber den meisten Chemikalien auf und werden hauptsächlich zur Oberflächenbeschichtung, als Lote sowie als Legierungselemente eingesetzt.

1.3 Metallische Sinterwerkstoffe

Diese Werkstoffe werden auf der Basis von unlegierten oder legierten Metallpulvern mit einer Korngröße von 0,1 bis 400 µm durch ein- oder mehrmaliges Pressen, Sintern und erforderlichenfalls durch weitere Nachbehandlung hergestellt. Die Erzeugnisse sind entweder anwendungsgerechte Formteile oder verarbeitungsgerechte Halbzeuge. Die charakteristischen Eigenschaften der Sinterwerkstoffe können häufig aus denen der zu ihrer Herstellung eingesetzten Metalle oder Legierungen abgeleitet werden. Sie lassen sich aber durch die Dichte (Porigkeit) und das Gefüge des Werkstoffs verändern sowie durch funktionsgewährleistende Zusätze, z. B. Graphit, erweitern.
Die Palette der Anwendungsmöglichkeiten reicht von Metallfiltern und selbstschmierenden Gleitlagern über Reibwerkstoffe für Kupplungen und Bremsen bis zu Magnet- und Kontaktwerkstoffen.

2 Nichtmetallische Werkstoffe

2.1 Kunststoffe

Sie weisen im Gegensatz zu den Metallen eine makromolekulare Struktur auf. Die Vielzahl der heute verfügbaren Kunststoffe läßt sich sinnvoll nur unter Beachtung ihrer Fertigung bzw. Zusammensetzung ordnen [3] [4] [5] [2.12] bis [2.14]:
Nach der Art der Herstellung unterscheidet man *Polymerisate, Polykondensate* und *Polyaddukte*. Die chemische Struktur gestattet eine Einteilung nach dem Molekülaufbau (vollsynthetische Kunststoffe, abgewandelte Naturstoffe), das Temperaturverhalten eine solche in *Thermo- und Duroplaste*. Hinsichtlich der physikalischen Struktur werden amorphe und kristalline makromolekulare Stoffe unterschieden, wobei durchsichtige Kunststoffe stets amorph sind. Die Anforderungen an Verarbeitbarkeit, Eigenschaften und Preis bestimmen, ob sie mit oder ohne Füllstoffe eingesetzt werden.
Folgende Eigenschaften bestimmen den Einsatz als Konstruktionswerkstoffe: kleine Dichte (bei füllstofffreien Kunststoffen $\varrho = 0,9 ... 1,4$ g/cm^3), niedrige Wärmeleitfähigkeit [$\lambda = 0,1 ... 0,35$ W/(m · K)], großer Längen-Temperaturkoeffizient (etwa 6 ... 8mal so groß wie bei Metallen), sehr gute Korrosionsbeständigkeit, niedrige Temperaturbeständigkeit (etwa zwischen -30 und 100 °C).

2.2 Silikatische Werkstoffe

- *Keramische Werkstoffe* sind sowohl hinsichtlich der Zusammensetzung als auch der Eigenschaften außerordentlich vielfältig. Sie werden für Feinkeramik (technische Keramik) in Elektronik, Elektrotechnik, Feinwerktechnik und Maschinenbau verwendet, aber auch in der Bau- und Sanitärtechnik und im Haushalt. Folgende Werkstoffgruppen sind gebräuchlich:

Gruppe	100 Hartporzellane und Porzellane,	500 Poröse Isolierkeramik (Steinzeug),
C	200 Magnesium-Silikat-Keramik, Steatit,	600 Tonerdekeramik, Millitporzellan,
	300 Rutil- und Titanatmassen,	700 Oxidkeramik,
	400 Codieritkeramik (Al-Mg-Silikatkeramik),	F 100 Filterkeramik.

Mechanische Eigenschaften und Anwendungsgebiete wichtiger Keramiktypen enthält [4] [5].

Tafel 2.15 Fortsetzung 2

- *Glaskeramik* ist ein teilkristallines, halbkeramisches Produkt. Im Vergleich zu herkömmlichen, meist porösen keramischen Werkstoffen besitzt die dichtere Glaskeramik eine Reihe wesentlicher Vorteile. Durch geeignete Wahl der chemischen Zusammensetzung lassen sich die Eigenschaften außerdem in einem breiten Bereich variieren. So kann man hochtransparente Glaskeramiken mit extrem kleinem Längen-Temperaturkoeffizienten α, großem E-Modul und hervorragender Polierfähigkeit herstellen, außerdem solche mit großer Verschleißfestigkeit und hoher elektrischer Isolierfähigkeit sowie mit guter spanender Bearbeitbarkeit (Drehen, Fräsen, Gewindeschneiden usw.), wobei sehr enge Toleranzen einhaltbar sind.
Dadurch erhalten diese Werkstoffe zunehmende Bedeutung.

Werkstoff-Hauptgruppen (Tafel 2.15; s. auch Tafel 3.2 und Hinweis auf Seite 90 unten)

- *Metallische Werkstoffe*. Sie spielen in der Reihe der Konstruktionswerkstoffe wegen ihrer vielseitigen Einsatzmöglichkeiten, der guten Festigkeitseigenschaften, zahlreicher physikalischer Besonderheiten sowie der leichten Form- und Bearbeitbarkeit eine dominierende Rolle. Man unterteilt sie in
  - *Eisenwerkstoffe* (Stähle, Eisengußwerkstoffe);
  - *Nichteisenmetall-Werkstoffe* (Kupfer- und Kupferlegierungen, Leichtmetalle und Leichtmetallegierungen, Edelmetalle, sonstige Schwermetalle);
  - *Metallische Sinterwerkstoffe*.

- *Nichtmetallische Werkstoffe*. Sie umfassen ein breites Spektrum organischer und anorganischer Werkstoffe, deren Herstellung sowie Form- und Bearbeitbarkeit ebenso wie ihre Eigenschaften sich stark unterscheiden. Sie sind in der Regel nichtleitend, für ihren jeweiligen Anwendungszweck modifizierbar und finden zunehmend breiteren Einsatz als Lager-, Isolier- und Hüllwerkstoffe. Man unterscheidet
  - *Kunststoffe* (Thermoplaste, Duroplaste);
  - *Silikatische Werkstoffe* (keramische Werkstoffe, Glas, Glaskeramik);
  - *Naturstoffe* (Edelsteine, Marmor, Glimmer, Schiefer, Holz).

Halbzeuge und Normteile. Erhebliche Kostensenkungen lassen sich dadurch erreichen, daß Konstruktionen mit einem möglichst hohen Anteil an vorgefertigten Halbzeugen (u. a. Profile, Bleche, Bänder, Drähte, Rohre) sowie Normteilen (Stifte, Bolzen, Schrauben usw.) ausgeführt werden (s. Abschn. 4, vgl. a. Abschn. 2.1, Bild 2.5).

Kriterien für die Werkstoffauswahl. Bei der Entwicklung von Erzeugnissen, deren Anforderungen an den Werkstoff leicht überschaubar sind, sowie bei Routinekonstruktionen, wird der Auswahlvorgang meist im Rahmen der konstruktiven Tätigkeit mit erledigt.

Im allgemeinen kann man sich dabei auf Erfahrungen stützen, gemäß denen sich z. B. für kleine Massenteile vorteilhaft Automatenstähle, Spritzgußlegierungen und Kunststoffe einsetzen lassen. Für einfache Achsen und Wellen wählt man vorzugsweise C-Stahl (S235JR bis E335). Bei Bauteilen mit höherer statischer und dynamischer Beanspruchung werden vorwiegend Vergütungsstähle (möglichst Edelstahlgüte) verwendet. Jedoch sind hierbei eine hohe Oberflächenqualität und geeignete Form der Teile erforderlich, um ihre Wechselfestigkeitseigenschaften optimal ausnutzen zu können.

Bei hohem zu erwartenden Gleitreibungsverschleiß bewähren sich Nitrierstähle (u. a. 34CrAlMo5). Sie zeigen nach dem Nitrieren eine wesentlich höhere Oberflächenhärte als aufgekohlte oder gehärtete Stähle.

Stifte und Paßfedern werden meist aus E335 gefertigt, Teile mit hoher Hertzscher Pressung (Wälzpressung) dagegen aus gehärtetem Stahl und stark wärmebeanspruchte Teile aus warmfestem oder zunderbeständigem Stahl, aus Gußeisen bzw. Stahlguß und in Sonderfällen aus Keramik.

Für Werkzeuge und Meßwerkzeuge stehen gehärtete Werkzeugstähle zur Verfügung, für Schneiden darüber hinaus Schneidmetalle.

Gehäuse und komplizierte Grundplatten fertigt man in der Serien- und Massenfertigung aus Druckgußlegierungen oder aus Kunststoffen, bei kleineren Stückzahlen dagegen oft in geschweißter Ausführung aus Stahlblech.

Für stark gleitbeanspruchte Bauteile werden bei Stahl als Gegengleitstoffe Messing, Bronze, Weißmetall, Gußeisen sowie Kunststoffe oder Verbundwerkstoffe mit Gleitschichten bevorzugt. Dabei sind zusätzliche Maßnahmen zur Verschleißminderung zu berücksichtigen (Minimierung der Verschleißkräfte z. B. durch günstige Wahl der Flächenpressung, Vermeidung von Gleitreibung, ausreichende Schmierung, Einhaltung von Grenztemperaturen, Verringerung der Verschleißfolgen durch Beschränkung derselben auf leicht auswechselbare Teile oder durch Nachstellbarkeit usw.). In erster Näherung wächst die Verschleißfestigkeit proportional dem Quotienten Härte/E-Modul. Spezielle Gleitwerkstoffe z. B. für Lager berücksichtigen diesen Zusammenhang.

Für Konstruktionselemente, die besonderen funktionellen Ansprüchen genügen müssen, stehen darüber hinaus Werkstoffe mit speziellen Eigenschaften zur Verfügung, so z. B. für elastische Federn, für Lager und für Zahnräder, aber auch bei Leichtbaukonstruktionen.

Diese Werkstoffe sind in den jeweiligen Abschnitten des Buches mit behandelt.

Bei größeren Objekten, komplizierten Beanspruchungsbedingungen oder bei Erzeugnissen, die in großen Stückzahlen zu fertigen sind, ist dem Prozeß der Werkstoffauswahl dagegen verstärkte Aufmerksamkeit zu schenken. Er kann als ein Optimierungsproblem betrachtet werden, das in mehreren Schritten zu lösen ist:

— Festlegung des Forderungsprogramms auf der Grundlage einer Analyse aller Anforderungen, die sich aus Funktion, Fertigung, Materialökonomie usw. ableiten lassen;
— Vorauswahl des Werkstoffs oder der Werkstoffgruppe, deren Eigenschaften dem Anforderungsprofil in den wichtigsten Kennwerten entsprechen;
— detaillierte Werkstoffauswahl so, daß über die einzuhaltenden Grundforderungen hinaus auch möglichst viele Nebenfunktionen, technologische Forderungen usw. erfüllt werden.

Für eine rationelle Bearbeitung dieses Prozesses bedient man sich zentraler Informationssysteme [2.15] sowie zunehmend der Rechentechnik.

Zur Erleichterung der Werkstoffauswahl liegen zudem umfangreiche Normen vor. Sie beinhalten neben der Werkstoffbezeichnung Angaben über Zusammensetzung und Eigenschaften sowie Abmessungen und Toleranzen. Zur Vereinfachung der Handhabung erfolgt für bestimmte Werkstoffkomplexe eine Zusammenfassung in DIN-Taschenbüchern.

• Werkstoffangaben in Zeichnungen s. auch **Anhang**, Abschn. A4.5.

2.5 Aufgaben und Lösungen zu Abschnitt 2

Aufgabe 2.1 Normzahlen

Quadratflächen mit der Seitenlänge a sind im Bereich von 40 mm bis 1000 mm möglichst gleichmäßig so zu stufen, daß eine Typenreihe aus acht verschieden großen Flächen entsteht.
Gesucht sind:

a) Stufung nach einer geometrischen Reihe
b) Stufung nach einer arithmetischen Reihe
c) Vergleich der Lösungen a) und b) und Auswahl der geeigneten Typenreihe.

Aufgabe 2.2 Passungsanalyse

Gegeben ist eine Passung $\varnothing\, E\, 9/h\, 9$.
Gesucht sind:

a) Größe des Nennmaßes
b) Art des Paßsystems
c) Darstellung von Toleranz- und Paßtoleranzfeld
d) Charakter der Passung
e) Größt- und Kleinstspiel sowie Paßtoleranz.

Aufgabe 2.3 Umstellung eines Paßsystems

Die Passung $\varnothing\, 20\, D\, 9/h\, 8$ ist auf das Paßsystem Einheitsbohrung umzustellen, wobei die Werte für Größt- und Kleinstspiel erhalten bleiben sollen.

2 Grundlagen der Konstruktionsarbeit

Aufgabe 2.4 Maß- und Toleranzketten an einem Schnitteil

Das Schnitteil im **Bild 2.23** ist bezüglich der Toleranzen zu überprüfen. Im einzelnen sind folgende Aufgaben zu lösen:

a) Ermittlung der Schlußtoleranz T_0 sowie des zu erwartenden Größtmaßes G_0 und des Kleinstmaßes K_0 für das für die Fertigung des zugehörigen Werkzeugs interessierende Maß M_0.
b) Der Einfluß der Toleranzen der Maße a, b, c, d auf das Maß e ist zu untersuchen und dessen Größt- und Kleinstmaß sowie die Gesamttoleranz sind anzugeben (Fertigung erfolgt nach der Toleranzklasse *fein* nach DIN ISO 2768 T1).
c) Die Maßeintragung ist so zu ändern, daß auch das Maß e der Toleranzklasse *fein* entspricht.

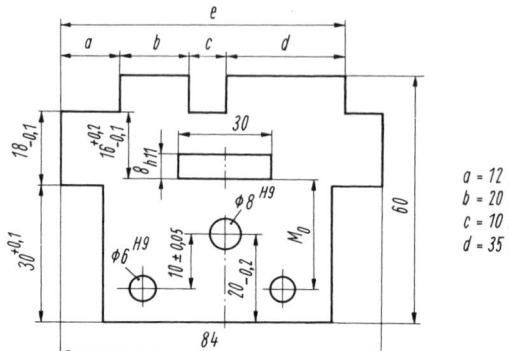

$a = 12$ mm
$b = 20$ mm
$c = 10$ mm
$d = 35$ mm

Bild 2.23
Toleranzmäßige Überprüfung eines Schnitteils

Aufgabe 2.5 Elastische Bauweise

Es sind mehrere Möglichkeiten anzugeben, wie sich bei einem Stirnradgetriebe (s. Abschn. 11) zum Antrieb eines Drehkondensators durch Einsatz von elastischen Bauelementen das Spiel zwischen den Zahnflanken und damit eine Umkehrspanne („toter Gang") bei Drehrichtungswechsel vermeiden läßt.

Aufgabe 2.6 Spielarme Rastvorrichtung

Bei Rastvorrichtungen, in denen ein zylindrischer Bolzen in eine ebenfalls zylindrische Bohrung eingreift, müssen Bolzen- und Bohrungsdurchmesser sehr eng toleriert sein, um eine spielarme Rastung zu gewährleisten. Es ist eine Rastvorrichtung zu entwerfen, bei der wenige eng tolerierte Maße ausreichend sind, die Fertigung also wesentlich vereinfacht werden kann.

Lösung zu Aufgabe 2.1

a) Stufung nach geometrischer Reihe:

$a, aq, aq^2, \ldots, aq^{n-1}$

mit Anfangsglied $a = 40$ mm, Stufensprung q und Anzahl der Glieder $n = 8$.
Berechnung von q:

$aq^7 = 1000$; $40q^7 = 1000$; $q = \sqrt[7]{25}$;

$\lg q = (1/7) \lg 25 = (1/7) \, 1{,}3979 = 0{,}1997$; $q = 1{,}584$.

Dies entspricht der Stufung nach der geometrischen Reihe $R\,5$ mit folgenden Gliedern (Zahlenwerte geringfügig gerundet):

$a = 40$ mm $aq^2 = 100$ mm $aq^4 = 250$ mm $aq^6 = 630$ mm
$aq = 63$ mm $aq^3 = 160$ mm $aq^5 = 400$ mm $aq^7 = 1000$ mm.

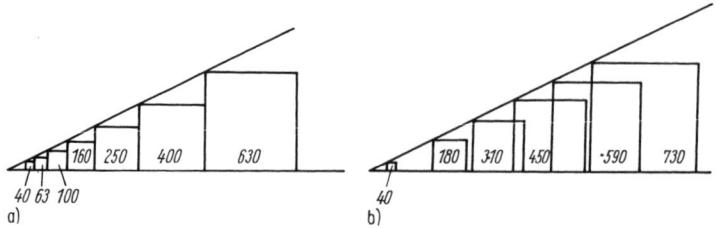

Bild 2.24 Vergleich von geometrischer (a) und arithmetischer Stufung (b)
Reihe im Bild b) ist zwischen Strahlen gemäß Bild a) aufgetragen; letzte Felder nicht dargestellt

b) Stufung nach arithmetischer Reihe:
$a, a+d, a+2d, \ldots, a+(n-1)d$
mit Anfangsglied $a = 40$ mm, konstanter Differenz d und Anzahl n der Glieder.
Berechnung von d:
$a + 7d = 1000$; $40 + 7d = 1000$; $7d = 960$; $d = 137{,}1$.
Es ergibt sich eine arithmetische Reihe mit folgenden Gliedern (gerundete Werte in Klammern):

$a =$ 40 mm $\qquad a + 4d = 588{,}8$ mm (590 mm)
$a + d = 177{,}1$ mm (180 mm) $\qquad a + 5d = 725{,}5$ mm (730 mm)
$a + 2d = 314{,}2$ mm (310 mm) $\qquad a + 6d = 862{,}6$ mm (860 mm)
$a + 3d = 451{,}3$ mm (450 mm) $\qquad a + 7d = 999{,}7$ mm (1000 mm).

c) Ein Vergleich der Zahlenwerte läßt erkennen, daß die arithmetische Stufung eine unzweckmäßige Verteilung der Glieder der Typenreihe im vorgegebenen Bereich ergibt. Während bei kleinen Werten nur wenige Flächenelemente liegen, tritt im oberen Bereich eine Häufung auf. Die geometrische Stufung ergibt demgegenüber eine wesentlich ausgewogenere Verteilung (**Bild 2.24**).

Lösung zu Aufgabe 2.2
Gegeben ist die Passung $\varnothing\, 5\, E\, 9/h\, 9$.
a) Das Nennmaß beträgt $N = 5$ mm.
b) Es handelt sich um das Paßsystem „Einheitswelle", da das Toleranzfeld ($h\,9$) des Innenteils (Welle) an der Nullinie liegt, und zwar um eine Vorzugspassung (Tafel 2.12).

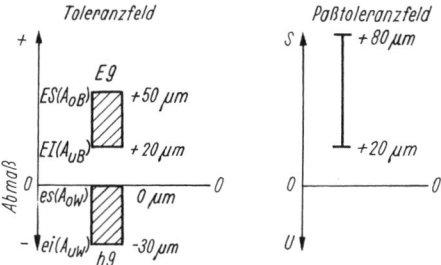

Bild 2.25
Toleranzfelder und Paßtoleranzfeld für die Passung $\varnothing\, 5\, E\, 9/h\, 9$

c) Nach Tafel 2.6 ergeben sich für $N = 5$ mm folgende Abmaße (**Bild 2.25**):
für $E\,9$: $ES(A_{oB}) = +50\,\mu m$ $\qquad$ für $h\,9$: $es(A_{oW}) = 0\,\mu m$
$EI(A_{uB}) = +20\,\mu m$ $\qquad ei(A_{uW}) = -30\,\mu m$.

d) Aus Toleranz- und Paßtoleranzfeld ist ersichtlich, daß die Passung $\varnothing\, 5\, E\, 9/h\, 9$ eine Spielpassung ist.
e) Größtspiel $\qquad S_g = G_B - K_W = 5{,}050$ mm $- 4{,}970$ mm $= 80\,\mu m$
   Kleinstspiel $\qquad S_k = K_B - G_W = 5{,}020$ mm $- 5{,}000$ mm $= 20\,\mu m$
   Mittleres Spiel $\qquad S_m = +50\,\mu m$
   Paßtoleranz $\qquad T_p = S_g - S_k = 80\,\mu m - 20\,\mu m = 60\,\mu m$
   (Probe: $\qquad T_p = T_B + T_W = 30\,\mu m + 30\,\mu m = 60\,\mu m$).

Lösung zu Aufgabe 2.3
Für Größt- und Kleinstspiel gelten folgende Beziehungen:
$$S_g = G_B - K_W;\qquad S_k = K_B - G_W.$$
Nach Tafel 2.6 ergibt sich:
Welle: $\varnothing\, 20\, h\, 8$ $\qquad N = 20$ mm $\qquad G_W = 20{,}000$ mm
$ es(A_{oW}) = 0\,\mu m \qquad K_W = 19{,}967$ mm
$ ei(A_{uW}) = -33\,\mu m \qquad T_W = 33\,\mu m$
Bohrung: $\varnothing\, 20\, D\, 9$ $\qquad N = 20$ mm $\qquad G_B = 20{,}117$ mm
$ ES(A_{oB}) = 117\,\mu m \qquad K_B = 20{,}065$ mm
$ EI(A_{uB}) = 65\,\mu m \qquad T_B = 52\,\mu m$

Größtspiel $\qquad\qquad\qquad\qquad$ Kleinstspiel
$S_g = G_B - K_W$ $\qquad\qquad\qquad S_k = K_B - G_W$
$S_g = 20{,}117$ mm $- 19{,}967$ mm $\qquad S_k = 20{,}065$ mm $- 20{,}000$ mm
$S_g = 0{,}150$ mm $\qquad\qquad\qquad\qquad S_k = 0{,}065$ mm.

58   2 Grundlagen der Konstruktionsarbeit

Damit S_g und S_k erhalten bleiben, müssen die Toleranzfeldlagen von Bohrung und Welle vertauscht werden, ohne dabei die Grundtoleranzgrade (Qualitäten) zu ändern. Mit den Werten der Tafel 2.6 (vgl. auch Tafel 2.12) erhält man für das System Einheitsbohrung die neue Passung $\varnothing\,20\,H\,8/d\,9$ **(Bild 2.26)**, die im Gegensatz zur früheren eine Vorzugspassung ist.

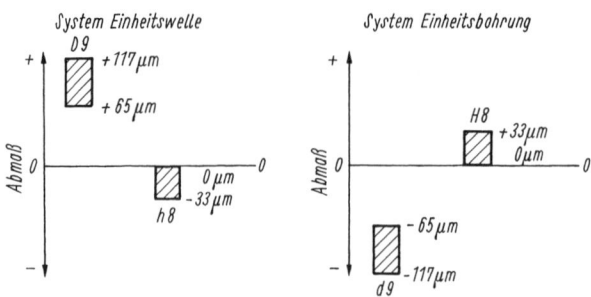

Bild 2.26
Lage der Toleranzfelder bei den Systemen Einheitswelle und Einheitsbohrung für die Passung $\varnothing\,20\,D\,9/h\,8$ bzw. $\varnothing\,20\,H\,8/d\,9$

Lösung zu Aufgabe 2.4

a) Aufbereitung der gegebenen Werte (Angaben in mm); **Bild 2.27**:

i	M_i	N_i	E_{Ci}	k_i	T_i
1	$30^{+0,1}$	30	$+0,05$	$+1$	0,1
2	$18_{-0,1}$	18	$-0,05$	$+1$	0,1
3	$16^{+0,2}_{-0,1}$	16	$+0,05$	-1	0,3
4	$10\pm0,05$	10	0	$+1$	0,1
5	$20_{-0,2}$	20	$-0,1$	-1	0,2

Bild 2.27 Maßkette für Schnitteil nach Bild 2.23

Nennmaß N_0 des Schlußmaßes nach Gl. (2.10):

$$N_0 = \frac{-1}{-1}[(+1)\cdot 30 + (+1)\cdot 18 + (-1)\cdot 16 + (+1)\cdot 10 + (-1)\cdot 20]\,\text{mm} = 22\,\text{mm}.$$

Toleranzmittenabmaß E_{C0} des Schlußmaßes nach Gl. (2.16):

$$E_{C0} = \frac{-1}{-1}[(+1)\cdot 0,05 + (+1)\cdot(-0,05) + (-1)\cdot 0,05 + (+1)\cdot 0 + (-1)\cdot(-0,1)]\,\text{mm}$$
$$= 0,05\,\text{mm}.$$

Schlußtoleranz T_0 nach Gl. (2.13):

$$T_0 = (0,1 + 0,1 + 0,3 + 0,1 + 0,2)\,\text{mm} = 0,8\,\text{mm}.$$

Damit ergibt sich ein Maß

$$M_0 = (22 + 0,05 \pm 0,4)\,\text{mm} = (22,05 \pm 0,4)\,\text{mm}$$

mit einem Größtmaß $G_0 = 22,45$ mm und einem Kleinstmaß $K_0 = 21,65$ mm.

b) Für die Toleranzklasse *fein* nach DIN ISO 2768 T1 gilt:

$a = (12 \pm 0,1)\,\text{mm};\quad b = (20 \pm 0,1)\,\text{mm};\quad c = (10 \pm 0,1)\,\text{mm};$
$d = (35 \pm 0,15)\,\text{mm};\quad$ wobei $e = a + b + c + d$.

Bei einer solchen Tolerierung sind die Toleranzmittenabmaße von Einzelmaßen und Schlußmaß gleich Null. Für das Nennmaß N_0 des Schlußmaßes ergibt sich

$$N_0 = \frac{-1}{-1}[(+1)\cdot 12 + (+1)\cdot 20 + (+1)\cdot 10 + (+1)\cdot 35]\,\text{mm} = 77\,\text{mm}.$$

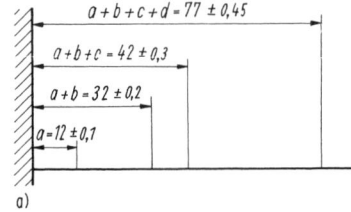
a)

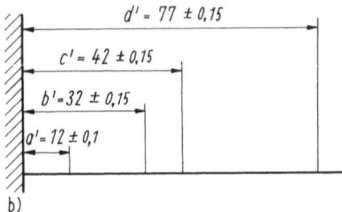
b)

Bild 2.28
Änderung der Maßeintragung für Schnitteil nach Bild 2.23

Die Schlußtoleranz T_0 beträgt

$$T_0 = (0{,}2 + 0{,}2 + 0{,}2 + 0{,}3)\,\text{mm} = 0{,}9\,\text{mm}\,.$$

Damit ergibt sich ein Maß

$$e = (77 \pm 0{,}45)\,\text{mm}$$

mit einem Größtmaß $e_g = 77{,}45$ mm und einem Kleinstmaß $e_k = 76{,}55$ mm.

c) Bei der im Bild 2.23 angegebenen Kettenbemaßung stellen sich für die Lagen der einzelnen Kanten die im **Bild 2.28a** eingezeichneten Abmessungen ein.

Erfolgt die Bemaßung von einer Maßbezugslinie aus (Bild 2.28b), läßt sich eine wesentlich größere Maßhaltigkeit bei gleichem Fertigungsaufwand erreichen. Der Nachteil der Kettenbemaßung zeigt sich hier sehr deutlich. Deshalb sind derartige Maße, wenn funktionsbedingte Abhängigkeiten nicht vorliegen, unbedingt zu vermeiden!

Lösung zu Aufgabe 2.5

Garantierte Zweiflankenanlage und damit Ausgleich von Spiel zwischen den Zahnflanken einer Zahnradpaarung läßt sich durch Einbau gefederter Elemente erreichen. **Bild 2.29** zeigt zwei häufig angewendete Konstruktionsprinzipe [3]:

a) Eines der beiden Räder, vorteilhaft das größere, wird geteilt ausgeführt (geteilte Zahnbreite) und durch tangentiale Verspannung eine spielfreie Anlage der Zahnflanken gegen die des ungeteilten Gegenrades erreicht.
b) Der Achsabstand des Getriebes wird elastisch einstellbar gestaltet (radiale Verspannung), so daß die im Eingriff befindlichen Zähne des gefederten Rades oder eines gefedert gelagerten Zwischenrades ohne Spiel in die Zahnlücken des Gegenrades eingreifen können.

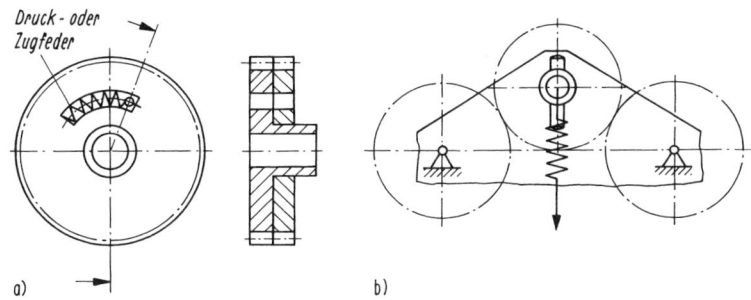

Bild 2.29
Flankenspielfreie Stirnradgetriebe der Feinwerktechnik
a) durch geteiltes und verspanntes Rad;
b) durch gefedert gelagertes Zwischenrad einer Räderkette

Lösung zu Aufgabe 2.6

Eine spielarme und dazu technologisch einfache Rastung wird mit der Paarung Kugel–Zylinderbohrung erreicht. Im **Bild 2.30** sind zwei Möglichkeiten für ein selbsttätiges Axialrastgesperre dargestellt, deren Teile einfach zu fertigen sind und nur grobe Passungen erfordern. Bei der Lösung a) ist die Rastkraft durch die hohle Einstellschraube 4 einstellbar. Um das Herausspringen oder -fallen der Rastkugel 3 zu verhindern, ist ein Umbördeln des unteren Randes der Buchse 5 zu empfehlen. Die Rastbohrungen sollten an der Kugeleingriffsstelle leicht gesenkt sein. Bei Lösung b) ist eine einfache, aber nicht einstellbare Blattfeder zur Erzeugung der Rastkraft verwendet worden. Die Größe des Spiels ist in beiden Fällen nur noch von der Passung zwischen der Rastkugel 3 und der Buchse 5 (a) bzw. der Einstellscheibe 2 (b) abhängig und kann sehr klein gehalten werden.

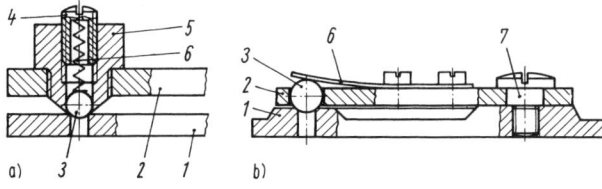

Bild 2.30 Spielarme Rastvorrichtung
a) mit einstellbarer Rastkraft;
b) mit unveränderlicher Rastkraft;
1 Rastscheibe; 2 Einstellscheibe;
3 Rastkugel; 4 Einstellschraube;
5 Buchse; 6 Feder; 7 Achse

3 Statik und Festigkeitslehre

3.1 Einführung

Zur Sicherung der Funktionen, die ein Gerät oder eine Maschine zu erfüllen haben, ist die mechanische Stabilität sowohl des Geräteaufbaus als auch der Einzelteile wesentliche Vorbedingung. Sie kann anhand der Erkenntnisse und Regeln der Statik und Festigkeitslehre durch exakte Vorausberechnung garantiert werden [3.1] bis [3.10]. Diese Wissensgebiete gehören deshalb mit zu den Grundlagen bei der konstruktiven Entwicklung von Erzeugnissen. Festigkeitsberechnungen haben in diesem Zusammenhang das Ziel, anhand der vorliegenden Belastungen die erforderliche Dimensionierung der Bauteile vorzunehmen, für ein bereits vorgegebenes Bauteil die maximale Belastbarkeit zu bestimmen oder die vorhandene Beanspruchung und die als Folge auftretende Verformung unter konkreten Bedingungen zu ermitteln.

Voraussetzung für Festigkeitsuntersuchungen ist neben der Kenntnis der Werkstoffeigenschaften eine genaue Analyse der an den einzelnen Bauteilen wirkenden Kräfte. Dabei ist zu unterscheiden zwischen den Kräften an einem ruhenden (Beschleunigung $a = 0$, Geschwindigkeit $v = 0$) oder gleichmäßig bewegten Körper ($a = 0$, $v =$ konst.), die man im Teilgebiet Statik behandelt, und Kräften an einem beschleunigt bewegten Körper, die nach dem dynamischen Grundgesetz $F = ma$ berechnet werden und Inhalt des Teilgebiets Dynamik sind. Die Abschnitte 3.2 und 3.3 geben eine Einführung in die Statik und Festigkeitslehre. Die Probleme der Dynamik übersteigen den Rahmen dieser Darstellung und sind im Bedarfsfall anhand der Literatur [3.4] [3.9] [3.10] zu studieren.

Für diese und die folgenden Abschnitte gelangen aus dem „Internationalen Einheitensystem (SI)" folgende Einheiten zur Anwendung [14]:

Größe	Einheit
Länge	m oder mm
Kraft	N (Newton)
Druck, Spannung, Flächenlast	$N \cdot m^{-2}$ oder $N \cdot mm^{-2}$
Streckenlast	$N \cdot m^{-1}$ oder $N \cdot mm^{-1}$

Bisher wurden Kräfte in kp (Kilopond) angegeben. Für diese Einheit gilt die Umrechnung

$$1 \text{ kp} = 9{,}81 \text{ N}.$$

Für allgemeine technische Belange genügt die Näherung

$$1 \text{ kp} \approx 10 \text{ N} \quad \text{bzw.} \quad 1 \text{ N} \approx 0{,}1 \text{ kp}.$$

3.2 Statik
[3.1] [3.2] [3.3] [3.10]

Die Statik, die Lehre vom Gleichgewicht der Kräfte, ermöglicht die Ermittlung zunächst unbekannter Kraftreaktionen. Zur Bedingung ($a = 0$ und $v = 0$ bzw. $v =$ konst.) wird weiterhin angenommen, daß ein ideal starrer Körper vorliegt, der unter Kräfteeinwirkung nicht verformt wird. Im Abschn. 3.3 wird dann gezeigt, welche Verformungen an technisch realen Körpern − also an mechanischen Bauteilen − entstehen.

3.2.1 Kräfte an starren Körpern

Meist tritt die Kraft als Einzelkraft F auf, die an einer örtlich begrenzten Stelle (Punkt) angreift. Es gibt aber auch Belastungen, die über eine Strecke verteilt sind, z. B. die Windlast an einem Antennenstab. Man spricht dann von einer Streckenlast mit der Intensität q. Die Belastung kann auch über eine Fläche verteilt sein, wie der Gasdruck in einem Gefäß. Hier liegt eine Flächenlast p vor.

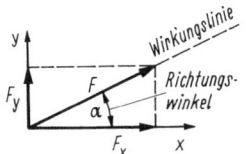

Bild 3.1 Darstellung der Kraft und ihrer Komponenten im rechtwinkligen Koordinatensystem

Die Kraft ist ein linienflüchtiger Vektor. Sie ist bestimmt durch ihre Größe (Betrag) sowie durch die Richtung und darf auf ihrer Wirkungslinie verschoben werden. Die Lage der Wirkungslinie wird durch den Richtungswinkel (**Bild 3.1**) angegeben. Da die Kraft maßstäblich als Vektorpfeil darstellbar ist, sind z. B. bei der Addition und Subtraktion von Kräften auch zeichnerische Lösungen möglich, die sich bei komplizierten Kraftsystemen vorteilhaft anwenden lassen. Voraussetzung ist, daß für alle Kräfte der gleiche Abbildungsmaßstab gilt. Nach DIN 5478 gilt für Maßstäbe in grafischen Darstellungen:

Maßstab = darstellende Größe/wirkliche Größe = Bildgröße/Dinggröße .

Darstellende Größen (Bildgrößen B) in diesem Sinne sind die zur Darstellung benutzten geometrischen Größen, z. B. Längen, Flächen, Winkel; wirkliche Größen (Dinggrößen D) sind darzustellende oder dargestellte Größen beliebiger Art, z. B. physikalisch-technische Größen. Das Formelzeichen des Maßstabs ist μ. Es enthält als Index das Formelzeichen der wirklichen Größe. Die darstellende Größe wird durch das in spitze Klammern $\langle \rangle$ gesetzte Formelzeichen der wirklichen Größe bezeichnet.

Für den Kraftmaßstab gilt demnach

$$\mu_F = \langle F \rangle / F ,$$

wobei F die Größe der darzustellenden Kraft in N und $\langle F \rangle$ die gezeichnete Länge des Vektorpfeils in mm ist. Der Kraftmaßstab μ_F hat also die Dimension mm · N^{-1}.

Beispiel: Eine Kraft $F_1 = 30$ N wird als 60 mm langer Vektorpfeil gezeichnet. Damit ist

$F_1 = 30$ N ,
$\langle F_1 \rangle = 60$ mm und
$\mu_F = \langle F_1 \rangle / F_1 = 60$ mm/30 N $= 2$ mm · N^{-1} .

Soll im selben Kraftsystem eine Kraft $F_2 = 20$ N dargestellt werden, so muß die Länge des Vektorpfeils

$\langle F_2 \rangle = F_2 \mu_F = 20$ N · 2 mm · N^{-1} $= 40$ mm

betragen.

Die Kräfte an einem Körper bilden i. allg. ein räumliches Kraftsystem. Im folgenden wird jedoch nur das ebene Kraftsystem (x-y-Ebene) behandelt. Bild 3.1 stellt die Kraft F und ihre Komponenten F_x und F_y im rechtwinkligen Koordinatensystem dar. Die Kräfte in y-Richtung kann man danach auch als Vertikalkräfte und die Kräfte in x-Richtung als Horizontalkräfte bezeichnen. Die Gln. (3.1) bis (3.4) sind die mathematischen Beschreibungen:

$$F = \sqrt{F_x^2 + F_y^2} , \tag{3.1}$$

$$F_x = F \cos \alpha , \quad F_y = F \sin \alpha , \quad \tan \alpha = F_y / F_x . \tag{3.2, 3.3, 3.4}$$

In der Festigkeitslehre, wo der Querschnitt des belasteten Teils eine Rolle spielt, ist ein räumliches Koordinatensystem erforderlich. Die x-y-Ebene wird in den beanspruchten Querschnitt gelegt. Die z-Achse verläuft dann längs des Bauteils (s. auch Bild 3.29).

In den praktischen Konstruktionen sind stets mehrere Körper miteinander in Verbindung. Hierbei ist das Reaktionsprinzip zu beachten:

- Die Wirkungen zweier Körper aufeinander sind gleich groß und von entgegengesetzter Richtung.

Für die Behandlung der Kräfte an einem Körper innerhalb der Gesamtkonstruktion sind deshalb sowohl die eingeprägten als auch die Reaktionskräfte zu berücksichtigen, denn beide zusammen bestimmen die Beanspruchung. **Bild 3.2** zeigt als Beispiel die Kräfte am Papierandruckhebel in einem Registriergerät.

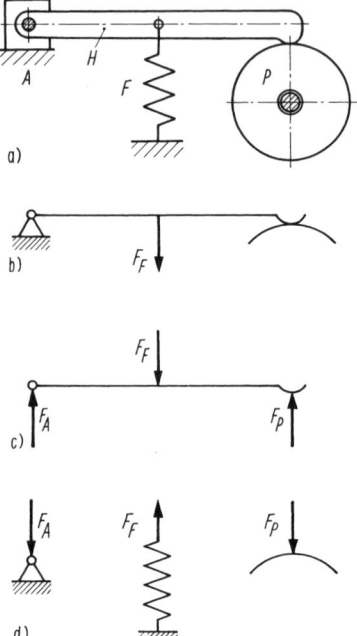

Bild 3.2 Freimachen: Kräfte am Hebel H
a) Konstruktionsskizze; b) schematische Darstellung (Strukturplan);
c) freigemachter Hebel mit den einwirkenden Kräften;
d) restliche Konstruktion mit den vom Hebel her wirkenden Kräften

Der Andruckhebel H ist im Lager A gelagert und drückt durch die Wirkung der Feder F auf die Papierrolle P (a). Die Feder ist eine Zugfeder. Sie zieht mit der Kraft F_F am Hebel H (b) und wird selbst durch die Kraft F_F gedehnt (d). Der Hebel H stützt sich sowohl auf das Lager A als auch auf die Papierrolle P, er drückt auf das Lager mit der Kraft F_A und auf die Papierrolle mit F_P (c). Die Reaktionen von Lager und Papierrolle auf den Hebel sind ebenfalls F_A und F_P, aber den Aktionskräften entgegengerichtet (d). Betrachtet man den Hebel H allein, dann wirken auf ihn die im Bild 3.2c eingezeichneten Kräfte. Dieses Herauslösen des zu betrachtenden Körpers aus der Gesamtkonstruktion nennt man das Freimachen.

Zur vereinfachten Darstellung einer Konstruktion wird ein Strukturplan (technisches Prinzip) verwendet, welcher folgende Gesichtspunkte berücksichtigt (Bild 3.2b):

— geometrische Parameter (Länge, Winkel)
— wirkende Belastung
— Abstützung
— abstrahierte Bauteilform.

Für die verschiedenen Elemente werden dabei allgemein die Symbole in **Tafel 3.1** angewendet.

Tafel 3.1 Darstellungssymbole in der Statik

Symbol	Bezeichnung	Eigenschaften	Belastung	Reaktion
Auflagerelemente				
	Festlager	allseitig belastbar, Kraft geht durch den Drehpunkt		
	Loslager	nur senkrecht zur Lagerfläche belastbar		
	feste Einspannung	allseitig belastbar, auch durch ein Moment		
Tragelemente				
	Träger, Balken	beliebig belastbar (Quer- und Längskräfte, Momente)		
	Seil	kann nur Zugkräfte übertragen		
Verbindungen				
	Gelenk	kann eine Kraft in beliebiger Richtung aufnehmen, aber kein Moment		
	starre Verbindung	kann Kräfte in beliebiger Richtung und Momente aufnehmen		
Anordnungen				
	Stab	Träger zwischen zwei Gelenken, kann von den Gelenken kommende Kräfte nur in Richtung seiner Längsachse übertragen		
	Festlager mit Stab	auf das Lager wirken nur Kräfte in Stabrichtung		
	Dreigelenkbogen	starre Konstruktion, wirkt insgesamt wie ein Festlager		

3.2.2 Ebenes zentrales Kraftsystem

Wenn sich die Wirkungslinien aller an einem Körper angreifenden Kräfte in einem Punkt (Knotenpunkt) schneiden, liegt ein ebenes zentrales Kraftsystem vor. Alle angreifenden Kräfte können dabei durch eine einzige Kraft, die resultierende Kraft, vollständig ersetzt werden.

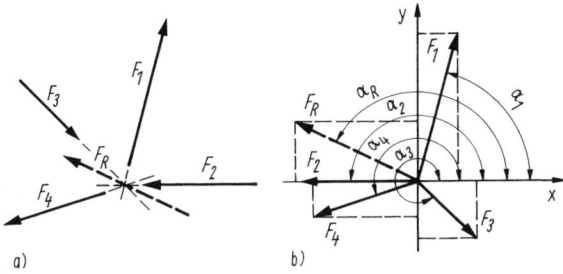

Bild 3.3 Resultierende Kraft aus vier Einzelkräften
a) Lageplan der Kräfte;
b) gemeinsamer Kraftangriffspunkt im Ursprung des Koordinatensystems

Analytische Ermittlung der resultierenden Kraft

Den Regeln der Vektorrechnung entsprechend, gilt für die resultierende Kraft nach **Bild 3.3a** und allgemein

$$F_R = F_1 + F_2 + F_3 + F_4 = \sum_{i=1}^{n} F_i. \tag{3.5a}$$

Unter Einbeziehung der Einheitsvektoren e_x und e_y ist

$$F_i = F_{ix} e_x + F_{iy} e_y. \tag{3.5b}$$

Der halbfette Druck weist nachdrücklich darauf hin, daß die Kraft F ein Vektor ist.

Legt man in den Knotenpunkt den Ursprung eines rechtwinkligen x-y-Koordinatensystems und zeichnet alle Kräfte vom Knotenpunkt weg, dann kann die resultierende Kraft auch aus den Komponenten F_x und F_y der einzelnen Kräfte berechnet werden (Bild 3.3b).

Unter Anwendung der Gln. (3.1) bis (3.4) gilt

$$F_R = \sqrt{F_{Rx}^2 + F_{Ry}^2}, \tag{3.6}$$

$$F_{Rx} = \sum_{i=1}^{n} F_{ix} = \sum_{i=1}^{n} F_i \cos \alpha_i, \qquad F_{Ry} = \sum_{i=1}^{n} F_{iy} = \sum_{i=1}^{n} F_i \sin \alpha_i, \tag{3.7}, (3.8)$$

$$\tan \alpha_R = F_{Ry}/F_{Rx}. \tag{3.9}$$

Grafische Ermittlung der resultierenden Kraft

Bei zwei Kräften **(Bild 3.4a)** gibt die Diagonale des Kräfteparallelogramms die Größe und Richtung der resultierenden Kraft an. Die für die Vektorrechnung erforderliche „geometrische Addition" kann durch Aneinanderreihen der Kräfte entsprechend Betrag und Richtung erfolgen. Die Resultierende ist dann die Verbindungslinie vom Anfang des ersten zum Endpunkt des letzten Kraftpfeils (Bild 3.4b). Die Reihenfolge der Summanden ist beliebig (Bild 3.4c). Die Konstruktion eines solchen Kraftecks kann auch auf beliebig viele Kräfte angewendet werden. **Bild 3.5** zeigt das zum Bild 3.3a gehörende Krafteck.

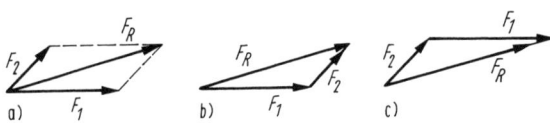

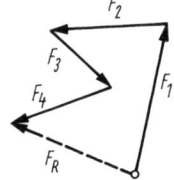

Bild 3.4 Grafische Ermittlung der resultierenden Kraft
a) Parallelogrammkonstruktion; b), c) Dreieckskonstruktion

Bild 3.5 Krafteck zu Bild 3.3a

Ist $F_R = 0$, dann herrscht Gleichgewicht. Es sind dann sowohl

$$\sum_{i=1}^{n} F_i = 0 \quad \text{als auch} \quad \sum_{i=1}^{n} F_{ix} = 0 \quad \text{und} \quad \sum_{i=1}^{n} F_{iy} = 0.$$

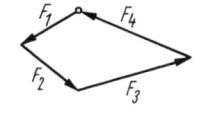

Bild 3.6 Krafteck für Gleichgewichtsfall

In der grafischen Darstellung erkennt man das Gleichgewicht daran, daß sich das Krafteck schließt **(Bild 3.6)**.

3.2.3 Ebenes allgemeines Kraftsystem

Liegt ein gemeinsamer Schnittpunkt aller Wirkungslinien der Kräfte nicht vor, spricht man von einem ebenen allgemeinen Kraftsystem. Die Resultierende aus z. B. drei Einzelkräften kann schrittweise ermittelt werden aus

$$F_1 + F_2 = F_{R\,1/2} \quad \text{und} \quad F_{R\,1/2} + F_3 = F_R.$$

Bei einer größeren Anzahl von Kräften ist das Seileckverfahren übersichtlicher **(Bild 3.7)**. Aus dem Lageplan der Kräfte (Bild 3.7a) wird der Kräfteplan (Krafteck, Bild 3.7b) gezeichnet. Die Resultierende ist der Summenvektor.

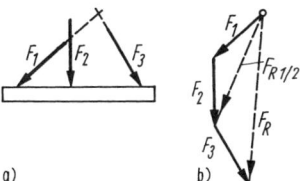

Bild 3.7 Ebenes allgemeines Kraftsystem
a) Lageplan; b) Kräfteplan

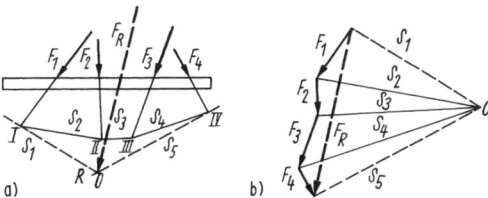

Bild 3.8 Beispiel zum Seileckverfahren
a) Lageplan; b) Kräfteplan

Bild 3.8 zeigt an einem Beispiel die grafische Ermittlung der Resultierenden aus vier Kräften und die Konstruktion der Lage der Resultierenden im Lageplan. Die Enden der aneinandergereihten Kraftpfeile werden mit einem beliebigen Pol 0 (Bild 3.8b) verbunden (Polstrahlen S_1 bis S_5). Zur Ermittlung der Resultierenden im Lageplan dient das sog. Seileck (Bild 3.8a), beginnend auf einem beliebigen Punkt der Wirkungslinie einer Kraft. Je zwei Polstrahlen begrenzen im Kräfteplan eine Kraft (im Beispiel S_3 und S_4 die Kraft F_3). Die Polstrahlen müssen sich auf der Wirkungslinie derselben Kraft im Lageplan schneiden (Punkt III). Da im Kräfteplan zwischen den Polstrahlen S_1 und S_5 die Resultierende F_R liegt, muß im Lageplan durch den Schnittpunkt von S_1 und S_5 die Wirkungslinie von F_R gehen (Punkt R).

Allgemein gilt:

- Ein Dreieck im Kräfteplan entspricht einem Punkt im Lageplan.

3.2.4 Kräftepaar und Moment

Kräftepaar. Zwei gleichgroße, parallele, aber entgegengesetzt gerichtete Kräfte bilden ein Kräftepaar **(Bild 3.9)**. Bei einem senkrechten Abstand a der Kräfte voneinander ist die Wirkung des Kräftepaars das statische Moment

$$M = Fa. \tag{3.10}$$

Liegen mehrere Kräftepaare an einem Körper vor, so ist das resultierende Moment

$$M_R = \sum_{i=1}^{n} M_i = \sum_{i=1}^{n} F_i a_i. \tag{3.11}$$

Ein Kräftepaar ändert seine Wirkung am Körper nicht, wenn es in seiner Wirkungsebene parallel verschoben, gedreht oder durch ein anderes vom gleichen Moment und Drehsinn ersetzt wird. Im Gegensatz zum linienflüchtigen Kraftvektor ist das Moment ein freier Vektor.

Für das Vorzeichen gilt allgemein folgende Festlegung:

- linksdrehendes Moment ist positiv,
- rechtsdrehendes Moment (Uhrzeigersinn) ist negativ.

Bild 3.9 Kräftepaar

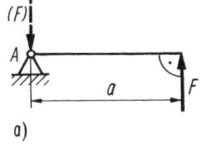
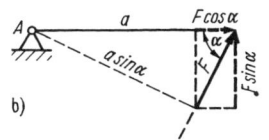

Bild 3.10 Kraft am Hebelarm
a) senkrecht angreifend;
b) schräg angreifend

Moment einer Kraft in bezug auf eine Achse. Wirkt eine Kraft F an einem Hebelarm im Abstand a von der Drehachse des Hebels (Lager A, **Bild 3.10a**), ergibt sich ein Moment der Größe

$$M_A = Fa. \tag{3.12}$$

Genaugenommen liegt auch hier ein komplettes Kräftepaar vor, denn auf die Drehachse wirkt die Gegenkraft (F) zur Kraft F. Die Größe des Moments einer Kraft ist abhängig von ihrer

Entfernung von der Drehachse. Schließt die Kraft mit dem Hebelarm den Winkel α ein (Bild 3.10b), so beträgt das Moment

$$M_A = Fa \sin \alpha,$$

wobei es gleichgültig ist, wie man sich dieses Moment entstanden denkt, ob aus F und dem senkrechten Abstand von F zu A ($a \sin \alpha$) oder aus dem Hebelarm a und der auf ihm senkrecht stehenden Kraftkomponente $F \sin \alpha$.

Parallelverschiebung einer Kraft. Wird eine Kraft F parallel zu ihrer Wirkungslinie um die Strecke Δa verschoben, so ändert sich ihre statische Wirkung auf das System nicht, wenn gleichzeitig ein Kräftepaar der Größe $F'\Delta a$, das sog. Versetzungsmoment, angebracht wird, wobei F und F' gleich groß sind **(Bild 3.11)**.

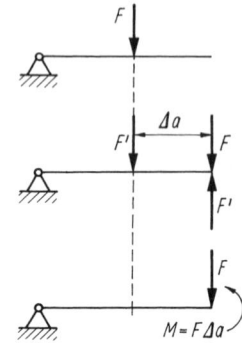

Bild 3.11
Parallelverschiebung einer Kraft

3.2.5 Gleichgewichtsbedingungen

Gleichgewicht liegt an einem starren Körper vor, wenn sowohl die Resultierende aller äußeren Kräfte als auch das resultierende Moment um eine beliebige Achse verschwinden, d. h.,

$$F_R = 0 \quad \text{und} \quad M_R = 0.$$

Entsprechend den Gln. (3.6) bis (3.8) und den Ausführungen in Abschn. 3.2.2 ergeben sich folgende Gleichgewichtsbedingungen:

1. $\sum_{i=1}^{n} F_{ix} = 0;$ Symbol $\rightarrow$

2. $\sum_{i=1}^{n} F_{iy} = 0;$ Symbol $\uparrow$ (3.13)

3. $\sum_{i=1}^{n} M_i = 0;$ Symbol $\curvearrowleft A$.

Die drei Gleichungen sind voneinander unabhängig und gestatten damit die Ermittlung von drei unbekannten Auflagerreaktionen an dem untersuchten Körper.
Man bezeichnet ein System als statisch bestimmt, wenn es mit diesen Gleichgewichtsbedingungen allein lösbar ist. Ein System ist statisch unbestimmt, wenn mehr unbekannte Auflagerreaktionen auftreten als Gleichgewichtsbedingungen vorhanden sind. In diesem Fall müssen auch die auftretenden Verformungen berücksichtigt werden, um die unbekannten Auflagerreaktionen ermitteln zu können [3.1].

3.2.6 Standsicherheit

Ein frei auf der Unterlage stehender Körper ist standsicher, wenn die Summe aller Momente, die den Körper auf seine Standfläche drücken (Standmomente M_S), größer ist als die Summe der Kippmomente M_K. Als Standsicherheitszahl S gilt

$$S = \sum M_S / \sum M_K.$$ (3.14)

Bedingung für die Standsicherheit des Körpers ist: $S > 1$. Die Standsicherheit ist auf eine bestimmte Kippachse bezogen, die Stand- und Kippmomente sind um diese Achse zu bilden.

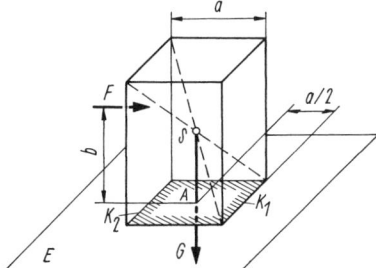

Bild 3.12
Ermittlung der Standsicherheit

Im **Bild 3.12** ist die Kante K_1 des Körpers die Kippachse. Das durch die Seitenkraft F hervorgerufene Kippmoment ist

$M_K = Fb$.

Die durch den Schwerpunkt S gehende Wirkungslinie der Gewichtskraft des Körpers führt zum Standmoment

$M_S = Ga/2$.

Bei Geräten mit beweglichen Baugruppen oder Teilen, wie Einschübe, Türen, Gehäuseklappen usw., entstehen bereits Kippmomente, wenn die Wirkungslinie der Gewichtskraft dieser mitunter recht schweren Teile die Standfläche über die Kippachse verläßt.

3.2.7 Bestimmung der Auflagergrößen (Auflagerreaktionen)

Zunächst ist aus der technischen Zeichnung bzw. dem Konstruktionsentwurf das technische Prinzip (Strukturplan) abzuleiten, damit deutlich jene Stellen sichtbar werden, an denen Kräfte und Momente wirken (s. Abschn. 3.2.1). Ein weiteres Beispiel soll die gesamte Verfahrensweise verdeutlichen **(Bild 3.13a)**.

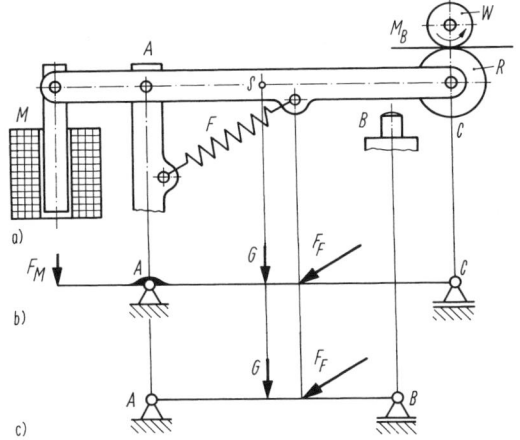

Bild 3.13
Kräfte an einem Magnetbandandrückhebel
a) Konstruktionsskizze;
b) technisches Prinzip für Betriebsfall: Zugmagnet eingeschaltet;
c) technisches Prinzip für Betriebsfall: Zugmagnet abgeschaltet

Das Magnetband M_B wird von der ständig rotierenden Welle W transportiert, wenn die Andrückrolle R das Band gegen die Welle drückt. Die Andrückkraft soll durch einen Zugmagneten M erzeugt werden. Bei abgeschaltetem Magneten zieht die Rückholfeder F den Andrückhebel gegen den Anschlag B.

Ist der Zugmagnet eingeschaltet, dann gilt Bild 3.13b, denn der Hebel wird durch das Lager A und die Rolle R abgestützt. Da zwischen Rolle und Welle nur eine Kraft in Richtung der Verbindung der Drehpunkte beider Elemente übertragen werden kann, ist als Stützlager ein Loslager C anzuordnen. Am Hebel greifen die Magnetkraft F_M, die Federkraft F_F und die Gewichtskraft G an.

3 Statik und Festigkeitslehre

Bei abgeschaltetem Zugmagneten trifft Bild 3.13c zu, denn der Hebel liegt jetzt am Anschlag B an, der als Loslager auszuführen ist, da er nur eine Kraft aufnehmen kann, die senkrecht zur Auflagefläche steht. Auf den Hebel wirken dann nur die Rückstellkraft F_F der Feder und die Gewichtskraft G. Das Beispiel zeigt, daß bei der Untersuchung der Kräfte an einem Konstruktionsteil stets der Betriebszustand zu beachten ist.

Entsprechend der Belastbarkeit der einzelnen Abstützelemente (s. Tafel 3.1) ist mit folgenden Auflagerreaktionen zu rechnen:

— Loslager: eine Unbekannte (A_y),
— Festlager: zwei Unbekannte (A_x, A_y),
— feste Einspannung: drei Unbekannte (A_x, A_y, M_A).

Nachfolgend werden an zwei Beispielen die Auflagerreaktionen ermittelt.

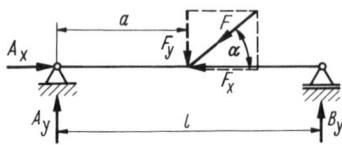

Beispiel 1: Träger auf zwei Stützen (**Bild 3.14**)

Gegeben: F, α, a, l.
Gesucht: A_x, A_y, B.

Bild 3.14
Träger auf zwei Stützen mit Einzellast F

Beim Festlager A ist die Richtung der Abstützkraft unbekannt, sie ist aus den Komponenten A_x und A_y zu bestimmen. Lager B als Loslager kann nur eine Kraft senkrecht zur Auflagefläche aufnehmen ($B = B_y$). Die drei unbekannten Auflagerreaktionen sind mit den drei Gleichgewichtsbedingungen (s. Abschn. 3.2.5) zu ermitteln; das System ist statisch bestimmt.

Aufstellen der Gleichgewichtsbedingungen:

1. →: $A_x - F_x = 0$ (3.15)
2. ↑: $A_y + B_y - F_y = 0$ (3.16)
3. $\curvearrowright A$: $B_y l - F_y a = 0$. (3.17)

Es ist $F_x = F \cos \alpha$ und $F_y = F \sin \alpha$.

Aus Gl. (3.17) folgt

$$B_y = (a/l) F \sin \alpha.$$ (3.18)

Analog ergibt sich aus Gl. (3.16)

$$A_y = F \sin \alpha - B_y = F \sin \alpha (1 - a/l),$$ (3.19)

und aus Gl. (3.15) erhält man

$$A_x = F \cos \alpha.$$ (3.20)

Wenn die Gewichtskraft des Trägers nicht vernachlässigt werden kann, ist sie als Streckenlast q anzusetzen. Bei dem Trägerquerschnitt A wird

$$q = A \varrho g$$

mit der Dichte ϱ und der Fallbeschleunigung g.

Beispiel 2: Einseitig eingespannter Träger mit Streckenlast q (**Bild 3.15**)

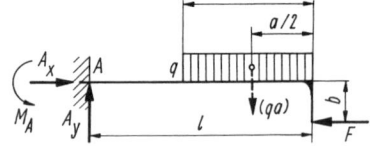

Gegeben: F, q, l, a, b.
Gesucht: A_x, A_y, M_A.

Bild 3.15
Einseitig eingespannter Träger mit Streckenlast q

Die Streckenlast q ergibt über die Länge a insgesamt eine Kraft der Größe qa, die im Schwerpunkt der Fläche des Streckenlastdiagramms, d. h. im vorliegenden Beispiel nach Bild 3.15, am Hebelarm $(l - a/2)$ angreift.

Aufstellen der Gleichgewichtsbedingungen:

1. →: $A_x - F = 0$ (3.21)
2. ↑: $A_y - qa = 0$ (3.22)
3. $\curvearrowright A$: $M_A - qa(l - a/2) - Fb = 0$. (3.23)

Ergebnis:

$$A_x = F, \quad A_y = qa,$$
$$M_A = Fb + q(al - a^2/2).$$

3.2.8 Schnittreaktionen

Um die geometrischen Abmessungen eines Konstruktionselements so festlegen zu können, daß es den einwirkenden Belastungen standhält, genügt die Kenntnis der äußeren Kräfte allein noch nicht. Die eingeprägten Kräfte (Aktionskräfte) werden durch den Träger (Konstruktionselement) zu den Auflagern geleitet und rufen dort die Lagerreaktionen (Reaktionskräfte) hervor. Dabei treten innerhalb des Trägers Belastungen (Kräfte und Momente) auf, die den Werkstoff beanspruchen. Um diese inneren Kräfte und Momente erfassen zu können, wird an einer beliebigen Stelle x_s ein Schnitt durch den Träger gelegt **(Bild 3.16a)**, der diesen in einen linken (li) und rechten (re) Teil trennt.

Damit an jedem der beiden Teile ebenso Gleichgewicht herrscht wie am Gesamtträger, müssen an der Schnittstelle eine Kraft und ein Moment vorhanden sein. Die Kraft, deren Richtung unbekannt ist, wird in zwei Komponenten zerlegt, in Richtung längs des Trägers (Längskraft L) und quer zum Träger (Querkraft Q). Das Moment beansprucht den Träger auf Biegung und wird deshalb als Biegemoment M_b bezeichnet.

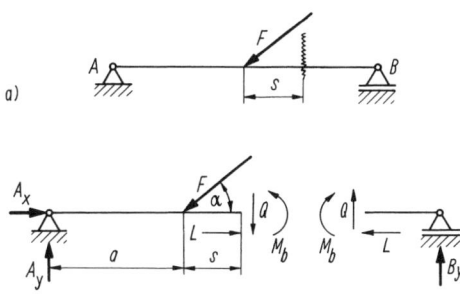

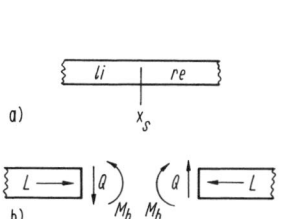

Bild 3.16 Geschnittener Träger
a) Schnitt; b) Schnittreaktionen

Bild 3.17 Schnittreaktionen am Beispiel von Bild 3.14
a) Lage des Schnittes; b) Schnittreaktionen

Es liegen damit drei unbekannte Reaktionen vor, so wie an einer festen Einspannstelle. Wegen des Wechselwirkungsgesetzes sind L, Q und M_b am anderen Schnittufer entgegengesetzt orientiert. Die Definition der positiven Richtungen der Schnittreaktionen erfolgt so, wie es Bild 3.16b zeigt. Mit Hilfe der drei Gleichgewichtsbedingungen lassen sich die drei Schnittreaktionen ermitteln. Am Beispiel nach Bild 3.14 soll das gezeigt werden. Die Entfernung der Schnittstelle vom Angriffspunkt der Kraft F sei s **(Bild 3.17a)**. Als Momentenbezugspunkt wird die Schnittstelle selbst gewählt (M_s). Im Bild 3.17b sind alle Schnittreaktionen eingetragen. Für das linke Schnittufer ergeben sich dann folgende Gleichgewichtsbedingungen:

1. $\rightarrow:\quad A_x - F \cos \alpha + L = 0$
2. $\uparrow:\quad A_y - F \sin \alpha - Q = 0$
3. $\curvearrowleft x_s:\quad M_b - A_y(a + s) + sF \sin \alpha = 0.$

Daraus ergeben sich mit den Werten für A_x und A_y aus Gl. (3.19) und Gl. (3.20)

$$L = F \cos \alpha - A_x = 0, \tag{3.24}$$

$$Q = A_y - F \sin \alpha = -(a/l) F \sin \alpha, \tag{3.25}$$

$$M_b = A_y(a + s) - sF \sin \alpha = aF \sin \alpha[1 - (a + s)/l]. \tag{3.26}$$

Der Schnitt wurde an eine willkürlich gewählte Stelle gelegt. Um den notwendigen Überblick über die innere Beanspruchung des gesamten Trägers zu gewinnen, muß der Verlauf von L, Q und M_b über der gesamten Trägerlänge l ermittelt werden. Dazu wird der Träger in verschiedene Bereiche aufgegliedert, und an jeder Unstetigkeitsstelle ist eine neue Koordinate s_i einzuführen. Unstetigkeitsstellen sind Lager, Einzelkräfte bzw. -momente, Beginn einer Streckenlast oder Knicke bzw. Verzweigungen des Trägers. Die Koordinate s_i läuft dann jeweils zwischen zwei Unstetigkeitsstellen. Im gewählten Beispiel ist damit eine Einteilung in zwei Bereiche erforderlich, und zwar links von F mit der Koordinate s_1 und rechts von F mit s_2 **(Bild 3.18)**. Die Verläufe $L(s_2)$, $Q(s_2)$ und $M_b(s_2)$ sind durch die Gln. (3.24), (3.25) und (3.26) bereits bekannt. Für die Bereichsgrenzen $s_2 = 0$ und $s_2 = l - a$ gilt:

	L	Q	M_b
$s_2 = 0$	0	$-\dfrac{a}{l} F \sin \alpha$	$aF \sin \alpha (1 - a/l)$
$s_2 = l - a$	0	$-\dfrac{a}{l} F \sin \alpha$	0

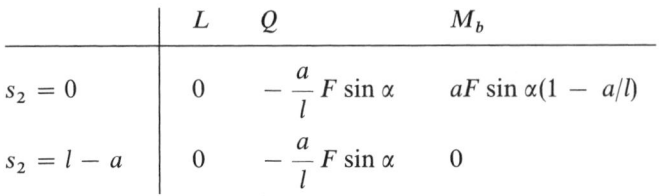

Bild 3.18 Einteilung des Trägers in Bereiche

Bild 3.19 Schnittreaktionen im Bereich ① von Bild 3.18

Ein Schnitt an der Stelle x_s (vgl. auch Bild 3.16) im Bereich ① **(Bild 3.19)** liefert:

1. $\rightarrow$: $A_x + L = 0$; $L = -A_x = -F \cos \alpha$
2. $\uparrow$: $A_y - Q = 0$; $Q = A_y = F \sin \alpha (1 - a/l)$
3. $\curvearrowleft x_s$: $M_b - sA_y = 0$; $M_b = sA_y = sF \sin \alpha (1 - a/l)$.

Das ergibt an den Bereichsgrenzen:

	L	Q	M_b
$s_1 = 0$	$-F \cos \alpha$	$F \sin \alpha (1 - a/l)$	0
$s_1 = a$	$-F \cos \alpha$	$F \sin \alpha (1 - a/l)$	$aF \sin \alpha (1 - a/l)$

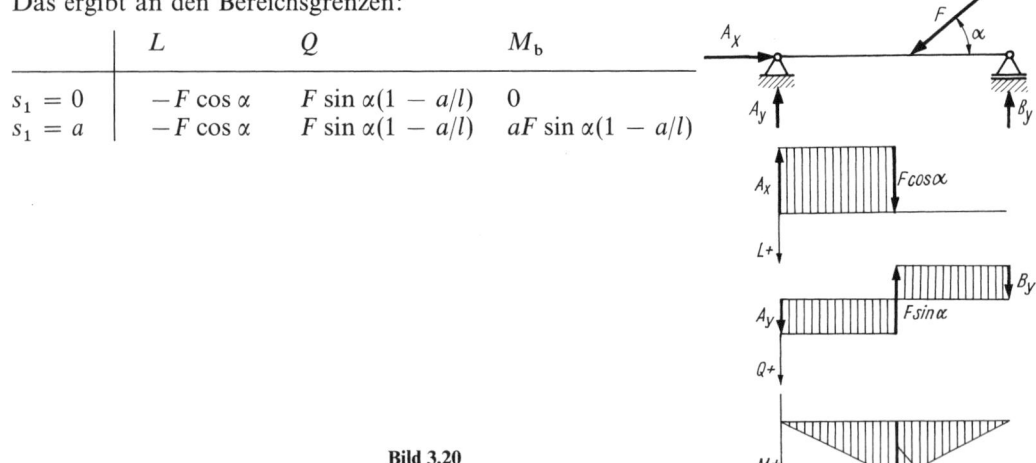

Bild 3.20 Verlauf der Schnittreaktionen

Damit sind die Verläufe von Q, L und M_b über die ganze Länge des Trägers bekannt und können zur besseren Übersicht in Diagrammen grafisch dargestellt werden **(Bild 3.20)**. Dabei ist folgende Vorzeichenregel üblich:
- Die positive Achse zeigt nach unten bzw. nach rechts.

Positives Vorzeichen bei einer Längskraft bedeutet, daß im Träger eine Zugbeanspruchung vorliegt, negatives Vorzeichen, daß eine Druckbeanspruchung vorliegt. Wie im Abschn. 3.3 gezeigt wird, hat ein gebogener Stab eine Druck- und eine Zugseite (Druck- und Zugfaser). Das Biegemoment wird immer auf der Zugseite angetragen.

Zwischen dem Querkraft- und dem Momentendiagramm bestehen außerdem folgende Zusammenhänge:

- Die Querkraft ist der Anstieg des Momentenverlaufs

  $Q(s) = dM_b/ds$.

- In dem Trägerquerschnitt, in dem die innere Querkraft ihr Vorzeichen ändert, tritt ein Extremwert des Biegemoments M_b auf.

3.3 Festigkeitslehre
[3] [3.1] [3.8] [3.10]

3.3.1 Grundbegriffe

Spannung. Wird ein Bauteil durch äußere Kräfte F oder Momente M belastet, so unterliegt es einer Beanspruchung. Diese ist oft aus mehreren Beanspruchungsarten zusammengesetzt und deshalb sehr kompliziert, läßt sich aber im allgemeinen auf die Grundformen Zug-, Druck-, Scher-, Biege- und Torsionsbeanspruchung zurückführen **(Bild 3.21)**. Die Beanspruchung äußert sich als innere Kraft, die im Gefüge des Werkstoffs wirkt. Diese Kräfte werden auf das Flächenelement dA bezogen, an dem sie angreifen, und den Quotienten dF/dA bezeichnet man als Spannung. Eine beliebig zum Flächenelement gerichtete Kraft dF läßt sich stets in eine Kraft dF_n senkrecht (normal) zur Fläche dA und eine Tangentialkraft dF_t zerlegen. Dementsprechend erhält man eine Normalspannung σ und eine Tangential- oder Schubspannung τ **(Bild 3.22)**:

$$\sigma = dF_n/dA\,; \quad \tau = dF_t/dA\,. \tag{3.27}$$

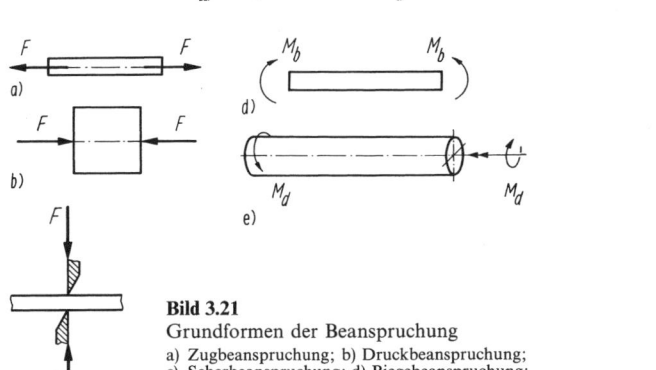

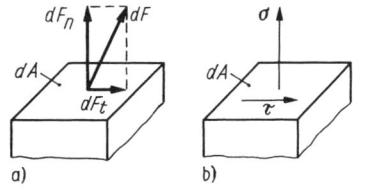

Bild 3.21 Grundformen der Beanspruchung
a) Zugbeanspruchung; b) Druckbeanspruchung; c) Scherbeanspruchung; d) Biegebeanspruchung; e) Torsionsbeanspruchung (Drehmomentvektor ←)

Bild 3.22 Kräfte und Spannungen am Flächenelement dA
a) Normalkraft dF_n und Tangentialkraft dF_t; b) Normalspannung σ und Tangentialspannung τ

Die in der Fläche liegende Tangentialspannung wird meist nochmals so in zwei Komponenten unterteilt, daß dann alle drei Anteile (eine Normalspannung und die beiden Tangentialspannungen) senkrecht aufeinanderstehen (kartesisches Koordinatensystem). Es ist üblich, die x-y-Ebene parallel zur Querschnittsfläche des Bauteils anzuordnen, so daß die z-Koordinate in Richtung der Bauteilachse zeigt (s. Bild 3.29a).

Tritt nur eine Normalspannung auf, so spricht man von einem einachsigen Spannungszustand. Bei Vorhandensein von Normalspannungen in zwei bzw. drei Koordinatenrichtungen liegt ein zwei- bzw. dreiachsiger Spannungszustand vor, wobei neben den Normalspannungen noch die entsprechenden Schubspannungen entstehen [3.1].

Nennspannung. Die entsprechend den auftretenden Beanspruchungen im Bauteil vorhandenen Spannungen werden als Nennspannungen an den gefährdeten Stellen berechnet. Dabei bleiben Spannungsspitzen, z. B. durch Kerbwirkungen (s. Abschn. 3.3.3) oder Eigenspannungen, zunächst unberücksichtigt. Treten mehrere Beanspruchungsformen auf, sind diese in geeigneter Weise zusammenzufassen (s. Abschn. 3.3.2). Erzeugen diese Beanspruchungen unterschiedliche Spannungsarten, erfolgt hierzu die Definition einer *Vergleichsspannung* gem. Abschn. 3.3.2.3 so, daß der zusammengesetzte Spannungszustand auf eine eindimensionale Beanspruchung zurückgeführt wird.

Nennspannungen werden mit einem *kleinen* Buchstaben als Index gekennzeichnet.

Belastungsfälle. Um Festigkeitsberechnungen durchführen zu können, ist es erforderlich, die als Belastung wirkenden äußeren Kräfte und Momente hinsichtlich ihres zeitlichen Verhaltens genauer zu charakterisieren. Dabei werden allgemein drei Belastungsfälle unterschieden (**Bild 3.23**):

– Fall I   ruhend (F bzw. M sind annähernd konstant)
– Fall II   schwellend (F bzw. M ändern sich, Richtung gleichbleibend) ⎫ schwingend.
– Fall III   wechselnd (F bzw. M ändern sich, Richtung wechselnd) ⎭

Der allgemeine Fall ist durch die mittlere und die Ausschlagbelastung gekennzeichnet. Die daraus resultierende Beanspruchung zeigt **Bild 3.24** für eine Normalspannung (gilt analog für τ).

Der jeweilige Belastungsfall ist maßgebend für die Auswahl der entsprechenden Werkstoffkenngrößen. Bei zeitlich veränderlicher Belastung ist außerdem noch ihre jeweilige Dauer, ausgedrückt in der Anzahl N der Lastwechsel, zu beachten (s. Dauerfestigkeit, Abschnitt 3.3.3).

Tafel 3.2   Elastizitätsmodul E und Festigkeitskenngrößen *)**)***)
a) Bau-, Vergütungs- und Einsatzstähle

Werkstoff	Werkst.-Nr.	E in 10^3 N/mm²	R_m	σ_{bF}	R_e	τ_F	σ_{bW}	σ_{zdW}	τ_{tW}	σ_{bSch}	σ_{zSch}	τ_{tSch}
			in N/mm², Richtwerte				(genaue Werte in Abhängigkeit von Normabmessungen s. DIN EN ...)					
Baustahl (DIN EN 10025 – bisher DIN 17100)												
S185 (St33)	1.0035	210	310	260	185	130	160	130	90	240	200	130
S235JR (St37-2)	1.0037		360	290	235	140	180	140	100	275	230	140
S275JR (St44-2)	1.0044	—	430	320	275	160	200	150	120	310	250	160
E295 (St50-2)	1.0050		490	370	295	190	240	180	140	360	295	190
E335 (St60-2)	1.0060	215	590	440	335	220	280	220	160	430	335	220
Vergütungsstahl (DIN EN 10083 – bisher DIN 17200)												
C 22	1.0402		540	450	360	230	270	220	160	400	360	230
C 35	1.0501	210	640	530	410	270	320	260	190	480	410	270
C 45	1.0503		740	610	470	310	370	300	220	570	470	310
C 60	1.0601	—	830	700	560	350	410	330	250	620	530	350
28Mn6	1.1170		830	710	590	360	420	340	250	630	540	360
46Cr2	1.7006		880	760	640	380	430	340	260	650	550	380
34Cr4	1.7033	215	980	880	780	440	490	390	290	730	630	440
42CrMo4	1.7225		1080	980	880	490	530	420	320	800	670	490
51CrV4	1.8159		1230	1130	1030	570	590	470	350	900	750	570
Einsatzstahl (DIN EN 10084 – bisher DIN 17210)												
C 15	1.0401		590	470	340	240	280	220	170	430	340	240
16MnCr5	1.7131	215	780	770	660	390	390	310	230	600	500	390
20MnCr5	1.7147		980	930	770	470	460	370	280	730	620	470
15CrNi6	1.5919		1180	1090	870	550	540	430	320	850	720	550

*) Näherungsweise gilt außerdem: $\tau_{aB} \approx 0{,}8 R_m$ für Stahl, Gußeisen und Kupferlegierungen sowie $\tau_{aB} \approx 0{,}6 R_m$ für Leichtmetalle; **) Zeichen und Benennungen s. Seite 74; ***) DIN-Normen wurden z. T. durch europäische EN-Normen ersetzt, bisherige Bezeichnungen stehen in Tafel 3.2 in Klammern, s. auch **Hinweis** auf Seite 90 unten.

3.3 Festigkeitslehre

Tafel 3.2 Fortsetzung
b) Eisengußwerkstoffe, Nichteisenmetall-Werkstoffe und Kunststoffe

Werkstoff	Werkst.-Nr.	E in 10^3 N/mm²	R_m	R_e	σ_{bB}	σ_{bW}
			in N/mm², Richtwerte			
Stahlguß (DIN EN 10293)						
GE200 (GS-38)	1.0420		380	200		
GE260 (GS-52)	1.0552	210	520	260		
GE300 (GS-60)	1.0558		600	300		
Gußeisen mit Kugelgraphit (DIN EN 1563 – bisher DIN 1693)						
EN-GJS-400-18 (GGG-40)	EN-GJS 1072	150	400	280		
EN-GJS-600-3U (GGG-60)	EN-GJS 1092		600	380		
Gußeisen mit Lamellengraphit (Grauguß, DIN EN 1561 – bisher DIN 1691)						
EN-GJL-200 (GG-20) [1]	EN-GJL 1030	105	200	100	290	
EN-GJL-300 (GG-30)	EN-GJL 1050	130	300	150	410	
Aluminiumlegierungen (DIN EN 573, 576, 1706 u. a. – bisher DIN 1745)						
ENAW-AlMg3-H111	ENAW-5754		180	80		
ENAW-AlMg3-H14	ENAW-5754	80	240	180		
ENAW-AlSiMgMn-T6	ENAW-6082		310	255		
ENAW-AlCu4Mg1-T3	ENAW-2024		425	290		
Kupfergußlegierungen (DIN EN 1982 – bisher DIN 1705, 1709, 1716)						
CuSn10-C	CC480K	90	270	130		100
CuSn10Pb10-C	CC495K	80	180	80		80
CuZn33Pb2-C	CC750S	105	180	70		70
CuZn16Si4-C	CC761S	100	400	230		150
Kunststoffe (DIN EN ISO 1043 u. a.)						
Polyamid (PA 6)		1,0 … 1,4	45 … 70[2]		30 … 60[3]	
PA 6-GF (glasfaserverstärkt)		6,0 … 15,0	110 … 220		130 … 150	
Polyoximethylen (POM)		2,5 … 3,4	40 … 80		90 … 100	
Polycarbonat (PC)		2,0 … 2,5	60 … 70		90 … 100[2]	
Polyurethan (PUR)		0,9	40 … 50		30 … 70	
Polyvinylchlorid, hart (PVC-H)		2,0 … 3,0	45 … 65		80 … 100[3]	
Polystyren (PS)		3,0 … 3,6	45 … 70		80 … 115	
Phenol-Formaldehyd (PF11)		6,0 … 15,0	15 … 35		50 … 75	

[1] Grauguß bisher auch mit GGL bezeichnet; [2] Reißfestigkeit; [3] Biegespannung 1.5 (Grenzspannung bei Durchbiegung von 1,5 mm in Mitte der Werkstoffprobe, da keine definierte Bruchgrenze)

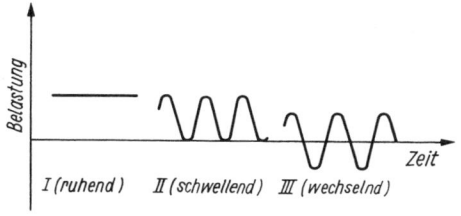

Bild 3.23
Belastungsfälle
(ruhend, schwellend, wechselnd)

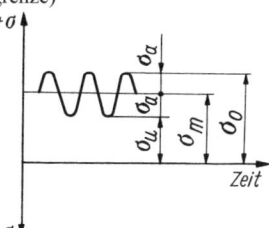

Bild 3.24 Allgemeiner Belastungsfall
σ_a Spannungsamplitude (Spannungsausschlag);
σ_o, σ_u Ober-, Unterspannung;
σ_m Mittelspannung

3 Statik und Festigkeitslehre

Zulässige Spannung. Als Vergleichsgröße für die entsprechend den auftretenden Beanspruchungen ermittelten Nennspannungen definiert man zulässige Spannungen σ_{zul} bzw. τ_{zul}. Die an den kritischen Stellen des Bauteils berechneten Nennspannungen müssen stets kleiner bzw. dürfen höchstens gleich diesen zulässigen Spannungen sein:

$$\sigma \leqq \sigma_{zul}\,; \qquad \tau \leqq \tau_{zul}\,. \tag{3.28}$$

Die Kontrolle dieser Bedingungen stellt den Festigkeitsnachweis dar. Den Wert der zulässigen Spannung erhält man aus der jeweiligen Werkstoffkenngröße (**Tafel 3.2**), die für das Versagen des Bauteils im konkreten Fall maßgebend ist, indem man diese durch einen gewählten *Sicherheitsfaktor S* dividiert (s. Abschn. 3.3.3).

- Einige der seit Jahrzehnten üblichen Zeichen für Festigkeitswerte, mit einem *großen* Buchstaben als Index gekennzeichnet, wurden international geändert.

So gelten z. B. für

			Andere Zeichen wurden beibehalten, z. B. für	
Zugfestigkeit	R_m	(bisher σ_B),	Biegewechselfestigkeit	σ_{bW},
Streckgrenze	R_e	(bisher σ_S),	Biegefließgrenze	σ_{bF},
0,2%-Dehngrenze	$R_{p0,2}$	(bisher $\sigma_{0,2}$),	Ausschlagfestigkeit	σ_A.
Bruchdehnung	A_5	(bisher δ_5).		

- Indizes: b Biegung   B Bruchgrenze
    d Druck, Drehung   F Fließgrenze
    t Torsion   Sch Schwellfestigkeit
    z Zug   W Wechselfestigkeit

3.3.2 Ermittlung der Nennspannungen

In der Festigkeitslehre ist es üblich, mit Nennspannungen ohne Berücksichtigung der Wirkung von Kerben, Eigenspannungen usw. zu rechnen. Diese Einflüsse werden in Form von Einflußfaktoren bei der Ermittlung der zulässigen Spannungen berücksichtigt (s. Abschn. 3.3.3).

Oft sind dabei Vereinfachungen erforderlich, um reale Belastungsverhältnisse durch *Grundbeanspruchungsarten* darstellen zu können. Diese Beanspruchungsarten, hervorgerufen sowohl durch Kräfte als auch durch Momente, sowie die zugehörigen Berechnungsgleichungen zeigt **Tafel 3.3**. Sie werden nachfolgend ausführlich behandelt.

3.3.2.1 Beanspruchung durch Kräfte

Die durch Kräfte hervorgerufenen Nennspannungen ergeben sich als Quotient aus Kraft und Fläche zu

$$\sigma = F/A \quad \text{bzw.} \quad \tau = F/A\,, \tag{3.29}$$

wobei für die Berechnung von Normalspannungen die Kraft F senkrecht zur Fläche A und bei Tangentialspannungen die Kraft parallel zur Fläche gerichtet ist. Schräg angreifende Kräfte verursachen sowohl Normal- als auch Tangentialspannungen (s. Bild 3.22). Sie ergeben somit eine zusammengesetzte Beanspruchung (vgl. Abschn. 3.3.2.3).

Zugbeanspruchung. Eine senkrecht zur Querschnittsfläche A eines zylindrischen Stabes der Länge l angreifende Kraft F bewirkt im Querschnitt eine Zugspannung (positive Normalspannung) $\sigma_z = F/A$.

Solange diese Zugspannung eine werkstoffabhängige Größe, die *Proportionalitätsgrenze* σ_P (s. Bild 3.39), nicht überschreitet, erfährt der Stab eine der Kraft proportionale Längenänderung Δl von der Ausgangslänge l auf l_1. Diese Längenänderung, bezogen auf die ursprüngliche Stablänge l, bezeichnet man als Dehnung $\varepsilon = \Delta l/l = (l_1 - l)/l$.

Für die Spannung σ bis zur Proportionalitätsgrenze gilt dann das *Hookesche Gesetz*

$$\sigma = E\varepsilon\,. \tag{3.30}$$

Der Proportionalitätsfaktor E stellt eine Werkstoffkenngröße, den *Elastizitätsmodul*, dar (s. Tafel 3.2). Er charakterisiert den Widerstand eines Werkstoffs gegen Verformung bei Zug- bzw. Druckbeanspruchung.

3.3 Festigkeitslehre   75

Tafel 3.3 Grundbeanspruchungsarten und Berechnungsgleichungen

Beanspruchungsart	Wirkung der Kraft bzw. des Moments	Berechnungsgleichung für die Nennspannung
Zug	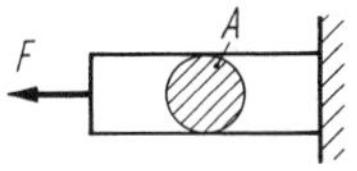	$\sigma_z = F/A \leq \sigma_{z\,zul}$
Scherung	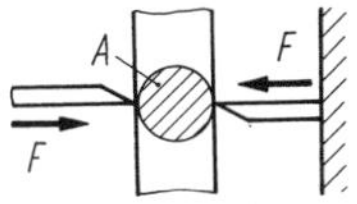	$\tau_a = F/A \leq \tau_{a\,zul}$
Druck	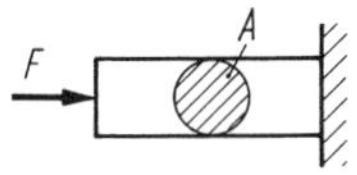	$\sigma_d = F/A \leq \sigma_{d\,zul}$
Flächenpressung	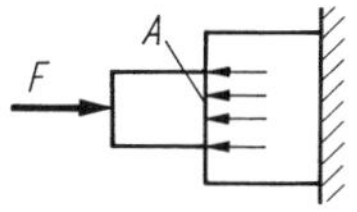	$p = F/A \leq p_{zul}$
Hertzsche Pressung	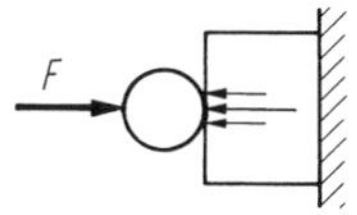	s. Tafel 3.4
Knickung	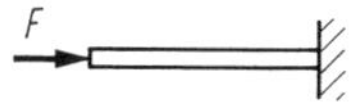	$\sigma_d = F/A \leq \sigma_K/S_K$ ($S_K = 3 \ldots 6$, Knicksicherheit)
Biegung	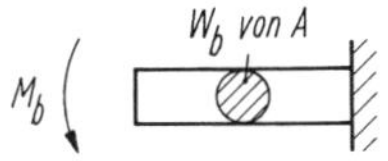	$\sigma_b = M_b/W_b \leq \sigma_{b\,zul}$
Torsion (Verdrehung)	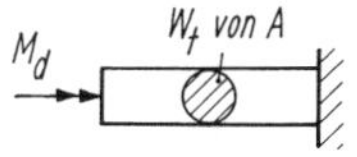	$\tau_t = M_d/W_t \leq \tau_{t\,zul}$

Neben der Dehnung in Längsrichtung tritt bei Zugbeanspruchung auch eine Durchmesserverringerung (Querkontraktion) des Ausgangsdurchmessers d auf d_1 ($d_1 < d$) auf. Analog zur Dehnung ε läßt sich somit eine Querverkürzung $\varepsilon_q = \Delta d/d = (d_1 - d)/d$ definieren, die bei Zugspannung einen negativen Wert hat. Das Verhältnis $\varepsilon_q/\varepsilon$ wird betragsmäßig als *Querzahl* oder Querkontraktionszahl v bezeichnet und der Kehrwert daraus als *Poissonsche Zahl* m:

$$|\varepsilon_q/\varepsilon| = v = 1/m. \tag{3.31}$$

Die Poissonsche Zahl spielt u. a. bei der *Hertzschen Pressung* eine Rolle (s. u.) und beträgt für homogene Werkstoffe $m \approx 10/3$.

Zugspannungen (und ebenso Druckspannungen) können in einem Bauteil auch unter Einfluß einer Temperaturänderung entstehen, wenn die Längenänderung durch äußere Bedingungen (z. B. Einspannung) verhindert wird. Die Größe der Spannung läßt sich dann ebenfalls mit Hilfe von Gl. (3.30) bestimmen, wenn für ε die rechnerisch aus der Temperaturänderung $\Delta \vartheta$ ermittelte Dehnung $\varepsilon = \alpha \Delta \vartheta$ eingesetzt wird (α Längen-Temperaturkoeffizient [12]).

Scherbeanspruchung (Schubbeanspruchung). Voraussetzung für eine ideale Scherbeanspruchung ist eine gemeinsame Wirkungslinie für die beiden entgegengesetzt gerichteten Kräfte F. Dies kommt in der Praxis kaum vor; meist ist infolge eines Abstandes a zwischen den Kräften (z. B. bei Nietverbindungen, **Bild 3.25**) zusätzlich ein Biegemoment vorhanden, das aber vielfach vernachlässigt werden kann.

Scherbeanspruchung führt zu Tangentialspannungen, den Scher- oder Abscherspannungen τ_a, die sich als Mittelwert aus

$$\tau_a = \tau_m = F/A \qquad (3.32)$$

berechnen lassen.

Real liegt in der Scherfläche infolge des stets vorhandenen Biegemoments eine nichtlineare Spannungsverteilung vor, die z. B. bei runden oder rechteckigen Querschnitten parabolisch verläuft **(Bild 3.26)**. Nur dann spricht man von Schubbeanspruchung, die zu Schubspannungen τ führt.

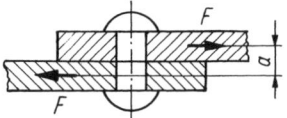

Bild 3.25 Scher- und Biegebeanspruchung bei einer Nietverbindung

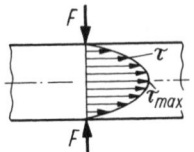

Bild 3.26 Reale Schubspannungsverteilung in einem kreisförmigen Querschnitt

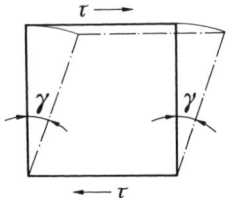

Bild 3.27 Verformung durch Schubspannung

Die daraus resultierende Verformung äußert sich z. B. an dem im **Bild 3.27** dargestellten Quadrat in einer Winkeländerung, der Schiebung oder Verzerrung γ. Zwischen der Schubspannung τ und der Schiebung γ besteht der Zusammenhang

$$\tau = G\gamma \qquad (3.33)$$

(Hookesches Gesetz für Schub), wobei G eine Werkstoffkenngröße ist, die analog zu dem für Normalspannungen geltenden Elastizitätsmodul E als Schubmodul bezeichnet wird.

Schubmodul G und Elastizitätsmodul E lassen sich mit der Beziehung

$$G = 0{,}5E/(1 + v) \qquad (3.34)$$

ineinander überführen.

- In den weiteren Abschnitten wird vereinfacht stets ideale Scherbeanspruchung zugrunde gelegt und mit Scher- oder Abscherspannungen τ_a gem. Gl. (3.32) gerechnet.

Druckbeanspruchung. Reine Druckspannung tritt nur innerhalb eines Bauteils auf, das durch eine Druckkraft beansprucht wird. Wirkt diese Kraft auf die Berührungsfläche zweier Bauteile, so spricht man von einer *Flächenpressung p*. Bei gekrümmten Berührungsflächen wird zur Berechnung der Flächenpressung die Projektion der Fläche in Kraftrichtung benutzt.

Berühren sich zwei Bauteile nur linien- oder punktförmig, wie es bei Wälz-, Schneiden- oder Spitzenlagern (s. Abschn. 8) der Fall ist, so liegt *Hertzsche Pressung* vor. Es entsteht in der Berührungszone eine Verformung (Abplattung), die bei Punktberührung kreisförmig und bei Linienberührung rechteckförmig begrenzt ist, sofern homogener Werkstoff angenommen wird. Sind die Abmessungen der Verformungsbereiche klein gegenüber den Abmessungen der Bauteile und wird die Proportionalitätsgrenze nicht überschritten, so lassen sich die Abmessungen der Verformungsbereiche mit den in **Tafel 3.4** angegebenen Gleichungen bestimmen. Wegen der unterschiedlichen Spannungsverteilung im Abplattungsbereich interessiert außerdem die maximale Pressung p_{max}. Für häufig vorkommende Berührungsverhältnisse sind die entsprechenden Beziehungen ebenfalls in Tafel 3.4 angeführt.

Wird bei einem auf Druck beanspruchten Bauteil ein bestimmtes Verhältnis von Länge zu Querschnitt überschritten, so kann ein *Knicken* auftreten. Die Grenze wird durch die

Knickspannung σ_K beschrieben. Diese Spannung ist keine reine Werkstoffkenngröße, sondern zusätzlich von den geometrischen Verhältnissen abhängig. Wesentlichen Einfluß hat die freie Knicklänge L_K. **Bild 3.28** gibt ihre Bestimmung für die vier möglichen Einspannungsarten an.

Tafel 3.4 Berührungsverhältnisse und Berechnungsgleichungen bei Hertzscher Pressung

Berührungsverhältnisse		Radien	Abplattung	Maximale Pressung
Punktberührung	Kugel gegen Kugel 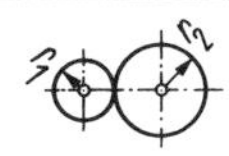	$\dfrac{1}{r} = \dfrac{1}{r_1} + \dfrac{1}{R}$ $R = r_2$	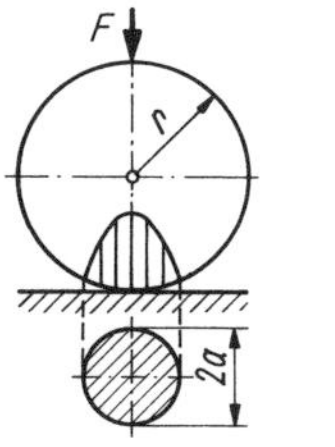	$p_{max} = 1{,}5\,\dfrac{F}{a^2\pi}$ a Druckkreisradius
	Kugel gegen Hohlkugel 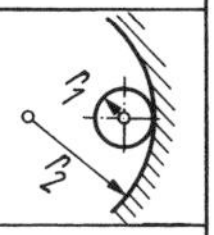	$R = -r_2$		Bei unterschiedlichen E-Moduln: $E = \dfrac{2E_1 E_2}{E_1 + E_2}$
	Kugel gegen Ebene 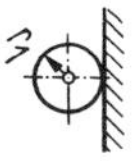	$R = \infty$	$a = \sqrt[3]{\dfrac{1{,}5(1-\nu^2)\,Fr}{E}}$	
Linienberührung	Zylinder gegen (Hohl-) Zylinder	siehe Kugel gegen (Hohl-) Kugel	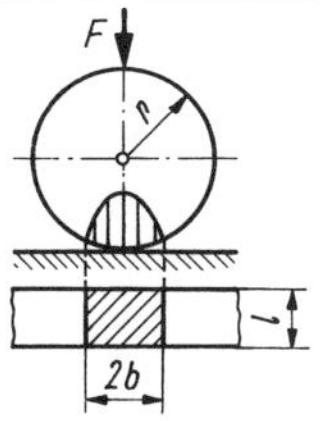	$p_{max} = \dfrac{2F}{\pi bl}$ b halbe Druckflächenbreite l Druckflächenlänge
	Zylinder gegen Ebene	siehe Kugel gegen Ebene	$b = \sqrt[2]{\dfrac{8Fr(1-\nu^2)}{\pi El}}$	

ν Querzahl; für homogene Werkstoffe $\nu \approx 0{,}3$

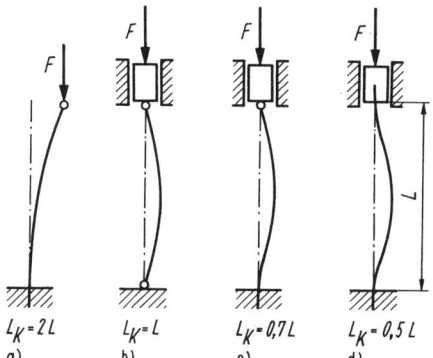

Bild 3.28 Freie Knicklänge bei unterschiedlicher Stabbefestigung (nach *Euler*)
a) ein Ende eingespannt, anderes Ende frei beweglich;
b) beide Enden gelenkig befestigt;
c) ein Ende eingespannt, anderes Ende gelenkig befestigt;
d) beide Enden fest eingespannt

Weitere Einflußgrößen sind die Querschnittsfläche A und das Flächenträgheitsmoment I (s. Abschn. 3.3.2.2) für die Querschnittsachse, um die das Ausknicken erfolgt. Mit diesen Größen wird der Schlankheitsgrad λ berechnet:

$$\lambda^2 = L_K^2 A / I \,. \tag{3.35}$$

Die Knickspannung σ_K ergibt sich damit zu

$$\sigma_K = \pi^2 E / \lambda^2 \quad \text{(Euler-Hyperbel)}\,. \tag{3.36}$$

Aus der Knickspannung läßt sich unter Berücksichtigung einer Knicksicherheit S_K ($S_K = 3 \ldots 6$) die zulässige Kraft für die jeweilige Querschnittsfläche A bestimmen:

$$F_{zul} \leqq \sigma_K A / S_K \,. \tag{3.37}$$

Diese Berechnung gilt jedoch nur, solange keine plastische Verformung zugelassen wird. Plastische Verformung tritt auf, wenn der Schlankheitsgrad λ einen Grenzwert λ_0 unterschreitet:

$$\lambda_0 = \sqrt{\pi^2 E / \sigma_P} \,. \tag{3.38}$$

Für $\lambda < \lambda_0$ muß die Knickspannung σ_K und damit die zulässige Kraft F_{zul} nach *Tetmayer* ermittelt werden [3] [3.8]. In **Tafel 3.5** sind Werte von σ_P und λ_0 für einige Werkstoffe angegeben.

Tafel 3.5 Werkstoffkenngrößen für Knickbeanspruchung (Auswahl)

Werkstoff	σ_P in N/mm²	λ_0
S235JR (St 37-2)	210	100
E335 (St 60-2)	235	93
Dural (Duraluminium)	195	60
Gußeisen (Grauguß)	154	80
Nadelholz	10	100

3.3.2.2 Beanspruchung durch Momente

Wird die angreifende Kraft in Verbindung mit einem Hebelarm wirksam, so liegt eine Beanspruchung durch ein Moment M vor (s. Abschn. 3.2.4), wobei zwischen Biegebeanspruchung und Torsionsbeanspruchung unterschieden werden kann. Dem angreifenden Moment widersetzt sich das Bauteil mit dem Widerstandsmoment W, das von den geometrischen Abmessungen abhängt. Die entstehende Spannung im Bauteil ist der Quotient aus dem angreifenden Moment und dem Widerstandsmoment [s. Gln. (3.43) und (3.44) sowie Tafel 3.3].

Beanspruchung auf Biegung. Unter dem Einfluß eines Biegemomentes M_b krümmt sich das beanspruchte Bauteil **(Bild 3.29)**. Die Krümmung bewirkt im oberen Teil des im Bild 3.29a dargestellten Trägers mit rechteckigem Querschnitt eine Stauchung (Druckspannung) und im unteren Teil eine Dehnung (Zugspannung). Der Übergang von Zug- zu Druckspannung verläuft kontinuierlich und ergibt an der Übergangsstelle eine spannungsfreie Zone (neutrale Faser, Neutrale). Der Maximalwert der auftretenden Spannung in der am weitesten von der neutralen Faser entfernten Randzone wird unabhängig von ihrer Art als Biegespannung $\sigma_{b\,max}$ bezeichnet (Bild 3.29b).

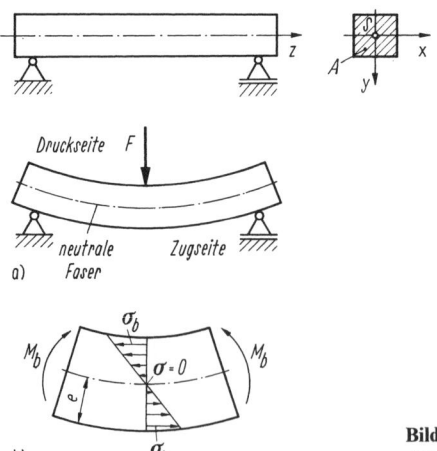

Bild 3.29 Biegebeanspruchung eines zweiseitig aufgelegten Trägers
a) Durchbiegung; b) Spannungsverlauf

In die Querschnittsfläche A wird derart ein Koordinatensystem gelegt, daß die z-Achse dem Verlauf der neutralen Faser im Querschnitt entspricht (die Biegung erfolgt um die x-Achse) und sich der Koordinatenursprung im Schwerpunkt S der Querschnittsfläche A befindet (Bild 3.29 a).

Dann läßt sich unter Berücksichtigung des (maximalen) Randabstands e von der neutralen Faser für die auftretende Biegespannung schreiben:

$$\sigma_b(y) = \sigma_{b\,max} y/e \,. \tag{3.39}$$

Auf das Flächenelement dA im Querschnitt wirkt die Längskraft

$$dF_L = \sigma_b(y)\,dA \,. \tag{3.40a}$$

Die Längskraft F_L ergibt sich damit zu

$$F_L = \int_A \sigma_b(y)\,dA = 0 = \frac{\sigma_{b\,max}}{e} \int_A y\,dA \,. \tag{3.40b}$$

Für das Biegemoment um die x-Achse erhält man

$$M_{bx} = \int_A y\,dF_L = \int_A y\sigma_b(y)\,dA = \int_A \frac{\sigma_{b\,max}}{e} y^2\,dA = \frac{\sigma_{b\,max}}{e} \int_A y^2\,dA \,. \tag{3.41}$$

Der Ausdruck $\int_A y^2\,dA$ wird als das auf die x-Achse bezogene äquatoriale Flächenträgheitsmoment I_x bezeichnet:

$$I_x = \int_A y^2\,dA \,. \tag{3.42a}$$

Analog existiert ein auf die y-Achse bezogenes Flächenträgheitsmoment

$$I_y = \int_A x^2\,dA \,. \tag{3.42b}$$

Für das Biegemoment M_{bx} um die x-Achse gilt dann

$$M_{bx} = \sigma_{b\,max} I_x/e = \sigma_{b\,max} W_{bx} \tag{3.43a}$$

mit

$$W_{bx} = I_x/e \tag{3.43b}$$

als Widerstandsmoment gegen Biegung (äquatoriales Widerstandsmoment).
Ein Umstellen nach $\sigma_{b\,max}$ führt analog Gl. (3.29) zu der Beziehung:

$$\sigma_{b\,max} = M_b/W_b \leqq \sigma_{b\,zul} \,. \tag{3.44}$$

Für häufig vorkommende Querschnittsformen sind die Flächenträgheits- und Widerstandsmomente in **Tafel 3.6** angegeben. Für andere Formen können I und W_b nach den Gln. (3.42) und (3.43b) berechnet oder aus den Werten von Einzelflächen zusammengesetzt werden. Läßt sich ein bestimmter Querschnitt in Teilflächen zerlegen, die auf die gleiche Achse (Trägheitsachse) bezogen sind, so können die Werte für I addiert werden **(Bild 3.30)**. Die Anteile von Flächen mit im Abstand a parallel zur Hauptträgheitsachse liegender Achse werden nach dem *Satz von Steiner* bestimmt **(Bild 3.31)**:

$$I_\xi = I_x + Aa^2 \,. \tag{3.45}$$

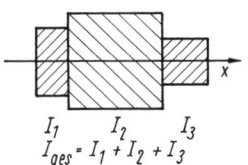

$I_1 \quad I_2 \quad I_3$
$I_{ges} = I_1 + I_2 + I_3$

Bild 3.30 Flächenträgheitsmoment zusammengesetzter Flächen mit gleicher Trägheitsachse

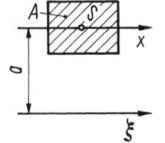

Bild 3.31 Zum Steinerschen Satz

Das Widerstandsmoment W_b muß stets aus dem Gesamtträgheitsmoment nach Gl. (3.43b) ermittelt werden.

Den Einfluß der Querschnittsform auf das Flächenträgheitsmoment bei konstanter Querschnittsfläche veranschaulicht **Bild 3.32**.

Tafel 3.6 Flächenträgheits- und Widerstandsmomente (Auswahl)

Querschnitt	Äquatoriale Flächenträgheitsmomente I_x, I_y	Widerstandsmomente gegen Biegung W_{bx}, W_{by}	Polares Flächenträgheitsmoment I_p bzw. Drillungswiderstand I_t	Widerstandsmoment gegen Torsion W_t
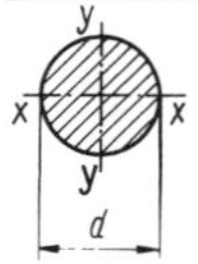 Kreis	$I_x = I_y = \dfrac{\pi}{64} d^4 = \dfrac{\pi}{4} r^4$ $\approx 0{,}05 d^4$	$W_{bx} = W_{by} = \dfrac{\pi}{32} d^3 = \dfrac{\pi}{4} r^3$ $\approx 0{,}1 d^3$	$I_t = I_p = \dfrac{\pi}{32} d^4 \approx 0{,}1 d^4$	$W_t = \dfrac{\pi}{16} d^3$
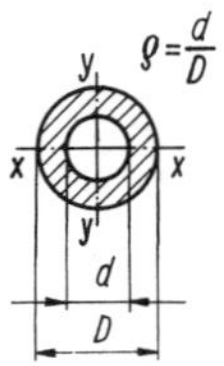 Kreisring ($\varrho = d/D$)	$I_x = I_y = \dfrac{\pi}{64}(D^4 - d^4)$ $= \dfrac{\pi}{64} D^4 (1 - \varrho^4)$ $= \dfrac{\pi}{4}(R^4 - r^4)$	$W_{bx} = W_{by} = \dfrac{\pi}{32}\dfrac{D^4 - d^4}{D}$ $= \dfrac{\pi}{32} D^3 (1 - \varrho^4)$ $= \dfrac{\pi}{4}\dfrac{R^4 - r^4}{R}$	$I_t = I_p = \dfrac{\pi}{32}(D^4 - d^4)$ $= \dfrac{\pi}{32} D^4 (1 - \varrho^4)$ $= \dfrac{\pi}{2}(R^4 - r^4)$	$W_t = \dfrac{\pi}{16}\dfrac{D^4 - d^4}{D}$ $= \dfrac{\pi}{16} D^3 (1 - \varrho^4)$
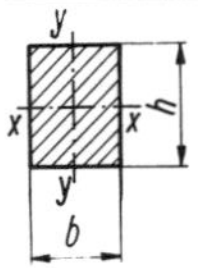 Rechteck	$I_x = \dfrac{1}{12} b h^3$ $I_y = \dfrac{1}{12} b^3 h$	$W_{bx} = \dfrac{1}{6} b h^2$ $W_{by} = \dfrac{1}{6} b^2 h$	$I_t = \eta_3 b^3 h$ Werte für η_3 siehe unten	$W_t = \eta_2 b^2 h$ Werte für η_2 siehe unten

n	1	1,5	2	3	4	6	8	10	∞
η_2	0,208	0,231	0,246	0,267	0,282	0,299	0,307	0,313	0,333
η_3	0,140	0,196	0,229	0,263	0,281	0,299	0,307	0,313	0,333

$n = h/b$ für $h \geqq b$, $n = b/h$ für $h < b$; Faktoren η sind in Abschn. 6, Tafel 6.3 mit K bezeichnet.

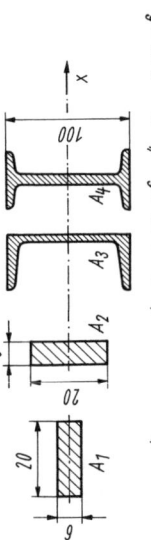

Bild 3.32 Einfluß der Querschnittsform auf das Flächenträgheitsmoment

$I_{x1} = 360\,mm^4$; $I_{x2} = 4000\,mm^4$; $I_{x3} = 2{,}06 \cdot 10^6\,mm^4$; $I_{x4} = 1{,}77 \cdot 10^6\,mm^4$

In der Konstruktion wird die Vergrößerung des Flächenträgheitsmoments u. a. zur Erhöhung der Biegesteifigkeit von dünnen Blechteilen oder plattenförmigen Bauteilen ausgenutzt, hauptsächlich durch Abwinkeln, Sicken oder Rippen. Abgewinkelte Kanten und Sicken finden besonders bei dünnen Blechteilen Verwendung (**Bild 3.33**). Rippen dienen vorzugsweise der Versteifung von Schweißkonstruktionen, Guß- und Spritzgußteilen (**Bild 3.34**). Prismatische Teile werden durch Ausbildung als Profil versteift (s. Bild 3.32).

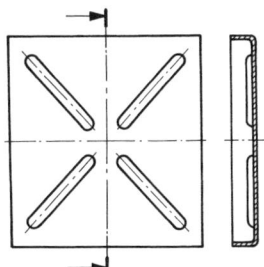

Bild 3.33 Abdeckblech

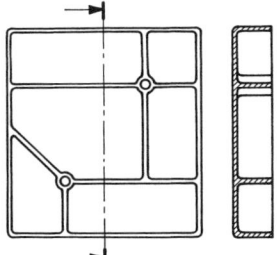

Bild 3.34 Grundplatte aus Druckguß

Bei Bauteilen, die einer Biegebeanspruchung ausgesetzt sind, interessiert neben der auftretenden Biegespannung auch die Durchbiegung f (verschiedentlich auch mit v bezeichnet). Diese ist abhängig von den Einspannungs- bzw. Auflageverhältnissen des Bauteils, der Belastung, dem Flächenträgheitsmoment des entsprechenden Querschnitts und dem Elastizitätsmodul E.

Aus der durch das angreifende Moment verursachten Verformung (Krümmung) des Bauteils läßt sich unter Beachtung des Hookeschen Gesetzes die Differentialgleichung für die Durchbiegung f als Funktion des Ortes z ableiten. Man erhält

$$d^2f/dz^2 = -M_b/(EI) \tag{3.46}$$

(Differentialgleichung der Biegelinie oder elastischen Linie). Für das einseitig eingespannte Bauteil im **Bild 3.35** ergibt sich die Lösung dieser Differentialgleichung wie folgt:

$$f'' = -M_b/(EI_x) = [F/(EI_x)](l-z) \quad \text{mit} \quad M_b = -F(l-z), \tag{3.47}$$

$$f' = [F/(EI_x)](lz - z^2/2) + C_1 \quad \text{mit} \quad C_1 = 0 \quad \text{wegen} \quad f'(z=0) = 0, \tag{3.48}$$

$$f = [F/(EI_x)](lz^2/2 - z^3/6) + C_2 \quad \text{mit} \quad C_2 = 0 \quad \text{wegen} \quad f(z=0) = 0. \tag{3.49}$$

Die Lösung der Differentialgleichung ergibt die Biegelinie oder elastische Linie $f(z)$. Sie wird meist in normierter Form angegeben und lautet für das dargestellte Beispiel

$$f = [Fl^3/(2EI_x)][(z/l)^2 - (z/l)^3/3]. \tag{3.50}$$

Die maximale Durchbiegung an der Stelle $z = l$ ergibt sich zu

$$f_{max} = Fl^3/(3EI_x). \tag{3.51}$$

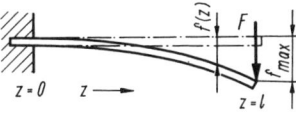

Bild 3.35 Querkraftbiegung

Die Gleichung der Biegelinie für verschiedene geometrische Abmessungen und Einspannungsverhältnisse kann Tabellen entnommen werden [3] [6] (**Tafel 3.7**).

Beanspruchung auf Torsion (Verdrehung). Wird ein (stabförmiges) Bauteil durch ein Drehmoment M_d (Torsionsmoment M_t) beansprucht (s. Bild 3.37), so entsteht eine Tangentialspannung, die Schub- oder Torsionsspannung τ_t. Analog zur Biegebeanspruchung — Gln. (3.39) bis (3.42) — läßt sich zeigen, daß dann die beanspruchte Querschnittsfläche ein polares Flächenträgheitsmoment I_p hat:

$$I_p = \int_A r^2 \, dA. \tag{3.52}$$

Aus **Bild 3.36** ist ersichtlich, daß das polare Flächenträgheitsmoment als Summe der auf die x- und y-Achse bezogenen äquatorialen Flächenträgheitsmomente dargestellt werden kann:

$$I_p = I_x + I_y. \tag{3.53}$$

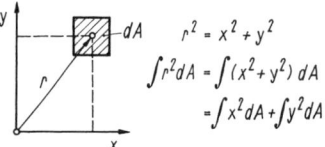

Bild 3.36 Zur Berechnung von I_p

Tafel 3.7 Biegelinien und Momentenverläufe für einige Beanspruchungsfälle

Belastung/Einspannung	Berechnungsgleichungen
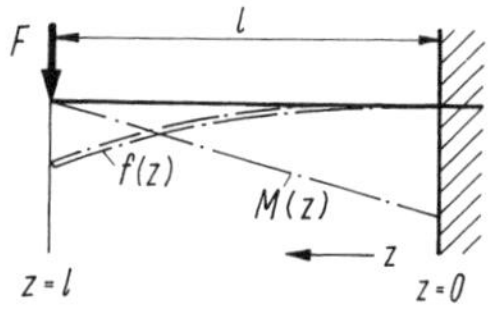 einseitig eingespannt, Einzelkraft	$f(z) = \dfrac{Fl^3}{3EI}\left[\dfrac{3}{2}\left(\dfrac{z}{l}\right)^2 - \dfrac{1}{2}\left(\dfrac{z}{l}\right)^3\right]$ $f(z=l) = \dfrac{Fl^3}{3EI}$ $M(z) = -F(l-z); \quad M(z=0) = -Fl$
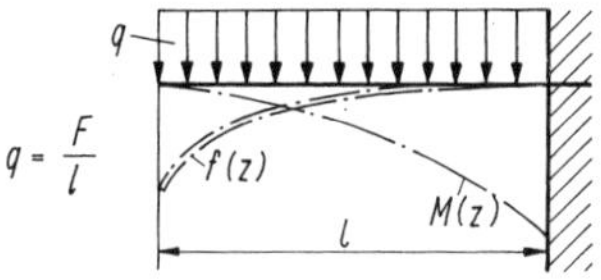 einseitig eingespannt, Streckenlast, $q = \dfrac{F}{l}$	$f(z) = \dfrac{Fl^3}{8EI}\left[2\left(\dfrac{z}{l}\right)^2 - \dfrac{4}{3}\left(\dfrac{z}{l}\right)^3 + \dfrac{1}{3}\left(\dfrac{z}{l}\right)^4\right]$ $f(z=l) = \dfrac{Fl^3}{8EI}$ $M(z) = -\dfrac{Fl}{2}\left(1-\dfrac{z}{l}\right)^2; \quad M(z=0) = -\dfrac{Fl}{2}$
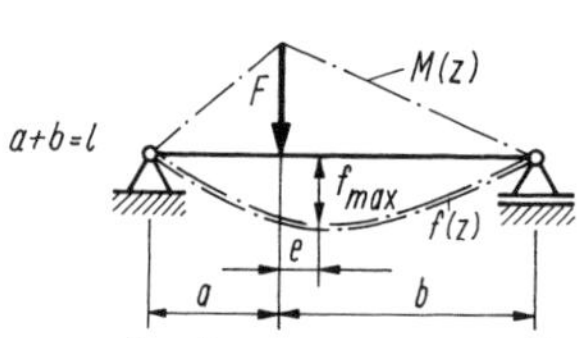 zweiseitig aufgelegt, Einzelkraft, $a+b=l$	$f(z_a) = \dfrac{Fl^3}{6EI}\dfrac{b}{l}\dfrac{z_a}{l}\left[1-\left(\dfrac{b}{l}\right)^2-\left(\dfrac{z_a}{l}\right)^2\right]$ für $z_a \leqq a$ $f(z_b) = \dfrac{Fl^3}{6EI}\dfrac{a}{l}\dfrac{z_b}{l}\left[1-\left(\dfrac{a}{l}\right)^2-\left(\dfrac{z_b}{l}\right)^2\right]$ für $z_b \leqq b$ f_{max} bei $e = b\left(1-\sqrt{\dfrac{l+a}{3b}}\right)$ $M(z_a) = F\dfrac{b}{l}z_a; \quad M(z_b) = F\dfrac{a}{l}z_b$
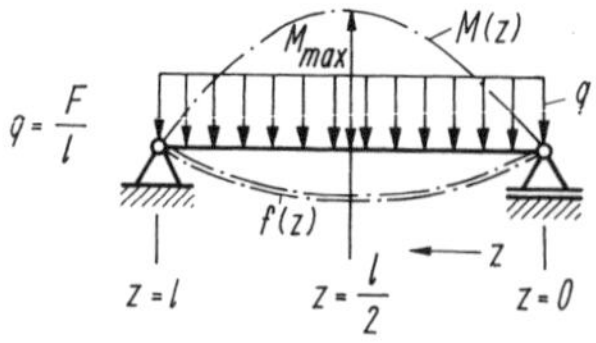 zweiseitig aufgelegt, Streckenlast, $q = \dfrac{F}{l}$	$f(z) = \dfrac{Fl^3}{24EI}\left[\dfrac{z}{l} - 2\left(\dfrac{z}{l}\right)^3 + \left(\dfrac{z}{l}\right)^4\right]$ $f\left(z=\dfrac{l}{2}\right) = f_{max} = \dfrac{5Fl^3}{384EI}$ $M(z) = \dfrac{Fl}{2}\left[\dfrac{z}{l} - \left(\dfrac{z}{l}\right)^2\right]; \quad M\left(z=\dfrac{l}{2}\right) = M_{max} = \dfrac{Fl}{8}$

Das nach Gl. (3.52) definierte polare Flächenträgheitsmoment und Gl. (3.53) gelten allerdings nur für konzentrische Querschnittsformen. Abweichende Formen, z. B. rechteckige Querschnitte, erfordern wegen des nichtlinearen Spannungsanstiegs vom Schwerpunkt zu den Randzonen und der ungleichmäßigen Spannungsverteilung auf dem Rand die Einführung eines Drillungswiderstands I_t, der um so mehr vom polaren Flächenträgheitsmoment abweicht, je stärker sich der betrachtete Querschnitt von einer konzentrischen Form unterscheidet. Entsprechend existiert ein Widerstandsmoment gegen Torsion (polares Widerstandsmoment) W_t. Für konzentrische Querschnitte gilt:

$$W_t = I_p/r \, . \tag{3.54}$$

Mit diesem Widerstandsmoment ergibt sich analog Gl. (3.44) der für die Festigkeitsberechnung bei Torsionsbeanspruchung wesentliche Zusammenhang

$$\tau_t = M_d/W_t \leqq \tau_{t\,zul} \, . \tag{3.55}$$

Werte von I_p bzw. I_t und W_t sind für einige Querschnittsformen in Tafel 3.6 enthalten.

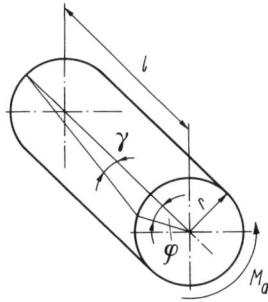

Bild 3.37
Verformung bei Torsion

Die interessierenden Größen für die Angabe der Verformung durch Torsionsbeanspruchung veranschaulicht **Bild 3.37**. Die Verformung kann aus dem *Hookeschen Gesetz für Schub* nach Gl. (3.33) berechnet werden. Mit den Gln. (3.56a, b) lassen sich daraus die Schiebung γ und der Verdrehwinkel φ im Bogenmaß ermitteln. Für glatte Wellen mit Kreisquerschnitt gilt:

$$\gamma = \tau_t/G = M_d/(W_t G) = M_d r/(I_p G); \qquad \varphi = M_d l/(I_p G) \, . \tag{3.56a}$$

Für abgesetzte Wellen (Bild 7.7a) gilt analog:

$$\gamma = \frac{M_d}{G} \sum_{i=1}^{n} \frac{r_i}{I_{pi}}; \qquad \varphi = \frac{M_d}{G} \sum_{i=1}^{n} \frac{l_i}{I_{pi}} \, . \tag{3.56b}$$

Die Ausführungen zur Erhöhung der Biegesteifigkeit gelten aufgrund von Gl. (3.53) sinngemäß auch für die Vergrößerung der Torsionssteifigkeit. Hohlwellen oder Profile weisen bei gleichem Materialaufwand eine wesentlich größere Torsionssteifigkeit auf als Vollmaterial. Sie ermöglichen einen ökonomischen Werkstoffeinsatz und die Realisierung des Leichtbauprinzips.

3.3.2.3 Zusammengesetzte Beanspruchung

Wie einleitend dargestellt, treten an einem Bauteil i. allg. mehrere Beanspruchungsarten gleichzeitig auf. Beispielsweise wird die Welle eines Zahnradgetriebes auf Torsion (Drehmomentübertragung) und Biegung (Normalkraft zwischen den Zahnflanken) beansprucht.

Rufen die unterschiedlichen Beanspruchungsarten die gleiche Spannungsart bei gleicher Richtung hervor (Normal- oder Tangentialspannung), so ergibt sich die Gesamtspannung aus der Summe der vorzeichenbehafteten Einzelspannungen, z. B.

$$\sigma_{ges} = \sigma_z + \sigma_b; \qquad \tau_{ges} = \tau_t + \tau_a \, . \tag{3.57}$$

Bild 3.38a verdeutlicht die Überlagerung einer Biege- und einer Zugspannung. Biegespannungen in verschiedenen Ebenen (Bild 3.38b) werden bei konzentrischen Querschnitten wie Kräfte vektoriell addiert.

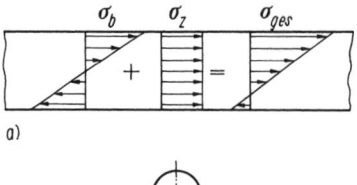

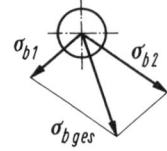

Bild 3.38
Zusammengesetzte Spannungen
a) Biegung und Zug (Spannungsverlauf);
b) Biegung in verschiedenen Ebenen

Stehen die Ebenen senkrecht aufeinander, so gilt

$$\sigma_{bges} = \sqrt{\sigma_{b1}^2 + \sigma_{b2}^2} \,. \tag{3.58}$$

Treten Normal- und Tangentialspannungen gleichzeitig auf, so wird eine Vergleichsspannung σ_v eingeführt:

$$\sigma_v = \sqrt{\sigma^2 + 3(\alpha_0 \tau)^2} \leq \sigma_{zul}, \tag{3.59}$$

wobei σ und τ wiederum zusammengesetzte Spannungen sein können. Diese aus der Gestaltänderungsenergie-Hypothese [3.1] gewonnene Gleichung enthält den Anstrengungsfaktor α_0, der in Abhängigkeit von der Kombination verschiedener Belastungsfälle für die beiden Spannungsarten wie folgt zu wählen ist:

α_0 bei	τ_I	τ_{II}	τ_{III}
σ_I	1	1,5	2
σ_{II}	0,7	1	1,35
σ_{III}	0,5	0,75	1

Demnach wäre bei der erwähnten Getriebewelle $\alpha_0 = 0,75$ zu wählen, da hinsichtlich der Biegung eine Wechselbeanspruchung (Belastungsfall III) und hinsichtlich der Torsion meist eine schwellende Beanspruchung (Belastungsfall II) vorliegen.

Im Abschn. 7 wird die Bestimmung der Vergleichsspannung am Beispiel der festigkeitsmäßigen Dimensionierung von Wellen verdeutlicht [3.1].

3.3.3 Ermittlung der zulässigen Spannungen

Die Grundlage zur Berechnung der zulässigen Spannungen bilden Werkstoffestigkeitswerte (s. Tafel 3.2), deren Ermittlung durch Versuche mit Probestäben genormter Durchmesser erfolgt. Bei der Bestimmung der Nennspannungen unberücksichtigt gebliebene Einflüsse geometrischer Unstetigkeiten im Querschnitt (Kerbwirkung) sowie Einflüsse von Bauteilgröße, Oberflächenrauheit und Bearbeitungszustand auf die Belastbarkeit eines Bauteils werden in den zulässigen Spannungen durch Einführung entsprechender Einflußfaktoren erfaßt.

3.3.3.1 Werkstoffkenngrößen

Entsprechend den möglichen Belastungsfällen (s. Bilder 3.23 und 3.24) unterscheidet man zwischen statischen und dynamischen Festigkeitswerten der Werkstoffe.
Statische Festigkeit. Die Ermittlung der statischen Festigkeitswerte erfolgt überwiegend aus Zug-, Druck- oder Biegeversuchen, bei denen eine Werkstoffprobe durch eine langsam anwachsende Kraft bzw. entsprechend durch ein Moment belastet wird.

Bild 3.39 zeigt als Beispiel den Verlauf der bei Zugbeanspruchung eines Probekörpers auftretenden Spannung σ bzw. R in Abhängigkeit von der Verformung (Dehnung ε) für verschiedene Werkstoffe. Anhand solcher Diagramme lassen sich verschiedene Festigkeitskenngrößen angeben. Den im Bereich bis σ_P, der Proportionalitätsgrenze, bestehenden linearen Zusammenhang zwischen σ und ε beschreibt das *Hookesche Gesetz*, s. Gl. (3.30).

Die Verformung des Werkstoffs bei vorhandener Spannung bzw. eingeprägter Kraft wird als Fließen bezeichnet und durch die Streck- bzw. Fließgrenze R_e bzw. σ_F charakterisiert. Die Bruchgrenze R_m (Zugfestigkeit) ist die maximale Spannung, die im Spannungs-Dehnungs-Diagramm auftritt. Im Bereich zwischen der Streck- und der Bruchgrenze sinkt anfangs die Spannung infolge der beginnenden Verschiebung der Kristalle. Dann verfestigt sich der Werkstoff wieder, und die Spannung nimmt erneut zu. Dieses Verhalten läßt sich nicht bei allen Werkstoffen feststellen; es trifft aber besonders für Baustahl zu.

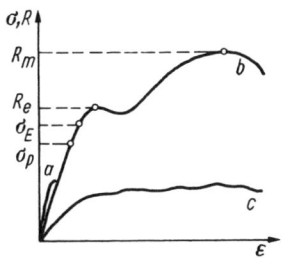

Bild 3.39
Spannungs-Dehnungs-Diagramm
a) Glas; b) Baustahl; c) Kupfer

Für Werkstoffe ohne ausgeprägtes Fließverhalten tritt an die Stelle der Streckgrenze R_e die 0,2-Dehngrenze, d. h. diejenige Spannung, bei der ein Probekörper im Zugversuch eine bleibende Dehnung von 0,2% aufweist. Sie wird mit $R_{p0,2}$ bezeichnet.

Ähnliche Diagramme und Kenngrößen wie beim Zug- bzw. Druckversuch lassen sich auch für einen Biege- oder Torsionsversuch ermitteln. Dabei erhält man die Biegefestigkeit σ_{bB} und die Verdrehfestigkeit τ_{tB} (als Äquivalent zur Zugfestigkeit R_m) sowie die Biegefließgrenze σ_{bF} und die Verdrehfließgrenze τ_{tF} (als Äquivalent zur Streckgrenze R_e).

Diese Spannungsgrößen charakterisieren das statische Festigkeitsverhalten eines Werkstoffs (Belastungsfall I, s. Bild 3.23).

Dynamische Festigkeit. Liegt eine dynamische Beanspruchung vor (Belastungsfälle II und III), so wird die Angabe weiterer Kenngrößen erforderlich, nämlich der Schwell- bzw. Wechselfestigkeiten für die jeweilige Beanspruchungsart. Sie werden durch Hinzufügen der Indizes „Sch" bzw. „W", z. B. σ_{bW} (Biegewechselfestigkeit) gekennzeichnet (Tafel 3.2). Die Festigkeit eines Werkstoffs bei beliebiger dynamischer Beanspruchung wird durch die *Dauerschwingfestigkeit* (kurz Dauerfestigkeit) beschrieben. Wird ein Probekörper einer um einen Mittelwert σ_m schwankenden Beanspruchung ausgesetzt, so ist die Zeit bis zum Bruch (Anzahl der Lastwechsel N) abhängig von der Spannungsamplitude σ_a. Diese Abhängigkeit der Festigkeit σ_A wird für einen bestimmten Mittelwert σ_m in der *Wöhler-Kurve* grafisch dargestellt **(Bild 3.40)**. Der Übergang von der Zeitfestigkeit (abfallender Kurventeil) zur Dauerfestigkeit erfolgt bei der Grenzlastspielzahl (Grenzschwingspielzahl) N_0 [$N_0 \approx (2 \dots 10) \cdot 10^6$ für Stahl]. Mit der so

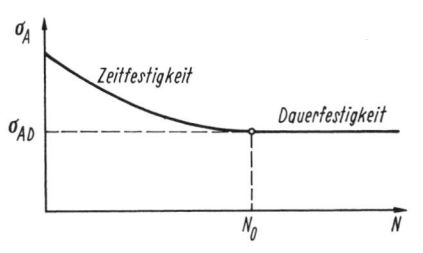

Bild 3.40
Wöhler-Kurve

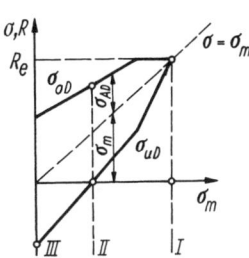

Bild 3.41
Dauerfestigkeitsschaubild
(Smith-Diagramm)

gewonnenen Dauerfestigkeit bei verschiedenen Mittelwerten σ_m läßt sich ein Dauerfestigkeitsschaubild *(Smith-Diagramm)* angeben **(Bild 3.41)**. Es enthält die mögliche Spannungsamplitude bei Dauerbelastung σ_{AD} in Abhängigkeit vom Mittelwert σ_m. Die obere Grenze wird dadurch festgelegt, daß die Summe aus Mittelspannung σ_m und überlagerter Spannung σ_{AD} nicht größer als die jeweilig maßgebende Streck- bzw. Fließgrenze (R_e bzw. σ_F) sein darf. Die durch die Ziffern I, II und III gekennzeichneten Punkte entsprechen den Fällen ruhende (R_e bzw. σ_F), schwellende (σ_{Sch}) und wechselnde Belastung (σ_W). Damit stellen die oben erwähnte Schwell- und Wechselfestigkeit sowie die Streck- oder Fließgrenze ausgezeichneten Punkte im Dauerfestigkeitsschaubild dar, bei deren Kenntnis sich die obere und die untere Grenzlinie des Diagramms (Oberspannung σ_{oD} und Unterspannung σ_{uD}) konstruieren lassen. In [9] und [3.6] sind die Dauerfestigkeitsschaubilder für Stahl bei Beanspruchung durch Zug/Druck, Biegung und Torsion angegeben. Die Dauerfestigkeit ist außer von den Werkstoffeigenschaften noch von der Bauteilform abhängig (Kerbwirkung) und deshalb keine reine Werkstoffkenngröße [3].

3.3.3.2 Festigkeitsnachweis

Bauteile dürfen i. allg. nur bis zur Streckgrenze R_e beansprucht werden, in der Feinwerktechnik meist nur bis zur Elastizitätsgrenze σ_E und in Sonderfällen sogar nur bis unterhalb der Proportionalitätsgrenze σ_P, z. B. wenn man die Verformung für Meßzwecke nutzt (Biegebalken mit aufgeklebten Dehnmeßstreifen zur Kraftmessung). Um dies zu garantieren, wird eine zulässige oder ertragbare Spannung σ_{zul} definiert. Sie ist die wesentliche Größe für eine festigkeitsmäßige Dimensionierung, und die tatsächlich auftretende Spannung muß immer kleiner bzw. darf höchstens gleich der zulässigen Spannung sein:

$$\sigma \leqq \sigma_{zul}; \qquad \tau \leqq \tau_{zul}. \tag{3.60a}$$

Den Wert der zulässigen Spannung erhält man aus der jeweiligen Werkstoffkenngröße, die für das Versagen des Bauteils im konkreten Fall maßgebend ist (σ_{vers}), indem man diese durch einen Sicherheitsfaktor S dividiert:

$$\sigma_{zul} = \sigma_{vers}/S; \qquad \tau_{zul} = \tau_{vers}/S. \tag{3.60b}$$

Der Sicherheitsfaktor wird in der Feinwerktechnik i. allg. zu $S = 2 \ldots 4$ und im Maschinenbau zu $S = 1{,}2 \ldots 4$ gewählt.

Welche Werkstoffkenngröße als Versagensspannung auftritt, hängt von der jeweiligen Beanspruchungsart, dem Belastungsfall und den Einsatzbedingungen des Bauteils ab. Im allgemeinen sind für σ_{vers} die Streck- oder Fließgrenze (Belastungsfall I) bzw. die jeweilige Dauerfestigkeit einzusetzen (beliebiger Belastungsfall). Mit den Gln. (3.60a, b) und einem innerhalb der angegebenen Grenzen gewählten Sicherheitsfaktor erfolgt eine vorläufige Dimensionierung des Bauteils (Entwurfsberechnung). Nach Korrektur der so gewonnenen Bauteilabmessungen bzw. Werkstoffeigenschaften (Rundung, Anpassung an Normzahlen bzw. Normmaße; s. Tafel 2.3) muß der tatsächlich vorliegende Sicherheitsfaktor nachgerechnet werden (Sicherheitsnachweis). In der Feinwerktechnik kann meist auf eine solche Nachrechnung verzichtet werden, weil man dort bereits einen größeren Sicherheitsfaktor annimmt. Außerdem werden feinmechanische Bauteile aus ökonomischen und fertigungstechnischen Gründen häufig überdimensioniert (z. B. Wahl eines einheitlichen Schraubendurchmessers in einem Gerät, der durch die höchste Beanspruchung bestimmt wird).

Wenn Menschenleben oder große volkswirtschaftliche Werte von der sicheren Funktion eines Bauteils abhängen, wenn dessen Auswechseln mit sehr hohem Montageaufwand verbunden ist oder die äußeren Kräfte bzw. Momente nicht hinreichend genau bekannt sind, wird der Sicherheitsfaktor noch größer gewählt.

Eine u. U. erhebliche Beeinträchtigung der zulässigen Spannung und besonders der Dauerfestigkeit tritt ein, wenn das beanspruchte Bauteil sprunghafte Querschnittsänderungen, z. B. durch Absätze oder Einstiche für Sicherungsringe, aufweist (Kerben, s. Abschnitt 7.3.1).

- Bei *ruhender Beanspruchung* erhöht sich die auftretende Spannung im Bereich der Kerben um einen kerbformabhängigen Faktor (s. Bild 7.1), den Formfaktor oder die Formzahl α_σ bzw. α_τ (auch α_K genannt). Die maximale Spannung ergibt sich damit zu

$$\sigma_{\text{max}K} = \alpha_\sigma \sigma \quad \text{bzw.} \quad \tau_{\text{max}K} = \alpha_\tau \tau, \quad (3.61\text{a})$$

wobei mit σ bzw. τ die für den kleinsten Querschnitt aus F/A_{min} berechneten Nennspannungen bezeichnet werden. Bei zähen Werkstoffen können diese Spannungsspitzen unberücksichtigt bleiben, da sie durch örtliches Fließen ausgeglichen werden. Bei spröden Werkstoffen dagegen ist σ_{zul} bzw. τ_{zul} durch α_σ bzw. α_τ zu dividieren.

- Bei *schwingender (schwellender oder wechselnder) Beanspruchung* des Bauteils wird die Verminderung der Festigkeit infolge Kerbwirkung durch die Kerbwirkungszahl K_σ bei Biegung bzw. K_τ bei Torsion (auch β_K genannt) berücksichtigt, die sich aus der Formzahl unter Einbeziehung weiterer Faktoren bestimmen oder Diagrammen entnehmen läßt (s. Abschn. 7.3, Bilder 7.3 und 7.4). Damit beträgt z. B. die Dauerausschlagfestigkeit σ_{ADK} eines gekerbten Bauteils

$$\sigma_{\text{ADK}} = (K_K/K_\sigma)\,\sigma_{\text{AD}}, \quad (3.61\text{b})$$

und der Festigkeitsnachweis erfolgt für beliebige Mittelspannungen σ_m (s. Bild 3.24) in der Form

$$\sigma_a \leqq \sigma_{\text{ADK}}/S. \quad (3.61\text{c})$$

Mit Ausnahme von K_σ bzw. K_τ werden alle weiteren Einflüsse auf die Dauerfestigkeit (Bauteilgröße, Oberflächenrauheit und -verfestigung, Anisotropie) näherungsweise in Form eines mittleren Einflußfaktors K_K zusammengefaßt, der von $d = 7{,}5 \dots 150$ mm vom Bauteildurchmesser d abhängt, mit $K_K = 1{,}0$ für $d \leqq 7{,}5$ mm und $K_K = 0{,}6$ für $d \geqq 150$ mm (s. Bild 7.2).

3.4 Aufgaben und Lösungen zu Abschnitt 3

Aufgabe 3.1 Belastung eines Hebels

Auf den Hebel im **Bild 3.42** wirken im Ruhezustand die Kraft $F_1 = 5$ N und die Federkraft $F_2 = 4$ N. Es sind unter Anwendung des Seileckverfahrens die Auflagerreaktionen zu ermitteln.

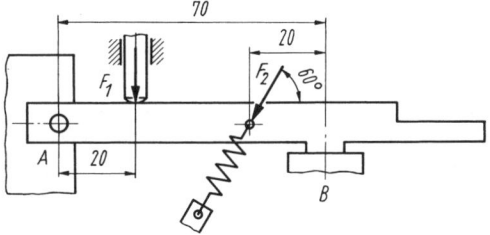

Bild 3.42
Belastung eines Hebels

Aufgabe 3.2 Lagerung eines abgewinkelten Trägers

Ein in den Punkten A und B gelagerter abgewinkelter Träger (**Bild 3.43**) wird durch eine Einzelkraft F belastet. Es sind die Auflagerreaktionen zu berechnen und der Verlauf der Schnittreaktionen (Längskraft, Querkraft, Biegemoment) darzustellen.

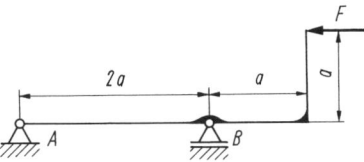

Bild 3.43
Lagerung eines abgewinkelten Trägers

Aufgabe 3.3 Lagerung der Welle eines Elektromotors

Die Welle eines Elektromotors ist in zwei Wälzlagern (Kugellagern) gelagert **(Bild 3.44)**. Das Wellenende trägt eine Keilriemenscheibe. Der vorgespannte Keilriemen überträgt das Drehmoment auf eine andere Baugruppe.
a) Welche Beanspruchung und welcher Belastungsfall liegen zwischen Innenring der Wälzlager und den Wälzkörpern vor?
b) Welche Beanspruchung und welcher Belastungsfall lassen sich an der Motorwelle feststellen?

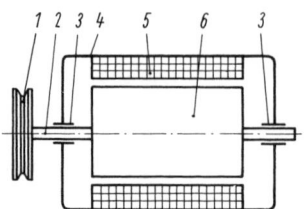

Bild 3.44 Lagerung der Welle eines Elektromotors
1 Keilriemenscheibe; *2* Welle; *3* Lagerstelle;
4 Gehäuse; *5* Statorwicklung; *6* Rotor

Aufgabe 3.4 Einseitige Zapfenhalterung

Ein Zapfen mit dem Durchmesser $d = 2$ mm ist einseitig in einer Buchse befestigt. Er hat eine radiale Kraft $F = 20$ N aufzunehmen, die sich gleichmäßig über die Zapfenlänge von $l = 10$ mm verteilt **(Bild 3.45)**.

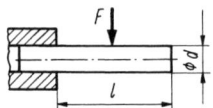

Bild 3.45 Einseitige Zapfenhalterung
(F wirkt als Streckenlast $q = F/l$ entlang l, s. auch Tafel 3.7)

a) Wie wird der Zapfen beansprucht, und aus welchem Baustahl nach DIN EN 10025 (s. Tafel 3.2) muß er gefertigt werden, damit er die ruhende Belastung aushält ($S = 2$)?
b) Wie groß ist die Durchbiegung am Zapfenende (E_{Stahl} s. Tafel 3.2)?

Aufgabe 3.5 Knicksicherheit eines Stahldrahts

In einem Phonolaufwerk wird zur Übertragung der Betätigungskraft einer mechanischen Schaltvorrichtung ein beiderseitig in Blechteile eingehängter Stahldraht mit einer Länge $l = 150$ mm verwendet. Zu berechnen ist der erforderliche Drahtdurchmesser, wenn eine Kraft von $F = 1$ N übertragen und ein Ausknicken des Drahtes mit einer Sicherheit von $S_K = 3$ verhindert werden soll.

Lösung zu Aufgabe 3.1

Aus der Konstruktionsskizze ist zunächst das technische Prinzip zu entwickeln **(Bild 3.46a)**. Das System aus den Kräften F_1, F_2, F_A und F_B steht im Gleichgewicht, das Krafteck muß sich schließen. Es werden nur die Kräfte F_1 und F_2 im Krafteck (b) eingetragen, der Pol P an beliebiger Stelle festgelegt und die Seilstrahlen *0*, *1* und *2* gezogen.

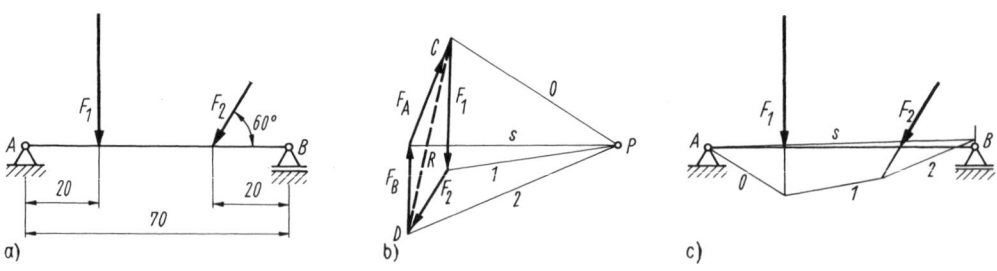

Bild 3.46 Anwendung des Seileckverfahrens
a) technisches Prinzip; b) Kräfteplan; c) Lageplan mit eingezeichneten Seilstrahlen

Weil von der Auflagerkraft F_A nicht die Wirkungslinie, sondern lediglich der Angriffspunkt (Festlager A) bekannt ist, beginnt man dort mit der Seileckkonstruktion. Im Lageplan (c) wird von A aus der Seilstrahl 0 bis zum Schnitt mit der Wirkungslinie von F_1 gezogen. Durch diesen Schnittpunkt muß auch der Seilstrahl 1 gehen, denn im Kräfteplan bilden F_1 und die Seilstrahlen 0 und 1 ein Dreieck. Der Seilstrahl 1 führt im Lageplan zum Schnitt mit der Wirkungslinie von F_2, von hier aus geht der Seilstrahl 2 bis zum Schnitt mit der Wirkungslinie der Auflagerreaktion F_B, deren Richtung bekannt ist, da es sich um ein Loslager handelt. Zwischen diesem Schnittpunkt und dem Anfangspunkt im Festlager A liegt der Seilstrahl s, der in den Kräfteplan übertragen wird und die Größe von F_B festlegt. Damit ist auch F_A bekannt, da sich das Krafteck schließen muß.

Zwischen den Punkten C und D im Krafteck liegt die Resultierende R von F_1 und F_2 sowie von F_A und F_B. Die maßstabgetreue Zeichnung ergibt $F_A = 5$ N und $F_B = 4$ N.

Lösung zu Aufgabe 3.2

Bevor die Berechnung der Auflagerreaktionen unter Verwendung der drei Gleichgewichtsbedingungen erfolgen kann, sind die Richtungen der Auflagerreaktionen in das technische Prinzip **(Bild 3.47a)** einzuzeichnen. Sie sind aber zunächst noch unbekannt und müssen angenommen werden. Ergibt sich bei der Berechnung der Auflagerreaktion ein negatives Vorzeichen, ist die tatsächliche Wirkungsrichtung der angenommenen entgegengerichtet. In den meisten Fällen kann man die Wirkungsrichtung erkennen. In der Aufgabe muß A_x der Kraft F entgegengerichtet sein, ebenso wie A_y und B_y, weil ihre Summe Null ist. Betrachtet man die Momente um den Punkt A (s. Bild 3.43), so erzeugt die Kraft F ein linksdrehendes Moment. Demnach muß die Auflagerreaktion B_y ein rechtsdrehendes Moment ergeben, was nur erreicht wird, wenn B_y nach unten weist.

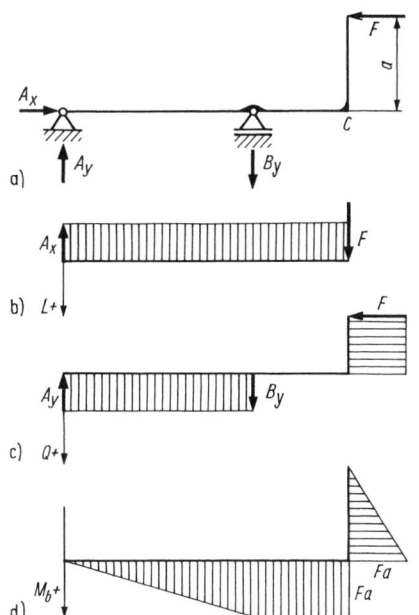

Bild 3.47 Auflager- und Schnittreaktionen bei einem Träger
a) Lageplan der Kräfte; b) Längskraftdiagramm;
c) Querkraftdiagramm; d) Biegemomentendiagramm
Berechnung der Auflagerreaktionen:
1. $\rightarrow$: $A_x - F = 0$
2. $\uparrow$: $B_y - A_y = 0$
3. $\curvearrowleft A$: $Fa - B_y 2a = 0$.
Das ergibt: $B_y = F/2$, $A_y = F/2$, $A_x = F$.

Verlauf der Schnittreaktionen:
Eine Längskraft tritt nur im horizontalen Hebelteil auf, verursacht durch A_x und F. Dadurch wird der Hebel auf Druck beansprucht, das Vorzeichen ist negativ (Bild 3.47b). Querkräfte (c) treten im horizontalen Hebelteil zwischen den Auflagern A und B (Bild 3.43) sowie im vertikal abgewinkelten Hebelteil auf, verursacht durch die Kraft F. Das ergibt entsprechend dem Zusammenhang zwischen Querkraft und Moment einen Biegemomentenverlauf (d). Zwischen Auflager B und Eckpunkt C ist das Biegemoment konstant.

Lösung zu Aufgabe 3.3

a) Wegen der Punktberührung zwischen Innenring und Kugeln liegt Hertzsche Pressung vor (Kugel gegen Hohlkugel). Da die Kraft, die auf die Welle wirkt (Vorspann-, Umfangs- und Gewichtskraft), immer

in die gleiche Richtung zeigt, der Innenring sich aber mit der Welle dreht, schwankt die Belastung für einen Punkt auf dem Innenring zwischen Null und dem Maximalwert (Belastungsfall II, schwellend).
b) Es liegt eine zusammengesetzte Beanspruchung aus Biegung (Vorspann-, Umfangs- und Gewichtskraft) und Torsion (Drehmoment) an der Motorwelle vor. Die Torsionsbeanspruchung ist zeitlich konstant (Belastungsfall I), während die Biegebeanspruchung wegen der Drehung der Welle wechselt (Belastungsfall III).

Lösung zu Aufgabe 3.4

a) Da der Zapfen auf Biegung beansprucht wird, ist σ_{bzul} zu ermitteln. Aus Gl. (3.44) ergibt sich

$$\sigma_{bzul} \geq M_{bmax}/W_b \, .$$

Für das maximale Biegemoment an der Einspannstelle erhält man aus Tafel 3.7

$$M_{bmax} = Fl/2 \, .$$

Das Widerstandsmoment für den kreisförmigen Querschnitt beträgt nach Tafel 3.6

$$W_b = \pi d^3/32 \, .$$

Damit ergibt sich die erforderliche zulässige Spannung zu

$$\sigma_{bzul} \geq \frac{16Fl}{\pi d^3} = \frac{16 \cdot 20 \text{ N} \cdot 10 \text{ mm}}{\pi \cdot 8 \text{ mm}^3} = 127 \text{ N/mm}^2 \, .$$

Bei einem gewählten Sicherheitsfaktor gegen Fließen von $S_F = 2$ muß nach Tafel 3.2 der Zapfen aus S185 gefertigt werden (für S185 gilt $\sigma_{bF} = 260$ N/mm², $\sigma_{bzul} = \sigma_{bF}/S_F = 130$ N/mm²).
b) Aus Tafel 3.7 kann die Gleichung für die Durchbiegung am Zapfenende entnommen werden:

$$f = Fl^3/(8EI) \, .$$

Aus Tafel 3.6 erhält man für I den Wert

$$I = \pi d^4/64 \, .$$

Der Elastizitätsmodul beträgt für S185: $E = 210 \cdot 10^3$ N/mm² (s. Tafel 3.2).
Für die Durchbiegung f ergibt sich damit

$$f = \frac{64Fl^3}{8\pi E d^4} = \frac{64 \cdot 20 \text{ N} \cdot 1000 \text{ mm}^3}{8\pi \cdot 210000 \text{ N/mm}^2 \cdot 16 \text{ mm}^4} = 0{,}0152 \text{ mm} = 15{,}2 \text{ μm} \, .$$

Lösung zu Aufgabe 3.5

Die freie Knicklänge nach Bild 3.28b beträgt $L_K = l$. Damit wird $\lambda^2 = L_K^2 A/I = l^2 A/I$. Für den Kreisquerschnitt gilt (Tafel 3.6):

$$I = \frac{\pi d^4}{64} \, ; \qquad \sigma_K = \frac{\pi^2 EI}{l^2 A} \, ; \qquad F \leq \frac{\sigma_K A}{S_K} = \frac{\pi^2 EIA}{l^2 A S_K} \, ; \qquad d \geq \sqrt[4]{\frac{Fl^2 64 S_K}{\pi^3 E}} = 0{,}90 \text{ mm} \, .$$

- **Hinweis** zu Werkstoffangaben (Bezeichnungssysteme, meist verwendet man Kurzzeichen)

1. Kurzzeichen: Mit Buchstaben-Ziffern-Kombinationen werden Werkstoffe kodiert gekennzeichnet.
▶ *Beispiel:* Baustahl S 185, Mindeststreckgrenze 185 N/mm² (s. auch **Anhang**, Abschn. A4.5).
2. Werkstoffnummern: Mit 5-stelligen Ziffernkombinationen werden Werkstoffe nach besonderen Kriterien gekennzeichnet.
▶ *Beispiel* für die Kennzeichnung von Stahl mit Werkstoffnummer (nach DIN EN 10027-2):
1. XXXX
1. Ziffer: Werkstoffhauptgruppe; 1. Stahl; 2. und 3. Ziffer: Stahlgruppennummer; 4. und 5. Ziffer: Zählnummer (z. B.: 1.1181 – Vergütungsstahl C35E; 1.0710 – Automatenstahl 15S10 – s. auch Tafel 3.2).
Bei Gußeisen gelten Kombinationen von Ziffern und Buchstaben, ebenso bei Nichteisenmetallen nach neuer Normung. Nichteisenmetalle werden nach noch bestehenden alten Normen mit 5-stelligen Ziffernkombinationen gekennzeichnet.

4 Mechanische Verbindungselemente und -verfahren

Der Begriff Verbindungselemente umfaßt Elemente (z. B. Niete, Schrauben) und Verfahren (z. B. Schweißen) zum Verbinden, d. h. zur Übertragung von Kräften oder zur Lagesicherung von Bauteilen.

Sie werden i. allg. eingeteilt nach dem Grad der Lösbarkeit oder nach der Art der Verformungen beim Herstellen der Verbindung. Daneben ist die Art der Kraftübertragung ein Prinzip, nach dem sich das Gebiet der Verbindungselemente weitgehend widerspruchsfrei gliedern läßt. Demgemäß wird hier unterteilt in *stoffschlüssige* (z. B. Schweißverbindungen, Lötverbindungen), *formschlüssige* (Nietverbindungen, Stiftverbindungen u. a.) und *kraftschlüssige* Verbindungen (z. B. Einpreßverbindungen, Schraubenverbindungen).

Ein häufiges Anwendungsgebiet der Verbindungselemente ist u. a. die Herstellung von Welle-Nabe-Verbindungen, also die Befestigung von Zahnrädern, Riemenscheiben usw. auf Wellen zur form- oder kraftschlüssigen Drehmomentübertragung. Die erforderlichen Abmessungen der Wellen ergeben sich anhand entsprechender Festigkeits- und Verformungsberechnungen nach Abschn. 7, die der Verbindungselemente mit den in diesem Abschnitt dargestellten Berechnungsmöglichkeiten.

Im folgenden wird ein Überblick über Eigenschaften, Berechnung und konstruktive Gestaltung der wichtigsten Verbindungselemente gegeben. Sie müssen bei der konstruktiven Entwicklung eines Erzeugnisses unter Beachtung der funktionellen Anforderungen, der einsetzbaren Werkstoffe und der technologischen Bedingungen gewählt werden.

4.1 Stoffschlüssige Verbindungen
[3]

4.1.1 Schweißverbindungen [4.1] bis [4.5]

Schweißverbindungen sind unlösbare stoffschlüssige Verbindungen von Bauteilen aus gleichen oder ähnlichen Werkstoffen. Die Verbindungspartner werden an der Verbindungsstelle in den teigigen Zustand gebracht und gefügt (Preßschweißen) oder bis in den flüssigen Zustand erhitzt und mit oder ohne Zusatzwerkstoff verbunden (Schmelzschweißen). Zur Erwärmung dienen hauptsächlich der direkte Stromdurchgang (elektrisches Widerstandsschweißen), der elektrische Lichtbogen (Lichtbogenschweißen) oder Brenngas-Sauerstoff-Gemische (Autogenschweißen). In Sonderfällen erfolgt ein Verbinden unterhalb der Schmelztemperatur (Diffusionsschweißen). Schweißbar sind praktisch alle Metalle, Thermoplaste und Glas. Die Vorteile von Schweißverbindungen sind relativ kleine Bauteilmassen, kurze Herstellungszeit und, z. B. gegenüber dem Löten, höhere Festigkeit und größere zulässige Betriebstemperatur. Als nachteilig erweisen sich Spannungen, die zu Rissen, Deformationen oder Verwerfungen führen können. Eine Übersicht gibt **Tafel 4.1** (s. auch DIN 1910, 1912 und 8593 T6: Schweißen – Terminologie, Verfahren, Schweißpositionen usw.).

Schweißverfahren

Schmelzschweißen. Das Schmelzschweißen wird je nach Energiezufuhr untergliedert in Gasschweißen und Lichtbogenschweißen.

Beim *Gasschweißen* erfolgt die Verbindung der Bauteile durch einen örtlich begrenzten Schmelzfluß, der durch Brenngas-Sauerstoff- oder Brenngas-Luft-Flamme erzeugt wird. Es kann ohne und mit Zusatzwerkstoff gearbeitet werden. Nachteilig sind die große Erwärmungszone und dadurch entstehendes starkes Verziehen sowie erhebliche Schrumpfspannungen.

4 Mechanische Verbindungselemente und -verfahren

Tafel 4.1 Übersicht über Schweißverfahren

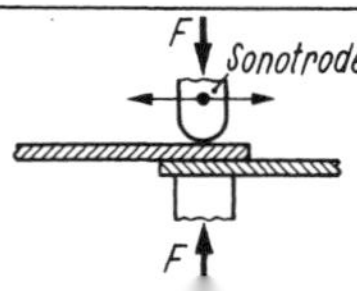

Verfahren			Prinzip
Schmelzschweißen		Gasschweißen	(Zusatzwerkstoff, Schweißbrenner)
	offen	Hand-E-Schweißen	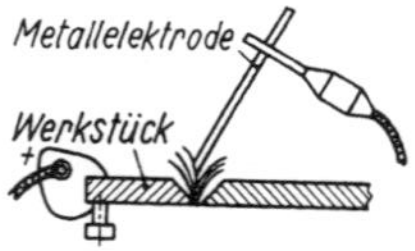 (Metallelektrode, Werkstück)
	Lichtbogenschweißen verdeckt	Schutzgas-CO_2-Schweißen	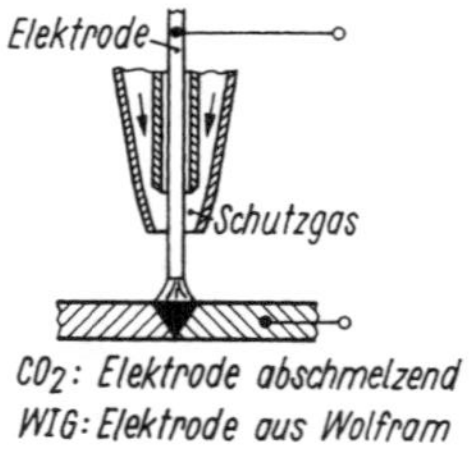 (Elektrode, Schutzgas)
		Wolfram-Inertgas-schweißen (WIG)	CO_2: Elektrode abschmelzend / WIG: Elektrode aus Wolfram
		Arcatomverfahren	(Wolframelektrode, Schutzgasmantel, Gas- u. Stromzuführung, Zusatzwerkstoff)
		Unterschienen-verfahren (US)	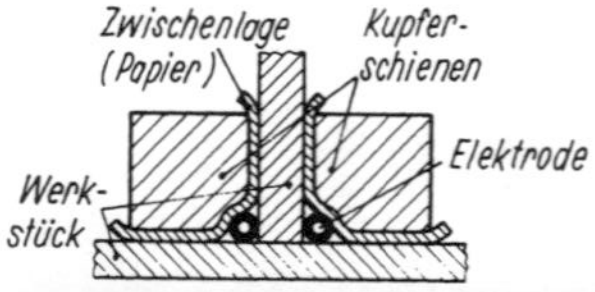 (Zwischenlage (Papier), Werkstück, Kupferschienen, Elektrode)
Preßschweißen	Elektrisches Widerstandspreßschweißen	Punktschweißen	(Kupferelektrode, Spannelektrode, F)
		Buckelschweißen	(Elektroden, F)
		Nahtschweißen	(Rollenelektrode, F)
		Stumpfschweißen	(Stabelektrode, Kupfer-Klemmbacken, F)
	Kondensator-impulsschweißen		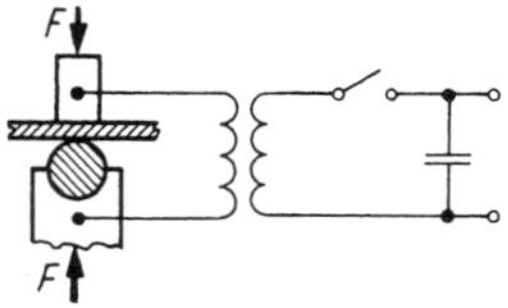
	Induktions-preßschweißen		(Spule, Erwärmungszone, F)
	Ultraschallschweißen		(Sonotrode, F)

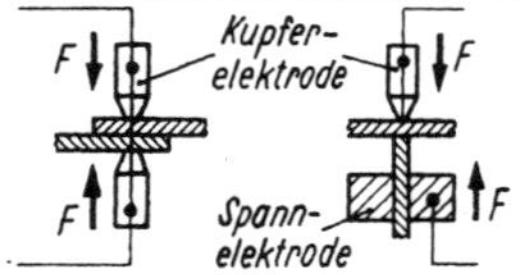

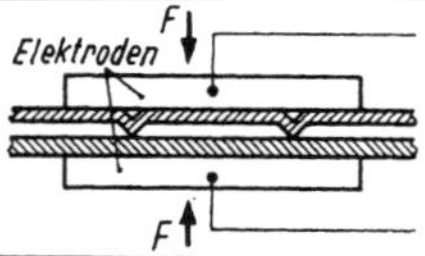

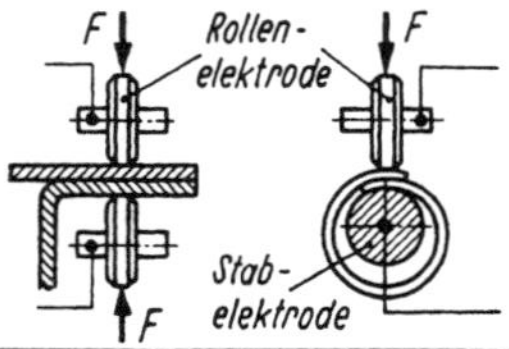

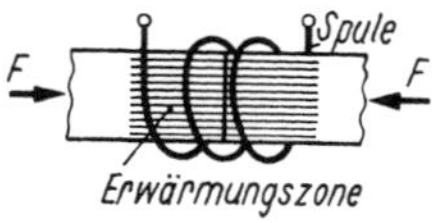

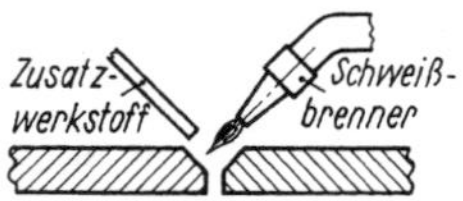

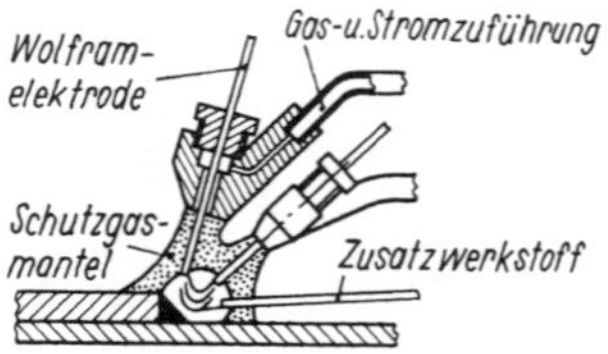

Das *Lichtbogenschweißen* benutzt die Wärme eines elektrischen Lichtbogens, um den erforderlichen Schmelzfluß zu erzeugen. Auch hier kann ohne und mit artgleichem Zusatzwerkstoff geschweißt werden. Zur Erhöhung der Geschwindigkeit des Schweißvorgangs und der Qualität der Schweißstellen wurden verschiedene Spezialverfahren entwickelt (s. Tafel 4.1). Gegenüber dem Gasschweißen sind der Erwärmungsbereich und damit die auftretenden Spannungen kleiner. Die Schweißbarkeit verschiedener Werkstoffe mittels Gas- und Lichtbogenschweißen enthält **Tafel 4.2**.

Das *Schmelzschweißen* wird im Maschinenbau universell als Verbindungs- und Auftragsschweißen und in der Feinwerktechnik vor allem zur Herstellung höher belasteter Bauteile und als Feinschweißverfahren zum Verbinden von Drähten eingesetzt, z. B. in der Meßgerätefertigung. Es ist für Einzel-, Serien- und Massenfertigung geeignet (automatisierbar). Über Nahtarten und -formen sind Festlegungen u. a. in DIN EN ISO 2553 vorhanden **(Tafel 4.3)**.

Tafel 4.2 Schweißbarkeit verschiedener Metalle mittels Schmelzschweißen

Werkstoff	Schweißbarkeit	
	Autogen	Elektrisch
Stahl bis 0,25% C	gut	gut
Stahl bis 0,6% C	meist schweißbar	meist schweißbar
Mn-Si-Stahl	gut	gut
Cr-Mn-V-Stahl	gut	gut
Cr-V-Stahl	schweißbar	schweißbar
Rein-Al u. Knetlegierungen	gut	meist gut
Al-Gußlegierungen	gut	meist gut
Schweißbare Mg-Knetlegierungen	gut	nicht schweißbar (Arcatom gut)
Schweißbare Mg-Gußlegierungen	gut	nicht schweißbar (Arcatom gut)
Cu	gut	meist gut
Zn und Legierungen	gut	nicht schweißbar
Ni	schweißbar	schweißbar
Pb	gut	mit Kohleelektrode gut
Messing	gut	schweißbar
Zinnbronze	schweißbar	schweißbar

Tafel 4.3 Einige Nahtarten beim Schmelzschweißen

Darstellung auf der Zeichnung nur einmal im Schnitt oder in der Ansicht

(s. auch DIN EN ISO 2553)

Nahtart	Benennung	Sinnbild	Darstellung bildlich Ansicht	Schnitt	sinnbildlich Ansicht	Schnitt
Stumpfnaht	Bördelnaht	⊥				
	I-Naht	||				
	V-Naht	V				
	Doppel-V-Naht	X				
Kehlnaht	Kehlnaht	△				
	Doppelkehlnaht	▷				
Überlappnaht	Punktnaht	○				

Preßschweißen. Die für Elektronik, Elektrotechnik, Feinwerktechnik und Mechatronik wichtigsten Verfahren des elektrischen Widerstandspreßschweißens sind das Punkt-, Buckel- und Nahtschweißen (s. Tafel 4.3).

Die Verbindungspartner werden durch stift- oder rollenförmige Elektroden zusammengepreßt und an einer oder mehreren Verbindungsstellen elektrisch erhitzt.

Das *Punktschweißen* dient hauptsächlich zur Herstellung einzelner Verbindungsstellen zwischen Blechen mit einer Dicke von $s = 0,02$ bis 6 mm und ist sowohl in der Einzel- als auch in der Massenfertigung einsetzbar. Nachteilig sind die an der Blechoberfläche entstehenden Krater und Narben an den Andruckstellen der Elektroden (für sauberes Aussehen ist Nacharbeit erforderlich).

Beim *Buckelschweißen* werden vorgeformte (mit Buckeln, Warzen oder Sicken versehene) Bauteile durch großflächige Elektroden zusammengepreßt und unter Einebnung der Verformungen gleichzeitig an diesen Stellen verbunden (besonders in der Massenfertigung einsetzbar).

Das *Nahtschweißen* ermöglicht Punktreihen oder durchgehende Nähte bei Blechdicken bis 3 mm durch Verwendung rollenförmiger Elektroden. Es kommt besonders in der Serien- und Massenfertigung dann zum Einsatz, wenn engmaschige (kleine Punktabstände) oder dichte Schweißverbindungen gefordert werden.

Bei Anwendung dieser Schweißverfahren ist auf gleichen oder ähnlichen Schmelzpunkt, gleiche Wärmeleitfähigkeit und gleichen spezifischen Widerstand der zu verbindenden Werkstoffe zu achten.

Beim *Kondensatorimpulsschweißen* lassen sich die Schweißparameter durch genaue Dosierung der Schweißenergie und extrem kurze Schweißzeiten so optimieren, daß auch kleine und empfindliche Teile aus schwer schweißbaren Metallen verbunden werden können.

Das *Ultraschallschweißen* ist ein Reibschweißverfahren, bei dem die Oxidschichten an den Fugenflächen der Verbindungspartner durch hochfrequente mechanische Schwingungen zerstört werden. Es gestattet die Verbindung unterschiedlicher Metalle und gesinterter Werkstoffe untereinander und mit Glas, Keramik und Kunststoffen. Das Verfahren dient zum Schweißen kleiner Teile in Elektronik, Elektrotechnik, Feinwerktechnik und Mechatronik und zum Erzeugen dichter Nähte, z. B. in der Verpackungsindustrie. Darüber hinaus ist es für die innere Kontaktierung elektronischer Bauelemente von Bedeutung (vgl. Abschn. 5.3).

Ein dem Preßschweißen verwandtes Verfahren ist das *Diffusionsschweißen*. Es arbeitet ebenfalls mit Druck und Erwärmung (meist induktiv oder dielektrisch mittels Hochfrequenz), aber nur unterhalb der Schmelztemperatur ($\vartheta_{Schw} \approx 0,8 \vartheta_{Schm}$). Die Verbindungspartner diffundieren ineinander. Vorteile sind die Schweißstellengüte und die Schweißbarkeit von prinzipiell allen Metallen und Legierungen sowie von Glas, Kunststoff und Keramik mit- und untereinander.

Schweißen von Thermoplasten. Es kommen besondere Verfahren zur Anwendung (s. DIN 1910 T3, DIN 16960 und DVS 2211). Beim *Heißgasschweißen* werden die Teile und ggf. der Zusatzwerkstoff durch einen Heißluftstrom erhitzt. Das *Heizelementschweißen* nutzt die Wärmeleitung von einem Heizelement zu den beiderseitig angeordneten Verbindungspartnern. Rotationssymmetrische Teile lassen sich durch *Reibschweißen* verbinden, bei dem die Wärme durch Reibung zwischen den Verbindungspartnern infolge einer Relativbewegung (Drehung) erzeugt wird. Bei allen Verfahren erfolgt das Fügen durch Zusammenpressen nach dem Erhitzen.

Auf weitere Schweißverfahren, besonders für elektrische Verbindungen in der Elektronik und Mikroelektronik, wird im Abschn. 5.3 eingegangen.

Berechnung

Schmelzschweißverbindungen [3]. Die Festigkeit ist abhängig vom Schweißverfahren, von der Schweißgüte und der konstruktiven Gestaltung. Bei Stumpfnähten können etwa 95%, bei Kehlnähten bis zu 65% der Festigkeit des Grundwerkstoffs bei statischer Belastung (Belastungsfall I, s. Abschn. 3) erreicht werden.

Die Verringerung der Schweißnahtfestigkeit gegenüber der des Grundwerkstoffs berücksichtigt ein Minderungsfaktor α, der von der Art und Ausführung der Naht sowie der Beanspruchungsart abhängt und für den folgende Richtwerte gelten:

Minderungsfaktor α für	Beanspruchung der Naht auf			
	Zug	Druck	Biegung	Schub
Stumpfnähte	0,75	0,95	0,80	0,60
Kehlnähte	0,65	0,65	0,65	0,65

Mit diesem Minderungsfaktor ergibt sich die zulässige Spannung einer Schweißverbindung $\sigma_{zul\,Schw}$ aus der zulässigen Werkstoffspannung σ_{zul} (für τ analog):

$$\sigma_{zul\,Schw} = \alpha \sigma_{zul}. \tag{4.1}$$

Mit Hilfe der zulässigen Schweißnahtspannung kann eine Festigkeitsberechnung analog zu der im Abschn. 3.3 angegebenen Verfahrensweise erfolgen, d. h., es gilt bei Beanspruchung durch Kräfte grundsätzlich

$$\sigma_{Schw} = F/A_{Schw} \leqq \sigma_{zul\,Schw} \quad \text{bzw.} \quad \tau_{a\,Schw} = F/A_{Schw} \leqq \tau_{zul\,Schw}. \tag{4.2}$$

Die beanspruchte Schweißnahtfläche setzt sich i. allg. aus n Teilflächen mehrerer Nähte mit der Länge l und der Nahtdicke a zusammen (**Bild 4.1a**):

$$A_{Schw} = \sum_{i=1}^{n} l_i a_i. \tag{4.3}$$

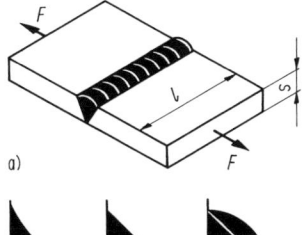

Bild 4.1 Berechnung von Schweißnähten
a) Stumpfnaht bei Zugbeanspruchung;
b) Bestimmung der Nahtdicke a bei Kehlnähten (Hohl-, Flach- und Wölbnaht)

Sind bei einer Schweißnaht Anfangs- und Endkrater (Abbrand) vorhanden, so ergibt sich die Nahtlänge l aus der ausgeführten Schweißnahtlänge l_{rechn} abzüglich der Länge der Krater, die der Nahtdicke a entspricht ($l = l_{rechn} - 2a$). Als Nahtdicke a ist für Stumpfnähte die kleinste Dicke der zu verbindenden Teile anzunehmen; für Kehlnähte wird die Nahtdicke nach Bild 4.1b ermittelt.

Für die Beanspruchung einer Schweißverbindung durch Momente gilt dementsprechend

$$\sigma_{b\,Schw} = M_b/W_{b\,Schw} \leqq \sigma_{zul\,Schw}, \tag{4.4}$$

$$\tau_{t\,Schw} = M_d/W_{t\,Schw} \leqq \tau_{zul\,Schw}, \tag{4.5}$$

wobei als Widerstandsmoment das der o. g. Schweißnahtfläche einzusetzen ist.

Tritt zusammengesetzte Beanspruchung auf, so erfolgt die Dimensionierung analog Gl. (3.59) anhand der Vergleichsspannung

$$\sigma_{v\,Schw} = \sqrt{\sigma_{Schw}^2 + 3(\alpha_0 \tau_{Schw})^2} \leqq \sigma_{zul\,Schw}. \tag{4.6}$$

Bei dynamischer Beanspruchung wird die zulässige Spannung σ_{zul} über die Ausschlagfestigkeit σ_A bzw. die Dauerausschlagfestigkeit σ_{AD} (s. Abschn. 3.3) des Werkstoffs ermittelt und dann durch Multiplizieren mit dem Minderungsfaktor α die zulässige Schweißnahtspannung $\sigma_{zul\,Schw}$ unter Beachtung des Sicherheitsfaktors $S = 2 \dots 4$ bestimmt (für τ analog):

$$\sigma_{zul\,Schw} = \alpha \sigma_{AD}/S. \tag{4.7}$$

96 4 Mechanische Verbindungselemente und -verfahren

Bei Kehlnähten ist ggf. noch die durch sie hervorgerufene Kerbwirkung zu berücksichtigen (s. Abschn. 3.3 und [3]).

Zur Kontrolle der Dimensionierung ist bei höher belasteten Bauteilen, z. B. des Maschinen- und Elektromaschinenbaus, ein Sicherheitsnachweis zu führen (s. auch [3] [11]), wobei der vorhandene Sicherheitsfaktor mit dem erforderlichen verglichen wird.

Preßschweißverbindungen. Eine Festigkeitsberechnung ist in vielen Fällen nicht erforderlich. Wenn notwendig, erfolgt z. B. die Berechnung von Punkt- oder Buckelschweißverbindungen vereinfacht wie beim Nieten auf Abscherung (s. Abschn. 4.2.1).

Dynamische oder stoßartige Beanspruchungen setzen die Festigkeit erheblich herab und sind deshalb zu vermeiden oder konstruktiv zu vermindern (z. B. Einbau federnder Elemente).

Konstruktive Gestaltung

Schmelzschweißverbindungen. Folgende Aspekte müssen berücksichtigt werden **(Bild 4.2)**: Gute Zugänglichkeit der Schweißstelle für Brenner bzw. Elektrode und Zusatzwerkstoff (a); formschlüssige Unterstützung, da dann größere mechanische Festigkeit und Lagegenauigkeit gegeben und außerdem keine Schweißvorrichtungen erforderlich sind (b); Verhinderung des Verziehens der Bauteile infolge von Wärmespannungen durch Versteifung dünner Bleche, z. B. mittels Sicken, oder Verlegen der Naht in den Abwinkelungsbereich (c); Vermeidung von Nahtanhäufungen und spitzen Ecken wegen der Gefahr des Abbrandes (d).

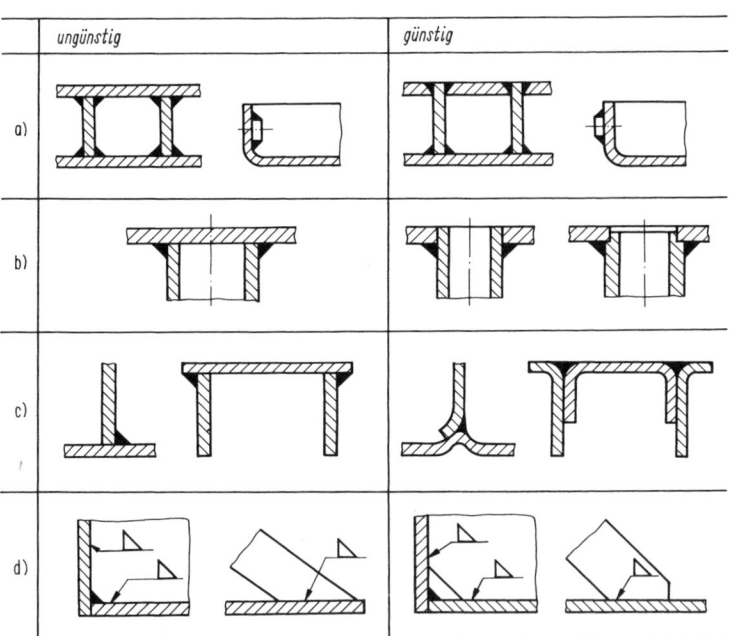

Bild 4.2 Konstruktive Gestaltung von Schmelzschweißverbindungen

Preßschweißverbindungen. Die konstruktive Gestaltung richtet sich nach ihrer Funktion und Beanspruchung und erfordert die Auswahl der richtigen Stoßart und Nahtform **(Tafel 4.4)**. Der Schweißpunktdurchmesser d ($\approx$ Elektrodendurchmesser) wird durch die kleinste Dicke s_{min} der zu verschweißenden Materialien bestimmt ($d \approx 5 \sqrt{s_{min}}$ mit s_{min} in mm). Um einwandfreie Verbindungen zu erzielen, sind saubere und gut anliegende Flächen erforderlich, die man durch mechanische oder chemische Vorbehandlung erreicht.

4.1 Stoffschlüssige Verbindungen

Tafel 4.4 Stoßarten beim Punkt-, Buckel- und Nahtschweißen

Stoßart	Sinnbild	Kennzeichnung	Verfahren
Überlappstoß	≕	Teile überlappen sich	Punkt-, Buckel- und Nahtschweißen
Parallelstoß	═	Teile liegen aufeinander	hauptsächlich Punkt- und Buckelschweißen
Stumpfstoß	— —	Teile liegen in einer Ebene	Nahtschweißen
T-Stoß	⊥	rechtwinkliger Stoß der Teile	Punkt- und Buckelschweißen mit Spannelektroden, Nahtschweißen

Bei Verbindungen ungleich dicker Bleche sind Maßnahmen nach **Bild 4.3** erforderlich, um gleichmäßige Erwärmung und damit einwandfreie Schweißstellen zu gewährleisten. Das wird erreicht durch die Verwendung von ungleich dicken (Bild 4.3a) oder Doppelelektroden (b und c), von Zusatzblech (d), einer Senkung im dickeren Blech (e) oder Übergang zum Buckelschweißen (f).

Die Form der Bauteile ist außerdem so zu wählen, daß Sonderelektroden oder zusätzliche Arbeitsgänge entfallen **(Bild 4.4)**. Beim Buckelschweißen zu verwendende Buckelformen sind in DIN 8519 genormt **(Bild 4.5)**.

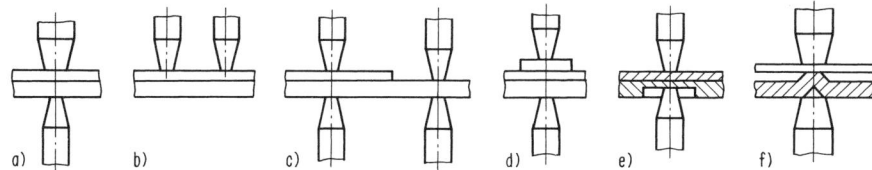

Bild 4.3 Punktschweißen von Blechen unterschiedlicher Dicke

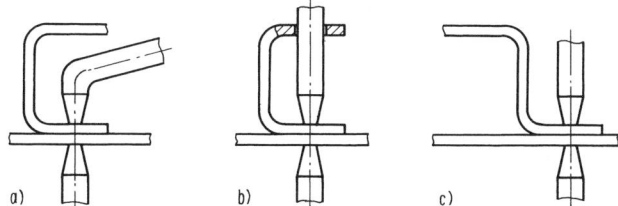

Bild 4.4 Zugänglichkeit der Schweißstelle beim Punktschweißen
a) schwer zugänglich, Sonderelektrode; b) zusätzlicher Arbeitsgang; c) gut zugänglich, Lösung funktionsbedingt

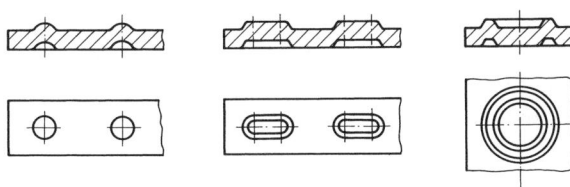

Bild 4.5 Buckelformen

4.1.2 Lötverbindungen [3] [4.6] bis [4.8]

Lötverbindungen sind unlösbare (z. T. auch bedingt lösbare) stoffschlüssige Verbindungen metallischer oder nichtmetallischer, aber oberflächenmetallisierter Bauteile. Sie entstehen durch Oberflächenlegierungs-, Adhäsions- und Diffusionsvorgänge zwischen den Bauteilen und metallischen Zusatzwerkstoffen, den *Loten*. Die Verbindungspartner werden zusammen mit den Loten vollständig oder nur im Bereich der Lötstelle bis auf die Schmelztemperatur des Lotes erhitzt. Das flüssige Lot verteilt sich zwischen den Verbindungspartnern — es fließt. Voraussetzung für eine einwandfreie Benetzung durch das Lot sind metallisch reine Oberflächen, die durch mechanische oder chemische Vorbehandlung sowie durch *Flußmittel* erreicht werden.

4 Mechanische Verbindungselemente und -verfahren

Das Löten läßt sich in der Einzelfertigung wie auch bei Massenfertigung vorteilhaft zur Verbindung von Bauteilen einsetzen. Durch die niedrige Arbeitstemperatur werden Wärmespannungen und Versprödungserscheinungen vermieden, und die Bauteile verziehen sich nicht. Nachteilig, z. B. gegenüber dem Schweißen, sind die geringere Festigkeit und Temperaturbelastbarkeit der Verbindungsstelle sowie die höheren Materialkosten.

Lötverfahren. Einen Überblick über wichtige Lötverfahren gibt **Tafel 4.5**. Das *Kolbenlöten* mit elektrischen oder brenngasbeheizten Lötkolben bei vorheriger oder gleichzeitiger Flußmittelzuführung dient ausschließlich zum Weichlöten und wird vorteilhaft bei der Einzelfertigung elektrischer Verbindungen sowie zu Reparaturzwecken angewendet. Temperatur und Beschaffenheit der Lötspitze beeinflussen wesentlich die Qualität der Lötverbindung. Außerdem ist die Lage der Verbindungspartner während der Erstarrungsphase des Lotes zu fixieren.

Tafel 4.5 Übersicht über Lötverfahren und ihre Anwendung
s. auch Tafel 5.2

Verfahren	Prinzip	Anwendung
Kolbenlöten	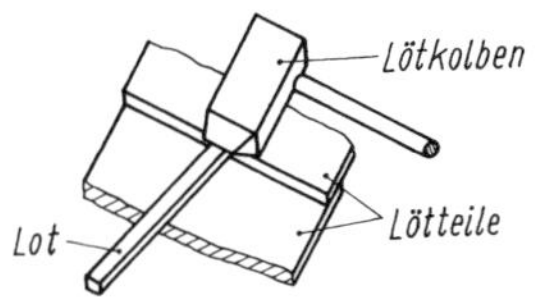	Weichlöten, Handlöten elektrischer Verbindungen, Reparaturlöten; Einzelfertigung
Fließlöten, Schwallöten	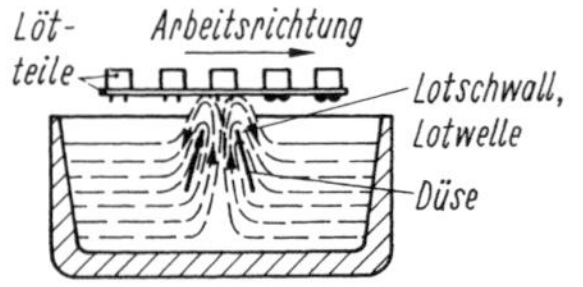	Weichlöten vorzugsweise von Leiterplatten; Serien- und Massenfertigung; variable Wellenform ermöglicht optimale Parameter
Tauchlöten	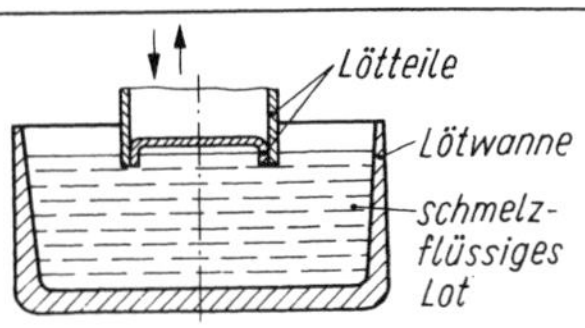	Weichlöten: vorzugsweise zum Verzinnen von Teilen; Hartlöten: als Salzbadlöten in Großserien- und Massenfertigung
Ofenlöten	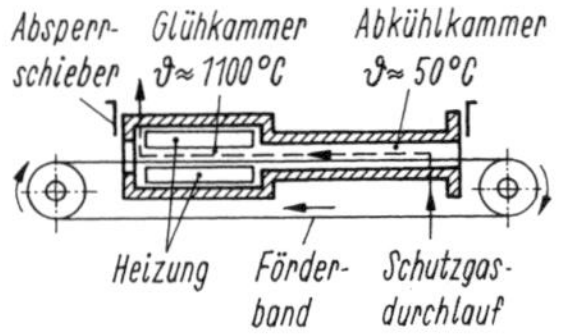	hauptsächlich Hartlöten; typisches Verfahren der Feinwerktechnik für Kleinteile; Serien- und Massenfertigung
Elektrisches Widerstandslöten	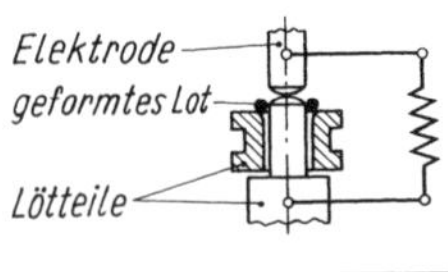	überwiegend Hartlöten, typisches Verfahren der Feinwerktechnik; Serien-, z. T. Massenfertigung
Kaltpreßlöten	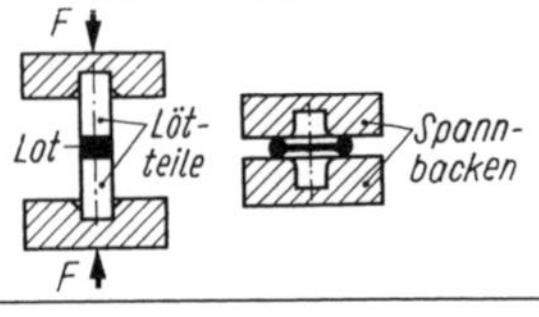	Weichlöten von harten Metallen ohne Wärmezufuhr und Flußmittel; Serien-, z. T. Massenfertigung

Das *Fließ- oder Schwallöten* (maschinelles Löten) kommt in der Massenfertigung u. a. zur Herstellung elektrischer Verbindungen von elektronischen Bauelementen mit Leiterplatten zum Einsatz (s. Abschn. 5.3). Die lagefixierten und mit Flußmittel versehenen Lötstellen werden in horizontaler Richtung über den Kamm einer im Lotbad erzeugten Lotwelle geführt und von dieser benetzt. Die ständige Bewegung des Lotes garantiert eine oxidfreie Oberfläche und damit saubere Lötstellen, wenn die Lötbarkeit der Verbindungspartner gesichert ist.

Beim *Tauchlöten* taucht man die Verbindungspartner vollständig oder nur an der Lötstelle in ein Lotbad. Erwärmt wird durch das schmelzflüssige Lot. Notwendige Flußmittel bringt man vor oder während des Eintauchens auf. Das Tauchlöten findet überwiegend beim Weichlöten zum Verzinnen, seltener zum Löten von Leiterplatten Verwendung. Das Hartlöten nach dem Tauchverfahren wird als Salzbadlöten durchgeführt. Tauchlöten ist wegen des großen Aufwands für Grund- und Zusatzausrüstungen und der besonderen konstruktiven Gestaltung der Lötteile nur bei Großserien- und Massenfertigung wirtschaftlich.

Mit *Ofenlöten* lassen sich vorverbundene, mit Lot versehene Bauteile in gas- oder elektrisch beheizten Muffelöfen unter Zufuhr reduzierender Schutzgase verbinden. Das Ofenlöten wird hauptsächlich zum Hartlöten im Durchlaufverfahren (Massenfertigung) eingesetzt. Zu beachten ist der für ein Fließen des Lotes infolge Kapillarwirkung erforderliche Lötspalt, der bei der konstruktiven Gestaltung der Verbindungspartner berücksichtigt werden muß. Das Ofenlöten bietet den Vorteil gleichmäßiger Erwärmung und langsamer Abkühlung.

Beim *elektrischen Widerstandslöten* werden die Lötteile (ähnlich dem Widerstandsschweißen) durch Stromzuführung unter Druck über geeignet bemessene Elektroden erwärmt. Das Verfahren findet hauptsächlich beim Hartlöten Verwendung und gestattet eine Dosierung und Konzentration der Erwärmung auf den Lötbereich.

Das *Kaltpreßlöten* dient zum Verbinden meist harter Metalle, zwischen die als Lot weicheres Metall gelegt wird. Beim Zusammenpressen werden die Oxidschichten zerstört, so daß zwischen Lötteilen und Lot Molekularkräfte wirken können.

Neben den hier angeführten Verfahren sei u. a. noch auf das Reib- oder Reaktionslöten zum Verbinden von Leichtmetallen und das Diffusionslöten zum Herstellen von Verbindungen unterhalb der Schmelztemperatur des verwendeten Lotes hingewiesen [3].

Weitere Lötverfahren zur Kontaktierung elektronischer Bauelemente sind im Abschn. 5.3 angegeben.

Damit einwandfreie Lötverbindungen zustande kommen, müssen die Verbindungspartner an der Lötfuge metallisch rein sein. Die benutzten *Flußmittel* wirken u. a. oxidlösend und/oder reduzierend und stellen die Lötfähigkeit der Bauteiloberfläche her bzw. erhalten diese während des Lötvorgangs. Gebräuchlich sind für das *Weichlöten* (Schmelztemperatur des Lotes $\vartheta \leq 450\,°C$) Lötwasser (wäßrige Lösungen von Zinkchlorid; stark korrodierende Wirkung und deshalb nur für gröbere Lötungen angewendet, Rückstände müssen entfernt werden), Lötfette (Gemische aus Zinkchlorid, Salmiak und Harz, Talg, Öl; verwendet für allgemeine Arbeiten, besonders für Blechverbindungen; korrodierende Wirkung) und Harzflußmittel (meist Kolophonium mit oder ohne aktivierende Zusätze; nicht korrodierend, aber auch nur schwach reduzierend; zum Löten gereinigter Teile in Elektronik, Elektrotechnik, Feinwerktechnik und Mechatronik geeignet). Als Flußmittel zum *Hartlöten* ($\vartheta > 450\,°C$) dienen zumeist Borax und Borsäure (evtl. mit Zusätzen), Glaspulver und Wasserglas sowie Spezialflußmittel, z. B. Gemische aus Chloriden und Fluoriden für das Leichtmetallhartlöten.

Weichlote enthalten hauptsächlich Zinn und Blei, evtl. Zusätze von Silber, Antimon oder Kadmium; Hartlote bestehen meist aus Kupfer, Zink und Silber (für Leichtmetalle auch Aluminium). Gebräuchliche Lote s. DIN 1707-100 sowie DIN EN ISO 3677, 9453 und 17672.

Berechnung. Lötverbindungen sollen nur auf Schub (Abscherung) beansprucht werden, was entsprechend bei Konstruktion und Berechnung zu berücksichtigen ist. Für Hartlötverbindungen ist auch Zugbeanspruchung möglich, die Berechnung erfolgt dann ähnlich der von Schweißverbindungen.

4 Mechanische Verbindungselemente und -verfahren

Die übertragbare Kraft F für die Lötfläche $A = l_{\ddot{u}}b$ (**Bild 4.6**) beträgt

$$F \leq A\tau_{azul} = A\tau_{BL}/S. \tag{4.8}$$

Die statische Scherfestigkeit τ_{BL} beträgt bei einwandfreier Lötverbindung für

Zinnlot	20 ... 85 N/mm²	Messinglot	200 N/mm²
Zinklot	120 N/mm²	Silberlot	220 N/mm²

Der Sicherheitsfaktor wird zu $S = 2 ... 4$ gewählt, die Überlappung soll etwa $l_{\ddot{u}} = (4 ... 6)s$ betragen, bezogen auf das dünnere Bauteil (s Blechdicke).

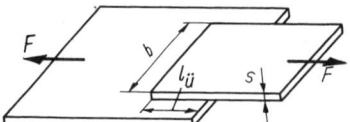

Bild 4.6 Schubbeanspruchung einer Lötverbindung

Konstruktive Gestaltung. Sie erfordert beim Weichlöten wegen der geringen Festigkeit des Lotes große Lötflächen, die durch konstruktive Maßnahmen geschaffen werden müssen (**Bild 4.7**). Beim Hartlöten reicht dagegen meist der Stumpf- oder Schrägstoß aus (**Bild 4.8**).

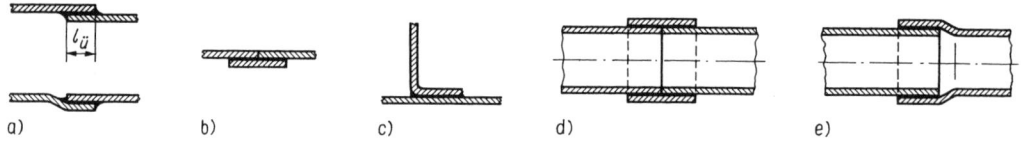

Bild 4.7 Lötflächen bei Weichlötverbindungen

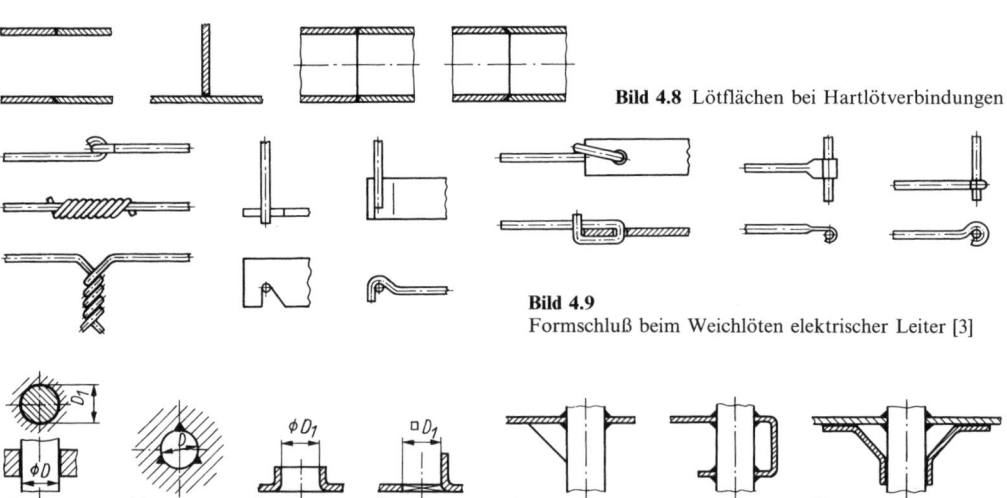

Bild 4.8 Lötflächen bei Hartlötverbindungen

Bild 4.9 Formschluß beim Weichlöten elektrischer Leiter [3]

Bild 4.10 Eingelötete Rundteile

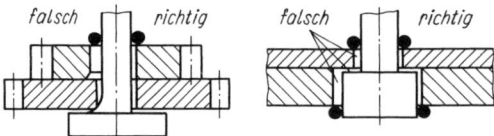

Bild 4.11 Lötspaltgestaltung bei mehreren Lötstellen

Lötstellen für elektrische Anschlüsse sollten nicht mechanisch beansprucht werden. Die Lagesicherung der Teile während des Lötvorgangs und erhöhte Festigkeit werden durch formschlüssige Unterstützung erreicht **(Bild 4.9)**. Bei einer Lötverbindung zwischen Bolzen und Blech **(Bild 4.10)** wird höhere Festigkeit und geringere Verlagerung durch eine möglichst kleine Spaltbreite $(D_1 - D)$ erreicht (a). Bei Übermaßpassungen sind dann zumeist besondere Lötkerben notwendig (b). Geringe Blechdicken erfordern Düsen oder ähnliches (c, d) oder eine zweistellige Lötverbindung (e, f).

Bei der Gestaltung von Lötverbindungen für die Massenfertigung (Ofenlöten) ist besonders auf ausreichende Kapillarwirkung durch enge und gleichmäßige Lötspalte zu achten **(Bild 4.11)**. Weiterhin muß eine sichere Lage des Lotes gewährleistet sein **(Bild 4.12)**.

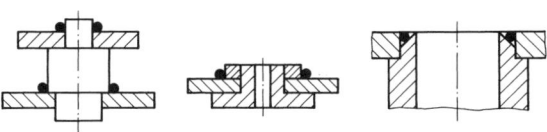

Bild 4.12
Lagesicherung des Lotes beim Schutzgaslöten

4.1.3   Klebverbindungen [3] [4.6] [4.9]

Klebverbindungen sind stoffschlüssige, unlösbare (z. T. auch bedingt lösbare) Verbindungen gleicher oder unterschiedlicher Werkstoffe. Nach der Vorbehandlung der Bauteile (Reinigen, z. T. Aufrauhen der Klebflächen) wird der Klebstoff in flüssigem Zustand auf die zu klebenden und dann aufeinandergelegten Flächen aufgetragen und härtet aus oder trocknet, wobei meist eine äußere Lagesicherung der gefügten Bauteile bis zum Erhärten des Klebstoffs erforderlich ist. Klebverbindungen werden angewendet bei Papier, Holz, Leder, Gummi, Keramik usw. und auch für Metalle, wobei allerdings die Festigkeit und thermische Belastbarkeit von Schweiß- und Hartlötverbindungen noch nicht erreicht werden. Vorteilhaft ist aber, daß die Klebtechnik grundsätzlich neue Bauweisen ermöglicht, z. B. die Stützkern- und Schichtbauweise. Dadurch ist das Kleben mehr als eine einfache Verbindungstechnologie.

Klebstoffe. Es finden tierische, pflanzliche und synthetische Stoffe Verwendung. Zu den tierischen Klebstoffen gehören Glutin- und Kaseinkleber. Glutinkleber (hochmolekulare Eiweißverbindung) dient zum Kleben von Papier, Holz, Textilien usw. und ist als Tischler- oder Tafelleim bekannt. Verarbeitet wird er in warmem Zustand. Kaseinkleber (Milcheiweiß, Alkalien, Zusätze) ist vielseitiger anwendbar und u. a. zur Herstellung sehr fester Verbindungen geeignet. Bekannte pflanzliche Klebstoffe sind Dextrin- und Stärkekleber. Beide finden vorrangig in der Papierwarenindustrie Verwendung. Kautschuk in gelöster Form eignet sich zum Kleben von Gummi. Synthetische Klebstoffe werden als Ein- oder Zweikomponentenstoffe meist auf Kunstharzbasis hergestellt. Mit Polyurethan lassen sich sehr feste und chemisch resistente Verbindungen herstellen. Epoxidharze dienen zum Metallkleben und ergeben große Druck- und Scherfestigkeit bei geringem Schwund. Es gibt heiß- und kaltaushärtende Epoxidharze. Phenolharze erfordern nach Zugabe von Härter eine schnelle Verarbeitung und werden z. B. zum Kleben von Phenolharzpreßstoffen eingesetzt.

Zum Verbinden von Thermoplasten genügt oft ein Lösungsmittel, wobei die an den Fugenflächen aufgelösten Kunststoffe zugleich den Klebstoff darstellen.

Berechnung. Sie wird analog zu Weichlötverbindungen durchgeführt, da Klebverbindungen i. allg. ebenfalls nur auf Schub beanspruchbar sind (Zugbeanspruchung ist u. U. zulässig). Die übertragbare Kraft einer Klebfläche $A = l_{ü} b$ (analog Bild 4.6, Abschn. 4.1.2) beträgt

$$F \leqq A \tau_{a\,zul} = l_{ü} b \tau_B / S \,. \tag{4.9}$$

Der Sicherheitsfaktor S wird auch hier zu $S = 2 \dots 4$ gewählt.

Die statische Scherfestigkeit τ_B für Metallverklebungen erreicht beispielsweise bei Verwendung von Epoxidharz- und Phenolharzklebstoffen 7 bis 20 N/mm² für kalthärtende und 20 bis 35 N/mm² für warmhärtende Typen. Die kleineren Werte entsprechen jeweils geringer, die größeren Werte hoher Sorgfalt bei der Vorbereitung der Fugenflächen.

Konstruktive Gestaltung. Zu beachten ist, daß die Klebstelle nur auf Schub belastet werden soll. Deshalb kommen der Überlapp- **(Bild 4.13a, b)** oder Laschenstoß (Bild 4.13c, d) zur Anwendung, in speziellen Fällen auch der Schrägstoß (Bild 4.13e). Die Klebflächen sind ausreichend groß auszubilden und gründlich von Fett, Staub u. ä. zu reinigen, evtl. auch aufzurauhen.

Die entsprechende Gestaltung von Rohrverbindungen zeigt **Bild 4.14**, wobei mit den Varianten c) und d) durch Schrägstoß bzw. Rändelung des Innenteils ein Abstreifen des Klebers beim Fügen vermieden wird.

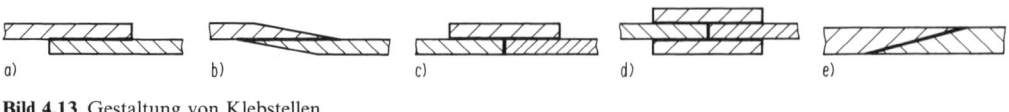

Bild 4.13 Gestaltung von Klebstellen

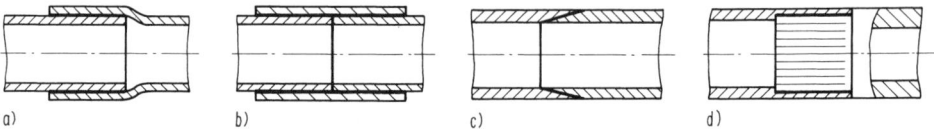

Bild 4.14 Geklebte Rohrverbindungen
a), d) Überlappstoß; b) Muffenstoß; c) kegliger Stoß

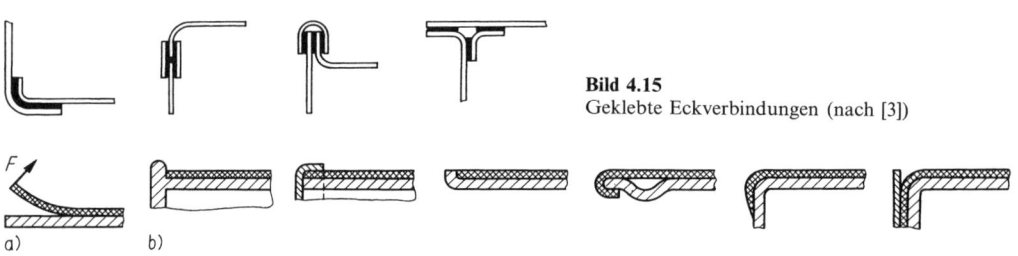

Bild 4.15
Geklebte Eckverbindungen (nach [3])

Bild 4.16 Schälbeanspruchung (a) und Vermeidungsmöglichkeiten (b)

Die zweckmäßige Gestaltung geklebter Eckverbindungen ist im **Bild 4.15** dargestellt. Eine linienförmige Beanspruchung der Klebfläche (Schälbeanspruchung, **Bild 4.16a**) muß durch entsprechende konstruktive Maßnahmen (b) vermieden oder verringert werden.

4.1.4 Kittverbindungen

Kittverbindungen sind unlösbare Verbindungen. Sie finden Verwendung bei Teilen, deren geometrische Form sehr großen Herstellungstoleranzen unterliegt oder deren Beschaffenheit eine andere Befestigungsart nicht zuläßt. Mit Kitt lassen sich aber auch unerwünschte Hohlräume ausfüllen.

Der Kitt wird im plastischen Zustand in die Kittfuge eingebracht. Er haftet durch Adhäsion an den Kittflächen und erhärtet je nach Art durch physikalische oder chemische Vorgänge. Neben dem bekannten Glaserkitt (Leinölfirnis, Schlämmkreide) kommen Wasserglaskitt (säure- und feuerfest), Bleiglättekitt (hohe mechanische Festigkeit, giftig), Harzkitt, Porzellankitt, Siegellack u. a. zur Anwendung.

Kittverbindungen erfordern eine wesentlich größere Fuge als Klebverbindungen und sind möglichst durch eine entsprechend gestaltete Kittfläche formschlüssig zu unterstützen. Sie sind vorteilhaft bei der Verbindung von Metall und Keramik, da bei mechanischer Beanspruchung eine gleichmäßige Kraftübertragung über den Kitt auf den spröden Werkstoff erfolgen kann. Bei der Gestaltung von Kittverbindungen müssen der Längen-Temperaturkoeffizient sowie das Treiben und Schwinden des Kittes beachtet werden.

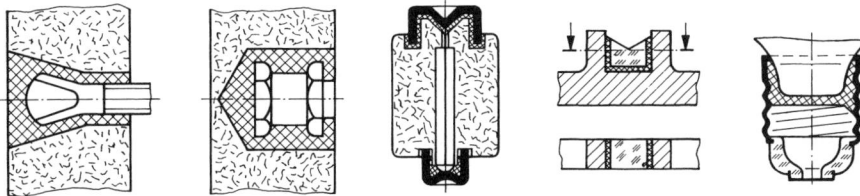

Bild 4.17 Kittverbindungen zwischen Metall und Keramik bzw. Glas [3]

Bild 4.17 zeigt einige Ausführungsformen von Kittverbindungen zwischen Metallteilen und Keramik bzw. Glas.

4.2 Formschlüssige Verbindungen

4.2.1 Nietverbindungen [3] [9] [11]

Das Nieten dient der form- und kraftschlüssigen Verbindung von Bauteilen und wird hauptsächlich in der Blechverarbeitung sowie im Behälter-, Stahl- und Kesselbau angewendet, aber zunehmend durch modernere Verbindungsverfahren (Schweißen, Kleben) verdrängt.

Die Herstellung der Nietverbindung, d. h. das Bilden des Schließkopfes mit Kopfmachern **(Bild 4.18)**, erfolgt bei Nieten aus Stahl mit einem Schaftdurchmesser über 10 mm im warmen Zustand. Stahlniete mit kleinerem Schaftdurchmesser sowie Niete aus Kupfer- oder Aluminiumlegierungen werden kalt verarbeitet.

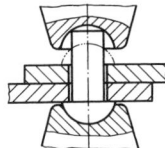

Bild 4.18 Bilden des Schließkopfes beim Nieten

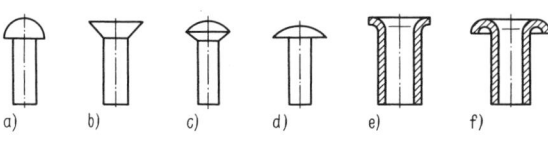

Bild 4.19 Auswahl genormter Nietformen
a) Halbrundniet (DIN 660); b) Senkniet (DIN 661); c) Linsenniet (DIN 662); d) Flachrundniet (DIN 674); e) Hohlniet (DIN 7339); e), f) Rohrniet Form A und B (DIN 7340)

Die gebräuchlichsten und genormten Nietformen sind im **Bild 4.19** dargestellt. Bei ihrer Auswahl ist grundsätzlich darauf zu achten, daß Niet- und Bauteilwerkstoffe gleiche oder ähnliche Eigenschaften aufweisen, um ein Lockern oder Reißen durch unterschiedliche Wärmeausdehnung, Korrosion infolge Lokalelementbildung usw. zu vermeiden.

Berechnung. Eine Nietverbindung wird bei Angriff äußerer Kräfte **(Bild 4.20)** zunächst auf Reibung und nach deren Überschreitung auf Abscherung und Flächenpressung zwischen Niet- und

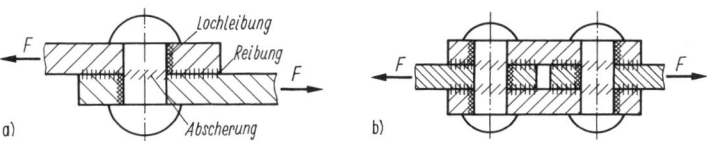

Bild 4.20 Nietverbindungen
a) einschnittige (Überlapp-)Verbindung ($n = 1$, $z = 1$);
b) zweischnittige (Doppellaschen-)Verbindung ($n = 2$, $z = 1$)
n Anzahl der belasteten Querschnitte je Niet; z Anzahl der Niete

Lochwandung (Lochleibung, vgl. Abschn. 4.2.2) beansprucht. Da die Größe der Reibkraft i. allg. unbekannt ist, erfolgt die Berechnung einer Nietverbindung **(Tafel 4.6)** vereinfacht unter Vernachlässigung der Reibkraft, wobei je nach Anzahl n der je Niet beanspruchten Querschnittsflächen zwischen ein- und mehrschnittigen Nietverbindungen zu unterscheiden ist (s. Bild 4.20a, b).

Bei Zugbelastung der Verbindungsstelle wird der Nietquerschnitt auf Abscherung beansprucht. Durch die Anzahl n der beanspruchten Querschnitte je Niet und die Nietanzahl z wird die Aufteilung der Kraft berücksichtigt. Bei Laschenverbindungen (s. Bild 4.20b) wirkt beiderseits der Trennstelle des inneren Bauteils die gleiche Kraft, so daß für z nur jeweils die Anzahl der Niete auf einer Seite einzusetzen ist.

Neben der Berechnung der Niete selbst empfiehlt sich eine Überprüfung der Zugspannung im Bauteilquerschnitt zwischen den Nieten und im seitlichen Randquerschnitt sowie der Scherspan-

Tafel 4.6 Berechnung von Nietverbindungen (s. Bilder 4.20 bis 4.22)

Beanspruchung	Spannung	Dimensionierung
Scherbeanspruchung des Niets	$\tau_a = F/A \leq \tau_{a\,zul}$	
	Für Vollniet: $A = zn\pi d_1^2/4$	Für Vollniet: $d_1 \geq \sqrt{4F/(zn\pi\tau_{a\,zul})}$
	Für Hohlniet: $A = zn\pi(d_a^2 - d_i^2)/4$	Für Hohlniet: nur Nachrechnung möglich
Flächenpressung am Bauteil (Lochleibung)	$\sigma_l = F/A \leq \sigma_{l\,zul}$ $A = zd_1 s_{min}$	$d_1 \geq F/(zs_{min}\sigma_{l\,zul})$
Zugbeanspruchung des Bauteils im durch die Niete geschwächten Querschnitt	$\sigma_z = F/A_1 \leq \sigma_{z\,zul}$ $A_1 = (b - zd_1)s_{min}$	Richtwert: $t \geq 2{,}5d_7$ Richtwert: $a \geq 1{,}5d_7$
Scherbeanspruchung des Bauteils hinter einem Niet (s. Bild 4.21)	$\tau_a = F/A_2 \leq \tau_{a\,zul}$ $A_2 = 2ezs_{min}$	Richtwert: $e \geq 2d_7$
Ermittlung der zulässigen Spannungen	$\tau_{a\,zul} \approx 0{,}7\sigma_{z\,zul}$ $\sigma_{l\,zul} \approx 1{,}4\sigma_{z\,zul}$ $\sigma_{z\,zul} = \sigma_{vers}/S_{erf}$ $\sigma_{vers} = R_e$ oder R_m bei statischer Belastung bzw. σ_{zSch} oder σ_{zdW} bei Schwell- oder Wechselbelastung (Werte s. Tafel 3.2) $S_{erf} = 1{,}7$ bei statischer Belastung $\}$ für Nietwerkstoffe aus $= 2{,}2$ bei Schwellbelastung $\}$ Stahl und $= 2{,}7$ bei Wechselbelastung $\}$ Stahlguß $S_{erf} = 2 \ldots 2{,}5$ für Nietwerkstoffe aus Al und Al-Legierungen	

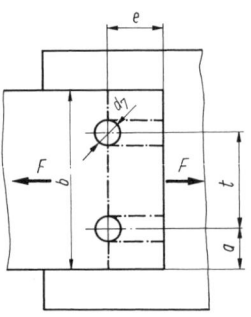

Bild 4.21 Abmessungen der Randzonen einer Nietverbindung
—·—·— gefährdete Bauteilquerschnitte

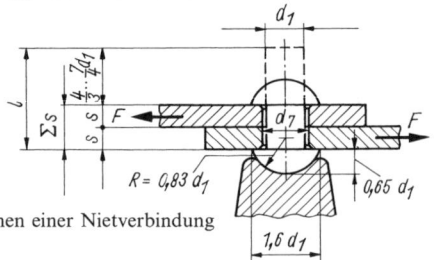

Bild 4.22 Dimensionierung einer Nietverbindung
d_1 Nietschaftdurchmesser (bei Hohlnieten d_a, d_i Nietschaftaußen-, -innendurchmesser); d_7 Nietlochdurchmesser; s_{min} Dicke am dünnsten Bauteil

nung im Bauteilquerschnitt hinter den Nieten **(Bild 4.21)**. Richtwerte und Berechnungsgleichungen können Tafel 4.6 entnommen werden. Ergänzende Hinweise zur Nietdimensionierung gibt **Bild 4.22**.

Konstruktive Gestaltung. Die Schließkopfform des Niets richtet sich nach den Anforderungen an die Oberfläche der Verbindung und den konstruktiven Gegebenheiten. Vorstehende Nietköpfe lassen sich durch Versenken **(Bild 4.23a bis e)** vermeiden, wobei die entsprechende Variante nach wirtschaftlichen Gesichtspunkten festgelegt wird.

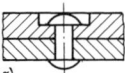 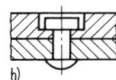 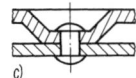 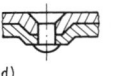 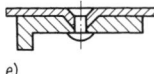

a) b) c) d) e)

Bild 4.23 Versenkte Nietköpfe
a), b) Flachsenkung; c), d) Durchzug; e) Kegelsenkung mit Senkniet

 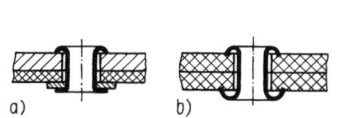 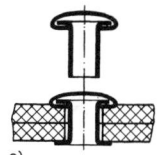

Bild 4.24 Sprengniet
mit Ausführungsbeispiel [3]

Bild 4.25
Nietköpfe bei Hohlnieten

An schwer zugänglichen Bauteilen (z. B. Hohlprofile) finden Sprengniete Verwendung. Die Sprengladung im Nietschaft wird durch Erwärmen (z. B. Lötkolben) gezündet und ergibt eine Schließkopfform nach **Bild 4.24**. Hohlniete **(Bild 4.25)** dienen vorrangig der Verbindung von Bauteilen aus spröden oder nachgiebigen Werkstoffen, häufig unter Verwendung von Zwischenlagen (a). Diese bestehen bei spröden Werkstoffen aus elastischem Material (Leder, Hartpapier u. ä.); bei nachgiebigen Werkstoffen läßt sich durch Verwendung von Unterlegscheiben die Auflagefläche vergrößern. Nietköpfe nach Bild 4.25b werden bei plastisch leicht verformbaren Materialien eingesetzt, da sich die Kanten in das Material eindrücken. Teile aus Leder oder Webstoffen werden oft durch Spezialhohlniete (Ösen) verbunden (c).

Neben dem mittelbaren Nieten unter Verwendung zusätzlicher Verbindungselemente kommt in der Feinwerktechnik häufig das wirtschaftlichere unmittelbare Nieten zum Einsatz, bei dem ein Bauteil mit einem Nietansatz (Nietzapfen) versehen wird. Als Dimensionierungsrichtlinien gelten die Erfahrungswerte $l \approx s + (1 \ldots 1{,}5)$ mm und $d_1 \approx 0{,}6d$ **(Bild 4.26)**.

Die bei unmittelbarem Nieten mit vollem Zapfen entstehende hohe Materialbeanspruchung wird durch teilweise Verformung des Zapfens mit Körner, Meißel oder Spezialwerkzeugen

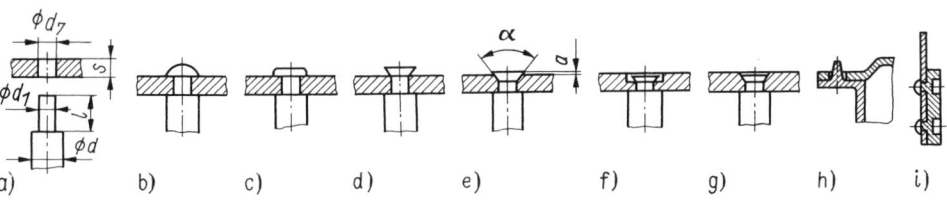

a) b) c) d) e) f) g) h) i)

Bild 4.26
Unmittelbares Nieten mit vollem Zapfen [3]

Bild 4.27
Unmittelbares Nieten
mit teilweiser Verformung
des Zapfens [3]

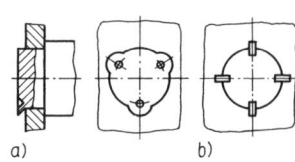

a) b)

(Bild 4.27) oder durch Verwendung angesenkter oder hohler Nietzapfen vermieden **(Bild 4.28)**. Richtwerte für die Dimensionierung von angesenkten oder Hohlzapfen sind Bild 4.28 zu entnehmen. Das Nieten mit rechteckigem Nietzapfen **(Bild 4.29)** findet vor allem zum Verbinden von Blechteilen Anwendung. Die Verformung des Nietzapfens, der ebenso wie das Nietloch mit Schnittwerkzeugen hergestellt werden kann, erfolgt durch einfaches Breitschlagen (a) oder mit speziellen Werkzeugen (b).

Unmittelbar vernietete Bauteile, die durch Drehmomente beansprucht werden, müssen zusätzlich gegen Verdrehen durch Formschluß gesichert sein. Dies kann bei härterem Zapfenwerkstoff mittels plastischer Verformung des Zapfens nach **Bild 4.30a** und **b**, bei weicherem Werkstoff durch unrunde Nietform nach c) erfolgen. Weiterhin sind zusätzliche Bauteile wie Rändelscheiben, Zylinderstifte o. ä. möglich (d).

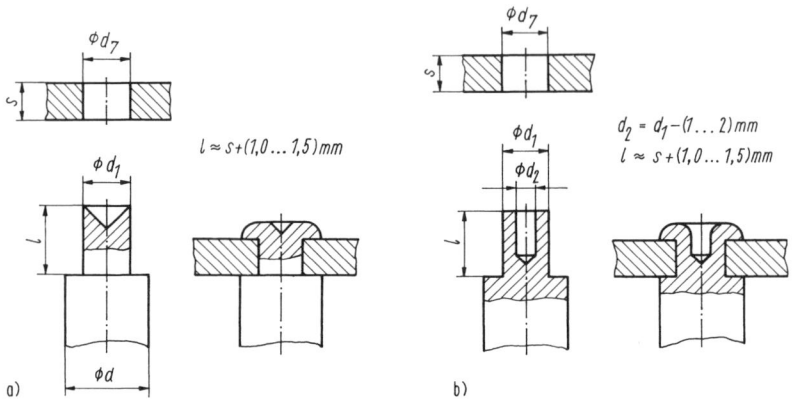

Bild 4.28 Unmittelbares Nieten bei größerem Zapfendurchmesser [3]
a) 90°-Senkung; b) Hohlzapfen

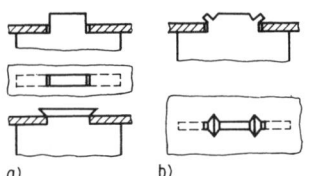 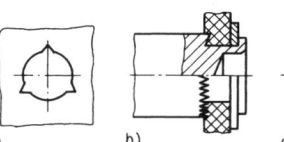 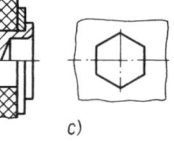 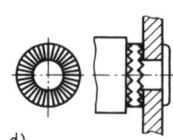

Bild 4.29 Unmittelbares Nieten zum Verbinden von Blechteilen [3]

Bild 4.30 Verdrehsicherung beim unmittelbaren Nieten [3]

4.2.2 Stift- und Keilverbindungen [3] [9] [11]

Stift- und Keilverbindungen sind teilweise lösbare form- und kraftschlüssige Verbindungen. Der Formschluß entsteht durch das Eingreifen des Stifts oder Keils in die zu verbindenden Bauteile, wobei die Stift- oder Keilachse i. allg. senkrecht zu der Kraft steht, mit der die Verbindung beansprucht wird. Der Kraftschluß wird entweder durch Übermaß eines zylindrischen Stifts gegenüber der Bohrung (Einpreßverbindung) oder durch kegelige Form des Stifts erreicht (Keilverbindung mit radialer Kraftwirkung).

Zylinderstifte größeren Durchmessers (als *Bolzen* bezeichnet, **Bild 4.31**) dienen meist zur gelenkigen Verbindung (Gelenkbolzen, **Bild 4.32**) und zur Kraftbegrenzung (Brechbolzen, mit Kerbe als Sollbruchstelle). Stifte mit kleinerem Durchmesser werden in vielen, z. T. auch genormten Ausführungsformen verwendet **(Bild 4.33)**, als Verbindungsstifte (lediglich formschlüssige Verbindung), Befestigungsstifte (mit zusätzlichem Kraftschluß), Paßstifte (zur Lagesicherung, s. Bild 4.72c), Sicherungsstifte (Sicherung von Schrauben, Muttern u. a. gegen Lösen), Haltestifte (z. B. zur Halterung von Federn) usw.

4.2 Formschlüssige Verbindungen

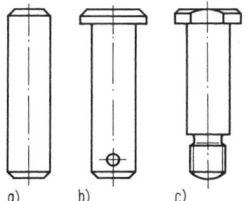

Bild 4.31 Genormte Bolzen
a) ohne Kopf (DIN EN 22340), b) mit Kopf und Splintloch (DIN EN 22341); c) mit Gewindezapfen (DIN 1445)

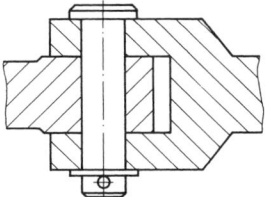

Bild 4.32 Gabelgelenk mit Bolzen

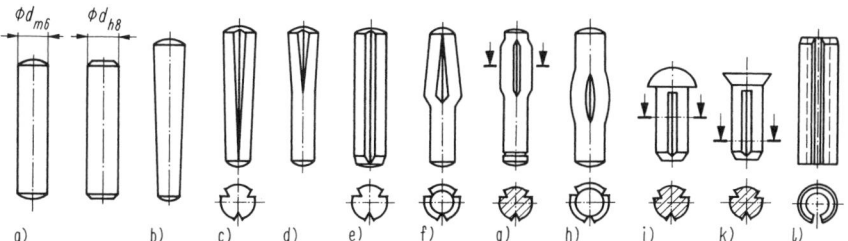

Bild 4.33 Genormte Stiftformen
a) Zylinderstift (DIN EN ISO 2338, 8734); b) Kegelstift (DIN EN 22339); c) Kegelkerbstift (DIN EN ISO 8744); d) Paßkerbstift (DIN EN ISO 8745); e) Zylinderkerbstift (DIN EN ISO 8740); f) Steckkerbstift (DIN EN ISO 8741); g) Paßkerbstift mit Hals (DIN 1469); h) Knebelkerbstift (DIN EN ISO 8742); i) Halbrundkerbnagel (DIN EN ISO 8746); k) Senkkerbnagel (DIN EN ISO 8747); l) Spannstift (DIN EN ISO 8752, 13337)

Kegelstifte (Bild 4.33b) ermöglichen spielfreie, aber leicht lösbare Verbindungen. Sie finden überwiegend Anwendung als Paßstifte zur Lagesicherung von Teilen mit einer Kegelneigung $1/k = 2 \tan \alpha$ (α Kegelwinkel) von 1:15 bis 1:25 für oft zu lösende Verbindungen und mit 1:50 für Dauerverbindungen. Ein rüttelsicherer Sitz ist damit nicht zu gewährleisten; außerdem erfordert das notwendige genaue Passen ein Bearbeiten der Bohrung mit einer Kegelreibahle (teuer!).

Bei *Kerb- und Spannstiften* (Bilder 4.33c bis h, l) reicht demgegenüber ein einfaches Bohren der Löcher mit einer Toleranz $H\,11$ zur Stiftaufnahme. Infolge der elastischen Wirkung der am Umfang vorhandenen axialen Kerben bei Kerbstiften bzw. des geschlitzten Hohlzylinders bei Spannstiften ist ein wiederholtes Einschlagen möglich (bei Kerbstiften wegen der zusätzlichen plastischen Verformung nur begrenzt), und es ergeben sich rüttelsichere Verbindungen. Ähnliche Eigenschaften haben Kerbnägel (Bild 4.33i, k) zur Befestigung von Blechen (z. B. Typenschilder an Geräten), Skalen, Scharnieren usw. auf Metallteilen in Durchgangs- und Grundbohrungen.

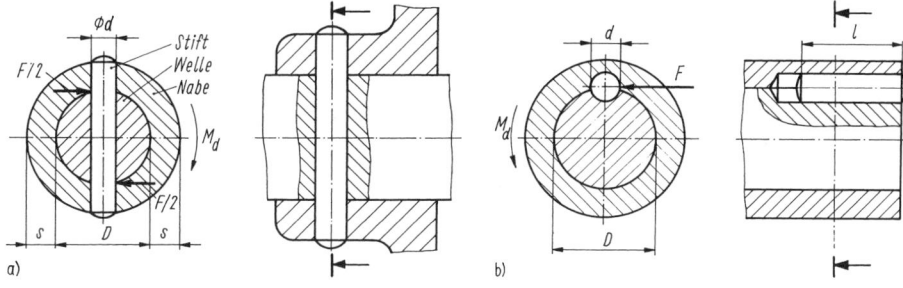

Bild 4.34 Stiftverbindung zur Drehmomentübertragung
a) Querstift; b) Längsstift; *l* Stiftlänge

4 Mechanische Verbindungselemente und -verfahren

Berechnung. Die für das Beispiel der Drehmomentübertragung zwischen Welle und Nabe notwendigen Beziehungen sind in **Tafel 4.7** angegeben. Bei der Verbindung mittels Querstift (**Bild 4.34a**) wird der Stiftquerschnitt auf Abscherung beansprucht, wobei zu beachten ist, daß es sich um eine zweischnittige Verbindung handelt (der Stift wird an zwei Stellen beansprucht) und demzufolge als Querschnittsanzahl $n = 2$ eingesetzt werden muß. Die Nabe wird auf Flächenpressung p beansprucht. Wegen der unterschiedlichen Spannungsverteilung auf der gekrümmten Berührungsfläche zwischen Stift und Lochwandung wählt man hierbei die Projektion der Berührungsfläche in Kraftrichtung als zweckmäßige Näherung für die beanspruchte Fläche.

Tafel 4.7 Berechnung von Stiftverbindungen (s. Bilder 4.34 und 4.35e)

Beanspruchung	Spannung	Dimensionierung
	Querstift (Bild 4.34a)	
Abscherung des Stifts	$\tau_a = 2M_d/(DA) \leq \tau_{a\,zul}$ $A = 2\pi d^2/4$	$d \geq \sqrt{4M_d/(\pi D \tau_{a\,zul})}$ $M_d = FD/2$
Flächenpressung in der Nabe	$p = 2M_d/[(D+s)A] \leq p_{zul}$ $A = 2sd$	$s \geq M_d/(dD p_{zul})$
Flächenpressung in der Wellenbohrung	$p_{max} = 2M_d/(DA) \leq p_{zul}$ $A = dD/3$	
	Längsstift (Bild 4.34b)	
Abscherung des Stifts	$\tau_a = 2M_d/(DA) \leq \tau_{a\,zul}$ $A = ld$	$d \geq 2M_d/(Dl\tau_{a\,zul})$
Flächenpressung zwischen Nabe und Welle	$p_{max} = 2M_d/(DA) \leq p_{zul}$ $A = ld/2$	$l \geq 4M_d/(dD p_{zul})$
	Steckstift (Bild 4.35e)	
Biegespannung im Stift	$\sigma_b = Fa/W_b \leq \sigma_{b\,zul}$ $W_b = \pi d^3/32$	$d \geq \sqrt[3]{32Fa/(\pi \sigma_{b\,zul})}$
Flächenpressung im Bauteil	$p = F(6a + 4s)/(ds^2) \leq p_{zul}$	$d \geq F(6a + 4s)/(s^2 p_{zul})$
Ermittlung der zulässigen Spannungen [3]	Bei glatten Stiften mit $R_m = 500$ N/mm² gilt für: Belastungsfall I II III $\sigma_{b\,zul}$ in N/mm² 105 80 40 $\tau_{a\,zul}$ in N/mm² 72 52 26 Bei Bauteilen aus Stahl E295 (St 50-2) gilt für: Belastungsfall I II III p_{zul} in N/mm² 104 100 50 Bei Kerbstiften mit gleicher Bruchfestigkeit sind vorstehende Werte mit 0,85 zu multiplizieren; Belastungsfälle s. Abschn. 3.3.1.	

Die Berechnung einer Verbindung mit Längsstift oder Rundkeil (Bild 4.34b) erfolgt analog. Ähnliches gilt für beliebige andere Stiftverbindungen, wobei evtl. eine infolge asymmetrischer Lage des Stiftes zur Trennfuge vorhandene unterschiedliche Flächenpressung zwischen Welle und Nabe zu beachten ist.

Konstruktive Gestaltung. Bei lösbaren Stiftverbindungen müssen Durchgangslöcher vorgesehen werden, damit die Stiftenden beiderseits zugänglich sind. Beim häufigen Wechsel von Zylinderstiften treten Lochaufweitungen ein, die sich durch Kegelstifte vermeiden lassen. Eine Sicherung von Stiften gegen Längsverschiebung kann, sofern nicht Kerbstifte Verwendung finden, durch Deformation der Stiftenden bzw. durch Splinte oder Sicherungsscheiben erreicht werden. Einige Beispiele zeigt **Bild 4.35**.

4.2 Formschlüssige Verbindungen 109

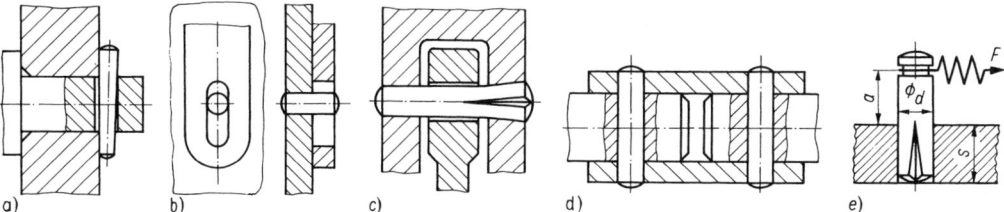

Bild 4.35 Ausführungsbeispiele für Stiftverbindungen
a) axial wirkender Kegelstift; b) Zylinderstift als Anschlag; c), e) Stift als Funktionselement; d) Querstift
a Hebelarmlänge; d Stiftdurchmesser; s Blech-, Nabendicke

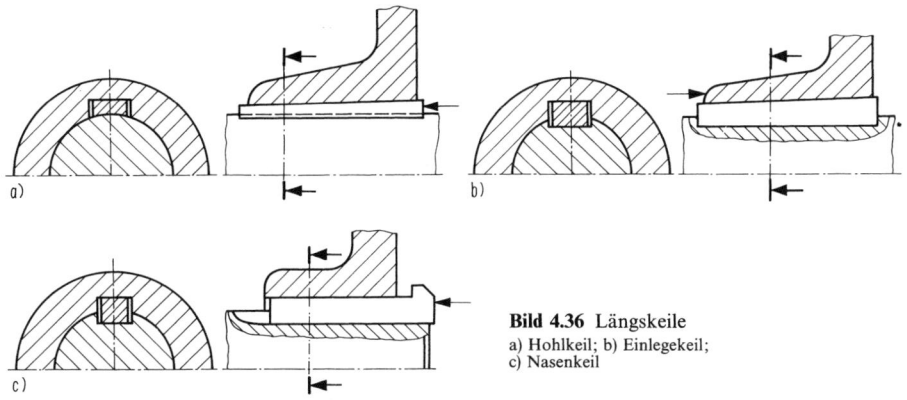

Bild 4.36 Längskeile
a) Hohlkeil; b) Einlegekeil; c) Nasenkeil

Zur form- und kraftschlüssigen Übertragung hauptsächlich von (wechselnden) Drehmomenten werden Keilverbindungen mit Längskeilen eingesetzt **(Bild 4.36)**. Wegen der einseitigen Verspannung der Nabe gegen die Welle und der dadurch entstehenden Unwucht sind die Verbindungen nicht für hohe Drehzahlen geeignet. Von den gebräuchlichsten Formen gelangen Hohlkeile (Bild 4.36a) als reine kraftschlüssige Verbindungen nur bei kleinen Drehmomenten (Handräder, Riemenscheiben), kraft- und formschlüssige Nutenkeile, wie Einlege- und Nasenkeile (Bild 4.36b und c) dagegen bei größeren Beanspruchungen zur Anwendung.

4.2.3 Feder- und Profilwellenverbindungen [3] [9] [11]

Feder- und Profilwellenverbindungen sind lösbare formschlüssige Verbindungen zwischen Wellen und Naben. Sie dienen zur Übertragung großer Drehmomente u. a. im Fahrzeugbau sowie im Werkzeug- und Elektromaschinenbau durch Verwendung von Paß-, Scheiben- und

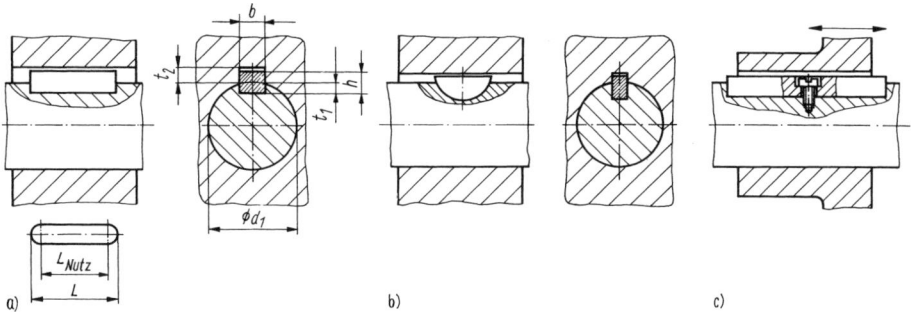

Bild 4.37 Federverbindungen (s. auch **Anhang**, Abschn. A5.2)
a) Paßfeder (DIN 6885); b) Scheibenfeder (DIN 6888); c) Gleitfeder

Gleitfedern verschiedener Abmessungen (**Bild 4.37**) oder von Profilwellen mit unterschiedlicher Profilform (z. B. Keilwellenprofil, **Bild 4.38**). Gleitfedern ermöglichen dabei die axiale Verschiebbarkeit der Nabe auf der Welle durch Spielpassung zwischen Feder und Nabennut. Die Profilwellenverbindung kann durch Vervielfachung der Mitnehmer wesentlich größere Momente übertragen und zugleich einen zentrischen Sitz der Nabe gewährleisten. Die Profile an den Wellen dieser Verbindung werden i. allg. durch Fräsen, die der Naben durch Räumen hergestellt.

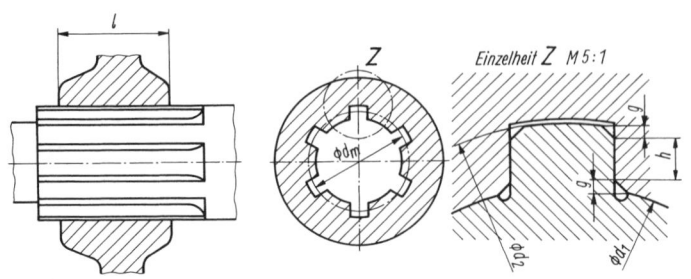

Bild 4.38
Abmessungen einer Keilwellenverbindung

Berechnung. Das Drehmoment wird bei den Feder- und Profilwellenverbindungen durch Beanspruchung der Feder bzw. der Mitnehmer auf Flächenpressung und Abscherung übertragen, i. allg. erfolgt aber die Bemessung nur nach der zulässigen Flächenpressung an den Anlageflächen zwischen Welle und Nabe.

- Bei Federverbindungen (s. Bild 4.37a) gilt mit der Umfangskraft F_t für

$$\text{Wellennut:} \quad p = F_t/(t_1 L_{\text{Nutz}}) = 2M_d/(dt_1 L_{\text{Nutz}}) \leqq p_{\text{zul}}, \tag{4.10}$$

$$\text{Nabennut:} \quad p = F_t/[(h - t_1) L_{\text{Nutz}}] = 2M_d/[d(h - t_1) L_{\text{Nutz}}] \leqq p_{\text{zul}}. \tag{4.11}$$

Die zulässige Flächenpressung p_{zul} ist von der Art des Werkstoffs und der Feder abhängig [6].
Bei *Paßfedern* gilt für zähe Werkstoffe (Stahl, Stahlguß) $p_{\text{zul}} = R_e/S_F$, für spröde Werkstoffe (Gußeisen mit Lamellengraphit, Grauguß) $p_{\text{zul}} = t_p \sigma_{\text{dB}}/S_B$, mit den Sicherheiten $S_F = 1,3 \ldots 1,5$ und $S_B = 1,5 \ldots 2,5$.
R_e und σ_{dB} sind die Streck- bzw. Bruchgrenze des Naben- bzw. Wellenwerkstoffs und t_p der Traganteil unter Berücksichtigung der Formänderung in der Preßfuge. Abhängig von der Bearbeitung gilt $t_p = 0,25$ für feingebohrte, feingedrehte und feingefräste Flächen, $t_p = 0,5$ für geschliffene und geriebene sowie $t_p = 0,75$ für geschabte Flächen.
Erfolgt bei *Gleitfedern* die Verschiebung ohne Belastung (z. B. im Stillstand), dann gelten die gleichen Werte für p_{zul} wie bei Paßfedern. Erfolgt jedoch das Verschieben unter Last, müssen die Werte kleiner sein. Mit der Sicherheit $S_F = 1,3 \ldots 2$ und $S_B = 3 \ldots 4$ gilt dann für zähe Werkstoffe (Stahl, Stahlguß) $p_{\text{zul}} \approx 0,5 R_e/S_F$ und für spröde Werkstoffe (Grauguß) $p_{\text{zul}} \approx 0,5 t_p \sigma_{\text{dB}}/S_B$ (Werte für Traganteil t_p analog Paßfedern).
Als nutzbare Länge L_{Nutz} ist die Länge der Anlagefläche zwischen Feder und Nabe einzusetzen, die z. B. bei der Paßfeder wegen der abgerundeten Federenden geringer ist als die Federlänge L.

- Die Flächenpressung einer Keilwellenverbindung (s. Bild 4.38) als Beispiel für Profilwellenverbindungen ergibt sich unter der Annahme, daß nur 75% aller Mitnehmerflächen an der Kraftübertragung beteiligt sind, zu

$$p = 2M_d/(0,75 d_m z h L_{\text{Nutz}}) \leqq p_{\text{zul}}, \tag{4.12}$$

mit z Mitnehmeranzahl, L Mitnehmerlänge, dem mittleren Durchmesser $d_m = (d_1 + d_2)/2$ und der tragenden Höhe der Keile $h = (d_2 - d_1)/2 - 2g$ (g Abschrägung am Naben- oder Wellenprofil).
Die zulässige Flächenpressung ist auch hier in Abhängigkeit von Werkstoffart, Nabenart und Lastfall festzulegen [6]:

zähe Werkstoffe (Stahl, Stahlguß): $\quad p_{\text{zul}} = c_1 c_2 R_e/S_F$,

spröde Werkstoffe (Grauguß): $\quad p_{\text{zul}} = c_1 c_2 t_p \sigma_{\text{dB}}/S_B$.

Für R_e und σ_{dB} sind die Festigkeitswerte des Nabenwerkstoffs einzusetzen; c_1 und c_2 berücksichtigen die Betriebsbedingungen etwa wie folgt:

Betriebslast	c_1	Nabenart	c_2
einseitig wirkend	1	Befestigungsnaben	1
wechselnd	0,8	Verschiebenaben, ohne Last verschiebbar	0,4
Stoßkraft wechselnd	0,6	Verschiebenaben, unter Last verschiebbar	0,1

Für die Sicherheitsfaktoren gilt: $S_F = 1{,}3 \ldots 2$; $S_B = 3 \ldots 4$; Werte für Traganteil sind analog Paßfedern zu wählen.

Konstruktive Gestaltung. Folgende Grundsätze sind zu beachten:
— Verbindungsmittel oder -partner, die Drehmomente in wechselnden Richtungen oder Drehmomentstöße aufzunehmen haben, müssen tangential spielfrei sitzen (wegen Gefahr des Ausschlagens der Flächen).
— Federverbindungen bei großer Drehzahl sind durch paarweise Anordnung der Paßfedern symmetrisch zu gestalten (wegen Unwucht).
— Als allgemeine Orientierung zur Dimensionierung von Naben bei einem Wellendurchmesser d gelten folgende Richtwerte

$$\text{für Gußeisen:} \quad D_N = (2 \ldots 2{,}2)\, d\,; \quad L_N = (1{,}2 \ldots 2)\, d\,;$$
$$\text{für Stahl:} \quad D_N = (1{,}8 \ldots 2)\, d\,; \quad L_N = (1 \ldots 1{,}3)\, d\,;$$

D_N Außendurchmesser der Nabe, L_N Nabenlänge.

4.2.4 Verbindungen durch Bördeln, Sicken, Falzen, Einrollen, Lappen, Schränken und Blechsteppen [3]

Bördelverbindungen. Das Bördeln dient der unlösbaren Verbindung von hauptsächlich rohrförmigen Außenteilen mit abschließenden scheibenförmigen Innenteilen. Durch Umlegen des rohrförmigen Bördelrands **(Bild 4.39a)** am Außenteil entsteht ein Formschluß (b). Das Umlegen erfolgt mittels Bördelrollen, wobei der erforderliche Druck von der Randbreite, dem Umlegewinkel und der Werkstoffhärte abhängt. Werkstoffe für Bördelteile müssen genügend weich sein, auch um Schäden beim Einbördeln spröder Bauteile zu vermeiden. Verwendet werden Bleche aus Stahl (Tiefziehbleche), Messing, Aluminium u. ä. Durch Anfasen oder Abschrägen des einzubördelnden Bauteils (c, e) kann der Rand leichter umgelegt werden, und die Gefahr der Falten- und Rißbildung verringert sich. Vor allem bei der Verbindung dünner Bleche kann auch das Abschlußteil verformt werden (d). Die Anlagefläche für das Abschlußteil läßt sich bei geringeren Genauigkeitsforderungen durch Sicken herstellen (e).

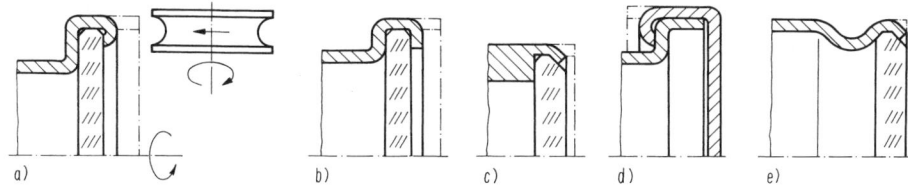

Bild 4.39 Bördelverbindungen
a) Prinzip; b) bis e) Ausführungsbeispiele

Sickenverbindungen. Das Sicken dient der unlösbaren Verbindung von meist zylindrischen Hohlteilen untereinander oder mit Rundstäben. In eines der Bauteile wird mit einer Druckrolle eine Sicke eingedrückt **(Bild 4.40a, b)**, die in eine entsprechende Rille des Gegenstücks eingreift und auf diese Weise Formschluß ergibt. Bei Innenteilen aus weichem Werkstoff (z. B. Holz) kann die Rille zugleich mit der Sicke hergestellt werden, ebenso bei der Verbindung dünnwandiger Bauteile untereinander (c). Die zu verformenden Bauteile müssen ähnlich wie bei Bördelverbindungen weich sein, während die Gegenstücke aus beliebigem Werkstoff bestehen können. Die Verbindungen mit eingelegtem Sickenwulst (a bis c) sichern gegen axiales Verschieben in beiden Richtungen und werden angewendet, wenn man das Gegenstück entweder durch vorherige Bearbeitung oder während des Sickvorgangs mit einer Rille versehen kann. Ist dies nicht möglich, z. B. bei spröden (d) oder dünnwandigen Einlegeteilen, kommen Sickenverbindungen mit vorgelegtem Sickenwulst zur Anwendung. Sie erfordern aber eine zusätzliche Sicherung gegen axiales Verschieben, z. B. durch eingerollten Anschlag (d) oder Doppelsicke.

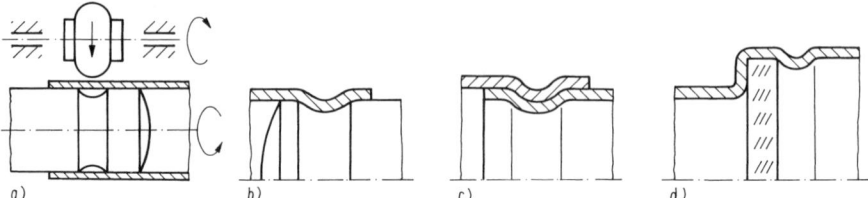

Bild 4.40 Sickenverbindungen
a) Prinzip; b) bis d) Ausführungsbeispiele

Falz- und Einrollverbindungen. Mit Falzen und Einrollen lassen sich Bauteile aus Blech untereinander bzw. mit zylindrischen oder prismatischen Stäben starr und unlösbar verbinden. Durch Ineinanderhaken und Kröpfen der vorgeformten (umgebogenen) Blechränder entstehen beim Falzen (**Bild 4.41**) Formschluß und teilweise auch Kraftschluß. Das Zusammendrücken kann durch Falzmeißel oder Sickenmaschinen erfolgen. Die verwendeten Werkstoffe müssen gut verformbar sein, ohne zu Rißbildung zu neigen (Stahl-, Kupfer-, Aluminiumbleche, bei Verarbeitungstemperaturen von 80 bis 100 °C auch Zinkbleche). Die Umformung soll möglichst senkrecht zur Walzrichtung erfolgen und darf einen kleinsten zulässigen Biegeradius nicht unterschreiten [5]. Man unterscheidet unmittelbare Falzverbindungen mit einfachem Falz (s. Bild 4.41a), durchgesetztem Falz (b) oder für dichte Verbindungen mit Doppelfalz (c), ggf. in stehender Anordnung (d), und mittelbare Falzverbindungen (e). Einrollverbindungen, bei denen ein Stab durch Blech umhüllt wird, zeigt **Bild 4.42**.

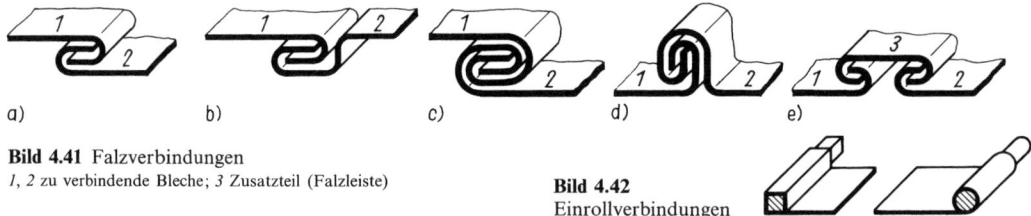

Bild 4.41 Falzverbindungen
1, 2 zu verbindende Bleche; *3* Zusatzteil (Falzleiste)

Bild 4.42 Einrollverbindungen

Lapp- und Schränkverbindungen ergeben bedingt lösbare, form- und teilweise kraftschlüssige starre Verbindungen. Die zu verbindenden Bauteile (vor allem Blechteile bei größerer Stückzahl) werden mit Verbindungslappen einerseits und entsprechenden Durchbrüchen oder Aussparungen andererseits versehen und durch Ineinanderstecken und anschließendes pla-

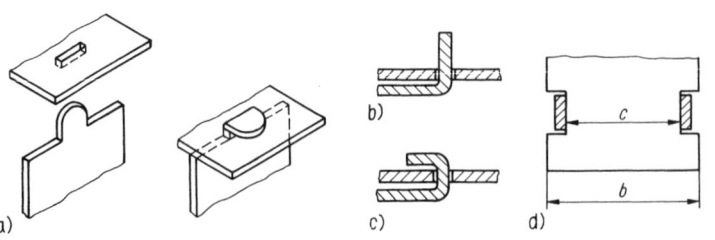

Bild 4.43 Verbindungen durch Lappen

stisches Verformen der Verbindungslappen gefügt. Beim Lappen entsteht Formschluß durch Umbiegen der in oder über das Gegenstück greifenden Lappen **(Bild 4.43a)**. Erfolgt während der Herstellung der Bauteile ein Vorbiegen (b) der Verbindungslappen (meist um 90°), so ist diese Biegerichtung beim nachfolgenden Verformen beizubehalten (b, c), um ein Abbrechen oder Einreißen der Lappen zu verhindern. Die Biegekanten sollen senkrecht zur Walzrichtung des Blechs liegen, und die Werkstoffe sind so zu wählen, daß ein Rückfedern der Lappen nach dem Umbiegen möglichst vermieden wird (weiche Materialien).

Für die meist mit Schnittwerkzeugen hergestellten Durchbrüche wird die gleiche Querschnittsform gewählt wie für die ebenso hergestellten Lappen unter Berücksichtigung des erforderlichen Spiels zum Fügen der Teile. Durchbrüche zum Lappen in Randnähe lassen sich als Einschnitte (d) ausführen.

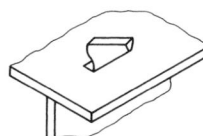 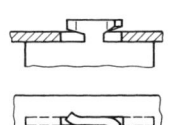 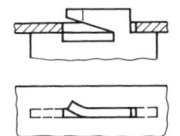

Bild 4.44 Verbindungen durch Schränken

Schränkungen entstehen durch Verdrehen **(Bild 4.44)** der meist dickeren Verbindungslappen. Durchbruch und Lappen müssen gleiche Querschnittsform aufweisen. Durch Anschrägen der Lappen wird zusätzlicher Kraftschluß bewirkt. Wegen der Verletzungsgefahr an den vorstehenden scharfkantigen Lappen sollten Schränkungen nur an verdeckten Flächen eingesetzt werden.

Blechsteppverbindungen. Das Blechsteppen dient zur starren formschlüssigen Verbindung von Feinblechen mittels Drahtklammern großer Festigkeit **(Bild 4.45a)**. Diese werden maschinell bei Arbeitsgeschwindigkeiten bis zu 120 Heftungen je Minute durch die zu verbindenden, nicht vorgelochten Bleche gedrückt. Das Verfahren ähnelt dem Heften von Kartonagen. Es wird vorteilhaft im Leichtbau u. a. bei der Fertigung von Baugruppen aus Blech, wie Lüfterkanälen usw., anstelle der Verbindung durch Nieten eingesetzt. Die Dicke der zu verbindenden Bleche ist abhängig von deren Festigkeit und darf bei Reinaluminium 3 mm sowie bei härteren Werkstoffen (z. B. AlCuMg) 1,5 mm nicht übersteigen. Die Drähte der Klammern haben runden oder rechteckigen Querschnitt mit einer Dicke von etwa 1 bis 1,5 mm.

Bild 4.45 Blechsteppverbindungen
a) einfaches Blechsteppen; b) Einziehsteppen; c) Verbindung von Blechen mit Platten aus weicherem Werkstoff; d) Beispiel eines aus vier Einzelblechen gefertigten Gehäuses [3]

Sind die Bleche ausreichend dünn, oder werden sie mit Teilen aus weicheren Werkstoffen verbunden, kann der Klammerrücken gemäß Bild 4.45b, c in die Oberfläche eingedrückt werden (Einziehsteppen). Bild 4.45d zeigt als Beispiel für die Anwendung dieses Verfahrens ein aus vier Einzelblechen gefertigtes beiderseitig offenes Blechgehäuse.

4.2.5 Spreizverbindungen [3]

Spreizverbindungen sind formschlüssige Verbindungen, die durch Verformung eines Bauteils entstehen und bei denen, je nach Verformungsgrad und Gestaltung, zwischen unlösbaren und lösbaren unterschieden wird. Unlösbare Verbindungen werden meist durch plastisches Verformen erreicht **(Bild 4.46)**. Für lösbare Spreizverbindungen verwendet man sehr häufig genormte Einspreizelemente **(Bilder 4.47, 4.48a)**, die durch elastische Verformung in entsprechende Nuten bzw. Aussparungen der Bauteile eingebracht werden. Des weiteren kommen auch nichtgenormte Spreizmittel zum Einsatz sowie die elastische Verformung der Bauteile selbst (Bild 4.48b, c). Besonders die genormten Einspreizelemente ermöglichen sehr wirtschaftliche Verbindungen. Sie sind deshalb in der Feinwerktechnik in großem Umfang anzutreffen.

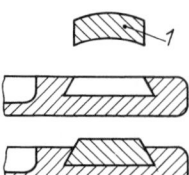

Bild 4.46 Unlösbare Spreizverbindungen
1 Kontakt in Trägerplatte

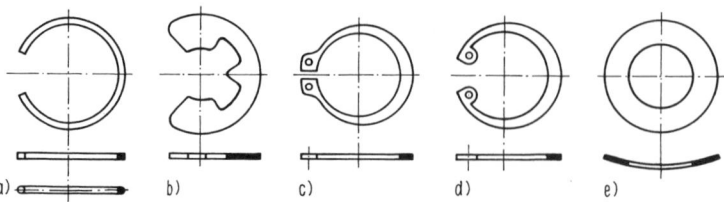

Bild 4.47 Auswahl genormter Einspreizelemente (s. auch **Anhang**, Abschn. A5.2)
a) Sprengring rund (handelsüblich) und flach (DIN 5417);
b) Sicherungsscheibe (Bz-Scheibe) (DIN 6799);
c) Sicherungsring für Wellen (DIN 471), s. auch Bild 4.77e;
d) Sicherungsring für Bohrungen (DIN 472); e) Verschlußscheibe (DIN 470)

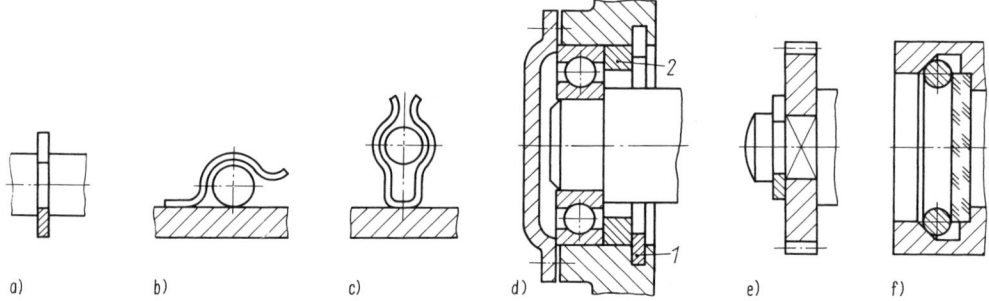

Bild 4.48 Anwendungsbeispiele für Spreizverbindungen [3]
a) Bund auf Welle, ersetzt durch Sicherungsscheibe; b), c) Sicherungshalter; d) Lagesicherung eines Wälzlagers;
e) Axialsicherung eines Zahnrades; f) Befestigung einer Glasscheibe
1 Sicherungsring; *2* scharfkantiger Vorsatzring

Bei der *konstruktiven Gestaltung* der Einspreizverbindung ist auf gute Montagemöglichkeiten zu achten. Das gilt besonders, wenn zur Montage spezielle Hilfswerkzeuge erforderlich sind. Einige Anwendungsbeispiele zeigt Bild 4.48.

Als Werkstoffe kommen i. allg. solche mit guter Elastizität (Stahl, kalt gewalzte Schwermetalle, Kautschuk, Thermoplaste) bzw. solche, die gut plastisch verformbar sind (Kupfer, Blei, Aluminium, Silber u. a.) zum Einsatz.

4.2.6 Einbettverbindungen

Einbettverbindungen sind unlösbare formschlüssige Verbindungen meist von metallischen Bauteilen mit Preßstoffteilen. Preßstoffe aus Phenol- oder Harnstoffharzen werden in Verbindung mit Füllstoffen in Form von Pulver, Fasern oder Schnitzeln (Papier, Gewebe, Holz) verarbeitet. Die in eine Form eingelegten Bauteile werden beim Preßvorgang teilweise oder vollständig vom Preßstoff eingeschlossen und nach dem Erstarren formschlüssig gehalten. Einbettungen sind zweckmäßig, wenn die Festigkeit mechanisch stark beanspruchter Teile an bestimmten Stellen nicht ausreicht, das sind insbesondere solche mit Innen- oder Außengewinde. Auch Funktionselemente wie Lagerbuchsen, Achsen oder Wellen werden häufig durch Einbetten mit dem Grundkörper verbunden. In der Elektronik/Elektrotechnik dient die Einbettung von Metallteilen in Preßstoff noch zusätzlich als Isolation. Auch Einbettungen in Druckgußteile sind möglich [5].

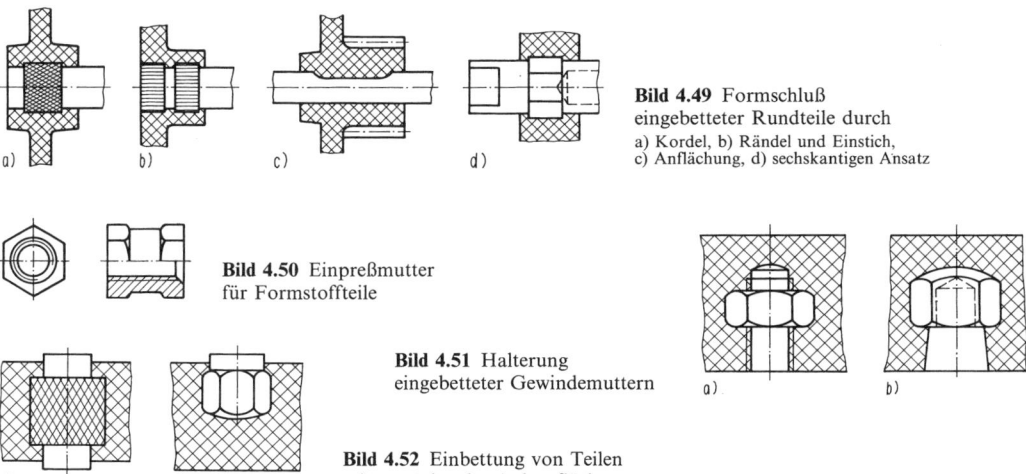

Bild 4.49 Formschluß eingebetteter Rundteile durch a) Kordel, b) Rändel und Einstich, c) Anflächung, d) sechskantigen Ansatz

Bild 4.50 Einpreßmutter für Formstoffteile

Bild 4.51 Halterung eingebetteter Gewindemuttern

Bild 4.52 Einbettung von Teilen mit vorstehender Anlagefläche

Bei der *konstruktiven Gestaltung* ist je nach Belastungsart eine formschlüssige Sicherung gegen Herausziehen, Verdrehen o. dgl. vorzusehen **(Bild 4.49)**. Als Einbettungsteile gelangen vorteilhaft genormte Bauelemente zum Einsatz **(Bild 4.50)**. Einbettungsteile müssen lagesicher in der Preßform angeordnet werden, um eine Verschiebung durch den Preßdruck zu vermeiden. So können z. B. allseitig einzubettende Muttern gehalten und gegen Eindringen der Preßmasse in die Gewindegänge nach **Bild 4.51** gesichert werden, indem Gewindezapfen (a) eingesetzt oder Hutmuttern (b) verwendet werden. Vorstehende Anlageflächen von Einbettungsteilen sind zweckmäßig rund auszuführen **(Bild 4.52)**, um das Entgraten zu erleichtern. Rändel, Kordel, Sechskant usw. sichern gegen Verdrehen, wobei für einseitig vorstehende Gewindezapfen meist eine Kordelung ausreicht, die mit einer zusätzlichen Sicherung gegen Herausziehen kombiniert wird. Schmale Blechteile werden durch einen eckigen Einschnitt oder durch eine Bohrung lagegesichert **(Bild 4.53)**.

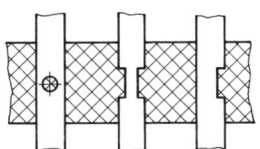

Bild 4.53 Einbettung schmaler Blechteile

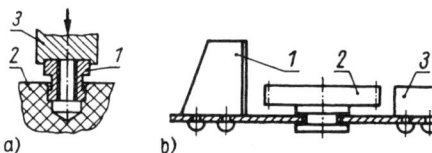

Bild 4.54 Einbetten
a) mittels Ultraschall (*1* einzubettendes Teil; *2* Einbettungskörper; *3* Sonotrode)
b) Outsert-Technik (*1* Lagerböckchen; *2* Zahnrad; *3* Blattfeder; *4* Gestellteil, Blech)

Das einzubettende Teil läßt sich auch unter Einwirkung von Ultraschall in das Material einsenken **(Bild 4.54a)**. Des weiteren ist die Outsert-Technik zu erwähnen, bei der man in flache Teile aus Metall Kunststoffteile einbettet (b).

4.3 Kraftschlüssige Verbindungen
[3] [9] [11]

4.3.1 Preßverbindungen (Preßverbände)

Preßverbindungen (Preßverbände) beruhen auf der Reibung zwischen den Verbindungspartnern infolge Flächenpressung, die entweder durch elastische oder plastische Verformung auf Grund eines Übermaßes der Bauteile zueinander *(Einpressen)* oder durch nachträgliches plastisches Verformen meist eines Verbindungspartners *(Verpressen)* hervorgerufen wird.

- *Einpreßverbindungen* sind bedingt lösbare Verbindungen zwischen Bauteilen, von denen das eine das andere umfaßt. Durch ein Übermaß des Innenteils gegenüber dem Außenteil erzeugte Verformungen beider Partner haben Normalkräfte in der Fuge zur Folge, die Reibkräfte hervorrufen und so die Bewegung der Verbindungspartner zueinander verhindern. Diese Verbindungen lassen sich durch radiales Fügen *(Querpreßverbindungen)* oder axiales Fügen *(Längspreßverbindungen)* herstellen **(Bild 4.55)**.

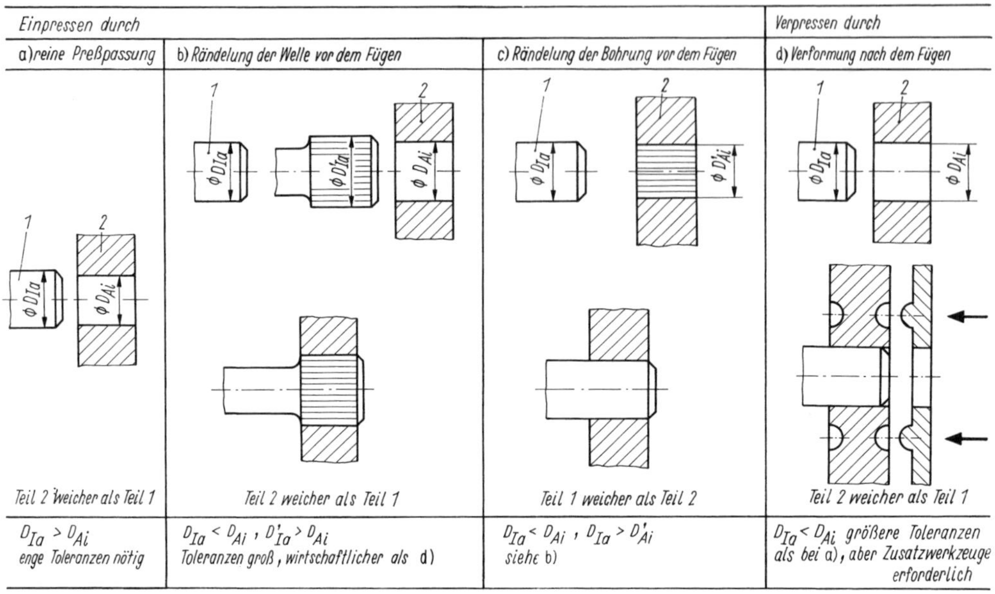

Einpressen durch				Verpressen durch
a) reine Preßpassung	b) Rändelung der Welle vor dem Fügen	c) Rändelung der Bohrung vor dem Fügen		d) Verformung nach dem Fügen
Teil 2 weicher als Teil 1	Teil 2 weicher als Teil 1	Teil 1 weicher als Teil 2		Teil 2 weicher als Teil 1
$D_{Ia} > D_{Ai}$ enge Toleranzen nötig	$D_{Ia} < D_{Ai}$, $D'_{Ia} > D_{Ai}$ Toleranzen groß, wirtschaftlicher als d)	$D_{Ia} < D_{Ai}$, $D_{Ia} > D'_{Ai}$ siehe b)		$D_{Ia} < D_{Ai}$ größere Toleranzen als bei a), aber Zusatzwerkzeuge erforderlich

Bild 4.55 Preßverbindungen mit Längspreßpassungen (Preßpassungen = Übermaßpassungen)

Das radiale Fügen besteht darin, daß durch Erwärmung des Außenteils bzw. Abkühlung des Innenteils ein Fügespiel s_F erzeugt wird, so daß sich die Bauteile kraftlos fügen lassen und beim Temperaturausgleich aufeinander schrumpfen.

Beim axialen Fügen werden die Bauteile durch axiale Einpreßkräfte gefügt. Die Gleitbewegung der Bauteile aufeinander hat ein teilweises Einebnen der Rauheit der Fugenflächen zur Folge.

Die engen Toleranzen beim Einpressen nach Bild 4.55a sind durch Verformung der Teile (Rändeln von Welle oder Bohrung) vor dem Fügen vermeidbar (Bild 4.55b, c). Es soll möglichst das härtere Bauteil verformt werden, wobei zu beachten ist, daß sich Wellen leichter bearbeiten lassen.

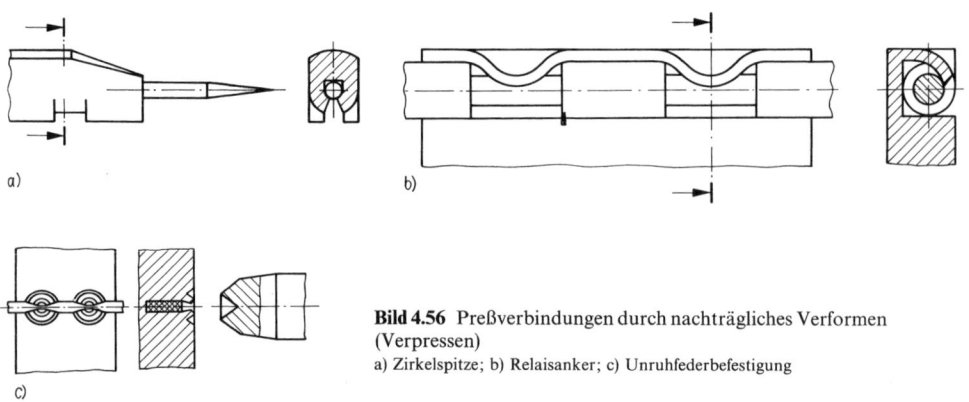

Bild 4.56 Preßverbindungen durch nachträgliches Verformen (Verpressen)
a) Zirkelspitze; b) Relaisanker; c) Unruhfederbefestigung

4.3 Kraftschlüssige Verbindungen   117

- *Verpreßverbindungen* sind i. allg. unlösbare Verbindungen, bei denen man die Partner mit Übergangs- oder Spielpassung fügt und nachträglich plastisch verformt (Bild 4.55d und **Bild 4.56**). Außerdem ist eine formschlüssige Unterstützung möglich (s. Bild 4.56b), wozu Sonderwerkzeuge erforderlich sind. Anwendung finden diese Verbindungen in der Feinwerktechnik vor allem bei geringen Belastungen.
  Da die Größe der so erreichten Flächenpressung sehr unsicher ist, werden Verpreßverbindungen nicht berechnet.

Tafel 4.8 Berechnung von Einpreßverbindungen (s. Bild 4.57)

Mindestwert der Flächenpressung in der Fuge $p_{F\,min} = F_r/(A_F\mu) = 2M_d/(D_F^2\pi l_F\mu); F_r = F_t S_H$	F_r	Rutschkraft
	μ	Reibwert (s. Tafel 4.9)
	F_t	zu übertragende Umfangskraft
	S_H	Haftsicherheit ($S_H = 1{,}5$ für quasistatische und $S_H = 2{,}2$ für Wechsellast)
	D_F	Fugendurchmesser
	l_F	Fugenlänge
Berechnung des Mindestübermaßes $p_F = Z/((K_A + K_I)D_F)$ $K_A = ((m_A + 1) + (m_A - 1)Q_A^2)/(m_A E_A(1 - Q_A^2))$ $K_I = ((m_I - 1) + (m_I + 1)Q_I^2)/(m_I E_I(1 - Q_I^2))$ $U = Z + \Delta U = Z + 2(G_A + G_I)$ $U = Z + 1{,}0(Rz_A + Rz_I)$ $p_F = p_{F\,min}$ $Z_{min} = (2M_d(K_A + K_I))/(D_F\pi l_F\mu)$ $U_{min} = Z_{min} + 1{,}0(Rz_A + Rz_I)$	Z	Haftmaß
	K_A, K_I	Pressungsbeiwerte für Außen-, Innenteil
	Q_A, Q_I	Durchmesserverhältnisse $Q_A = D_{Ai}/D_{Aa}$; $Q_I = D_{Ii}/D_{Ia}$
	E_A, E_I	Elastizitätsmodul der Werkstoffe für Außen-, Innenteil
	ΔU	Übermaßverlust
	G_A, G_I	Glättungsmaß für Außen-, Innenteil $G \approx 0{,}5 Rz$
	Rz_A, Rz_I	gemittelte Rauhtiefe (s. Tafel 2.11)
	m_A, m_I	Poissonsche Konstante für Außen-, Innenteil (für homogene Werkstoffe $m = 1/\nu \approx 3{,}3$)
Berechnung des Maximalübermaßes $p_{F\,max} = R_e(1 - Q_A^2)/(1 + Q_A^2)$ $Z_{max} = p_{F\,max}(K_A + K_I)D_F$ $U_{max} = Z_{max} + 1{,}0(Rz_A + Rz_I)$	R_e	Streckgrenze
Nachrechnung der Spannung im Außenteil $\sigma_v = p'_{F\,max}\sqrt{3 + Q_A^4}/(1 - Q_A^2) \leq R_e$ Das Maximalübermaß ist noch zulässig, wenn $\sigma_v > R_e$, falls $p'_{F\,min} < p'_{F\,max}/2$; $p'_{F\,max} = p_{F\,max}Z'_{max}/Z_{max}$ (Nachrechnung der Spannungen am Innenteil nur bei Hohlwellen [9] [10] [4.10])	σ_v	Vergleichsspannung;
	R_e	Streckgrenze (Werte s. Tafeln in Abschnitt 3.3)
	$p'_{F\,min}, p'_{F\,max}$	Pressung entsprechend dem minimalen und maximalen Übermaß, resultierend aus den für die Verbindungspartner gewählten Toleranzen
Verformung der Bauteile $e_{Aa} = p'_{F\,max}2Q_A^2 D_{Aa}/(E_A(1 - Q_A^2))$ $e_{Ii} = p'_{F\,max}2Q_I^2 D_{Ii}/(E_I(1 - Q_I^2))$	e_{Aa}, e_{Ii}	Änderung des Außendurchmessers am Außenteil bzw. des Innendurchmessers am Innenteil
Fügetemperaturen bei Querpreßverbindungen $\vartheta_E = \vartheta_0 + [(U_{max} + s_F)/(\alpha_A D_F)]$ $\vartheta_U = \vartheta_0 - [(U_{max} + s_F)/(\alpha_I D_F)]$	ϑ_E	Temperatur, auf die das Außenteil zu erwärmen ist
	ϑ_U	Temperatur, auf die das Innenteil abzukühlen ist
	ϑ_0	Raumtemperatur
	α_A, α_I	Längen-Temperaturkoeffizient für Außen-, Innenteil [12]
	s_F	Fügespiel

Berechnung. Gegenstand der Berechnung ist die Bemessung des Übermaßes, das einerseits die Übertragung der vorgesehenen Kräfte bzw. Drehmomente garantieren muß, andererseits jedoch nicht zum Zerstören der Verbindungspartner führen darf. DIN 7190 enthält ein Berechnungsverfahren, das die Ermittlung der Übermaßtoleranz erlaubt und nachfolgend in verkürzter Form dargestellt ist **(Tafel 4.8, Bild 4.57)**.

① Zunächst ist die Mindestflächenpressung in der Fuge zu berechnen. Diese Flächenpressung muß so groß sein, daß die Betriebskraft oder das Betriebsdrehmoment mit einer bestimmten Sicherheit durch die resultierende Reibkraft bzw. das Reibmoment übertragen wird. Der für die Reibung in der Fuge maßgebende Reibwert läßt sich für Querpreßverbindungen [3] [9] [11] und für Längspreßverbindungen der **Tafel 4.9** entnehmen.

② Die Mindestflächenpressung ist zu vergleichen mit der durch ein Übermaß erzeugten Flächenpressung. Aus diesem Vergleich kann man das erforderliche Mindestübermaß errechnen. Die für das Glättungsmaß interessierende Rauheit der Fugenflächen enthält Tafel 2.11 in Abschnitt 2.

③ Das Maximalübermaß wird aus der Festigkeit des Außenteils, des gefährdeteren der beiden Bauteile, bestimmt.

④ Die Bauteile müssen nun so toleriert werden, daß das so mögliche Übermaß das berechnete Mindestübermaß erreicht oder überschreitet und das berechnete Maximalübermaß unterschreitet oder höchstens diesem gleich ist.

⑤ Mit den aus den Bauteiltoleranzen sich ergebenden Übermaßen U'_{max} und U'_{min} ist die Festigkeit des Außenteils nachzurechnen. Ergibt sich $\sigma_v > R_e$, so besteht im Außenteil der Verbindung zumindest eine teilweise plastische Verformung. Diese ist unter bestimmten Voraussetzungen noch zulässig (Tafel 4.8).

Tafel 4.9 Reibwerte μ für Längspreßverbindungen (Werkstoffe s. auch Tafel 3.2)

Innenteil	Chromstahl X210 Cr12 o. ä.				
Außenteil	E335 GE300	S185 S235JR	G-AlSi12Cu	CuSn10Pb10-C	EN-GJL -250
trocken	0,08	0,07	0,05	0,05	0,08 ... 0,1
geschmiert	0,06	0,05	0,04	–	0,04

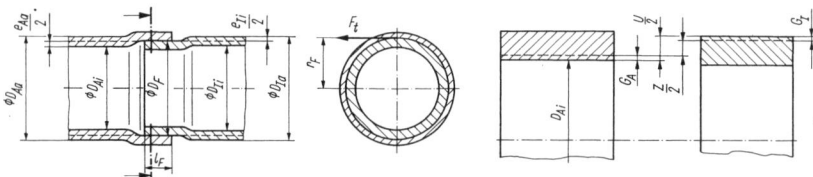

Bild 4.57 Maße bei Preßverbindungen

Soll im inneren oder auf dem äußeren Bauteil ein weiteres montiert werden, so interessiert es, welche Durchmesser bei der gefügten Verbindung vorliegen. In Tafel 4.8 sind Gleichungen angegeben, mit deren Hilfe die Änderungen des Außendurchmessers am Außenteil und des Innendurchmessers am Innenteil (sofern dieses rohrförmig ist) zu ermitteln sind.

Querpreßverbindungen sind prinzipiell wie die Längspreßverbindungen nach den Gleichungen in Tafel 4.8 zu berechnen. Rechnet man mit dem gleichen Glättungsmaß, so erhält man bei Querpreßverbindungen größere Pressungen als die Rechnung ergibt. Die zum Fügen der Querpreßverbindung erforderlichen Temperaturen am Außen- oder Innenteil lassen sich aus den in Tafel 4.8 angegebenen Gleichungen errechnen.

Für Fugendurchmesser $D_F \geq 6$ mm kann man i. allg. eine in den berechneten Grenzen bleibende Toleranzkombination nach DIN ISO 286 angeben, s. Abschnitt 2.3.

Bei Durchmessern $D_F < 6$ mm ist das nicht sinnvoll, die Toleranzen sind feiner festzulegen, als dies nach der oben genannten Norm möglich ist. Das Hauptproblem sind aber die hohen Herstellungskosten.

Bei zylindrischen *Längspreßverbindungen* beträgt die maximal erforderliche Einpreßkraft $F_e = p'_{F\,max} A_F \mu$. Die volle Belastbarkeit der Verbindung stellt sich etwa 48 Stunden nach dem Fügen ein. Die Sicherheit der Verbindung hängt neben dem Übermaß von der Oberflächengüte der Fugenflächen, von der Fügegeschwindigkeit und der Fügetemperatur ab. Die Haftkraft F_H sinkt mit wachsender Fügegeschwindigkeit und wachsender Rauheit der Oberflächen sowie nach mehrmaligem Lösen und Fügen bis um 25% vom erreichbaren Maximalwert. Bei wechselnder Belastung geht F_H bis auf F_r zurück, die deshalb der Berechnung zugrunde liegt.

Konstruktive Gestaltung. Außer ökonomischen Aspekten sind in der Feinwerktechnik auch Probleme der ausreichenden Preßfugenlänge zu beachten. Das betrifft vor allem das Außenteil, welches durch Aufschweißen von Verstärkungen oder das Falten bei Blechteilen sowie durch Gußaugen bei Gußteilen die erforderliche Fugenlänge erhält **(Bild 4.58)**.

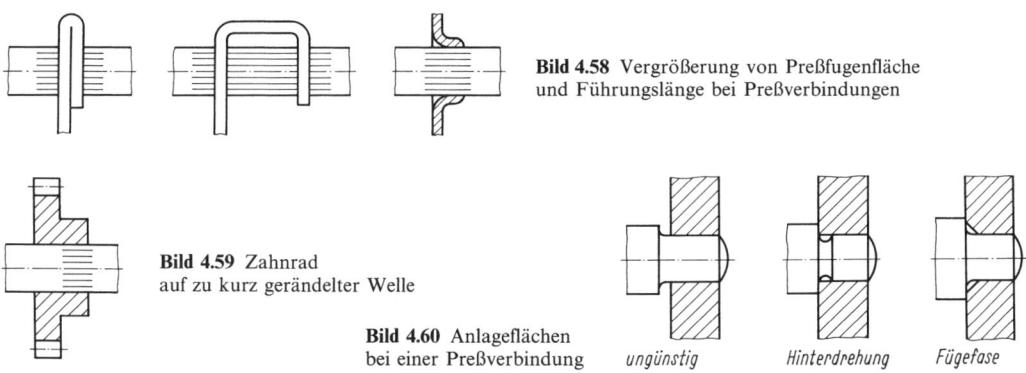

Bild 4.58 Vergrößerung von Preßfugenfläche und Führungslänge bei Preßverbindungen

Bild 4.59 Zahnrad auf zu kurz gerändelter Welle

Bild 4.60 Anlageflächen bei einer Preßverbindung   ungünstig   Hinterdrehung   Fügefase

Die Führungseigenschaften bei verpreßten, vor dem Fügen verformten Bauteilen sind von mittlerer Qualität. Sie lassen sich nicht verbessern, wenn nur ein Teil der Preßfuge gerändelt wird **(Bild 4.59)**. Der Radkörper selbst sitzt dort mit Spiel auf der Welle. Saubere Anlageflächen können durch Hinterdrehen oder Anordnen von Fügefasen (i. allg. am Innenteil) erreicht werden **(Bild 4.60)**, die gleichzeitig ein Abtragen der Rauheiten beim Fügen verhindern und dieses erleichtern.

4.3.2 Schraubenverbindungen [3] [9] [11] [4.12]

Schraubenverbindungen sind die am häufigsten verwendeten lösbaren Verbindungen. Sie beruhen auf Kraftschluß infolge der Keilwirkung des Gewindes. Die Grundform des Gewindes ist die Schraubenlinie, die durch Aufwickeln einer Geraden unter dem Winkel ψ auf einen Zylinder mit dem Radius r entsteht. Die Höhe einer Windung der Schraubenlinie heißt Steigung oder Ganghöhe $P = 2\pi r \tan \psi$. Für Verbindungszwecke kommen Schrauben mit Befestigungsgewinde zum Einsatz; daneben existieren noch Bewegungsgewinde zur Bewegungs- und Kraftübertragung (**Tafel 4.10**, Darstellung des Gewindes s. **Anhang**, Abschn. A5.1).

Befestigungsschrauben sollen sich unter dem Einfluß einer Längskraft nicht lösen, d. h., das Gewinde muß selbstsperrend sein. Dieser Bedingung genügen insbesondere Schrauben mit eingängigem spitzem Gewinde und kleinem Steigungswinkel ψ. International genormt ist das metrische ISO-Gewinde (Tafel 4.10, Nr. 1) mit einem Flankenwinkel von 60° und einem Steigungswinkel von $\psi \approx 3{,}5°$. **Tafel 4.11** enthält die Gewindeabmessungen für die Größen M 0,25 bis M 64. Metrisches Feingewinde (Tafel 4.10, Nr. 2) dient als Befestigungsgewinde mit erhöhter Sicherheit gegen Lockern. Es wird auch vorteilhaft bei großen hochbeanspruchten Schrauben ($> M\,30$) sowie für dünnwandige Rohre und Ringe angewendet. Neben dem metrischen Gewinde ist noch das Whitworth-Gewinde (Flankenwinkel 55°, Zollabmessungen) als Spitzgewinde gebräuchlich. Für Neukonstruktionen ist jedoch nur noch das Whitworth-Rohrgewinde (Nr. 3) zugelassen. Ein weiteres Befestigungsgewinde, das Rundgewinde (Nr. 4), findet Anwendung in Baugruppen,

Tafel 4.10 Auswahl genormter Gewinde

Nr.	Gewinde-Art	Norm	Verwendung	Profilform	Maßangabe	Bezeichnungsbeispiel für eingängiges Rechtsgewinde
1	Metrisches ISO-Gewinde	DIN 13 DIN 14	Für Befestigungszwecke aller Art	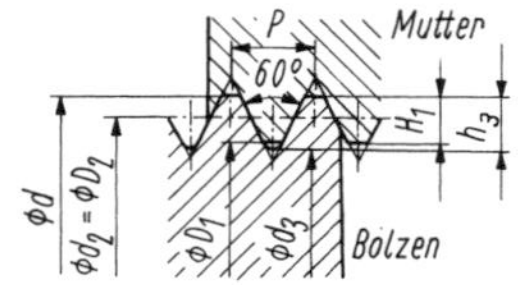	Gewindeaußendurchmesser in mm	M 3
2	Metrisches Feingewinde		Für kleinen Steigungswinkel ψ oder kleine Gewindesteigung P oder kleine Gewindetiefe h_3 (z. B. Linsenfassungen, Lagerschrauben, dünnwandige Rohre)		Gewindeaußendurchmesser in mm mal Steigung in mm	M 3 × 0,35
3	Whitworth-Rohrgewinde mit und ohne Spitzenspiel	DIN 3858 DIN EN ISO 228	Für Installationszwecke (Armaturen, Kabeleinführungen, Gewindeflansche)	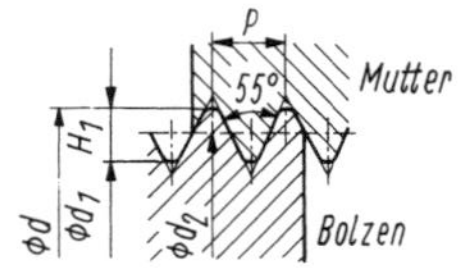	Nennweite des Rohres in Zoll	R 3/4 R 1/8
4	Rundgewinde	DIN 405	Für Armaturenbau, wo Abnutzung oder Verschmutzung zu verhindern ist (Isolierpreßstoffteile)	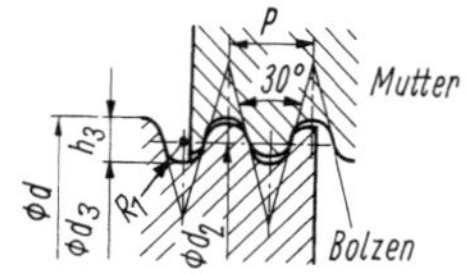	Gewindeaußendurchmesser in mm mal Steigung in Zoll	Rd 10 × 1/10
5	Elektro-Gewinde	DIN 40400	Für Lampensockel, Fassungen, Sicherungen usw.	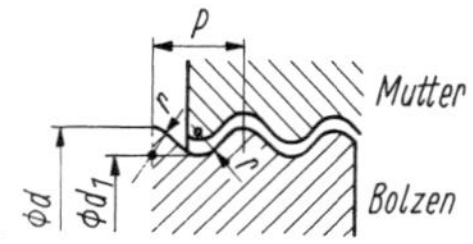	Nenndurchmesser in mm	E 27 DIN 40400
6	Trapezgewinde (–, fein, grob)	DIN 103 DIN 380	Für Bewegungsgewinde (Spindeln)	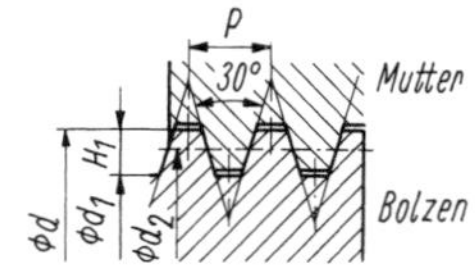	Gewindeaußendurchmesser in mm mal Steigung in mm	Tr 22 × 5

Tafel 4.11 Metrisches ISO-Gewinde; Maße gemäß Tafel 4.10 in mm (Auswahl); d Bolzen, D Mutter

Gewinde-Nenndurchmesser d Reihe 1	Steigung P	Flankendurchmesser $d_2 = D_2$	Kerndurchmesser D_1	d_3	Gewindetiefe H_1	h_3	Kernquerschnitt A_{d3} in mm²	Spannungsquerschnitt A_s in mm²
0,3	0,08	0,248	0,223	0,210	0,038	0,045	0,035	0,041
0,4	0,1	0,335	0,304	0,288	0,048	0,056	0,065	0,076
0,5	0,125	0,419	0,380	0,360	0,060	0,070	0,102	0,119
0,6	0,15	0,503	0,456	0,432	0,072	0,084	0,147	0,171
0,8	0,2	0,670	0,608	0,576	0,096	0,112	0,261	0,348
1	0,25	0,838	0,729	0,693	0,135	0,153	0,380	0,460
1,2	0,25	1,038	0,929	0,893	0,135	0,153	0,630	0,732
1,6	0,35	1,373	1,221	1,171	0,189	0,215	1,08	1,27
2	0,4	1,740	1,567	1,509	0,217	0,245	1,79	2,07
2,5	0,45	2,208	2,013	1,948	0,244	0,276	2,98	3,39
3	0,5	2,675	2,459	2,387	0,271	0,307	4,48	5,03
4	0,7	3,545	3,242	3,141	0,379	0,429	7,75	8,78
5	0,8	4,480	4,134	4,019	0,433	0,491	12.69	14,2
6	1	5,350	4,917	4,773	0,541	0,613	17,89	20,1
8	1,25	7,188	6,647	6,466	0,677	0,767	32,84	36,6
10	1,5	9,026	8,376	8,160	0,812	0,920	52,30	58,0
12	1,75	10,863	10,106	9,853	0,947	1,074	76,24	84,3
16	2	14,701	13,835	13,546	1,083	1,227	144	157
20	2,5	18,376	17,294	16,933	1,353	1,534	225	245
24	3	22,051	20,752	20,319	1,624	1,840	324	353
30	3,5	27,727	26,211	25,706	1,894	2,147	519	561
36	4	33,402	31,670	31,093	2,165	2,454	759	817
42	4,5	39,077	37,129	36,479	2,436	2,760	1045	1121
48	5	44,752	42,587	41,866	2,706	3,067	1377	1473
56	5,5	52,428	50,046	49,252	2,977	3,374	1905	2030
64	6	60,103	57,305	56,639	3,248	3,681	2520	2676

Feingewinde (Auswahl nach DIN 13; Nenndurchmesser x Steigung, in mm): M2 x 0,2; M2,5 x 0,25; M3 x 0,35; M4 x 0,5; M5 x 0,5; M6 x 0,75; M8 x 0,75; M8 x 1; M10 x 0,75; M10 x 1

die starker Verschmutzung ausgesetzt sind (z. B. für Armaturen, Ventilspindeln, Schlauchverschraubungen) oder bei starker Stoßbeanspruchung. Eine Sonderform des Rundgewindes ist das Elektrogewinde (Nr. 5) für Lampensockel, Fassungen, Sicherungen usw.

Bewegungsschrauben dienen der Kraftübertragung bzw. der Umformung von Dreh- in Längsbewegungen oder umgekehrt. Die Forderung nach großem Wirkungsgrad läßt sich dabei

122 4 Mechanische Verbindungselemente und -verfahren

durch (oft mehrgängige) Gewinde mit kleinem Flanken- und großem Steigungswinkel erfüllen, wie beim Trapezgewinde (Nr. 6) zur Übertragung in beiden Richtungen (Spindeln) oder beim Sägengewinde bei großen einseitig wirkenden Kräften.

Nachfolgend werden die Berechnungsgrundlagen für Befestigungsschrauben dargestellt. Bewegungsschrauben zählen nicht zu den Verbindungselementen, sondern finden aufgrund ihrer Funktion u. a. Anwendung in Schraubengetrieben. Sie werden hinsichtlich der Zugbeanspruchung analog berechnet. Darüber hinaus ist die Kenntnis der Knickbeanspruchung durch axiale Kräfte und oft des Wirkungsgrads erforderlich [3].

Schraubenverbindungen können als unmittelbare (eines der zu verbindenden Teile ist mit einem Innengewinde versehen) oder mittelbare Verbindungen ausgeführt sein. Die Schrauben selbst und auch die zweiten Teile der mittelbaren Verbindungen, die Muttern, existieren in vielfältigen genormten Ausführungen, um den verschiedenen Anforderungen gerecht zu werden. Die wichtigsten Schraubenformen sind in **Bild 4.61** dargestellt. Neben den bekannten Maschinenschrauben kommen für nicht oder selten zu lösende Verbindungen auch gewindeschneidende

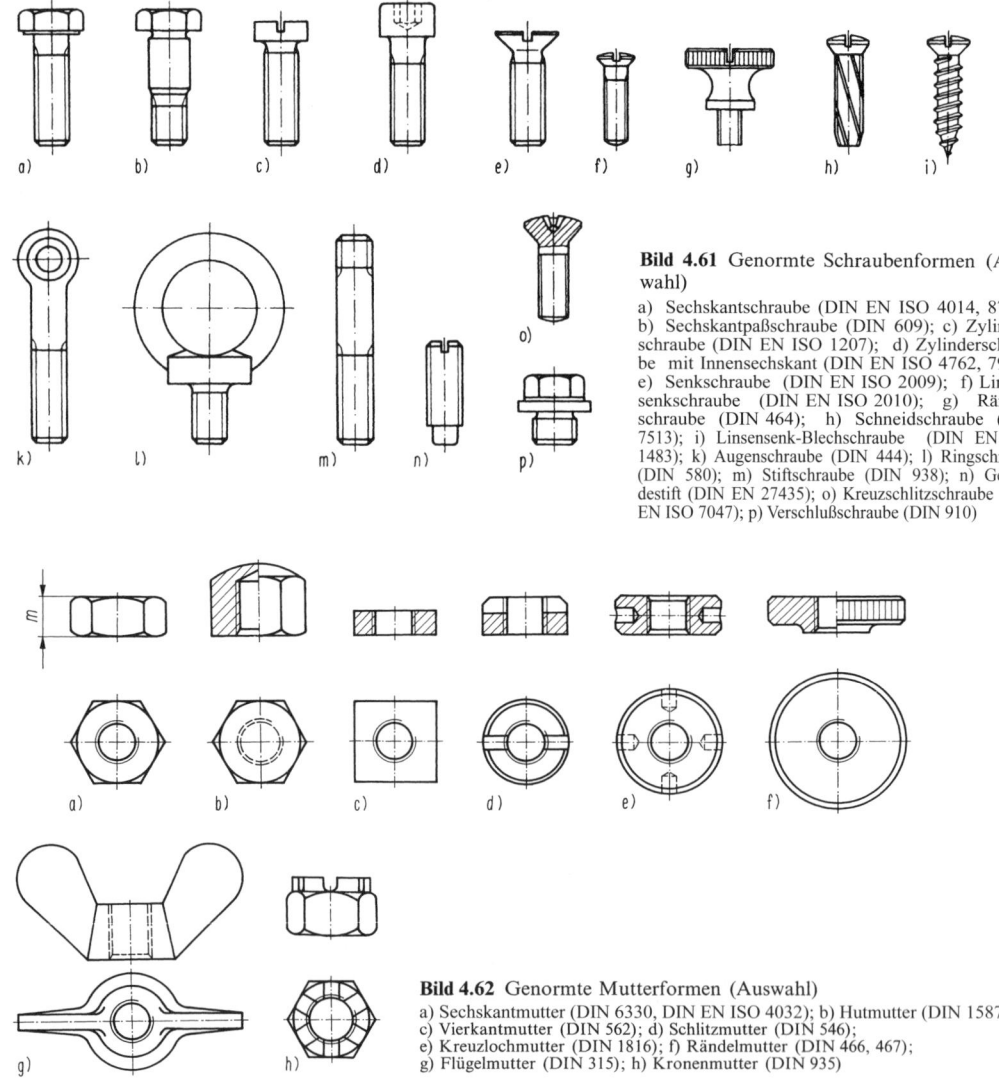

Bild 4.61 Genormte Schraubenformen (Auswahl)

a) Sechskantschraube (DIN EN ISO 4014, 8765); b) Sechskantpaßschraube (DIN 609); c) Zylinderschraube (DIN EN ISO 1207); d) Zylinderschraube mit Innensechskant (DIN EN ISO 4762, 7984); e) Senkschraube (DIN EN ISO 2009); f) Linsensenkschraube (DIN EN ISO 2010); g) Rändelschraube (DIN 464); h) Schneidschraube (DIN 7513); i) Linsensenk-Blechschraube (DIN EN ISO 1483); k) Augenschraube (DIN 444); l) Ringschraube (DIN 580); m) Stiftschraube (DIN 938); n) Gewindestift (DIN EN 27435); o) Kreuzschlitzschraube (DIN EN ISO 7047); p) Verschlußschraube (DIN 910)

Bild 4.62 Genormte Mutterformen (Auswahl)
a) Sechskantmutter (DIN 6330, DIN EN ISO 4032); b) Hutmutter (DIN 1587); c) Vierkantmutter (DIN 562); d) Schlitzmutter (DIN 546); e) Kreuzlochmutter (DIN 1816); f) Rändelmutter (DIN 466, 467); g) Flügelmutter (DIN 315); h) Kronenmutter (DIN 935)

Schrauben zur Anwendung. Dadurch entfällt das vorherige Gewindeschneiden; allerdings eignen sich diese Schrauben nur für weiche Werkstoffe, z. B. Aluminiumlegierungen. Zur Befestigung an dünnem Blech können Blechschrauben eingesetzt werden. Diese Schneidschrauben haben keine Spannut und sind mit einem speziellen Gewinde versehen.
Von den Mutterformen (**Bild 4.62**) wird die Sechskantmutter mit den Höhen $m = 0,8d$ und $m = 0,5d$ am häufigsten verwendet. Maßtabellen für die genormten Schrauben und Muttern sind in [3] und [6] angegeben.

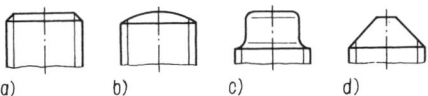

a) b) c) d)

Bild 4.63 Gestaltung von Schraubenüberständen (Schraubenenden) nach DIN 78 (Auswahl)
a) Kegelkuppe; b) Linsenkuppe; c) Zapfen; d) Spitze

Die Gestaltung der Schraubenüberstände (Schraubenenden) nach DIN 78 zeigt **Bild 4.63**, und Durchgangslöcher für Schrauben, Senkungen usw. s. **Anhang**, Abschn. **A5.1**.

Berechnung [3] [9] [11] [4.12]

Um eine sichere Kraftübertragung zwischen den zu verbindenden Bauteilen zu gewährleisten, sind Schraubenverbindungen vorzuspannen. Das erfolgt in untergeordneten Fällen, wie vielfach in der Feinwerktechnik, durch einfaches „festes" Anziehen der Schraube oder Mutter von Hand (z. B. mit Schraubendreher oder Schraubenschlüssel mit nicht definierter Kraft). Bei hochbeanspruchten Schraubenverbindungen im Maschinen- und Elektromaschinenbau muß demgegenüber oft eine definierte Vorspannkraft, z. B. unter Verwendung eines Drehmomentschlüssels, aufgebracht werden. Danach unterscheidet man bei Festigkeitsberechnungen Schraubenverbindungen mit nicht definierter Vorspannung von solchen mit definierter Vorspannung.

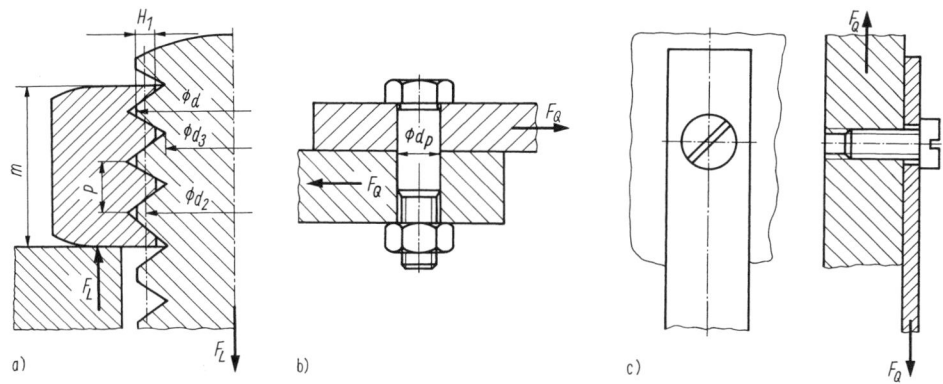

Bild 4.64 Schraubenverbindungen
a) längsbelastet; b) querbelastet mit Paßschraube; c) querbelastet mit Durchsteckschraube und Langloch

Grundsätzlich kann zwischen Längs- und Querbelastung der Schrauben unterschieden werden. Während Verbindungen mit Durchsteckschrauben (**Bild 4.64a, c**) sowohl zur Aufnahme von Längs- als auch Querkräften geeignet sind, sollte die Paßschraube (Bild 4.64b) ausschließlich durch Querkräfte beansprucht werden. Die Durchsteckschraube wird dabei von Längskräften unmittelbar und von Querkräften nur mittelbar über den Kraftschluß belastet. In beiden Fällen werden der Schraubenschaft auf Zug (ausreichendes Anzugsmoment erforderlich!) und bei vorgespannter Schraubenverbindung infolge des Gewindereibmoments zusätzlich auf Torsion, die Gewindegänge auf Abscherung und Pressung sowie die Kopf- und Mutterauflage auf Pressung beansprucht.

Schraubenverbindungen mit nicht definierter Vorspannung. Die für die Berechnung wesentlichen Gleichungen sind in **Tafel 4.12** zusammengestellt.

Bei *Längsbelastung* (s. Bild 4.64a) tritt durch das Anziehen von Schraube oder Mutter *Zugbeanspruchung* im Schraubenquerschnitt auf. Da die Gewindegänge abstützend wirken, wird zur Berechnung der Spannung nicht der kleinste Querschnitt, d. h. der Kernquerschnitt, herangezogen, sondern ein Spannungsquerschnitt A_s (s. Tafel 4.11) mit einem Durchmesser zwischen Kerndurchmesser d_3 und Flankendurchmesser d_2. Weiterhin liegt *Flächenpressung* an den Gewindeflanken vor. Bei ihrer Berechnung wird davon ausgegangen, daß sich die Kraft gleichmäßig auf n Gewindegänge verteilt. Die Fläche eines Gewindegangs ist durch einen Kreisring mit der Breite H_1 (Gewindetiefe) gegeben. Aus der zulässigen Flächenpressung kann die notwendige Einschraublänge bzw. Mutterhöhe $m = nP$ bestimmt werden. Als Zahlenwert für die zulässige Pressung ist bei unterschiedlichem Werkstoff von Schraube und Mutter stets der kleinere Wert einzusetzen. Neben der Flächenpressung werden die Gewindegänge auch noch auf *Abscherung* beansprucht (Ausreißen des Gewindes). Je nach Werkstoffpaarung erfolgt dabei ein Abscheren des Schrauben- oder Muttergewindes. Dementsprechend ist für die beanspruchte Fläche bei weicherem Mutterwerkstoff ein Zylindermantel mit dem Durchmesser d und bei weicherem Schraubenwerkstoff ein solcher mit dem Durchmesser d_3 einzusetzen. Im Falle gleicher Werkstoffe von Schraube und Mutter muß der Flankendurchmesser d_2 zugrunde gelegt werden. Zur Ermittlung der Einschraubtiefe aus der Scherbeanspruchung ist häufig die Näherung in Tafel 4.12 ausreichend. Die genormten Schrauben und Muttern mit ISO-Gewinde sind so bemessen, daß bei Einhaltung einer Mindesteinschraubtiefe [$m_{min} = 0{,}8d$ für Stahl; $1{,}0d$ für Messing; $1{,}3d$ für Grauguß und $1{,}5d$ für Leichtmetall; d Gewindedurchmesser] nur die Zugbeanspruchung im Spannungsquerschnitt A_s des Schraubenschafts überprüft werden muß.

Tafel 4.12 Berechnung von Schraubenverbindungen mit nicht definierter Vorspannung

Beanspruchung	Spannung	Dimensionierung
längsbelastete Schrauben (Bild 4.64a)		
Zugbeanspruchung im Spannungsquerschnitt	$\sigma_z = 4F_L/(d_s^2\pi) \leqq \sigma_{z\,zul}$ $d_s = (d_2 + d_3)/2$	$A_s \geqq F_L/\sigma_{z\,zul}$
Flächenpressung an den Gewindeflanken	$p = F_L/(n\pi d_2 H_1) \leqq p_{zul}$	$m \geqq F_L P/(\pi d_2 H_1 p_{zul})$ $m = nP$
Abscherung der Gewindegänge $d_{(3)}$: Durchmesser d bzw. d_3, je nachdem ob Mutter oder Schraube aus weicherem Werkstoff; bei gleichem Werkstoff d_2	$\tau_a = F_L/(\pi d_{(3)} m) \leqq \tau_{a\,zul}$	$m \geqq F_L/(\pi d_{(3)} \tau_{a\,zul})$ Näherung: $m \geqq d\sigma_{z\,zul\,1}/\sigma_{z\,zul\,2}$ ($\sigma_{z\,zul\,1}$ hier für härteren Werkstoff)
querbelastete Schrauben (Bilder 4.64b, c)		
Scherbeanspruchung des Schafts bei Paßschrauben	$\tau_a = 4F_Q/(d_P^2\pi) \leqq \tau_{a\,zul}$	$d_P \geqq \sqrt{4F_Q/(\pi\tau_{a\,zul})}$
Zugbeanspruchung bei normalen Befestigungsschrauben	$\sigma_z = F_Q/(\mu A_s) \leqq \sigma_{z\,zul}$ $A_s = (d_2 + d_3)^2 \pi/16$	$A_s \geqq F_Q/(\mu\sigma_{z\,zul})$
Ermittlung der zulässigen Spannungen	$\sigma_{z\,zul} \approx 0{,}6R_e$ bei statischer Belastung $\approx 0{,}4\sigma_{z\,Sch}$ bei schwellender Belastung (für untergeordnete Zwecke in der Feinwerktechnik $\sigma_{z\,zul} = 0{,}3R_m$) $p_{zul} = 0{,}3R_e$ $\tau_{a\,zul} \approx 0{,}7\sigma_{z\,zul}$	

Eine *Querbelastung* der Schraube entsteht durch eine Querkraft F_Q. Wird die Querkraft durch eine Paß- oder Schaftschraube (s. Bild 4.64b) übertragen, so ist eine Beanspruchung des Schraubenschafts auf Abscherung gestattet. Aus der zulässigen Scherspannung kann der erforderliche Schaftdurchmesser d_P berechnet werden. Bei Verwendung von Durchsteckschrauben, bei denen der Schraubenschaft wegen der möglichen Verformung der Gewindegänge oder aus anderen Gründen (z. B. Justage, Bild 4.64c) nicht auf Abscherung beansprucht werden darf, muß die Querkraft von einer durch Längsverspannung der Schraube erzeugten Reibkraft aufgenommen werden. Die Berechnung erfolgt dann wie bei Längsbelastung unter Berücksichtigung des Reibwertes μ zwischen den zu verbindenden Bauteilen.

Hingewiesen sei noch darauf, daß man in der Feinwerktechnik bei kleinen äußeren Kräften auf die Festigkeitsrechnung gänzlich verzichtet und die Abmessungen in erster Linie nach konstruktiven und fertigungstechnischen Gesichtspunkten festlegt (z. B. Wahl eines einheitlichen und dann oft überdimensionierten Schraubendurchmessers innerhalb eines Geräts aus wirtschaftlichen Gesichtspunkten).

Schraubenverbindungen mit definierter Vorspannung. Bei hochbeanspruchten Schraubenverbindungen ist eine definierte Vorspannkraft F_V aufzubringen. Das erforderliche *Anzugsmoment* M_A ergibt sich aus dem Gewindereibmoment M_G und dem Reibmoment M_K an der Schraubenkopf- oder Mutterauflagefläche ($M_A = M_G + M_K$). Das Gewindereibmoment läßt sich aus den geometrischen und Kräftebeziehungen an der Gewindeflanke herleiten [3] [6]. Es beträgt für das vorwiegend interessierende ISO-Profil

$$M_G \approx 0{,}18(d_2/2) F_V . \tag{4.13}$$

Das Reibmoment M_K kann unter Berücksichtigung des Reibwerts μ_A an der Auflagefläche und deren mittlerem Radius r_A aus

$$M_K = F_V \mu_A r_A \tag{4.14}$$

berechnet werden. Für das ISO-Profil und übliche Werkstoffpaarungen ergibt sich das Gesamtanzugsmoment näherungsweise zu

$$M_A \approx 0{,}22 F_V d . \tag{4.15}$$

Neben dem Anzugsmoment ist die *elastische Deformation* der Schraubenverbindung infolge Vorspannung von Interesse, die sich in einer Dehnung der Schraube um den Betrag λ_{Vz} und einer Stauchung der Bauteile um den Betrag λ_{Vd} äußert **(Bild 4.65)**. Zwischen Vorspannkraft F_V und Deformation besteht im elastischen Bereich ein linearer Zusammenhang, der sich als Verspannungsdreieck darstellen läßt (Bild 4.65b). Die Verminderung der Vorspannkraft durch Setzen des Materials im Gewinde und in den Trennfugen wird hierbei nicht berücksichtigt (nähere Angaben s. [3] [9] [11] und VDI-Richtlinie 2230). Das Aufbringen einer Betriebskraft F_{Betr} führt zu einer zusätzlichen Dehnung $\Delta\lambda$ der Schraube, während die Bauteile um dieselbe Strecke und damit um F_B entlastet werden **(Bild 4.66)**. Die Gesamtschraubenkraft ergibt sich dann als Summe aus der Vorspannkraft und einer Zusatzkraft F_Z:

$$F_{\text{Schr ges}} = F_V + F_Z . \tag{4.16}$$

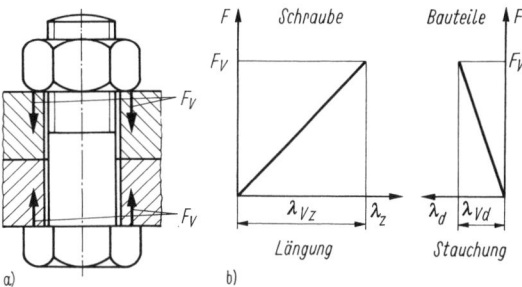

Bild 4.65 Vorgespannte Schraubenverbindung
a) Kraftwirkung; b) elastische Deformation (Federkennlinie)

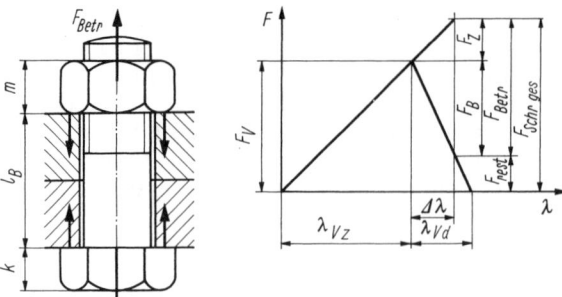

Bild 4.66 Verspannungsdiagramm mit Betriebskraft F_{Betr}

Die aufgebrachte Betriebskraft darf nur so groß sein, daß die auf die Bauteile wirkende Restkraft einen von der Funktion der Verbindung abhängigen Betrag nicht unterschreitet, zumindest aber nicht Null wird.

Die als Beanspruchungserhöhung auf die Schraube wirkende Zusatzkraft F_Z kann man aus der Betriebskraft und den Federsteifen von Schraube und Bauteilen berechnen:

$$F_Z = F_{Betr} c_{Schr} / (c_{Schr} + c_{B\,ges}) \,. \tag{4.17}$$

Die Federsteife der Schraube läßt sich aus

$$c_{Schr} = E_{Schr} A_{Schr} / l \tag{4.18}$$

mit $\quad l = l_B + (k + m)/3 \,,$

E_{Schr} E-Modul des Schraubenwerkstoffs, A_{Schr} Schraubenquerschnitt, l_B Länge der verspannten Bauteile, k, m Schraubenkopf-, Mutterhöhe, berechnen (s. Bild 4.66). Zur Berechnung der Federsteifen der verspannten Bauteile wird nach *Rötscher* eine kegelstumpfförmige Druckverteilung in den Bauteilen angenommen, die ohne Rücksicht auf die Dicke der Einzelbauteile jeweils bis zur Mitte der Gesamtdicke l_B reicht **(Bild 4.67a)**. Dieser Kegelstumpf wird durch einen Hohlzylinder mit dem Außendurchmesser

$$d_A = s + 0{,}34 l_B/2 \quad \text{für} \quad l_B/2 \leqq 4d \,, \tag{4.19}$$

$$d_A = 1{,}7 s + 0{,}16 l_B/2 \quad \text{für} \quad l_B/2 > 4d \tag{4.20}$$

- *Hinweis:* Die Richtlinie VDI 2230 enthält ein anderes Verfahren zur Ermittlung des Ersatzzylinders (s. auch [11]).

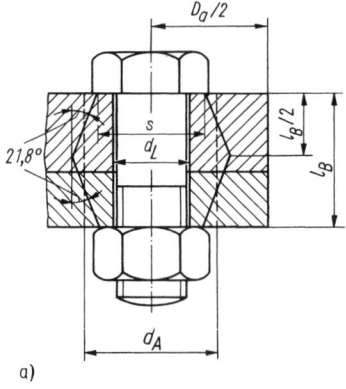
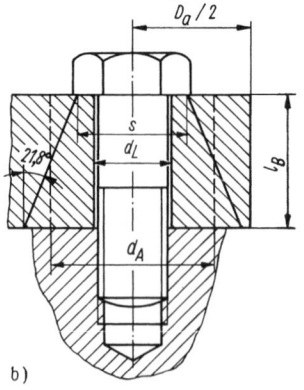

Bild 4.67 Bestimmen der Bauteilfedersteifen c_B mit Rötscherkegel bzw. Ersatzzylinder
a) zwei Platten, zusammengedrückt durch Schraube und Mutter: $D_a \geqq s + 0{,}4 l_B$; b) Platte, durch Schraube auf massives Gegenstück gedrückt: $D_a \geqq s + 0{,}8 l_B$; d_L Lochdurchmesser

angenähert (s = Schlüsselweite). Diese Beziehungen gelten auch für die im Bild 4.67b dargestellte Verbindung zwischen einem plattenförmigen und einem sehr dicken Bauteil, das das Muttergewinde für die Schraube trägt, wobei nur die Platte als am verspannten System beteiligt angesehen wird, in die Gln. (4.19) und (4.20) also l_B statt $l_B/2$ einzusetzen ist.

Die Gesamtfedersteife der Bauteile ergibt sich für beide im Bild 4.67 gezeigten Fälle zu

$$c_{B\,ges} = E_B \pi (d_A^2 - d_L^2)/(4l_B) \, . \tag{4.21}$$

Für die festigkeitsmäßige Dimensionierung höher beanspruchter Schraubenverbindungen werden die folgenden Festigkeitsklassen nach DIN EN ISO 898 – Teil 1 zugrunde gelegt, die durch zwei Zahlen gekennzeichnet sind, z. B. 5.6. Die erste Zahl gibt die Mindestzugfestigkeit R_m des Werkstoffs in 100 N/mm² an, die zweite Zahl beinhaltet das Zehnfache des Verhältnisses von Mindeststreckgrenze R_e zur Mindestzugfestigkeit R_m.

In Abhängigkeit von diesen Festigkeitsklassen werden bestimmte Verhältnisse zwischen Vorspannkraft und Betriebskraft empfohlen:

Festigkeitsklasse des Schraubenwerkstoffs	4.6	5.6	6.8	8.8	10.9	12.9
F_V/F_{Betr}	1,75	2,75	3,0	3,5	3,5	4,0

Bei der Dimensionierung der Verbindung geht man so vor, daß bei einer vorgegebenen Betriebskraft F_{Betr} zunächst eine Festigkeitsklasse ausgewählt und aus dem zugehörigen Verhältnis F_V/F_{Betr} die empfohlene Vorspannung ermittelt wird. Der für diese Vorspannung erforderliche Spannungsquerschnitt $A_s = (\pi/4)\,[(d_2 + d_3)/2]^2$ wird aus

$$\sigma_z = F_V/A_s \leqq 0{,}7 R_e \tag{4.22}$$

berechnet und dient als erste Orientierung für die Festlegung des Nenndurchmessers d. Die festigkeitsmäßige Überprüfung dieses Wertes erfolgt anhand der Gesamtbeanspruchung, die sich aus der Vorspannkraft F_V, der Zusatzkraft F_Z sowie dem Gewindereibmoment M_G zusammensetzt und eine Gesamt(vergleichs)spannung σ_v ergibt:

$$\sigma_v = \sqrt{\sigma_z^2 + 3(\alpha_0 \tau_t)^2} \leqq \sigma_{z\,zul} = R_e \quad \text{mit}$$
$$\sigma_z = (F_V + F_Z)/A_s \quad \text{und} \quad \tau_t = M_G/W_t \approx 16 \cdot 0{,}09 F_V d_2/(\pi d'^3) \, . \tag{4.23}$$

Dabei ist d' der Spannungs- oder Schaftdurchmesser, α_0 ist hier gleich Eins zu setzen (s. a. Gl. (3.59)).

Die Gesamtspannung soll so nahe wie möglich an der Streckgrenze liegen, andernfalls sind die Schraubenabmessungen oder die Festigkeitsklasse zu korrigieren, und die Berechnung ist zu wiederholen. Sind Vorspannkraft F_V und Zusatzkraft F_Z unbekannt, kann mit folgender Näherung gerechnet werden:

$$\sigma_z = (1{,}5 \ldots 3)\, F_{Betr}/A_s \leqq \sigma_{z\,zul} = 0{,}7 R_e \, .$$

Liegt eine *schwellende* Betriebskraft vor, so wird in der Schraube eine schwellende Zusatzkraft F_Z hervorgerufen, deren Amplitude wegen des elastischen Zusammenspiels zwischen Schraube und Bauteilen wesentlich geringer ist als die Amplitude der Betriebskraft.

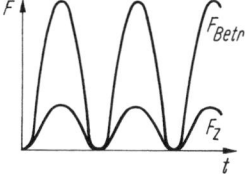

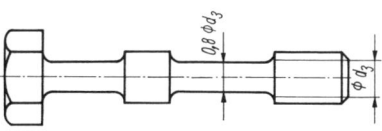

Bild 4.69 Dehnschraube

Bild 4.68 Betriebskraft F_{Betr} und Zusatzkraft F_Z bei Schwellbeanspruchung

Bild 4.68 verdeutlicht, daß das Verhältnis um so günstiger ist, je elastischer der Schraubenschaft ausgeführt wird. Dies ist z. B. bei den sog. Dehnschrauben **(Bild 4.69)** für hochbeanspruchte Schraubenverbindungen der Fall, die einen verminderten Schaftquerschnitt und eine größere Länge haben.

Bei einer zeitlich veränderlichen Betriebskraft mit Schwellspielzahlen $>10^4$ ist zusätzlich die Dauertragfähigkeit anhand der Ausschlagspannung

$$\sigma_a = F_Z/(2A_s) \leqq \sigma_{a\,zul} = 0{,}8\sigma_{ADK} \tag{4.24}$$

zu überprüfen.

Einige Richtwerte für die unter Berücksichtigung der Kerbwirkung des Gewindes einzusetzende Dauerausschlagfestigkeit σ_{ADK} sowie weitere Werkstoff-Kenngrößen sind:

Festigkeitsklasse	3.6	4.6	4.8	5.6	5.8	6.8	8.8	10.9	12.9
R_m in N/mm²	340	400	400	500	500	600	800	1000	1200
R_e in N/mm²	200	240	320	300	400	480	640	900	1080
σ_{ADK} in N/mm²		30 ... 40			40 ... 50			50 ... 60	

(niedrigere σ_{ADK}-Werte für M 14 bis M 36, höhere für M 6 bis M 12).

Konstruktive Gestaltung

Bei der konstruktiven Gestaltung von Schraubenverbindungen sind folgende Gesichtspunkte zu beachten:

Die erforderliche Einschraubtiefe muß bei zu geringen Materialdicken durch konstruktive Maßnahmen gesichert werden. **Bild 4.70** zeigt einige Möglichkeiten zur Vergrößerung der Einschraubtiefe bei Blech- und Gußteilen. Bei höher belasteten Gewinden in Preßstoffteilen empfiehlt sich darüber hinaus das Einbetten metallischer Gewindebuchsen.

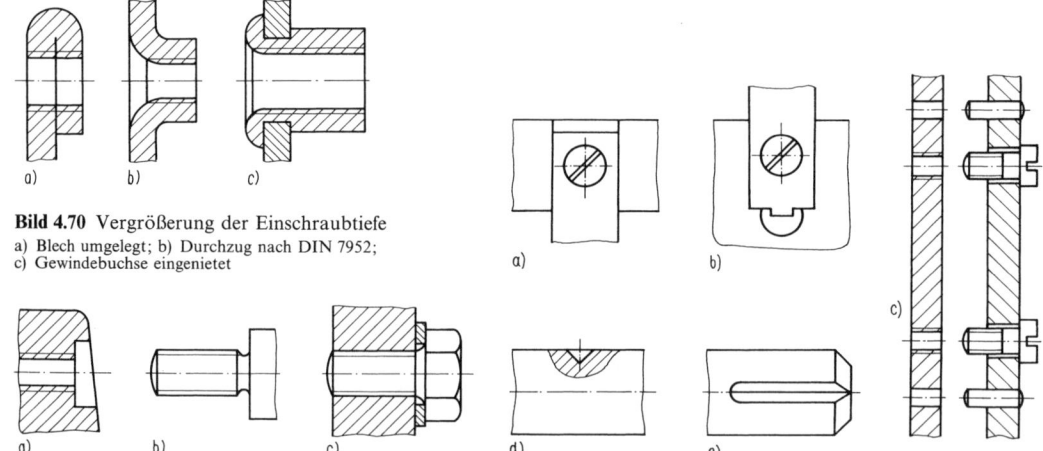

Bild 4.70 Vergrößerung der Einschraubtiefe
a) Blech umgelegt; b) Durchzug nach DIN 7952; c) Gewindebuchse eingenietet

Bild 4.71 Verbesserung der Auflagefläche bei Schrauben **Bild 4.72** Lagesicherung von Schraubenverbindungen

Schraubenverbindungen erfordern eine genügend große *Auflagefläche* senkrecht zur Schraubenachse. Ist diese durch die Form des Bauteils oder den Gewindeauslauf der Schrauben nicht gegeben, sind ebenfalls zusätzliche Maßnahmen notwendig, z. B. entsprechende Bearbeitung der Bauteile **(Bild 4.71 a)**, Freidrehen des Gewindeauslaufs (b) oder Verwenden einer Unterlegscheibe (c).

4.3 Kraftschlüssige Verbindungen

Eine zusätzliche Lagesicherung der Bauteile ist erforderlich, wenn diese u. a. aus Gründen der Wirtschaftlichkeit mit nur einer Schraube verbunden werden sollen (sog. Einlochbefestigung, **Bild 4.72a, b**) oder wenn z. B. eine Justierlage auch bei wiederholter Demontage wieder herstellbar sein muß (Paßstifte nach Bild 4.72c, s. Abschn. 4.2.2).

Bei einer Verbindung von Bauteilen mit Achsen oder Wellen durch Klemmschrauben ist eine formschlüssige Unterstützung zum Übertragen von axialen Kräften nach Bild 4.72d sowie von Drehmomenten nach Bild 4.72e zu empfehlen.

Sicherung der Schraubenverbindung gegen Lösen ist besonders dann notwendig, wenn die Verbindung veränderlich belastet wird (z. B. durch Temperatureinfluß oder Erschütterungen) bzw. wenn die Gefahr eines Aufhebens des Kraftschlusses besteht (z. B. durch Nachgiebigkeit des Werkstoffs oder durch Korrosion). Die Sicherung kann kraft-, form- oder stoffschlüssig erfolgen.

Die einfachste kraftschlüssige Sicherung ist das Verwenden einer Gegenmutter. Nachteile sind dabei die relativ große Bauhöhe und die mitunter nicht ausreichende Rüttelsicherheit. Diese Nachteile entfallen bei den handelsüblichen Sicherungselementen (Federringe sowie Federscheiben, Zahn- oder Fächerscheiben, **Bild 4.73**). Die Sicherung erfolgt durch Einlegen dieser

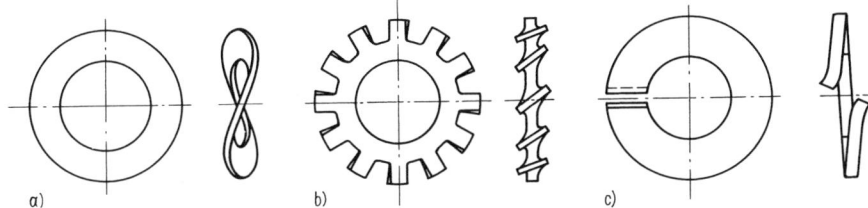

Bild 4.73 Handelsübliche Federscheiben und -ringe (Auswahl)
a) Federscheibe; b) Zahnscheibe; c) Federring

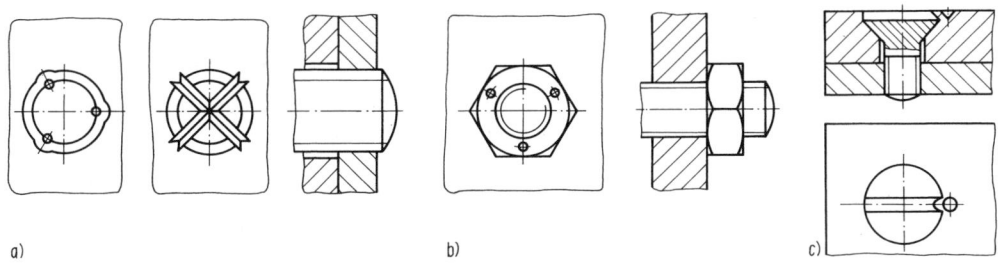

Bild 4.74 Formschlüssige Sicherung durch Verformen von
a) Schraube, b) Mutter, c) Bauteil

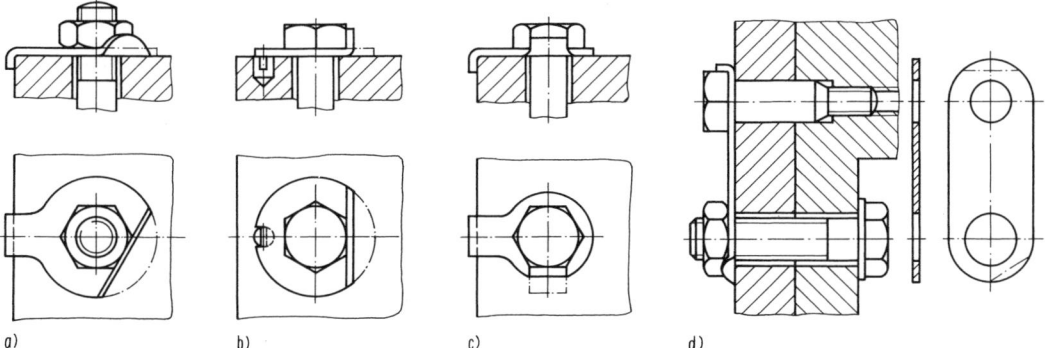

Bild 4.75 Formschlüssige Sicherung durch zusätzliches Bauteil
a) Sicherungsblech mit Lappen; b) Sicherungsblech mit Nase; c) Sicherungsblech mit zwei Lappen; d) Sicherungsblech für zwei benachbarte Schrauben – Sicherungsbleche sind handelsüblich

Elemente zwischen Mutter und Bauteil bei mittelbarer bzw. zwischen Schraubenkopf und Bauteil bei unmittelbarer Schraubenverbindung.

Sicherungen durch Formschluß werden entweder durch plastisches Verformen von Schraube, Mutter oder Bauteil geschaffen **(Bild 4.74)** oder durch Verformen zusätzlicher, größtenteils ebenfalls genormter Bauteile **(Bild 4.75)**. Sie bieten eine große Sicherheit gegen Lösen.

Stoffschlüssige Sicherungen werden wegen ihrer Einfachheit vorrangig bei kleinen Drehmomenten angewendet. Die Sicherung erfolgt durch Lack oder Kitt und macht außerdem unbefugtes Lösen kenntlich.

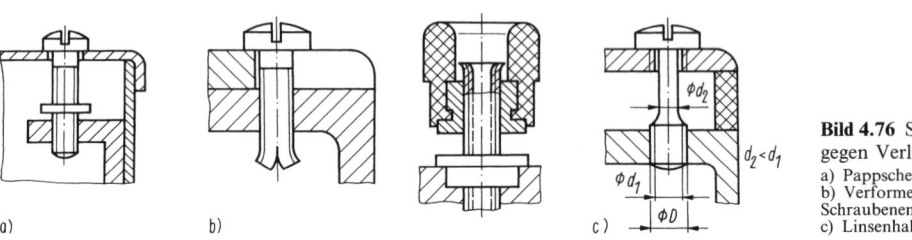

Bild 4.76 Sicherung gegen Verlieren durch
a) Pappscheibe,
b) Verformen des Schraubenendes,
c) Linsenhalsschraube

Sicherung gegen Verlieren ist zweckmäßig bei Verbindungen, die häufig gelöst werden müssen. Eine Möglichkeit besteht in der Anwendung von Drahtringen, Sicherungs- oder Pappscheiben **(Bild 4.76a)**. Auch das Schraubenende (b) läßt sich leicht deformieren, verhindert aber vollständiges Lösen der Verbindung. Bei Spezialschrauben (Linsenhalsschrauben, Bild 4.76c) sind Zusatzbauteile nicht erforderlich, jedoch müssen beide Verbindungspartner mit Gewinde versehen sein.

4.3.3 Klemmverbindungen [3] [9] [11]

Klemmverbindungen sind meist mittelbare, i. allg. lösbare Verbindungen von Bauteilen, bei denen die Haftkraft mit Kraftschluß durch zusätzliche Klemmelemente erzielt wird. Verwendung finden besonders Exzenter **(Bild 4.77a)** oder Schrauben (b), zur Erhöhung der Klemmwirkung häufig in Verbindung mit Keilen oder Kegeln (c). In d) ist eine durch eine Kugel vermittelte, nicht lösbare Verbindung gezeigt, während in e) eine der seltenen unmittelbaren Klemmverbindungen dargestellt ist, die des handelsüblichen Klemmrings für Wellen, Achsen und Bolzen ohne Nut. Klemmverbindungen werden oft als Doppelschelle **(Bild 4.78)** zur Übertragung von Drehmomenten eingesetzt.

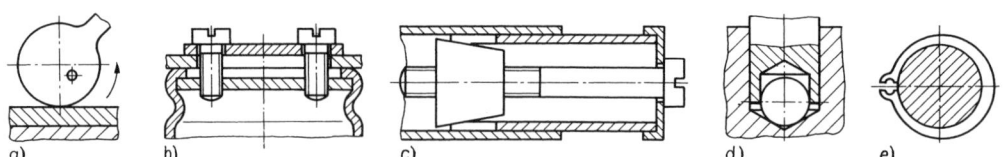

Bild 4.77 Klemmelemente; s. auch Bild 4.47

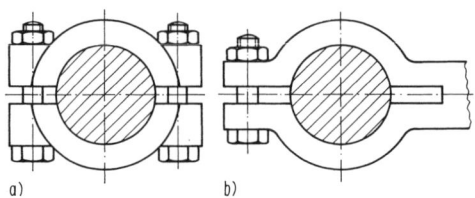

Bild 4.78 Klemmverbindung
a) mit geteilter Nabe;
b) mit geschlitzter Nabe

Berechnung. Man geht davon aus, daß die Schellen (Nabe) vollflächig an der Welle anliegen und eine gleichmäßige Pressung hervorrufen **(Bild 4.79)**. Für das übertragbare Drehmoment M_d ist die Reibkraft in der Klemmfuge maßgebend:

$$M_d = F_R d_F/2 \quad \text{mit} \quad F_R = \mu F_n. \tag{4.25}$$

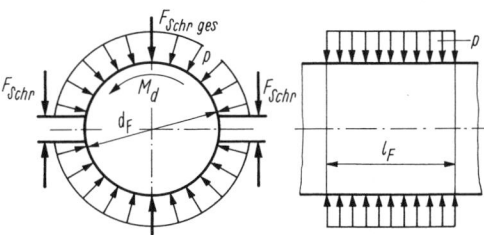

Bild 4.79
Angenommene Pressungsverteilung bei einer Klemmverbindung

Die Normalkraft F_n kann aus der Flächenpressung p bestimmt werden:

$$F_n = Ap; \quad (A = \pi d_F l_F; p \leq p_{zul}). \tag{4.26}$$

Zum Erzeugen der notwendigen Flächenpressung ist bei z Schrauben eine Gesamtkraft, s. a. Gl. (4.16), von

$$F_{\text{Schr ges}} = F_{\text{Schr}} z \leq p_{zul} d_F l_F \tag{4.27}$$

erforderlich. Da die Schraubenkraft tangential angreift, sind die Reaktionskräfte in der Fuge ebenso gerichtet. Deshalb gilt als beanspruchte Fläche das Produkt $A = d_F l_F$, also die Projektion des Zylinders in Kraftrichtung.

Mit den Gln. (4.25) und (4.26) läßt sich die erforderliche Kraft einer Schraube aus

$$F_{\text{Schr}} \geq 2M_d/(\pi z \mu d_F) \tag{4.28}$$

berechnen. Um die notwendige Sicherheit zu gewährleisten, ist als Reibwert μ der für Gleitreibung geltende einzusetzen.

Konstruktive Gestaltung. Es ist besonders auf genügend große Klemmflächen zu achten, damit die zulässige Flächenpressung nicht überschritten wird.

5 Elektrische Leitungsverbindungen

5.1 Funktion und Aufbau

Eine typische Anwendung der in Abschn. 4 dargestellten Verbindungselemente und -verfahren stellen die elektrischen Leitungsverbindungen dar. Ihre grundsätzliche Aufgabe ist, die aus fertigungs- und montagetechnischen Gründen körperlich getrennt aufgebauten Bauelemente und Baugruppen eines Geräts miteinander so zu verbinden, daß zwischen ihnen der für die Gerätefunktion notwendige Energie- oder Informationsfluß gewährleistet wird. Daraus resultiert folgender prinzipieller Aufbau einer Leitungsverbindung **(Bild 5.1)** [12]:

Die Leitungsverbindung besteht aus dem

- Leitungs- oder Übertragungselement mit der ausschließlichen Funktion des Leitens oder Übertragens von Energie- oder Informationsflüssen und aus den
- Verbindungs- und Kontaktelementen mit der ausschließlichen Funktion des sicheren und verlustfreien elektrischen Kontaktes zwischen Leitungselement und den Anschlußelementen von Baugruppe oder Bauelement.

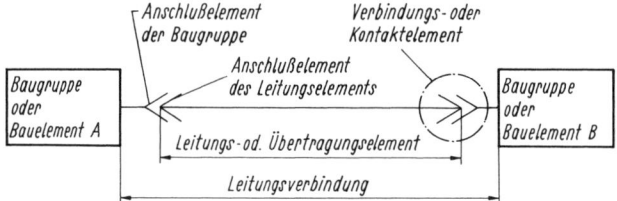

Bild 5.1 Prinzipieller Aufbau einer Leitungsverbindung

5.2 Leitungselemente

Aus der Funktion dieser Elemente, nur eine Ortsveränderung der zu übertragenden Größen ohne deren quantitative und qualitative Beeinflussung zu bewirken, ergeben sich folgende Dimensionierungskriterien:

- minimale Übertragungsverluste durch ausreichende Leitungsquerschnitte, zulässige Leitungslängen und verlustfreie Isolierhüllen,
- minimale Störbeeinflussung von außen und nach außen durch mechanisch, chemisch und thermisch stabile Isolierhüllen, durch mechanische Festigkeit und Flexibilität von Leitungselement und Isolierhülle sowie durch elektromagnetische Schirmung der Leitungselemente.

Es wird damit deutlich, daß eine Vielzahl spezifischer konstruktiver Lösungen für Leitungselemente erforderlich ist, um den unterschiedlichen Einsatzbedingungen gerecht werden zu können. **Tafel 5.1** zeigt die wesentlichen Arten, Ausführungen und Anwendungen [12].

5.2 Leitungselemente   133

Tafel 5.1 Elektrische Leitungselemente (Auswahl)

Art des Leitungs-elements	Kurzzeichen	Ausführungsform und -daten	Anwendung
1. Schwachstromleitungen, feste Legung			
Runddraht, blank (DIN 46420, 46431)		Leiter: E-Al oder E-Cu; $d = (0{,}5 \ldots 2{,}5)$ mm	Masse- oder Erdleiter in Geräten und Anlagen
Gedruckte Leitung, Folienleitung DIN EN 61249-3-3,-4		Basismaterial: flexible Folien aus Polyester od. Polyimid; Leiter: E-Cu, Dicke $(20 \ldots 70)\,\mu m$, ein- oder zweiseitige Kaschierung	Signalleitungen mit definierten elektrischen Eigenschaften (Induktivität, Kapazität, Wellenwiderstand, Signallaufzeit) mit hoher Flexibilität für Verbindung räumlich unterschiedlich angeordneter, i. allg. beweglicher Baugruppen; Verbindung von Bauelementen mit Anschlüssen in festem Raster und bestimmter Reihenfolge (z. B. für Schneidklemmverbindungen nach DIN EN 60352-3)
Flachleitung, Bandleitung, (s. auch DIN EN 50214)	FLY	Isolierhülle: PVC(Y) od. ETFE(7Y); Leiter: E-Cu; Draht oder Litze (Li), $d = (0{,}25 \ldots 0{,}4)$ mm; Rastermaß 1,27 mm; Leiteranzahl $9 \ldots 64$	
Schaltdraht u. Schaltlitze, ein- und mehradrig (DIN VDE 0812)	YV, LIY, YVC, YV(ST), YV(ST)Y, YVO(ST) Y, LIYC, LIYCY, LIYDY	Leiter: E-Cu, eindrähtig verzinnt (V); Isolierhülle: PVC(Y); Mantel: PVC(Y); Leiter: E-Cu, Litze (LI); Isolierhülle: PVC; Schirm: Metallband (ST), Cu-Drahtgeflecht (C), Cu-Drahtbespinnung (D); Bewicklung: Kunststoffband	Schaltdraht/Schaltlitze für Signalleitungen in allen Verdrahtungen mit Löt-, Quetsch-, Klemm- oder Wikkelverbindung; für fremdspannungsfreie Leitungen mit Schirm aus Metallband (ST), Cu-Drahtgeflecht (C) oder Cu-Drahtbespinnung (D)
2. Schwachstromleitungen, ortsveränderliche Legung			
Installationskabel und -leitungen, ein- und mehradrig (DIN VDE 0815)	Y, 2YY, J-FY, J-Y(St) Y, Li-Y, Li-2YY, Li-FY, Li-Y(St) Y	Mantel: rund od. flach (F), PVC(Y) od. PE(2Y); Leiter: E-Cu, Draht od. Litze (Li) $d = (0{,}6 \ldots 0{,}8)$ mm; Isolierhülle: PVC (Y) oder PE (2Y); Schirm (C): Geflecht aus Cu-Drähten; Bewicklung: Isolierfolie	Signalleitungen für ortsveränderliche Legung in der Gerätetechnik

134 5 Elektrische Leitungsverbindungen

Tafel 5.1 Fortsetzung 1

Art des Leitungselements	Kurzzeichen	Ausführungsform und -daten	Anwendung
Koaxiales Hochfrequenzkabel, vollisoliert 50 Ohm, 75 Ohm		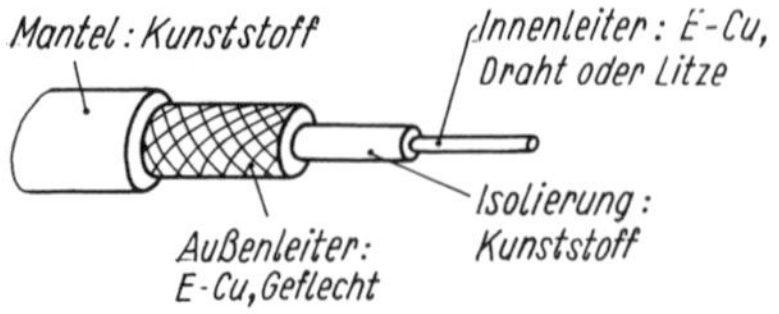 Mantel: Kunststoff; Innenleiter: E-Cu, Draht oder Litze; Außenleiter: E-Cu, Geflecht; Isolierung: Kunststoff	Signalübertragung in der Rundfunk- und Fernsehsendetechnik, der Trägerfrequenztechnik, der Hochfrequenztechnik, der Fernsehempfangstechnik (Antennenkabel)
Hochfrequenzleitung, symmetrisch, ungeschirmt, 240 Ohm (handelsüblich)		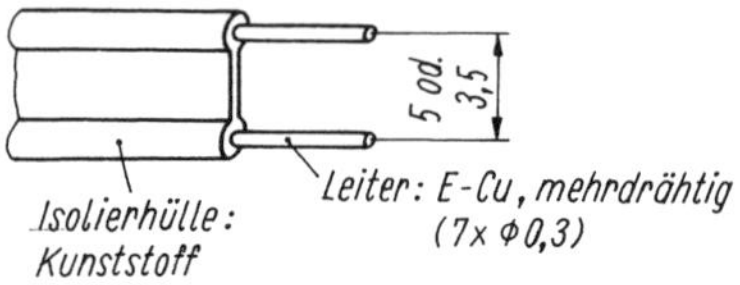 Isolierhülle: Kunststoff; Leiter: E-Cu, mehrdrähtig (7x ⌀0,3); 5 od. 3,5	wie bei koaxialem Hochfreqenzkabel
3. Starkstromleitungen, feste Legung			
Runddraht, blank (DIN 46420, 46431), Flachdraht, blank (DIN EN 13601)		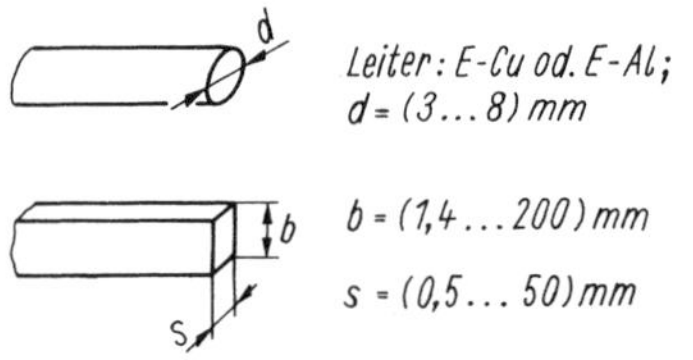 Leiter: E-Cu od. E-Al; $d = (3...8)$ mm; $b = (1,4...200)$ mm; $s = (0,5...50)$ mm	Strom(sammel)-leitungen/Stromschienen oder Erdungs(sammel)-leitungen/Erdungsschienen in größeren Geräten; isolierte Befestigung
PVC-Verdrahtungsleitung, einadrig und PVC-Ader-Leitung einadrig (s. auch DIN EN 50525-2-41)	HO5V- HO7V-	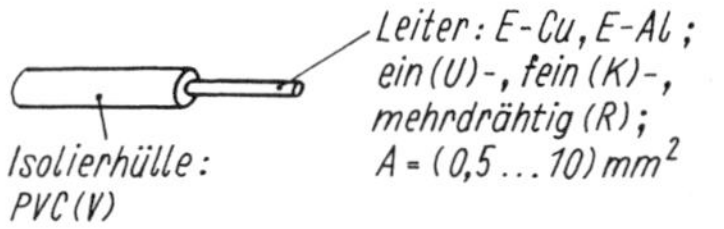 Isolierhülle: PVC (V); Leiter: E-Cu, E-Al; ein (U)-, fein (K)-, mehrdrähtig (R); $A = (0,5...10)$ mm²	für geschützte Legung in Rohren und geschlossenen Installationskanälen; auch für innere Verdrahtung von Geräten
4. Starkstromleitungen, ortsveränderliche Legung			
PVC-Schlauchleitung (Zwillingsleitung), zweiadrig (s. auch DIN EN 50252-2-72)	HO3VH- HO3VV-	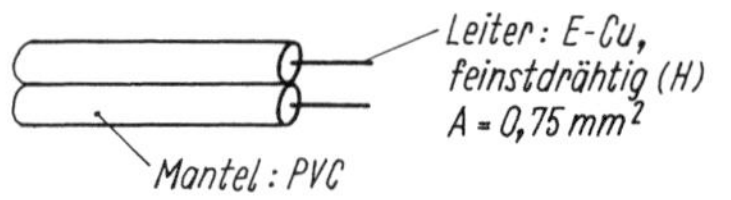 Leiter: E-Cu, feinstdrähtig (H); $A = 0,75$ mm²; Mantel: PVC	für Netzanschluß ortsveränderlicher Geräte (z. B. Rundfunk-, Fernseh-, Phonogeräte, Elektrorasiergeräte) bei geringen mechanischen Belastungen; auch mit thermoplastisch angeformtem Flachstecker (Europastecker)

Tafel 5.1 Fortsetzung 2

Art des Leitungselements	Kurzzeichen	Ausführungsform und -daten	Anwendung
PVC- und Gummischlauchleitung, ein- und mehradrig (s. auch DIN EN 50525-2-11, -12, -21, -22 -31)	HO3VV- HO5VV- HO5RR- HO5RN- HO7RN-	Leiter: E-Cu, feindrähtig $A = (0,5...6) mm^2$ Isolierhülle: Gummimischung (R) oder PVC (V) Mantel: Gummimischung (R), PVC (V) od. Polychloropren (N) Textilgeflecht (T): Chemieseide	für Netzanschluß ortsveränderlicher Geräte (z. B. Bügelgeräte, Tauchsieder, Staubsauger, Kühlschränke, Waschmaschinen, Elektroherde, Büromaschinen), hohe Biegeelastizität

5.3 Verbindungselemente und -verfahren

Die Gewährleistung eines sicheren elektrischen Kontaktes im Verbindungselement einerseits und die für eine Reihe von Anwendungsfällen erforderliche Lösbarkeit elektrischer Verbindungen andererseits führen zum Einsatz von sowohl stoff- als auch kraftschlüssigen Verbindungsverfahren.

5.3.1 Stoffschlüssige Verbindungen

Zur Herstellung elektrisch leitender Verbindungen kommen aus der Fülle stoffschlüssiger Verfahren die Metallschweiß- und Lötverfahren in Frage. Aus dem Charakter dieser Verfahren (inniger Stoffschluß der zu verbindenden Partner durch Ineinanderfließen der Werkstoffe, Diffusion und Adhäsion) ergibt sich die Möglichkeit, Forderungen an eine elektrische Verbindung hinsichtlich Leitfähigkeit und Stabilität nahezu ideal zu erfüllen. Es gibt daher grundsätzlich keine unterschiedlichen Schweiß- und Lötverfahren für Aufgaben zur ausschließlich mechanischen Verbindung zweier Bauteile und für Aufgaben zur elektrischen Verbindung zweier Kontaktpartner untereinander. Damit gelten die Aussagen der Abschnitte 4.1.1 und 4.1.2 in vollem Umfang auch für elektrische Verbindungen. Besonderheiten ergeben sich lediglich aus einem speziellen Anwendungsgebiet von Schweiß- und Lötverbindungen für die Kontaktierung mikroelektronischer Bauelemente und Baugruppen. Die konstruktive Realisierung einer elektronischen Schaltung bedingt einerseits die elektrische Verbindung der Chipanschlüsse mit den Gehäuseanschlüssen des Bauelements (innere Kontaktierung) und andererseits die Verbindung der Anschlüsse der elektronischen Bauelemente mit den Anschlüssen der elektronischen Baugruppe, z. B. der Leiterplatte (äußere Kontaktierung). Während die innere Kontaktierung (Thermokompressionsschweißen, Ultraschallschweißen, Beam-lead-Technik, Flip-chip-Technik usw. [5.2]) in erster Linie für die Hersteller von Halbleiterbauelementen interessant ist, muß die Art der äußeren Kontaktierung durch den Baugruppen- und Gerätekonstrukteur bestimmt und festgelegt werden. **Tafel 5.2** enthält eine Übersicht der wichtigsten Verfahren zur äußeren Kontaktierung elektronischer Bauelemente (s. auch [5.2]).

5.3.2 Kraftschlüssige Verbindungen

Kraftschlüssige elektrische Verbindungen weisen gegenüber den gleichartigen mechanischen Verbindungen (s. Abschn. 4.3) einige bedeutende Unterschiede auf, die sich aus den speziellen Forderungen an die elektrische Leitfähigkeit und mechanische Stabilität ergeben **(Tafel 5.3)**.

5 Elektrische Leitungsverbindungen

Tafel 5.2 Verfahren zur äußeren Kontaktierung elektronischer Bauelemente
Übersicht nach [5.2], s. auch Tafel 4.5

Verfahren	Prinzip	Anwendung
Badlöten mit bewegtem Lötbad		
Schwallöten	 *Pumpe, Düse*	bedeutsames Verfahren für steckbare Bauelemente, hoher Automatisierungsgrad bei großen Serien; ständig oxidfreie Lötbadoberfläche; Variation der Wellenform ermöglicht auch komplizierte Lötungen, Schwallötanlagen meist als Komplex mit Vor- und Nachbehandlung (Fluxen, Wärmen, Löten, Waschen)
Kaskadenlöten		geneigte Führung des Verdrahtungsträgers gegen das über eine gewellte Oberfläche fließende Lot; Lotbadoberfläche ist an gewellten Stellen ständig oxidfrei
Sylvania-Verfahren	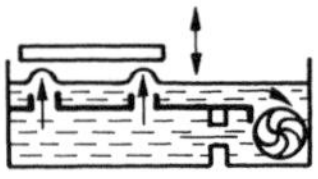	selektives Lötverfahren, bei dem der Verdrahtungsträger fest über dem Bad fixiert wird; Lot wird über Düsensystem (Düsenschablone) gegen den zu kontaktierenden Partner gepumpt; Anwendung nur bei Fertigung von Verdrahtungsträgern in großer Stückzahl
Reflow-Löten (Löten durch Aufschmelzen vorher aufgebrachter Lotschichten)		
Konvektions- oder Heißgaslöten	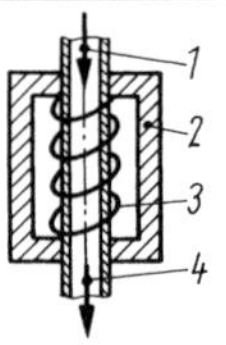 *1 Druckgas, kalt; 2 Wärmeisolation; 3 Heizwicklung; 4 Heißgas*	Kontaktierung von Miniaturbauelementen auf Verdrahtungsträgern, wenn mit lokal begrenzter Energieeinwirkung alle Anschlüsse eines Bauelements simultan zu kontaktieren sind; bei entsprechender Dimensionierung der auswechselbaren Düsen können verschiedene Bauelementeformen und -größen verarbeitet werden
Strahlungslöten — Infrarotlöten	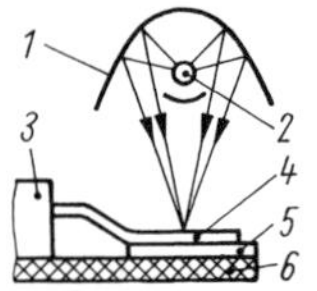 *1 Reflektor; 2 Strahler; 3 integrierter Schaltkreis; 4 Schaltkreisanschluß, verzinnt; 5 Leiterzug, verzinnt; 6 Trägermaterial*	Sonderverfahren zum selektiven, linienhaften Löten, z. B. bei Vorhandensein langer Anschlußfahnen, an denen noch gewickelt werden soll; dosierte Lotzugabe (Ringe) ist vor dem Löten erforderlich
Strahlungslöten — Lichtstrahllöten		wie Infrarotlöten, aber mit höheren Temperaturen, Halogen- oder Hg-Strahler (punkt- oder linienförmig); Kontaktierung aufsetzbarer Bauelemente auf Verdrahtungsträgern; Verbindung kann bei bewegtem Trägermaterial erfolgen, hohe thermische Belastung des Trägermaterials
Strahlungslöten — Laserlöten	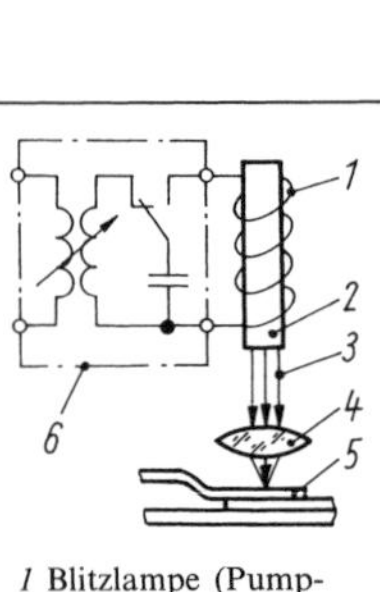 *1 Blitzlampe (Pumpquelle); 2 Rubinresonator; 3 Laserstrahl; 4 Optik; 5 Bauelementeanschluß; 6 Energiespeicher*	besonders geeignet zum Kontaktieren temperaturempfindlicher Bauelemente und dünner Drähte, wo es zu keiner Erwärmung der Fläche um die Lötverbindung kommen darf; Verbindungen müssen nacheinander hergestellt werden

Tafel 5.2 Fortsetzung

Verfahren	Prinzip	Anwendung
Bügellöten	*1* Bauelement; *2* Elektrodenhalter; *3* Bügelelektrode; *4* Bauelementeanschluß, verzinnt; *5* Leiterzug, verzinnt; *6* Trägermaterial	Kontaktierung aufsetzbarer Bauelemente; gleichzeitige Kontaktierung mehrerer Anschlüsse möglich; Aufschmelzen der Lotschichten durch indirekte Erwärmung von der infolge Stromflusses erhitzten Bügelelektrode
Widerstandslöten	*1* Elektroden; *2* Bauelementeanschluß; *3* Leiterzug; *4* Trägermaterial; *5* Bauelement	Kontaktierung aufsetzbarer Bauelemente, Feinlötungen in der Elektronikindustrie; Aufschmelzen der mittels Vorverzinnen aufgebrachten Lotschichten durch direkten Stromfluß; große Variationsbreite der Verfahrensparameter

5.4 Verdrahtungen
[12]

5.4.1 Klassifikation

Die verschiedenen Arten von Leitungsverbindungen werden als Verdrahtungen bezeichnet. Ihre elektrischen Übertragungseigenschaften sind vom Querschnitt, der Länge und der räumlichen Zuordnung der einzelnen Leitungen, der sog. Legung abhängig, so daß eine Einteilung nach der Legungsart zweckmäßig erscheint **(Bild 5.2)**, s. auch **Anhang**, Abschn. A6 und A7.

5.4.2 Kabelverdrahtung

Unter der Bündelverdrahtung versteht man eine parallele Legung diskreter Leitungselemente, die geordnet zu Bündeln zusammengefaßt werden. Der Zusammenhalt der Bündel wird durch Abbinden gewährleistet (Schnur, PVC-Band o. ä.). Bei der Kanalverdrahtung werden die Leitungen in geschlossenen oder halboffenen Kanälen verlegt und über Rangierösen herausgeführt. Die Kanäle bestehen aus Kunststoff oder aus Blech (elektromagnetische Schirmung) **(Bild 5.3)**.

Ein Formkabel ist ein vorgefertigtes, mit Schnur abgebundenes und damit mechanisch stabiles Leitungsbündel, das gesondert hergestellt und als Bauteil in das Gerät eingesetzt wird **(Bild 5.4)**. Allen Kabelverbindungen gemeinsam sind die Nachteile größerer Leitungslängen und die hohe Störempfindlichkeit durch Kopplung der Leitungen untereinander (Übersprechen). Damit sind solche Verdrahtungen nur für Gleichspannungen bzw. niedrige Arbeitsfrequenzen geeignet.

138   5 Elektrische Leitungsverbindungen

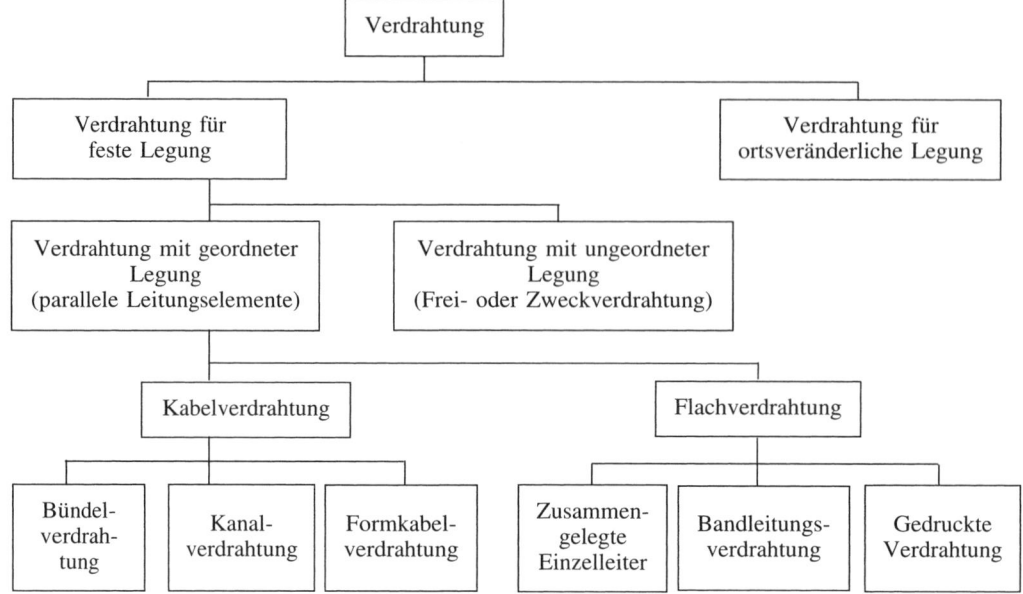

Bild 5.2 Klassifikation von Verdrahtungen

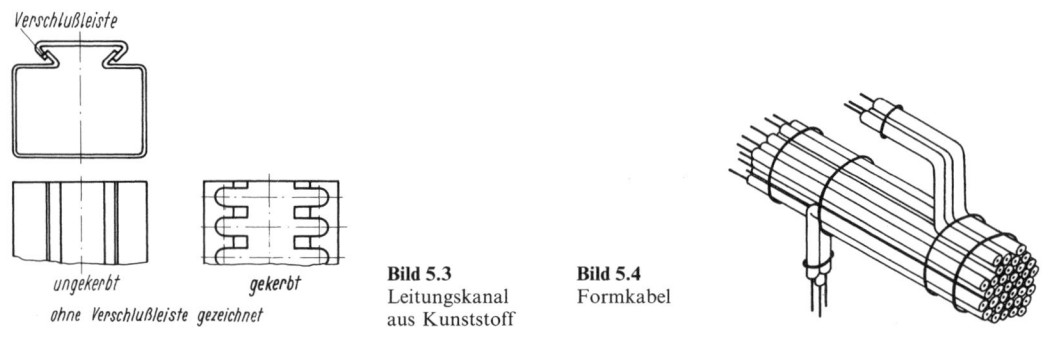

Bild 5.3 Leitungskanal aus Kunststoff

Bild 5.4 Formkabel

5.4.3   Flachverdrahtung

Die Bandleitung besteht aus einer geordneten Legung von einadrigen Leitungselementen (Draht, Litze, Folie), die nebeneinander in einem festen Parallelverbund angeordnet sind. Der feste Verbund wird durch Einbettung der Leiter in Kunststoff bzw. durch gedruckte Leitungen auf einem flexiblen Trägermaterial aus Kunststoff gewährleistet **(Bild 5.5)**. Unabhängig vom

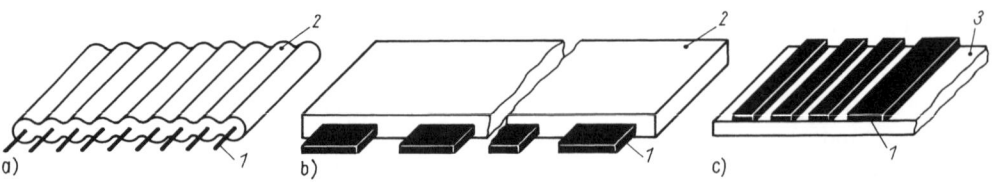

Bild 5.5 Bandleitungen
a) in Kunststoff eingebettete Rundleiter; b) in Kunststoff eingebettete Flachleiter; c) Folienleiter auf flexiblem Kunststoffträger
1 Leiter; *2* Isolierhülle; *3* Isolierträger

Biegezustand und von der Lage des Bandkabels im Raum besteht immer eine feste geometrische Zuordnung der einzelnen Leiter zueinander, so daß Bandleitungen für Signalübertragungen verwendet werden, die definierte elektrische Eigenschaften (Induktivität, Kapazität, Wellenwiderstand, Signallaufzeit) besitzen müssen.

Besonders geeignet sind sie auch für die Kontaktierung von Bauelementen, deren Anschlüsse in einem einheitlichen Raster und in bestimmter Reihenfolge vorliegen, z. B. für Steckverbinder mit Schneidklemmkontaktierung (s. Tafel 5.3). Die verbreitetste Flachverdrahtung mit den gleichen genannten Vorteilen ist die gedruckte Verdrahtung in ihrer Form als starre, steckbare Leiterplatte (Steckbaugruppe) in einem Zwei- oder Mehrebenenaufbau **(Bild 5.6)**. Mehrebenen-Leiterplatten werden im besonderen als Rückverdrahtungsleiterplatten zur Verdrahtung von Leiterplatten-Steckbaugruppen eingesetzt (s. Bild 5.6).

5.4.4 Freiverdrahtung

Die Freiverdrahtung ist eine ungeordnete Legung von einadrigen Leitungen direkt von Anschlußpunkt zu Anschlußpunkt. Diese traditionelle Verdrahtungsart ist wieder höchst aktuell, da sie — auf dem kürzesten Weg verlegt — minimale Leitungslängen und minimale Leitungskopplungen gewährleistet **(Bild 5.7)**. Für die Rückverdrahtung von Leiterplatten-Steckbaugruppen werden die Schaltdrähte mit den Anschlußstiften der Federleisten über Klemmhülsen- oder Wickelverbindung kontaktiert (s. Tafel 5.3).

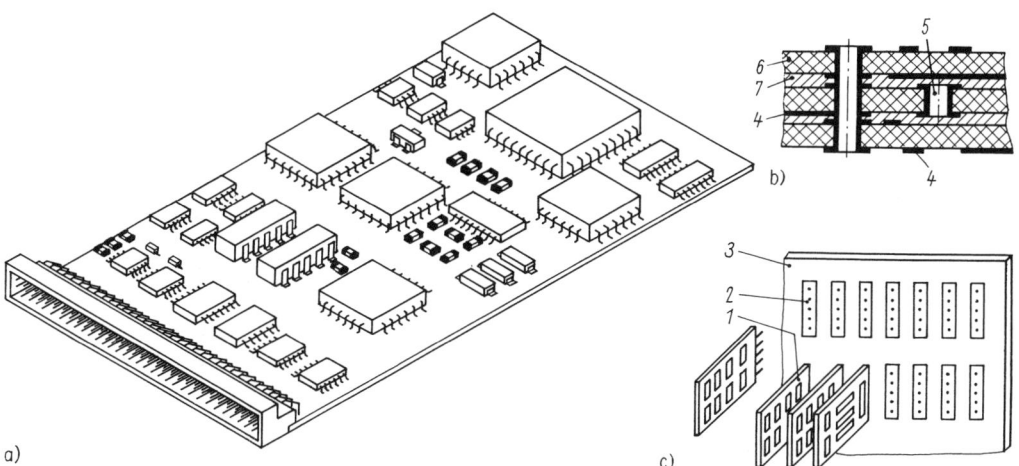

Bild 5.6 Gedruckte Verdrahtung
a) Leiterplatte als Steckbaugruppe; b) Mehrebenenleiterplatte (Schnittdarstellung); c) Rückverdrahtungsleiterplatte
1 Leiterplattensteckbaugruppe; *2* Federleiste des Steckverbinders; *3* Mehrebenenleiterplatte; *4* Leitungsebene; *5* Durchkontaktierung; *6* Basismaterial (Laminat); *7* Isolierschicht (Prepreg)

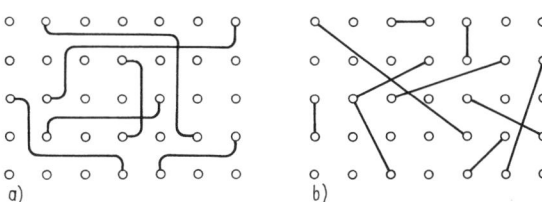

Bild 5.7 Freiverdrahtung
a) allgemeine Form; b) mit minimierter Leitungslänge

Tafel 5.3 Kraftschlüssige elektrische Verbindungen

Bezeichnung	Eigenschaften und Anwendung	Ausführungsformen
1. Quetsch- oder Crimpverbindung (DIN EN 60352-2)	Verpreßverbindung eines Leiters (Draht, Litze) mit einem Anschlußelement durch plastische Verformung der Crimphülse; bei der offenen Crimphülse (a) werden die Schenkel eingerollt, bei der geschlossenen Crimphülse (b) erfolgt Verformung in unterschiedlichen Querschnitten; gebräuchliche Anschlußelemente sind Kabelschuhe (DIN 46211, 46225, 46237), Lötösen, Anschlußstifte und -stecker	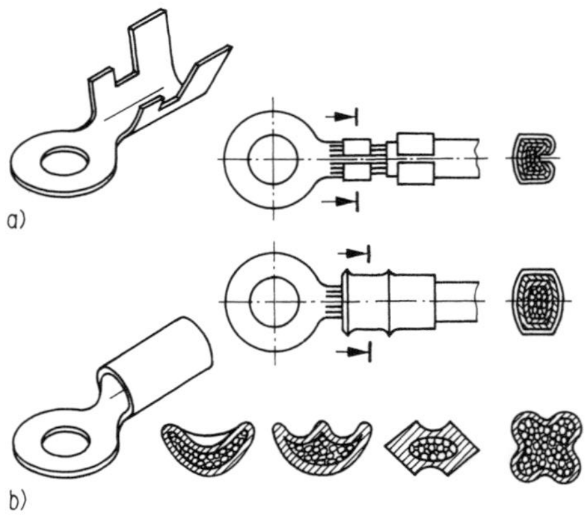
2. Klemmverbindung	Verbindung, bei der die Kraft von einem Anschlußelement oder einem dritten Bauteil ausgeübt wird; krafterzeugende Elemente sind Schrauben und Federn, einzeln und kombiniert	
2.1 Schraubenklemmverbindung (DIN 46206-2)	Verbindung eines Leiters (Draht, Litze) mit einem Anschlußelement durch Schrauben, unmittelbar als Buchsenklemme (a), als Kopfschraubenklemme (b), formschlüssig unterstützt durch Drahtöse (c), oder hochgezogenen Rand (d), kraftschlüssig unterstützt durch federnde Zusatzelemente (e, f) bzw. mittelbar mit Druckübertragungsteil als Buchsenklemme (g), Flachklemme (h) oder mittels Kabelschuh (i); verbreitete Anwendung für Starkstrominstallation in Geräten, in Verbindung mit Kabelschuhen auch in der Schwachstrominstallation	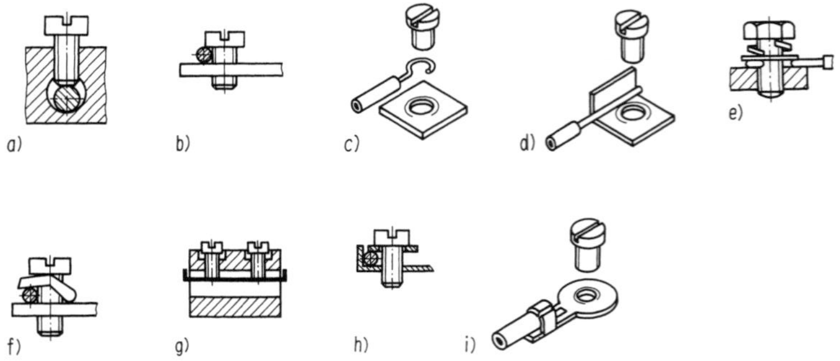
2.2 Federklemmverbindung	Verbindung durch den mittelbaren oder unmittelbaren Einsatz von Federkraft	

5.4 Verdrahtungen 141

2.2.1 Klemmfederverbindung		Mittelbare Verbindung eines Leiters (Draht) mit einem Anschlußelement durch ein zusätzliches Federelement (Klemmfeder) mit mittelbarem (a) oder unmittelbarem Kontakt (b)
2.2.2 Klemmhülsen- oder Klammerverbindung (DIN 41611-4)		Mittelbare Verbindung eines Leiters (Draht, Litze) mit einem Anschlußelement durch ein zusätzliches elastisches Element (Klemmhülse oder Klammer); Stift-Draht-Verbindung bei Leiterplattenrückverdrahtung; bis zu drei Hülsen/Stift möglich (*1* Anschlußstift; *2* Klemmhülse; *3* Isolationsunterstützung; *4* Anschlußlitze)
2.2.3 Steckkontaktverbindung (handelsüblich)		Unmittelbare Verbindung durch federnde Ausbildung eines der beiden zu paarenden Anschlußelemente
a) Einfachflachsteckverbindung		Verbindung zwischen Flachstecker (a) am Gerät und Steckhülse (b) mit angecrimpter Leitung; Verrasten der Verbindung durch Rastloch und Rastwarze; nicht für häufiges Stecken und Lösen (≤ 20); hohe Kontaktsicherheit; vorzugsweise in der Autoelektrik und Haushaltelektrik
b) Mehrfachflachsteckverbindung (DIN 41617-1, DIN 41620-1)		Steckverbindung ausschließlich für Leiterplatten, indirekt mit Messerleiste (a) und Federleiste (b) oder direkt mit Federleiste (c) und der Leiterplatte als Messerleiste (d); Verbindungssystem mit 15 bis 96 Kontakten hoher Zuverlässigkeit (λ/Kontakt $= 10^{-7}$ h^{-1}) und Lebensdauer ($5 \cdot 10^2$ Steckungen); Anschlußstifte der Messerleiste für Einlötung in die Leiterplatte abgewinkelt; Messer zwei- bis dreireihig, geschützt angebracht; Anschlußstifte der Federleiste zum Einlöten oder Einpressen in Rückverdrahtungsleiterplatten bzw. zum Anschluß von Wickel- oder Klammerverbindungen

Tafel 5.3 Fortsetzung

Bezeichnung	Eigenschaften und Anwendung	Ausführungsformen
c) Zwei- und Dreifachrundsteckverbindung (DIN 49400)	Gerätesteckverbindungen als zweipolige Steckverbinder mit oder ohne Schutzkontakte für die Stromversorgung (Klein-, Netzspannung) a) Flachstecker (DIN 49464), 2,5 A; b) Flachstecker (DIN 49406), 10/16 A; c) Rundstecker mit seitlichen Schutzkontakten (DIN 49441), 10/16 A; d) Kleingerätesteckverbindung (DIN 49454), <1A; e) Kleingerätesteckverbindung (DIN 49455), 1 A; f) Gerätesteckverbindung, 6 A mit Schutzkontakt	
d) Mehrfachrundsteckverbindung (s. auch DIN EN 60130-9)	Drei- bis fünfpolige Steckverbindung der Informationstechnik; durch runde Ausführung gute Möglichkeiten der Verbindungssicherung durch Bajonett- oder Schraubverschluß; Lebensdauer >10^3 Steckungen (a) Stecker; b) Einbaudose)	
2.3 Schneidklemmverbindung (DIN EN 60352-3)	Verbindung durch Einklemmen eines isolierten Leiters (Draht, Litze) in ein die Isolierhülle durchschneidendes und den Leiter klemmend kontaktierendes U-förmiges Anschlußstück (a) mit mindestens zwei freitragenden federnden Schenkeln; Verbindung hoher Zuverlässigkeit ($\lambda \approx 5 \cdot 10^{-9}$ h^{-1}); Anwendung besonders zur Verbindung von Flachleitungen (b) bis zu 64 Adern (1 Einfachkontakte, 2 Doppelkontakte, 3 Federleiste, 4 Zugentlastung, 5 Flachleitung)	
3. Wickelverbindung (DIN 41611-9)	Schaltdraht wird unter kontrollierter mechanischer Spannung mehrmals um Stift gewickelt, wobei Isolierhülle des Schaltdrahtes durch Kanten des Stiftes verdrängt wird, so daß der Leiter mit diesen Kanten gasdichte Kontaktzonen bildet; vier Windungen (=16 Kontaktstellen) ergeben Summe von Kontaktzonen $\geqq$ Leiterquerschnitt; hohe Kontaktzuverlässigkeit ($\lambda \approx 0,5 \cdot 10^{-9}$ h^{-1}); i. allg. bis zu drei Wickel/Anschlußstift (a) Zweifachwickel auf einem Anschlußwickel; b) Kontaktzone) 1 Anschlußdraht, 2 Anschlußstift (Wickelfahne), 3 plastifizierte Zone, 4 stoffschlüssige Zone	

5.5 Aufgaben und Lösungen zu den Abschnitten 4 und 5

Aufgabe 5.1 Welle-Nabe-Verbindung

Zur Übertragung von Drehmomenten werden bei höheren Genauigkeitsforderungen an die Drehwinkeltreue häufig Metallbälge (Wellrohre) als Ausgleichskupplungen eingesetzt **(Bild 5.8)**. Die Verbindung mit der Welle kann durch mit den Metallbälgen (*1*) verklebte Anschlußstücke (*2*) erfolgen.

a) Welches Drehmoment kann mit der im Bild dargestellten Anordnung bei einer geforderten fünffachen Sicherheit ($S = 5$) der Klebstelle übertragen werden?
b) Die Verbindung der Welle mit dem Anschlußstück soll durch einen Querstift erfolgen. Welchen Durchmesser muß der Stift haben, damit er bei gleichem Drehmoment nicht abgeschert wird?

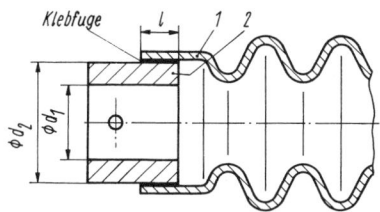

Bild 5.8
Metallbalgbefestigung

Gegeben:

$\tau_{B\,Klebstoff} = 25$ N/mm²; $l = 6$ mm; $\tau_{a\,zul\,Stift} = 80$ N/mm²; $d_1 = 20$ mm; $d_2 = 30$ mm.

Aufgabe 5.2 Lagerdeckelverschraubung eines Getriebegehäuses

Die auf die Getriebewelle (*1*) eines Zahnradgetriebes hoher Leistung einwirkende Axialkraft von $F = 30$ kN soll über die Lagerdeckelverschraubung (*2*) vom Getriebegehäuse (*3*) aufgenommen werden **(Bild 5.9)**. Es sind vier Schrauben der Festigkeitsklasse 8.8 vorgesehen. Die Dicke des Deckelflansches beträgt $l_B = 20$ mm. Es sind die erforderlichen Schraubenquerschnitte unter der Annahme einer konstanten Axialkraft zu ermitteln. Konstruktionsmaße für Schrauben (in mm):

Nenndurchmesser d	Kopfhöhe k	Schlüsselweite s	Lochdurchmesser d_L [1]
8	5,3	13	9
10	6,4	17	11
12	7,5	19	13,5
16	10	24	17,5
20	12,5	30	22

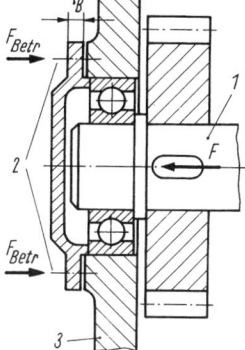

[1] nach DIN EN 20273, Reihe *mittel*

Bild 5.9
Lagerdeckelverschraubung

Aufgabe 5.3 Seilrollenbefestigung

Eine Seilrolle (*1*) für das Skalenseil eines elektronischen Geräts ist im Abstand *a* drehbar an einem Halteblech (*2*) zu befestigen **(Bild 5.10)**. Gesucht sind mehrere konstruktive Lösungen und ihre Bewertung bezüglich der Wirtschaftlichkeit bei unterschiedlichen Stückzahlen.

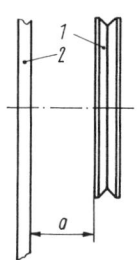

Bild 5.10
Prinzip der Seilrollenbefestigung

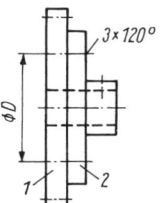

Bild 5.11
Verbindung Zahnrad-Wellenflansch

144   5 Elektrische Leitungsverbindungen

Aufgabe 5.4 Verbindung Zahnrad-Wellenflansch

Ein Zahnrad (*1*) aus Hartgewebe **(Bild 5.11)** soll durch drei Niete ($z = 3$), die auf einem Kreis mit dem Durchmesser $D = 20$ mm angeordnet sind, mit einem Wellenflansch (*2*) verbunden werden. Zu berechnen ist näherungsweise der erforderliche Nietdurchmesser d_1, wenn ein Drehmoment von $M_d = 85$ N·mm zu übertragen ist und die zulässige Flächenpressung (Lochleibung) für Hartgewebe $\sigma_{lzul} = 0{,}5$ N/mm² nicht überschritten werden darf. Die Breite des Zahnrads beträgt $s = 3$ mm.

Aufgabe 5.5 Schwenkrahmenverdrahtung

Eine Schaltwarte besteht aus Gestellen mit um eine senkrechte Achse drehbaren Schwenkrahmen für die Aufnahme der elektronischen Funktionseinheiten. Für einen solchen Schwenkrahmen mit Leiterplattensteckeinheiten **(Bild 5.12)**, deren elektronische Funktionseinheiten mit sehr hohen Operationsgeschwindigkeiten arbeiten, ist die funktionell zweckmäßigste Verdrahtungsvariante festzulegen:

a) Gesamtverdrahtung der Leiterplattensteckeinheiten innerhalb eines Einbaurahmens
b) Signalleitungsverdrahtung zwischen den einzelnen Einbaurahmen
c) Verdrahtung der Stromversorgung für die Einbaurahmen unter Berücksichtigung der notwendigen flexiblen Anordnung der Verdrahtung vom Schwenkrahmen zum Gestell.

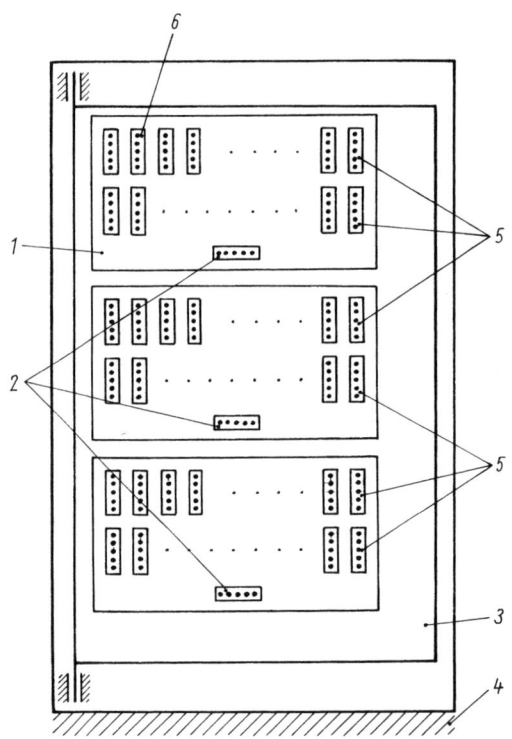

Bild 5.12 Schwenkrahmen
1 Einbaurahmen; *2* Anschlußleisten für Stromversorgung der Einbaurahmen; *3* Schwenkrahmen; *4* Gestell; *5* Anschlußleisten für Signalleitungen zwischen den Einbaurahmen; *6* Anschlußleisten für Leiterplatten-Steckbaugruppen (Rückseite)

Lösung zu Aufgabe 5.1

a) Berechnung des übertragbaren Drehmoments

$$M_{d\,max} = F_{t\,max} d_2/2 ; \quad F_{t\,max} = A\tau_{zul} = A\tau_B/S$$

$$A = l\pi d_2 ; \quad M_{d\,max} = l\pi d_2^2 \tau_B/(2S)$$

$$M_{d\,max} = \frac{6 \text{ mm} \cdot \pi \cdot 900 \text{ mm}^2 \cdot 25 \text{ N/mm}^2}{2 \cdot 5} = 42{,}4 \text{ N} \cdot \text{m}.$$

b) Berechnung des Stiftdurchmessers (nach Tafel 4.7)

$$\tau_{a\,Stift} = F'_t/(2A)\,; \quad F'_t = 2M_d/d_1\,; \quad A = \pi d^2_{Stift}/4$$

$$\tau_{a\,Stift} = 4M_d/(\pi d_1 d^2_{Stift}) \leq \tau_{a\,zul\,Stift}$$

$$d^2_{Stift} = \frac{4M_d}{d_1\pi\tau_{a\,zul\,Stift}} = \frac{4 \cdot 42{,}4 \cdot 10^3\,\text{N} \cdot \text{mm}}{20\,\text{mm} \cdot \pi \cdot 80\,\text{N/mm}^2}$$

$$d_{Stift} = 5{,}8\,\text{mm}\,; \quad \text{gewählt wird } d_{Stift} = 6\,\text{mm}.$$

Lösung zu Aufgabe 5.2

Kraft je Schraube

$$F_L = \frac{30}{4}\,\text{kN} = 7{,}5\,\text{kN} = F_{Betr}$$

Vorspannkraft

$$F_V/F_{Betr} = 3{,}5 \quad \text{(aus Tafel S. 127)}$$

$$F_V = 7{,}5\,\text{kN} \cdot 3{,}5 = 26{,}25\,\text{kN}.$$

Spannungsquerschnitt

Aus Gl. (4.22) folgt $A_s = F_V/(0{,}7R_e)$, wobei $R_e = 640\,\text{N/mm}^2$ (Tafel S. 128):

$$A_s = \frac{26250\,\text{N}}{0{,}7 \cdot 640\,\text{N/mm}^2} = 58{,}6\,\text{mm}^2.$$

Gewählt wird aus Tafel 4.11 der nächstliegende Wert, d. h., $A_s = 58{,}0\,\text{mm}^2$ mit $d = 10\,\text{mm}$ (M 10). Es werden Sechskantschrauben ausgewählt.

Federsteifen für Schrauben

$$c_{Schr} = E_{Schr}A_{Schr}/l\,; \quad E_{Schr} = 2{,}15 \cdot 10^5\,\text{N/mm}^2 \quad \text{(aus Tafel 3.2 für St)}$$

$$A_{Schr} = A_s = 58\,\text{mm}^2\,, \quad l \approx l_B + k/3 \approx 22{,}3\,\text{mm}\,;$$

$$l_B = 20\,\text{mm}\,, \quad k = 7\,\text{mm}\,,$$

$$c_{Schr} = \frac{2{,}15 \cdot 10^5\,\text{N/mm}^2 \cdot 58\,\text{mm}^2}{22{,}3\,\text{mm}} = 5{,}59 \cdot 10^5\,\text{N/mm}.$$

Federsteife Deckelflansch (s. Bild 4.67b)

$$c_{B\,ges} = [E_B\pi/(4l_B)]\,[(s + 0{,}34l_B)^2 - d_L^2] \quad \text{wegen } l_B < 4d\,; \quad E_B = 2{,}15 \cdot 10^5\,\text{N/mm}^2$$
$$\text{(aus Tafel 3.2 für St)};$$

$$l_B = 20\,\text{mm}\,, \quad s = 17\,\text{mm} \quad \text{für M 10}\,, \quad d_L = 11{,}5\,\text{mm}.$$

$$c_{B\,ges} = \frac{2{,}15 \cdot 10^5\,\text{N/mm}^2 \cdot \pi}{4 \cdot 20\,\text{mm}}(23{,}8^2 - 11{,}5^2)\,\text{mm}^2 = 36{,}66 \cdot 10^5\,\text{N/mm}.$$

Zusatzkraft

$$F_Z = F_{Betr}c_{Schr}/(c_{Schr} + c_{B\,ges}) = \frac{5{,}59 \cdot 10^5}{42{,}25 \cdot 10^5} \cdot 7500\,\text{N} = 992{,}3\,\text{N}.$$

Zugspannung

$$\sigma_z = (F_V + F_Z)/A_s = \frac{26250\,\text{N} + 992{,}3\,\text{N}}{58\,\text{mm}^2} = 469{,}69\,\text{N/mm}^2.$$

Torsionsspannung

$$\tau_t = \frac{F_V d_2}{A_s(d_2 + d_3)} = \frac{26250\,\text{N} \cdot 9{,}026\,\text{mm}}{58\,\text{mm}^2 \cdot 17{,}186\,\text{mm}} = 237{,}7\,\text{N/mm}^2$$

($d_2 = 9{,}026\,\text{mm}$, $d_3 = 8{,}16\,\text{mm}$, $A_s = 58\,\text{mm}^2$; s. Tafel 4.11).

Vergleichsspannung

$$\sigma_v = \sqrt{\sigma_z^2 + 3(\alpha_0\tau_t)^2} = \sqrt{469{,}69^2 + 3(1 \cdot 237{,}7)^2}\,\text{N/mm}^2 = 624{,}6\,\text{N/mm}^2.$$

Zulässige Spannung gemäß Gl. (4.23)

$$\sigma_{z\,zul} = R_e = 640\ \text{N/mm}^2 > 624{,}6\ \text{N/mm}^2,$$

(Festigkeitsklasse 8.8); damit liegt die auftretende Spannung innerhalb des zulässigen Bereichs; die Dimensionierung der Schrauben mit M 10 ist richtig.

Lösung zu Aufgabe 5.3

Einige Varianten für die Seilrollenbefestigung sind im **Bild 5.13** dargestellt: a1/a2/b1 bei Einzelfertigung; a2/a3/a4/b2 bei Serienfertigung; bei Massenfertigung Lagerzapfen thermisch genietet (a3, a4), Seilrolle aus Kunststoff (b3); (a) Befestigung der Achse am Halteblech, b) Befestigung der Seilrolle auf der Achse).

Lösung zu Aufgabe 5.4

Die Kraft je Niet beträgt $F_{\text{Niet}} = 2M_d/(Dz)$.
Damit ergibt sich

$$\sigma_1 = \frac{F_{\text{Niet}}}{d_1 s} = \frac{2M_d}{Dzd_1 s} \leqq \sigma_{1\,zul}.$$

Für den Nietdurchmesser erhält man

$$d_1 \geqq \frac{2M_d}{Dzs\sigma_{1\,zul}};\qquad d_1 \geqq \frac{2 \cdot 85\ \text{N}\cdot\text{mm}}{20\ \text{mm}\cdot 3 \cdot 3\ \text{mm}\cdot 0{,}5\ \text{N}\cdot\text{mm}^{-2}} = 1{,}9\ \text{mm}.$$

Es wird ein Nietdurchmesser von $d_1 = 2$ mm gewählt.

Lösung zu Aufgabe 5.5

Zur Lösung der Aufgabe werden vier verschiedene Verdrahtungen eingesetzt **(Bild 5.14)**:

a) Der Einbaurahmen kann als Mehrlagen-Rückverdrahtungsleiterplatte oder mit Steckverbinderanschlußleisten und Freiverdrahtung ausgebildet werden.
b) Die Verlegung der Signalleitungen zwischen den Einbaurahmen erfolgt mit Bandleitungen.
c) Die Stromversorgung wird als Formkabelverdrahtung ausgeführt. Das Formkabel ist am Rahmen geeignet zu befestigen; zur Gewährleistung der Schwenkbewegung des Rahmens ist eine entsprechend große Kabelschlaufe vorzusehen.

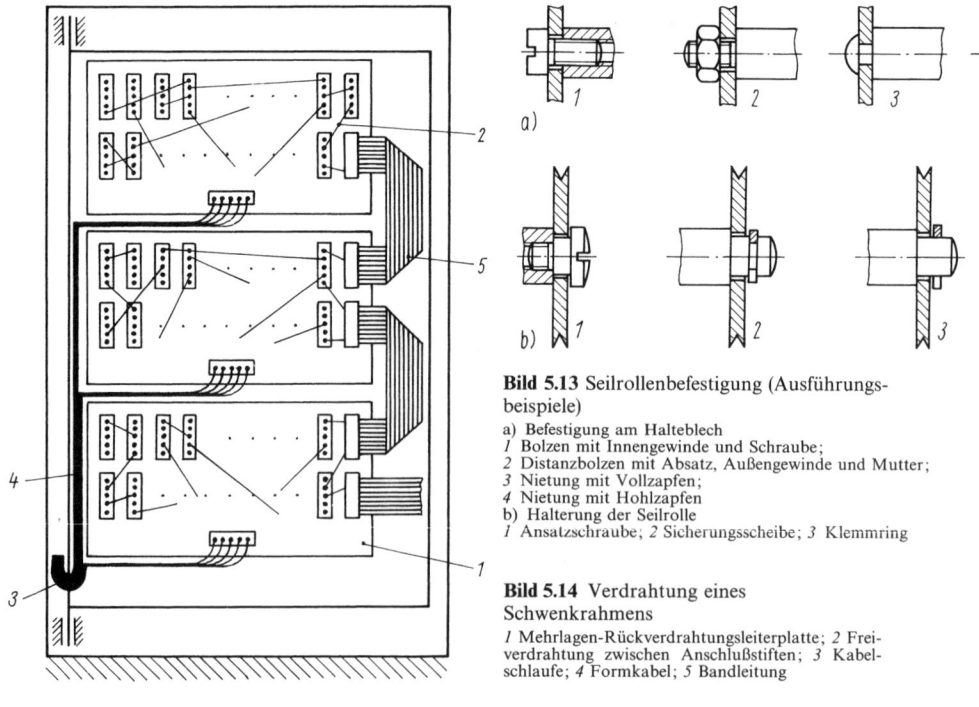

Bild 5.13 Seilrollenbefestigung (Ausführungsbeispiele)
a) Befestigung am Halteblech
1 Bolzen mit Innengewinde und Schraube;
2 Distanzbolzen mit Absatz, Außengewinde und Mutter;
3 Nietung mit Vollzapfen;
4 Nietung mit Hohlzapfen
b) Halterung der Seilrolle
1 Ansatzschraube; 2 Sicherungsscheibe; 3 Klemmring

Bild 5.14 Verdrahtung eines Schwenkrahmens
1 Mehrlagen-Rückverdrahtungsleiterplatte; 2 Freiverdrahtung zwischen Anschlußstiften; 3 Kabelschlaufe; 4 Formkabel; 5 Bandleitung

6 Federn

Federn sind Bauelemente, bei denen bewußt die elastischen Eigenschaften des Werkstoffs ausgenutzt werden. Sie finden in der Feinwerktechnik und im Maschinenbau vielfältige Anwendung (als Einzelfeder oder Federkombination bzw. Federsystem):

- *Speicherelemente*
  Antrieb von Laufwerken (z. B. Aufzugfeder einer Uhr) und Sprungelemente in Schaltern
- *Meßelemente*
  Messung von Kräften und Momenten, z. B. Federwaage
- *Schwingungselemente*
  Feder-Masse-System mit konstanter Eigenfrequenz, z. B. im Zungenfrequenzmesser
- *Ruheelemente*
  Erzeugung eines Kraftschlusses, Ausschalten unerwünschten Spiels, Sicherung einer stabilen Lage der Bauteile (z. B. Rückholfeder)
- *Lagerelemente*
  elastische Beweglichkeit in Gelenken (s. Abschn. 8.3).

6.1 Grundbegriffe, Federkennlinien
[3] [6.1]

Bei der Verformung einer Feder durch eine äußere Kraft F wird die Auslenkung des Kraftangriffspunktes an der Feder als Federweg s (früher f) bezeichnet (**Bild 6.1**). Die Federkennlinie ist die Darstellung der Belastungskraft F als Funktion des Federwegs s (**Bild 6.2**).

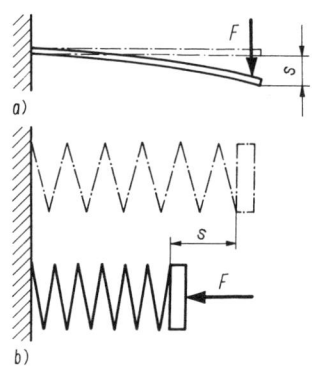

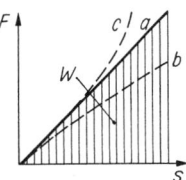

Bild 6.2 Federkennlinien

Bild 6.1 Verformung von Federn
a) Blattfeder; b) Druckfeder

Das Maß für die Steifigkeit einer Feder ist die Steigung der Kennlinie:

$$c = \mathrm{d}F/\mathrm{d}s. \tag{6.1a}$$

Wird die Verformung durch ein Drehmoment M_d hervorgerufen, so gilt

$$c = \mathrm{d}M_\mathrm{d}/\mathrm{d}\varphi, \quad \varphi \text{ Verdrehwinkel}. \tag{6.1b}$$

„Harte" Federn haben eine steile, „weiche" eine flache Kennlinie. Bei der linearen Kennlinie (*a* im Bild 6.2) muß u. a. der Werkstoff dem Hookeschen Gesetz folgen; die Federsteife wird zur Federkonstanten. Nur wenige Federn haben eine gekrümmte Kennlinie (Beispiele s. Bild 6.14).

Bei Tellerfedern (Abschn. 6.5) z. B. wird die Feder mit zunehmender Belastung weicher (b im Bild 6.2), bei Gummifedern (Abschn. 6.6) mit zunehmender Belastung härter (c). Das Arbeitsvermögen oder die Federarbeit W ist bei Belastung einer Feder

$$W = \int_0^s F(s)\,\mathrm{d}s\,. \tag{6.2}$$

Bei gerader Kennlinie ist $W = Fs/2 = cs^2/2$ (schraffierte Fläche unter der Kennlinie a).

Tafel 6.1 Festigkeitswerte ausgewählter Federwerkstoffe
a) Kaltband aus Stahl für eine Wärmebehandlung, nach DIN EN 10132-4 (Nr. 1 und 2) sowie Kupferlegierungen, Bänder für Federn und Steckverbinder, nach DIN EN 1654 (Nr. 3 und 4)

Nr.	Bezeichnung (Werkstoffkurzzeichen)	Zustand *)	R_m N/mm²	R_e bzw. $R_{\mathrm{p}0,2}$ N/mm²	E kN/mm²	Verwendung
1	C67S	+A +CR +QT	640 1140 1200 … 1900	510 – –	210	Bandstahl, kaltgewalzt; für Blattfedern, Flachformfedern, Spiralfedern
2	51CrV4	+A +CR +QT	700 – 1200 … 1800	550 – –	210	Band- und Rundstahl, warmgewalzt; für hochbeanspruchte Blatt-, Teller-, Ventilfedern bis 300 °C, Drehstäbe
3	CuZn36	R350 R410 R480 R550 R630	350 … 440 410 … 490 480 … 560 560 … 640 630	(170) (300) (430) (500) (600)	110	Federband und -draht aus Messing; für Kontaktblatt-, Drahtform-, Schrauben- und Spiralfedern; Werte für Banddicke $t = (0{,}2 \dots 5)$ mm
4	CuSn6	R420 R500 R560 R640	420 … 520 500 … 590 560 … 650 640 … 730	(150)[1] bis (860)	115	Federband aus Zinn-Bronze; für Kontaktblatt-, Flachform- und geschlitzte Tellerfedern, Membranen, Spiralfedern

*) Anmerkungen zu Zustand bei Nr. 1 und 2: +A weichgeglüht, +CR kaltgewalzt, +QT vergütet; zu Zustand bei Nr. 3 und 4: R… , kleinster Wert für die Anforderung an die Zugfestigkeit (Zustandsbezeichnung nach DIN EN 1173); [1]) keine Angaben für Zustand R; Werte in ( ) nur zur Information; Festigkeitswerte ohne Bereich sind Mindestwerte, s. DIN EN 10132-4 und DIN EN 1654.
Stufung der Dicke t (Werte in mm) bei Bändern und Bandstreifen aus Kupfer-Knetlegierungen für Blattfedern: 0,1; 0,12; 0,15; 0,16; 0,18; 0,2; 0,25; 0,3; 0,35; 0,4; 0,45; 0,5; 0,6; 0,7; 0,8; 0,9; 1,0.

b) Legierung mit konstantem E-Modul [1])

Bezeichnung	Zustand nach dem Aushärten (0,5 h bei 700 °C)	$R_{\mathrm{p}0,2}$ in N/mm²	R_m in N/mm²	E in N/mm²	G in N/mm²	T_KE [2]) in 10^{-6}/K
Thermelast 4002	weich	600 ± 150	1000 ± 150	$19{,}4 \dots 20{,}6 \cdot 10^4$	$6{,}7 \dots 7{,}1 \cdot 10^4$	$\leq \pm 20$
	halbhart (25% kaltverformt)	1100 ± 200	1260 ± 200			
	hart (50% kaltverformt)	1250 ± 200	1400 ± 200			

[1]) Thermoelast. Firmenschrift F 001. Hanau: Vacuumschmelze GmbH; [2]) Temperaturkoeffizient des E-Modul

6.2 Federwerkstoffe

Als Federwerkstoffe gelangen im Maschinenbau vorwiegend Stahl, in der Feinwerktechnik alle elastisch verformbaren Werkstoffe (auch Gummi, Kunststoff oder Glas) zur Anwendung. Die zulässige Spannung wird in erster Linie von der Elastizitätsgrenze bestimmt, die bei harten Werkstoffen fast bis an die Bruchgrenze heranreicht (vgl. Bild 3.39). Man erhält sie durch Multiplikation der Festigkeitswerte (z. B. R_m, R_e, R_p) mit einem Korrekturfaktor k', dessen Werte im Bereich $0,8 \geq k' \geq 0,1$ liegen. Bei der Berechnung der zulässigen Spannung aus der Zugfestigkeit R_m werden verwandt: $k' = 0,75 \ldots 0,60$ bei kaltgeformten Drehfedern, $k' = 0,50$ bei kaltgeformten Druckfedern und $k' = 0,10$ für Meßelemente-Federn. Die erforderliche Härte ist durch Wärmebehandlung oder Kaltverformung (Walzen, Ziehen) erreichbar.

Die elastischen Eigenschaften der Werkstoffe ändern sich mit der Temperatur. Für hohe Ansprüche wurden Spezialwerkstoffe wie Aurelast und Thermelast mit sehr kleinen Temperaturkoeffizienten T_{KE} des E-Moduls $[E_\vartheta = E_{\vartheta 0}(1 + T_{KE} \Delta\vartheta)]$ entwickelt.

Die Festigkeitsgrenzen für einige Federwerkstoffe sind in den **Tafeln 6.1** und **6.2** zusammengestellt. Sie gelten für den Belastungsfall I (ruhende Belastung, s. Abschn. 3.3.1) und haben nur für gestreckte Federn Gültigkeit.

Tafel 6.2 Festigkeitseigenschaften von Federstahldraht; patentiert-gezogen aus unlegierten Stählen nach DIN EN 10270-1 (Auswahl)

Drahtdurchmesser d (Nennmaß in mm)	Zugfestigkeit R_m in N/mm² für Drahtsorten (S für statische, D für dynamische Beanspruchung; Zugfestigkeit des Drahtes niedrig/L, mittel/M, hoch/H):				
	SL	SM	DM	SH	DH
0,1	–	–	–	–	2800 … 3380
0,2	–	–	–	–	2800 … 3110
0,4	–	2270 … 2550	2270 … 2550	2560 … 2830	2560 … 2830
0,5	–	2200 … 2470	2200 … 2470	2480 … 2740	2480 … 2740
0,8	–	2050 … 2300	2050 … 2300	2310 … 2560	2310 … 2560
1,0	1720 … 1970	1980 … 2220	1980 … 2220	2230 … 2470	2230 … 2470
1,2	1670 … 1910	1920 … 2160	1920 … 2160	2170 … 2400	2170 … 2400
1,4	1620 … 1860	1870 … 2100	1870 … 2100	2110 … 2340	2110 … 2340
1,6	1590 … 1820	1830 … 2050	1830 … 2050	2060 … 2290	2060 … 2290
1,8	1550 … 1780	1790 … 2010	1790 … 2010	2020 … 2240	2020 … 2240
2,0	1520 … 1750	1760 … 1970	1760 … 1970	1980 … 2200	1980 … 2200

6.3 Berechnung der Einzelfeder
[3] [6.1] bis [6.12]

6.3.1 Grundlagen

Jede Feder ist in zweifacher Hinsicht zu berechnen (s. Abschn. 3.3), nach den Regeln
- der Elastizitätslehre der Zusammenhang zwischen Belastungskraft und Verformung (Funktionsnachweis)
- der Festigkeitslehre die im Federquerschnitt auftretende Spannung, die mit der für den jeweiligen Werkstoff zulässigen Spannung zu vergleichen ist (Festigkeitsnachweis).

Die Federn werden zweckmäßig nach der Hauptbeanspruchung des Federwerkstoffs eingeteilt, weil damit zugleich auf die Berechnung hingewiesen wird. Die Hauptbeanspruchungen sind *Biegung* und *Verdrehung (Torsion)*. Man unterscheidet demnach Biegefedern und Torsionsfedern. Im Sprachgebrauch wird noch nach der Art der äußeren Beanspruchung unterteilt, was aber oft nicht der Werkstoffbeanspruchung entspricht:

150 6 Federn

Benennung	Äußere Beanspruchung	Beanspruchung des Federquerschnitts
Zugfeder	Zugkraft	Torsion
Druckfeder	Druckkraft	Torsion
Drehfeder	Drehmoment	Biegung

Bezeichnet wird üblicherweise auch nach der Federform, z. B. Spiralfeder, Kegelfeder, Schraubenfeder.

6.3.2 Biegefedern

Gerade Biegefeder. Sie wird als Blattfeder mit rechteckigem oder als Stabfeder mit rundem Querschnitt verwendet. Im Gegensatz zur Blattfeder hat die Stabfeder keine bevorzugte Wirkungsrichtung, ihre Federsteife ist in allen Richtungen radial zur Stabachse gleich. **Tafel 6.3** gibt für die verschiedenen Möglichkeiten der Federanordnung die Berechnungsgleichungen an. Bei der Federform ist zu beachten, daß der Werkstoff bei der Trapezfeder gegenüber der Rechteckblattfeder besser ausgenutzt und eine Materialeinsparung bis zu 50% erreicht wird. Bei der konstruktiven Gestaltung der Federeinspannung müssen die Kanten der Federhalterung abgerundet werden. Außerdem sind für feinstbearbeitete Federn in der Einspannstelle Zwischenlagen aus einem weicheren Werkstoff vorzusehen, um Beschädigungen der Oberfläche zu vermeiden. Bei der Verwendung von Biegefedern mit Vorspannung (Federvorspannweg s_0) sind Stützplatten (**Bild 6.3**) erforderlich, für die ein weicher Werkstoff gewählt wird, damit die Stützplatten zwecks Lagejustage der Feder leicht biegbar sind. Außerdem sollen die notwendigen Bohrungen in der Feder einen bestimmten Mindestabstand haben. Richtwerte sind:

$$a = (1{,}1 \ldots 1{,}2)\,b\,; \qquad c \approx (2/3)\,b\,; \qquad d \approx (3/4)\,b\,. \tag{6.3}$$

Tafel 6.3 Berechnungsgleichungen für Federn

Anordnung	Querschnitt	Funktionsnachweis	Festigkeitsnachweis	Federsteife

a) gerade Biegefedern

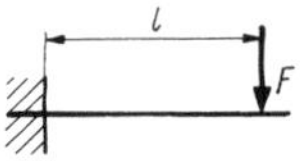

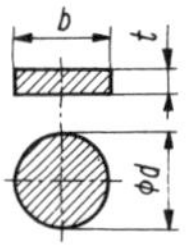

	rechteckig	$s = \dfrac{4Fl^3}{Ebt^3}$	$s \leqq \dfrac{2l^2}{3Et}\sigma_{b\,zul}$	$c = \dfrac{bt^3 E}{4l^3}$
	rund	$s = \dfrac{64Fl^3}{3\pi E d^4}$	$s \leqq \dfrac{2l^2}{3Ed}\sigma_{b\,zul}$	$c = \dfrac{3\pi d^4 E}{64 l^3}$
Trapez		$s = K_1 \dfrac{4Fl^3}{Eb_0 t^3}$	$s \leqq K_1 \dfrac{2l^2}{3Et}\sigma_{b\,zul}$	$c = \dfrac{b_0 t^3 E}{4 K_1 l^3}$

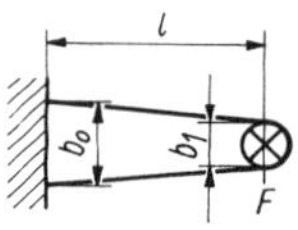

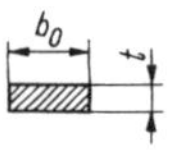

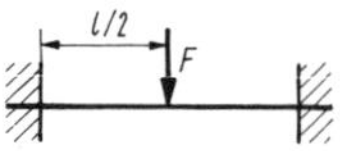

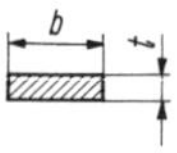

b_1/b_0	0	0,2	0,4	0,6	0,8	1,0
K_1	1,500	1,315	1,202	1,121	1,054	1,000

Anordnung	Querschnitt	Funktionsnachweis	Festigkeitsnachweis	Federsteife
eingespannt mittig belastet		$s = \dfrac{Fl^3}{16Ebt^3}$	$s \leqq \dfrac{l^2}{12Et}\sigma_{b\,zul}$	$c = \dfrac{16bt^3 E}{l^3}$
aufgelegt mittig belastet		$s = \dfrac{Fl^3}{4Ebt^3}$	$s \leqq \dfrac{l^2}{6Et}\sigma_{b\,zul}$	$c = \dfrac{4bt^3 E}{l^3}$

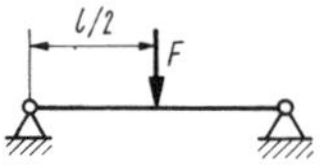

Tafel 6.3 Fortsetzung

Anordnung	Querschnitt	Funktions-nachweis	Festigkeits-nachweis	Federsteife
b) Spiralfedern mit Windungszwischenraum				
äußeres Federende s. Bild 6.5a	rechteckig b×t	$\varphi = \dfrac{15M_d l}{Ebt^3}$	$\varphi \leq \dfrac{5l\sigma_{b\,zul}}{4Etk_b}$ (k_b s. Bild 6.6)	$c = \dfrac{bt^3 E}{15l}$
s. Bild 6.5b		$\varphi = \dfrac{12M_d l}{Ebt^3}$	$\varphi \leq \dfrac{2l\sigma_{b\,zul}}{Etk_b}$	$c = \dfrac{bt^3 E}{12l}$
c) Drehfedern				
s. Bild 6.9 (k_b s. Bild 6.6)	rechteckig b×t	$\varphi = \dfrac{12Frl}{Ebt^3}$	$\varphi \leq \dfrac{2l\sigma_{b\,zul}}{Etk_b}$	$c = \dfrac{bt^3 E}{12l}$
	kreis ⌀d	$\varphi = \dfrac{64Frl}{\pi E d^4}$	$\varphi \leq \dfrac{2l\sigma_{b\,zul}}{Edk_b}$	$c = \dfrac{\pi d^4 E}{64l}$
d) gerade Torsionsfedern				
s. Bild 6.10 $M_d = Fr$	kreis ⌀d	$\varphi = \dfrac{32M_d l}{\pi G d^4}$	$\varphi \leq \dfrac{2l}{Gd}\tau_{t\,zul}$	$c = \dfrac{\pi d^4 G}{32l}$
	rechteckig b×t	$\varphi = \dfrac{M_d l}{K_3 Gbt^3}$	$\varphi \leq \dfrac{K_4 l}{K_3 tG}\tau_{t\,zul}$	$c = \dfrac{K_3 bt^3 G}{l}$

b/t	1	2	4	8	10	∞
K_4*)	0,208	0,246	0,282	0,307	0,313	0,333
K_3	0,140	0,229	0,281	0,307	0,313	0,333

Anordnung	Querschnitt	Funktions-nachweis	Festigkeits-nachweis	Federsteife
e) zylindrische Schraubenfedern				
s. Bild 6.11	kreis ⌀d	$s = \dfrac{8nFD^3}{Gd^4}$	$s \leq \dfrac{\pi n D^2 \tau_{t\,zul}}{Gd}$	$c = \dfrac{Gd^4}{8D^3 n}$
		n Anzahl der federnden Windungen		

E Elastizitäts-, G Schubmodul des Federwerkstoffs; *) Faktoren K sind in Abschn. 3.3, Tafel 3.6 mit η bezeichnet.

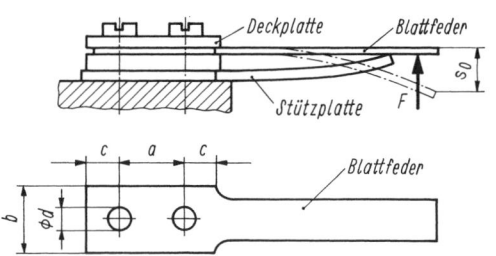

Bild 6.3 Befestigung einer Blattfeder

Es ist nicht immer möglich, gestreckte Biegefedern zu verwenden; gekrümmte Blattfedern (**Bild 6.4**) sind platzsparender. Für Formen, die lediglich aus Kreisbogen- und Geradenstücken zusammengesetzt sind, ist in [3] die Berechnung angegeben. Verwendung finden solche Federn, die auch als Flachformfedern bezeichnet werden, u. a. als Klemmfedern für leicht lösbare Verbindungen (s. Abschn. 4), als Messerfedern für elektrische lösbare Kontakte (s. Abschn. 5) und als Bügelfedern zum Erzeugen einer Vorspannung, wie z. B. bei der Spannbandlagerung.

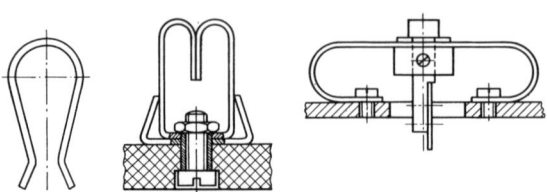

Bild 6.4
Gekrümmte Blattfedern
a) Klemmfeder; b) Messerfeder; c) Bügelfeder (s. Abschn. 8.3)

Eben gewundene Biegefeder (Spiralfeder). In der Feinwerktechnik sind zwei Ausführungsformen gebräuchlich: Spiralfedern mit und ohne Windungszwischenraum.

Spiralfedern mit Windungszwischenraum werden meist als archimedische Spirale mit konstantem Abstand a_w zwischen den Windungen ausgeführt. Sie arbeiten ohne Reibungsverluste, wenn dafür gesorgt wird, daß sich auch während der Bewegung die Windungen nicht berühren. Der Verdrehwinkel darf daher nicht zu groß sein (i. allg. $\varphi < 360°$). Die Anwendung erfolgt als Rückstellfeder in Meßinstrumenten und als Schwingungselement in Gangreglern (Uhren).

Für die abgewickelte Länge der archimedischen Spirale gilt

$$l = n\pi(r_1 + r_2),\tag{6.4}$$

n Anzahl der Windungen (früher mit i bezeichnet).

Der Windungsabstand a_w ist

$$a_w = (\pi/l)(r_1^2 - r_2^2).\tag{6.5}$$

Während das innere Federende stets fest (z. B. in einer Welle) eingespannt wird, ist beim äußeren Federende A gelenkige oder feste Einspannung möglich (**Bild 6.5a, b**). Beide unterscheiden sich nicht nur in der Konstruktion, sondern auch in der Berechnung (Tafel 6.3b). Der Korrekturfaktor k_b berücksichtigt den Einfluß der Federkrümmung auf die zulässige Spannung (**Bild 6.6**).

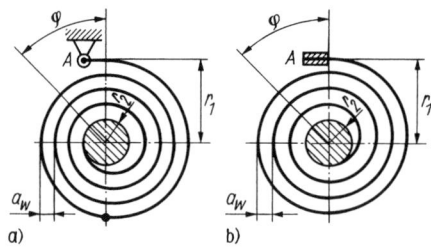

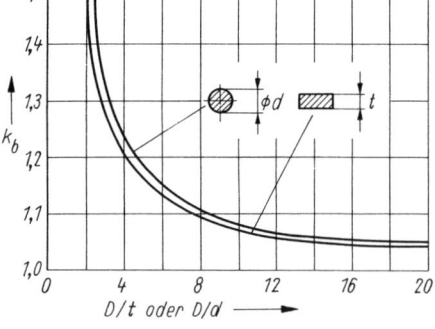

Bild 6.5 Spiralfeder
a) außen gelenkig,
b) außen fest eingespannt

Bild 6.6
Korrekturfaktor k_b für Biegefedern
D Krümmungsdurchmesser

Spiralfedern ohne Windungszwischenraum sind für größere Drehwinkel vorgesehen (mehrere Umdrehungen), haben deshalb eine größere Energiespeicherkapazität und werden als Triebfedern für Uhren und andere Laufwerke verwendet. Wegen der Reibung zwischen den Windungen ist die von der Feder abgegebene Energie kleiner als die zum Spannen (Aufziehen) benötigte. Um das Einbauvolumen klein zu halten, werden Triebfedern in Gehäuse (Federhaus) eingebaut (**Bild 6.7**). Bei einer freien Feder besteht die Gefahr, daß beim Entspannen andere Getriebe- oder Geräteteile behindert werden. Im **Bild 6.8** dargestellt ist die Abhängigkeit des Drehmoments M_d

6.3 Berechnung der Einzelfeder   153

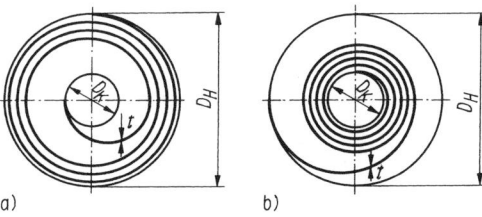

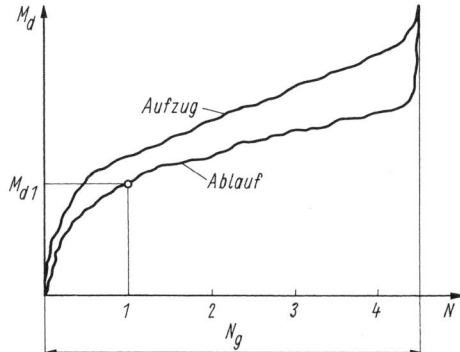

Bild 6.7 Triebfedern im Federhaus
a) völlig abgelaufen; b) völlig aufgezogen
D_H Federhausdurchmesser, D_K Federkerndurchmesser

Bild 6.8
Drehmoment bei Triebfedern

vom Drehwinkel, der durch die Anzahl N der vollen Umdrehungen angegeben wird. Die Anzahl der maximal möglichen Umdrehungen N_g, vom völlig abgelaufenen bis zum vollständig aufgezogenen Zustand, ist durch die Federlänge begrenzt. Triebfedern sind nach [12] zu berechnen.

Räumlich gewundene Biegefeder (Drehfeder). Die Drehfeder ist eine zylindrisch gewickelte Schraubenfeder mit Federschenkeln (Schenkelfeder). Gewöhnlich wird ein Schenkel am Gestell festgelegt und der andere mit dem beweglichen Bauteil dagegen verdreht. Sie dienen als Rückholfedern für Schalthebel und Klinken sowie als Energiespeicher in Spann- und Sprungwerken, erfordern wenig Platz und werden zur eigenen Führung i. allg. auf die Achse der Hebellagerung gesteckt (Berechnungsgleichungen für die Feder im **Bild 6.9** s. Tafel 6.3c).

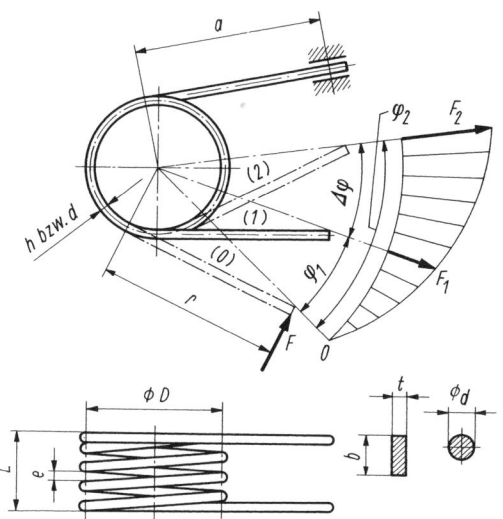

Bild 6.9
Drehfeder mit Kennlinie

Eine Kraft F erzeugt das Moment $M_d = Fr$ um die Wickelachse. Die axiale Baulänge L ist mit e als Windungsabstand und der Windungszahl n

$$L = (n + 1)b + ne \quad \text{bzw.} \quad L = (n + 1)d + ne. \tag{6.6}$$

Die gestreckte Federlänge beträgt

$$l = n\pi D + (a + r), \tag{6.7}$$

D Windungsdurchmesser.

Das oft unerwünschte zusätzliche Moment FL zwischen den Schenkeln kann durch Anwendung von zwei Schenkelfedern oder symmetrische Ausführung einer Feder vermieden werden.

6.3.3 Torsionsfedern

Gerade Torsionsfeder. Die gerade Torsionsfeder wird ausschließlich durch ein senkrecht zur Federachse liegendes Kräftepaar beansprucht, das ein Drehmoment $M_d = 2F_d r$ erzeugt. Es ist entlang der Stabachse konstant, so daß bei gleichbleibendem Querschnitt auch die Torsionsspannung τ_t entlang der Feder konstant bleibt. Als Querschnittsformen werden sowohl der Kreis (Torsionsdraht) als auch das Rechteck (Torsionsband) **(Bild 6.10)** angewendet.

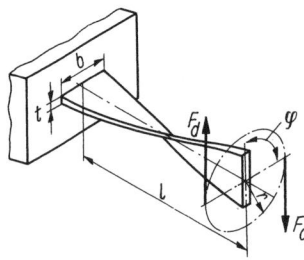

Bild 6.10
Torsionsbandfeder

Wie aus den Berechnungsgleichungen (Tafel 6.3d) abgeleitet werden kann, hat das rechteckige Torsionsband bei gleicher Federsteife einen größeren Querschnitt als der Torsionsdraht und ist deshalb auch stärker auf Zug belastbar, eine Forderung, die bei der Spannbandlagerung (s. Abschn. 8.3) auftritt [3].

Gewundene Torsionsfeder. Sie wird als zylindrisch gewundene Schraubenfeder ausgeführt und durch eine axial wirkende Kraft F belastet. Je nach Wirkungsrichtung der Kraft unterscheidet man Zug- und Druckfedern. **Bild 6.11** zeigt beide Federn mit ihren Kennlinien. Durch die Axialkraft F wirkt auf den Querschnitt des Federdrahts ein Torsionsmoment $M_d = FD/2$. Durch entsprechende Dimensionierung lassen sich Kraftwirkung und Federweg s in weiten Grenzen ändern. Die Berechnungsgleichungen (Tafel 6.3e) gelten für beide Federarten, jedoch nur für Drahtfedern mit Kreisquerschnitt (s. a. [3]). Federn mit anderem Querschnitt (z. B. Flachdrahtfedern) werden nur selten angewendet.

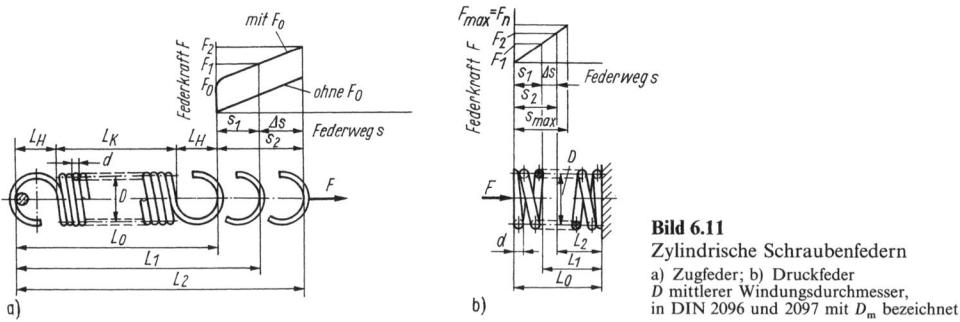

Bild 6.11
Zylindrische Schraubenfedern
a) Zugfeder; b) Druckfeder
D mittlerer Windungsdurchmesser,
in DIN 2096 und 2097 mit D_m bezeichnet

Bei der Berechnung ist wie bei den gewundenen Biegefedern zu beachten, daß durch die Krümmung im Drahtquerschnitt eine ungleiche Spannungsverteilung auftritt, die bei dynamischer Belastung für die Lebensdauer entscheidend ist. Beim Festigkeitsnachweis nach Tafel 6.3e ist in diesem Fall $\tau_{t\,zul}$ noch durch einen Korrekturfaktor k zu dividieren **(Bild 6.12)**.

Druckfedern müssen so gewickelt werden, daß sich die Windungen auch bei Höchstlast $F_{max} = F_n$ nicht berühren (Summe der Mindestabstände zwischen den Windungen $S_a \geq xdn$ mit $x = 0,10$ für Wickelverhältnis $w = D/d$ von 3 bis 6; $x = 0,16$ für w über 6 bis 10; $x = 0,25$

für w über 10 bis 12 und $x = 0{,}40$ für w über 12 [3]). Den Hub des gefederten Bauteils muß deshalb ein Anschlag begrenzen, nicht die Druckfeder selbst. Zugfedern lassen sich mit und ohne Windungsabstand und sogar mit Vorspannung F_0 wickeln. Federn mit Vorspannung werden besonders bei begrenztem Einbauraum angewendet. Die Toleranz von F_0 ist aber erheblich. Es werden dafür folgende Gütegrade unterschieden: grob 30%, mittel 15%, fein 7,5%.

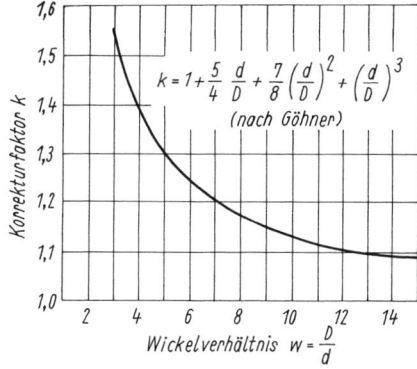

Bild 6.12
Korrekturfaktor k für zylindrische Schraubenfedern mit Kreisquerschnitt

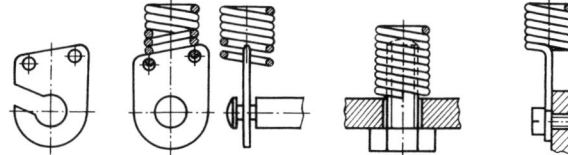

Bild 6.13 Zugfederbefestigungen

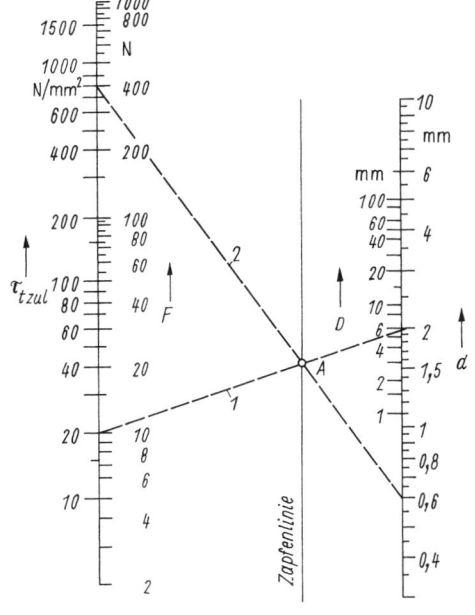

Tafel 6.4 Leitertafel für die Berechnung von Zug- und Druckfedern

Beispiel:

Gegeben: Federkraft $F = 10$ N, mittlerer Windungsdurchmesser $D = 6$ mm.
Gesucht: Drahtdurchmesser d und Werkstoffbeanspruchung τ_t.
Lösung: Gerade 1 erhält man aus F und D, sie bestimmt den Punkt A auf der Zapfenlinie. Gerade 2 ist beliebig durch A zu legen und ergibt d und τ_{tzul}; z. B. muß bei $d = 0{,}6$ mm $\tau_{tzul} \geqq 800$ N/mm² betragen
(D mittlerer Windungsdurchmesser, in DIN 2096 und 2097 mit D_m bezeichnet).

156   6 Federn

Eines der wenigen konstruktiven Probleme ist die Gestaltung der Federenden. Bei Zugfedern sollen die Ösen so ausgebildet werden, daß die Zugkräfte möglichst axial angreifen **(Bild 6.13)**. Die Enden der Druckfedern sind so auszubilden, daß eine einseitige Belastung vermieden wird (letzte Windung ohne Steigung oder angeschliffen).

Zur Gewährleistung der Festigkeit ist $M_d \leq W_t \tau_{t\,zul}$ einzuhalten. Mit $W_t = \pi d^3/16$ bei kreisförmigem Drahtquerschnitt kann eine Zug- oder Druckfeder höchstens mit einer Kraft

$$F \leq [\pi d^3/(8D)]\, \tau_{t\,zul} \tag{6.8}$$

belastet werden.

Zur schnellen Auswahl der Hauptparameter von Zug- und Druckfedern ist eine Leitertafel **(Tafel 6.4)** zu empfehlen, die aus Gl. (6.8) abgeleitet ist.

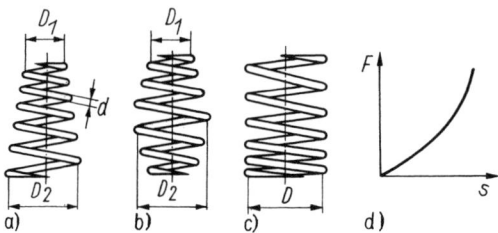

Bild 6.14 Beispiele für Schraubenfedern mit nichtlinearer Kennlinie
a) Kegelstumpffeder; b) Tonnenfeder;
c) Zylinderfeder mit unterschiedlicher Steigung;
d) Kennlinie für Federn nach a) bis c)

Eine interessante Variante der Schraubenfeder ist die Kegelfeder **(Bild 6.14a)**. Gegenüber der zylindrischen Druckfeder hat sie den Vorteil, daß sie sich auf die Querschnittshöhe d zusammendrücken läßt, wenn die Bedingung $(D_2 - D_1) > 2(n-1)d$ erfüllt wird. Die Bilder 6.14 b, c zeigen weitere Beispiele für Schraubenfedern mit nichtlinearer Kennlinie (d).

6.4 Federsysteme
[3] [6.1]

Neben Einzelfedern werden oft mehrere Federn gleichzeitig angewendet (Federsysteme). Analog zur Elektrotechnik unterscheidet man Reihen- und Parallelschaltung von Federn. In den Berechnungsgleichungen wird unterschieden zwischen Federsteife der Einzelfeder $c_v = F_v/s_v$ bzw. $c_v = M_{dv}/\varphi_v$ und der des Federsystems $c_{ges} = F_{ges}/s_{ges}$ bzw. $c_{ges} = M_{d\,ges}/\varphi_{ges}$.

6.4.1 Reihenschaltung von Federn

Alle Federn werden mit der gleichen Kraft belastet. Die Verschiebung des Kraftangriffspunkts ergibt sich aus der Verformung aller Einzelfedern:

$$F_{ges} = F_1 = F_2 = \ldots = F_n; \quad s_{ges} = s_1 + s_2 + \ldots + s_n = \sum_{v=1}^{n} s_v. \tag{6.9}, (6.10)$$

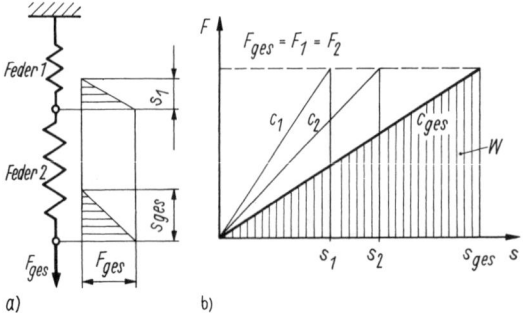

Bild 6.15 Reihenschaltung von Federn
a) Federanordnung; b) Kennlinien

Daraus erhält man für die Federsteife des Systems:

$$\frac{1}{c_{ges}} = \frac{s_{ges}}{F_{ges}} = \frac{1}{c_1} + \frac{1}{c_2} + \ldots + \frac{1}{c_n} = \sum_{v=1}^{n} \frac{1}{c_v}.$$ (6.11)

Die Federsteife des Systems ist kleiner als die der Einzelfedern (**Bild 6.15**).

6.4.2 Parallelschaltung von Federn

Alle Federn werden um den gleichen Betrag verformt, die Gesamtkraft verteilt sich auf die einzelnen Federn:

$$F_{ges} = F_1 + F_2 + \ldots + F_n = \sum_{v=1}^{n} F_v; \qquad s_{ges} = s_1 = s_2 = \ldots = s_n.$$ (6.12), (6.13)

Damit ergibt sich für die Federsteife des Systems:

$$c_{ges} = c_1 + c_2 + \ldots + c_n = \sum_{v=1}^{n} c_v.$$ (6.14)

Die Federsteife des Systems ist größer als die der Einzelfedern (**Bild 6.16**).

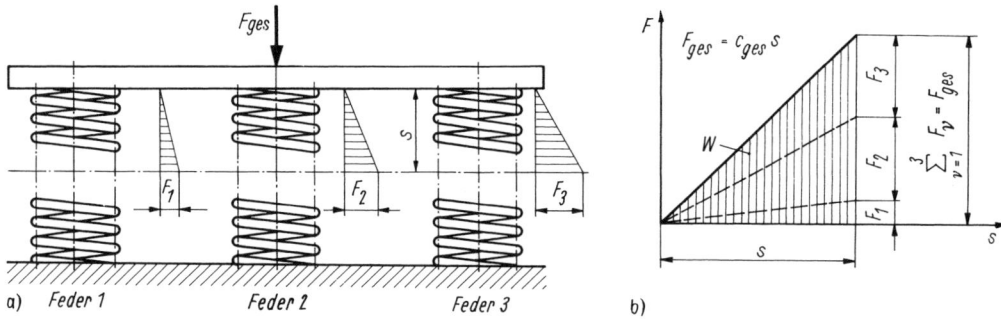

Bild 6.16 Parallelschaltung von Federn
a) Federanordnung; b) Kennlinien

6.5 Tellerfedern

Tellerfedern bestehen aus kegelförmigen Ringscheiben, die wie eine Druckfeder axial belastet werden. Die Einzelfedern (**Bild 6.17a**) kann man vielfältig kombiniert anordnen. Beim Einbau

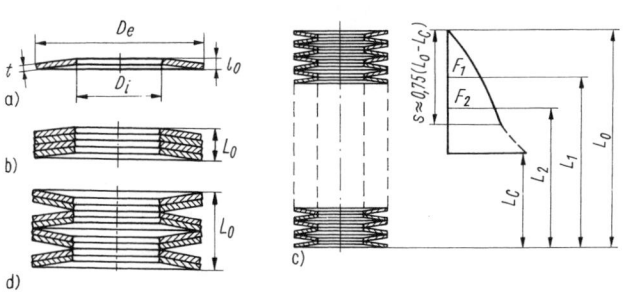

Bild 6.17 Tellerfedern
a) Einzelfeder; b) Federpaket; c) Federsäule; d) Federsäule aus Federpaketen
[6.10]

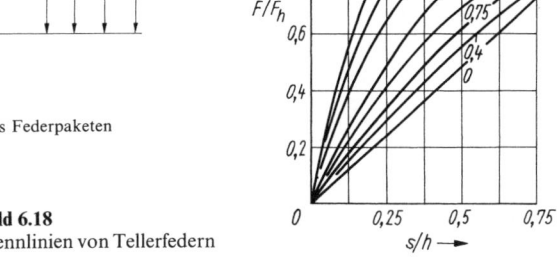

Bild 6.18
Kennlinien von Tellerfedern

werden kombinierte Tellerfedern immer auf Säulen geführt. Die Schichtung kann gleichsinnig (Federpaket, Bild 6.17b) oder wechselsinnig (Federsäule, c) bzw. als Kombination (Säule aus Federpaketen, d) erfolgen. Gegenüber Schraubenfedern benötigt die Tellerfeder einen geringen Einbauraum, und bei kleinen Federwegen entstehen bereits große Federkräfte. Sie wird deshalb u. a. im Vorrichtungsbau häufig verwendet. Durch mögliche unterschiedliche Anordnung (durch Hinzufügen oder Wegnehmen einiger Teller) läßt sich die Federsteife den Erfordernissen leicht anzupassen. Die Berechnung ist nach DIN 2092 bzw. nach DIN EN 16984 vorzunehmen, und die Abmessungen sind nach DIN 2093 bzw. nach DIN EN 16983 zu wählen.

Die Federsteife von Tellerfedern ist längs des Federweges nicht konstant. **Bild 6.18** zeigt das Kraft-Weg-Diagramm von Einzeltellern. Der maximale Federweg, von der unbelasteten bis zur völlig flachgedrückten Feder wird mit h, die dazu notwendige Kraft mit F_h bezeichnet. In der Feinwerktechnik nutzt man den annähernd waagerechten Bereich einer nichtlinearen Kennlinie zur Erzeugung wegunabhängiger Kräfte und Momente.

Das Federpaket nach Bild 6.17b ist eine Parallelschaltung von n Einzeltellern. Bei Vernachlässigung der Reibung zwischen den Tellern gilt

$$F_{ges} = nF; \quad s_{max} = h; \quad s_{ges} = s. \tag{6.15}$$

Ihre axiale Länge L_0 im unbelasteten Zustand ist

$$L_0 = nt + h. \tag{6.16}$$

Die Federsäule (Bild 6.17c) ist eine Reihenschaltung von n Einzeltellern. Es gilt bei Vernachlässigung der Reibung

$$F_{ges} = F; \quad s_{max} = nh; \quad s_{ges} = ns. \tag{6.17}$$

Die axiale Länge der unbelasteten Federsäule beträgt

$$L_0 = n(h + t) = nl_0, \tag{6.18}$$

während sich für die im Bild 6.17d dargestellte Federsäule mit i Federpaketen zu je n Einzeltellern als axiale Länge L_0 ergibt

$$L_0 = i(nt + h). \tag{6.19}$$

6.6 Gummifedern
[6.1] [6.4]

Wegen des guten Dämpfungsvermögens sind Gummifedern geeignet, Schwingungen zu dämpfen und empfindliche Geräteteile vor Erschütterungen zu sichern. Da sich Gummi und Metall gut haftbar miteinander verbinden lassen, bestehen handelsübliche Gummifedern deshalb vielfach

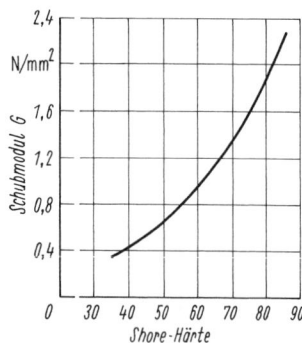

Bild 6.19 Abhängigkeit des Schubmoduls G bei Gummi von der Shore-Härte

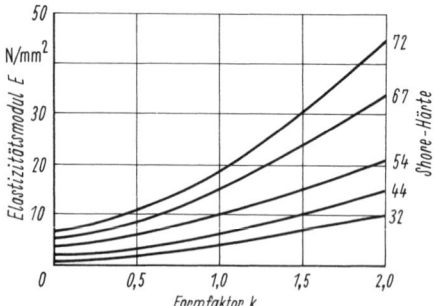

Bild 6.20 Abhängigkeit des Elastizitätsmoduls E bei Gummi von Shore-Härte und Formfaktor k

Tafel 6.5 Übersicht über die gebräuchlichsten Gummifederformen [3] [6.4]

Bezeichnung	Beanspruchungsart	Federform	Federgleichung	Gültigkeitsbereich bis etwa
Scheibenfeder	Parallelschub	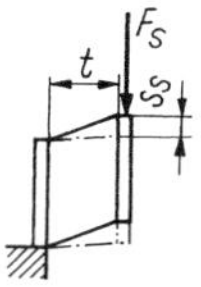	$F_s = s_s \dfrac{GA}{t}$ A Schubfläche	35% Verschiebung von t
Hülsenfeder	Parallelschub	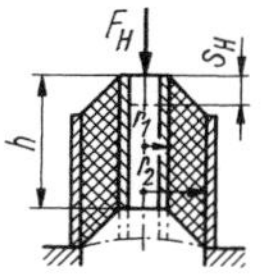	$F_H = s_H \dfrac{2\pi hG}{\ln(r_1/r_2)}$	35% Verschiebung von $r_2 - r_1$
Drehfeder	Drehschub	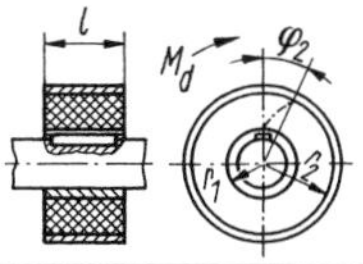	$M_d = \varphi_2 \dfrac{4\pi lG}{1/r_1^2 + 1/r_2^2}$ φ_2 im Bogenmaß	40° Drehung
Verdrehfeder	Verdrehschub (Torsion)	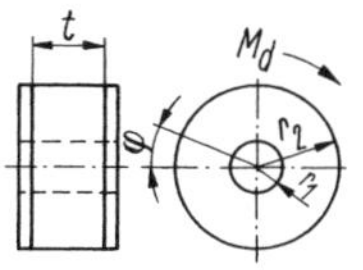	$M_d = \varphi \dfrac{1{,}57G(r_2^4 - r_1^4)}{t}$ φ im Bogenmaß	20° Verdrehung
Zylindrische Druckfeder	Druck	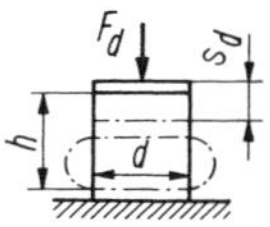	$F_d = s_d \dfrac{d^2 \pi E}{4h}$	20% Zusammendrückung von h

aus Gummiformteilen mit anvulkanisierten metallischen Anschlußstücken. Die Haftfestigkeit der Bindung beträgt bei Schubbeanspruchung bis zu 7 N/mm². Die am häufigsten verwendeten Bauformen und ihre Berechnungsgleichungen sind in **Tafel 6.5** zusammengestellt. Für Gummi gibt es keinen konstanten Elastizitäts- und Schubmodul. Der Schubmodul ist von der Gummihärte (Shore-Härte) abhängig, der Elastizitätsmodul hängt dagegen sowohl von der Gummihärte als auch von der Federform ab (**Bilder 6.19** und **6.20**). Die Federform wird durch den Formfaktor k (k = belastete Fläche/freie Oberfläche) charakterisiert.

Bei den Berechnungsgleichungen in Tafel 6.5 wurde die Gültigkeit des Hookeschen Gesetzes vorausgesetzt. Da bei Gummi nur eine begrenzte Proportionalität zwischen Belastung und Formänderung vorliegt, ist auch die Gültigkeit der angegebenen Formeln eingeschränkt. Der Gültigkeitsbereich ist in der Tafel mit angegeben.

6.7 Bimetallfedern (Thermobimetalle)
[6.3]

Bimetall ist ein metallisches Halbzeug, das in Form von Blechtafeln oder -streifen erhältlich ist. Es besteht aus zwei Metallschichten, die fest miteinander verbunden sind. Der Längen-Temperaturkoeffizient ist bei beiden Schichten verschieden. Bei Temperaturänderung krümmt sich der Bimetallstreifen (**Tafel 6.6**, Bild a).

Tafel 6.6 Ausbiegung eines Bimetallstreifens bei gleichmäßiger Erwärmung [6.3]

Form	Δx	Δy	$\Delta \varphi$
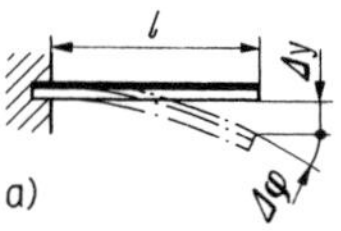 a)	0	$\dfrac{kl^2}{t}\Delta\vartheta$	$\dfrac{2kl}{t}\Delta\vartheta$
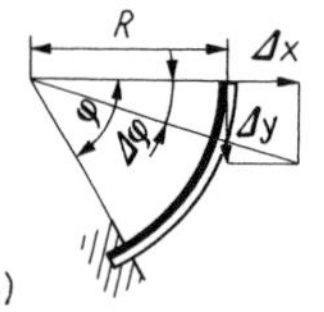 b)	$\dfrac{2kR^2}{t}(1-\cos\varphi)\Delta\vartheta$	$\dfrac{2kR^2}{t}(\varphi-\sin\varphi)\Delta\vartheta$	$\Delta\varphi = \dfrac{\Delta y}{R}$ $= \dfrac{2kR}{t}(\varphi-\sin\varphi)\Delta\vartheta$
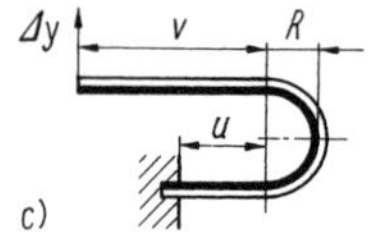 c)	—	$\dfrac{k}{t}(v^2 - u^2 + 2vu + 4R^2 + 2\pi Rv)\Delta\vartheta$	—
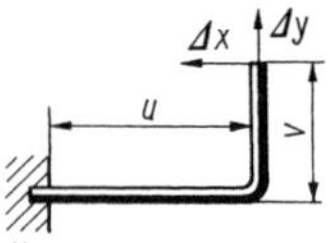 d)	$\dfrac{kv(2u+v)}{t}\Delta\vartheta$	$\dfrac{ku^2}{t}\Delta\vartheta$	—

Thermobimetalle werden vielfältig dort angewendet, wo Temperaturen oder Größen, die sich in Temperaturänderungen umwandeln lassen, gemessen oder gesteuert werden müssen. Wegen der elastischen Eigenschaften des Bimetalls sind sowohl die Verformung selbst als auch die Kraft, die bei der Verformung entsteht, ausnutzbar. Der Krümmungsradius ϱ ergibt sich zu

$$\varrho = t_n/[(\alpha_1 - \alpha_2)\Delta\vartheta]; \tag{6.20}$$

α_1, α_2 Längen-Temperaturkoeffizienten der einzelnen Schichten in m/(m · K); $\Delta\vartheta = \vartheta - \vartheta_0$, Erwärmung in K; t Gesamtdicke des Bimetallstreifens in mm; t_n Abstand der neutralen Fasern in mm (α siehe [12]).

Nach der Elastizitätslehre kann daraus die Biegelinie berechnet werden, denn es ist $d^2y/dx^2 = \pm 1/\varrho$.

Danach wird die Absenkung Δy am freien Streifenende ($x = l$)

$$\Delta y = (\alpha_1 - \alpha_2)l^2\Delta\vartheta/(2t_n). \tag{6.21a}$$

Zur Vereinfachung wird eine Werkstoffkonstante, die spezifische Ausbiegung, eingeführt: $k = (\alpha_1 - \alpha_2)t/(2t_n)$.

Sie stellt die Ausbiegung des freien Endes eines geraden Streifens von der Dicke t und der Länge l bei der Erwärmung $\Delta\vartheta$ dar (bei $t = 1$ mm, $l = 1$ mm, $\Delta\vartheta = 1$ K).

Als Berechnungsgleichung für die Absenkung Δy erhält man damit

$$\Delta y = kl^2\Delta\vartheta/t. \tag{6.21b}$$

Begriffe, Bezeichnung und Prüfung sind in DIN 1715 enthalten. Die Konstante k ist den Katalogangaben der Hersteller, z. B. Auerhammer Metallwerk GmbH Aue oder G. Rau GmbH & Co. Pforzheim zu entnehmen.

In Tafel 6.6 sind für einige Grundformen Berechnungsgleichungen angegeben.

6.8 Aufgaben und Lösungen zu Abschnitt 6

Aufgabe 6.1 Dimensionierung einer Zugfeder

Eine Zugfeder soll in der Ruhelage eine Zugkraft von $F_1 = 1$ N und nach einem Federweg von $\Delta s = 6$ mm eine maximale Zugkraft von 2 N aufbringen.

Wie groß sind der Vorhub s_1, die Windungszahl n und der Durchmesser d des zu verwendenden Federstahldrahtes?

Gegeben sind der Windungsdurchmesser $D = 5$ mm und der Werkstoff: Federstahldraht mit $\tau_{tzul} = 500$ N/mm² und $G = 80000$ N/mm².

Aufgabe 6.2 Spiralfederantrieb

Für einen Federantrieb ist eine Spiralfeder ohne Windungszwischenraum nach Bild 6.7 vorgesehen. Aufgezogen wird der Antrieb am Federkern (inneres Federende), der Abtrieb erfolgt über ein mit dem Federhaus (äußeres Federende) fest verbundenes Zahnrad (Teilkreisdurchmesser $d = 22{,}5$ mm). Es ist die Antriebsbaugruppe, bestehend aus Federhaus (Innendurchmesser $D_H = 20$ mm), Federkern (Durchmesser $D_K = 7$ mm) und Triebfeder (Querschnitt 0,18 mm × 4,0 mm), einschließlich der Befestigung der Federenden zu konstruieren.

Lösung zu Aufgabe 6.1

Aus F_1, F_2 und Δs läßt sich das Federdiagramm zeichnen (**Bild 6.21**).

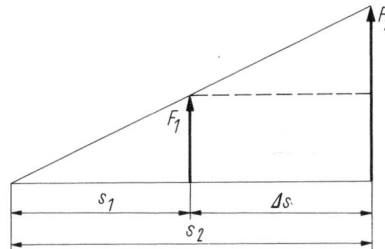

Bild 6.21 Federdiagramm zu Aufgabe 6.1

Daraus ergibt sich
$$F_1/s_1 = (F_2 - F_1)/\Delta s.$$

Der Vorhub ist
$$s_1 = \frac{F_1}{F_2 - F_1} \Delta s = \frac{1\,\text{N}}{2\,\text{N} - 1\,\text{N}} \cdot 6\,\text{mm} = 6\,\text{mm}.$$

Der Gesamtfederweg beträgt
$$s_2 = s_1 + \Delta s = (6 + 6)\,\text{mm} = 12\,\text{mm}.$$

Den erforderlichen Drahtdurchmesser erhält man mit

$F_{max} = F_2$; τ_{tzul} und D aus Gl. (6.8):

$$d \geq \sqrt[3]{\frac{8F_2 D}{\pi \tau_{tzul}}} = \sqrt[3]{\frac{8 \cdot 2\,\text{N} \cdot 5\,\text{mm}}{\pi \cdot 500\,\text{N/mm}^2}} = 0{,}371\,\text{mm}.$$

Zur Ermittlung dieses Wertes kann auch das Nomogramm in Tafel 6.4 benutzt werden. Gewählt wird $d = 0{,}4$ mm.

Die Zahl der federnden Windungen wird mit der in Tafel 6.3e angegebenen Beziehung errechnet:

$$n = \frac{Gd^4 s_2}{8D^3 F_2} = \frac{80000\,\text{N/mm}^2 \cdot 0{,}4^4\,\text{mm}^4 \cdot 12\,\text{mm}}{8 \cdot 5^3\,\text{mm}^3 \cdot 2\,\text{N}} = 12{,}29.$$

Zu wählen ist eine Feder mit 12,5 federnden Windungen. Die Federenden sind dann um 180° gegeneinander versetzt.

Lösung zu Aufgabe 6.2

Eine Lösungsmöglichkeit für den Federantrieb zeigt **Bild 6.22**. Das Federhaus *1* trägt auf seinem Umfang gleich die Verzahnung, so daß ein separates Zahnrad entfallen kann. Federkern *3* und Aufzugswelle sind aus einem Stück. Das Federhaus ist auf der Welle gelagert (Gleitlagerpassung). Zur vollständigen Abkapselung der Baugruppe (Schutz vor Staub, austretendem Fett u. ä.) ist ein Deckel *2* in das Federhaus eingepreßt. Befestigungsmöglichkeiten für das äußere Federende zeigt **Bild 6.23** und für das innere Federende **Bild 6.24**.

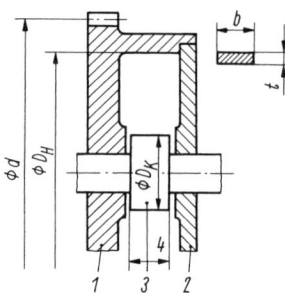

Bild 6.22
Federhaus für Spiralfeder
1 Gehäuse mit Verzahnung; *2* Deckel; *3* Welle mit Federkern

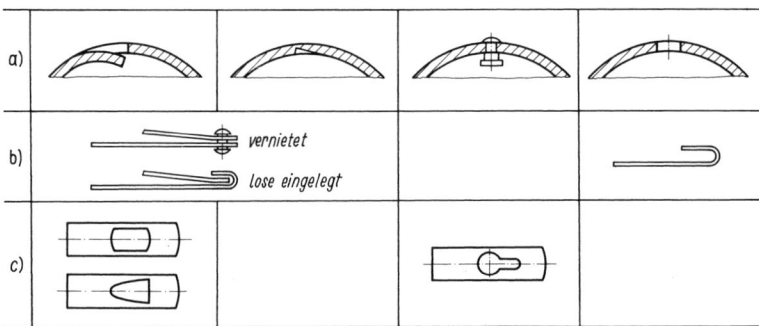

Bild 6.23 Gestaltung und Befestigung des äußeren Federendes
a) Befestigungsstelle im Federhaus; b) Hakenformen der Feder; c) Lochformen der Feder

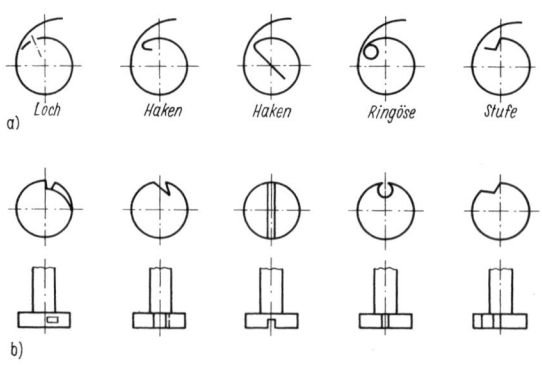

Bild 6.24 Gestaltung und Befestigung des inneren Federendes
a) Ausführung des inneren Federendes;
b) Ausführung des Federkerns;
c) Befestigung des Federendes

7 Achsen und Wellen
[3] [9] [11] [7.1] bis [7.6]

Achsen und Wellen sind Konstruktionselemente, die die Aufgabe haben, Gewichtskräfte rotierender Körper sowie Kräfte, die sich aus der Funktion eines Gerätes ergeben, aufzunehmen und in Lagern abzustützen. Wellen dienen im Gegensatz zu Achsen noch zur Weiterleitung einer Drehbewegung und eines Drehmoments. Wellen laufen demnach immer um, während Achsen entweder umlaufend (Radachse bei Eisenbahnwagen) oder stillstehend (Fahrradachse) ausgeführt sein können.

7.1 Beanspruchungen

Achsen werden in erster Linie auf Biegung und gegebenenfalls auf Zug oder Druck beansprucht, Wellen dagegen zusätzlich auf Torsion. Infolge der Drehbewegung tritt bei umlaufenden Achsen und bei Wellen selbst bei konstanter Querkraft eine Biegewechselbeanspruchung auf (Umlaufbiegung). Das Drehmoment bei Wellen ist oft veränderlich, wobei Schwellbelastung als Extremfall gelten kann. Nur in wenigen Fällen wird ein Wechseldrehmoment mit der Umlauffrequenz der Welle auftreten.

7.2 Entwurfsberechnung

Wesentlichen Einfluß auf die Gestaltung der Achsen und Wellen haben die angreifenden Kräfte. Sind alle auf die Achse oder Welle einwirkenden Aktions- und Reaktionskräfte und die daraus resultierenden maximalen Momente nach den Regeln der Statik (s. Abschn. 3.2) bestimmt, wird als Ausgangspunkt für die Konstruktion eine Überschlagsrechnung vorgenommen.

7.2.1 Überschlägliche Bestimmung des Achsendurchmessers

Aus

$$\sigma_b = M_b/W_b \leqq \sigma_{b\,üb} \tag{7.1}$$

folgt mit dem Widerstandsmoment gegen Biegung (äquatoriales Widerstandsmoment, s. Abschn. 3.3.2.2) für den Kreisquerschnitt

$$W_b = (\pi/32)\,d^3 \approx d^3/10 \tag{7.2}$$

an der Stelle des größten Biegemoments:

$$d \approx 2{,}17 \sqrt[3]{\frac{M_{b\,max}}{\sigma_{b\,üb}}}. \tag{7.3}$$

Für die überschlägliche Spannung gelten bei Achsen aus Stahl folgende Richtwerte:
nicht umlaufende Achsen: $\sigma_{b\,üb} = 50 \ldots 80 \text{ N/mm}^2$; umlaufende Achsen: $\sigma_{b\,üb} = 30 \ldots 60 \text{ N/mm}^2$.

7.2.2 Überschlägliche Bestimmung des Wellendurchmessers

Es wird vom Biegemoment und Drehmoment an der am höchsten belasteten Stelle ausgegangen. Für die nach der Gestaltänderungsenergie-Hypothese [3.1] gebildete Vergleichsspannung bei zusammengesetzter Beanspruchung gilt für Wellen aus Stahl infolge der Biegewechselbeanspruchung (σ_{III}) und unter Annahme einer Wechselbeanspruchung für Torsion (τ_{III}) mit $\alpha_0 = 1$ nach Gl. (3.59) (s. Abschn. 3.3.2.3)

$$\sigma_v = \sqrt{\sigma_b^2 + 3(\alpha_0 \tau_t)^2} \leqq \sigma_{b\,\text{üb}}. \tag{7.4}$$

Mit den Spannungen

$$\sigma_b = M_{b\,\text{max}}/W_b \tag{7.5}$$

und

$$\tau_t = M_d/W_t \tag{7.6}$$

sowie dem äquatorialen und dem polaren Widerstandsmoment des Kreisquerschnitts (s. Abschn. 3.3.2.2)

$$W_b = (\pi/32)\,d^3 \approx d^3/10 \tag{7.7}$$

und

$$W_t = (\pi/16)\,d^3 = 2W_b \approx d^3/5 \tag{7.8}$$

folgt daraus:

$$d \approx 2{,}17 \sqrt[3]{\frac{M_{v\,\text{max}}}{\sigma_{b\,\text{üb}}}}. \tag{7.9}$$

Das maximale Vergleichsmoment ist unter Beachtung von Gl. (7.4) mit $\alpha_0 = 1$

$$M_{v\,\text{max}} = \sqrt{M_{b\,\text{max}}^2 + \tfrac{3}{4}(\alpha_0 M_d)^2}. \tag{7.10}$$

Bei Wellen aus Stahl wird je nach Gestalt (Kerbwirkung), Werkstoff (Festigkeit) und Lagerstützweite (Verformung) überschläglich $\sigma_{b\,\text{üb}} = 30 \ldots 60$ N/mm² gewählt.

Liegen die Lagerentfernung und somit Auflagerkräfte und Biegemomente zu Beginn des Entwurfs noch nicht fest, dann muß der erste Anhalt für den erforderlichen Wellendurchmesser allein aus dem durch Leistung und Drehzahl bestimmten Drehmoment ermittelt werden. Aus

$$\tau_t = M_d/W_t \leqq \tau_{t\,\text{üb}} \tag{7.11}$$

ergibt sich mit dem Widerstandsmoment gegen Torsion (polares Widerstandsmoment) des Kreisquerschnitts nach Gl. (7.8)

$$d \approx \sqrt[3]{\frac{5 M_d}{\tau_{t\,\text{üb}}}}. \tag{7.12}$$

Das Torsionsmoment (Drehmoment) M_d errechnet sich aus

$$M_d = 9{,}55 \cdot 10^6 \, P/n; \qquad \begin{array}{c|c|c} M_d & P & n \\ \hline \text{N}\cdot\text{mm} & \text{kW} & \text{U/min} \end{array}. \tag{7.13}$$

Je nach Gestalt, Werkstoff und zusätzlicher Biegespannung wird für Stahl überschläglich $\tau_{t\,\text{üb}} = 12 \ldots 25$ N/mm² eingesetzt.

7.3 Nachrechnung

Mit Hilfe des überschläglich errechneten Durchmessers wird die Achse oder die Welle gemäß den Erfordernissen hinsichtlich Lagerung und Anordnung weiterer An- und Abtriebselemente konstruktiv durchgebildet, wobei montage- und fertigungsgerechte Gestaltungsprinzipien zu beachten sind. Im Anschluß erfolgt eine Nachrechnung der Festigkeit aller gefährdeten Querschnitte und eine Überprüfung der Verformung (Durchbiegung, Neigung in den Lagern). Bei schnelllaufenden Achsen oder Wellen ist außerdem noch eine Schwingungsberechnung erforderlich.

7.3.1 Nachrechnung der vorhandenen Spannungen

Die Nachrechnung der auftretenden Spannungen ist an der Stelle des maximalen Biege- oder Vergleichsmoments und bei Schwingungsbeanspruchung infolge periodisch veränderlicher Kräfte oder Umlaufbiegung erforderlich, außerdem an allen Kerbstellen (Wellenabsätze, Querbohrungen, Nuten, Einstiche, Nabensitze). Treten im Querschnitt Längskräfte (Zug- oder Druckkräfte) auf, ist die Spannung zu berechnen nach

$$\sigma_{z,d} = F/A \,. \tag{7.14}$$

Bei einer Biegebeanspruchung durch Querkräfte ist

$$\sigma_b = M_b/W_b \,. \tag{7.15}$$

Greifen die Querkräfte in verschiedenen Ebenen an, dann sind sie in zwei zueinander rechtwinklige Ebenen (x, y) zu zerlegen und in jeder die Biegemomente zu bestimmen. Das resultierende Biegemoment errechnet sich aus

$$M_b = \sqrt{M_{bx}^2 + M_{by}^2} \,. \tag{7.16}$$

Die durch Zug oder Druck und Biegung hervorgerufene zusammengesetzte Normalspannung ist

$$\sigma_n = \sigma_{z,d} + \sigma_b \tag{7.17}$$

oder, falls der Werkstoff unterschiedliche Festigkeitseigenschaften bei Zug und Biegung aufweist,

$$\sigma_n = \sigma_{z,d} + (R_e/\sigma_{bF})\,\sigma_b \tag{7.18}$$

mit der Streckgrenze R_e und der Biegefließgrenze σ_{bF} (s. Tafel 3.2).

Bei einer Torsionsbeanspruchung ist die im Querschnitt auftretende Spannung

$$\tau_t = M_d/W_t \,. \tag{7.19}$$

Liegt eine Überlagerung von Normal- und Tangentialspannung (z. B. Biegung und Torsion) vor, so ist die Vergleichsspannung nach Gl. (3.59) zu berechnen.

Zulässige Spannungen

Die errechneten vorhandenen Spannungen müssen stets kleiner als der entsprechende zulässige Wert sein. Andernfalls sind größere Querschnitte zu wählen, oder die Kerbwirkung ist durch konstruktive Maßnahmen zu verringern.

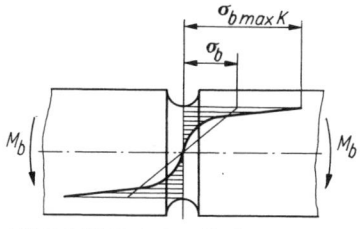

Bild 7.1 Einfluß einer Kerbe
auf die Erhöhung der Biegespannung

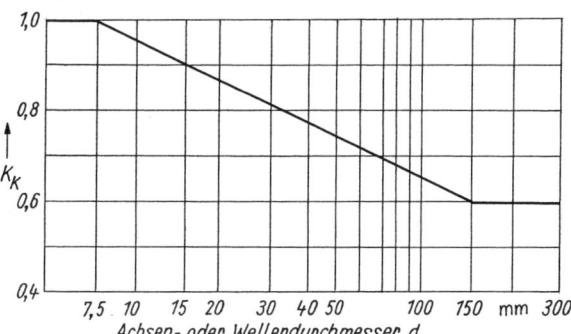

Bild 7.2 Mittlerer Einflußfaktor K_K
zur Berechnung der Dauerfestigkeit

166   7 Achsen und Wellen

Bei *statischer (ruhender) Beanspruchung*, z. B. bei nicht umlaufenden Achsen, erfolgt die Bestimmung der zulässigen Spannungen gemäß Abschn. 3.3.3.

Bei *dynamischer (schwingender) Beanspruchung* (Wellen und umlaufende Achsen) wird für die Bestimmung der zulässigen Spannungen von der Dauerschwingfestigkeit (Dauerfestigkeit) ausgegangen. Wie aus der Festigkeitslehre bekannt, stellt die Dauerfestigkeit keinen reinen Werkstoffkennwert dar, sondern hängt u. a. von der Gestalt, Größe, Oberflächenbeschaffenheit und Querschnittsform des Bauteils ab. Diese Einflüsse lassen sich durch entsprechende Faktoren berücksichtigen und zu einem Gesamteinflußfaktor K_{ges} zusammenfassen [3]. Im folgenden werden außer der Kerbwirkung (**Bild 7.1**) die verschiedenen Einflüsse näherungsweise durch einen mittleren Einflußfaktor K_K (**Bild 7.2**) erfaßt. Unter Berücksichtigung der Kerbwirkungszahl K_σ bzw. K_τ (s. Abschn. 3.3.3.2 und Bilder 7.3 und 7.4) ergibt sich damit ein Gesamteinflußfaktor

$$K_{ges} = K_\sigma/K_K \quad \text{bzw.} \quad K_{ges} = K_\tau/K_K \tag{7.20}$$

und die zulässige Spannung bei Umlaufbiegung

$$\sigma_{bzul} = \sigma_{bW} K_K/(S_D K_\sigma) = \sigma_{bW}/(S_D K_{ges}). \tag{7.21}$$

S_D ist die Sicherheit gegen Dauerbruch und wird i. allg. mit $S_D = 2 \ldots 3$ bzw., wenn Belastung und Kerbeinflüsse genau bekannt sind, mit $S_D = 1{,}3 \ldots 2{,}0$ angenommen.

τ_{tzul} läßt sich analog mit τ_{tW} und K_τ berechnen.

Kerbwirkung

Durch allgemein als Kerben bezeichnete geometrische Unstetigkeiten, z. B. Querschnittssprünge oder Nuten, werden örtliche Überhöhungen des bei der Berechnung zugrunde gelegten konstanten bzw. linearen Spannungsverlaufs bewirkt (s. Bild 7.1).

Das Verhältnis der maximalen Spannung zur berechneten Nennspannung des gekerbten Querschnitts wird bei ruhender Belastung (s. Bild 3.23) als Formzahl α_σ bzw. α_τ (auch α_K genannt) definiert:

$$\alpha_\sigma = \sigma_{maxK}/\sigma \quad \text{bzw.} \quad \alpha_\tau = \tau_{maxK}/\tau. \tag{7.22}$$

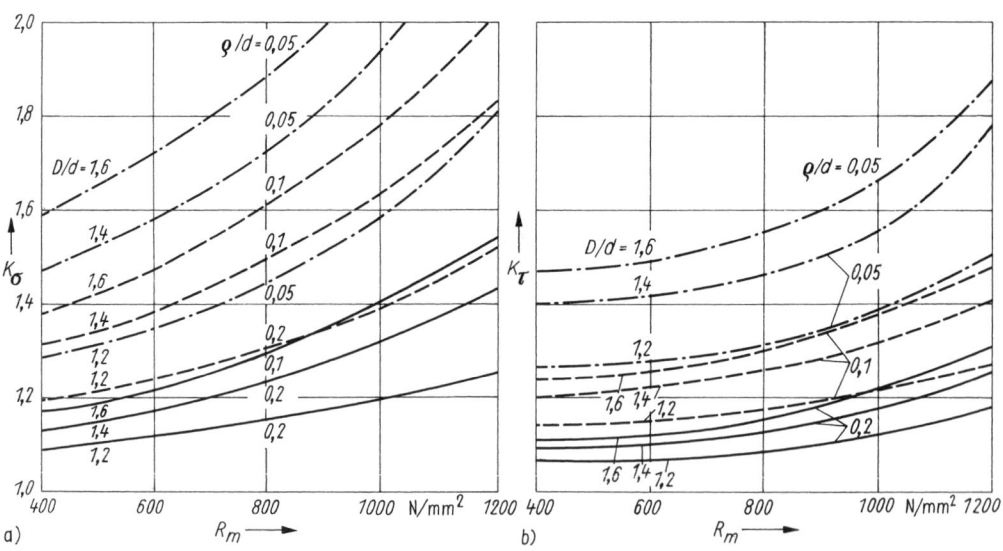

Bild 7.3 Kerbwirkungszahlen K_σ und K_τ für abgesetzte Rundstäbe
a) bei Biegung; b) bei Torsion
D größer, d kleiner Durchmesser; ϱ Übergangsradius

Sie ist von der Kerbform und der Beanspruchungsart (Zug, Biegung, Torsion), jedoch nicht vom Werkstoff abhängig. Unter ruhender Beanspruchung werden bei elastischen Werkstoffen durch lokale plastische Verformungen die über die Streckgrenze hinausreichenden Spannungsspitzen abgebaut. Somit können sich keine Folgen für die Haltbarkeit ergeben, und die Kerbwirkung kann unberücksichtigt bleiben. Bei dynamischer Beanspruchung führen jedoch die erhöhten Spannungen zu einer Verminderung der Dauerfestigkeit, wobei sich die Spannungsspitzen je nach Kerbempfindlichkeit des Werkstoffs auswirken. Dieser festigkeitsmindernde Einfluß wird analog Gl. (7.22) bei dynamischer Beanspruchung als Kerbwirkungszahl K_σ bei Biegung bzw. K_τ bei Torsion (auch β_K genannt) durch das Verhältnis der Dauerausschlagfestigkeit des ungekerbten zu der des gekerbten Bauteils erfaßt:

$$K_\sigma = \sigma_{AD}/\sigma_{ADK} \tag{7.23}$$

(gilt analog auch für Tangentialspannung τ).

Werte für K_σ bzw. K_τ können entweder nach [3] [9] aus α_σ bzw. α_τ berechnet oder aus Diagrammen direkt entnommen werden (**Bilder 7.3** und **7.4**). Wegen der Werkstoffstützwirkung gilt stets $K_{\sigma,\tau} < \alpha_{\sigma,\tau}$.

Hoch beanspruchte Wellen und umlaufende Achsen bedürfen unter Berücksichtigung der jeweiligen Beanspruchungscharakteristik einer genaueren Nachrechnung (s. [3] [9] [11]).

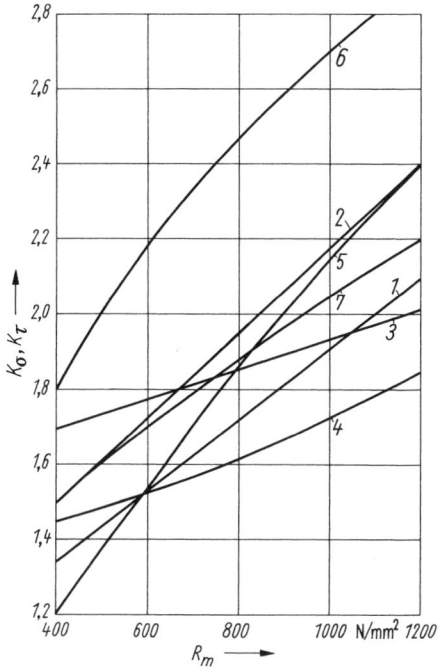

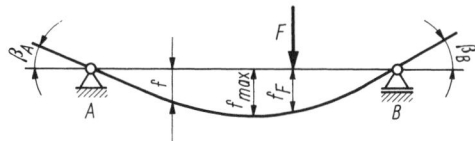

Bild 7.4 Kerbwirkungszahlen K_σ und K_τ für gekerbte Rundstäbe
 1 umlaufende Spitzkerbe bei Biegung;
 2 umlaufende Spitzkerbe bei Zug-Druck;
 3 Querbohrung bei Zug-Druck, Biegung, Torsion;
 4 Paßfedernut bei Biegung;
 5 Paßfedernut bei Torsion;
 6 aufgepreßte Nabe oder Nabensitz mit Paßfeder bei Biegung;
 7 aufgepreßte Nabe mit Entlastungskerben bei Biegung

Bild 7.5 Verformung durch Querkraft F
 f Durchbiegung an beliebiger Stelle;
 f_F Durchbiegung unter Kraft F;
 f_{max} maximale Durchbiegung

7.3.2 Nachrechnung der Verformung

Durch übermäßige Verformung kann die Funktion einer Achse oder Welle selbst oder die der darauf befestigten Funktionselemente beeinträchtigt werden, z. B. Lager, Zahnräder, Rotoren von Elektromotoren, optische (Teilscheiben, Spiegel) oder magnetische Elemente (Abtastköpfe) usw. Die zulässige Verformung ist deshalb in vielen Fällen begrenzt und kann u. U. für die Dimensionierung der Achse oder Welle ausschlaggebend sein.

Als Maß für die Verformung werden die Durchbiegung f und die Neigung β an bestimmten Stellen der Achse oder Welle angegeben (**Bild 7.5**). Diese Größen lassen sich bei konstantem

Durchmesser mit der Differentialgleichung der elastischen Linie (s. Abschn. 3.3.2.2) berechnen:

$$f'' = -M_b/(EI).$$

Die Lösung der Gleichung für einige Lagerungs- und Belastungsfälle von Trägern mit gleichbleibendem Querschnitt zeigt Tafel 3.7.

Bei Kraftangriff in mehreren Ebenen wird die resultierende Verformung analog dem resultierenden Biegemoment gemäß Gl. (7.16) gebildet:

$$f = \sqrt{f_x^2 + f_y^2} \leq f_{zul} \tag{7.24a}$$

$$\beta \approx \tan \beta = \sqrt{(\tan \beta_x)^2 + (\tan \beta_y)^2} \leq \beta_{zul}. \tag{7.24b}$$

Weisen Achsen oder Wellen keinen konstanten Durchmesser auf, kann man für Überschlagsrechnungen eine Vergleichswelle mit konstantem mittlerem Durchmesser d_m heranziehen. Wegen der Proportionalität $f \sim (l^3/d^4)$ bewährt sich zur Berechnung von d_m die Beziehung

$$d_m = \sqrt[4]{\sum_{i=1}^{n} d_i^4 l_i^3 \bigg/ \sum_{i=1}^{n} l_i^3}. \tag{7.25}$$

Für die Welle im Bild 7.7a gilt dann z. B.:

$$d_m = \sqrt[4]{\frac{d_1^4 l_1^3 + d_2^4 l_2^3 + d_3^4 l_3^3}{l_1^3 + l_2^3 + l_3^3}}. \tag{7.26}$$

Durch die Torsionsbeanspruchung tritt zusätzlich eine Verdrillung φ der Welle auf, die vor allem bei großer Länge und bei Anwendung in Meßgeräten nachzurechnen ist (siehe Abschn. 3.3.2.2).

Zulässige Verformung

Die zulässige Verformung hängt sehr stark vom jeweiligen Anwendungsfall ab, so daß sich verallgemeinerbare Werte nur bedingt angeben lassen.

Einige Beispiele sollen das verdeutlichen:
Die *Durchbiegung der Welle eines Elektromotors* darf nicht mehr als 20 bis 30% des theoretisch vorgesehenen Luftspalts zwischen Rotor und Stator betragen. Dieser ist wiederum von Motorgröße und Motortyp abhängig. Bei Drehstrommotoren mit kleiner bis mittlerer Leistung beträgt er etwa 0,3 bis 0,5 mm.

Bei *Zahnradgetrieben* führt eine Schiefstellung des Zahnrads infolge Wellenneigung zu einer ungleichmäßigen Belastung an den Zahnflanken. Um eine Beschädigung durch Überlastung zu vermeiden, darf deshalb (besonders bei Leistungsgetrieben) die Wellenneigung an der Stelle des Zahnrads nicht größer als $\tan \beta \approx \beta = 1 \cdot 10^{-4}$ sein.

Aus einer *Schrägstellung der Welle* in den Lagern kann eine Überlastung der Lagerstellen folgen (Kantenpressung). Die zulässigen Grenzwerte sind durch die Lagerkonstruktion bedingt, wobei sich Pendellager am günstigsten verhalten (s. Abschn. 8).

Als Richtwerte gelten:

Gleitlager mit feststehender Lagerschale $\beta_{zul} = 3 \cdot 10^{-4}$,
Gleitlager mit einstellbarer Lagerschale $\beta_{zul} = 1 \cdot 10^{-3}$,
Wälzlager (außer Pendellager) $\beta_{zul} = 1 \cdot 10^{-3}$.

Als zulässiger Wert für die *Verdrillung* gilt bei Wellen aus Stahl allgemein

$$\varphi_{zul} = 0{,}25 \text{ Grad/m}.$$

7.3.3 Schwingungsberechnung

Infolge der Elastizität des Werkstoffs und der Eigenmasse jeder Achse oder Welle sowie besonders der darauf befestigten Massen stellt ein jedes solches Bauelement ein schwingungsfähiges Feder-Masse-System dar. Bei Achsen können Umlaufbiegeschwingungen und bei Wellen zusätzlich Torsionsschwingungen auftreten. Umlaufbiegeschwingungen werden durch die Unwucht der umlaufenden Massen erzeugt. Torsionsschwingungen entstehen infolge periodisch wirkender Drehmomente von seiten des An- oder Abtriebs; sie hängen deshalb in bezug auf Frequenz und Amplitude nicht allein von den unmittelbar auf der Welle befestigten Massen ab, sondern auch von den vor- und nachgeschalteten Feder-Masse-Systemen. Zur Beurteilung des Torsionsschwingungsverhaltens einer Welle muß deshalb das gesamte Antriebssystem, einschließlich An- und Abtriebsaggregat, betrachtet werden. Diese Aufgabe fällt der Maschinen- und Gerätedynamik zu. Im folgenden werden nur die Umlaufbiegeschwingungen behandelt.

Biegeschwingungen

Gelangt die Frequenz der Erregerkräfte in die Nähe der Eigenfrequenz des Systems, dann können die Schwingungsamplituden betriebsgefährdende Ausmaße annehmen. Die Eigenfrequenz ω_0 eines Feder-Masse-Systems mit der Masse m und der Federsteife c nach **Bild 7.6** ist

$$\omega_0 = \sqrt{c/m}. \tag{7.27}$$

Die Federsteife einer Welle läßt sich berechnen aus $c = 48EI/l^3$ (s. Abschnitte 3.3.2.2 und 6).

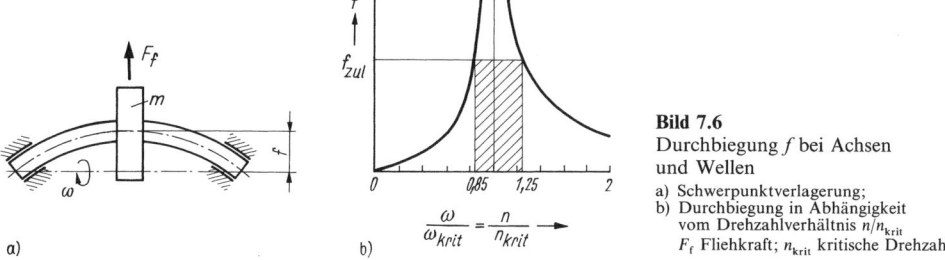

Bild 7.6
Durchbiegung f bei Achsen und Wellen
a) Schwerpunktverlagerung;
b) Durchbiegung in Abhängigkeit vom Drehzahlverhältnis n/n_krit
F_f Fliehkraft; n_krit kritische Drehzahl

Die Drehzahl, bei der Resonanz auftritt, heißt *kritische Drehzahl* n_krit. Sie ist aus ω_0 zu berechnen:

$$n_\text{krit} = (30/\pi)\,\omega_0, \qquad \begin{array}{c|c} n_\text{krit} & \omega_0 \\ \hline \text{U/min} & \text{s}^{-1} \end{array}. \tag{7.28}$$

Als handliche Formel hat sich die zugeschnittene Größengleichung

$$n_\text{krit} = 300\,K\sqrt{1/f_G}, \qquad \begin{array}{c|c} n_\text{krit} & f_G \\ \hline \text{U/min} & \text{cm} \end{array} \tag{7.29}$$

bewährt.

Dabei ist f_G die ausschließlich von der Gewichtskraft hervorgerufene statische Durchbiegung der beiderseitig frei aufliegenden Welle. Mit K (Lagerfaktor) wird die Ausführung der Lagerung berücksichtigt. Es gelten:

$K = 1$ bei Lagern, die der Neigung der Welle nachgeben können,
$K = 1{,}3$ bei starren Lagern, die eine Neigung der Welle verhindern.

Die Betriebsdrehzahl n der Achse oder Welle muß einen genügend großen Abstand von der kritischen Drehzahl haben.

Als unbedingt zu vermeidender Bereich gilt $0.85 < n/n_\text{krit} < 1{,}25$ (Bild 7.6b), denn hier treten unerwünscht hohe Schwingungsamplituden auf. Die Abmessungen der Welle oder Achse müssen dann so geändert werden, daß deren Federsteife (und damit die Eigenfrequenz) eine andere Größe annimmt.

7.4 Werkstoffwahl und konstruktive Gestaltung

Die Werkstoffwahl erfolgt entsprechend der erforderlichen Festigkeit, wobei für untergeordnete Zwecke meist S275JR, für normale Anforderungen i. allg. E295 bis E360 und für höhere Beanspruchungen Vergütungs- bzw. Einsatzstähle Anwendung finden (s. Tafel 3.2).

Unterliegen Achsen und Wellen korrodierenden Einflüssen, sind Stähle mit 12 bis 18% Cr-Gehalt zu verwenden, während bei Betriebstemperaturen über 300 °C warmfeste Mo-Stähle in Frage kommen (s. auch Abschnitt 2.4).

Die Gestaltung der Achsen und Wellen hat so zu erfolgen, daß sich aufzunehmende Teile (Kupplungen, Zahnräder, Scheiben u. a.) leicht montieren lassen und eine einfache Fertigung möglich ist. Die einfachste Form in der Feinwerktechnik ist eine durchgehend glatte Achse oder Welle. Notwendige Anschläge können durch Stellringe oder Spreizelemente (s. Abschn. 4.2.5) ohne viel Zerspanungsarbeit realisiert werden. Geeignet ist dazu blank gezogener Rundstahl, der mit der Durchmessertoleranz $h9$ bzw. $h11$ geliefert wird und eine Nacharbeit der Oberfläche erübrigt.

Bei größeren zu übertragenden Leistungen im Maschinen- und Elektromaschinenbau und wenn mehrere Elemente auf der Achse oder Welle hintereinander befestigt werden sollen bzw. wenn zwischen den Elementen Lagerstellen vorgesehen sind, ist es zweckmäßiger, die Achsen und Wellen abzusetzen und für jeden Sitz einen anderen genormten Durchmesser zu wählen. Passungssitze mit engen Toleranzen (z. B. Wälzlagersitze) verlangen eine hohe Oberflächengüte, die teuer ist. Sie sollten deshalb und auch im Hinblick auf einfache Montage nicht länger als erforderlich ausgeführt werden.

Das Hauptaugenmerk bei hochbeanspruchten Wellen gilt den Kerbstellen, da sie die Festigkeit herabsetzen. Schroffe Querschnittsänderungen vermeidet man durch einen Rundungsradius ϱ oder einen kegligen Übergang **(Bild 7.7)**. Je kleiner ϱ gewählt wird, desto größer ist die Kerbwirkung. Scharfkantige Absätze sind deshalb zu vermeiden.

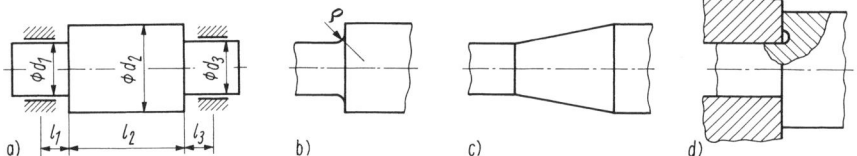

Bild 7.7 Gestaltung von Querschnittsänderungen bei Achsen und Wellen
a) scharfkantige Absätze; b) Rundungsradius; c) kegliger Übergang; d) Innenkerbe

Bei einem Wälzlagersitz ist jedoch zu beachten, daß ϱ kleiner als der Abrundungsradius des Wälzlagerringes sein muß, um gute Anlage des Ringes an der Absatzkante zu gewährleisten. Bei größeren Wellendurchmessern wählt man deshalb auch Innenkerben. (Berechnung und Gestaltung der Welle-Nabe-Verbindungen s. Abschn. 4).

7.5 Aufgaben und Lösungen zu Abschnitt 7

Aufgabe 7.1 Welle einer Seilwinde

Bei der Welle *1* einer Seilwinde **(Bild 7.8)** ist die Sicherheit gegen Dauerbruch an der Stelle des maximalen Biegemomentes zu berechnen. Das Drehmoment wird über eine Kupplung *2* eingeleitet und zur Seiltrommel *3* über eine Paßfeder weitergeleitet. Die zulässige Kraft am Lasthaken beträgt $F = 5000$ N.

Außerdem sind gegeben: Masse der Seiltrommel $m = 80$ kg, Wellendurchmesser $d_1 = 75$ mm, Seiltrommeldurchmesser $d_2 = 400$ mm, Lagerabstand $l = 1240$ mm, Wellenwerkstoff E335.

Die Masse der Kupplung ist bei der Berechnung zu vernachlässigen.

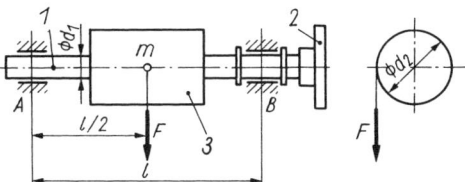

Bild 7.8
Welle einer Seilwinde

Aufgabe 7.2 Beanspruchung der Achse einer Spannrolle

Eine Spannrolle soll mit der umlaufenden Achse vom Durchmesser $d = 25$ mm durch eine Paßfeder verbunden werden. Wie groß darf an dieser Stelle das Biegemoment sein, wenn als Werkstoff E295 mit $R_m = 490$ N/mm² verwendet wird und die Sicherheit gegen Dauerbruch $S_D = 3$ betragen soll?

Lösung zu Aufgabe 7.1

Es werden zuerst alle angreifenden Kräfte einschließlich der Auflagerkräfte A und B bestimmt. Außer der maximalen Hakenlast $F = 5000$ N wirkt im Schwerpunkt der Seiltrommel die Gewichtskraft

$$G = 80 \text{ kg} \cdot 9{,}81 \text{ m/s} = 785 \text{ N}.$$

Da die Auflager symmetrisch zum Kraftangriffspunkt angeordnet sind, ergeben sich als Auflagerkräfte

$$A = B = \tfrac{1}{2}(F + G) = \tfrac{1}{2}(5000 \text{ N} + 785 \text{ N}) = 2892{,}5 \text{ N}.$$

Auf Grund der Symmetrie tritt das maximale Biegemoment in der Mitte zwischen beiden Auflagern auf und errechnet sich aus

$$M_{b\,\text{max}} = Al/2 = 2892{,}5 \text{ N} \cdot 620 \text{ mm} = 1{,}79 \cdot 10^6 \text{ N} \cdot \text{mm}.$$

Das Torsionsmoment erhält man aus

$$M_d = Fd_2/2 = 5000 \text{ N} \cdot 200 \text{ mm} = 1 \cdot 10^6 \text{ N} \cdot \text{mm}.$$

Es wird angenommen, daß es von Seiltrommelmitte bis Wellenende in voller Größe wirksam ist (**Bild 7.9**).

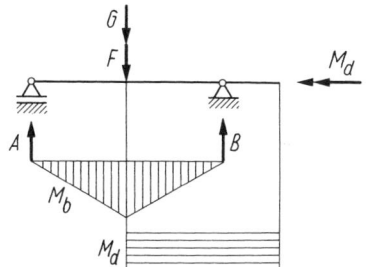

Bild 7.9 Kräfte und Momentenverläufe für Welle nach Bild 7.8

Damit wird die Welle an der Stelle des maximalen Biegemomentes zusätzlich auf Torsion beansprucht, und es ist die Vergleichsspannung nach Gl. (3.59) zu berechnen.
Die weiteren Berechnungsschritte sind:

$$\sigma_b = \frac{M_b}{W_b} = \frac{1{,}79 \cdot 10^6 \text{ N} \cdot \text{mm}}{41\,417{,}5 \text{ mm}^3} = 43 \text{ N/mm}^2, \text{ s. Gl. (7.15);}$$

$$\text{mit} \quad W_b = \frac{\pi}{32} d_1^3 = \frac{\pi}{32} \cdot 75^3 \text{ mm}^3 = 41\,417{,}5 \text{ mm}^3, \text{ s. Gl. (7.7);}$$

$$\tau_t = \frac{M_d}{W_t} = \frac{1 \cdot 10^6 \text{ N} \cdot \text{mm}}{82\,835 \text{ mm}^3} = 12 \text{ N/mm}^2, \text{ s. Gl. (7.19);}$$

$$\text{mit} \quad W_t = \frac{\pi}{16} d_1^3 = \frac{\pi}{16} \cdot 75^3 \text{ mm}^3 = 82\,835 \text{ mm}^3, \text{ s. Gl. (7.8);}$$

$$\sigma_v = \sqrt{\sigma_b^2 + 3(\alpha_0 \tau_t)^2} \leqq \sigma_{b\,\text{zul}}, \text{ s. Gl. (3.59).}$$

172   7 Achsen und Wellen

Bei Biegewechselbeanspruchung (Umlaufbiegung) und konstantem Torsionsmoment ergibt sich $\alpha_0 = 0{,}5$ (s. Abschn. 3.3.2.3) und somit

$$\sigma_v = \sqrt{43^2 + 3(0{,}5 \cdot 12)^2} \text{ N/mm}^2 = 44 \text{ N/mm}^2.$$

Für die zulässige Spannung ist die Biegewechselfestigkeit σ_{bW} maßgebend, da analog zu Gl. (3.59) die Torsionsbeanspruchung τ_t auf eine äquivalente Biegebeanspruchung σ_b umgerechnet wird.
Mit Gl. (7.21) folgt aus

$$\sigma_{b\,zul} = \sigma_{bW}/(S_D K_{ges})$$

für die Sicherheit gegen Dauerbruch

$$S_D = \sigma_{bW}/(\sigma_v K_{ges}).$$

Aus Tafel 3.2 erhält man für E335:

$$\sigma_{bW} = 280 \text{ N/mm}^2, \qquad R_m = 590 \text{ N/mm}^2.$$

R_m wird für die Bestimmung von K_σ in $K_{ges} = K_\sigma/K_K$ benötigt, s. Gl. (7.20). Für $R_m = 590 \text{ N/mm}^2$ und Paßfedernut bei Biegung ergibt sich nach Bild 7.4: $K_\sigma = 1{,}52$ und für $d_1 = 75$ mm aus Bild 7.2: $K_K = 0{,}68$.
Damit wird

$$K_{ges} = 1{,}52/0{,}68 = 2{,}24,$$

und die Sicherheit gegen Dauerbruch beträgt

$$S_D = \frac{280 \text{ N/mm}^2}{44 \text{ N/mm}^2 \cdot 2{,}24} = 2{,}84.$$

Lösung zu Aufgabe 7.2

Bei einer umlaufenden Achse tritt nur Umlaufbiegung auf.
Aus

$$\sigma_b = M_b/W_b \approx 10 M_b/d^3 \leq \sigma_{b\,zul}$$

folgt

$$M_{b\,max} = d^3 \sigma_{b\,zul}/10.$$

Es ist

$$\sigma_{b\,zul} = \sigma_{bW} K_K/(S_D K_\sigma).$$

K_K ist in Abhängigkeit vom Achsendurchmesser aus Bild 7.2 zu entnehmen. Für $d = 25$ mm ist $K_K = 0{,}83$. K_σ erhält man für die Paßfedernut bei Biegung und $R_m = 490 \text{ N/mm}^2$ aus Bild 7.4 zu $K_\sigma = 1{,}48$.
Damit wird

$$\sigma_{b\,zul} = \frac{240 \cdot 0{,}83}{3 \cdot 1{,}48} \text{ N/mm}^2 = 44{,}9 \text{ N/mm}^2$$

und

$$M_{b\,max} = \frac{25^3 \cdot 44{,}9}{10} \text{ N} \cdot \text{mm} = 7{,}01 \cdot 10^4 \text{ N} \cdot \text{mm}.$$

Unter den gegebenen Verhältnissen darf ein maximales Biegemoment von etwa $7 \cdot 10^4$ N · mm auftreten.

8 Lager

Die Aufgabe, die in Geräten und Maschinen sich relativ zueinander bewegenden Teile mit ihren Kraftwirkungen abzustützen und ihre vorgeschriebene Lage im Raum zu sichern, übernehmen Gelenke. Die Drehgelenke für Rotation werden in ihrer konstruktiven Ausführung als *Lager* und die Schubgelenke für Translation als *Führungen* bezeichnet (**Bild 8.1**). Meist ist für Führungen die Bewegung geradlinig, weshalb man auch von Geradführungen (c) spricht (s. Abschn. 9). Bei Lagern unterscheidet man je nach Belastungs- bzw. Abstützrichtung zwischen Quer- und Längslagern (Radial- und Axiallager, a und b). Bei der Lagerkonstruktion ist zu beachten, daß nur die vorgesehenen Bewegungen ermöglicht, alle anderen dagegen sicher verhindert werden. In einem Loslager (Bild 8.1d) kann neben der Drehbewegung auch eine Längsverschiebung auftreten. Beim Stützlager (e) wird diese Längsverschiebung in einer Richtung und beim Festlager (f) in beiden Richtungen verhindert. Das Führen und Abstützen der bewegten Teile soll möglichst verlustfrei und mit hoher Zuverlässigkeit bei ökonomisch vertretbarem Aufwand erfolgen. Dem stehen Reibung und Verschleiß entgegen.

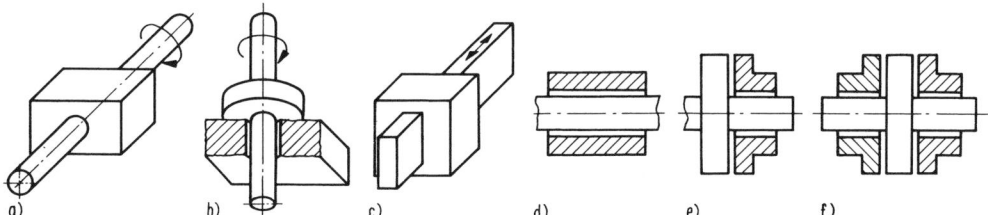

Bild 8.1 Lagerung und Führung
a) Quer- oder Radiallager; b) Längs- oder Axiallager; c) Führung; d) Loslager; e) Stützlager; f) Festlager

Reibung ist ein mechanischer Widerstand in der gemeinsamen Berührungsfläche von Bauteilen, der eine Relativbewegung zwischen zwei aufeinander gleitenden, rollenden oder wälzenden Körpern hemmt (Bewegungsreibung) oder verhindert (Ruhereibung). Je nach Art der Relativbewegung werden unterschieden

- *Gleitreibung* beim Gleiten zweier Körper aufeinander (z. B. Gleitführung)
- *Bohrreibung* beim Drehen um eine zur Oberfläche an der Berührungsstelle senkrecht stehende Achse (z. B. Wellenende auf einer Stützplatte)
- *Rollreibung* beim Abrollen eines Körpers auf einem anderen (z. B. Rad auf Schiene)
- *Wälzreibung* beim Abwälzen zweier Körper aufeinander mit einem Gleitanteil (Überlagerung von Rollen und Gleiten, z. B. bei den Zahnflanken eines Zahnradgetriebes).

Verschleiß ist die unerwünschte Veränderung der Oberfläche von Bauteilen durch mechanische Wirkungen. Verschleiß wirkt stets nur an der Oberfläche fester Körper. Die Verschleißteilchen entstehen z. T. durch Ermüdung der Oberfläche infolge wiederholter Deformation, z. T. durch Herausreißen aus der Kontaktfläche infolge Trennung von kurzzeitig entstandenen Mikroverschweißungen. Diese Mikroverschweißungen bilden sich durch die Berührung der Rauheitsspitzen der Oberflächen aufeinanderliegender Teile schon bei kleinen Belastungen.

Berechnung und Konstruktion der Lager und Führungen sollen Funktionssicherheit und Genauigkeit durch richtige Dimensionierung und Anordnung sowie durch Verwendung geeigneter Werkstoffe oder Zusatzstoffe (Schmierstoffe) gewährleisten. Da einerseits die Betriebsbedingungen für die Lager und Führungen unterschiedlich sind, andererseits auch die Anforderungen an die Funktion (einschließlich Kosten) stark differieren, gibt es keine Konstruktion, die allen Anforderungen gerecht wird. Es muß jeweils neu entschieden werden, welches Lager oder welche Führung optimal ist. Dazu ist eine umfassende Kenntnis der einzelnen Lager- und Führungskonstruktionen erforderlich.

8.1 Gleitlager
[3] [9] [11] [8.14] bis [8.18]

8.1.1 Gleitreibung

Die Größe des *Bewegungswiderstands* F_R eines gleitend auf einer festen Unterlage bewegten Körpers ist abhängig von der senkrecht zur Reibungsfläche wirkenden *Normalkraft* F_n und dem Reibwert μ:

$$F_R = \mu F_n . \tag{8.1}$$

Der Reibwert μ wird hauptsächlich beeinflußt durch die Werkstoffpaarung, Oberflächenbeschaffenheit, Art des Schmierstoffs und die Gleitgeschwindigkeit. Die Größe des Reibwerts μ läßt sich bei bekannter Normalkraft experimentell durch Messung der Reibkraft ermitteln. Wegen der vielen Faktoren, die den Reibwert μ beeinflussen können, lassen sich solche Versuchswerte nicht bedenkenlos verallgemeinern.

Für ungeschmierte Paarungen wird der Reibwert in erster Näherung als konstant angenommen und beträgt je nach Werkstoffpaarung $\mu = 0{,}1 \ldots 0{,}3$ [3].

Der Verlust an mechanischer Energie W_R durch Reibung ist:

$$W_R = F_R s_R \quad (s_R \text{ Gleitweg}) . \tag{8.2}$$

Für die Verlustleistung P_R gilt

$$P_R = F_R v_G \quad (v_G \text{ Gleitgeschwindigkeit}) . \tag{8.3}$$

Für die Drehbewegung einer Welle (Durchmesser $d = 2r$) in einer Lagerbuchse gelten folgende Beziehungen, wenn Spielfreiheit angenommen wird:

Reibmoment $\quad M_R = \mu r F_n \tag{8.4a}$

Energieverlust $\quad W_R = M_R \hat{\varphi} \quad (\hat{\varphi} \text{ Drehwinkel}) \tag{8.4b}$

Verlustleistung $\quad P_R = M_R \omega \quad (\omega \text{ Winkelgeschwindigkeit}). \tag{8.4c}$

Der Verschleiß kann vermieden werden, wenn es gelingt, die beiden Festkörperelemente (Welle und Lagerschale) durch eine tragende flüssige oder gasförmige Zwischenschicht zu trennen, so daß ein völlig anderer Reibungszustand entsteht.

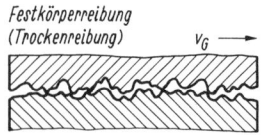
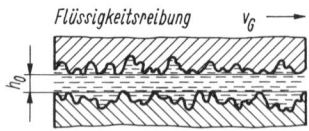

Bild 8.2 Reibungszustände

Insgesamt unterscheidet man drei *Reibungszustände* (**Bild 8.2**):

1. Festkörperreibung (Coulombsche Reibung). Die Reibung wird durch Vorgänge in den sich gegenseitig berührenden Oberflächen der Festkörper verursacht. Dazu zählen auch die festen Schmierstoffe, z. B. Graphit. Festkörperreibung ohne jeden Zwischenstoff nennt man *Trockenreibung*. Bei verschleißmindernden Zwischenschichten wird von Haftschichtreibung gesprochen.

2. Flüssigkeitsreibung (Newtonsche bzw. Stokessche Reibung). Hier existiert eine lückenlose flüssige Zwischenschicht (s. Bild 8.2), die unter Druck tragfähig ist. Wird der Druck von außen (z. B. durch eine Pumpe) aufgebracht **(Bild 8.3a)**, entsteht eine hydrostatisch tragende Zwischenschicht. Der Druck kann sich aber auch durch die Bewegung der Körper selbst aufbauen, jedoch muß die Gleitgeschwindigkeit v genügend groß sein. Man spricht dann von einer hydrodynamisch tragenden Zwischenschicht (b).

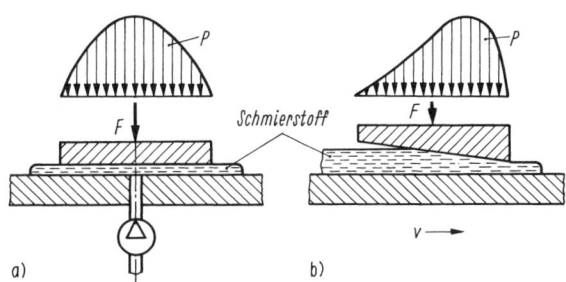

Bild 8.3
Schmierdruckausbildung
a) hydrostatisch; b) hydrodynamisch

Die noch vorhandene Reibung wird durch die innere Reibung der Flüssigkeit bewirkt. Die entsprechende Werkstoffkenngröße ist die Viskosität.

Auch Gase haben eine, wenn auch geringe, Viskosität. Sie sind folglich ebenfalls als Schmierstoffe geeignet. Es gibt sowohl aerostatisch als auch aerodynamisch wirkende Gleitlager, die sog. Luftlager (Einzelheiten s. [3] [8.6]).

3. Mischreibung. Es liegt gleichzeitig stellenweise Festkörperreibung und Flüssigkeitsreibung vor.

Wie der Reibungszustand den Reibwert beeinflußt, wird im **Bild 8.4** deutlich. Es zeigt die Abhängigkeit des Reibwerts μ von der Drehzahl n bei einem ölgeschmierten Gleitlager. Bei $n = 0$ liegt völlige Festkörperreibung vor. Mit wachsender Drehzahl steigt der Anteil der Flüssigkeitsreibung (Gebiet der Mischreibung), bis sich bei genügend großer Drehzahl ein lückenloser, tragender Schmierfilm aufbaut. Die Drehzahl, von der ab völlige Flüssigkeitsreibung herrscht, wird Übergangsdrehzahl $n_{\ddot{u}}$ genannt. Die Welle hebt sich dabei von der Lagerbohrung ab **(Bild 8.5)**.

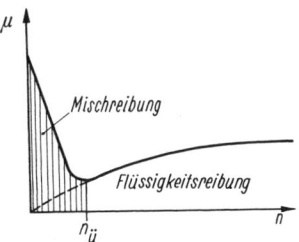

Bild 8.4 Stribeck-Diagramm

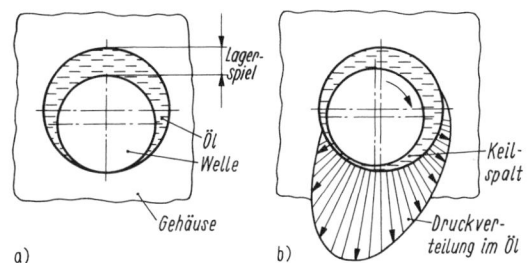

Bild 8.5 Welle in der Lagerbohrung
a) bei $n = 0$; b) bei der Betriebsdrehzahl

Der Verschleiß in einem solchen Lager wird also vermieden, wenn die Betriebsdrehzahl des Lagers größer als $n_{\ddot{u}}$ ist. Man spricht dann von einem „betriebssicheren" oder „verschleißlosen" Lager.

Die Übergangsdrehzahl $n_{\ddot{u}}$ in U/min kann nach *Vogelpohl* berechnet werden aus

$$n_{\ddot{u}} = (6 \cdot 10^7/\pi) \, [\psi F h_{zul}/(\eta b D^2)] \,. \tag{8.5}$$

Die Einflußgrößen sind (s. Bild 8.14) das relative Lagerspiel $\psi = (D - d)/D$, der Wellendurchmesser d in mm, der Bohrungsdurchmesser D in mm, die Lagerbreite b in mm, die Viskosität des Schmieröls η in mPa · s, die Mindestschmierschichtdicke h_{zul} in μm (muß größer als die Summe der Rauheiten der Gleitoberflächen sein) und die Lagerbelastung F in N.

Hydrodynamische Schmierung läßt sich in der Feinwerktechnik wegen der meist kleinen Lagerabmessungen und des verhältnismäßig großen Lagerspiels (der Maschinenbau rechnet mit $\psi = 1$ bis 2‰, das sind bei $d = 5$ mm etwa 5 bis 10 μm) nur selten erreichen und setzt Dauerbetrieb voraus. Bei jedem Start und Stopp oder bei jeder Umkehr der Drehbewegung wird das Gebiet der Mischreibung durchlaufen. Oszillierende Bewegungen, Schaltbewegungen, Start-Stopp-Vorgänge, schleichende Einstellbewegungen usw., Bewegungen also, die in den Geräten häufig vorkommen, widersprechen den Bedingungen für eine hydrodynamische Schmierung.

Die Gleitlager der Feinwerktechnik sind also vorwiegend Verschleißlager. Ihre Laufeigenschaften werden hauptsächlich von der gewählten Werkstoffpaarung und der schmierungsgerechten Gestaltung bestimmt. Im Maschinen- und Elektromaschinenbau dagegen finden hydrodynamische Gleitlager vor allem wegen des ruhigen Laufs und der hohen Lebensdauer Anwendung.

Wegen der u. a. häufig auftretenden Forderung nach minimaler Reibung haben sich in der Feinwerktechnik, speziell in Meßgeräten besondere Formen von Lagern herausgebildet: Nach Gl. (8.4) kann die Reibung vermindert werden, wenn der maßgebende Lagerradius klein ist. Das führt zu Steinlagern sowie zu den Spitzen- und Schneidenlagern. Reibungsverminderung wird auch durch Verringerung der Lagerbelastung erreicht, was sich durch Leichtbauweise oder magnetische Entlastung erzielen läßt. Bei kleinen Schwenkbewegungen können anstelle von Lagern Federgelenke eingesetzt werden, die jegliche äußere Reibung ausschalten.

8.1.2 Berechnung und Konstruktion der Gleitlager

Je nach der Belastungsrichtung wird unterschieden zwischen Radial- und Axiallagern. Das Radiallager besteht im wesentlichen aus einem Lagerzapfen (Welle) und einer Lagerbuchse, die auch aus zwei Lagerschalen zusammengesetzt sein kann. Das Axiallager ist dagegen aus zwei Scheiben, einer Wellen- und einer Gehäusescheibe, aufgebaut, s. auch VDI-Richtlinie 2204.

8.1.2.1 Verschleißlager

Reine Axiallager werden verhältnismäßig selten benötigt. Die Axialkräfte entstehen meist bei der seitlichen Führung der Achse oder Welle und sind gegenüber den radial angreifenden Stützkräften i. allg. zu vernachlässigen. Am häufigsten gelangen Radiallager zur Anwendung.

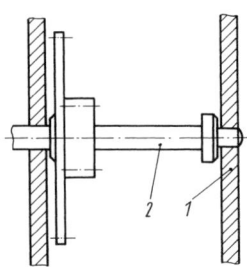
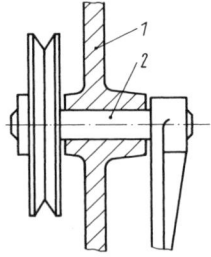
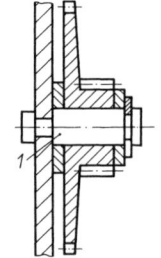

Bild 8.6 Gleitlagerung, zweistellig
1 Platine; *2* Welle

Bild 8.7 Gleitlagerung, einstellig
1 Platine; *2* Welle

Bild 8.8 Gleitlagerung auf eingenieteter Achse *1*

Die Lagerung kann zweistellig **(Bild 8.6)** oder bei genügender Breite der Buchse auch einstellig ausgeführt werden **(Bild 8.7)**. In den meisten Fällen dreht sich dabei die Welle, und die Lagerbuchse steht fest. Flache Teile, z. B. Zahnräder, Scheiben, Blechhebel u. a., lassen sich aber auch auf einem feststehenden Zapfen lagern **(Bild 8.8)**.

Berechnung

Nach Gl. (8.4) ist das Reibmoment proportional dem Durchmesser des Lagerzapfens. Reibungsarme Lager der Feinwerktechnik werden daher stets dünne Zapfen haben. Damit wächst aber die Gefahr des Zapfenbruchs, so daß der Lagerzapfen auf Biegung zu berechnen ist **(Bild 8.9)**. Aus

$$M_b = Fa \leqq W_b \sigma_{b\,zul} \tag{8.6}$$

und dem Widerstandsmoment gegen Biegung

$$W_b = \pi d^3/32 \approx d^3/10$$

(für Vollquerschnitt) erhält man den Mindestdurchmesser des Lagerzapfens:

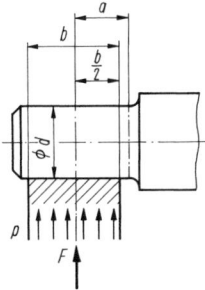

Bild 8.9
Belastung eines zylindrischen Zapfens

$$d_{min} = \sqrt[3]{\frac{32Fa}{\pi\sigma_{b\,zul}}} \approx \sqrt[3]{\frac{10Fa}{\sigma_{b\,zul}}}. \tag{8.7}$$

Die Breite ist bei jedem Gleitlager im Hinblick auf Kantenpressung in den Grenzen $0{,}3 < b/d < 1{,}25$ und entsprechend der zulässigen Flächenpressung des Lagerwerkstoffs zu wählen. Die mittlere Flächenpressung im Gleitlager ist

$$p_m = F/(bd) \leqq p_{zul}. \tag{8.8}$$

Zulässige Werte sind Tafel 8.2 zu entnehmen.

Konstruktive Gestaltung

Sowohl der Zapfen als auch die Lagerbuchse bringen Gestaltungsprobleme mit sich. Der Zapfen hat eine Lauffläche und, da auch bei einem Radialgleitlager Maßnahmen zur Begrenzung des axialen Spiels sowie zur Aufnahme geringer Axialkräfte getroffen werden müssen, eine Anlage- bzw. Spurfläche **(Bild 8.10)**. Wie bereits erwähnt, sitzt der Zapfen nicht immer am sich drehenden Teil. In manchen Fällen ist es günstiger, einen feststehenden Zapfen und eine rotierende Lagerbuchse vorzusehen. Hier bieten die genormten Kerbstifte (vgl. Abschn. 4.2.2) ökonomisch günstige Lösungen.

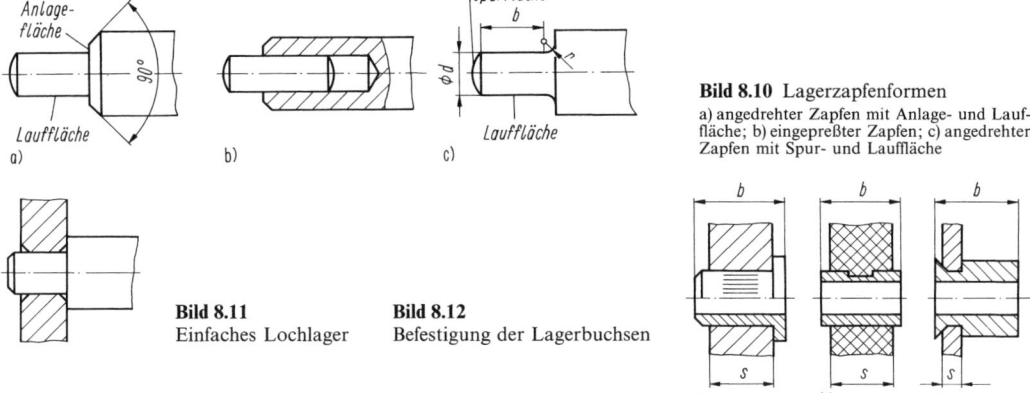

Bild 8.10 Lagerzapfenformen
a) angedrehter Zapfen mit Anlage- und Lauffläche; b) eingepreßter Zapfen; c) angedrehter Zapfen mit Spur- und Lauffläche

Bild 8.11 Einfaches Lochlager

Bild 8.12 Befestigung der Lagerbuchsen

Prinzipiell kann ein Zapfen auch eingeschraubt werden, doch besteht infolge der Bewegung der Lagerbuchse die Gefahr des Lockerns (zusätzliche Sicherung erforderlich). Werden nur geringe Anforderungen gestellt, genügt für die Aufnahme des Lagerzapfens ein einfaches Lochlager **(Bild 8.11)**. Für höhere Beanspruchungen werden Lagerbuchsen verwendet. Während beim einfachen Lochlager die Lagerbreite von der Dicke des Bauteils, in der sich die Lagerbohrung befindet (Platine, Gehäusewand usw.), abhängt, ermöglicht eine Buchse eine größere Lagerbreite. Sie wird u. a. durch Einpressen **(Bild 8.12a)**, Einbetten (b) oder Einnieten (c) befestigt. Bei eingepreßten Kunststoffbuchsen besteht durch den mit der Zeit eintretenden Spannungsabbau und andere Alterungserscheinungen die Gefahr des Lockerns. Falls sich diese Buchsen nicht zusätzlich formschlüssig sichern lassen, sollten sie eingeklebt werden [8.14] [8.15].

8.1.2.2 Hydrodynamische Gleitlager

Beim Radiallager ist die für das Wirksamwerden des hydrodynamischen Prinzips erforderliche Verengung des Schmierspalts in Bewegungsrichtung bereits durch die Geometrie der Gleitpaarung vorgegeben (s. Bild 8.5b). Zur Erhöhung der Führungsgenauigkeit werden u. U. zusätzlich hydrodynamisch wirksame Keilflächen in die Gleitzone eingearbeitet **(Bild 8.13a)**. Beim Axiallager sind dagegen von vornherein derartige Keilflächen in der Gehäusescheibe vorzusehen (Bild 8.13b). In jedem Keil stellt sich eine Druckverteilung im Öl nach Bild 8.5b ein. Aus der hydrodynamischen Gleitlagertheorie lassen sich sowohl für die Radial- als auch für die Axiallager entsprechende Berechnungsgleichungen ableiten. Wegen der breiten technischen Anwendung werden im folgenden nur die hydrodynamischen Radialgleitlager behandelt (zu hydrostatischen Gleitlagern und hydrodynamischen Axiallagern s. [9] [11]).

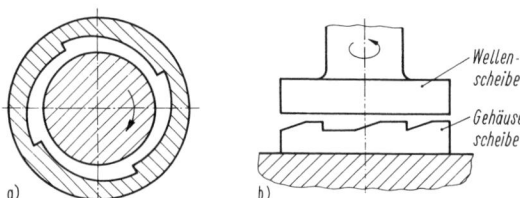
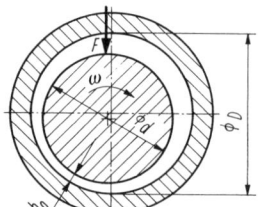

Bild 8.13 Schmierkeilformen
a) Mehrflächen-Radiallager; b) Axiallager

Bild 8.14 Radialgleitlager mit natürlichem Schmierspalt

Betriebssicherheit

Die Betriebssicherheit eines Radialgleitlagers wird durch die kleinste Schmierfilmdicke h_0 **(Bild 8.14)** gekennzeichnet. Sie darf einen bestimmten zulässigen Wert nicht unterschreiten, wenn Festkörperberührung vermieden werden soll, und sie kann mit der aus der hydrodynamischen Gleitlagertheorie abgeleiteten *Sommerfeld-Zahl*

$$So = p\psi^2/(\eta\omega) = f(\delta, b/d) \quad \begin{array}{c|c|c|c} p & \psi & \eta & \omega \\ \hline \mathrm{N/mm^2} & ‰ & \mathrm{Pa \cdot s} & \mathrm{s^{-1}} \end{array} \tag{8.9}$$

bestimmt werden, die eine Funktion der relativen Schmierschichtdicke

$$\delta = 2h_0/S_w = 2h_0/(D-d)$$

und des Breitenverhältnisses b/d ist;

$p = F/(bd)$ nominelle Flächenpressung, $\psi = S_w/d = (D-d)/d$ relatives Lagerspiel, $S_w = D - d$ Lagerspiel bei Betriebstemperatur (Warmspiel), η Viskosität (Zähigkeit) des Schmierstoffs, $\omega = 2\pi n$ Winkelgeschwindigkeit und n Zapfendrehzahl.

Infolge des Temperaturunterschieds zwischen Montage und Betriebszustand und der unterschiedlichen Wärmedehnung von Zapfen und Buchse ändert sich das Lagerspiel um ΔS. Das Fertigungsspiel S berechnet sich aus $S = S_w + \Delta S$ mit $\Delta S \approx d/10000$ und d in mm.

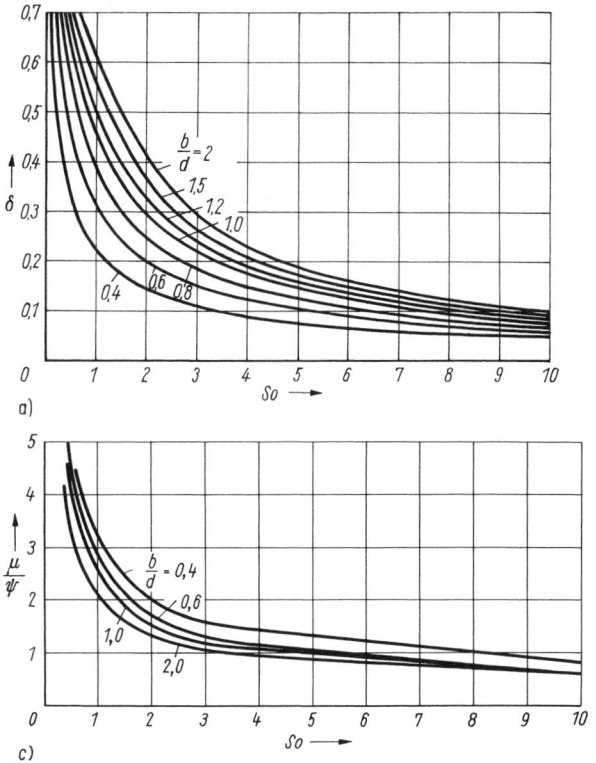
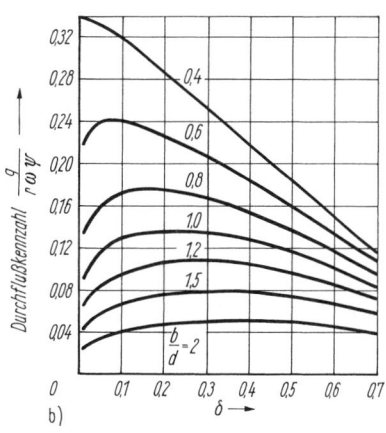

Bild 8.15
Kennlinien für hydrodynamische Radialgleitlager
a) Belastungskennlinien; b) Durchflußkennlinien; c) Reibungskennlinien

Bild 8.15 zeigt die einzelnen Kennlinien für hydrodynamische Radialgleitlager, mit denen die Betriebssicherheit des Gleitlagers bestimmt werden kann. Als betriebssicher gilt ein Lager, wenn der kleinste Schmierspalt h_0 zwischen

$$\sum \Delta y < h_0 < 0{,}35(D - d) \tag{8.10}$$

oder die relative Schmierschichtdicke δ zwischen

$$2 \sum \Delta y / (D - d) < \delta < 0{,}7 \tag{8.11}$$

liegt. Die untere Grenze wird durch die Summe der Oberflächenrauheiten und Verformungen bestimmt (hier allgemein mit Δy bezeichnet, **Bild 8.16a**) und setzt sich zusammen aus

$$\sum \Delta y = \Delta y_{11} + \Delta y_{21} + \Delta y_{12} + \Delta y_{22}; \tag{8.12}$$

Δy_{11} Rauhtiefe des Lagerzapfens, Δy_{21} Rauhtiefe der Lagerbohrung,
Δy_{12} Verformung des Zapfens, Δy_{22} Verformung der Lagerbuchse bzw. -schale.

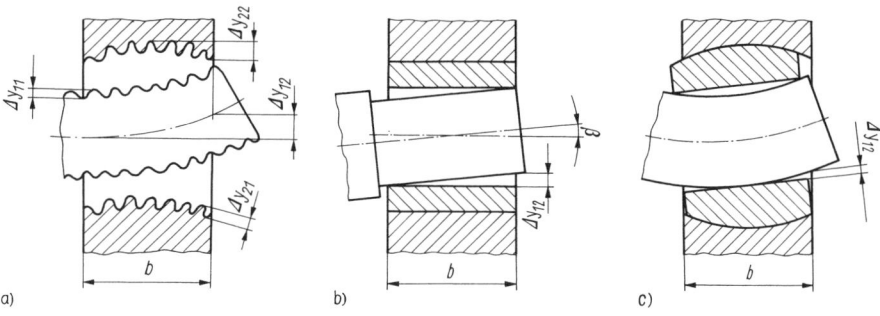

Bild 8.16 Gestaltabweichungen bei Lagerzapfen und -buchse durch Oberflächenrauheiten und Verformungen
a) Gesamtabweichung; b) Neigung; c) Krümmung

Die Oberflächenrauheit des Zapfens und der Bohrung ist abhängig vom Bearbeitungsverfahren. Für die Bearbeitung der Gleitflächen hydrodynamisch geschmierter Lager sollten nur Fein- oder Feinstbearbeitungsverfahren eingesetzt werden, um hohe Tragfähigkeiten zu erreichen. In Tafel 2.11 sind erzielbare Rauhtiefen angegeben (s. auch Bild 2.15 und [4] [5] [9]).

Die Größe der Verformung (Biegung) des Zapfens innerhalb des Lagers läßt sich rechnerisch nach den Methoden der technischen Mechanik ermitteln. Dabei sind jedoch die Anordnung und die Belastungsverhältnisse der gesamten Welle oder Achse in Betracht zu ziehen. Bei starren, nicht einstellbaren Lagern (Bild 8.16b) überwiegt der Anteil aus der Schiefstellung des Zapfens, so daß für die Verformung $\Delta y_{12} = b \tan \beta$ zu setzen ist. β ist der Neigungswinkel der Welle im Lager. Bei einstellbaren Lagern (Bild 8.16c), die sich der Schiefstellung der Welle oder Achse anpassen, geht nur die Krümmung des Zapfens innerhalb des Lagers ein, und es ist

$$\Delta y_{12} = 0{,}2 \cdot 10^{-5} p d (b/d)^4 \qquad \begin{array}{c|c|c|c} \Delta y & p & b & d \\ \hline \text{mm} & \text{N/mm}^2 & \text{mm} & \text{mm} \end{array} \qquad (8.13)$$

einzusetzen. Für die Verformung der Lagerbuchse kann i. allg. $\Delta y_{22} = 0$ gesetzt werden. Die obere Grenze in den Gln. (8.10) und (8.11) ergibt sich auf Grund des instabilen Verhaltens des Gleitlagers bei zu großen Schmierfilmdicken, d. h., wenn der Zapfenmittelpunkt in die Nähe des Bohrungsmittelpunkts rückt. Der angegebene Grenzwert beruht auf den Erfahrungen, die bei Gleitlagerbuchsen hinsichtlich des Schwingungsverhaltens gewonnen wurden.

Schmierstoffmenge

Die zur Aufrechterhaltung des Schmierfilms erforderliche Schmierstoffmenge ergibt sich aus:

$$Q_s = \left(\frac{q}{r\omega\psi}\right) r\omega\psi b d \qquad \begin{array}{c|c|c|c|c|c|c} Q_s & q/(r\omega\psi) & r & \omega & \psi & b & d \\ \hline \text{mm}^3/\text{s} & - & \text{mm} & \text{s}^{-1} & - & \text{mm} & \text{mm} \end{array} \qquad (8.14)$$

Die Durchflußkennzahl $q/(r\omega\psi)$ kann Bild 8.15b entnommen werden.

Um den Schmierstoff an den Schmierspalt heranführen zu können, verwendet man Schmierringe oder Ölpumpen **(Bild 8.17)**. Während eine Pumpe (b) die Lager mit beliebig viel Schmierstoff versorgt, ist bei Schmierringen (a) die Fördermenge begrenzt.

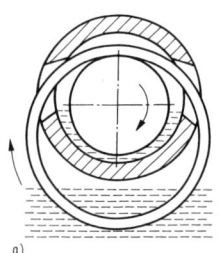
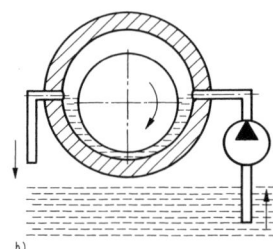

Bild 8.17
Schmierverfahren
a) Ringschmierung (Fördermenge etwa 8 Liter/h); b) Umlaufschmierung

Lagertemperatur

Die starke Temperaturabhängigkeit der Ölviskosität (s. Bild 8.20) bewirkt entsprechend Gl. (8.9) einen großen Einfluß der Betriebstemperatur auf die Betriebssicherheit des Lagers. Je nach Schmierungsart und Schmierstoff darf die Betriebstemperatur bestimmte Werte nicht überschreiten. Als mittlere zulässige Betriebstemperatur kann 80 °C angenommen werden. Zur Vorausberechnung der Lagertemperatur wird von der Wärmebilanz zwischen der durch die Lagerreibung zugeführten und durch Wärmeübertragung über das Gehäuse, die Welle und den Ölstrom abgeführten Wärme ausgegangen [6] [9]:

$$P_R = F\mu v = \alpha_{W\ddot{u}} A (\vartheta_1 - \vartheta_2) + c\varrho Q_s (\vartheta_3 - \vartheta_4); \qquad (8.15a)$$

P_R Reibleistung, F Lagerbelastung, μ Reibwert, v Umfangsgeschwindigkeit, $\alpha_{W\ddot{u}}$ Wärmeübergangszahl,

A Lageraußenoberfläche, ϑ_1 Lageroberflächentemperatur, ϑ_2 Umgebungstemperatur, ϑ_3 Schmierstoffabflußtemperatur, ϑ_4 Schmierstoffzuflußtemperatur, c Wärmekapazität des Schmierstoffes, ϱ Dichte des Schmierstoffs, Q_s Schmierstoffdurchflußmenge.

Bei Ringschmierlagern, bei denen der zugeführte Schmierstoff innerhalb des Lagers umwälzt (s. Bild 8.17a), wird die Reibungswärme ausschließlich über die Lageroberfläche abgegeben, so daß der zweite Summand auf der rechten Seite von Gl. (8.15a) nicht wirksam wird und die Betriebstemperatur an der Lageroberfläche berechnet werden kann zu

$$\vartheta_1 = \frac{F\mu v}{\alpha_{\text{Wü}} A} + \vartheta_2 . \tag{8.15b}$$

Der Reibwert μ ist in Abhängigkeit von So und b/d sowie ψ aus Bild 8.15c zu entnehmen. Richtwerte für $\alpha_{\text{Wü}}$ enthält **Tafel 8.1**.

Die Lageroberfläche errechnet sich überschläglich aus

$$A = D_a \pi B_a + 2 D_a^2 \pi / 4 ; \tag{8.15c}$$

D_a Durchmesser des Lagergehäuses, B_a Länge des Lagergehäuses **(Bild 8.18)**.

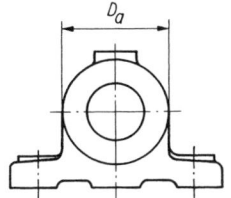
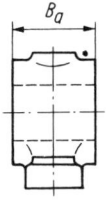

Bild 8.18 Lageraußenabmessungen

Tafel 8.1 Wärmeübergangszahl $\alpha_{\text{Wü}}$ (Richtwerte)

Umströmungsgeschwindigkeit w der Luft in m/s	$\alpha_{\text{Wü}}$ in $\frac{\text{N} \cdot \text{mm}}{\text{mm}^2 \cdot \text{s} \cdot \text{K}}$
0 (ruhende Luft)	0,012
≤ 1 (mäßig bewegte Luft)	0,020
> 1 (stark bewegte Luft)	$0,007 + 0,012 \sqrt{w}$

Auf Grund des Temperaturgefälles stellt sich im Schmierspalt eine höhere Temperatur als an der Lagergehäuseoberfläche ein. Für die Schmierstoffauswahl ist deshalb gegenüber der berechneten Gehäusetemperatur im Mittel eine um 10 bis 15 °C höhere Temperatur anzunehmen.

Bei Lagern mit Umlaufschmierung (s. Bild 8.17b) überwiegt der zweite Anteil in Gl. (8.15a), so daß der erste Summand vernachlässigt werden kann. Es ergibt sich dann als mittlere Schmierstofftemperatur

$$\vartheta_3 = \frac{F\mu v}{c \varrho Q_s} + \vartheta_4 ; \tag{8.15d}$$

mit Reibwert μ aus Bild 8.15c, Schmierstoffdurchflußmenge Q_s nach Gl. (8.14), mittlerer Wärmekapazität für Mineralöle $c = 1{,}7 \cdot 10^6$ N·mm/(kg·K), mittlerer Dichte für Mineralöle $\varrho \approx 0{,}9 \cdot 10^{-6}$ kg/mm³, Schmierstoffzuflußtemperatur $\vartheta_4 = 25 \ldots 50$ °C.

Entwurfsberechnung

Bei der Entwurfsberechnung eines Lagers sind i. allg. Belastung, Drehzahl und Zapfendurchmesser (aus der Achsen- oder Wellenberechnung) vorgegeben. Es wird zunächst das Breitenverhältnis b/d gewählt. Als Richtwert gilt $b/d = 0{,}5 \ldots 1{,}2$; $b/d = 0{,}8 \ldots 1{,}0$ ist bevorzugt anzuwenden.

Weiterhin wird die relative Schmierschichtdicke δ innerhalb der in Gl. (8.11) vorgegebenen Grenzen festgelegt (anzustreben ist $\delta = 0{,}25$). Dazu ist $\sum \Delta y$ nach Gl. (8.12) zu bestimmen und ein relatives Lagerspiel ψ anzunehmen. Die Wahl von ψ ist entscheidend für einen betriebssicheren Lauf des Lagers und muß bei der Nachrechnung ggf. korrigiert werden. Je kleiner das Spiel gewählt wird, um so geringer ist der Schmierstoffdurchsatz durch den Schmierspalt, und u. U. steigt dadurch die Temperartur des Schmierstoffs unzulässig an. Als kleinste zulässige Größe wird deshalb der empirische Wert $\psi_{\min} = 0{,}8 \cdot 10^{-3} \sqrt[4]{v}$ (v in m/s) empfohlen.

Mit den gewählten Größen b/d und δ kann dem Bild 8.15 die Sommerfeld-Zahl So entnommen und mit Gl. (8.9) die Zähigkeit η des Schmierstoffs errechnet werden. Daran schließen sich die Bestimmung der erforderlichen Durchflußmenge des Schmierstoffs nach Gl. (8.14) und, davon abhängig, die Festlegung des Schmierverfahrens an. Mit den bis dahin berechneten oder gegebenen Parametern kann die Lagertemperatur nach Gl. (8.15b) bestimmt [8] und der Schmierstoff entsprechend ausgewählt werden. Ergibt sich eine über dem zulässigen Wert liegende Temperatur, so ist das relative Lagerspiel ψ zu korrigieren und die Berechnung zu wiederholen. Auf der Grundlage des aus dem Warmspiel berechneten Fertigungsspiels läßt sich eine Lagerpassung im Bereich der Grundtoleranzgrade (Qualitäten) $IT5$ bis $IT7$ auswählen (Bohrung jeweils eine Qualitätsstufe gröber als Zapfen), deren Abmaße das Fertigungsspiel einschließen. Zur Gewährleistung der Betriebssicherheit sollte dann nochmals eine Überprüfung mit den durch die Passung bestimmten Grenzwerten des relativen Lagerspiels erfolgen.

Konstruktive Gestaltung

Im **Bild 8.19** ist ein Gleitlager mit losem Schmierring dargestellt. Der Lagerfuß ist als Ölsammelraum 5 ausgebildet. Von hier gelangt das Öl über einen oder zwei Schmierringe 3 auf die Welle. Eine Ölverteilungsnut (Schmiertasche 2), die meist an der Trennstelle zwischen oberer und unterer Lagerschale 1 angeordnet ist, verteilt den Schmierstoff über die gesamte Breite. Die Nut muß flach und vor allem gut abgerundet sein und darf nicht innerhalb der Druckzone angeordnet werden. Das axiale Entweichen des Schmierstoffs sowie das Eindringen von Fremdkörpern in die Lagerstelle wird durch Dichtungen 4 verhindert, deren Ausführung im wesentlichen die gleiche ist wie bei Wälzlagern (s. Bild 8.48). Die Gestaltung der Lagerschalen erfolgt zweckmäßig in der wirtschaftlichen Verbundausführung, bei der sich die hohe Festigkeit der Stahlstützschale mit den guten Laufeigenschaften des weichen Lagermetalls vereint. Die Dicke der Lauffläche liegt dabei je nach Lagermetall und Herstellungsverfahren zwischen 0,5 und 2 mm.

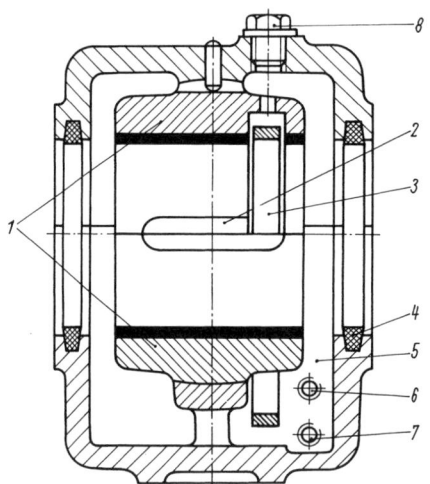

Bild 8.19 Ringschmierlager mit losem Schmierring
1 obere und untere Lagerschale in Verbundausführung;
2 Schmiertasche;
3 loser Schmierring;
4 Filzringdichtung;
5 Ölsammelraum;
6 Verschlußschraube für Ölstandskontrolle;
7 Ölablaßschraube;
8 Öleinfüllschraube

8.1.3 Werkstoffwahl

Die Werkstoffwahl muß sowohl den Lagerwerkstoff als auch den Zapfenwerkstoff umfassen. Der Werkstoff des Zapfens soll die größere Härte aufweisen und, um die Neigung zum Verschweißen mit der Lagerbuchse zu mindern, eine andere Zusammensetzung haben als der Buchsenwerkstoff. Für den Lagerzapfen wird fast ausschließlich Stahl verwendet mit einem Unterschied in der Brinellhärte zur Buchse von $HB_{Zapfen} = (3 \ldots 5)\, HB_{Buchse}$. Als Lagerwerkstoff dienen recht unterschiedliche Materialien, von Holz, Kunststoff, Kohle, Glas über weiche und harte Metalle bis zu Edelsteinen. Die Vielzahl und die Verschiedenartigkeit der eingesetzten

Stoffe sind durch die geforderten Eigenschaften bedingt, die in bezug auf das angestrebte Werkstoffverhalten widersprüchlich erscheinen und denen nur in Form einer Kompromißlösung entsprochen werden kann [3]. Gewünschte Eigenschaften sind hohe Druckfestigkeit (Flächenpressung), geringe Neigung zum Verschweißen (Fressen) gegenüber Stahl, gutes Wärmeleitvermögen und großes Haftvermögen für den Schmierstoff.

Da auch hydrodynamische Gleitlager beim An- und Auslauf im Gebiet der Mischreibung arbeiten, werden von den Werkstoffen prinzipiell die gleichen Eigenschaften verlangt wie beim Verschleißlager. So finden die meisten Lagerwerkstoffe sowohl für hydrodynamische als auch für Verschleißlager Verwendung. Es besteht aber ein beträchtlicher Unterschied in der zulässigen Flächenpressung.

Eine Auswahl von metallischen Lagerwerkstoffen für hydrodynamische Lager zeigt **Tafel 8.2 a** und für Verschleißlager Tafel 8.2 b. Weitere Werkstoffe sind Sintermetalle und Kunststoffe. Sowohl Thermo- als auch Duroplaste sind als Lagerwerkstoff geeignet.

Tafel 8.2 Metallische Gleitlagerwerkstoffe
a) für hydrodynamische Lager

Lagerwerkstoff	DIN	Kurzzeichen	HB[1]	p_{zul} in N/mm²	Eigenschaften Anwendung
Blei-Zinn-Legierung (Weißmetall)[2]	ISO 4381	PbSb15Sn10 SnSb12Cu6Pb	16 20	16 ... 25 19 ... 30	weiche Lagermetalle, Einsatz bei hohen Anforderungen an Einlauf-, Gleit- und Notlaufeigenschaften; Verbundlager
Kupfer-Zinn-Legierung (Zinnbronze)	EN 1982 ISO 4382-1	CuSn5Zn5Pb5-C CuSn7Zn4Pb7-C CuSn10P CuSn12Pb2	55 60 58 78	25 ... 40 31 ... 50 31 ... 50 31 ... 50	harte Lagermetalle, erfordern gehärteten Stahlzapfen; hohe Belastbarkeit bei Massiv- oder Verbundausführung; schlechte Ein- und Notlaufeigenschaften
Kupfer-Zinn-Blei-Legierung (Zinn-, Bleibronze)	EN 1982	CuSn5Pb20-C CuSn7Pb15-C	34 65	23 ... 36 27 ... 43	gute Notlauf- und Gleiteigenschaften; bei HB > 40 gehärteter Zapfen erforderlich; Verbundlager möglich
Kupfer-Aluminium-Legierung (Aluminiumbronze)	EN 12163 ISO 4382-1	CuAl10Fe3Mn2 CuAl10Fe5Ni5	105 150	28 ... 44 23 ... 36	Austausch für CuSn10P und CuSn12Pb2, jedoch empfindlich gegen Kantenpressung; schlechtes Ein- und Notlaufverhalten; gehärteter Zapfen erforderlich; Massivlager
Gußeisen (Grauguß)	EN 1561	EN-GJL-250 (GG-25)	170	10 ... 20	nur bei geringer Flächenpressung und kleiner Gleitgeschwindigkeit

[1]) Härte HB bei 50 °C; [2]) historische Bezeichnungen Weißmetall und Bronze, auch heute noch geläufig

Tafel 8.2 Fortsetzung
b) für Verschleißlager

Lagerwerkstoff	DIN	Kurzzeichen	Zulässige mittlere Flächenpressung p^1) in N/mm²	Eigenschaften Anwendung
Magnesium-knetlegierung	1729 9715	MgMn2F20 MgAl8ZnF29	0,1	für kleine Gleitgeschwindigkeiten und Belastungen
Kupfer-Zink-Legierung (Messing)²)	EN 12164	CuZn40Pb2	0,3	für kleine Gleitgeschwindigkeiten und Belastungen (Uhrwerke, kleine Laufwerke)
Kupfer-Zinn-Legierung (Zinnbronze) (Gußzinnbronze)	ISO 4382-1 EN 1982	CuSn8Pb2 CuSn11Pb2-C	2	gute Gleiteigenschaften, abriebfest, höher belastbar als CuZn-Legierung; ausreichende Schmierung
Kupfer-Aluminium-Legierung (Aluminiumbronze) (Gußaluminiumbronze)	EN 12163 EN 1982	CuAl11Fe6Ni6 CuAl10Ni3Fe2-C	10	gute Gleiteigenschaften, hoch belastbar, verschleißfest, korrosions- und säurebeständig; gehärteter Zapfen erforderlich
Blei-Zinn-Legierung (Weißmetall)	ISO 4381	PbSn15Sn10 PbSb10Sn6	5	für mittlere bis hohe Beanspruchung; gut einbettfähig
Kupfer-Zinn-Blei-Legierung (Gußbleibronze) (Gußzinnbleibronze)	EN 1982	CuSn5Pb20-C CuSn7Pb15-C	10	für sehr hoch belastete Lager, widerstandsfähig gegen Stöße und Kantenpressung, ausgezeichnete Gleiteigenschaften

¹) bei hoher Gleitgeschwindigkeit (ca. 1 m/s) bei einmaliger Schmierung (bei niedriger bis 10-fach höhere Werte); bei Zusatzschmierung das Drei- bis Fünffache; ²) historische Bezeichnungen Messing und Bronze, heute noch üblich

Durch Spritzgießen lassen sich Lagerbuchsen aus thermoplastischen Kunststoffen besonders wirtschaftlich herstellen. Lochlager in gespritzten Bauteilen brauchen nicht nachgearbeitet zu werden. Als Lagerwerkstoff haben sich bewährt [3] [8.16] [8.17]:
- Polyamide (PA), besonders die höherwertigen, wie Polyamid 11; Handelsnamen sind Durethan, Rilsan, Ultramid, Akulon, Capron, Nylon;
- Polyoximethylene (POM), die die bisher besten Verschleißeigenschaften haben; Handelsnamen sind Delrin, Hostaform, Celcon;
- Polytetrafluoräthylen (PTFE), das außerordentlich günstige Gleiteigenschaften aufweist; der Werkstoff ist aber wegen der geringen mechanischen Festigkeit nicht für Massivbuchsen, sondern nur für dünne Laufschichten oder als Verbundwerkstoff geeignet; Handelsnamen sind Hostaflon, Teflon.

Für wartungsfreie Gleitlager der Feinwerktechnik werden spezielle Verbundwerkstoffe angeboten [8.16] [8.17]. Einbaufertige gerollte Buchsen stehen ab $d = 3$ mm zur Verfügung.

Von den Duroplasten eignet sich am besten Schichtpreßstoff mit Gewebeeinlagen.

Ein wesentlicher Vorzug der Kunststofflager ist ihr gutes Dämpfungsvermögen, das u. a. einen geräuscharmen Lauf ermöglicht. Nachteile sind schlechtes Wärmeleitvermögen (deshalb dünnwandige Buchsen verwenden), hoher Längen-Temperaturkoeffizient im Vergleich zu Metallen und Quellung durch Wasser- und Ölaufnahme.

Die Stahlzapfen für Kunststoffgleitlager sollten eine Rauhtiefe $Rz < 5$ μm haben.

Für Sonderfälle (z. B. im Instrumentenbau) werden auch Steine, vorwiegend synthetische Rubine und Saphire, als Lagerwerkstoff verwendet. Sie sind verschleißfest, chemisch stabil und haben einen kleineren Reibwert als metallische Lagerwerkstoffe bei Paarung mit Stahlzapfen. Sie werden deshalb bevorzugt in empfindlichen Meßgeräten eingesetzt (s. Abschn. 8.1.6).

8.1.4 Schmierung [3]

Das Ziel einer jeden Lagerkonstruktion muß es sein, unter Berücksichtigung der Wirtschaftlichkeit und des dazu notwendigen Aufwands Reibung und Verschleiß so niedrig wie möglich zu halten. Deshalb werden Lager geschmiert. Die Wirksamkeit der Schmierung wird nicht nur von Montage und Instandhaltung, sondern auch von der Konstruktion der Lagerstelle wesentlich beeinflußt. Der Konstrukteur muß das Lager schmierungsgerecht gestalten und selbst die Entscheidung treffen, welcher Schmierstoff und welches Schmierverfahren verwendet werden soll, s. bisher auch VDI-Richtlinie 2202.

Als Schmierstoffe stehen in erster Linie zur Verfügung: Öle, Fette und Festkörperschmierstoffe.

Schmieröle

Die wichtigsten Kenngrößen sind:

Viskosität (Zähigkeit). Sie bezeichnet den Widerstand, den die Flüssigkeitsmoleküle einer gegenseitigen Verschiebung entgegensetzen. Die Einheit der *dynamischen Viskosität* η ist die Pascalsekunde:

$$1 \text{ Pa} \cdot \text{s} = 1 \text{ N} \cdot \text{m}^{-2} \cdot \text{s}.$$

Zugelassen ist auch die SI-fremde Einheit Poise (P).
Es gilt folgende Umrechnung

$$1 \text{ P} = 100 \text{ cP} = 0{,}1 \text{ Pa} \cdot \text{s}$$

bzw.

$$1 \text{ cP} = 1 \text{ mPa} \cdot \text{s}.$$

Die Schmierstoffhersteller geben meist die *kinematische Viskosität* ν an. Sie ist das Verhältnis von dynamischer Viskosität zur Dichte des Öls: $\nu = \eta/\varrho$. Die Einheit ist das Stokes (St) bzw. Zentistokes (cSt):

$$1 \text{ St} = 100 \text{ cSt} = 1 \text{ cm}^2/\text{s} = 10^{-4} \text{ m}^2/\text{s}.$$

Da Öle eine mittlere Dichte von $\varrho \approx 0{,}9 \cdot 10^{-6}$ kg pro mm³ haben, ergibt sich zwischen dynamischer und kinematischer Viskosität folgende Umrechnung:

$$1 \text{ St} \mathrel{\hat{\approx}} 0{,}09 \text{ Pa} \cdot \text{s} \quad \text{bzw.} \quad 1 \text{ Pa} \cdot \text{s} \mathrel{\hat{\approx}} 11{,}11 \text{ St}.$$

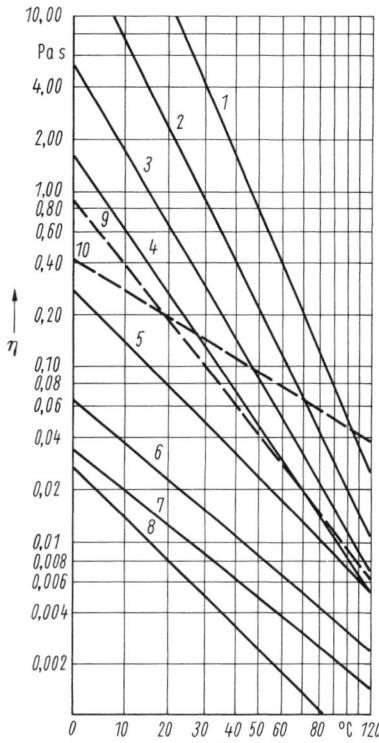

Bild 8.20 Viskositäts-Temperatur-Verhalten von Schmierölen

1 Heißdampfzylinderöl; *2* Schmieröl GL 240; *3* Schmieröl M 95; *4* Schmieröl R 50; *5* Uhrenöl Sorte 1; *6* Feinmechaniköl F 25; *7* Schmieröl R 5; *8* Feinpassungsöl FPO; *9* Silikonöl OE 4011/200; *10* Silikonöl MO/200
Nach DIN ISO 3448 sind flüssige Schmierstoffe in Viskositätsklassen eingeteilt.
Die der Bezeichnung ISO VG folgende Zahl gibt die kinematische Viskosität des Öls in cSt bei 40 °C an. Beispiel: ISO VG 32 bedeutet $\nu = 32$ cSt bei $\vartheta = 40$ °C.

Die Viskosität ist stark von der Temperatur abhängig. Sie wird mit steigender Temperatur kleiner. In einem speziellen Viskositäts-Temperatur-Blatt erscheint die Temperaturabhängigkeitskurve als Gerade. **Bild 8.20** zeigt das Viskositäts-Temperaturverhalten von in Feinwerktechnik und Maschinenbau verwendeten Schmierölen.

Stockpunkt. Mit sinkender Temperatur verliert das Öl seine Fließfähigkeit, es stockt. Die Temperatur, bei der es durch Schwerkrafteinfluß gerade nicht mehr fließt, wird als Stockpunkt bezeichnet.

Kriechneigung. Ununterbrochenes oder zumindest regelmäßiges Nachschmieren ist bei vielen Geräten nicht möglich. Das schädliche Trockenlaufen der Lager muß man durch Verwenden solcher Schmierstoffe verhindern, die von der Schmierstelle nicht wegkriechen. Für diese Eigenschaft gibt es noch kein genormtes Prüfverfahren. Man erkennt die unterschiedliche Kriechneigung aber, wenn man Tropfen verschiedener Öle auf die gleiche Unterlage setzt und das Ausbreiten beobachtet (Tropfenverhalten).

Uhrenöle (*5*) haben geringe Kriechneigung, d. h. ein gutes Tropfenverhalten, während Mineralöle (*1, 2, 3, 4, 6, 7, 8*) eine große und Silikonöle (*9* und *10*) eine sehr große Kriechneigung aufweisen und daher für eine einmalige Schmierung, die über einen langen Zeitraum wirksam sein soll, ungeeignet sind.

Schmierfette

Schmierfette haften besser als Öle an der Schmierstelle, sind bei höheren Flächenpressungen einsetzbar, bei denen die Öle versagen, haben eine hohe Alterungsbeständigkeit und schützen infolge ihrer Steifigkeit das Lager gegen Staub oder Feuchte. Nachteilig gegenüber Ölen ist ihre größere Reibung und, daß einmal von der Schmierstelle verdrängtes Fett nicht zurückkriecht, also nicht mehr zur Schmierung beiträgt.

Festkörperschmierstoffe

Typische Vertreter sind Graphit und Molybdändisulfid (MoS_2). Sie haben eine Lamellenstruktur. Jedes Blättchen besteht aus vielen dünnen Lamellen, die untereinander nur schwache Bindungen aufweisen und deshalb gegeneinander leicht verschiebbar sind. Hierdurch werden die guten Gleiteigenschaften und der Schmierungseffekt hervorgerufen. Ihr Einsatz erfolgt bei extrem hohen oder tiefen Temperaturen, bei sehr großen Flächenpressungen, oder wenn Öle und Fette bei Festkörperreibung versagen. Sie lassen sich durch Streichen, Spritzen, Tauchen, Trommeln oder Bürsten auftragen. Übliche Lieferformen sind Pasten und Sprays. Graphit und MoS_2 werden auch als Zusatz zu Ölen und Fetten verwendet oder Kunststoffen beigemischt, um deren Lagereigenschaften zu verbessern.

Schmierverfahren

Aufgabe des Schmierverfahrens ist es, den Schmierstoff in ausreichender Menge der Schmierstelle zuzuführen. Das setzt einen Zugang zur Reibstelle (Bohrung, Nut, Spalt o. ä.) und einen

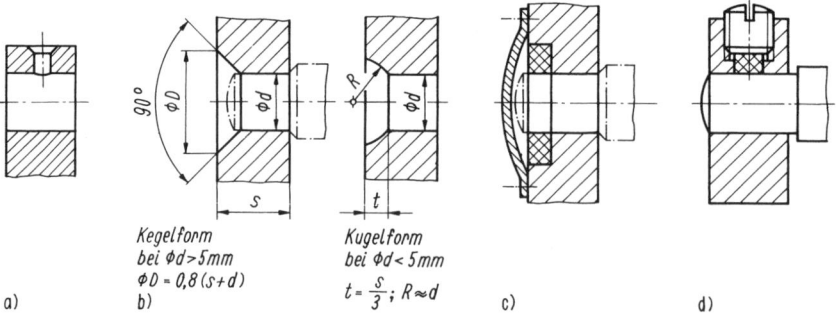

Bild 8.21 Gestaltung der Schmierstellen bei Verschleißlagern

Schmierstoffspeicher voraus. Ergänzend zu den im Bild 8.17 bereits gezeigten Schmierverfahren für hydrodynamische Lager stellt **Bild 8.21** einige Konstruktionsbeispiele für Verschleißlager vor. Bereits ein einfaches Ölloch (a) oder eine Ölsenkung (b) sind gut wirksam, jedoch darf das Öl keine große Kriechneigung haben. Besser ist eine Filzring- (c) oder eine Filzpolsterschmierung (d), die für Dauerschmierung gut geeignet ist. Bei größeren und vor allem stationären Geräten, bei denen eine Ölwanne vorgesehen werden kann, läßt sich Tauchschmierung realisieren. Das Öl wird dabei durch in den Ölvorrat eintauchende Ringe (s. Bild 8.17a), Ketten, Zahnräder oder Schleuderscheiben mitgenommen und gelangt so an die Schmierstelle (Planschwirkung beachten).

8.1.5 Sinterlager

Für eine Lebensdauerschmierung, d. h. für wartungsfreien Betrieb, wurden Sinterlager geschaffen. Lagerwerkstoffe sind Sinterbronze und Sintereisen mit oder ohne Graphitanteil. Der Sinterwerkstoff hat ein Porenvolumen von 17 bis 30%, das mit niedrigviskosem Öl gefüllt wird.

Lagerbuchsen aus diesen Werkstoffen sind in DIN 1850 genormt und können vom Hersteller [8.17] einbaufertig bezogen werden **(Bild 8.22)**. Bei Sintermetall kommt der Oberflächengüte eine ganz besondere Bedeutung zu, da Sintermetallgleitlager nur sehr dünne Ölfilme ausbilden. In der Regel müssen gehärtete Wellen verwendet werden, deren Oberfläche feingeschliffen, geläppt oder poliert ist. Lediglich bei sehr geringen Belastungen und kleiner Umfangsgeschwindigkeit können meist ungehärtete Wellen aus E335 oder E360 eingesetzt werden. Bei normalen Betriebsbedingungen, niedrigen Gleitgeschwindigkeiten und Belastungen reichen Rauhtiefen von 1 µm aus. Bei höheren Anforderungen, besonders hinsichtlich der Geräuscharmut, sollen 0,5 µm nicht überschritten werden. Auch das Lagerspiel hat wesentlichen Einfluß auf das Geräusch. Je kleiner es ist, desto geringer ist das Laufgeräusch; allerdings steigen damit Reibung und auch Anlaufmoment etwas an. Als Richtwert für das Lagerspiel gilt $S = 0,5 \ldots 1,5‰$ vom Wellendurchmesser [8.10]; s. auch VDI/VDE-Richtlinie 2252.

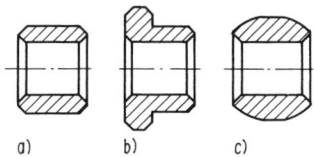

Bild 8.22 Einbaufertige Lagerbuchsen aus Sintermetall
a) Buchse ohne Bund;
b) Buchse mit Bund;
c) Kalottenlager

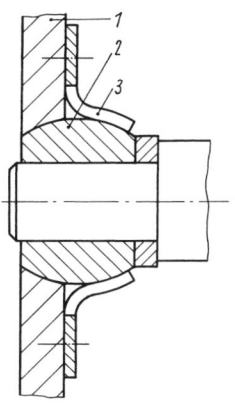

Bild 8.23 Einbau eines Kalottenlagers

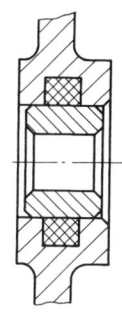

Bild 8.24 Sinterlager mit Zusatzschmierung

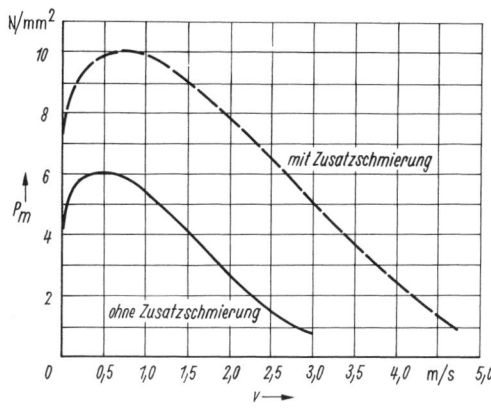

Bild 8.25 Tragfähigkeit von Sinterlagern

Für die Einhaltung extrem enger Lagerspiele, wie für geräuscharme Lagerung erforderlich, empfiehlt sich wegen der sonst entstehenden Fluchtungsschwierigkeiten der Einbau von Kalottenlagern (Bild 8.22c). Sie können sich aufgrund ihrer balligen Außenfläche genau nach der Fluchtlinie der Welle ausrichten. Eine einfache Konstruktion zeigt **Bild 8.23**. In dem entsprechend der Kalottenform sphärisch gestalteten Gehäuseteil *1* liegt die eine Hälfte der Kugelkalotte *2* des Lagers, während die andere durch einen Federring *3* mit balliger Fläche gehalten wird.

Ordnet man bei einer Sinterbuchse darüber hinaus noch einen Filzring als zusätzlichen Ölspeicher an **(Bild 8.24)**, so erhöht sich die Funktionssicherheit des Lagers, bzw. es erweitern sich die Einsatzgrenzen, wie im **Bild 8.25** angegeben.

8.1.6 Steinlager

Steinlager sind normale Gleitlager, bei denen als Lagerwerkstoff Edelstein (Rubin oder Saphir) zur Anwendung kommt und die für sehr kleine Zapfendurchmesser ($d \approx 0{,}1$ bis 2,5 mm) eingesetzt werden. Die Werkstoffpaarung Stahl-Edelstein ist verschleißfest und reibungsarm. Der Reibwert μ von Stahl/Rubin liegt zwischen 0,05 und 0,1. Typische Anwendungsgebiete sind Uhren und Meßgeräte.

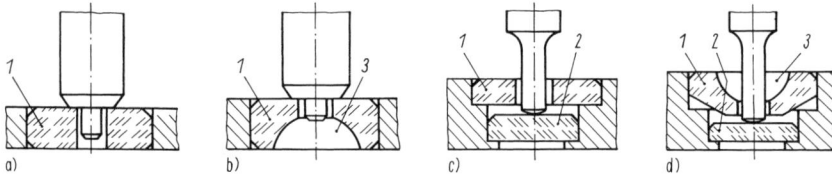

Bild 8.26 Ausführung und Anordnung der Lagersteine bei einem Steinlager
a) ohne Schmiereinrichtung; b) mit Ölsenkung; c) Raum zwischen beiden Steinen; d) Ölsenkung und Raum zwischen beiden Steinen
1 Lochstein; *2* Deckstein; *3* Ölsenkung

Ein Steinlager **(Bild 8.26)** besteht aus einem Lochstein *1* (Lagerbuchse) und in den meisten Fällen aus einem Deckstein *2*, der zur Begrenzung des Axialspiels und als Spurplatte zur Aufnahme von Axialkräften dient. Die Lochsteine können unterschiedliche Form haben. Die Bohrung des Lochsteins ist häufig oliviert (Kanten sind verrundet), um die schädliche Kantenpressung zu vermeiden.

Bei der Montage der Lagersteine ist deren Sprödigkeit zu beachten. Die beiden üblichen Befestigungsarten sind Einpressung mit einem Übermaß von 5 bis 20 µm oder loses Einlegen mit einem Spiel von 5 bis 20 µm und anschließendes leichtes Umbördeln des Randes der Aufnahmebohrung.

Bei der Anordnung des Lagersteins in einer Lagerschraube nach **Bild 8.27** läßt sich das Axialspiel der Welle leicht einstellen.

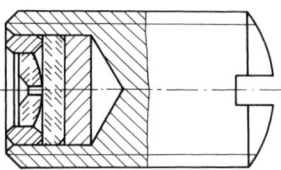

Bild 8.27 Lagerschraube

8.1.7 Spitzenlager

Spitzenlager sind Gleitlager mit kugeligen Lagerflächen. Es werden Vertikal- und Horizontallager unterschieden **(Bilder 8.28 und 8.29)**, die vorrangig in Meßgeräten angewendet werden. Die Berührung zwischen dem kugelig ausgebildeten Lagerzapfen (Spitze mit Radius r_1) und der kugeligen Lagerfläche (Kalotte mit Radius r_2) beschränkt sich auf eine sehr kleine Fläche, praktisch auf einen Punkt, der je nach Lagerart in der Drehachse oder in ihrer unmittelbaren Nähe liegt. Deshalb ist das Reibmoment einer solchen Lagerung sehr klein. Infolge der

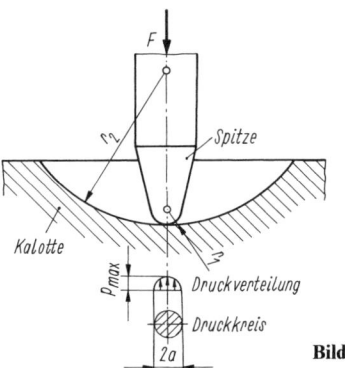 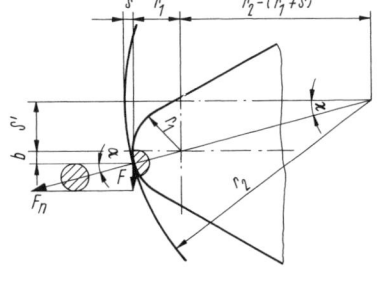

Bild 8.28 Vertikales Spitzenlager   **Bild 8.29** Horizontales Spitzenlager

Berührungsverhältnisse ergibt sich zwischen Spitze und Kalotte selbst bei kleinen Belastungskräften eine sehr hohe Flächenpressung.

Sie bestimmt die Tragfähigkeit des Lagers. Grundlage für die Berechnung der Flächenpressung sind die Hertzschen Gleichungen mit folgenden Bezeichnungen (vgl. Tafel 3.4):

Radius des Druckkreises $\quad a$
Ersatzradius $\quad r \quad 1/r = 1/r_1 - 1/r_2$
Resultierender E-Modul $\quad E \quad 1/E = 0{,}5\,(1/E_1 + 1/E_2)$
Querzahl $\quad v \quad$ (für homogene Werkstoffe $v \approx 0{,}3$).

Für das vertikale Spitzenlager (Bild 8.28) mit der Lagerbelastung F gilt

$$a = \sqrt[3]{1{,}5(1-v^2)\,Fr/E}\;. \tag{8.16}$$

Die maximale Pressung in der Druckfläche beträgt

$$p_{\max} = \sqrt[3]{1{,}5\,E^2 F/[\pi^3 r^2 (1-v^2)^2]} = aE/[\pi r(1-v^2)]\,. \tag{8.17}$$

Das Reibmoment des einzelnen Lagers ist

$$M_R = \int_0^a dM_R = \frac{3}{16}\,\pi a F \mu\,. \tag{8.18}$$

Eine horizontale Spitzenlagerung besteht aus zwei Lagern, auf die sich die Gesamtlast verteilt. Im Bild 8.29 ist F die Belastung eines Lagers. Infolge des Axialspiels S in einem Lager (Gesamtspiel $2S$) senkt sich bei dieser Lagerung die Spitze um den Betrag S' ab. Zur Berechnung der Flächenpressung ist die Normalkraft F_n ausschlaggebend:

$$F_n = F/\sin\varkappa\,. \tag{8.19}$$

Der Kontaktwinkel $\varkappa$ hängt von den Radien r_1 und r_2 sowie vom Spiel S ab. Da $\varkappa$ niemals Null werden darf, sondern nur so klein, daß F_n einen zulässigen Wert nicht überschreitet, müssen Spitzenlager stets ein bestimmtes Axialspiel haben, das nicht unterschritten werden darf. Analog zum Vertikallager gelten die Beziehungen

$$a = \sqrt[3]{1{,}5(1-v^2)\,F_n r/E} \tag{8.20}$$

$$p_{\max} = \sqrt[3]{1{,}5 E^2 F_n/[\pi^3 r^2 (1-v^2)^2]} = aE/[\pi r(1-v^2)]\,. \tag{8.21}$$

Das notwendige Spiel beträgt

$$S = (r_2 - r_1)\left[1 - \sqrt{1 - (F/F_n)^2}\right]\,. \tag{8.22}$$

Die *Güte einer Meßwerklagerung* wird beurteilt nach dem
— Reibungsfehler (Reibungsgütewert) $\sigma_R = M_R/M_E$ in % und der
— Transportempfindlichkeit (Transportgütewert) $\sigma_T = M_E/F$ in mm

(M_R Reibmoment bei Vollausschlag, M_E Einstellmoment bei Vollausschlag des Meßwerks).

190 8 Lager

Als Richtwerte gelten für

	Präzisionsgeräte	sehr gute	mittlere	einfache Geräte
σ_R in %	0,1	0,2 ... 0,5	1,0 ... 1,5	2,5
σ_T in mm	0,8 ... 1,5		1,0 ... 2,5	

Das Reibmoment beträgt $M_R = bF_R = \mu r_1 F$ mit $F_R = \mu F/\sin \varkappa = \mu F r_1/b$.

Wegen der Fertigung und Montage wird die Kugelkalotte zu einem Kegel erweitert. Eine solche Lagersenkung bezeichnet man auch als „Körner". Deshalb ist für Spitzenlager mitunter der Begriff „Körnerlager" zu finden. Körner können sowohl in Metall als auch in Stein eingearbeitet sein. Körnerschrauben nach **Bild 8.30** ermöglichen, das Axialspiel einfach einzustellen. Lagersteine nach **Bild 8.31** sind genormt.

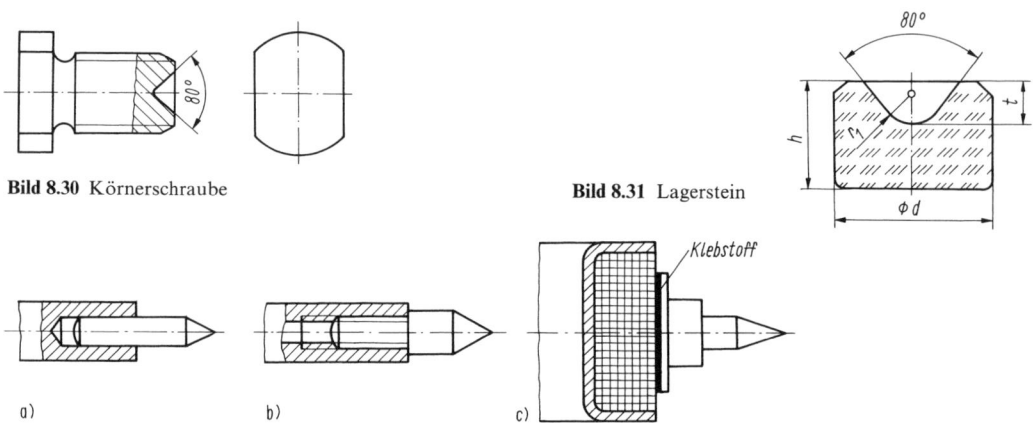

Bild 8.30 Körnerschraube

Bild 8.31 Lagerstein

Bild 8.32 Befestigung der Lagerspitzen
a) durch Einpressen; b) durch Einschrauben; c) durch Aufkleben

Die Lagerspitzen werden wegen der Wirtschaftlichkeit der Fertigung getrennt hergestellt und danach mit der Welle verbunden **(Bild 8.32)**.

8.1.8 Stoßsicherungen

Um die empfindlichen Stein-, Spitzen- und Schneidenlager vor Beschädigung durch Überlastung besonders infolge von Stößen zu schützen, werden Stoßsicherungen angewendet. Ihr Funktionsprinzip ist, daß der Lagerstein bei Auftreten einer Stoßbelastung der Kraft so weit ausweicht, bis die Welle sich an einem Anschlag abstützen kann. Das Ausweichen des Lagersteins wird durch eine Feder ermöglicht, die mit genau bestimmter Kraft den Stein im Normalfall in seiner

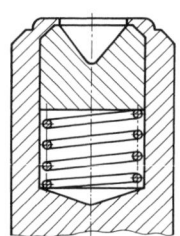

Bild 8.33 Gegen axiale Stöße gesichertes Spitzenlager

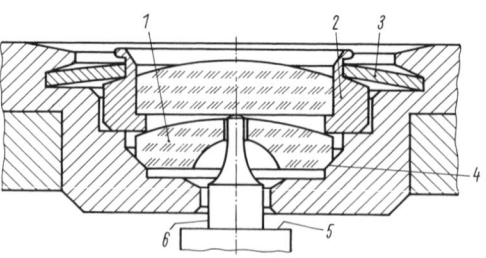

Bild 8.34 Stoßgesichertes Uhrenlager
1 lose eingelegter Lochstein; 2 Futter mit eingepreßtem Deckstein; 3 Rückstellfeder; 4 keglige Gleitfläche; 5 axiale Anschlagfläche; 6 radiale Anschlagfläche

8.2 Wälzlager

[3] [9] [11] [8.2] bis [8.5]

8.2.1 Rollreibung

Der Mechanismus der Rollreibung unterscheidet sich grundsätzlich von dem der Gleitreibung (s. Abschn. 8.1). Beim Wälzlager rollen die Wälzkörper auf der gehärteten, geschliffenen und polierten Rollbahn ab. Ein Bewegungswiderstand (Reibung) entsteht durch die Deformation an Rollkörper und Rollbahn **(Bild 8.35a)**.

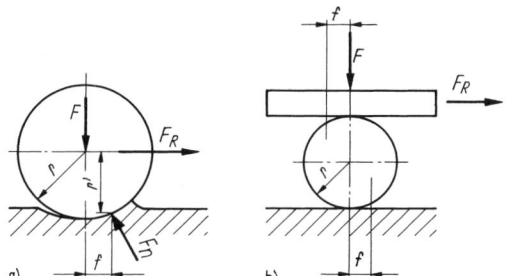

Bild 8.35
Rollwiderstand F_R an Kugeln bzw. Rollen
a) auf einer Rollbahn; b) zwischen zwei Rollbahnen

Der Hebelarm f der Rollreibung ist um so kleiner, je härter Rollbahn und Rollkörper sind. Er beträgt bei gehärteten Rollbahnen und Rollkörpern aus Stahl etwa 5 bis 10 μm.

Da die Deformation sehr gering ist, kann man $r \approx r'$ setzen, und damit wird über $Ff = F_R r'$ der Rollwiderstand

$$F_R = Ff/r .\qquad(8.23)$$

Das gilt auch für die Anordnung im Bild 8.35b.

Die Reibung der Wälzlager ist wesentlich geringer als die der Gleitlager und praktisch geschwindigkeitsunabhängig. Rollbahnen und Rollkörper müssen allerdings ordnungsgemäß ausgeführt sein. Diese Aufgabe hat der Wälzlagerhersteller übernommen, der dem Anwender einbaufertige genormte Wälzlager zur Verfügung stellt. Aufgabe des Konstrukteurs ist es, aus dem angebotenen Sortiment auf Grund von Berechnungen den richtigen Lagertyp auszuwählen und die Einbauverhältnisse günstig zu gestalten.

8.2.2 Aufbau und Eigenschaften der Wälzlager

Wälzlager bestehen im Prinzip aus zwei Ringen (Innen- und Außenring), von denen der eine mit dem feststehenden (z. B. Gehäuse) und der andere mit dem sich drehenden Bauteil (z. B. Welle) verbunden ist. Zwischen den Ringen befinden sich die Wälzkörper (Kugeln, Zylinder-, Kegel- und Tonnenrollen oder Nadeln). Zur sicheren Führung und um ein gegenseitiges Berühren auszuschließen, sind die Wälzkörper meist in sog. Käfigen gehalten **(Bild 8.36)**.

Vorteile der Wälzlager gegenüber Gleitlagern sind:
— geringe Reibung ($\mu \approx 10^{-3}$), auch beim Anlauf; deshalb u. a. geringe Wärmeentwicklung
— gleichzeitige Aufnahme von Axial- und Radialkräften bei einer Reihe von Lagertypen möglich
— kurze axiale Baulänge
— als genormte einbaufertige Bauteile lieferbar
— geringe Wartung und geringer Schmierstoffverbrauch.

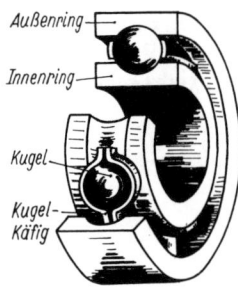

Bild 8.36
Prinzipieller Aufbau eines Wälzlagers
(Radial-Rillenkugellager)

Nachteile sind:

— größerer Durchmesser und aufwendigerer Einbau
— geräuschvoller Lauf
— stoßempfindlich, da kein dämpfender Ölfilm vorhanden
— Verschmutzungsgefahr
— in vielen Fällen höherer Preis.

Tafel 8.3 Übersicht über genormte Wälzlagerbauformen

Wälzlagerbauform	Eigenschaften und Anwendung
1. Radiallager	
(Radial-) Rillenkugellager DIN 625 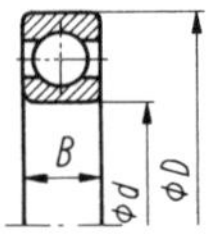	(Radial-) Rillenkugellager sind die am meisten verwendeten Wälzlager, weil sie universell einsetzbar sind. Durch die tiefen Laufrillen ohne Füllnut und die gute Schmiegung zwischen Kugeln und Laufbahn besitzen die Lager eine große Tragfähigkeit auch in axialer Richtung sogar bei hohen Drehzahlen. Das kleinste Lager hat die Abmessung $d = 3$ mm, $D = 10$ mm, $B = 4$ mm. Rillenkugellager sind selbsthaltend, d. h., daß sie beim Ein- und Ausbau nicht zerlegbar sind. Außer der Normalausführung (Bild 8.38a) gibt es Lager mit einer oder zwei Deckscheiben (b), mit einer oder zwei Dichtscheiben (c), sowie Lager mit Ringnut (d). Deckscheiben verhindern das Eindringen von Fremdkörpern in das Lager, Dichtscheiben darüber hinaus das Auslaufen des Schmierstoffs. Beiderseitig abgedichtete Lager werden einbaufertig mit Fett gefüllt geliefert. Lager mit einer Ringnut im Außenring sind mit einem Sprengring besonders platzsparend und einfach zu befestigen.
(Radial-) Schrägkugellager DIN 628 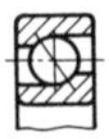	Sie dienen zur Aufnahme höherer Axialkräfte. Die Laufbahnen sind so gegeneinander versetzt, daß die Kugelkräfte schräg zur Lagerachse wirken. Es muß immer ein Lager, welches Axialkräfte in entgegengesetzter Richtung aufnehmen kann, angestellt werden (paarweiser Einbau). Schrägkugellager werden als einseitige oder zweiseitige Lager geliefert, sie sind mit Ausnahme des zweiseitigen Lagers mit geteiltem Innenring selbsthaltend und für hohe Drehzahlen geeignet.
(Radial-) Pendelkugellager DIN 630 	Sie haben zwei Kugelreihen und sind selbsthaltend. Infolge ihrer kugeligen Außenringrollbahn sind sie winkelbeweglich und damit unempfindlich gegen Wellendurchbiegung und Fluchtungsabweichungen. Sie sind daher besonders geeignet für lange dünne Wellen und getrennte Gehäuse. Man bezeichnet sie auch als selbsteinstellende Lager. Sie haben kleinere radiale und axiale Tragfähigkeit als Rillen- und Schrägkugellager.
(Radial-) Schulterkugellager DIN 615 	Sie haben im Gegensatz zum Rillenkugellager am Außenring nur auf einer Seite eine Schulter. Sie sind daher einseitig wirkend, nicht selbsthaltend und müssen paarweise eingebaut werden. Sie lassen sich aber wegen ihrer Zerlegbarkeit leicht einbauen. Die radiale Tragfähigkeit ist kleiner, die axiale größer als beim Rillenkugellager. Infolge der geringen Schmiegung ist die Reibung klein. Sie werden vorwiegend im Gerätebau eingesetzt.

Tafel 8.3 Fortsetzung

Wälzlagerbauform	Eigenschaften und Anwendung
(Radial-) Zylinderrollenlager DIN 5412 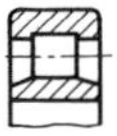	Es gibt mehrere Bauformen, die sich in der Anordnung der Borde an den Rollbahnringen zur Führung der Zylinderrollen unterscheiden. Die dargestellte Ausführung ermöglicht eine axiale Verschiebung in beiden Richtungen und überträgt keine Axialkräfte. Alle Formen haben hohe radiale Belastbarkeit, kleine Reibung, sind unempfindlich gegen Stöße und eignen sich für hohe Drehzahlen. Wegen der hohen Tragfähigkeit werden sie in Kraft- und Arbeitsmaschinen und zur Lagerung von Werkzeugspindeln verwendet.
(Radial-) Nadellager DIN 617 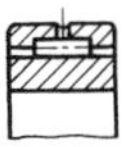	Sie sind Rollenlager mit dünnen, im Verhältnis zum Durchmesser langen zylindrischen Wälzkörpern (Nadeln). Sie werden in verschiedenen Ausführungen geliefert und eignen sich besonders für solche Lagerungen, wo nur geringe Einbauhöhe zur Verfügung steht, z. B. bei Kolbenbolzen und in Gelenken. Reicht trotzdem der Einbauraum für ein Nadellager mit Innenring nicht aus, kann ein Nadellager ohne Innenring verwendet werden, wenn die Welle gehärtet und geschliffen werden kann. Nadellager mit Innenring sind nicht selbsthaltend, der Außenring mit den Nadeln und der Innenring können deshalb getrennt montiert werden. Die Tragfähigkeit der Nadellager ist sehr groß, der Reibwert beträgt jedoch je nach Bauart bis zum Dreifachen von dem eines Rillenkugellagers. Die Drehzahlgrenze liegt unter der der anderen Wälzlager.
(Radial-) Kegelrollenlager DIN 720 	Sie sind nicht selbsthaltend, paarweiser Einbau ist erforderlich. Sie haben große radiale und axiale Tragfähigkeit und werden vorzugsweise im Kraftfahrzeug-, Getriebe- und Werkzeugmaschinenbau eingesetzt.
(Radial-) Pendelrollenlager DIN 635 	Sie sind selbsthaltend und werden ein- oder zweireihig ausgeführt. Durch die kugelige Außenringrollbahn haben sie die gleichen Eigenschaften wie die Pendelkugellager. Wegen der guten Schmiegung zwischen Rollbahn und Wälzkörpern (Tonnenrollen) ist die einreihige Bauform radial und die zweireihige sowohl radial als auch axial hoch belastbar. Wegen ihrer hohen Betriebssicherheit sind sie für größte Belastungen geeignet, z. B. in Walzwerk- und Förderanlagen.

2. Axiallager

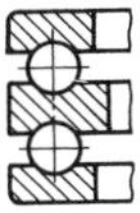 Axial-Rillenkugellager DIN 711 DIN 715 (einseitig) (zweiseitig)	Sie können große Axial-, aber keine Radialkräfte aufnehmen. Wegen der auf die Kugeln wirkenden Fliehkräfte sind nur niedrige Drehzahlen zugelassen. Es gibt ein- und zweiseitig wirkende Ausführungen. Sie werden u. a. verwendet für axial hochbelastete Werkzeugspindeln, und zwar kombiniert mit Radiallagern.
Axial-Pendelrollenlager DIN 728 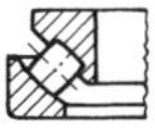	Es ist ein einseitig wirkendes, nicht selbsthaltendes Lager mit kugeliger Rollbahn zum Ausgleich von Montageungenauigkeiten. Als Wälzkörper dienen Tonnenrollen. Es ist für höchste Axial- und hohe Radiallasten geeignet und wird im Kran- und Großapparatebau eingesetzt.

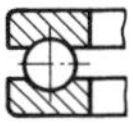

8.2.3 Ausführungsformen der Wälzlager und ihre Anwendung

In **Tafel 8.3** ist eine Übersicht über die genormten Wälzlager dargestellt. Man unterscheidet, der Wälzkörperform entsprechend, zwischen Kugel- und Rollenlagern und, je nach Richtung der Hauptbelastung, zwischen Radial- und Axiallagern. Der weitaus größere Teil der Wälzlager sind Radiallager. Deshalb braucht der Vorsatz „Radial" nur genannt zu werden, wenn die Deutlichkeit des Ausdrucks dies erfordert. Der Vorsatz „Axial" bei Axiallagern ist immer erforderlich.

Die verschiedenen Wälzkörper **(Bild 8.37)** können für Sonderkonstruktionen auch als Einzelteile bezogen werden.

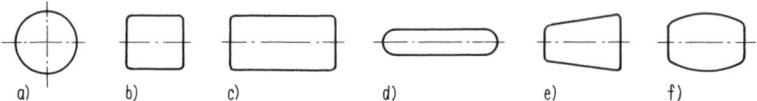

Bild 8.37 Wälzkörperformen
a) Kugel; b) Zylinderrolle, kurz; c) Zylinderrolle, lang; d) Nadel; e) Kegelrolle; f) Tonnenrolle (s. DIN 5401 und 5402)

Tafel 8.4 Hauptmaße und Tragzahlen[1]) für ausgewählte Rillenkugellager

Lagerkurz-zeichen[2])	d in mm	D in mm	B in mm	C in kN	C_0 in kN	n_{zul}[3]) in U/min
623	3	10	4	0,375	0,176	40000
624	4	13	5	0,695	0,335	38000
625	5	16	5	0,865	0,440	36000
626	6	19	6	1,29	0,695	32000
627	7	22	7	2,50	1,29	30000
629	9	26	8	2,85	1,46	28000
6200	10	30	9	3,90	2,20	26000
6201	12	32	10	5,30	2,90	24000
6202	15	35	11	6,00	3,45	20000
6203	17	40	12	7,35	4,30	18000
6204	20	47	14	9,80	6,20	15000
6205	25	52	15	10,80	6,95	14000
6206	30	62	16	15,00	9,80	11000
6207	35	72	17	19,60	13,45	9500
6208	40	80	18	22,35	15,70	8500

[1]) Tragzahlen sind Richtwerte, Genauwerte sind Angaben der Hersteller zu entnehmen
[2]) Lagerkurzzeichen (Bohrungskennziffer)
[3]) bei Fettschmierung

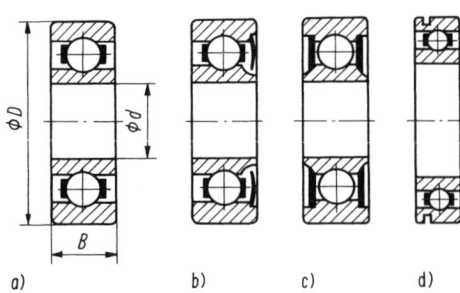

Bild 8.38
Ausführungsformen der Rillenkugellager
a) Normalausführung; b) mit einer Deckscheibe;
c) mit zwei Dichtscheiben; d) mit Ringnut

Für die Anwendung der verschiedenen Wälzlager notwendige Kennwerte, wie äußere Abmessungen, Bezeichnungen, Tragfähigkeiten usw., sind den Angaben der Herstellerfirmen (Wälzlagerkataloge) zu entnehmen **(Tafel 8.4)**. Entsprechend den Anforderungen werden die Wälzlager in Güteklassen geliefert: Lager normaler Qualität, ausgewählte Lager, Genauigkeits- und Hochgenauigkeitslager (DIN 620).

In der Feinwerktechnik gelangen vorwiegend Rillenkugellager **(Bild 8.38)** sowie z. T. auch Nadellager zur Anwendung. Rollenlager sind speziell für hohe Belastungen im Maschinen- und Elektromaschinenbau entwickelt worden.

8.2.4 Miniaturwälzlager [3]

Miniaturwälzlager sind Lager mit einem Außendurchmesser $D < 10$ mm. Diejenigen Lager, die hohe Anforderungen hinsichtlich Laufgenauigkeit und Laufruhe erfüllen und ein geringes und besonders gleichmäßiges Reibmoment haben, bezeichnet man auch als Instrumentenlager. Für Miniaturwälzlager liegen keine Normen vor. Sie werden als Rillenkugellager bis herab zu einem Wellendurchmesser von 0,5 mm produziert. Um die Einbauverhältnisse zu vereinfachen, werden die Lager auch mit Flansch **(Bild 8.39a)** hergestellt. Bei noch kleineren Wellendurchmessern (bis 0,5 mm) entfällt der Innenring, die Kugeln laufen unmittelbar auf der gehärteten und polierten Welle (b). Zur Begrenzung des Axialspiels der Welle können derartige Lager auch mit Spurplatte (c) verwendet werden.

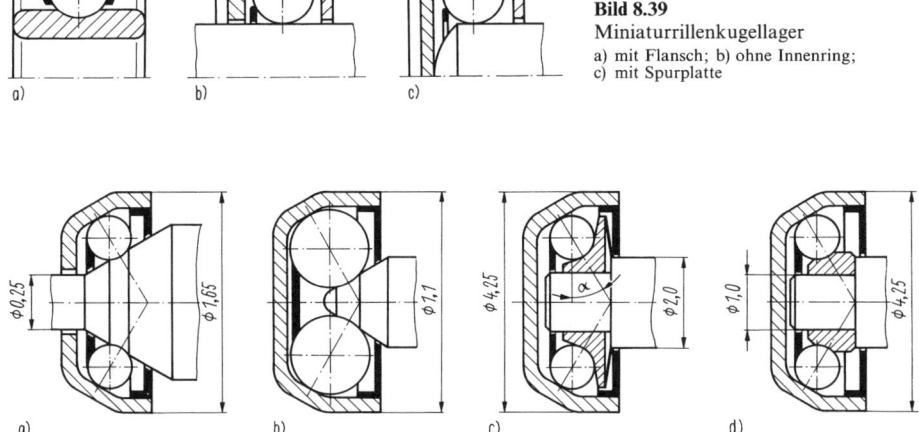

Bild 8.39
Miniaturrillenkugellager
a) mit Flansch; b) ohne Innenring;
c) mit Spurplatte

Bild 8.40 Ausführungsformen von Miniaturschrägkugellagern

Zylinderrollenlager gibt es in üblichen Bauformen ab $d = 4$ mm. Bei Schrägkugellagern wurde eine ganze Reihe von Sonderformen entwickelt. Ihre Anwendungsfreundlichkeit im Geräte- und Instrumentenbau resultiert aus der Aufnahmefähigkeit sowohl für radiale als auch für axiale Kräfte, was besonders bei Geräten mit unterschiedlicher Gebrauchslage wesentlich ist, sowie aus der Einstellbarkeit des Lagerspiels und den extrem kleinen Abmessungen bei relativ hoher Belastbarkeit (z. B. gegenüber Spitzenlagern, s. Abschn. 8.1.7). **Bild 8.40** zeigt einige Bauformen mit Angabe der jeweils kleinsten Ausführung. Während die Laufeigenschaften der Lager nach (a) und (b) von der Härte und der Bearbeitung der Welle abhängen, haben die Lager nach (c) und (d) Innenringe. Wie im Bild 8.40a dargestellt, gibt es auch bei diesen Typen eine Ausführung mit durchbohrter Lagerschale. Dadurch sind sie z. B. zur Lagerung von Zeigerwellen geeignet. Eine Federscheibe (c) kann zum Ausgleich des Axialspiels der Welle eingefügt sein.

8.2.5 Berechnung der Wälzlager

Die Berechnung der erforderlichen Lagergröße wird aufgrund der vorhandenen Lagerbelastung, der Betriebsbedingungen und der geforderten Lebensdauer vorgenommen. Jedes Wälzlager hat eine bestimmte Tragfähigkeit. Man unterscheidet zwischen der dynamischen Tragfähigkeit bei umlaufendem Innen- oder Außenring und der statischen Tragfähigkeit bei Stillstand bzw. kleinen Schwenkbewegungen.

Die **dynamische Tragfähigkeit** hängt mit der Lebensdauer zusammen. Die Lebensdauer einer Gruppe gleicher Lager ist definiert als die Anzahl der Umdrehungen, die von 90% der Lager erreicht oder überschritten wird, bevor die ersten Ermüdungserscheinungen des Werkstoffs auftreten. Damit ist zugelassen, daß bis zu 10% der eingebauten Lager vor dem Erreichen des Lebensdauerwerts ausfallen. Die nominelle Lebensdauer L in 10^6 Umdrehungen ist mit $p = 3$ für Kugellager und $p = 10/3$ für Rollenlager nach Gl. (8.24) zu bestimmen und kann bei konstanter Drehzahl mit Gl. (8.25) auch in Betriebsstunden (L_h) umgerechnet werden (vgl. DIN ISO 281):

$$L_{10} = (C/P)^p, \tag{8.24}$$

$$L_h = 10^6 L_{10}/(60n); \tag{8.25}$$

C und P in N, L_{10} in 10^6 Umdrehungen, L_h in h, n in U/min.

Die dynamische Tragzahl C des Lagers ist diejenige Lagerbelastung, bei der die nominelle Lebensdauer von L Umdrehungen erreicht wird. Sie ist einem Wälzlagerkatalog zu entnehmen (Tafel 8.4) und wird bei Radial- bzw. Axiallagern auch als C_r bzw. C_a bezeichnet. Da sie neben rein geometrischen Parametern auch von den Werkstoffen, den Fertigungsverfahren und der Herstellungsgenauigkeit abhängt, treten herstellerbedingte Unterschiede auf. Die für diese Tragzahl gegebene Definition setzt entweder eine Radialkraft F_r (Radiallager) oder eine Axialkraft F_a (Axiallager) unveränderlicher Größe und Richtung voraus. Liegt sowohl eine Radial- als auch eine Axialbelastung vor, ist aus diesen beiden Komponenten eine Äquivalentbelastung zu berechnen. Sie entspricht bei Radiallagern einer reinen Radialbelastung P_r bzw. bei Axiallagern einer reinen zentrischen Axialbelastung P_a, unter deren Einwirkung das Wälzlager die gleiche nominelle Lebensdauer erreichen würde wie unter den tatsächlich vorliegenden Bedingungen.

Die Äquivalentbelastung ergibt sich zu

$$P = XF_r + YF_a; \tag{8.26}$$

F_r Radiallast des Lagers; F_a Axiallast; X Radialfaktor; Y Axialfaktor.

Die Werte für X und Y hängen sowohl vom Lagertyp als auch von den Belastungsverhältnissen ab und sind den Wälzlagerkatalogen oder DIN ISO 281 zu entnehmen **(Tafel 8.5)**.

Tafel 8.5 Radial- (X) und Axialfaktoren (Y)

Lagerart	F_a/C_0	$e^{1)}$	$F_a/F_r \leq e$		$F_a/F_r > e$	
			X	Y	X	Y
Rillen-	0,014	0,19				2,30
kugellager	0,028	0,22				1,99
(einreihig)	0,056	0,26				1,71
	0,084	0,28				1,55
	0,11	0,30	1	0	0,56	1,45
	0,17	0,34				1,31
	0,28	0,38				1,15
	0,42	0,42				1,04
	0,56	0,44				1,00

[1]) vom inneren Aufbau des Lagers abhängiger Grenzwert

Axialrillenkugellager können keine Radialkräfte übertragen; es gilt $P = F_a$.

Treten zeitlich schwankende Belastungen und/oder Drehzahlen auf, so ist für die Äquivalentlast P ein mittlerer Wert zu bestimmen, der von der Art der Schwankung abhängt. Hier sollen nur zwei Fälle betrachtet werden:

Liegen während der jeweiligen Wirkungsdauer t_i verschieden große, aber konstante Belastungen F_i und Drehzahlen n_i vor, dann ist mit einer mittleren Äquivalentlast

$$P = \sqrt[p]{\sum_{i=1}^{n} \left(F_i^p \frac{n_i}{33{,}33} \frac{q_i}{100} \right)} \tag{8.27}$$

mit dem Lebensdauerexponenten p und der prozentualen Wirkungsdauer der einzelnen Betriebszustände $q_i = t_i/T \cdot 100\%$ zu rechnen.

Schwankt die Belastung periodisch und linear zwischen den Grenzwerten F_{min} und F_{max} bei konstanter Drehzahl, dann gilt für die Äquivalentlast

$$P = (F_{min} + 2F_{max})/3 . \tag{8.28}$$

Zur Erleichterung der in den Gln. (8.24) und (8.25) angegebenen Lebensdauerberechnungen werden eine Bezugslebensdauer von 500 h und eine Bezugsdrehzahl von (100/3) U/min eingeführt, womit sich dimensionslose Faktoren ergeben:

Lebensdauerfaktor $\quad f_L = \sqrt[p]{L_h/500}$ (8.29)

Drehzahlfaktor $\quad f_n = \sqrt[p]{100/(3n)}$. (8.30)

Damit vereinfacht sich Gl. (8.24) zu

$$f_L = f_n C/P . \tag{8.31}$$

Die Faktoren f_L und f_n enthält **Tafel 8.6**. Wird P nach Gl. (8.27) berechnet, gilt $f_n = 1$.

Eine noch bequemere Berechnung ist mit dem nach diesen Beziehungen erarbeiteten Nomogramm **(Bild 8.41)** möglich.

Allen Berechnungen liegen eine Härte der Rollbahnen von (62 ± 3) HRC (Rockwell-Härte) und der Kugeln von (63 ± 3) HRC sowie eine Lagertemperatur $\leq 120\,°C$ zugrunde.

Tafel 8.6 Lebensdauer- und Drehzahlfaktoren (f_{LK}, f_{nK} für Kugellager; f_{LR}, f_{nR} für Rollenlager)

L_h in h	f_{LK}	f_{LR}	n in U/min	f_{nK}	f_{nR}
100	0,585	0,617	10	1,494	1,435
200	0,737	0,760	20	1,186	1,166
400	0,928	0,935	40	0,941	0,947
600	1,063	1,056	60	0,822	0,838
800	1,170	1,151	80	0,747	0,769
1000	1,260	1,231	100	0,693	0,719
2000	1,59	1,52	200	0,550	0,584
4000	2,00	1,87	400	0,437	0,475
6000	2,29	2,11	600	0,382	0,420
8000	2,52	2,30	800	0,347	0,385
10000	2,71	2,46	1000	0,322	0,360
20000	3,42	3,02	2000	0,255	0,293
40000	4,31	3,72	4000	0,203	0,238
60000	4,93	4,20	6000	0,177	0,211
80000	5,43	4,58	8000	0,161	0,193
100000	5,85	4,90	10000	0,149	0,181

198   8 Lager

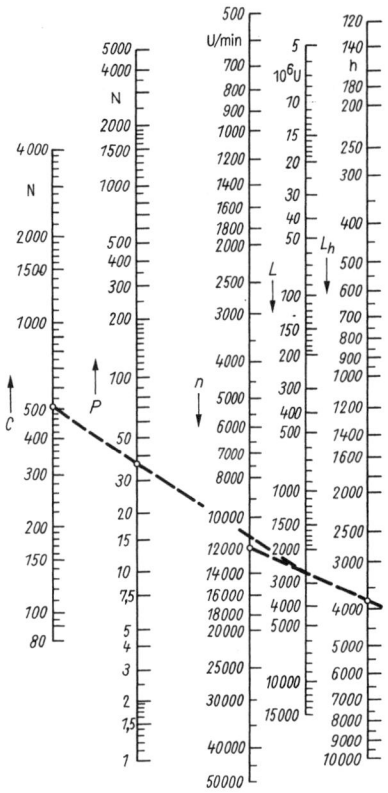

Bild 8.41 Nomogramm zur Bestimmung der Lebensdauer von Kugellagern
eingezeichnetes Beispiel: $C = 510$ N; $n = 12000$ U/min; dynamische Äquivalentlast $P = 37$ N ergibt $L_h = 3700$ h

Tafel 8.7 Lebensdauerrichtwerte für Wälzlager

Einsatzfälle	Lebensdauer L_h in Betriebsstunden
Selten benutzte Vorrichtungen und Geräte: Vorführungsgeräte	500
Geräte und Maschinen für kurzzeitigen unterbrochenen Betrieb, bei denen Betriebsstörungen keine größere Bedeutung haben: Handwerkzeuge, Haushaltmaschinen	4000 ... 8000
Geräte und Maschinen für unterbrochenen Betrieb, bei denen Betriebsstörungen von großer Bedeutung sind: Aufzüge, Fördereinrichtungen für die Fließfertigung, kleine E-Motoren bis 4 kW, Geräte der Steuerungs- und Regelungstechnik	8000 ... 12000
Geräte und Maschinen für achtstündigen Betrieb, die nicht immer voll ausgenutzt werden: ortsfeste E-Motoren, Zahnradgetriebe für allgemeine Zwecke, Kinoprojektoren	12000 ... 20000
Geräte und Maschinen für achtstündigen Betrieb, die voll ausgenutzt werden: Werkzeugmaschinen, technologische Ausrüstungen, Ventilatoren, periphere Geräte der Datenverarbeitung	20000 ... 30000
Geräte und Maschinen für ununterbrochenen Tag- und Nachtbetrieb: Kompressoren, Grubenförderanlagen, Datenverarbeitungsgeräte	40000 ... 60000
Geräte und Maschinen für ununterbrochenen Tag- und Nachtbetrieb mit großer Betriebssicherheit: öffentliche Kraftanlagen	100000 ... 200000

Wird die Härte unter- bzw. die Temperatur überschritten, sind Korrekturfaktoren f_H (Härtefaktor) und f_t (Temperaturfaktor) sowie bei schwingenden und stoßartigen Belastungen, die nicht ohne weiteres zu erfassen sind, der Zusatzfaktor f_Z in die Berechnungen einzubeziehen. Die Werte dieser Faktoren sind in der Literatur angegeben [3] [9] [11] [8.5]. Die Gleichung zur Berechnung der Lebensdauer lautet dann:

$$f_L = (f_n f_t f_H/f_Z)(C/P). \tag{8.32}$$

Tafel 8.7 enthält einige Richtwerte für die Lebensdauer.

Die **statische Tragfähigkeit** des Lagers ist die Belastung, die das Lager im Stillstand oder bei kleinen Schwenkbewegungen zu ertragen vermag. Es hat sich gezeigt, daß bleibende Verformungen in der Größe von 0,1‰ des Wälzkörperdurchmessers die Laufruhe des Lagers nicht beeinträchtigen. Dieser Erfahrungswert liegt der statischen Tragzahl C_0 zugrunde. Der Index weist dabei auf den statischen Belastungsfall hin. Die äquivalente Lagerbelastung ergibt sich dann analog Gl. (8.26) zu

$$P_0 = X_0 F_r + Y_0 F_a. \tag{8.33}$$

Für die am häufigsten eingesetzten Rillenkugellager sind $X_0 = 0{,}6$ und $Y_0 = 0{,}5$ zu setzen. Werte für andere Lager sind DIN ISO 76 zu entnehmen.

Die Verwendbarkeit eines Wälzlagers bei statischer Belastung wird mit Hilfe der Kennzahl der statischen Beanspruchung beurteilt. Die Kennzahl ist definiert als

$$k_0 = C_0/P_0. \tag{8.34}$$

Als Richtwerte gelten:

$k_0 = 0{,}5 \ldots 0{,}8$ für geringe, $k_0 > 0{,}8 \ldots 1{,}5$ für mittlere und $k_0 > 1{,}5$ für hohe Anforderungen an die Bewegungsgenauigkeit.

8.2.6 Einbau von Wälzlagern

Wird eine Welle in zwei oder mehreren Wälzlagern gelagert, so muß ein Ausgleich der Längenunterschiede (z. B. durch Wärmedehnung und Einbautoleranzen) möglich sein. In solchen Fällen **(Bild 8.42)** wird ein Lager fest eingebaut (Festlager), während das oder die anderen Lager entweder auf der Welle oder im Gehäuse verschiebbar sein müssen (Loslager), wenn nicht innerhalb der Lager selbst ein Längsausgleich erfolgen kann. Ein Loslager nimmt keine axialen Kräfte auf. Für seinen Einbau gilt, daß der Ring mit Umfangslast festsitzen muß (Gefahr der Wanderung in Umfangs- bzw. Drehrichtung). Außerdem soll das Festlager das radial weniger belastete sein, weil es außer den Radialkräften noch die gesamte Axialkraft auffangen muß.

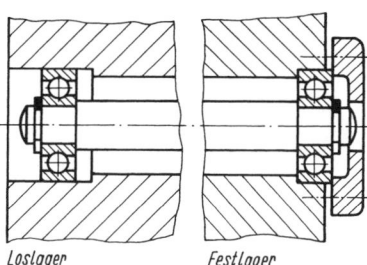

Loslager   *Festlager*

Bild 8.42 Prinzipieller Aufbau einer Wälzlagerung mit Fest- und Loslager

Festlegung des Innenrings. Er wird fest auf die Welle aufgepreßt und meist noch durch Muttern, Zugschrauben, Sicherungsringe o. ä. gegen Verschieben gesichert **(Bild 8.43)**.

Festlegung des Außenrings. Falls der Außenring nicht axial verschiebbar angeordnet werden soll, ist er durch Sicherungsringe, Deckel o. ä. gegen axiales Verschieben zu sichern **(Bild 8.44)**. Aus fertigungstechnischen Gründen sollte auf eine glatt durchgehende Gehäusebohrung geachtet werden.

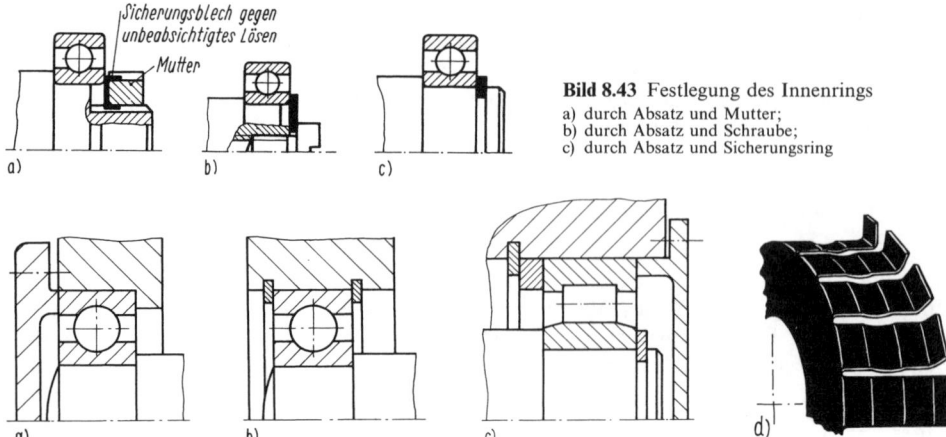

Bild 8.43 Festlegung des Innenrings
a) durch Absatz und Mutter;
b) durch Absatz und Schraube;
c) durch Absatz und Sicherungsring

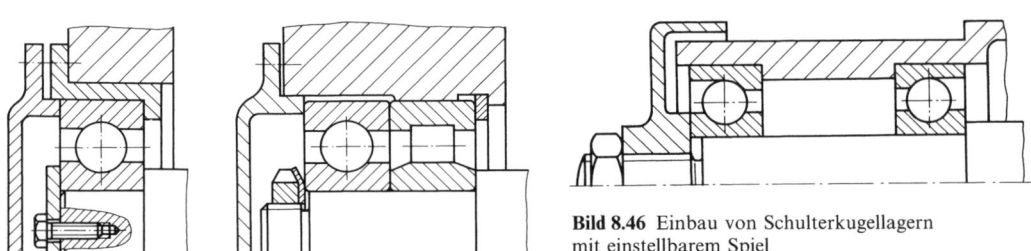

Bild 8.44 Festlegung des Außenrings
a) durch Absatz und Deckel; b) durch zwei Sicherungsringe; c) durch Sicherungsring und Deckel; d) geschlitzter Federkorb, für Toleranzausgleich vor Montage in Gehäusebohrung eingelegt
(bei Verwendung von Sicherungsringen nennenswerte Axialkräfte nur dann übertragbar, wenn zwischen Lagerring und Sicherungsring ein scharfkantiger Zwischenring eingelegt wird, siehe Bild c))

Bild 8.46 Einbau von Schulterkugellagern mit einstellbarem Spiel

Bild 8.45 Festlager

Tafel 8.8 Toleranzfelder für Wälzlagerpassungen (Auswahl)

	Punktlast	Umfangslast oder unbestimmte Lastrichtung	Zugehörige Toleranz für
Welle	g6, h6	h5, js5, js6, k5, k6, m5, m6 (n6, p6, r6)	Wälzlagerbohrung: KB
Gehäuse	G7, H7, H8, JS7	JS7, K7, M6, M7 (N7, P7)	Wälzlagermantel: hB

(Toleranzfelder in Klammern gelten nur für sehr hohe Belastung)

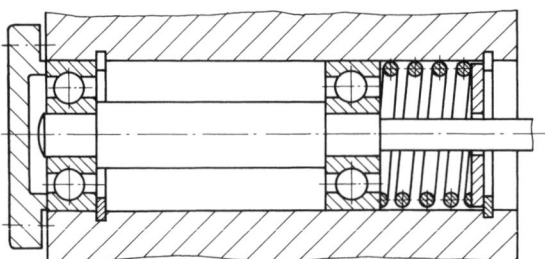

Bild 8.47 Spielfreie Lagerung

An der Festlegung der Ringe allein kann noch nicht erkannt werden, ob das Lager als Fest- oder Loslager wirkt, es muß auch der Lagertyp berücksichtigt werden. So liegt z. B. im Bild 8.44c trotz festgelegtem Außen- und Innenring ein Loslager vor. Enge Toleranzen bei der Gehäusebohrung lassen sich durch elastische Bauweise (s. a. Tafel 2.14) umgehen (Bild 8.44d). Beispiele für Festlager zeigt **Bild 8.45** und für Stützlager Bild 8.44a und b (vgl. a. Bild 8.1).

Richtlinien für Passungen für den Einbau von Wälzlagern (Welle–Lager, Lager–Gehäuse) sind in [3] [9] bis [11] und empfohlene Toleranzfelder in **Tafel 8.8** enthalten.

Beim Einbau von *Schulterlagern* (**Bild 8.46**) ist darauf zu achten, daß das axiale Spiel nicht durch das Lager gegeben ist wie bei Rillenkugellagern, sondern durch die Art des Einbaus. Die Innenringe müssen so montiert werden, daß sich ein geringes Spiel ergibt.

Eine Spielfreiheit der Wälzlager läßt sich durch Einbau federnder Teile (z. B. Federscheibe, s. Bild 8.40c, oder Schraubenfeder) auf der Loslagerseite erreichen (**Bild 8.47**).

Schmierung und Abdichtung. Meistens wird mit Fett geschmiert, das alle Hohlräume des Lagers voll, bei reibungsarmen Meßwerklagern jedoch nur zu einem Drittel ausfüllt. Die Fettmenge richtet sich auch nach der Drehzahl. Die geringste Reibung wird jedoch bei Ölschmierung erreicht. Dichtungen sorgen dafür, daß der Schmierstoff nicht austritt und die Umgebung verunreinigt und, daß das Lager vor Schmutz und Staub geschützt wird. Wenn keine abgedichteten Lager (s. Bild 8.38b und c) verwendet werden, ist eine andere Dichtung konstruktiv zu verwirklichen. Berührungsfreie Dichtungen (**Bild 8.48a, b**) sind zwar nicht so wirksam wie schleifende (c, d, e), erhöhen aber nicht das Reibmoment.

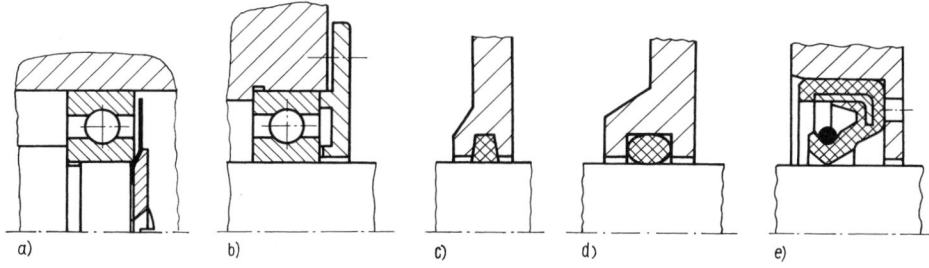

Bild 8.48 Dichtungen
berührungsfrei: a) Stauscheibe; b) einfacher gerader Spalt
schleifend: c) Filzring; d) Rundring (aus Gummi), e) Radialdichtung (DIN 3760)

Bei Filzringen sind die Reibungsverluste und das Erhärten des Filzes im Laufe der Zeit zu berücksichtigen. Filzringe und Rundringe erfordern wenig Aufwand, eignen sich aber nicht für hohe Drehzahlen. Radialdichtringe sind einbaufertige Bauelemente zum Abdichten der Lagerstelle und auch geeignet für Räume mit unter Druck stehender Flüssigkeit. Sie sind für Wellendurchmesser von 5 bis 1000 mm erhältlich.

8.2.7 Schneidenlager

Schneidenlager sind reibungsarme Lager für Pendelbewegungen bis zu einem Auslenkwinkel α von etwa $\pm 10°$. Sie bestehen aus Schneide und Pfanne (**Bild 8.49**). Die beiden Lagerelemente werden durch Kraftpaarung verbunden und sind deshalb stets spielfrei. Wegen der Abroll-

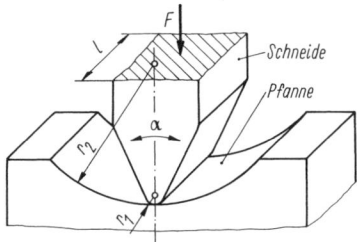

Bild 8.49 Schneidenlager [3]

bewegung, welche die Schneide mit dem Radius r_1 in der Pfanne mit dem Radius r_2 ausführt, verlagert sich die Drehachse der Lagerung.

Bei größerem Auslenkwinkel α und vor allem bei kleinem Pfannenradius r_2 tritt nach dem anfänglichen Abrollen ab einem Grenzwinkel α_{grenz} ein Gleiten auf. Dieser Winkel berechnet sich aus den Radien r_1 und r_2 sowie dem Reibwert μ zwischen Schneide und Pfanne zu

$$\alpha_{grenz} = (r_2/r_1 - 1) \arctan \mu . \tag{8.35}$$

Um das Gleiten weitgehend zu vermeiden, wird eine ebene Pfanne ($r_2 = \infty$) verwendet.

Als Werkstoffe für Schneiden und Pfannen kommen gehärteter Stahl und bei Präzisionslagerungen Edelsteine, wie Achat oder der härtere Saphir, in Frage. Die Auswahl soll so erfolgen, daß die Schneide weicher als die Pfanne ist.

Ähnlich wie bei den Spitzenlagern ist die Tragfähigkeit durch die Flächenpressung begrenzt. Theoretisch tritt Linienberührung auf. Für die Berechnung der Druckfläche sind wiederum die Hertzschen Gleichungen heranzuziehen. Bei einer Schneidenlänge l ergeben sich damit die Breite b der Druckfläche

$$b = \sqrt{8Fr(1 - v^2)/(lE\pi)} \tag{8.36}$$

und eine maximale Flächenpressung

$$p_{max} = \sqrt{\frac{FE}{2\pi l r(1 - v^2)}} = 2F/(\pi l b) \tag{8.37}$$

mit E, r und v entsprechend Abschn. 8.1.7.

Die Befestigung der Schneiden erfolgt entweder durch Einpressen oder Verklemmen oder — um justieren zu können — durch Verschrauben **(Bild 8.50)**. Die Befestigung der Pfannen richtet sich nach äußerer Form und Werkstoff **(Bild 8.51)**.

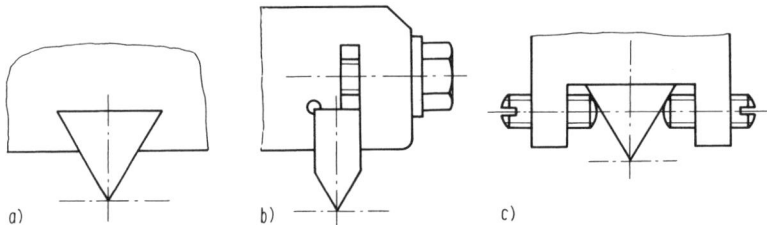

Bild 8.50 Schneidenbefestigung
a) Einpressen; b) Verklemmen; c) Verschrauben

Präzisionsschneidenlager werden vorwiegend im Waagenbau verwendet. Eine einfache und billige Ausführung ist z. B. bei der Lagerung des Klappankers im Relais zu finden **(Bild 8.52)**.

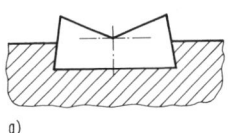 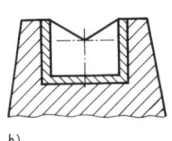 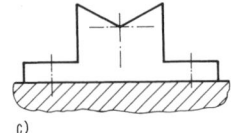

Bild 8.51 Pfannenbefestigung
a) Einpressen;
b) Einkitten;
c) Anschrauben

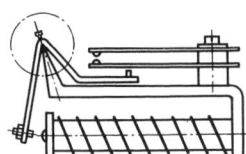

Bild 8.52 Schneidenlagerung bei einem Relais

8.3 Federlager

Durch Ausnutzung der elastischen Verformbarkeit der Federn können Lager für begrenzte Bewegungen mit Federelementen aufgebaut werden. Eine einfache Blattfeder führt z. B. zu einem Biegefedergelenk **(Bild 8.53a)**, die gekreuzte Anordnung zweier Blattfedern dagegen zum wesentlich stabileren Kreuzfedergelenk (b). Es ist aber bei derartigen einfachen Federgelenken zu beachten, daß die Lage des Drehpunkts nicht ortsfest ist, sondern sich in Abhängigkeit vom Auslenkwinkel verändert. Die Verlagerung wird minimal, wenn die Kreuzungsachse 0 nicht bei $0,5l$ (wie im Bild 8.53b), sondern bei $0,75l$ liegt (c).

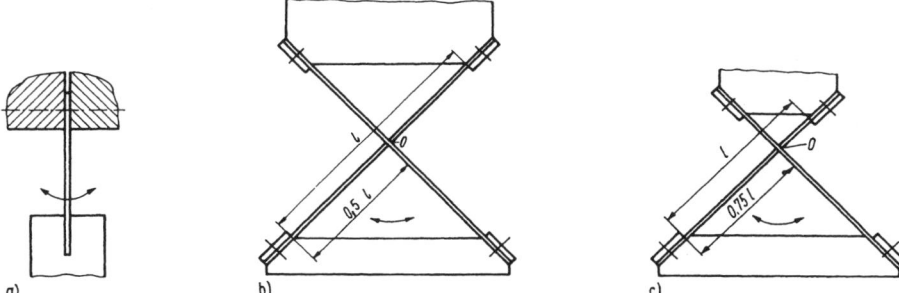

Bild 8.53 Biegefedergelenk; a) einfaches Blattfedergelenk; b), c) Kreuzfedergelenk

Eine andere Ausführung des Kreuzfedergelenkes als Lagerelement für kleine Drehbewegungen, das handelsüblich ist, zeigt **Bild 8.54a**. Für den gleichen Anwendungsfall ist in Bild b ein Dreibandlager dargestellt, und **Bild 8.55** zeigt den Aufbau eines Manipulators mit Filmgelenken.

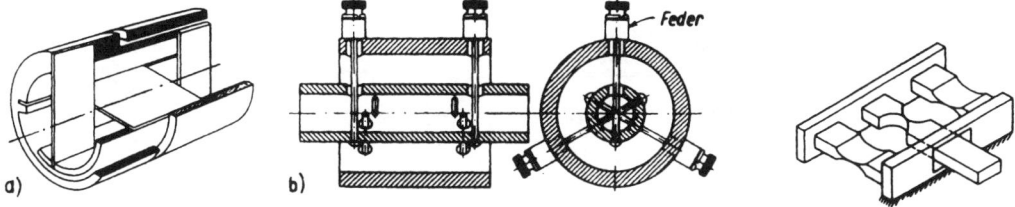

Bild 8.54 Federlager für kleine Drehbewegungen
a) Kreuzfedergelenk; b) Dreibandlager

Bild 8.55 Federlager
in Form von Filmgelenken

Auch Torsionsfederlager sind möglich. In empfindlichen elektrischen Drehspulmeßgeräten wird die Drehspule zwischen zwei gespannten Federbändern aufgehängt **(Bild 8.56)**. Diese Federbänder (Spannbänder) dienen als Lagerelemente (sie halten die Drehspule in einer stabilen Lage) und gleichzeitig als Torsionsfeder zur Erzeugung des Rückstellmoments sowie zur Stromzuführung (Berechnung s. Abschn. 6) [3] [9.2] [9.5].

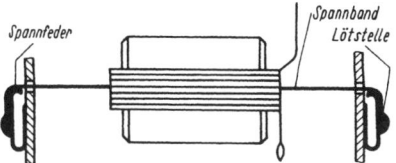

Bild 8.56
Spannbandgelagerte Drehspule
(Torsionsfederlager)

9 Geradführungen

Geradführungen sichern eine geradlinige Bewegung von Bauteilen. Sie bestehen aus dem geführten Teil und einer Führungsbahn, zwischen denen Form- oder Kraftpaarung vorhanden sein muß. Man unterscheidet zwischen Gleitführungen (gleitende Reibung zwischen den Bauteilen) und Wälzführungen, bei denen die Bewegung durch Wälzkörper (Kugeln, Walzen usw.) oder durch drehbar gelagerte Rollen vermittelt wird. Für sehr kleine Schubbewegungen kommen auch Federn als Führungselemente zum Einsatz.

9.1 Gleitführungen
[3] [9.1] [9.2]

Die Art der Beweglichkeit des geführten Teils in der Führungsbahn ist von der Oberflächenbeschaffenheit der Gleitpartner, der verwendeten Passung sowie der Führungslänge abhängig. Die Oberflächenbeschaffenheit wird gekennzeichnet durch die Rauhtiefe Rz. Diese kann bei metallischen Werkstoffen etwa zwischen 20 µm (Führungen für geringe Ansprüche) und 0,1 µm (hochgenaue Präzisionsführungen) liegen. Die Passung ist im Hinblick auf die Wirtschaftlichkeit der Fertigung sowie wegen erwünschter Leichtgängigkeit und zur Aufnahme von Schmierstoffen so grob wie möglich zu wählen (Passungsauswahl nach Abschn. 2.3.2). In untergeordneten Fällen kann die Passung durch Einsatz federnder Elemente vermieden werden (elastische Bauweise, s. Bild 9.5), wobei sich i. allg. die Reibung vergrößert, die oft aber auch eine zusätzliche Sicherung gegen selbsttätiges Verstellen ermöglicht.

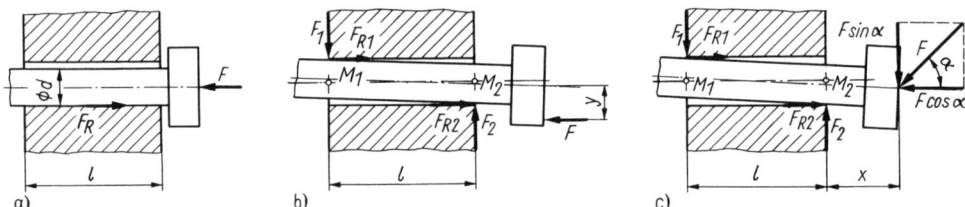

Bild 9.1 Kraftangriff bei Gleitführungen
a) mittig; b) außermittig; c) schräg

Berechnung. Die Bestimmung der Mindestführungslänge l_{min}, die ein Verkanten eines nach **Bild 9.1** geführten Teils vermeiden soll, erfolgt in Abhängigkeit von der Lage des Angriffspunkts und der Richtung der Kraft F sowie zusätzlich vom Reibwert μ. Die Führungslänge l kann bei Vernachlässigung von d aus den Momentengleichungen um die Punkte M_1 und M_2 unter Beachtung der entstehenden Reibungs- und Auflagerkräfte ermittelt werden. Dabei sind drei Fälle des Kraftangriffs zu unterscheiden:

- Fällt die Richtung der Kraft mit der Führungsachse zusammen (Bild 9.1a), so tritt bei $F > F_R$ Gleiten ein, unabhängig von der Länge l der Führung.
- Bei parallel zur Führungsachse im Abstand y angreifender Kraft tritt bei Vernachlässigung von d entsprechend Bild 9.1b nur dann kein Verkanten auf, wenn $F > F_{R1} + F_{R2}$ ist. Mit $F_1 = F_2$; $F_{R1} = F_{R2} = F_1\mu$ und $Fy = F_1 l$ ergibt sich die notwendige Führungslänge zu

$$l \geqq 2\mu y. \tag{9.1}$$

- Greift die Kraft F unter einem Winkel α im Abstand x zur Führungsachse an (Bild 9.1c), so tritt ebenfalls bei Vernachlässigung von d nur dann kein Verkanten ein, wenn $F\cos\alpha > F_R$ ist. Mit $F_R = F_{R1} + F_{R2} = [\mu F \sin\alpha(l + 2x)]/l$ ergibt sich die erforderliche Führungslänge zu

$$l \geq 2x\mu \tan\alpha/(1 - \mu \tan\alpha). \tag{9.2}$$

Konstruktive Gestaltung. Bei Gleitführungen ist es vorteilhaft, sehr lange Führungsbahnen (**Bild 9.2a**) durch zwei Teilflächen in entsprechendem Abstand zu ersetzen (b). Diese zweistellige Führung gestattet gegenüber der einstelligen (durchgehenden) Führung eine wirtschaftlichere Herstellung und garantiert eine definierte Führungslänge l auch bei Durchbiegung oder Fertigungsungenauigkeiten der Führungsteile.

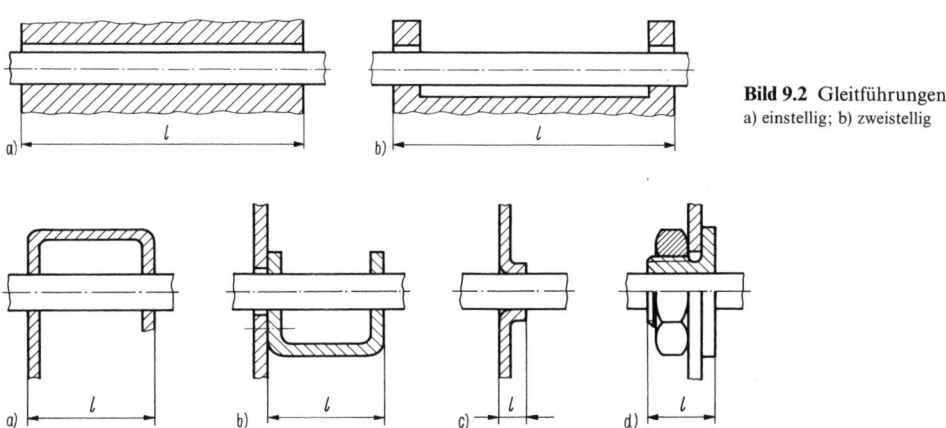

Bild 9.2 Gleitführungen
a) einstellig; b) zweistellig

Bild 9.3 Realisierung der erforderlichen Führungslänge bei Zylinderführungen
a) U-Blech; b) Zusatzblech; c) Durchzug; d) Buchse

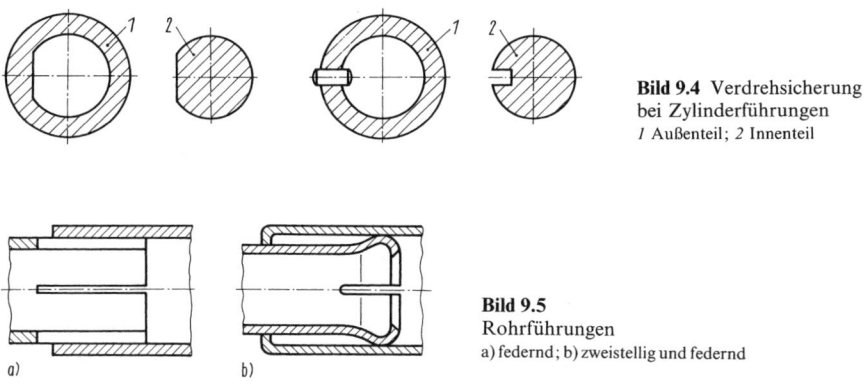

Bild 9.4 Verdrehsicherung bei Zylinderführungen
1 Außenteil; *2* Innenteil

Bild 9.5 Rohrführungen
a) federnd; b) zweistellig und federnd

Je nach Art der konstruktiven Gestaltung ist zwischen offenen und geschlossenen Führungen zu unterscheiden. Letztere erfordern keine zusätzlichen Maßnahmen zum Zusammenhalten der Teile. Häufig vorkommende Ausführungsformen sind Führungen mit zylindrischen Gleitflächen (**Bild 9.3**), die i. allg. als geschlossene Führungen ausgebildet werden. Sie sind ggf. gegen Verdrehen zu sichern (**Bild 9.4**) und können z. B. durch federnde Gestaltung der Führungselemente sehr wirtschaftlich spielfrei ausgeführt werden (**Bild 9.5**). Prismatische Führungen werden eingesetzt, wenn die Führungseigenschaften auch über längere Zeit erhalten bleiben sollen. Sie gestatten den Ausgleich des durch Verschleiß bedingten Spiels mittels

206 9 Geradführungen

federnder oder nachstellbarer Elemente. **Bild 9.6** zeigt Anwendungsbeispiele für Prismenführungen, wobei die Schwalbenschwanzführung u. a. bei höheren Genauigkeitsforderungen eingesetzt wird.

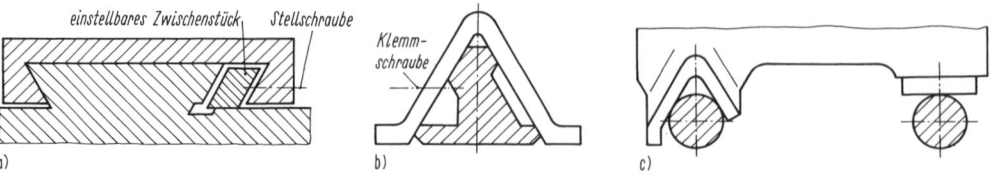

Bild 9.6 Ausführungsbeispiele für Gleitführungen
a) Schwalbenschwanzführung mit nachstellbarem Zwischenstück; b) Führung einer optischen Bank; c) offene Prismenführung größerer Breite

Bei sehr hohen Anforderungen an Reibungsarmut und Führungsgenauigkeit lassen sich auch Luftlager (aerostatische Lager) zum Aufbau von Gleitführungen verwenden [3] [8.6], deren Tragkraft und Stabilität wesentlich von Ausführungsform und Lage der Lufteinströmdüsen abhängt. Weiteren Vorteilen, wie verschleißloses Arbeiten und lange Lebensdauer, stehen eine relativ geringe Tragfähigkeit und sehr hohe Anforderungen an die Makrogestalt der gepaarten Teile gegenüber.

9.2 Wälzführungen
[3] [9.2] [9.3] [9.4]

Wälzführungen finden Anwendung, wenn höhere Anforderungen an die Leichtgängigkeit der zu bewegenden Teile gestellt werden. Sie lassen sich als Wälzkörperführungen (für geringere Belastungen, **Bild 9.7**) und als Rollenführungen (für größere Belastungen, s. Bild 9.9) ausbilden.

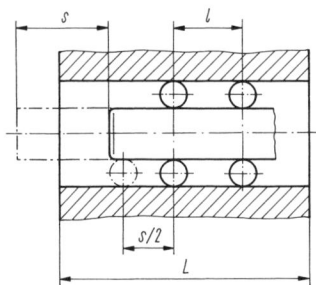

Bild 9.7 Länge des Führungskörpers L bei Wälzkörperführungen

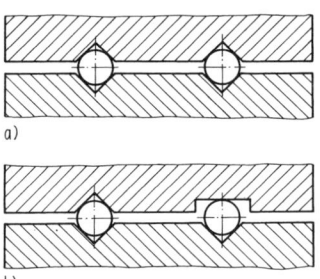

Bild 9.8 Wälzkörperführung bei großer Führungsbreite
a) Doppelführung (sehr enge Toleranzen);
b) Haupt- und Nebenführung

Berechnung. Für die erforderliche Führungslänge gelten die im Abschn. 9.1 angegebenen Beziehungen, wobei der Reibwert für Rollreibung $\mu \approx 1 \cdot 10^{-3}$ beträgt.
Konstruktive Gestaltung. Bei *Wälzkörperführungen* ist zu beachten, daß sich die Länge L des Führungskörpers durch die Mitbewegung der Wälzkörper vergrößert. Nach Bild 9.7 ergibt sich bei Verschiebung des Innenteils um den Betrag s eine Bewegung der Mittelpunkte der Wälzkörper um den Betrag $s/2$. Um zusätzlich noch Sicherheit gegen Herausfallen der Wälzkörper zu haben, sollte für die Länge des Führungskörpers die Bedingung $L_{min} \geq l + s/2$ eingehalten werden.
Ähnlich wie bei Wälzlagern werden die Wälzkörper oft in Käfigen geführt. Bei großer Führungsbreite kann eine Führung nach **Bild 9.8** erreicht werden, wobei die in (a) notwendige,

i. allg. nicht realisierbare enge Tolerierung der Parallelität der Führungsbahnen durch eine Führung nach (b) ohne Beeinträchtigung der Führungsgenauigkeit vermeidbar ist (Haupt- und Nebenführung, wobei die Nebenführung nur eine Verdrehsicherung gewährleisten muß).

Bei *Rollenführungen* (**Bild 9.9**) ist die Länge des Führungskörpers unabhängig von der Verschiebung der Teile gegeneinander, da die Rollen ortsfest gelagert sind. Gegenüber den Wälzkörperführungen tritt bei Rollenführungen am Lagerzapfen der Rollen eine zusätzliche Gleitreibung auf, wodurch letztere etwas schwerer beweglich sind. Dieser Nachteil kann durch Wälzlager anstelle der Rollen gemindert werden. Die **Bilder 9.10** und **9.11** zeigen einige prinzipielle Anordnungen von Rollenführungen.

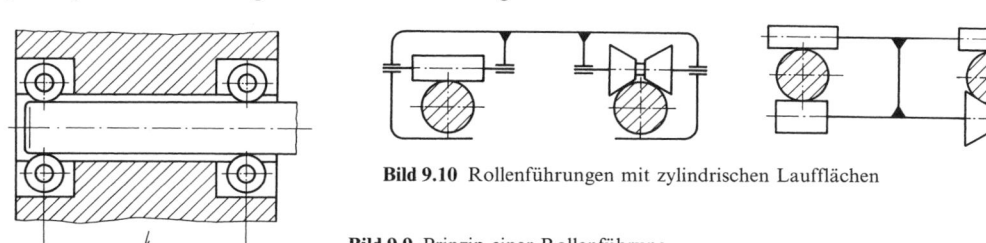

Bild 9.10 Rollenführungen mit zylindrischen Laufflächen

Bild 9.9 Prinzip einer Rollenführung

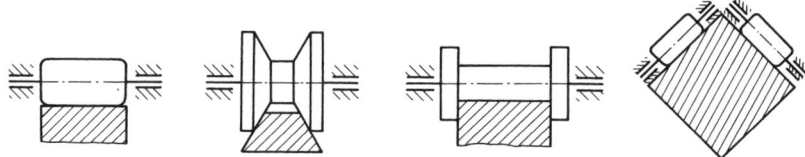

Bild 9.11 Rollenführungen mit prismatischen Laufflächen

9.3 Federführungen

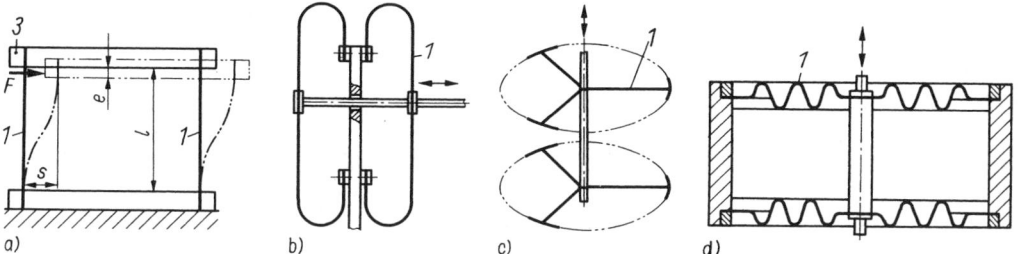

Bild 9.12 Federführungen mit
a) zwei Blattfedern; b) Bügelfedern; c) Spannbändern (für kleine Führungslängen); d) gewellten Membranfedern; *1* Federn

Für sehr kleine Führungslängen lassen sich spielfreie Führungen auf einfache Weise durch geeignete Federanordnungen erreichen [3] [9.2] [9.5]. **Bild 9.12a** zeigt eine *Federführung* nach Art eines Parallelkurbelgetriebes mit zwei beiderseitig eingespannten Blattfedern. Die für eine Verschiebung erforderliche Kraft läßt sich nach Abschn. 6.3.2 berechnen. Nachteilig ist die sich ergebende Querbewegung mit dem Betrag e:

$$e = l^5 F^2/(960 E^2 I^2) = 3s^2/(5l); \qquad (9.3)$$

E Elastizitätsmodul, I Flächenträgheitsmoment des Federquerschnitts.

Dieser Nachteil kann durch eine Anordnung nach Bild 9.12b vermieden werden. Ebenfalls ohne Querversatz bei guter Querstabilität arbeiten die Anordnungen nach den Bildern 9.12c und d.

9.4 Aufgaben und Lösungen zu den Abschnitten 8 und 9

Aufgabe 9.1 Verschleißlagerberechnung

Welcher Zapfendurchmesser ist für ein Verschleißlager mit einmaliger Schmierung erforderlich? Folgende Größen sind gegeben: Lagerbelastung $F = 15$ N, Wellenwerkstoff S275JR ($\sigma_{bzul} = 75$ N/mm², s. Tafel 3.2), Lagerwerkstoff CuSn8Pb2, Breitenverhältnis $b/d = 1$, Belastungsabstand $a = 2{,}5$ mm gem. Bild 8.9.

Aufgabe 9.2 Lebensdauerberechnung einer Wälzlagerung

Für die im **Bild 9.13** dargestellten Belastungsverhältnisse der Welle ist die Lebensdauer des Fest- und Loslagers zu berechnen. Folgende Werte sind gegeben: $F_1 = 50$ N, $F_2 = 80$ N, $\alpha = 30°$, $n = 4000$ U/min. Es sind Kugellager vom Typ 626 vorgesehen.

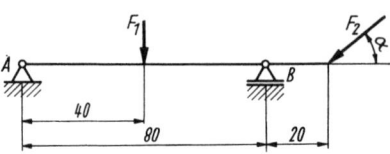

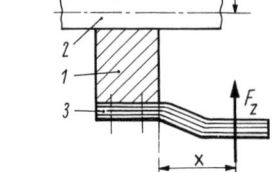

Bild 9.13 Wälzlagerung einer Welle mit Fest- und Loslager

Bild 9.14 Prinzip des Schleifkontakts eines Schiebewiderstands
1 Kontaktbrücke; *2* Säule; *3* Kontakt; *F* Richtkraft; F_z Kontaktkraft

Aufgabe 9.3 Führung des Schleifkontakts bei einem Schiebewiderstand

Für einen Schiebewiderstand wurde der skizzierte Schleifkontakt vorgesehen (**Bild 9.14**). Wie groß muß die Führungslänge l sein, wenn die Kraft $F_z = 5$ N, die Abstände $y = 15$ mm und $x = 8$ mm sind und der Schlitten mit einer Kraft $F = 2$ N in beiden Richtungen bewegt werden soll (Reibwert $\mu = 0{,}2$)?

Aufgabe 9.4 Lagerung einer vertikalen Achse

Es ist eine wartungsfreie Lagerung für die vertikale Achse des Plattentellers eines Phonolaufwerks zu konstruieren. Die Lagerung ist zweistellig mit Gleitlagern auszuführen für einen Achsendurchmesser von 6 mm. Die Lagerbuchsen sind in zwei Zwischenwänden des Chassis, die einen lichten Abstand von 50 mm haben, zu befestigen.

Aufgabe 9.5 Betriebssicherheit eines Gleitlagers

Es ist die Betriebssicherheit eines einstellbaren Gleitlagers zu überprüfen. Gegeben: Belastung $F = 5000$ N, Wellendrehzahl $n = 800$ U/min, Betriebstemperatur $\vartheta_1 = 55$ °C, Durchmesser der Lagerbohrung $D = 60{,}130$ mm, Zapfendurchmesser $d = 59{,}981$ mm, Lagerbreite $b = 60$ mm, Bohrung und Zapfen feingeschliffen, Schmierstoff Schmieröl R50.

Lösung zu Aufgabe 9.1

Der Zapfendurchmesser ist so zu dimensionieren, daß einerseits die zulässige Biegespannung des Wellenwerkstoffs und andererseits die zulässige Flächenpressung des Lagerwerkstoffs nicht überschritten wird. Bei Biegebeanspruchung gilt

$$d_{min} = \sqrt[3]{10Fa/\sigma_{bzul}} = \sqrt[3]{\frac{10 \cdot 15 \cdot \text{N} \cdot 2{,}5 \text{ mm}}{75 \text{ N/mm}^2}} = 1{,}71 \text{ mm}.$$

Bei Flächenpressung gilt

$$d_{min} = F/(bp_{zul}) \quad \text{und mit} \quad b/d = 1: \quad d_{min} = \sqrt{F/p_{zul}}.$$

Nach Tafel 8.2b ist für CuSn8Pb2 bei einmaliger Schmierung $p_{zul} = 2$ N/mm². Damit wird

$$d_{min} = \sqrt{15 \text{ N}/(2 \text{ N} \cdot \text{mm}^{-2})} = 2{,}74 \text{ mm}.$$

d muß mindestens 2,74 mm betragen, um beide Forderungen zu erfüllen. Gewählt wird $d = 3$ mm.

Lösung zu Aufgabe 9.2

Zunächst müssen die Auflagerreaktionen ermittelt werden. Das Loslager kann nur Radialkräfte aufnehmen ($B = B_y$), im Festlager tritt neben der Radialkraft A_y auch eine Axialkraft A_x auf. Sie werden mit den drei Gleichgewichtsbedingungen der Statik berechnet:

$$A_x = 69{,}3 \text{ N}, \quad A_y = 15 \text{ N} \quad \text{und} \quad B = 75 \text{ N}.$$

Die Lebensdauer wird berechnet aus $f_L = f_n C/F$.

Für $n = 4000$ U/min ist $f_{nK} = 0{,}203$. Das Kugellager vom Typ 626 hat die Tragzahlen $C = 1290$ N und $C_0 = 695$ N. Die äquivalente Lagerbelastung ist $P = XF_r + YF_a$. Beim Loslager B ist $F_a = 0$, damit ist nach Tafel 8.5 $X = 1$. Es ergibt sich daraus $P = F_r = B = 75$ N.

Der Lebensdauerfaktor beträgt danach $f_L = 0{,}203 \cdot 1290/75 = 3{,}5$, das ergibt eine rechnerische Lebensdauer von $L_h = 20000$ h. Beim Festlager A ist $F_a = A_x = 69{,}3$ N und $F_r = A_y = 15$ N. Das ergibt für $F_a/C_0 = 69{,}3/695 = 0{,}10$ und damit nach Tafel 8.5: $e = 0{,}30$.

Der Wert $F_a/F_r = 69{,}3/15 = 4{,}62 > e$ führt zu folgenden Faktoren: $X = 0{,}56$ und $Y = 1{,}45$. Die äquivalente Lagerbelastung für das Festlager ist

$$P = 0{,}56 \cdot 15 \text{ N} + 1{,}45 \cdot 69{,}3 \text{ N} = 109 \text{ N} .$$

Der Lebensdauerfaktor beträgt danach $f_L = 0{,}203 \cdot 1290/109 = 2{,}4$, was eine rechnerische Lebensdauer von $L_h \approx 7000$ h ergibt.

Lösung zu Aufgabe 9.3

Die Führungslänge l für den Schleifkontakt nach **Bild 9.15** ergibt sich aus:

$$\curvearrowleft M_2: \; -F_1 l + Fy + F_z x = 0$$

$$\curvearrowleft M_1: \; -F_2 l + Fy + F_z(x + l) = 0$$

$$F_1 = (Fy + F_z x)/l; \qquad F_2 = [Fy + F_z(x + l)]/l .$$

Die Kraft F muß größer als die Reibkraft F_R sein, also $F > F_R$:

$$F_R = \mu(F_1 + F_2) = \mu(2Fy + 2F_z x + F_z l)/l$$

und damit

$$F > \mu[2(Fy + F_z x) + F_z l]/l .$$

Dies eingesetzt, ergibt:

$$Fl - \mu F_z l > 2\mu(Fy + F_z x)$$

$$l > 2\mu(Fy + F_z x)/(F - \mu F_z)$$

$$l > 2(Fy + F_z x)/(F/\mu - F_z)$$

$$l > \frac{2(2 \text{ N} \cdot 15 \text{ mm} + 5 \text{ N} \cdot 8 \text{ mm})}{(2 \text{ N}/0{,}2) - 5 \text{ N}} = \frac{2 \cdot 70 \text{ N} \cdot \text{mm}}{5 \text{ N}}$$

$$l > 28 \text{ mm} .$$

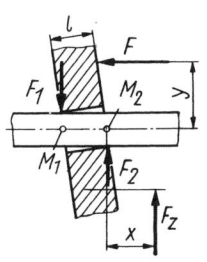

Bild 9.15
Kräfte am Schleifkontakt eines Schiebewiderstands

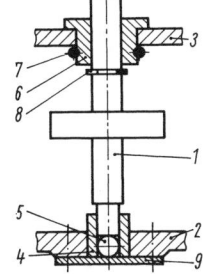

Bild 9.16
Lagerung einer Plattentellerachse

1 Tellerachse; *2, 3* Zwischenwand; *4, 6* Buchse; *5* Kugel; *7* Sprengring; *8* Sicherungsscheibe; *9* Abdeckplatte

Lösung zu Aufgabe 9.4

Da die Achse vertikal steht, ist zur Abstützung der Eigenmasse des Plattentellers ein Axiallager erforderlich. Im **Bild 9.16** wird dies durch die Kugel 5 (Wälzlagerkugel) realisiert. Die seitliche Führung (Radiallager) wird durch zwei Sinterlagerbuchsen 4, 6 erreicht, die eine lange wartungsfreie Lebensdauer garantieren. Der axialen Sicherung dienen die Sicherungsscheibe 8 und die Abdeckplatte 9.

Lösung zu Aufgabe 9.5

Fertigungsspiel: $S = D - d = (60{,}130 - 59{,}981)$ mm $= 0{,}149$ mm.
Warmspiel: $\Delta S = 60/10000$ mm $= 0{,}006$ mm; $S_w = (0{,}149 - 0{,}006)$ mm $= 0{,}143$ mm.
Relatives Lagerspiel: $\Psi = S_w/d = 0{,}143/60 = 2{,}38 \cdot 10^{-3}$.
Flächenpressung: $p = F/(bd) = 5000/(6 \cdot 6)$ N/cm^2 $= 139$ N/cm^2.
Winkelgeschwindigkeit: $\omega = 2\pi n = 2\pi \cdot 800/60$ s^{-1} $= 84$ s^{-1}.
Zähigkeit (Bild 8.20): $\eta = 0{,}036$ Pa $\cdot$ s $= 3{,}6 \cdot 10^{-6}$ N $\cdot$ s/cm^2.
Sommerfeld-Zahl nach Gl. (8.9): $So = (p\psi^2)/(\eta\omega) = (139 \cdot 2{,}38^2 \cdot 10^{-6})/(3{,}6 \cdot 10^{-6} \cdot 84) = 2{,}60$.
Relative Schmierschichtdicke (Bild 8.15a mit $b/d = 1$): $\delta = 0{,}245$.
Schmierschichtdicke: $h_0 = (\delta S_w)/2 = 0{,}245 \cdot 0{,}143/2$ mm $= 0{,}0175$ mm.

Kleinste zulässige Schmierschichtdicke nach den Gln. (8.12) und (8.13):
   Rauhtiefe der Welle: $\Delta y_{11} \approx 0{,}003$ mm (feingeschliffen),
   Rauhtiefe der Lagerschale: $\Delta y_{21} \approx 0{,}003$ mm (feingeschliffen),
   Verformung der Welle: $\Delta y_{12} = 0{,}2 \cdot 10^{-5} \cdot 1{,}39 \cdot 60 \cdot 1$ mm $\approx 0{,}0002$ mm,
   Verformung der Lagerschale: $\Delta y_{22} = 0$,

$$h_{0k} = \sum \Delta y \approx 0{,}006 \text{ mm}.$$

Größte zulässige Schmierschichtdicke:

$$h_{0g} = 0{,}35 S_w = 0{,}35 \cdot 0{,}143 \text{ mm} = 0{,}050 \text{ mm}.$$

Damit ist 0,006 mm $< h_0 = 0{,}0175$ mm $< 0{,}050$ mm, d. h., die Betriebssicherheit ist gewährleistet.

10 Kupplungen
[3] [9] [11] [10.1] bis [10.12]

Kupplungen dienen der Verbindung von Wellen zur Übertragung von Drehbewegungen und Drehmomenten.

Dauerkupplungen sind während des Betriebs nicht lösbar und stellen im einfachsten Fall eine starre Verbindung zwischen den Wellen her. Sie lassen sich in feste Kupplungen und Ausgleichskupplungen unterteilen.

Feste Kupplungen finden z. B. Anwendung zur Vereinfachung und Erleichterung der Montage von Baugruppen und erfordern ein exaktes Fluchten und einen konstanten axialen Abstand der Wellen. Diese Voraussetzungen sind jedoch selten erfüllt. Deshalb kommen bei Lageabweichungen der Wellen untereinander (axiale, radiale oder Winkelabweichung bzw. Kombinationen, **Bild 10.1**) *Ausgleichskupplungen* zum Einsatz, die durch Verwenden von elastischen Elementen häufig auch der Dämpfung von Drehschwingungen, Drehmomentstößen und Geräuschen dienen können. Kupplungen, die hauptsächlich diesen Zweck erfüllen und insbesondere im Maschinenbau angewendet werden, bezeichnet man auch als drehelastische Kupplungen.

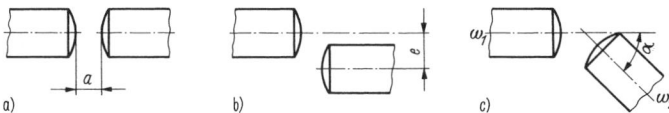

Bild 10.1 Lageabweichung von Wellen
a) axiale Abweichung; b) radiale Abweichung; c) Winkelabweichung
Es treten auch Kombinationen auf, bei sich kreuzenden Wellen z. B. aus b) und c).

Soll die Drehbewegung nur zeitweilig übertragen werden, so finden *Schaltkupplungen* Verwendung, die bei Bedienung von außen als *schaltbare Kupplungen* bezeichnet werden. Geschieht das zeitweilige Ein- und Auskuppeln in Abhängigkeit von den Betriebsparametern, z. B. Drehzahl, Drehmoment, Drehrichtung oder Drehwinkel, so spricht man von *selbstschaltenden* oder *selbsttätigen Kupplungen*.

10.1 Feste Kupplungen

Feste Kupplungen dienen der ständigen starren Verbindung von Wellen und sind während des Betriebs nicht lösbar. Hinsichtlich der Struktur unterscheidet man Hülsen- und Schalenkupplungen für kleine Drehmomente sowie Scheibenkupplungen zur Übertragung größerer Drehmomente (**Bilder 10.2** und **10.3**). Die Dimensionierung von Hülsen- oder Schalenkupplungen, die eine geringe radiale Baugröße ermöglichen, erfolgt abhängig von den gewählten Verbindungselementen (Schrauben-, Stift- oder Klemmverbindung, Bild 10.2; Berechnung s. Abschn. 4).

Bei der Scheibenkupplung, die i. allg. mit einer Zentrierung versehen ist (Bild 10.3), wird das Drehmoment meist durch Reibung übertragen, die mit Durchsteckschrauben erzeugt wird. Die dabei auf jede der z Schrauben wirkende Schraubenlängskraft F_L (Zugkraft) wird berechnet aus

$$F_L = 2M_d/(zD\mu_0), \qquad (10.1)$$

wobei μ_0 den Haftreibwert darstellt, der bei Kupplungsscheiben aus Stahl und Gußeisen etwa 0,2 bis 0,3 beträgt. Weiterhin ist zu berücksichtigen, daß sich die Schrauben nicht lockern dürfen (s. Abschn. 4.3.2). Bei Verwendung von Paßschrauben erfolgt die Berechnung ausschließlich auf Abscherung des Schraubenschafts (s. a. Bild 4.64b).

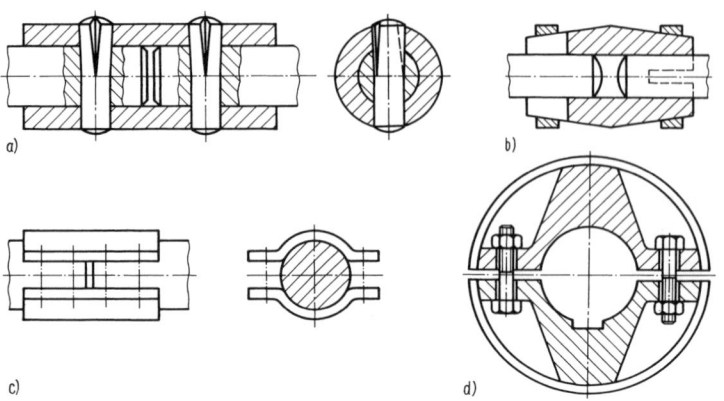

Bild 10.2 Hülsen- und Schalenkupplungen
a) Hülsenkupplung mit Querstiften, b) mit geschlitzter Klemmhülse; c) Prinzip der Schalenkupplung;
d) Schalenkupplung für größere Drehmomente
(vgl. DIN 115)

Feste Kupplungen werden in der Feinwerktechnik relativ selten verwendet, da die dazu notwendige Lagegenauigkeit der Wellen oftmals nicht funktionsnotwendig und manchmal auch nicht hinreichend genau realisierbar ist und deshalb im Interesse einer wirtschaftlichen Fertigung auch nicht angestrebt wird. Im Maschinenbau kommen feste Kupplungen (Schalen- und Scheibenkupplungen) hauptsächlich dann zum Einsatz, wenn stoßartige und wechselnde Drehmomente übertragen werden sollen oder wenn große Axialkräfte und Biegemomente auftreten.

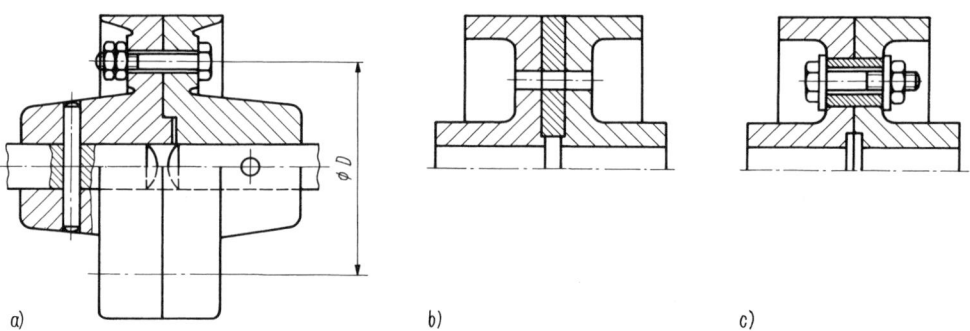

Bild 10.3 Scheibenkupplungen
a) mit Zentrierrand, b) mit Zentrierscheibe, c) mit Zentrierbuchsen
(vgl. DIN 116)

10.2 Ausgleichskupplungen

Bei Ausgleichskupplungen sind die Kupplungsteile so ausgebildet, daß die im Bild 10.1 dargestellten fertigungs- bzw. montagebedingten, ggf. auch funktionsbedingten Lageabweichungen der Wellen ausgeglichen werden.
Kupplungen mit axialem Ausgleich setzen das Fluchten der Wellen voraus; es können nur axiale Abweichungen (s. Bild 10.1) ausgeglichen werden. Die axiale Führung der Wellen ist entweder getrennt für jede Welle oder durch ein entsprechend ausgebildetes Kupplungsstück möglich. Die Kupplungen mit axialem Ausgleich lassen sich wie feste Kupplungen in Hülsen- und

Scheibenkupplungen unterteilen, wobei die Drehmomentübertragung durch Formpaarung erfolgt. Im **Bild 10.4** sind einige Ausführungsformen von Hülsenkupplungen mit axialem Ausgleich für geringe Drehmomente angegeben, die meist keiner festigkeitsmäßigen Berechnung bedürfen bzw. im Bedarfsfall nach den entsprechenden Verbindungselementen zu dimensionieren sind (s. Abschn. 4).

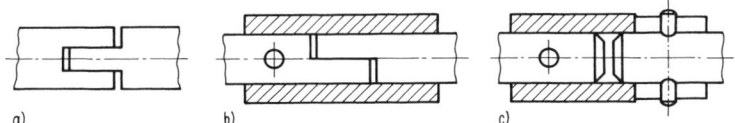

Bild 10.4 Hülsenkupplungen mit axialem Ausgleich
a) mit nur teilweise axialer Führung; b), c) mit axialer Führung durch Hülse

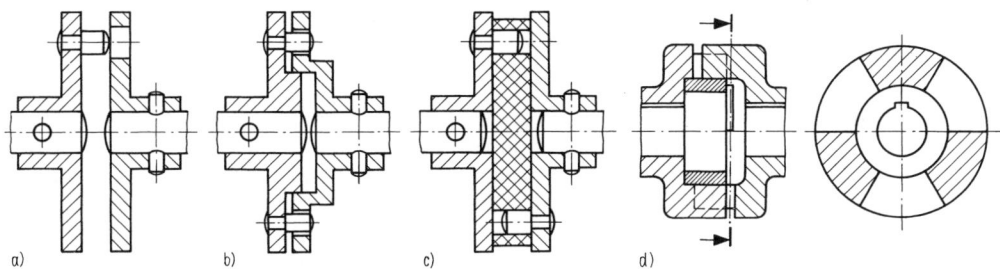

Bild 10.5 Scheibenkupplungen mit axialem Ausgleich
a) mit einem Mitnehmerbolzen; b) mit mehreren Mitnehmerbolzen und Zentrieransatz; c) mit mehreren Mitnehmerbolzen und elastischer, dämpfender Zwischenlage; d) Klauenkupplung (Kupplung in Bild a) ausgekuppelt dargestellt)

Prinzipielle Ausführungen von Scheibenkupplungen mit axialem Ausgleich zeigt **Bild 10.5**. Bei der drehstarren Bolzenkupplung mit mehreren Mitnehmern (Bild 10.5b) verteilt sich infolge fertigungsbedingter Abweichungen die zu übertragende Kraft ungleichmäßig auf die Mitnehmerbolzen und führt dadurch zu starken Beanspruchungsschwankungen in Welle und Lagern, so daß diese Kupplungsart nur in untergeordneten Fällen eingesetzt werden sollte. Aus dem gleichen Grund nimmt man bei der Berechnung einer solchen Bolzenkupplung auf Flächenpressung und Biegung der Bolzen (Abscherung kann vernachlässigt werden) an, daß nur 75 bis 80% der Mitnehmer an der Kraftübertragung beteiligt sind.

Die Klauenkupplung im Bild 10.5d ist mit kräftigen stirnseitigen Mitnehmern versehen, die in die entsprechenden Lücken der gegenüberliegenden Nabe eingreifen und die Übertragung großer Drehmomente gestatten. Aus Fertigungsgründen ist eine ungerade Anzahl von Klauen vorzusehen.

Kupplungen mit radialem Ausgleich (querbewegliche Kupplungen) sind notwendig, wenn die zu koppelnden Wellen um den Betrag e gegeneinander versetzt sind (s. Bild 10.1b) bzw. wenn die Gefahr einer Versetzung bei Betrieb besteht. Zur Übertragung kleinster Drehmomente, z. B. in der Feinwerktechnik, eignet sich oftmals bereits ein Gummi- bzw. Kunststoffschlauch **(Bild 10.6a)** oder eine Schraubenfeder (Bild 10.6b). Bei sehr geringen Wellendurchmessern und niedrigen Anforderungen an Drehwinkeltreue und Lebensdauer läßt sich eine einfache Mitnehmerkupplung durch entsprechende Formgebung der Wellenenden realisieren (Bild 10.6c). Die Mitnehmerkupplung im Bild 10.6d entsteht aus der Bolzenkupplung (Bild 10.5), wenn dafür gesorgt wird, daß der Mitnehmerbolzen radial gleiten kann. Soll spielfreies Arbeiten in beiden Drehrichtungen gewährleistet sein, müssen beide Mitnehmerflächen federnd ausgebildet werden.

Nachteile der Mitnehmerkupplung sind der starke Verschleiß durch die ständige Relativbewegung der Kupplungsteile und die Schwankung der Abtriebswinkelgeschwindigkeit ω_2 in den Grenzen

$$\omega_2 = \omega_1/(1 \pm e/r); \quad e \text{ s. Bild 10.1}. \tag{10.2}$$

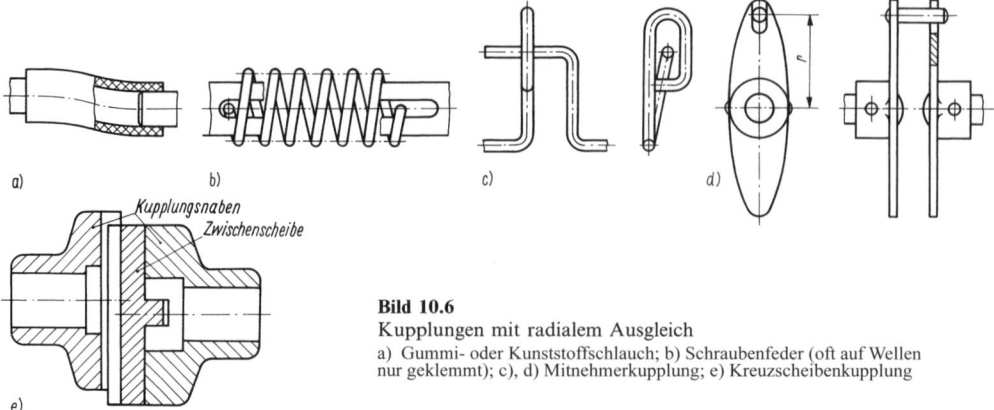

Bild 10.6
Kupplungen mit radialem Ausgleich
a) Gummi- oder Kunststoffschlauch; b) Schraubenfeder (oft auf Wellen nur geklemmt); c), d) Mitnehmerkupplung; e) Kreuzscheibenkupplung

Diese Schwankung läßt sich vermeiden, wenn zwei Mitnehmerkupplungen um 90° versetzt angeordnet werden, wie bei der Kreuzscheibenkupplung (Bild 10.6e), die sich infolge ihrer Formgebung auch zur Übertragung größerer Drehmomente eignet. Es sei noch darauf hingewiesen, daß von den hier genannten Kupplungen mit radialem Ausgleich insbesondere die Lösungen nach Bild 10.6a und b auch zum Ausgleich von Winkelabweichungen und die Lösungen nach Bild 10.6b, c, d, e zum Ausgleich geringfügiger axialer Abweichungen verwendet werden können.

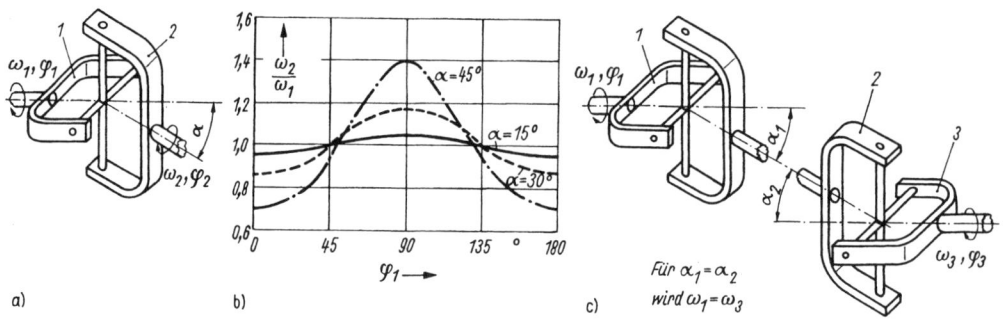

Bild 10.7 Prinzip der Gelenkkupplung (Kardan-Gelenkkupplung)
a) einfaches Gelenk; b) Verlauf der Winkelgeschwindigkeit ω beim Einfachgelenk; c) Doppelgelenk

Winkelbewegliche Kupplungen (Gelenkkupplungen) finden Anwendung zur Verbindung von Wellen, die um einen Winkel α zueinander geneigt sind (Bild 10.1c). Der Fall sich kreuzender Wellen läßt sich auf zwei durch eine Zwischenwelle miteinander verbundene und sich mit dieser schneidende Wellen zurückführen **(Bild 10.7)**. Außer den bereits genannten Kupplungen (Bild 10.6a und b) für geringe Drehmomente kommen als winkelbewegliche Kupplungen hauptsächlich unterschiedliche Gelenkkupplungen zum Einsatz. Auch bei dieser Kupplungsart schwankt die Abtriebswinkelgeschwindigkeit, was sich dann durch den Ungleichmäßigkeitsgrad U angeben läßt. Dreht sich die Welle 1 (Bild 10.7a) mit konstanter Winkelgeschwindigkeit $\omega_1 = d\varphi_1/dt$, so entsteht an der Welle 2 eine veränderliche Winkelgeschwindigkeit $\omega_2 = d\varphi_2/dt$, wobei gilt:

$$\omega_{2\,max}/\omega_1 = 1/\cos\alpha \quad \text{und} \tag{10.3}$$

$$\omega_{2\,min}/\omega_1 = \cos\alpha . \tag{10.4}$$

Man erhält damit für den Ungleichmäßigkeitsgrad U:

$$U = (\omega_{2\,max} - \omega_{2\,min})/\omega_1 = 1/\cos\alpha - \cos\alpha . \tag{10.5}$$

Im Bild 10.7b ist das Verhältnis der Winkelgeschwindigkeiten für verschiedene Winkel α dargestellt. Durch geeignetes Hintereinanderschalten zweier Gelenkkupplungen (z. B. für parallel verlaufende Antriebs- und Abtriebswellen, Bild 10.7c) kann bei symmetrischer Anordnung der Gelenke die Ungleichmäßigkeit beseitigt werden. Der gleiche Effekt läßt sich durch sog. Gleichganggelenke erreichen.

Gelenkkupplungen werden meist als Kreuzgelenk- oder als Kugelgelenkkupplungen ausgeführt. **Bild 10.8** zeigt zwei Formen von Kreuzgelenkkupplungen, die sich durch das Koppelstück unterscheiden. Kugelgelenkkupplungen entstehen meist durch gelenkige Verbindung zwischen kugelförmigem Innenteil und zylindrischem Außenteil **(Bild 10.9)** durch entsprechende Mitnehmer und eignen sich nur für kleine Drehmomente.

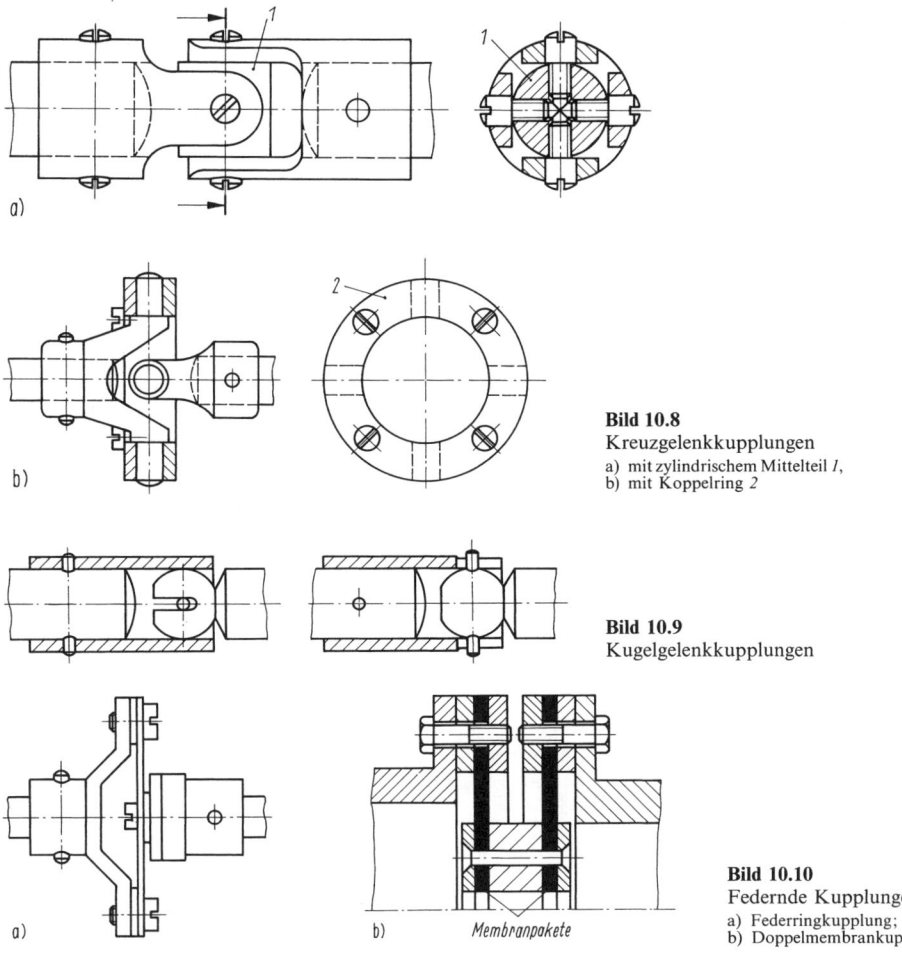

Bild 10.8
Kreuzgelenkkupplungen
a) mit zylindrischem Mittelteil *1*,
b) mit Koppelring *2*

Bild 10.9
Kugelgelenkkupplungen

Bild 10.10
Federnde Kupplungen
a) Federringkupplung;
b) Doppelmembrankupplung

Bei geringen Winkelabweichungen und zum Ausgleich sehr kleiner axialer Abweichungen lassen sich die elastischen Eigenschaften eines Federrings **(Bild 10.10a)** oder einer Membran ausnutzen. Bei Anwendung einer Doppelmembran (b) können auch geringe radiale Abweichungen ausgeglichen werden. Die genannten Kupplungen verhalten sich in Drehrichtung nahezu starr und werden vorteilhaft dann eingesetzt, wenn eine drehwinkeltreue Bewegungsübertragung erforderlich ist.

Zahnkupplungen **(Bild 10.11)** können winklige (bis zu 5°), radiale und auch axiale Abweichungen ausgleichen. Zur Erhöhung der Winkelbeweglichkeit werden die Zähne des

Innenteils meist ballig ausgeführt. Da die Übertragung des Drehmoments über eine Vielzahl von Zähnen erfolgt, ergeben sich relativ kleine Kupplungen, die sich zur Übertragung großer Drehmomente (bis etwa 630 kN · m) auch bei hohen Drehzahlen eignen. Wegen der Relativbewegung der Zahnflanken gegeneinander ist eine ausreichende Schmierung mit Fett (kleine Drehzahlen) oder Öl (große Drehzahlen) erforderlich.

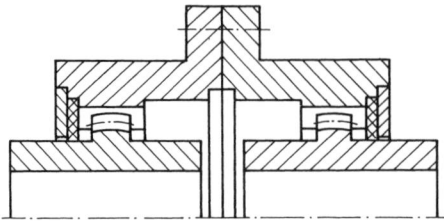

Bild 10.11
Zahnkupplung

Drehelastische Kupplungen sind durch eingebaute elastische Elemente nachgiebig gegenüber dem Drehmoment, so daß sie Stöße und Schwingungen mindern können. Darüber hinaus eignen sie sich in bestimmten Grenzen zum Ausgleich von Lageabweichungen der zu verbindenden Wellen.

Die Übertragung zeichnet sich durch das federnde und dämpfende Verhalten der elastischen Glieder aus, wobei die Dämpfung (infolge innerer Reibung) hauptsächlich eine Eigenschaft nichtmetallischer Werkstoffe wie Gummi, Leder oder Kunststoff ist. Aufgrund des Übertragungsverhaltens können drehelastische Kupplungen einerseits Ungleichmäßigkeiten im Drehmoment durch Energiespeicherung (Federung) und Energieumwandlung (Dämpfung) ausgleichen sowie andererseits die kritischen Drehzahlen des schwingungsfähigen Gesamtsystems (s. Abschn. 7.3.3) so verlagern, daß sie außerhalb des Betriebsdrehzahlbereichs liegen. Das Feder- und Dämpfungsverhalten muß dabei den jeweiligen Betriebsverhältnissen entsprechen. Treten in einer Maschine Drehmomentstöße selten auf und sollen diese von einer anderen Maschine ferngehalten werden, so ist eine Kupplung mit großem Feder- und Dämpfungsvermögen zweckmäßig. Treten dagegen die Drehmomentstöße kurz hintereinander auf, so kann eine Kupplung mit großer Dämpfung zu einer unzulässig hohen Erwärmung führen. Zur Vermeidung hoher Schwingungsbeanspruchungen eignen sich Kupplungen mit gekrümmter Federkennlinie (s. Abschn. 6), da allein schon durch die veränderliche Drehsteifigkeit die Gefahr eines Aufschaukelns der Schwingungsamplituden erheblich gemindert wird.

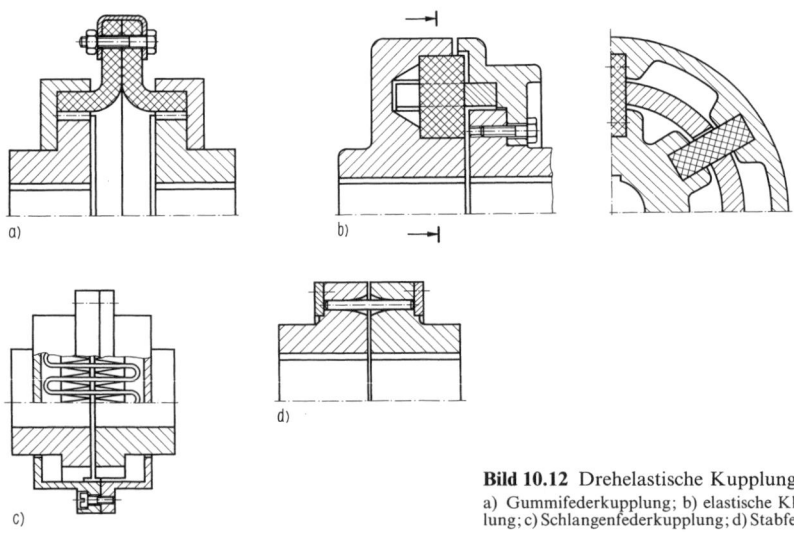

Bild 10.12 Drehelastische Kupplungen
a) Gummifederkupplung; b) elastische Klauenkupplung; c) Schlangenfederkupplung; d) Stabfederkupplung

Als drehelastische Kupplungen für sehr kleine Drehmomente lassen sich die Ausführungsformen in den Bildern 10.6a, b verwenden. Größere Drehmomente können mit der Bolzenkupplung (Bild 10.5c) oder mit den im **Bild 10.12** dargestellten drehelastischen Kupplungen übertragen werden.

Gummifederkupplungen (DIN 740) haben zwei mittels geeigneter Verzahnung an den Naben formschlüssig befestigte Gummireifen, die durch Schrauben spielfrei miteinander verbunden sind (Bild 10.12a). Sie eignen sich besonders gut zur Stoß- und Schwingungsminderung und sind auch zum Ausgleich von Wellenverlagerungen einsetzbar, wobei die zulässigen Verlagerungen wegen der Erwärmung infolge Walkarbeit drehzahlabhängig sind. Die Kupplungen werden für Drehmomente von 0,01 bis 1,12 kN · m hergestellt.

Elastische Klauenkupplungen eignen sich für Drehmomente bis zu 100 kN · m (Bild 10.12b). Bei ihnen wird das elastische Verhalten durch prismatische Gummi- oder Lederpuffer erreicht. Zwischen die Lücken der Puffer greifen die Klauen des zweiten Kupplungsteils ein. Die Kupplungen haben eine progressiv gekrümmte Federkennlinie und wirken gleichzeitig dämpfend. Die Einsatzbedingungen sind in DIN 740 angegeben.

Schlangenfederkupplungen (Bild 10.12c) haben als elastisches Element eine schlangenförmig gewundene Stahlfeder, die in axial verlaufende, keilförmige Nuten der Kupplungshälften eingelegt wird, so daß die gleiche Wirkung wie bei Stabfederkupplungen entsteht. Die übertragbaren Drehmomente reichen von 0,02 bis 5000 kN · m. Kleine Fluchtungsabweichungen der zu verbindenden Wellen werden ausgeglichen.

Bei *Stabfederkupplungen* (Bild 10.12d) liegen zylindrische Biegestäbe als elastische Elemente in trichterförmigen Bohrungen der Kupplungshälften. Beim Verbiegen legen sich die Stäbe an die Trichterwand, die wirksame Federlänge verkürzt sich. Die Federkennlinie ist progressiv gekrümmt. Die Kupplungen werden für Drehmomente bis zu 3500 kN · m hergestellt und erfordern eine exaktes Fluchten der zu verbindenden Wellen.

Für die Auswahl von drehelastischen Kupplungen in Antriebsanlagen größerer Leistung (Schiffsgetriebe, Walzwerk-, Förder-, Verdichteranlagen) sind maschinendynamische Gesichtspunkte maßgebend. Zur Bestimmung des an der Kupplung wirkenden Drehmoments müssen sämtliche Massenträgheitsmomente und Federsteifen auf der An- und Abtriebsseite bekannt sein. Im einfachsten Fall kann das Schwingungssystem der Antriebsanlage auf ein Zweimassensystem zurückgeführt werden [3.4] [3.9].

10.3 Schaltkupplungen

10.3.1 Schaltbare Kupplungen

Schaltbare Kupplungen sind dann erforderlich, wenn aus funktionellen Gründen die Übertragung einer Bewegungsgröße unterbrochen werden muß. Die Wellen werden i. allg. durch Form- oder Kraftpaarung verbunden, die Betätigung der Kupplung, d. h. das Verschieben eines Kupplungsteils bzw. das Erzeugen der erforderlichen Andruckkraft erfolgt von außen. Für kleinere Drehmomente wird meist eine mechanische oder elektromagnetische Betätigung gewählt. Kupplungen für größere Drehmomente schaltet man i. allg. pneumatisch oder hydraulisch, wobei die Bedienungsart sowohl von konstruktiven Randbedingungen (Drucköl oder Druckluft) als auch von den Einsatzbedingungen abhängt (Schaltzeit, Schaltgenauigkeit, Wärmeabfuhr, Fernbedienung usw.).

Schaltbare Kupplungen mit Formpaarung zeigen den im **Bild 10.13a** dargestellten Verlauf von Drehmoment M_d sowie Antriebs- und Abtriebsdrehzahl $n_{1,2}$ beim Einkuppeln. Da ein Drehmomentstoß (ruckartige Beschleunigung) zur Beschädigung der Kupplungs- oder Antriebselemente führen kann, sollten die Kupplungen nur bei Stillstand oder im Gleichlauf geschaltet werden (synchrone Schaltung). Um Gleichlauf zu erzielen, werden manchmal besondere Synchronisiereinrichtungen benutzt (s. Bild 10.14c). Der konstruktive Aufbau von

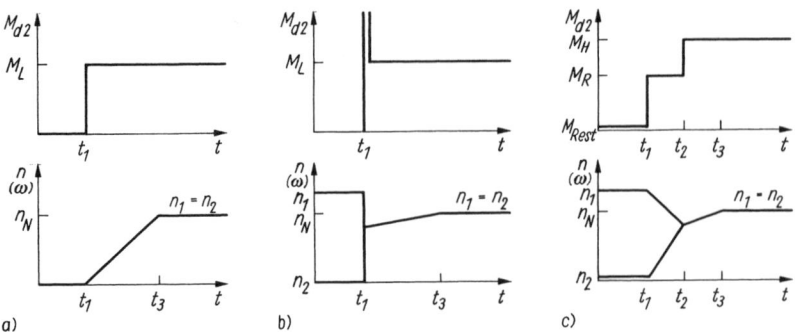

Bild 10.13 Drehmomenten- und Drehzahlverlauf bei Schaltkupplungen (hier für nicht geregelte Antriebe)
a) Formpaarung und synchrones Schalten; b) Formpaarung und asynchrones Schalten; c) Kraftpaarung
t_1 Schaltzeitpunkt (bei a) und b)) bzw. Beginn des Schaltvorganges (bei c)); t_3 Ende des Schaltvorganges; n_1, n_2 Antriebs- bzw. Abtriebsdrehzahl; n_N Nenndrehzahl; M_{d2} Drehmoment am Abtrieb; M_H Haftreib-, M_L Last-, M_R Rutschmoment; M_{Rest} Restmoment

Kupplungen mit Formpaarung ist im wesentlichen den Dauerkupplungen analog, wobei jedoch zum Lösen der Formpaarung eine Kupplungshälfte verschiebbar ausgebildet sein muß (**Bild 10.14**). Die Berechnung erfolgt ebenfalls analog.

Bei schaltbaren Kupplungen mit Kraftpaarung [3] wird das abtriebsseitige Kupplungselement innerhalb der Schaltzeit $t_s = t_3 - t_1$ auf die Drehzahl n_N beschleunigt. Dadurch verringert sich die stoßartige Beanspruchung (Bild 10.13b). Deshalb sind diese Kupplungen auch bei unterschiedlichen Drehzahlen schaltbar (asynchrone Schaltung). Nach dem Schalten überträgt die Kupplung zunächst nur ein Rutschmoment M_R. Durch die zusätzliche Last sinkt n_1 ab, n_2 dagegen steigt. Nach Erreichen des Gleichlaufs bei t_2 kann durch Haftreibung ein größeres Moment M_H (zur weiteren Beschleunigung sowie zur Kompensation des Lastmoments) übertragen werden.

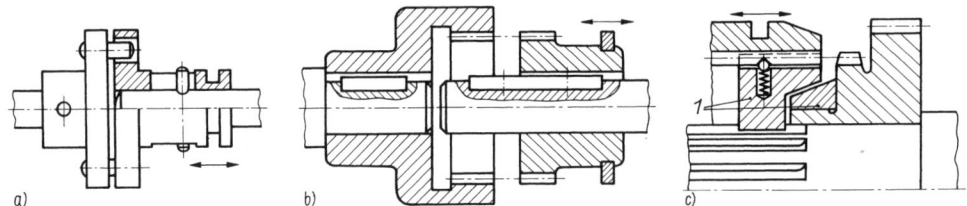

Bild 10.14 Schaltbare Kupplungen mit Formpaarung
a) schaltbare Bolzenkupplung; b), c) schaltbare Zahnkupplung; in c) mit Reibkegel *1* zur Synchronisation

Durch unzureichendes Spiel zwischen den gelösten Scheiben kann es durch Schmierstoff oder infolge Deformation zur Übertragung eines Restmoments M_{Rest} kommen, das zu Reibungswärme führt. Dies ist insbesondere bei Lamellenkupplungen zu beachten, da die Lamellen oft nicht exakt voneinander getrennt werden.

Die Kraftpaarung erfolgt hauptsächlich durch Festkörperreibung. Reibflächen sind Kreisringflächen, Kegel- oder Zylindermantelflächen. Die einfachste Reibungskupplung ist die Einscheibenkupplung (**Bild 10.15a**). Sie erfordert nur kurze Schaltwege und hat daher, besonders als Trockenkupplung ausgeführt, sehr kurze und genaue Schaltzeiten. Die Reibungswärme wird gut abgeführt. Nachteilig ist der gegenüber anderen Kupplungen größere Durchmesser und das dadurch bedingte größere Massenträgheitsmoment.

Einscheibenkupplungen werden als mechanisch, hydraulisch oder pneumatisch betätigte Kupplungen hauptsächlich im Maschinen- und Fahrzeugbau eingesetzt. Als elektromagnetisch betätigte Kupplung (Magnetkupplung mit meist feststehender, Bild 10.15b, manchmal auch umlaufender Spule, c)) finden sie vielfältige Anwendung in der Feinwerktechnik [3] [10.6].

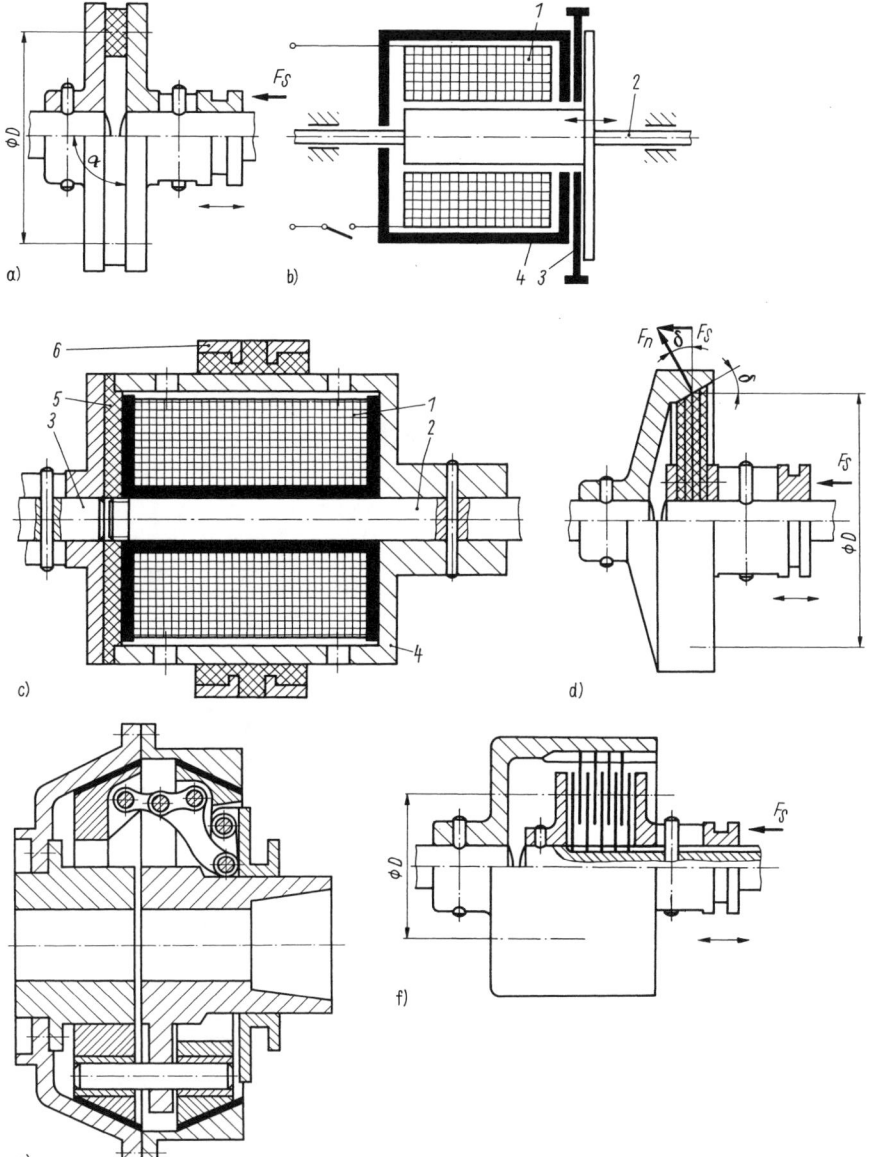

Bild 10.15 Schaltbare Kupplungen mit Kraftpaarung
a) Einscheibenkupplung; b) Magnetkupplung mit feststehender Spule (Prinzip); c) Magnetkupplung mit umlaufender Spule; d) Kegelkupplung; e) Doppelkegelkupplung; f) Lamellenkupplung (Prinzip)
1 Spule; *2* Antrieb; *3* Abtrieb; *4* Spulengehäuse; *5* Reibbelag; *6* Schleifringe;
F_n Normalkraft; F_S Schalt-, Betätigungskraft

Mit Kegelkupplungen (Bild 10.15d) können bei gleicher Andruckkraft F_S wegen der keglig ausgebildeten Reibflächen größere Drehmomente übertragen werden als mit Scheibenkupplungen. Vorteilhaft sind weiterhin die relativ kleine Pressung an den Reibflächen, die gute Wärmeabfuhr und die selbsttätige Zentrierung. Häufig wird der Reibkegel als Doppelkegel ausgebildet (Bild 10.15e), wodurch große Drehmomente (bis etwa 1000 kN · m) übertragbar sind.

Bei Lamellenkupplungen wird das übertragbare Drehmoment gegenüber der Einscheibenkupplung durch Vervielfachung der Reibstellen erhöht. Dazu dienen Reibscheiben (Lamellen), die

Tafel 10.1 Kenngrößen von Reibpaarungen
Mittelwerte bei Gleitgeschwindigkeiten von 0,5 … 10 m/s

Werkstoffpaarung	Gleitreibwert $\mu^{1)}$			Zulässige mittlere Flächenpressung $p_{m\,zul}$ in N/mm²	Zulässige Temperatur in °C	
	trocken	gefettet	geölt		kurzzeitig	dauernd
Stahl (gehärtet)/Stahl (gehärtet)	0,15 … 0,20	0,10 … 0,15	0,04 … 0,10	0,05 … 3,0		180
Stahl/Gußeisen	0,10 … 0,16		0,04 … 0,07	1,0 … 2,0		180
Gußeisen/Gußeisen	0,15 … 0,25	0,05 … 0,10	0,02 … 0,10	1,0 … 2,0		180
Bronze/Gußeisen, Bronze	0,15 … 0,20	0,15	0,04 … 0,10	1,0 … 2,0		130
Baumwollgewebe mit Kunstharz/Stahl, Gußeisen, Stahlguß	0,40 … 0,65	0,15 … 0,35	0,10 … 0,20	0,5 … 1,2	150	100
Gewebe mit Kunstharz/Stahl, Gußeisen, Stahlguß	0,30 … 0,50	0,15 … 0,35	0,15 … 0,20	(0,05 … 0,3 trocken) 0,5 … 2,0	300	200
Gewebe mit Kunstharz (hydraulisch gepreßt)/Stahl, Gußeisen, Stahlguß	0,20 … 0,40	0,15 … 0,35	0,10 … 0,15	(0,05 … 0,3 trocken) 0,5 … 8,0	500	250
Metallwolle mit Kautschuk (gepreßt)/Stahl, Gußeisen, Stahlguß	0,45 … 0,65	0,15 … 0,35		(0,05 … 0,3 trocken) 0,5 … 8,0	300	250
Leder/Stahl		0,25	0,15			
Filz (ölgetränkt)/Stahl, Gußeisen, Stahlguß	0,30 … 0,60		0,15 … 0,35	(0,05 … 0,3 trocken)		100

$^{1)}$ Haftreibwerte (trocken): $\mu_0 \approx (1{,}25 \ldots 2{,}0)\,\mu$

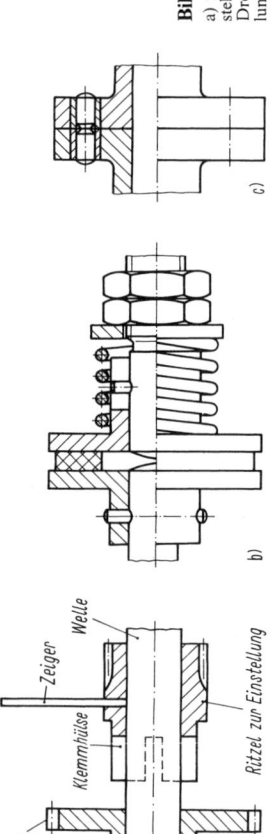

Bild 10.16 Drehmomentabhängige Kupplungen
a) mit festem Nenndrehmoment durch geschlitzte Klemmhülse (zur Einstellung eines Zeigers); b) Einscheibenkupplung mit einstellbarem Drehmoment durch Änderung der Federvorspannung; c) Brechbolzenkupplung

wechselweise in den Außenmitnehmer (Gehäuse) und den Innenmitnehmer (Nabe) eingreifen (Bild 10.15f).

Auf Grund raumsparender Bauweise und Wartungsfreiheit werden Lamellenkupplungen bevorzugt innerhalb von Maschinen und Getrieben eingesetzt. Neben mechanischer Betätigung (Bild 10.15f) sind alle anderen Arten möglich, wobei die elektromagnetisch geschaltete Lamellenkupplung wegen des relativ geringen Aufwands, der einfachen Fernbedienung und der kurzen Schaltzeit die größte Bedeutung hat.

Die *Berechnung* des übertragbaren Drehmoments von Schaltkupplungen mit Kraftpaarung kann nach

$$M_d = D\mu i F_S/(2 \sin \delta) \tag{10.6}$$

erfolgen (D, F_s δ s. Bild 10.15). Der Reibwert für übliche Werkstoffpaarungen ist in **Tafel 10.1** angegeben oder Tabellen zu entnehmen [3] [9]. Die Anzahl i der Reibstellen ist bei der Einscheiben- und der Kegelkupplung gleich Eins, bei Lamellenkupplungen entsprechend größer und beträgt $i = 8$ im Beispiel nach Bild 10.15f. Der halbe Kegelwinkel δ hat bei Einscheiben- und Lamellenkupplungen den Wert $\delta = 90°$, d. h., $\sin \delta = 1$.

Bei der Dimensionierung darf die (ebenfalls in Tafel 10.1 oder anderen Tabellen angegebene) zulässige Flächenpressung der Reibwerkstoffe nicht überschritten werden.

10.3.2 Selbstschaltende Kupplungen

Selbstschaltende Kupplungen sind Schaltkupplungen, bei denen der Schaltvorgang durch Änderung der Betriebsverhältnisse ausgelöst wird, und zwar hauptsächlich in Abhängigkeit von Drehmoment, Drehzahl, Drehrichtung oder Drehwinkel.

Drehmomentabhängige Kupplungen werden beispielsweise zur Sicherung der Abtriebs- oder Antriebsseite eines Geräts oder einer Maschine eingesetzt. Eine solche Kupplung ist für ein maximales Drehmoment ausgelegt, bei dessen Überschreitung die Verbindung gelöst wird.

Die Kupplungen sind meist als Reibungskupplung (Rutschkupplung, **Bild 10.16a, b**) mit fest vorgegebenem oder einstellbarem Nenndrehmoment ausgeführt, wobei die gleichen Berechnungsvorschriften wie für schaltbare Kupplungen zugrunde liegen.

Zur groben Momentenbegrenzung an leicht zugänglichen Stellen ist auch die Brechbolzenkupplung geeignet (Bild 10.16c). Um definierte Bruchstellen zu erreichen, sind die in einer geteilten Buchse angeordneten Zylinderstifte mit einer umlaufenden Spitzkerbe versehen.

Drehzahlabhängige Kupplungen dienen der Herstellung bzw. der Trennung einer Wellenverbindung bei wachsender oder fallender Drehzahl durch Ausnutzen der Fliehkraftänderung. Sie sind beispielsweise dann notwendig, wenn ein Elektromotor ein geringes Anlaufmoment hat und deshalb erst nach Erreichen einer bestimmten Nenndrehzahl mit dem Abtrieb verbunden werden darf.

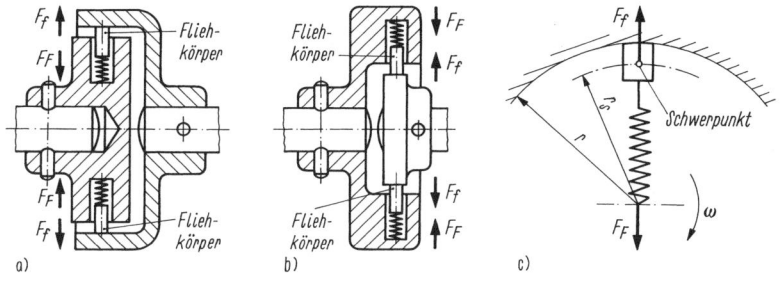

Bild 10.17 Drehzahlabhängige Kupplungen (Fliehkraftkupplungen)
a) Einschaltkupplung; b) Ausschaltkupplung; c) Kräfteverhältnisse
F_f Flieh-, Zentrifugalkraft; F_F Federkraft

Je nachdem, ob die kuppelnde Wirkung unterhalb oder oberhalb einer Nenndrehzahl n_0 einsetzen muß, sind zu unterscheiden: Einschaltkupplungen mit $n_{eff} > n_0$ und Ausschaltkupplungen mit $n_{eff} < n_0$. Die konstruktive Gestaltung erfolgt prinzipiell mit zwei oder mehreren auf dem Umfang verteilten und meist radial beweglichen Fliehkörpern (Masse m). Zusammen mit rückstellenden Federn werden die Kupplungshälften über Reibkräfte bei Erreichen der Nenndrehzahl verbunden (Einschaltkupplungen, **Bild 10.17a**) bzw. unterbrochen (Ausschaltkupplungen, Bild 10.17b). Aus den Kräfteverhältnissen am Beispiel einer Einschaltkupplung (Bild 10.17c) läßt sich das Reibmoment M_R ermitteln:

$$M_R = \mu F_{eff} ri = \mu (F_f - F_F) ri \geqq M_d .\qquad(10.7)$$

Durch Festlegung konstruktiver Bedingungen (z. B. Kupplungsradien r und r_S, Zahl i der Fliehkörper bzw. Kupplungsbacken, Reibwert μ, Federkraft F_F) ist unter Berücksichtigung von $F_f - F_F$ mit der Fliehkraft $F_f = m r_S \omega^2$ eine Dimensionierung der Kupplung möglich.
Die Masse m eines Fliehkörpers ergibt sich zu

$$m = [1/(r_S \omega^2)] [F_F + M_d/(\mu r i)] .\qquad(10.8)$$

Drehrichtungsabhängige Kupplungen (Freilaufkupplungen) gestatten die Übertragung eines Drehmoments nur in einer Drehrichtung und ermöglichen dadurch z. B. das Vorlaufen des angetriebenen Teils in Antriebsrichtung. Die konstruktive Gestaltung erfolgt meist mit Zahnrichtgesperren (Formpaarung, **Bild 10.18a**) oder Reibrichtgesperren (Kraftpaarung, Bild 10.18b), wobei bei ersteren ein Rastgeräusch in Freilaufrichtung auftritt. Besonders einfach aufgebaut und deshalb häufig angewendet wird die Schlingfederkupplung (Bild 10.18c). Welle und Nabe werden dabei durch eine nur an der Nabe befestigte und auf die Welle geschobene Feder verbunden, die einen kleineren Innendurchmesser hat als die Welle. In der einen Drehrichtung wird die Welle dadurch mitgenommen, daß sich die Feder zusammenzieht und auf der Welle verklemmt, während sie sich in der anderen Drehrichtung löst. Das übertragbare Drehmoment ist abhängig von der Gesamtdimensionierung, besonders aber von der Anzahl der Federwindungen. Ist Leichtgängigkeit im Freilauf gefordert, wählt man die Differenz zwischen Federinnen- und Wellenaußendurchmesser klein.

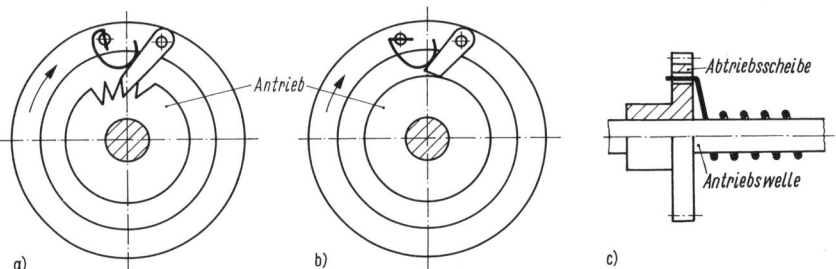

Bild 10.18 Drehrichtungsabhängige Kupplungen
a) Zahnrichtgesperre; b) Reibrichtgesperre; c) Schlingfederkupplung

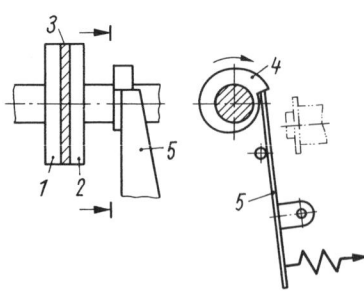

Bild 10.19 Drehwinkelabhängige Kupplung
Eintourenkupplung mit Magnetauslösung als Rutschkupplung mit Anschlag
1 Antrieb; *2* Abtrieb; *3* Reibfläche; *4* Anschlagstück; *5* Anschlag

Drehwinkelabhängige Kupplungen lösen die Verbindung nach Durchlaufen eines bestimmten Drehwinkels und werden vorzugsweise für einen Winkel von 360° ausgelegt (Eintourenkupplung). Sie werden bei kleinen Drehmomenten als Rutschkupplung **(Bild 10.19)** gestaltet, bei größeren Drehmomenten als schaltbare Kupplung, die eine Reibungs- oder Zahnkupplung sein kann.

Hingewiesen sei noch darauf, daß bei Schaltkupplungen mit Kraftpaarung neben der Festkörperreibung auch noch die kinetische Energie einer strömenden Flüssigkeit (hydrodynamische oder Strömungskupplung, selbstschaltend) oder Magnetkräfte (Induktionskupplung, schaltbar bzw. selbstschaltend) zur Drehmomentübertragung ausgenutzt werden können [3] [9].

10.4 Aufgaben und Lösungen zu Abschnitt 10

Aufgabe 10.1 Kegelreibungskupplung

Bei einem Motor mit Kurzschlußläufer soll das belastende Drehmoment zur Verminderung des Einschaltstromstoßes erst eingeschaltet werden, wenn der Motor bereits läuft.

Das Einschalten soll von Hand über eine Kegelreibungskupplung erfolgen **(Bild 10.20)**. Die Kupplung ist zu berechnen und zu konstruieren.

Gegebene Größen: $M_d = 50$ N · mm, Wellendurchmesser $d = 10$ mm; Reibpaarung: Gewebe mit Kunstharz gegen St (trocken).

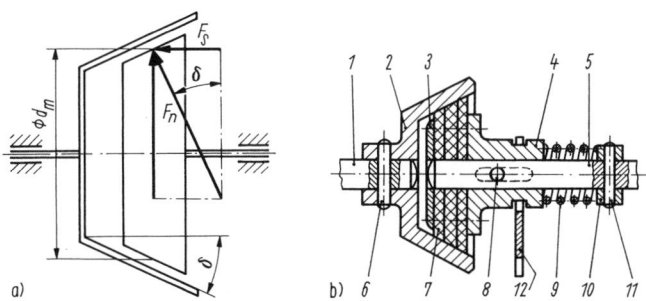

Bild 10.20 Kegelreibungskupplung
a) Kräfte; b) konstruktiver Entwurf [3]
1, 5 Welle; *2* Kupplungskegel; *3* Scheibe; *4* Buchse; *6, 8, 11* Stift; *7* Reibscheiben; *9* Feder; *10* Ring; *12* Schaltgabel

Aufgabe 10.2 Spielfreie Kupplung mit radialem Ausgleich

Zwei Wellen mit dem Durchmesser $d = 6$ mm sind spielfrei miteinander zu kuppeln. Das zu übertragende Drehmoment ist klein. Es ist zu beachten, daß geringe radiale Abweichungen auftreten können. Gesucht sind mehrere Varianten.

Aufgabe 10.3 Einfache Steckkupplung

Die Welle eines Zusatzgeräts für eine kleine Maschine ist mit der Antriebswelle der Maschine starr zu verbinden. Das Zusatzgerät soll leicht und schnell an- und abmontierbar sein. Daher muß die zu entwerfende Kupplung leicht lösbar und möglichst einfach sein. Eine axiale Sicherung ist nicht erforderlich.

Lösung zu Aufgabe 10.1

Lösungsschritte sind: 1. Wahl der Werkstoffpaarung, 2. Berechnung der Schaltkraft F_S, 3. Wahl des Kegelwinkels, 4. Bestimmung der Breite der Reibfläche und 5. konstruktiver Entwurf.

1. Wahl der Werkstoffpaarung. Nach Tafel 10.1 gilt für die gegebene Reibpaarung: $\mu = 0{,}4$; $p_{m zul} \approx 0{,}1$ N/mm². Wegen der geringen Flächenpressung tritt kaum Verschleiß auf. Deshalb braucht beim konstruktiven Entwurf keine Nachstellmöglichkeit für den Reibkegel vorgesehen zu werden.

2. Berechnung der Schaltkraft F_S: Mit den Beziehungen nach Bild 10.20a gilt

$$\sin \delta = F_S/F_n \quad \text{bzw.} \quad F_n = F_S/\sin \delta \quad \text{und} \quad F_R = \mu F_n.$$

Für das übertragbare Drehmoment gilt

$$M_d = F_R r_m = \mu F_S r_m / \sin \delta \quad \text{bzw.} \quad F_S = M_d \sin \delta / (\mu r_m).$$

3. Wahl des Kegelwinkels: Für die Festlegung der Anpreßkraft ist die Kenntnis von δ (Kegelwinkel) und r_m (mittlerer Radius des Reibkonus) notwendig. Damit sich die Kupplung leicht lösen läßt, muß der

10 Kupplungen

Kegelwinkel δ größer als der Reibwinkel $\varrho = \arctan \mu$ sein. In diesem Fall gilt:
$$\tan \varrho = 0{,}4\,; \qquad \varrho = 21{,}8°\,; \qquad \delta_{\text{gewählt}} = 30°\,.$$
Für den mittleren Radius wird ein Wert von $r_m > d/2$ vorgesehen. Gewählt: $r_m = 10$ mm.

4. Bestimmung der Breite der Reibfläche:
Mittlere Flächenpressung
$$p_m = F_n/A = M_d/(r_m A \mu) \leqq p_{m\,\text{zul}}$$
Reibfläche
$$A = \pi d_m b \geqq M_d/(r_m p_{m\,\text{zul}} \mu) \geqq \frac{50\ \text{N} \cdot \text{mm}}{10\ \text{mm} \cdot 0{,}1\ \text{N} \cdot \text{mm}^{-2} \cdot 0{,}4} = 125\ \text{mm}^2$$
Breite der Reibfläche
$$b = \frac{A}{\pi d_m} = \frac{125\ \text{mm}^2}{\pi \cdot 20\ \text{mm}} = 1{,}99\ \text{mm}\,;$$
gewählt: $b = 2$ mm.

5. Konstruktiver Entwurf: s. Bild 10.20b.

Lösung zu Aufgabe 10.2

Grundsätzlich wird man das Kuppeln zweier Wellen mit radialen Abweichungen bei relativ kleinem Drehmoment mittels elastischer Zwischenglieder vornehmen. **Bild 10.21** zeigt mehrere Lösungen. Bei a) wurden die Wellen *1* und *2* mittels einer Hülse *3* aus Gummi verbunden, die auf die gerändelten Wellenenden aufgeschoben ist. Bei b) wurde als elastisches Zwischenglied eine Schraubenfeder *4*, deren Enden in Nuten der Wellen liegen, verwendet. c) zeigt als Verbindungsglied einen runden Stab *5* aus Federstahl, der auf beiden Seiten in den Bohrungen der Wellen eingelötet ist. Die Verbindung von Wellen durch eine Gummibuchse *3* zeigt Bild 10.21d. Die Befestigung zwischen den Wellen und der Buchse *3* erfolgt durch Schellen *6*. Als Zwischenglied bei der Lösung nach e) wurden das Gummiteil *9* zwischen zwei Kupplungsscheiben *8* vulkanisiert und die Wellen jeweils mit den Kupplungsscheiben verstiftet.

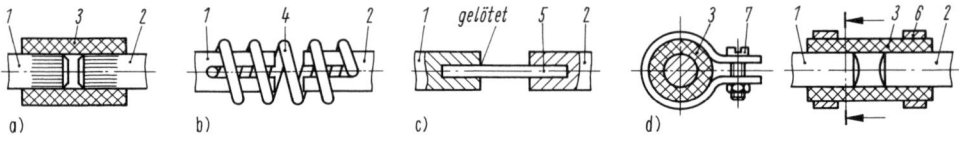

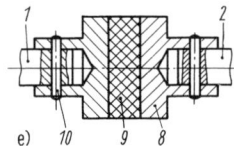

Bild 10.21 Varianten für spielfreie Kupplungen mit radialem Ausgleich
a) mit Gummihülse; b) mit Feder; c) mit Federstab; d) mit Gummihülse und Schellen; e) mit Gummischeibe
1, 2 Welle; *3* Gummihülse; *4* Schraubenfeder; *5* Federstab; *6* Schelle; *7* Schraube; *8* Kupplungsscheibe; *9* Gummischeibe; *10* Stift

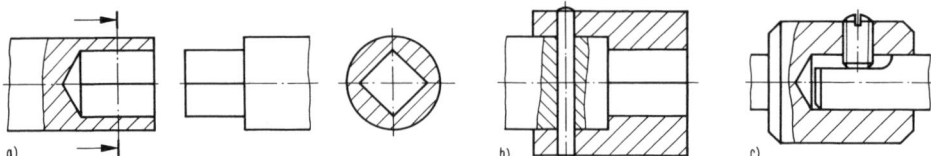

Bild 10.22 Starre Steckkupplungen
a) Mitnehmerprofil im Wellenende; b) Mitnehmerprofil im Extrateil; c) Zylinderformpaarung

Lösung zu Aufgabe 10.3

Die einfachste Lösung wäre, beide Wellen verdrehsicher ineinanderzustecken. Die sichere Mitnahme der Welle des Zusatzgeräts könnte durch ein entsprechendes Profil (Vierkant, Sechskant o. ä.) gewährleistet werden. Bei der Anordnung im **Bild 10.22a** würden keine zusätzlichen Teile benötigt, jedoch ist die Herstellung des Innenprofils im Wellenende kompliziert. Technologisch günstiger ist ein durchgehendes Innenprofil in einem separaten Teil (Bild 10.22b). Für Einzelfertigung empfiehlt sich eine einfache Zylinderformpaarung nach c). Die Mitnahme ist durch den Gewindestift und die Abflachung des Wellenendes gegeben.

11 Zahnrad- und Zugmittelgetriebe

11.1 Einteilung der Getriebearten
[3] [11.1] bis [11.3]

Getriebe sind mechanische Einrichtungen zum Übertragen von Bewegungen und Kräften oder zum Führen von Punkten eines Körpers auf bestimmten Bahnen. Sie bestehen aus beweglichen, miteinander verbundenen Teilen (Gliedern), deren gegenseitige Bewegungsmöglichkeiten durch die Art der Verbindungen (Gelenke) bestimmt sind. In einem Getriebe ist ein Glied stets Bezugskörper (Gestell), die Mindestzahl der Glieder und Gelenke beträgt jeweils drei.

Man unterscheidet bezüglich der Funktion Übertragungsgetriebe und Führungsgetriebe.

In *Übertragungsgetrieben* steht die Bewegungsübertragung nach einer Übertragungsfunktion im Vordergrund, die den Zusammenhang zwischen der Bewegung des Abtriebs- und des Antriebsgliedes darstellt. Sowohl Eingangs- als auch Ausgangsgrößen (An- und Abtrieb) sind mecha-

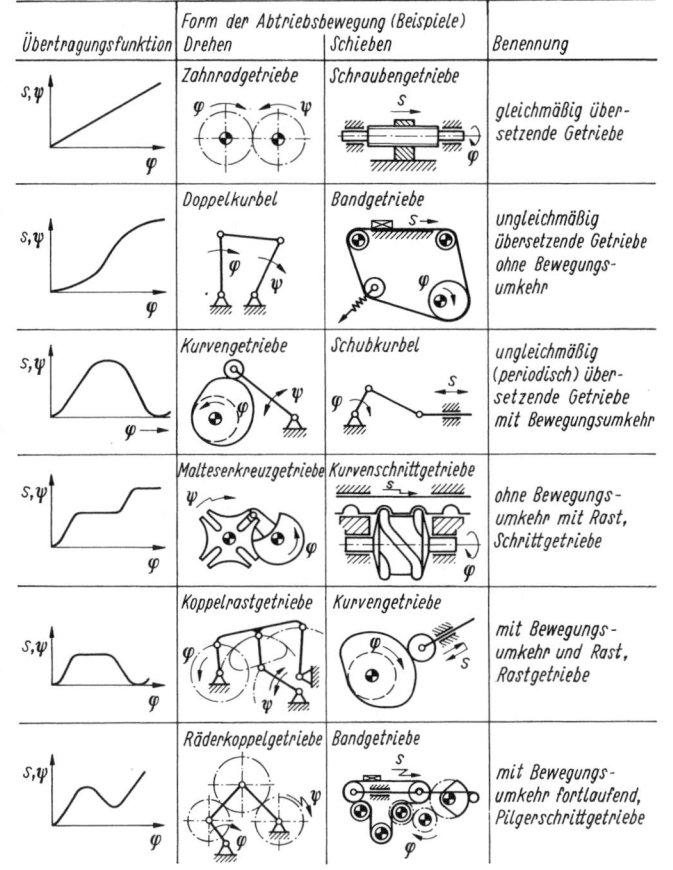

Tafel 11.1 Typische Übertragungsfunktionen

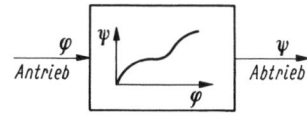

Bild 11.1 Blockschema des Übertragungsgetriebes

nische Größen. Getriebe können deshalb auch als mechanische Umformer bezeichnet werden. Sieht man die Getriebeglieder als starre Körper an, dann hängt die Übertragungsfunktion nur von den Abmessungen der Getriebeglieder ab. Ein Übertragungsgetriebe kann entsprechend **Bild 11.1** symbolisiert werden. Ist die Übertragungsfunktion linear, d. h., $\psi = k\varphi$, spricht man von gleichmäßig übersetzenden Getrieben bzw. von Getrieben mit konstanter Übersetzung. Zur gleichmäßigen Drehzahlübersetzung sind z. B. neben den Zahnradgetrieben auch die Reibrad- und die Zugmittelgetriebe (Seil-, Riemen-, Kettengetriebe) geeignet. Unter ungleichmäßig übersetzenden Getrieben werden alle Getriebe mit nichtlinearer Übertragungsfunktion zusammengefaßt.

Tafel 11.1 gibt eine Übersicht über typische Übertragungsfunktionen und Beispiele von zugehörigen Getrieben.

Tafel 11.2 Ordnung der Übertragungsgetriebe nach charakteristischen Elementen [3]

Getriebegruppe	Charakteristische Bestandteile	Beispiele
Koppelgetriebe	starre Glieder, Drehgelenke, Schubgelenke	 Doppelkurbel
Kurvengetriebe	Kurvenglied, Eingriffsglied, Kurvengelenk	 Kurvengetriebe
Zahnradgetriebe	Zahnräder (Stirn-, Kegel-, Schrauben-, Schneckenräder), Schnecken	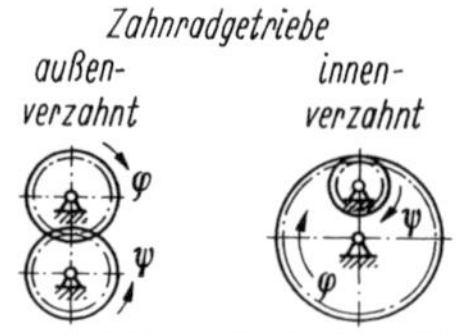 Zahnradgetriebe außenverzahnt, innenverzahnt
Reibkörpergetriebe	kraftgepaarte Reibkörper (Scheiben, Kegel, Kugeln, Stangen)	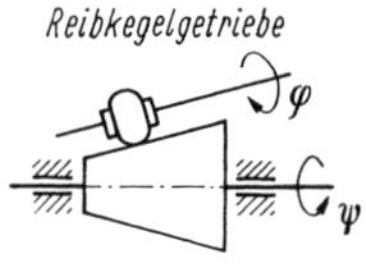 Reibkegelgetriebe
Keilschubgetriebe	an Keilflächen gepaarte starre Glieder	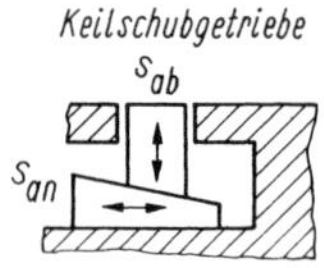 Keilschubgetriebe
Schraubengetriebe	Bewegungsschraube, Mutter	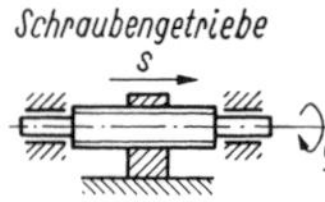 Schraubengetriebe
Zugmittelgetriebe	schmiegsame Zugmittel (Riemen, Bänder, Seile, Ketten)	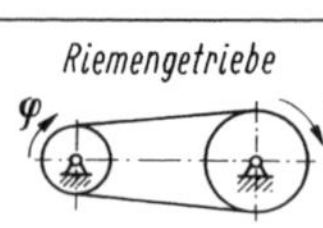 Riemengetriebe
Druckmittelgetriebe	Druckmittel (gasförmig, flüssig, körnig)	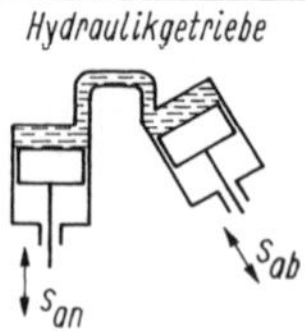 Hydraulikgetriebe

Führungsgetriebe sind Getriebe, bei denen ein Glied so geführt wird, daß es bestimmte Lagen einnimmt bzw. daß Punkte des Gliedes bestimmte Bahnen (Führungsbahnen) beschreiben. Hier charakterisieren also Form und Lage von Punktbahnen den Zweck des Getriebes. Bei Führungsgetrieben werden die Begriffe Antriebs- und Abtriebsglied sowie Übertragungsfunktion i. allg. nicht benutzt.

Die Getriebearten können auch nach dem Aufbau, d. h. nach charakteristischen Bestandteilen, eingeteilt werden **(Tafel 11.2)**.

11.2 Zahnradgetriebe — Übersicht
[3] [10] [11]

Zahnradgetriebe (als eine spezielle Gruppe der Übertragungsgetriebe) dienen der Umformung von Drehzahlen und Drehmomenten zwischen zwei oder mehreren Wellen. Die Verzahnung der Räder bewirkt eine Formpaarung und ermöglicht dadurch eine zwangläufige und schlupffreie Bewegungs- und Kraftübertragung. Zur Charakterisierung der Bewegungsübertragung bei Zahnradgetrieben wird die mittlere Übersetzung i bzw. die momentane Übersetzung i_0 herangezogen:

$$i = n_1/n_2 = d_2/d_1, \qquad i_0 = \omega_1/\omega_2; \tag{11.1}$$

Index 1 Antriebsrad (Eingang der Getriebestufe), Index 2 Abtriebsrad (Ausgang der Getriebestufe), n Drehzahl, d Teilkreisdurchmesser der Räder, ω Winkelgeschwindigkeit.

11.2.1 Einteilung nach der Gestellanordnung der Räder

Einfache oder einstufige Zahnradgetriebe sind dreigliedrig und entsprechen damit der Getriebedefinition (s. Abschn. 11.1). Sie bestehen aus zwei Rädern (*1*, *2*) und der festen Verbindung der Drehachsen (Steg *s*) **(Bild 11.2a)**. Steht der Steg still, d. h., ist er mit dem Gehäuse fest

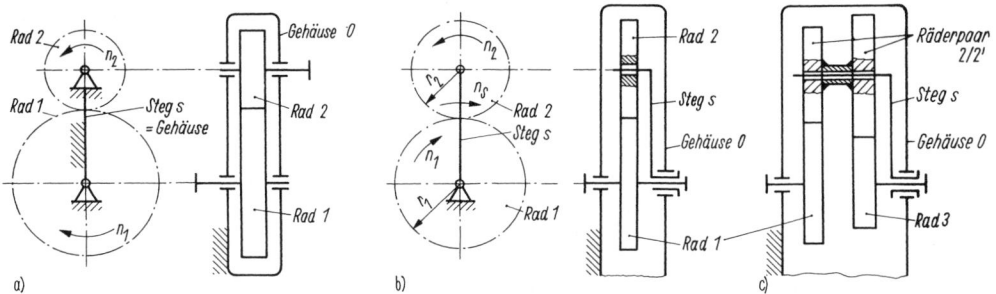

Bild 11.2 Ableitung der Umlaufrädergetriebe aus Standgetrieben (s. auch Bild 11.29)
a) einstufiges Standgetriebe; b) einstufiges Umlaufrädergetriebe; c) zweistufiges Umlaufrädergetriebe

verbunden, spricht man von Standgetrieben. Läuft er um, d. h., ist er im Gestell (Gehäuse) selbst drehbar angeordnet, bezeichnet man die Getriebe als Umlaufrädergetriebe, weil mindestens ein Rad mit dem Steg umläuft (Bilder 11.2b, c). Allgemein werden dabei die im Gestell gelagerten Räder als Zentral- oder Sonnenräder bezeichnet, die auf dem umlaufenden Steg als Umlauf- oder Planetenräder (daher auch Planetenradgetriebe) (vgl. auch Abschn. 11.4.1).

11.2.2 Einteilung nach der Anzahl der Übersetzungsstufen

Einstufige Getriebe sind Zahnradgetriebe, bei denen zwischen Antriebs- und Abtriebswelle Drehzahl und Drehmoment nur einmal umgeformt werden **(Bild 11.3a)**, bei mehrstufigen Getrieben dagegen mehrmals. Man unterscheidet zusätzlich, je nachdem, ob Antriebs- und Abtriebsachse fluchten oder nicht, rückkehrende und nichtrückkehrende Getriebe (Bild 11.3b, c).

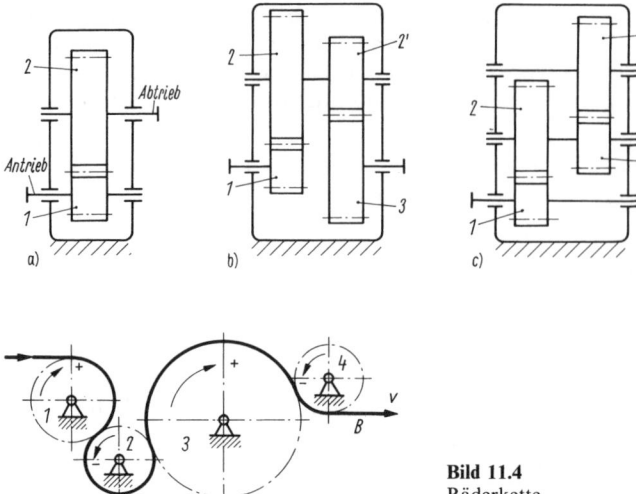

Bild 11.3 Stirnradgetriebe
a) einstufig; b) zweistufig, rückkehrend; c) zweistufig, nicht rückkehrend

Bild 11.4 Räderkette

Ein Sonderfall ist die Räderkette (**Bild 11.4**), bei der mehrere außenverzahnte Räder (*1* bis *4*) in einer fortlaufenden Kette angeordnet sind. Bei ihnen überträgt die gleiche Verzahnung, die die Bewegung vom vorhergehenden Rad übernimmt, diese auch auf das nachfolgende Rad ohne Zwischenübersetzung, kehrt dabei aber die Drehrichtung um. Alle Teilkreise haben die gleiche Umfangsgeschwindigkeit v, so als ob ein Band B hindurchgezogen würde.

11.2.3 Einteilung nach Lage der Achsen und geometrischer Grundform der Radkörper

Stirnradgetriebe haben parallele Achsen; geometrische Grundformen der gepaarten Räder sind Zylinder (**Bild 11.5a**). Kegelradgetriebe haben sich schneidende Achsen (b). Die geometrischen

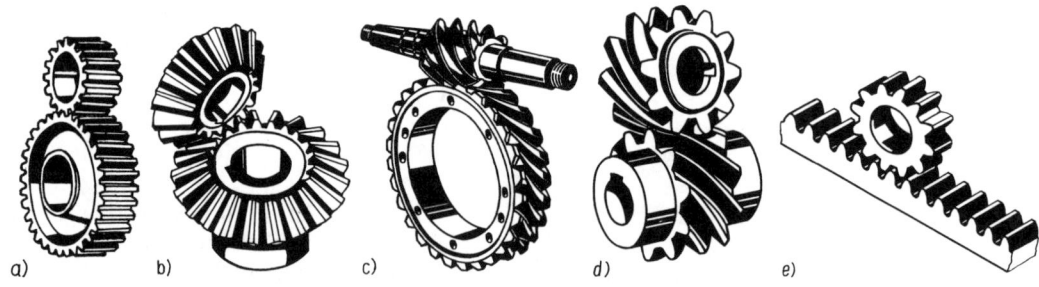

Bild 11.5 Zahnradgetriebearten [10]
a) Stirnradgetriebe; b) Kegelradgetriebe; c) Schneckengetriebe; d) Schraubenstirnradgetriebe; e) Zahnstangengetriebe

Grundformen der Radkörper sind Kreiskegel. Sich kreuzende Achsen liegen sowohl bei Schraubenstirnrad- als auch bei Schneckengetrieben vor. Bei Schneckengetrieben beträgt der Kreuzungswinkel i. allg. 90°. Die geometrischen Grundformen der gepaarten Radkörper sind Zylinder und Globoid (Bilder 11.5c und 11.31), während bei den Schraubenstirnradgetrieben die Grundform beider Räder ein Zylinder ist (Bild 11.5d). Ein spezielles Stirnradgetriebe ist das Zahnstangengetriebe (Bild 11.5e).

11.3 Zahnräder
[3] [10] [11] [11.6] [11.9]

11.3.1 Grundgesetze der Verzahnung

Entsprechend der Forderung nach gleichmäßiger Bewegungsübertragung können Aufbau und Gestaltung der Zahnräder nicht willkürlich erfolgen, sondern sind bestimmten kinematischen und geometrischen Bedingungen unterworfen. Diese ergeben sich aus den zwei Grundgesetzen der Verzahnung.

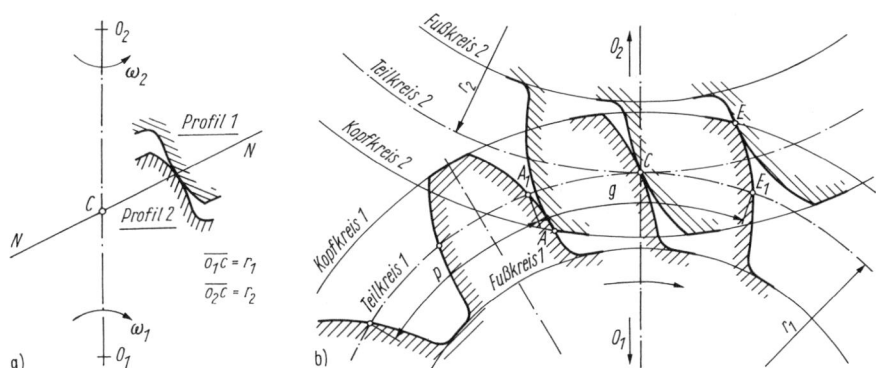

Bild 11.6 Grundgesetze der Verzahnung
a) erstes Verzahnungsgesetz; b) zweites Verzahnungsgesetz

Um eine Verzahnung mit konstanter Übersetzung,

$$i_0 = \omega_1/\omega_2 = \text{konst.}, \tag{11.2}$$

und damit gleichmäßiger Bewegungsübertragung zu erhalten, müssen die beiden sich berührenden Zahnprofile so ausgebildet sein, daß ihre gemeinsame Normale in jeder Lage durch einen unveränderlichen Punkt, den Wälzpunkt C, geht **(Bild 11.6a)** und somit die Verbindungslinie der beiden Radmittelpunkte $\overline{O_1O_2}$ im konstanten Verhältnis r_2/r_1 geteilt wird. Dieses *erste Verzahnungsgesetz* wird vom Evolventenprofil erfüllt. Die Forderung nach einer konstanten Übersetzung verlangt außerdem, daß beim Zusammenarbeiten zweier Zahnräder mindestens ein Flankenpaar im Eingriff ist, d. h. also, daß spätestens bei Beendigung des Eingriffs eines Flankenpaars (Punkt E im Bild 11.6b) das nächstfolgende kinematisch exakt in Eingriff kommen muß (Punkt A). Für die Verzahnung im Bild 11.6b ergibt sich somit die Forderung, daß der Eingriffsbogen $\bar{g}$, also der auf dem Teilkreis gemessene Bogen, vom Beginn bis zum Ende des Eingriffs gleich oder größer sein muß als die Teilung p (s. Abschn. 11.3.2). Das Verhältnis von Eingriffsbogen $\bar{g}$ zur Teilung p wird bei geradverzahnten Stirnradpaaren als Profilüberdeckung ε_α bezeichnet. Damit ergibt sich das *zweite Verzahnungsgesetz*:

$$\varepsilon_\alpha = \bar{g}/p \geqq 1. \tag{11.3}$$

11.3.2 Bezeichnungen und Bestimmungsgrößen an Zahnrädern

Die grundlegenden Begriffe und Bezeichnungen an Zahnrädern sind in DIN ISO 21771 und bisher in DIN 58405 festgelegt sowie in **Bild 11.7** für ein geradverzahntes Stirnrad dargestellt.

Beim Verzahnen wird der Umfang eines Zahnrads entsprechend der Zähnezahl in z gleiche Teile geteilt. Die Entfernung zwischen zwei aufeinanderfolgenden, gleichgerichteten Flankenflächen der Zähne bezeichnet man als Teilung. Wird sie auf dem Umfang des Teilkreises mit dem Durchmesser d zwischen zwei Rechts- oder Linksflanken gemessen, bezeichnet man die

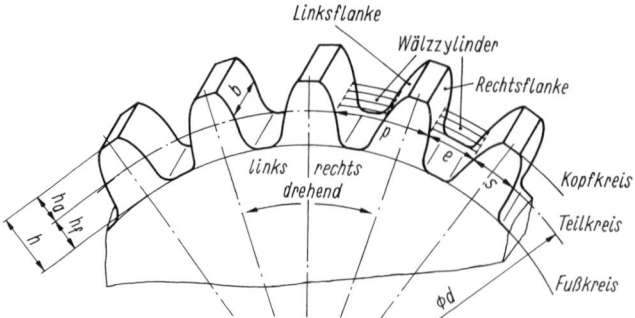

Bild 11.7 Bestimmungsgrößen an Zahnrädern

Teilung als Teilkreisteilung p. Zwischen dem Teilkreisdurchmesser d, der Teilung p und der Zähnezahl z besteht folgender Zusammenhang:

$$pz = d\pi \quad \text{bzw.} \quad d = pz/\pi. \tag{11.4}, (11.5)$$

Das Verhältnis d/z wird als Modul m bezeichnet (Durchmesserteilung), und man erhält

$$d = mz \quad \text{bzw.} \quad p = m\pi. \tag{11.6}, (11.7)$$

Die Teilung p setzt sich zusammen aus der Zahndicke s und der Lückenweite e,

$$p = s + e. \tag{11.8}$$

Alle drei Größen werden i. allg. als Bogenlängen auf dem Teilkreis gemessen. Weitere Bestimmungsgrößen sind die Zahnkopfhöhe h_a, gemessen vom Teilkreis bis zum Kopfkreis, die Zahnfußhöhe h_f, gemessen vom Teilkreis bis zum Fußkreis, und die Zahnhöhe h, die sich aus Kopf- und Fußhöhe zusammensetzt. Bei den genormten Verzahnungen werden diese Verzahnungsgrößen als modulabhängige Größen angegeben.

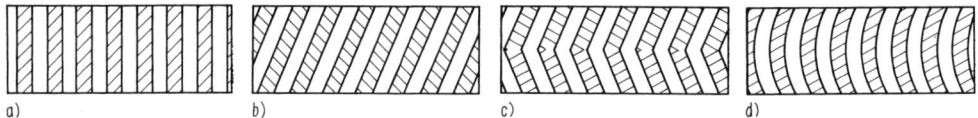

Bild 11.8 Zahnverläufe
a) Geradzähne; b) Schrägzähne; c) Pfeilzähne; d) Bogenzähne

Tafel 11.3 Modulreihe für Stirnräder nach DIN 780
Werte der Reihe 1 sind bevorzugt anzuwenden, um Austauschbau zu sichern

Modul m in mm					
Reihe 1	Reihe 2	Reihe 1	Reihe 2	Reihe 1	Reihe 2
0,05	–	–	0,35	1,5	–
–	0,055	0,4	–	–	1,75
0,06	–	–	0,45	2,0	–
–	0,07	0,5	–	–	2,25
0,08	–	–	0,55	2,5	–
–	0,09	0,6	–	–	2,75
0,1	–	–	0,65	3	–
–	0,11	0,7	–	–	3,5
0,12	–	–	0,75	4	–
–	0,14	0,8	–	–	4,5
0,16	–	–	0,85	5	–
–	0,18	0,9	–	–	5,5
0,2	–	–	0,95	6	–
–	0,22	1,0	–	–	7
0,25	–	–	1,125	8	–
–	0,28	1,25	–	–	9
0,3	–	–	1,375	10	–

Für den Modul m sollten nur genormte Werte verwendet werden **(Tafel 11.3)**.

Je nach Getriebeart müssen für die Räder bestimmte Verzahnungen verwendet werden, die durch ihre Profilform und den Verlauf der Flanken eindeutig festgelegt sind. Die Profilform ergibt sich aus den Gesetzmäßigkeiten der Verzahnungsgeometrie; der Verlauf der Flankenlinien bestimmt die verschiedenen gebräuchlichen Zahnverläufe **(Bild 11.8)**.

11.3.3 Profilformen

Ausgehend von einem beliebig gewählten Zahnprofil kann gemäß dem ersten Verzahnungsgesetz das zugehörige Gegenprofil konstruiert werden (Konstruktionsverfahren s. a. [3] [10] [11.6]). Willkürlich geformte Zahnflanken, auch wenn mit ihnen die Grundgesetze der Verzahnung erfüllt werden, sind für die praktische Verwendung nicht sinnvoll. Sie lassen sich mathematisch nicht genau fassen und vor allem sehr schwierig fertigen. Zweckmäßig sind regelmäßig geformte Flanken. Im wesentlichen hat nur das Evolventenprofil technische Bedeutung erlangt (s. Abschn. 11.3.4.1).

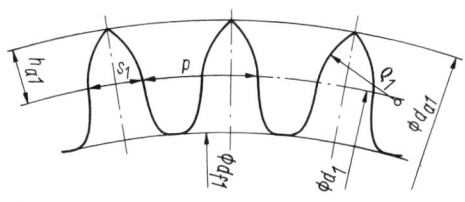

Bild 11.9 Pseudozykloidenverzahnung, Zahnform
a) für Räder; b) für Triebe

Lediglich für Getriebe in Uhren mit mechanischem Schwingsystem und ähnlichen Geräten gelangen von der Zykloide abgeleitete Sonderverzahnungen (Pseudozykloidenverzahnung, Uhrwerkverzahnung, **Bild 11.9**) zum Einsatz. Da in diesen Erzeugnissen die Größe und damit die Leistung des Antriebs (Federhaus, s. Abschn. 6) Beschränkungen unterworfen ist, wird ein möglichst großer Getriebewirkungsgrad gefordert, der mit der Sonderverzahnung besser erreicht werden kann als mit der Evolventenverzahnung. Außerdem muß eine Uhrwerkverzahnung auch während eines Zahneingriffs momentengetreu übertragen, was mit der Evolventenverzahnung nicht erreichbar ist [3].

Auch für Zeigergetriebe in Quarzuhren mit Analoganzeige wendet man diese Verzahnung an.

11.3.4 Stirnräder mit Evolventengeradverzahnung

11.3.4.1 Die Evolvente

Wird eine Gerade auf einer beliebigen Grundkurve, der sog. Evolute, abgerollt, ohne zu gleiten, so beschreibt jeder Punkt dieser Geraden eine Abwicklungskurve (Evolvente). Demnach sind Evolventen, die von verschiedenen Punkten derselben Geraden beschrieben werden, Parallelkurven, deren Verlauf nur durch die Grundkurve bestimmt wird. Im folgenden soll unter dem Begriff Evolvente einschränkend nur die Kreisevolvente verstanden werden. Sie entsteht, wenn die Gerade auf einem Kreis, dem sog. Grundkreis, abrollt **(Bild 11.10)**.

Zwei auf dem gleichen Grundkreis abgewickelte gegenläufige Evolventen E_1 und E_2 schließen den Evolventenzahn ein **(Bild 11.11)**, der nach oben durch den Kopfkreis und nach unten durch den Fußkreis begrenzt ist. Die Zahnform wird durch den Eingriffswinkel α bestimmt. Dieser Winkel ist der Pressungswinkel (spitzer Winkel zwischen einer Tangente an die Zahnflanke und dem Mittelpunktstrahl durch den Berührungspunkt, s. Bild 11.10b), dessen Scheitel auf dem Teilkreis mit dem Radius r (Winkel α) bzw. auf dem Wälzkreis mit dem Radius $r_w(\alpha_w)$ liegt.

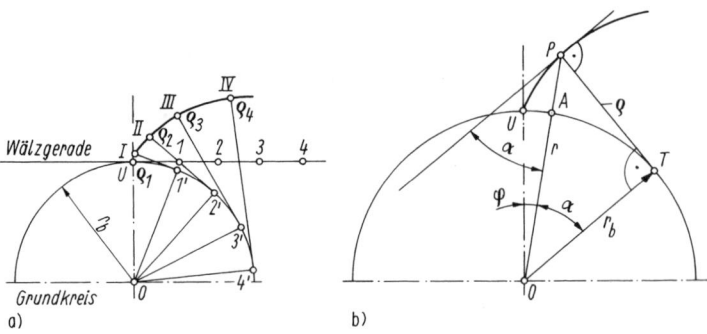

Bild 11.10 Die Kreisevolvente
a) Konstruktion ($\overline{U1'} = \overline{U1}$; $\overline{U2'} = \overline{U2}$; ...); b) Bezeichnungen und Beziehungen, s. auch Gl. (11.18b)

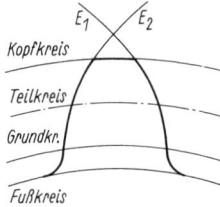

Bild 11.11
Evolventen E_1 und E_2 als Zahnflanken

Der Grundkreis ergibt sich aus diesen Größen nach

$$r_b = r \cos \alpha = r_w \cos \alpha_w .\tag{11.9}$$

11.3.4.2 Bezugsprofil und Verzahnungsgrößen

Betrachtet man ein Zahnrad mit unendlich großem Radius, d. h., r und damit auch $r_b = \infty$, so erhält man eine Zahnstange. Bei dieser geht aufgrund des unendlich großen Grundkreises die Evolvente in eine unter dem Eingriffswinkel α gegen die Senkrechte geneigte Gerade über, und die Zahnflanken werden Ebenen **(Bild 11.12)**. Wegen seiner einfachen und genau herstellbaren Form wurde das Zahnstangenprofil als Ausgangsprofil für die Evolventenverzahnung festgelegt und Bezugsprofil genannt. Leitet man daraus das Werkzeug ab, dann lassen sich alle Räder so damit verzahnen, daß sie unabhängig von der Zähnezahl einwandfrei zusammenarbeiten. Um den unterschiedlichen Anforderungen gerecht zu werden, sind zwei Bezugsprofile mit unterschiedlicher Zahnhöhe genormt **(Bild 11.13)**.

Das Bezugsprofil nach DIN 867 wird bei Moduln $m \geq 1$ vorzugsweise im Maschinenbau und bei $m < 1$ mm nur zum Teil in der Feinwerktechnik angewendet.

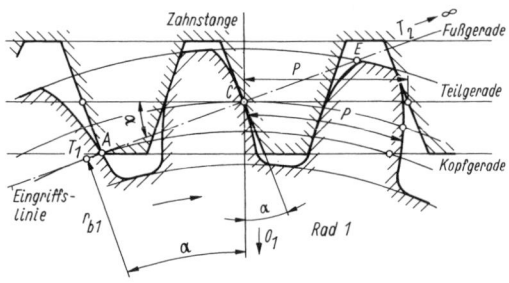

Bild 11.12
Eingriff von Zahnstange und Rad
A Beginn, E Ende des Eingriffs

11.3 Zahnräder

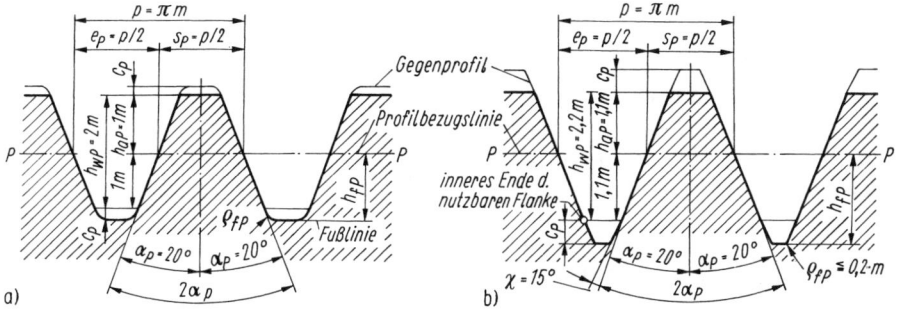

Bild 11.13 Bezugsprofil mit Gegenprofil
a) nach DIN 867; b) bisher nach DIN 58400 (zugehörige Verzahnwerkzeuge sind aber handelsüblich)
(in DIN sind für die Bestimmungsgrößen am Bezugsprofil alle Zeichen mit dem zusätzlichen Index P versehen)

Verzahnungsgrößen (vgl. auch Tafel 11.5)	DIN 867 (Bild 11.13a)	bisher nach DIN 58400 (Bild 11.13b)
Flankenwinkel 2α	40°	40°
halber Flankenwinkel α	20°	20°
Kopfhöhe $h_a = h_a^* m$	1,0 m	1,1 m
Kopfspiel $c = c^* m$	0,25 m	(0,25 ... 0,4) m
Fußhöhe $h_f = (h_a^* + c^*) m$	1,25 m	(1,35 ... 1,5) m
gemeinsame Zahnhöhe $h_w = 2h_a^* m$	2,0 m	2,2 m
Kopfkreisdurchmesser d_a	$(z + 2{,}0)\,m$	$(z + 2{,}2)\,m$ } für
Fußkreisdurchmesser d_f	$(z - 2{,}5)\,m$	$(z - 2{,}7)\,m$ } $c = 0{,}25m$

• DIN 58400 und DIN 58405 wurden zurückgezogen, keine Nachfolgedokumente.

Das Bezugsprofil bisher nach DIN 58400 gelangt dagegen meist bei Moduln m unter 1 mm zum Einsatz und wird den Anforderungen der Massenfertigung (insbesondere ausreichende Profilüberdeckung und großes Zahnkopfspiel auch bei großen Verzahnungstoleranzen) gerecht.

11.3.4.3 Eingriffsverhältnisse und Profilüberdeckung

Für die Konstruktion eines Zahnradgetriebes ist der Achsabstand a eine wichtige Ausgangsgröße. Er ist definiert als Abstand der Radachsen zweier gepaarter Stirnräder.
Der theoretische Achsabstand (Null-Achsabstand) a_d ist

$$a_d = d_1/2 \pm d_2/2 \tag{11.10a}$$

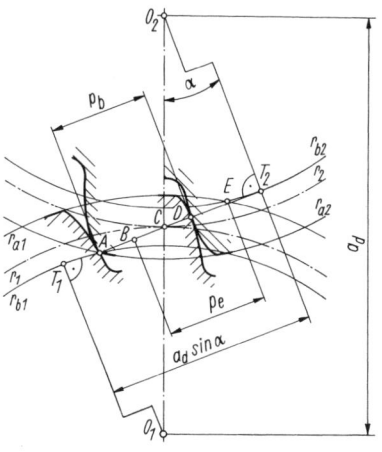

Bild 11.14 Eingriffsverhältnisse bei der Evolventenverzahnung
A Eingriffsbeginn; E Eingriffsende; $\overline{BD}$ Einzeleingriffsgebiet (nur ein Zahnpaar im Eingriff); $\overline{AB}$, $\overline{DE}$ Doppeleingriffsgebiet (zwei Zahnpaare gleichzeitig im Eingriff)

bzw., unter Verwendung von Gl. (11.6),

$$a_d = m(z_1 \pm z_2)/2 \tag{11.10b}$$

(negatives Vorzeichen gilt für Innenverzahnung, vgl. Tafel 11.2).

Kleinere Abweichungen vom theoretischen Achsabstand führen bei der Evolventenverzahnung nicht zu einer Veränderung der momentanen Übersetzung. Beeinflußt wird jedoch u. a. die Überdeckung, die sich bei Achsauseinanderrückung verringert. Die Profilüberdeckung ergibt sich beim theoretischen Achsabstand a_d mit den Beziehungen nach **Bild 11.14**. Dabei ist zu beachten, daß bei der Evolventenverzahnung der Eingriff eines Zahnpaars auf einer Geraden, der Eingriffslinie, innerhalb der Eingriffsstrecke $\overline{AE}$ erfolgt (vgl. auch Bild 11.6 und Gl. (11.3)). Bei Geradverzahnung gilt:

$$\varepsilon_\alpha = \hat{g}/p = \overline{AE}/p_e . \tag{11.11a}$$

Mit $\overline{AE} = \overline{T_1 E} + \overline{T_2 A} - \overline{T_1 T_2}$ und $p_e = p \cos \alpha = m\pi \cos \alpha$ (p_e Eingriffsteilung, Abstand zweier aufeinanderfolgender Zahnflanken auf der Eingriffslinie) erhält man, s. a. Gl. (11.20):

$$\varepsilon_\alpha = \frac{\sqrt{r_{a1}^2 - r_{b1}^2} + \sqrt{r_{a2}^2 - r_{b2}^2} - a_d \sin \alpha}{m\pi \cos \alpha} \geqq 1 . \tag{11.11b}$$

11.3.4.4 Herstellung der Zahnräder [3] [10] [11] [11.8]

Man unterscheidet die spanlose Formung (Spritzgießen, i. allg. für Kunststoffmassen, sowie Schneiden vor allem für Räder aus Blech) und spanende Formgebung (Fräsen, Stoßen, Schleifen, Schaben, Honen usw.).

Bei der Herstellung der Zahnräder wird, sofern diese nicht in einem Arbeitsgang erfolgt (z. B. durch Spritzgießen), grundsätzlich nach der Anfertigung des Radkörpers verzahnt. Während die spanlose Formung nur in der Massenfertigung bei geringen Ansprüchen an die Genauigkeit angewendet wird, lassen sich durch die spanende Formgebung Zahnräder mit z. T. sehr hoher Genauigkeit herstellen. Dabei unterscheidet man je nach der Art der Weiterschaltung von Zahn zu Zahn während der Bearbeitung zwischen kontinuierlichen Arbeitsverfahren und Teilverfahren. Bei kontinuierlichen Verfahren hat das Abwälzfräsen **(Bild 11.15a)** die größte Bedeutung. Das Werkzeug, der Abwälzfräser, trägt ein Zahnstangenprofil, so daß je Modul ein einziger Fräser benötigt wird, unabhängig von der Zähnezahl der herzustellenden Räder (s. Abschnitt 11.3.4.2). Beim Fräsen im Teilverfahren (Bild 11.15b) muß das Werkzeug (Formfräser) genau dem Profil der Zahnlücke entsprechen. Da das Profil von der Zähnezahl bzw. vom Durchmesser des Rades abhängt, ist eigentlich für jede Zähnezahl ein gesonderter Fräser erforderlich. Die Unterschiede der Lückenform sind jedoch bei kleinen Zähnezahldifferenzen so gering, daß ohne Beeinträchtigung der Laufgüte wirtschaftlich mit einem Fräser (Satzfräser) Zahnräder eines bestimmten Zähnezahlbereichs hergestellt werden können.

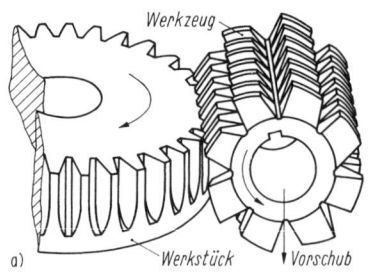

Bild 11.15 Herstellung von Zahnrädern
a) Fräsen im Abwälzverfahren;
b) Fräsen im Teilverfahren

Durch Fräsen werden im Teilverfahren Zahnräder gefertigt, die aufgrund ihrer Dimensionen nicht mehr abgewälzt werden können. Der Hauptvorteil der Teilverfahren sind die geringen Schnittkräfte.

In der feinwerktechnischen Massenfertigung werden Stirnräder beim Wälzfräsen oft nach dem *Kopfüberschneidverfahren* [3] hergestellt (gleichzeitige Bearbeitung von Kopfzylinder und Zahnflanken). Das hat den Vorteil, daß die Radkörper nur grob vorbearbeitet sein müssen (z. B. durch Ausschneiden) und sich bei kleiner Radbreite im Paket auf die Fräsmaschine spannen lassen. Dadurch werden zugleich Rundlaufabweichungen zwischen Verzahnung und Kopfzylinder vermieden. Nachteilig ist jedoch, daß wie bei negativer Profilverschiebung (s. Abschn. 11.3.4.6) auch bei größeren Zahndicken- bzw. Zahnweitenabmaßen zugleich eine Verkleinerung des Kopfkreisdurchmessers erfolgt, wodurch die Profilüberdeckung verringert wird.

11.3.4.5 Unterschnitt und Grenzzähnezahl

Bei der Herstellung eines Zahnrads durch Abwälzfräsen bestimmt die relative Bahn des Werkzeugzahnkopfs (relativ in bezug auf das Rad) den untersten Teil der Fußflanke. Dabei kann ein Teil der zur Bewegungsübertragung notwendigen Fußflanke zwischen Grund- und Teilkreis weggeschnitten werden **(Bild 11.16)**. Dadurch wird der gesamte Zahnfuß geschwächt und die Belastbarkeit des Zahnes verringert. Diese nachteilige Erscheinung wird als Unterschnitt bezeichnet. Er tritt bei kleinen Zähnezahlen dann auf, wenn der Grenzpunkt A der Eingriffsstrecke (das ist der Schnittpunkt der Kopfgeraden mit der Eingriffslinie) außerhalb der Strecke $\overline{CT_1}$ liegt. Der Betrag des Unterschnitts ist abhängig von der Zähnezahl z des zu schneidenden Rades, vom Flankenwinkel α des Werkzeugs und von der Zahnkopfhöhe am Erzeugungsprofil. Die Zähnezahl, bei der gerade noch kein Unterschnitt auftritt (in diesem Fall liegt der Punkt A im Punkt T_1), ist die rechnerische Grenzzähnezahl z_{min}. Für Zahnstangenwerkzeuge gilt

$$z_{min} = 2h_a^*/\sin^2 \alpha \qquad (11.12)$$

mit $h_a^* = h_a/m$ (s. Bild 11.13). In der Praxis kann ohne Verschlechterung der Eingriffsverhältnisse dieser Grenzwert etwas unterschritten werden. Für die praktische Grenzzähnezahl gilt dann

$$z'_{min} = (5/6) z_{min} . \qquad (11.13)$$

Beim Bezugsprofil mit $h_a = 1{,}0m$ ergeben sich Grenzzähnezahlen von $z_{min} = 17$ bzw. $z'_{min} = 14$ und bei dem Profil mit $h_a = 1{,}1m$ solche von $z_{min} = 19$ bzw. $z'_{min} = 16$.

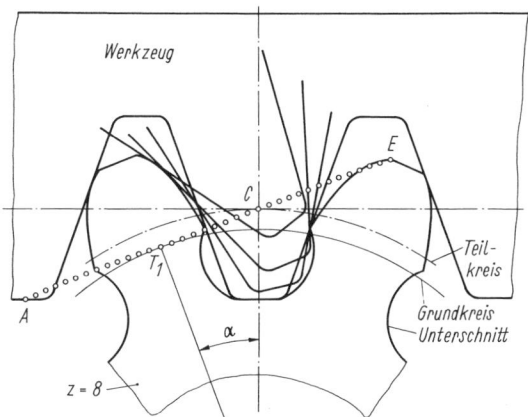

Bild 11.16
Entstehung des Unterschnitts

Zur Vermeidung des Unterschnitts gibt es verschiedene Möglichkeiten. Neben dem Vergrößern des Flankenwinkels α am Werkzeug oder dem Verkleinern der Werkzeugkopfhöhe wird meist von der Profilverschiebung Gebrauch gemacht, weil dafür keine Sonderwerkzeuge erforderlich sind.

11.3.4.6 Profilverschiebung

Der Unterschnitt wird bei der Herstellung evolventenverzahnter Räder mittels Abwälzfräser dann vermieden, wenn das Werkzeug (Zahnstangenprofil mit der Profilbezugslinie $\overline{PP}$,

s. Bild 11.13) vom Teilkreis des Rades um einen genügend großen Betrag abgerückt wird, so daß der Punkt A (s. Bild 11.16) nicht mehr außerhalb der Strecke $\overline{CT_1}$ liegt. Der Abstand der Profilbezugslinie $\overline{PP}$ zum Teilkreis ist der Betrag der Profilverschiebung v. Er wird in Abhängigkeit vom Modul angegeben als

$$v = xm, \tag{11.14}$$

x dimensionsloser Profilverschiebungsfaktor.

Man unterscheidet je nach der Richtung der Verschiebung, bezogen auf den Radmittelpunkt des zu schneidenden Rades, eine positive (Abrücken des Werkzeugs) und eine negative Profilverschiebung (Zustellen des Werkzeugs).

Es ergeben sich drei Radarten:

- *Null-Räder:*   Räder ohne Profilverschiebung
- *V-Plusräder:*   Räder mit positiver Profilverschiebung
- *V-Minusräder:* Räder mit negativer Profilverschiebung.

Der erforderliche theoretische Mindestprofilverschiebungsfaktor zur Erzielung nicht unterschnittener Zähne wird berechnet aus

$$x_{\min} = h_a^*(z_{\min} - z)/z_{\min}. \tag{11.15}$$

Unter Berücksichtigung der praktischen Grenzzähnezahl $z'_{\min}$ gilt für den praktischen Profilverschiebungsfaktor:

$$x'_{\min} = h_a^*(z'_{\min} - z)/z_{\min}. \tag{11.16}$$

Der Profilverschiebungsfaktor x ist für jede Zähnezahl eingegrenzt, nach oben durch das Spitzwerden der Zähne und nach unten durch den Unterschnitt **(Bild 11.17)**.

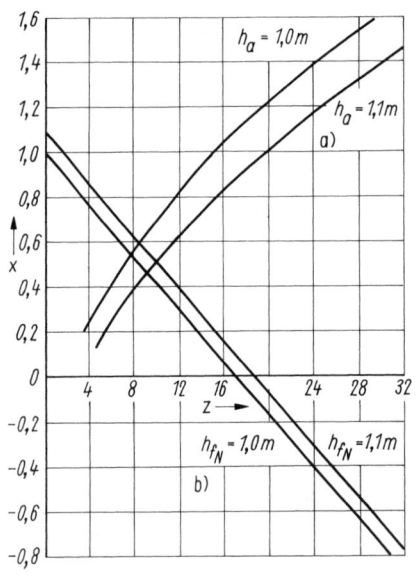

Bild 11.17 Bestimmung der Maximal- und Minimalprofilverschiebung in Abhängigkeit von der Zähnezahl
a) Grenze für das Spitzwerden der Zähne bei Profilverschiebung ($x_{\max}$);
b) Grenze für beginnende Unterschneidung der Zähne ($x_{\min}$)
h_a Kopfhöhe; h_{fN} nutzbare Zahnfußhöhe

Ein Vorteil des Evolventenprofils ist die Unempfindlichkeit gegen kleinere Abweichungen vom Achsabstand. Das Abrücken oder Zustellen des Abwälzfräsers bei der Herstellung profilverschobener Räder entspricht einer Achsabstandsänderung. Daraus folgt, daß alle vom gleichen Abwälzfräser hergestellten Räder, gleichgültig, ob mit oder ohne Profilverschiebung, miteinander zu Getrieben gepaart werden können. Folgende drei Paarungsmöglichkeiten sind zu unterscheiden:

11.3 Zahnräder

- *Null-Getriebe*:
  Paarung zweier Null-Räder; $x_1 = x_2 = 0$; $a_d = m(z_1 \pm z_2)/2$.
- *V-Null-Getriebe*:
  Paarung eines V-Plus- und eines V-Minusrads mit gleichem Betrag der Profilverschiebung; $x_1 = -x_2$, $x_1 + x_2 = 0$; $a_d = m(z_1 \pm z_2)/2$.
- *V-Getriebe*:
  Paarung zweier Räder mit ungleicher Profilverschiebung (Null- und V-Rad bzw. zwei V-Räder); $x_1 \neq x_2$; $x_1 + x_2 \neq 0$; $a \neq a_d$, s. Gl. (11.19).

Ein Vergleich der Paarungsmöglichkeiten zeigt, daß die Vermeidung von Unterschnitt bei $z < z'_{min}$ unter Beibehaltung des theoretischen Achsabstands a_d zur Anwendung des V-Null-Getriebes führt. Während beim V-Plusrad dieses Getriebes (kleineres Rad) der Unterschnitt durch die positive Profilverschiebung vermieden wird, darf beim V-Minusrad (größeres Rad) die negative Profilverschiebung nicht zu Unterschnitt führen. Deshalb muß gelten $z_2 > z'_{min}$. Ein V-Null-Getriebe setzt also voraus:

$$z_1 + z_2 \geq 2z'_{min}. \tag{11.17}$$

Demgegenüber verändert sich bei einem V-Getriebe der Achsabstand und damit zugleich auch der Eingriffswinkel. Den Betriebseingriffswinkel α_w dieses Getriebes erhält man über

$$\text{ev}\,\alpha_w = \text{ev}\,\alpha + 2\tan\alpha(x_1 + x_2)/(z_1 + z_2). \tag{11.18a}$$

Die Evolventenfunktion „ev α" (evolvens) bzw. „inv α" (involut) ergibt sich mit den Bezeichnungen aus Bild 11.10b allgemein zu

$$\hat{\varphi} = \text{ev}\,\alpha = \text{inv}\,\alpha = \tan\alpha - \text{arc}\,\alpha. \tag{11.18b}$$

Die Evolventenfunktion liegt tabelliert vor **(Tafel 11.4)**. Aus $\text{ev}\,\alpha_w$ kann mit diesen Tabellen α_w bestimmt und damit der neue Achsabstand a errechnet werden:

$$a = a_d \cos\alpha / \cos\alpha_w. \tag{11.19}$$

Diese Achsabstandsänderung durch Profilverschiebung kann auch ausgenutzt werden, wenn für ein Getriebe ein bestimmter Achsabstand einzuhalten ist, der mit Variation der Zähnezahlen allein nicht erreicht werden kann. Dann werden nach Gl. (11.19) der neue Betriebseingriffswinkel α_w und aus Gl. (11.18) die erforderlichen Profilverschiebungsfaktoren berechnet.

Die Profilverschiebung hat weiterhin Einfluß auf die Profilüberdeckung, es gilt:

$$\varepsilon_\alpha = \frac{\sqrt{r_{a1}^2 - r_{b1}^2} + \sqrt{r_{a2}^2 - r_{b2}^2} - a\sin\alpha_w}{m\pi\cos\alpha} \geq 1. \tag{11.20}$$

Mit der Profilverschiebung ändern sich in dieser Gleichung neben dem Achsabstand a und dem Eingriffswinkel α_w auch die Kopfkreisradien. Sie ergeben sich nach $r_a = r + h_a + xm$. Analog erhält man für die Fußkreisradien $r_f = r - h_f + xm$ (h_a und h_f s. Bild 11.13 und Tafel 11.5).

Tafel 11.4 Evolventenfunktion $\text{ev}\,\alpha = \text{inv}\,\alpha = f(\alpha)$

α	0'	10'	20'	30'	40'	50'	60'
18°	0,010760	011071	011387	011709	012038	012373	012715
19°	0,012715	013063	013418	013779	014148	014522	014904
20°	0,014904	015293	015689	016092	016502	016920	017345
21°	0,017345	017777	018217	018665	019120	019583	020054
22°	0,020054	020533	021019	021514	022018	022529	023049
23°	0,023049	023577	024114	024660	025214	025778	026350
24°	0,026350	026931	027521	028121	028729	029348	029975
25°	0,029975	030613	031260	031916	032583	033260	033947
26°	0,033947	034644	035352	036069	036798	037537	038286
27°	0,038286	039047	039819	040602	041395	042201	043017
28°	0,043017	043845	044685	045537	046400	047276	048164

Nur bei dem Profil mit $h_a = 1,0m$ (Bild 11.13a) ist bei größeren Profilverschiebungen für ein Mindestkopfspiel eine Kopfhöhenänderung (Kopfkürzung) erforderlich (Berechnung s. [3] [11.6]).

Neben dem Vermeiden von Unterschnitt und der Korrektur des Achsabstands (z. B. Anpassung an vorgegebenen Wert) kann die Profilverschiebung auch zum Erhöhen der Laufruhe durch Vergrößerung der Überdeckung sowie zur Steigerung der Zahnfuß- und der Zahnflankentragfähigkeit ausgenutzt werden (Profilverschiebung s. DIN 3992, 3993 und [3] [10] [11]).

11.3.4.7 Verzahnungstoleranzen, Getriebepassungen

Je nach Verwendungszweck werden an ein Zahnradgetriebe Anforderungen hinsichtlich ruhigen Laufs, geringen Verschleißes, winkelgetreuer Übertragung der Drehbewegung und Austauschbarkeit der Getriebeelemente gestellt. Hinzu kommt, daß nur eine Getriebemontage ohne Nacharbeit wirtschaftlich ist. Das verlangt tolerierte Getriebeabmessungen und ein Getriebepaßsystem. Zur Festlegung einer bestimmten Getriebepassung (Spielpassung) ist neben dem Kopfspiel c (s. Bild 11.13), das den Abstand des Kopfkreises vom Fußkreis des Gegenrades angibt, aus fertigungs- und betriebstechnischen Gründen (Herstellungs- und Montageabweichungen, Möglichkeit der Schmierstoffaufnahme usw.) ein definiertes Flankenspiel erforderlich. Man unterscheidet das Drehflankenspiel j_t und das Eingriffsflankenspiel j_n **(Bild 11.18a)**, wobei gilt

$$j_t = j_n/\cos \alpha . \tag{11.21a}$$

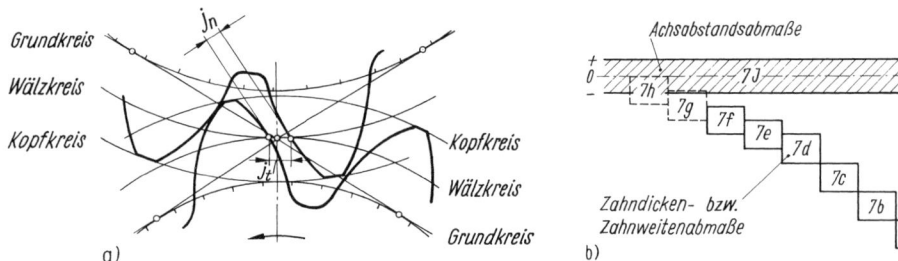

Bild 11.18 Flankenspiel bei Stirnradgetrieben
a) Drehflankenspiel j_t und Eingriffsflankenspiel j_n; b) Zahndicken- bzw. Zahnweiten- und Achsabstandsabmaße bisher nach DIN 58405 (Beispiel für Getriebepassung der Qualität 7); vgl. auch DIN 3961, 3964, 3967 (Felder h und g können negatives Flankenspiel ergeben, deshalb für Getriebepassungen bisher nach DIN 58405 nicht zulässig)

Nach dem DIN-Verzahnungstoleranzsystem ergibt sich der theoretische Betrag des Drehflankenspiels aus der Verringerung der Zahndicken bzw. Zahnweiten (Zahndickenabmaße A_s, Zahnweitenabmaße A_W, Bild 11.18b) und aus dem Achsabstandsabmaß A_a

$$j_t = [(A_{sn1} + A_{sn2}) + A_a \tan \alpha_n]/\cos \beta . \tag{11.21b}$$

Zwischen Zahnweiten- und Zahndickenabmaß besteht dabei die Beziehung $A_W = A_s \cos \alpha$. Die Abmaße A_s bzw. A_W und A_a sind in DIN 3961 bis 3967 und bisher in DIN 58405 festgelegt.

In der Feinwerktechnik (Modulen von 0,2 bis 3 mm) liegt bisher in DIN 58405 zur Erzeugung eines bestimmten Flankenspiels eine größere Zahl von Feldern für die unteren und oberen Zahnweitenabmaße A_{Wi} und A_{We} in Abhängigkeit von der Qualität vor, die mit den Buchstaben h, g, f, e, d usw. gekennzeichnet sind (s. Bild 11.18b). Die Achsabstandsabmaße sind dem Feld J zugeordnet.

Im Maschinenbau mit Modul $m \geq 1$ mm enthalten DIN 3961 bis 3967 analoge Festlegungen.

Beispiel für die Bezeichnung bisher nach DIN 58405: Paarung zweier Räder mit der Qualität 7 und Zahnweitenabmaß nach Feld *e* in einem tolerierten Achsabstand 7J und vorgeschriebener Abnahme durch Zweiflankenwälzprüfung (Sammelabweichung; Angabe in Kenngrößentabelle der Zeichnung): 7J/7eS″.

Beispiel für die Bezeichnung nach DIN 3961 bis 3967: Zahnrad der Qualität 8 mit Toleranzfeld e26: 8e26. Die Abmaße für den Achsabstand werden ergänzend hierzu entweder mit ISO-Toleranzfeld oder auch unmittelbar mit ihrem Zahlenwert eingetragen, s. auch **Anhang**, Abschn. A5.3.

Bei Laufwerkgetrieben der Feinwerktechnik, bei denen zur Vermeidung von Laufstörungen ein großes Flankenspiel erforderlich ist, sind bei Achsabständen bis 20 mm Mindest-Eingriffsflankenspiele von etwa 20 bis 25 µm, bei Achsabständen bis 125 mm von 35 bis 50 µm nicht zu unterschreiten. Bei Leistungsgetrieben ist das Spiel unter Beachtung der Betriebstemperatur und weiterer Betriebsbedingungen festzulegen [10] [11.6].

11.3.5 Stirnräder mit Evolventenschrägverzahnung [3] [10] [11] [11.6]

Schrägzahnräder haben sowohl in bezug auf die Verzahnungsgeometrie als auch hinsichtlich der Kräfteverteilung und des Betriebsverhaltens andere Eigenschaften als Geradzahnräder. So laufen z. B. Zahnradgetriebe mit Schrägzahnrädern ruhiger, weil die Flanken eines Zahnpaares nicht auf einmal, sondern allmählich in Eingriff kommen. Es erhöht sich zudem die Überdeckung, denn zur Profilüberdeckung ε_α kommt die Sprungüberdeckung ε_β hinzu. Die Gesamtüberdeckung ist

$$\varepsilon_\gamma = \varepsilon_\alpha + \varepsilon_\beta. \tag{11.22}$$

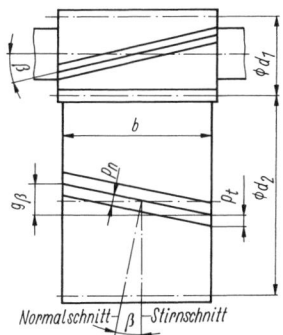

Bild 11.19
Schrägstirnräder
(Sprung g_β in Zeichenebene projiziert)

Die Sprungüberdeckung ergibt sich aus der gegenseitigen Versetzung g_β (Sprung) der beiden die Zahnbreite begrenzenden Profile (**Bild 11.19**):

$$\varepsilon_\beta = g_\beta/p_t = b \tan \beta/p_t. \tag{11.23}$$

Bei den verzahnungsgeometrischen Grundgrößen von Stirnrädern mit schrägen Zähnen muß zwischen Normalteilung p_n und Stirnteilung p_t unterschieden werden. Die Normalteilung ist der Abstand zweier aufeinanderfolgender Rechts- oder Linksflanken, gemessen auf dem Mantel des Teilzylinders, senkrecht zur Flankenrichtung

$$p_n = m_n \pi. \tag{11.24}$$

Die Stirnteilung ist der Abstand zweier Rechts- oder Linksflanken, gemessen im achsensenkrechten Schnitt (Stirnschnitt) des Teilzylinders. Der Zusammenhang zwischen Stirn- und Normalteilung ist durch den Schrägungswinkel β der Flankenlinie gegeben:

$$p_t = p_n/\cos \beta. \tag{11.25}$$

Entsprechend ist auch zwischen dem Stirnmodul m_t und dem Normalmodul m_n zu unterscheiden. Es gilt

$$m_t = m_n/\cos \beta. \tag{11.26}$$

Der Normalmodul muß ein Wert der genormten Modulreihe nach Tafel 11.3 sein.

Tafel 11.5 Abmessungen von Stirnrädern und Stirnradgetrieben mit Außenverzahnung

Benennung	Zeichen	Einheit	Geradverzahnung $\beta = 0°$ (Bilder 11.7, 11.8a)	Schrägverzahnung $\beta \neq 0°$ (Bilder 11.8b, 11.19)
Übersetzung	i	–	$i = \omega_1/\omega_2 = n_1/n_2 = d_2/d_1 = z_2/z_1$	
Modul	m	mm	für $m < 1$ mm Entwurfsberechnung nach Gl. (11.34) für $m \geq 1$ mm Entwurfsberechnung nach DIN 3990	
Teilkreis-durchmesser	d	mm	$d = mz$	$d = m_n z / \cos \beta$
Kopfkreis-durchmesser	d_a	mm	$d_a = m(z + 2h_a^* + 2x)^{1)2)}$	$d_a = m_n(z/\cos\beta + 2h_a^* + 2x)^{1)2)}$
Fußkreis-durchmesser	d_f	mm	$d_f = m(z - 2h_f^* + 2x)^{1)}$	$d_f = m_n(z/\cos\beta - 2h_f^* + 2x)^{1)}$
Grundkreis-durchmesser	d_b	mm	$d_b = d \cos \alpha$	$d_b = d \cos \alpha_t$
Modul	m, m_n, m_t	mm	$m = \dfrac{d}{z} = \dfrac{p}{\pi}$	$m_n = p_n/\pi$ Normalmodul $m_t = m_n/\cos\beta$ Stirnmodul
Teilkreisteilung	p, p_n, p_t	mm	$p = \dfrac{d\pi}{z} = m\pi$	$p_n = p_t \cos\beta = m_n\pi$ Normal-teilung $p_t = d\pi/z = m_t\pi$ Stirnteilung
Eingriffsteilung	p_e, p_{en}, p_{et}	mm	$p_e = p \cos \alpha$	$p_{en} = p_n \cos \alpha_n$ Normaleingriffs-teilung $p_{et} = p_t \cos \alpha_t$ Stirneingriffs-teilung
Eingriffswinkel	α, α_n, α_t	Grad	$\alpha = 20°$	$\alpha_n = 20°$ Normaleingriffs-winkel $\tan\alpha_t = \tan\alpha_n/\cos\beta$ Stirneingriffswinkel
Null-Achs-abstand (Rechengröße)	a_d	mm	$a_d = m\dfrac{z_1 + z_2}{2}$	$a_d = \dfrac{m_n}{\cos\beta} \dfrac{z_1 + z_2}{2}$
Achsabstand	a	mm	$a = a_d \cos\alpha/\cos\alpha_w$	$a = a_d \cos\alpha_t/\cos\alpha_{wt}$
Betriebseingriffs-winkel	α_w	Grad	$\cos\alpha_w = m\dfrac{z_1 + z_2}{2a}\cos\alpha$ bzw. $\text{ev}\,\alpha_w = \text{inv}\,\alpha_w = \text{ev}\,\alpha + 2 \times \dfrac{x_1 + x_2}{z_1 + z_2}\tan\alpha$	$\cos\alpha_{wt} = \dfrac{m_n}{\cos\beta}\dfrac{z_1 + z_2}{2a}\cos\alpha_t$ bzw. $\text{ev}\,\alpha_{wt} = \text{inv}\,\alpha_{wt} = \text{ev}\,\alpha_t + 2 \times \dfrac{x_1 + x_2}{z_1 + z_2}\tan\alpha_n$
Überdeckung	ε	–	nach Gln. (11.11) und (11.20)	nach Gln. (11.22) und (11.23)

[1]) Kopf- und Fußhöhenkoeffizient: $h_a^* = 1{,}0$ bei Profil nach DIN 867
                                         $1{,}1$ bei Profil bisher nach DIN 58400
                     $h_f^* = h_a^* + c^*$ ($c^* = c/m$, s. Abschn. 11.3.4.2)
[2]) Kopfhöhenänderung (Kopfkürzung) s. Abschn. 11.3.4.6

Bedingt durch den Verlauf der Flankenlinien ist bei Schrägzahnrädern der Steigungssinn der Flankenrichtung festzulegen. Ein Schrägzahnrad ist rechtssteigend, wenn der Flankenlinienverlauf eine Steigung im Uhrzeigersinn aufweist, und linkssteigend, wenn die Steigung entgegen dem Uhrzeigersinn verläuft.

Für die Tragfähigkeitsberechnung (s. Abschn. 11.3.6) wird das Zahnprofil im Normalschnitt zugrunde gelegt. Um einfache Beziehungen zu erhalten, führt man ein Ersatzstirnrad ein. Sein Teilkreishalbmesser ist gleich dem Krümmungsradius im Wälzpunkt C der in der Normalschnittebene vorliegenden Ellipse des Teilzylinders.

Die Ersatzzähnezahl z_n (auch virtuelle Zähnezahl z_v) des im Normalschnitt angenäherten Ersatzstirnrads ist [3] [10] [11]

$$z_n \approx z/\cos^3 \beta \, . \tag{11.27}$$

Eine zusammenfassende Darstellung der Abmessungen von Stirnrädern und Stirnradgetrieben enthält **Tafel 11.5**.

11.3.6 Tragfähigkeitsberechnung

Zahnräder sind so zu dimensionieren, daß während der geforderten Lebensdauer keine Schadensfälle auftreten (Zahnbruch, Grübchenbildung, Verschleiß oder Fressen), wobei die Lebensdauer von der Wahl des Werkstoffs, seiner Härte und Oberflächengüte, der Flächenpressung, der Schmierung usw. abhängt. Zusätzlichen Einfluß haben die Betriebsbedingungen (z. B. periodische oder stoßartige Belastungen), Verzahnungsabweichungen und die Deformation der Zähne.

Bereits die Festlegung der Übersetzung i und damit der Zähnezahl z wirkt sich auf die Tragfähigkeit aus, denn eine ganzzahlige Übersetzung in einer Getriebestufe (z. B. $i = 3{,}0$) hat zur Folge, daß stets die gleichen Zahnflanken und damit auch die gleichen Fehlerstellen in Kontakt kommen. Das führt insbesondere bei ungehärteter Verzahnung zu einem ungleichen Flankenverschleiß und bei höheren Umfangsgeschwindigkeiten mitunter zu Schwingungserregung. Um dies zu vermeiden, sollten die Übersetzungen der einzelnen Stufen nicht ganzzahlig gewählt werden. Primzahlen für die größere Zähnezahl in einer Stufe oder Zähnezahlen ohne gemeinsamen Teiler erfüllen diese Forderung.

Bei metallischen Zahnradwerkstoffen genügt für ungehärtete Stirnräder im Modulbereich unter 1 mm, die in der Herstellung an Verfahren der Massenfertigung gebunden sind und z. B. in Laufwerkgetrieben (geringe Belastung) Verwendung finden, meist eine überschlägige festigkeitsmäßige Dimensionierung nach Abschn. 11.3.6.2. Bei Leistungsgetrieben (hohe Belastung) sind dagegen genauere Nachrechnungen der Zahnfußtragfähigkeit und der Zahnflankentragfähigkeit der zunächst ebenfalls gem. Abschn. 11.3.6.2 überschläglich dimensionierten Räder nach DIN 3990 sowie [3] [10] [11] durchzuführen. Diese werden in den Abschnitten 11.3.6.3 und 11.3.6.4 den Bedingungen feinwerktechnischer Getriebe entsprechend vereinfacht dargestellt, unter der Annahme, daß bei Stirnrädern mit Modulen unter 1 mm sowie mit Moduln $m \geq 1$ und einem Zahnbreitenverhältnis $\lambda = b/m < 10$ eine Reihe von Faktoren gleich Eins gesetzt werden können.

Da Kunststoffe (Plastwerkstoffe) im Gegensatz zu Metallen keine Dauerfestigkeit haben, sondern nur eine Zeitfestigkeit, bedürfen daraus gefertigte Räder bei der Tragfähigkeitsberechnung der Beachtung einiger Besonderheiten, die im Abschn. 11.3.6.5 dargestellt sind.

Für die Verschleißtragfähigkeit von Zahnrädern aus Thermoplasten liegen jetzt in VDI 2736 Blatt 2 gesicherte Berechnungsgrundlagen vor. Bei metallischen Zahnradwerkstoffen gibt es entsprechende Richtlinien nur für Leistungsgetriebe des Maschinenbaus [10].

11.3.6.1 Zahnkräfte

Geradstirnräder. Die Nennumfangskraft (Tangentialkraft) F_t, die durch das Last- bzw. Antriebsmoment im Wälzkreis eines Rades erzeugt wird, bestimmt die Normalkraft F_n **(Bild 11.20)**:

$$F_n = F_t/\cos \alpha \qquad (11.28)$$

mit

$$F_t = F_{t1} = F_{t2} = M_{d1}/r_1 = M_{d2}/r_2 \,. \qquad (11.29)$$

Die Normalkraft wirkt in Richtung der Eingriffslinie und ist von den Radlagern aufzunehmen. Für die Radialkraft F_r gilt

$$F_r = F_n \sin \alpha = F_t \tan \alpha \,. \qquad (11.30)$$

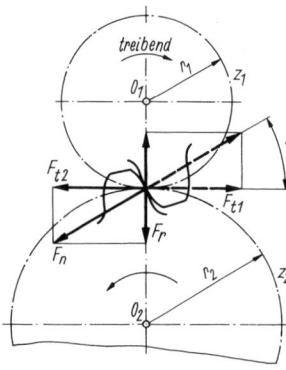

Bild 11.20
Zahnkräfte bei Geradstirnrädern
Rad *1* treibend

Schrägstirnräder. Für die Zahnkräfte gilt analog:

Umfangskraft $\quad F_t = M_d/r$

Radialkraft $\quad F_r = F_t \tan \alpha_n/\cos \beta \qquad (11.31)$

Axialkraft $\quad F_x = F_t \tan \beta \,. \qquad (11.32)$

Die durch den schrägen Zahnverlauf hervorgerufene Axialkraft wirkt sich nachteilig aus, da sie die Lager zusätzlich belastet [3] [11.4].

Das Drehmoment M_d kann aus der zu übertragenden Leistung P und der Drehzahl n ermittelt werden, s. Gl. (7.13). Die Reibung zwischen den Zahnflanken wird dabei i. allg. vernachlässigt.

11.3.6.2 Entwurfsberechnung

Diese Berechnung ist nur anwendbar für Stirnräder aus ungehärteten metallischen Werkstoffen mit Moduln unter 1 mm (Hinweise zur Entwurfsberechnung bei gehärteten Rädern sowie bei Modulm $m \geq 1$ mm s. DIN 3990 sowie [3] [10] [11]). Mit vereinfachenden Annahmen zur Kraftrichtung und der Vernachlässigung der Einflüsse von Zähnezahl und Überdeckung erfolgt die Entwurfsberechnung für *Geradstirnräder* gemäß **Bild 11.21** nach der *Bachschen Beziehung*

$$F_t \leq bpC_{\text{grenz}} \,. \qquad (11.33)$$

Bei dem Profil mit $h_a = 1{,}0m$ (s. Bild 11.13) und der Zahnfußdicke $s_f \approx 0{,}52p$ sowie der Zahnhöhe $\bar{a} \approx 0{,}64p$ gilt bei metallischen Werkstoffen für $C_{\text{grenz}} \approx 0{,}07\sigma_{b\,\text{zul}}$. Bei dem Profil

- Werte C_{grenz} stellen zulässige Belastung dar.

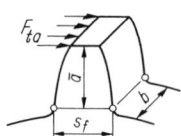

Bild 11.21 Angenommene Zahnbelastung bei Überschlagsrechnung nach *Bach*

Unter Voraussetzung, daß Umfangskraft $F_{ta} = M_d/r$ am äußersten Punkt des Zahnkopfes angreift, gilt für Biegemoment $M_b = F_{ta}\bar{a}$. Setzt man die auf Teilkreis bezogene Kraft F_t in Näherung gleich F_{ta}, gilt mit $M_b \leq W_b \sigma_{b\,\text{zul}}$ und Widerstandsmoment $W_b = bs_f^2/6$ des Zahnfußquerschnittes: $F_t \leq bs_f^2\sigma_{b\,\text{zul}}/(6\bar{a})$.

mit $h_a = 1{,}1m$ und $s_f \approx 0{,}72p$ sowie $\bar{a} \approx 0{,}82p$ gilt für $C_{\text{grenz}} \approx 0{,}1\sigma_{\text{bzul}}$; mit $\sigma_{\text{bzul}} = \sigma_{\text{bW}}/S$ $\approx (0{,}3 \ldots 0{,}5)\,R_m/S$; Werte σ_{bW} und R_m s. Tafeln 3.2 und 11.6; Sicherheitsfaktor $S = 2 \ldots 4$.
Durch die Einführung des Zahnbreitenverhältnisses $\lambda = b/m$ kann die Bachsche Beziehung auch zur überschläglichen Berechnung des erforderlichen Moduls m herangezogen werden. Mit $p = m\pi$ gilt

$$m \geq \sqrt{F_t/(\lambda \pi C_{\text{grenz}})} \geq \sqrt[3]{2M_d/(z\lambda\pi C_{\text{grenz}})}. \tag{11.34}$$

Erfahrungswerte für das Zahnbreitenverhältnis bei $m < 1$ mm sind $\lambda = 5 \ldots 20$, wobei zu beachten ist, daß ein großer Wert λ genauere Räder voraussetzt als ein kleiner Wert.
Bei *Schrägstirnrädern* ist für p die Stirnteilung $p_t = m_n\pi/\cos\beta$ in die Gln. (11.33) und (11.34) einzusetzen (m_n Normalmodul).
Aus der Tafel 11.3 ist der nächstliegende größere Modul auszuwählen und damit die konstruktive Gestaltung des Getriebes vorzunehmen.
Bei Leistungsgetrieben muß dann eine genauere Nachrechnung der Tragfähigkeit gemäß den Abschnitten 11.3.6.3 und 11.3.6.4 erfolgen.

11.3.6.3 Nachrechnung der Zahnfußtragfähigkeit

Der Nachrechnung der Zahnfußtragfähigkeit wird die Zahnfußspannung σ_F (**Bild 11.22a**) bei Kraftangriff am Zahnkopf und Annahme reiner Biegebeanspruchung zugrunde gelegt. Der Tragfähigkeitsnachweis ist für beide Räder einer Paarung zu erbringen.

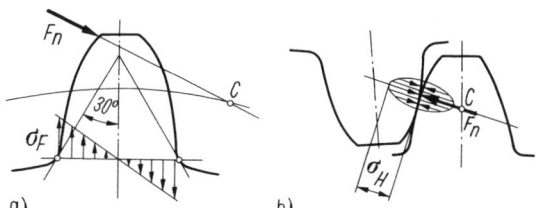

Bild 11.22 Beanspruchungen an Zahnrädern
a) Biegebeanspruchung des Zahnfußes;
b) Pressung an Zahnflanken

Mit der Nennumfangskraft F_t in N am Teilzylinder im Stirnschnitt (s. Abschn. 11.3.6.1), der tragenden Zahnbreite b in mm und dem Normalmodul m_n in mm gilt:

$$\sigma_F = \frac{F_t}{bm_n} K_F Y_{FS} Y_\beta Y_\varepsilon \leqq \sigma_{FP}; \tag{11.35}$$

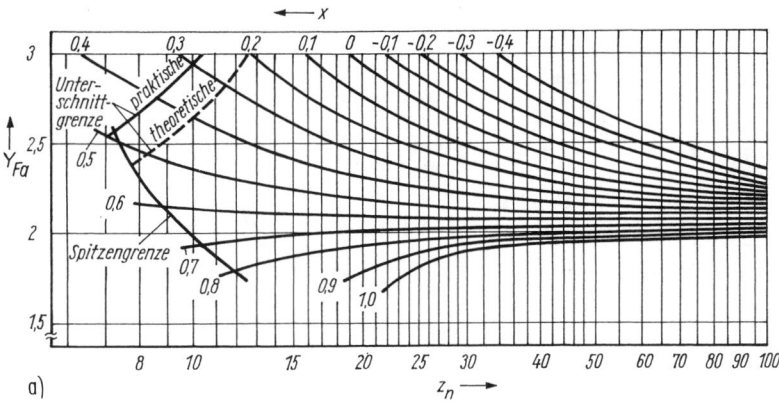

Bild 11.23 Formfaktor Y_{Fa} für Außenverzahnung
a) für Bezugsprofil mit $h_a = 1{,}0m$ (s. auch Bild 11.13)

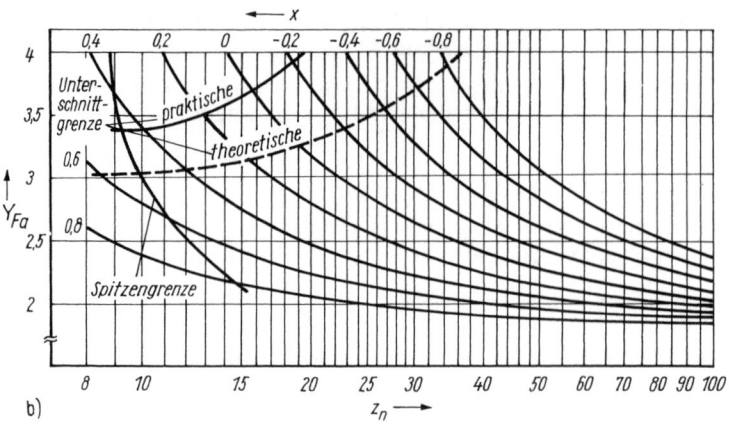

Bild 11.23 Formfaktor Y_{Fa} für Außenverzahnung
b) für Bezugsprofil mit $h_a = 1{,}1\,m$ (s. auch Bild 11.13)

Tafel 11.6 Festigkeitswerte für Stahlzahnräder der Feinwerktechnik; Nichteisenmetalle s. [3])

Werkstoff	Kurzzeichen (s. auch Hinweis auf Seite 90 unten)	Behandlungs-zustand	Dauerfestigkeit für Zahnfuß-spannung*) (schwellend) $\sigma_{F\,lim}$ in N/mm²	Flanken-pressung $\sigma_{H\,lim}$ in N/mm²	Statische Festigkeit für Zahnfuß R_m in N/mm²
Allgemeine Baustähle	S275JR (St 44-2) E295 (St 50-2) E335 (St 60-2) E360 (St 70-2)		170 190 200 220	290 340 400 460	450 550 650 800
Vergütungsstähle	C22E C45E C60E 34Cr4 42CrMo4	vergütet normalisiert ⎱ vergütet ⎰	170 200 220 260 290	440 590 620 650 670	600 800 900 900 1100
Vergütungsstähle brenn- oder induktionsgehärtet	C45E 37Cr4 42CrMo4	⎱ umlaufgehärtet, einschließlich Zahngrund ⎰	270 310 350	1100 1280 1360	1000 1150 1300
Vergütungsstähle nitriert	C45E 42CrMo4 42CrMo4	⎱ badnitriert ⎰ gasnitriert	350 430 430	1100 1220 1220	1100 1450 1450
Nitrierstähle	31CrMoV9	gasnitriert	450	1400	1500
Einsatzstähle	C15R 16MnCr5 20MoCr4	⎱ einsatzgehärtet ⎰	230 460 400	1600 1630 1630	900 1400 1300

*) Werte $\sigma_{F\,lim}$ gelten nur bei vereinfachter Bestimmung von σ_F mit Y_{Fa}; bei Beachtung von Y_{Sa} sind die Werte DIN 3990 zu entnehmen.

- K_F Faktor für Zahnfußbeanspruchung ($K_F = K_A K_v K_{F\beta} K_{F\alpha}$; K_A Anlagen- bzw. Anwendungsfaktor, K_v Dynamik-, $K_{F\beta}$ Breiten-, $K_{F\alpha}$ Stirnfaktor); bei $m_n < 1$ mm sowie bei $m_n \geqq 1$ mm mit $b/m_n < 10$ gilt $K_F \approx 1$; genaue Werte s. DIN 3990;
- Y_{FS} Kopffaktor ($Y_{FS} = Y_{Fa} Y_{Sa}$; Y_{Fa} Formfaktor, berücksichtigt Einfluß der Zahnform auf Biegenennspannung, **Bild 11.23**, wobei für Geradverzahnung $z_n = z$ und bei Schrägverzahnung $z_n \approx z/\cos^3 \beta$ zu setzen

ist; z_n Ersatzzähnezahl, auch als virtuelle Zähnezahl z_v bezeichnet; bei $m_n < 1$ mm sowie bei $m_n \geq 1$ mm mit $b/m_n < 10$ ist Y_{FS} vereinfacht durch Formfaktor Y_{Fa} zu ersetzen; Y_{Sa} Spannungskonzentrationsfaktor nach DIN 3990);

— Y_β Schrägenfaktor (berücksichtigt günstigere Eingriffsverhältnisse bei Schrägverzahnung, s. auch Abschn. 11.3.5):

$\beta = 0°\quad 5°\quad 10°\quad 15°\quad 20°\quad 25°\quad \geq 30°$
$Y_\beta = 1\quad 0{,}96\quad 0{,}92\quad 0{,}88\quad 0{,}84\quad 0{,}79\quad 0{,}75$;

— Y_ε Überdeckungsfaktor; bei Ersatz von Y_{FS} durch Y_{Fa} (s. oben) gilt für Gerad- und Schrägverzahnung $Y_\varepsilon = 1/\varepsilon_\alpha$ (sonst s. DIN 3990), ε_α Profilüberdeckung (Berechnung s. Abschnitte 11.3.4 und 11.3.5).

Die zulässige Zahnfußspannung σ_{FP} ist getrennt für Ritzel und Rad zu berechnen aus

$$\sigma_{FP} = \sigma_{F\,lim}/S_{F\,min};\tag{11.36}$$

— $\sigma_{F\,lim}$ Zahnfußdauerfestigkeit, Werte s. **Tafel 11.6** und DIN 3990;
— $S_{F\,min}$ geforderte Mindestsicherheit bei Zahnfußbeanspruchung; in der Feinwerktechnik bei $m_n < 1$ mm sowie im Maschinenbau bei $m_n \geq 1$ mm gilt i. allg. $S_{F\,min} = 1{,}3 \dots 2$.

Liegen für spezielle Werkstoffe keine Werte für $\sigma_{F\,lim}$ vor, kann in der Feinwerktechnik bei $m_n < 1$ mm näherungsweise $\sigma_{F\,lim} \approx \sigma_{bW}$ bzw. $\sigma_{F\,lim} \approx (0{,}3 \dots 0{,}5)\,R_m$ gesetzt werden; σ_{bW} Biegewechselfestigkeit, R_m Zugfestigkeit; s. Tafel 3.2.

Bei Leistungsgetrieben mit Modul $m_n \geq 1$ mm und $b/m_n \geq 10$ sind bei der Bestimmung von σ_{FP} zusätzlich folgende Faktoren einzubeziehen: Lebensdauerfaktor Y_N, Rauheitsfaktor Y_R, Größenfaktor Y_X, Stützziffer Y_δ (Werte s. DIN 3990).

11.3.6.4 Nachrechnung der Zahnflankentragfähigkeit

Der Nachrechnung der Zahnflankentragfähigkeit wird die Flankenpressung (Hertzsche Pressung) σ_H am Wälzzylinder bzw. im Wälzpunkt (s. Bild 11.22b) zugrunde gelegt. Der Tragfähigkeitsnachweis ist für beide Räder einer Paarung zu erbringen, wenn diese aus Werkstoffen mit unterschiedlichen Flankenfestigkeitswerten bestehen. Mit der Nennumfangskraft F_t in N (s. Abschn. 11.3.6.1), der gemeinsamen Zahnbreite b_w der Radpaarung in mm, dem Teilkreisdurchmesser d_1 in mm und dem Zähnezahlverhältnis $u = z_2/z_1 \geq 1$ (Großrad zu Kleinrad) gilt

$$\sigma_H = \sqrt{\frac{F_t}{b_w d_1}\,\frac{u+1}{u}\,K_H}\;Z_E Z_H Z_\varepsilon Z_\beta \leq \sigma_{HP};\tag{11.37}$$

— K_H Faktor für Zahnflankenbeanspruchung ($K_H = K_A K_v K_{H\beta} K_{H\alpha}$; $K_H \approx 1$, gemäß Erläuterungen für K_F im Abschn. 11.3.6.3);

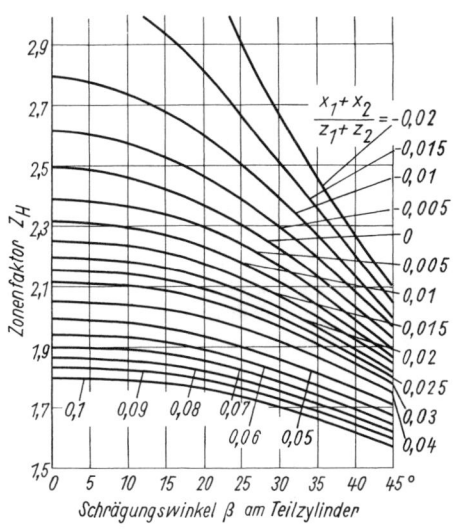

Bild 11.24
Zonenfaktor (Flankenformfaktor) Z_H
(nur gültig für $\alpha = \alpha_n = 20°$)

— Z_E Elastizitätsfaktor (berücksichtigt E-Modul und Querkontraktionszahl v der Werkstoffe der Räder *1* und *2*; für homogene Werkstoffe mit $v \approx 0{,}3$ gilt $Z_E = \sqrt{0{,}175 E}$ in $\sqrt{N/mm^2}$, wobei $E = 2E_1 E_2/(E_1 + E_2)$; Werte für einige gebräuchliche Paarungen enthält **Tafel 11.7**; s. auch DIN 3990;

Tafel 11.7 Elastizitätsfaktor Z_E

Werkstoff Ritzel/Rad	Z_E in $\sqrt{N/mm^2}$
Stahl/Stahl	190
Stahl/Stahlguß	189
Stahl/EN-GJS-500	181
Stahl/CuSn14-C	155
Stahl/Grauguß	165 ... 162
GE300/GE260	188
GE300/EN-GJS-200	180
GE300/EN-GJL-200	161
EN-GJS-500/EN-GJS-400	174
EN-GJS-500/EN-GJL-200	157
EN-GJL-200/EN-GJL-200	146 ... 144

Erläuterung der Kurzzeichen für Werkstoffe s. Tafel 3.2

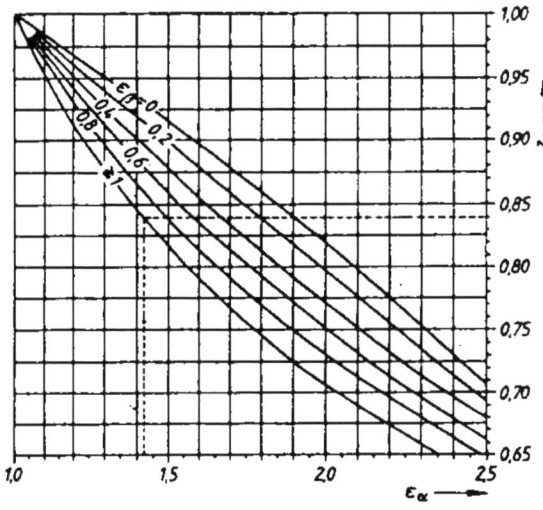

Bild 11.25 Faktor Z_ε
(nur gültig für $\alpha = \alpha_n = 20°$)
Beispiel für $\varepsilon_\alpha = 1{,}42$; $\varepsilon_\beta \geq 1$:
$Z_\varepsilon \approx 0{,}84$

— Z_H Zonenfaktor (berücksichtigt Krümmungsradien der Flanken im Wälzpunkt und Umrechnung der Umfangskraft am Teilzylinder bzw. Teilkreis auf die Normalkraft am Wälzzylinder bzw. Betriebswälzkreis); für außen- und innenverzahnte Stirnräder mit Eingriffswinkel $\alpha = \alpha_n = 20°$ kann Z_H in Abhängigkeit vom Schrägungswinkel β am Teilzylinder bzw. Teilkreis sowie von $(x_1 + x_2)/(z_1 + z_2)$ aus **Bild 11.24** entnommen werden;
— Z_ε Überdeckungsfaktor (berücksichtigt Einfluß der effektiven Länge der Kontaktlinien und damit Einfluß von Profilüberdeckung ε_α, Sprungüberdeckung ε_β und Schrägungswinkel β);
— Z_β Schrägenfaktor (berücksichtigt den nicht vollständig in Z_ε erfaßten Einfluß des Schrägungswinkels β, wie z. B. die Änderung der spezifischen Belastung entlang der Kontaktlinie); $Z_\beta = \sqrt{\cos \beta} \approx 1$.
Der Zahlenwert für

$$Z_\varepsilon = \sqrt{\frac{4 - \varepsilon_\alpha}{3}(1 - \varepsilon_\beta) + \frac{\varepsilon_\beta}{\varepsilon_\alpha}} \qquad (11.38)$$

kann für Eingriffswinkel $\alpha = \alpha_n = 20°$ dem **Bild 11.25** entnommen werden.

Die zulässige Flankenpressung σ_{HP} ist getrennt für Ritzel und Rad zu berechnen aus

$$\sigma_{HP} = \sigma_{H\lim} Z_R / S_{H\min} ; \tag{11.39}$$

- $\sigma_{H\lim}$ Zahnflankendauerfestigkeit, Werte s. Tafel 11.6 sowie DIN 3990;
- Z_R Rauheitsfaktor (bei ungeschliffener Verzahnung $Z_R = 0{,}85$, bei geschliffener Verzahnung $Z_R = 1$);
- $S_{H\min}$ geforderte Mindestsicherheit bei Zahnflankenbeanspruchung; in der Feinwerktechnik bei $m_n < 1$ mm sowie im Maschinenbau bei $m_n \geq 1$ mm gilt i. allg. $S_{H\min} = 1{,}3$.

Liegen für Werkstoffe keine Werte für $\sigma_{H\lim}$ vor, wird für Leistungsgetriebe mit Moduln $m < 1$ mm bei Dauerbetrieb $\sigma_{H\lim} \approx 1{,}2 R_e$, für weitere Getriebe der Feinwerktechnik oft $\sigma_{H\lim} \approx 3 R_e$ gesetzt; R_e Streckgrenze (s. Tafel 3.2).

Bei Leistungsgetrieben mit Modul $m_n \geq 1$ mm und $b/m_n \geq 10$ sind bei der Bestimmung von σ_{HP} zusätzlich folgende Faktoren einzubeziehen: Lebensdauerfaktor Z_N, Schmierstoffaktor Z_L, Geschwindigkeitsfaktor Z_v, Werkstoffpaarungsfaktor Z_W, Größenfaktor Z_X (Werte s. DIN 3990).

11.3.6.5 Berechnung von Kunststoffzahnrädern [3] [11.8]

Die Entwurfsberechnung von Stirnrädern aus Kunststoffen (Plastwerkstoffen) kann ebenfalls gemäß Abschn. 11.3.6.2 und die Nachrechnung der Tragfähigkeit mit den Beziehungen in den Abschnitten 11.3.6.3 und 11.3.6.4 erfolgen. Jedoch sind im Vergleich zu Metallen nicht Dauerfestigkeitswerte in Rechnung zu setzen, sondern degressiv mit der Lastspielzahl N abnehmende Zeitfestigkeitswerte. Darüber hinaus ist zu empfehlen, die Zahntemperatur sowie bei größerer zu übertragender Leistung die Zahnverformung und den Flankenverschleiß zu überprüfen [3].

Entwurfsberechnung

Schichtpreßstoffe (Hgw): C_{grenz} gemäß Gl. (11.33) wird aufgeteilt in einen von der Umfangsgeschwindigkeit abhängigen Faktor C'_{grenz} und einen von der Zähnezahl abhängigen Formfaktor Y_q, der sich von Y_{Fa} gemäß Abschn. 11.3.6.3 unterscheidet. Man erhält damit

$$F_t \leq bp(C'_{\text{grenz}} Y_q) ; \text{ Werte für } C'_{\text{grenz}} \text{ und } Y_q \text{ s. } \textbf{Tafel 11.8a, d.} \tag{11.40}$$

Thermoplaste: Werte für C_{grenz} in der Beziehung $F_t \leq bp C_{\text{grenz}}$ enthält **Tafel 11.8b**.

Bei Schrägstirnrädern ist für p die Stirnteilung $p_t = m_n \pi / \cos \beta$ zu setzen.

Nachrechnung der Zahnfuß- und Zahnflankentragfähigkeit

Für die Zahnfußspannung σ_F gilt Gl. (11.35) mit

$$\sigma_{FP} = \sigma_{FN}/S_{F\min} ; \tag{11.41}$$

σ_{FN} Zeitschwellfestigkeit, $S_{F\min}$ geforderte Mindestsicherheit, Werte für Thermoplaste s. Tafel 11.8c. Bei Schichtpreßstoffen (Hgw) kann analog Abschn. 11.3.6.3 mit $\sigma_{F\lim} \approx 50$ N/mm² gerechnet werden.

Für die Flankenpressung (Hertzsche Pressung) σ_H gilt Gl. (11.37) mit

$$\sigma_{HP} = \sigma_{HN}/S_{H\min} ; \tag{11.42}$$

σ_{HN} Zeitwälzfestigkeit, $S_{H\min}$ geforderte Mindestsicherheit; Werte s. Tafel 11.8c. Bei Schichtpreßstoffen (Hgw) kann analog Abschn. 11.3.6.4 mit $\sigma_{H\lim} \approx 100$ N/mm² gerechnet werden.

Nachrechnung von Zahnfußtemperatur und Zahnflankentemperaturkennwert

$$\vartheta_{\text{Fuß}} \approx \vartheta_0 + P\mu H_V \left[\frac{k_{\vartheta,\text{Fuß}}}{bz(vm_n)^{0,75}} + \frac{R_{\lambda,G}}{A_G} \right] ED^{0,64} \leq \vartheta_{\text{zul}}, \text{ in °C}; \tag{11.43a}$$

$$\vartheta_{\text{Fla}} \approx \vartheta_0 + P\mu H_V \left[\frac{k_{\vartheta,\text{Fla}}}{bz(vm_n)^{0,75}} + \frac{R_{\lambda,G}}{A_G} \right] ED^{0,64} \leq \vartheta_{\text{zul}}, \text{ in °C}; \tag{11.43b}$$

Tafel 11.8 Festigkeitswerte für Kunststoffzahnräder [3] [11] [11.8]
(Werte C'_{grenz} und C_{grenz} in N/mm² stellen zulässige Belastung dar; v_u in m/s; N Lastspielzahl)

a) Belastungskennwerte C'_{grenz} für Schichtpreßstoffe (Hgw)

v_u	0,5	1	2	4	6	8	10	12	15
C'_{grenz}	2,5	2,3	2,2	1,7	1,3	1,1	0,95	0,85	0,70

b) Belastungskennwert C_{grenz} für Thermoplaste
(PA Polyamid, POM Polyoximethylen, GF glasfaserverstärkt)

Kurzzeichen	Schmierung	v_u	C_{grenz} bei $N = 10^5$	10^8
PA 12	Öl	10	4,5	2,8
	Fett	5	6	2,4
	trocken	5	3,9	1
PA 6 6	Öl		7	3,7
PA 12-GF	Öl	10	6,6	5,6
	Fett	5	9	5,6
	trocken	5	5	
POM	Öl	12	10,4	4,6
	trocken	12	5	0,6

c) Zeitschwellfestigkeit σ_{FN} in N/mm² und Zeitwälzfestigkeit σ_{HN} in N/mm² für Thermoplaste in Abhängigkeit von Zahnflankentemperatur ϑ_H in °C und Schmierung bei Lastspielzahl $N = 10^8$ (Dauerbetrieb mit $S_{F min}$, $S_{H min} = 2 \ldots 3$; Werte für zeitweisen Betrieb s. [3] [11]); Werte ϑ_H gelten für ϑ_{Fla} und $\vartheta_{Fuß}$

Festigkeit	Kurzzeichen	Schmierung	$\vartheta_H = 20^{2)}$	40	60	80	100
σ_{FN}	PA 6 6		30	25	20	16	10
	POM		35	31	28	19	14
σ_{HN}	PA 6 6[1)]	Öl	52	50	48	42	36
		Fett	36	35	34	33	31
		trocken	26	25	23	21	19
	POM	trocken			15		

[1)] für PA 6 gelten 0,8fache Werte, [2)] bei $v_u < 3$ m/s entfällt Berechnung von ϑ_H, es ist mit $\vartheta_H = \vartheta_0$ zu rechnen.

d) Formfaktor Y_q für Zahnräder aus Schichtpreßstoff (Hgw) in Abhängigkeit von der Zähnezahl z

z	13	15	20	25	30	40	60	100
Y_q	0,7	0,85	1,00	1,08	1,14	1,21	1,27	1,34

mit Umgebungstemperatur ϑ_0 in °C; Nennleistung P in kW; Reibbeiwert μ (POM/POM: 0,28; PA/PA: 0,40); Zahnverlustgrad $H_V \approx 2,6(u+1)/(z_2 + 5)$ mit $u = z_2/z_1 \geq 1$ und Zähnezahl z_2 des Rades; Zahnbreite b in mm; Zähnezahl z des Kunststoffrades; Umfangsgeschwindigkeit v in m/s; Normalmodul m_n in mm; Wärmeübergangsbeiwerte bei Paarung Kunststoff/Kunststoff: $k_{\vartheta, Fuß} = 2,1 \cdot 10^6$, $k_{\vartheta, Fla} = 9,0 \cdot 10^6$; Wärmeübergangswiderstand des Getriebegehäuses: $R_{\lambda, G} = 0$ für offenes, = 15 ... 45 für teilweise offenes Gehäuse); wärmeabführende Oberfläche A_G des Gehäuses in m² (entfällt für offene Getriebe); ED relative Einschaltdauer (entspricht gesamter Einschaltdauer in Minuten innerhalb eines Zeitraums von zehn Minuten dividiert durch 10 Minuten; nach DIN EN 60034). Als Richtwert bei Zahnrädern aus Thermoplasten gilt $\vartheta_{zul} \leq$ 80 °C und bei solchen aus Schichtpreßstoffen (Hgw) $\vartheta_{zul} \leq 100$ °C (kurzzeitige Spitzentemperatur ≤ 120 °C).
Die Temperaturen $\vartheta_{Fuß}$ und ϑ_{Fla} können die Zahnfußtragfähigkeit und die Zahnflankentragfähigkeit herabsetzen.
• Nachrechnung von Verformung und Verschleiß sowie weitere Angaben s. VDI 2736 Thermoplastische Zahnräder.

11.3.7 Werkstoffwahl

• Die Auswahl der *Zahnradwerkstoffe der Feinwerktechnik* erfolgt in erster Linie nach wirtschaftlichen Überlegungen. Da der Werkstoff-Kostenanteil bei der Fertigung gegenüber dem Lohnanteil gering ist, sind niedrige Fertigungskosten bei geringem Verschleiß und gute Beständigkeit gegenüber Feuchteeinflüssen usw. für die Wahl der Werkstoffe bestimmend (s. a. Tafel 2.15).

Stahl wird verwendet, wenn Zahnräder trotz kleiner Abmessungen hohe Festigkeit haben müssen (Leistungsgetriebe) oder wenn hohe Herstellungsgenauigkeit und geringer Verschleiß gefordert sind (Meßgetriebe mit minimalem Flankenspiel).

Aus *Kupferlegierungen* (Messing) fertigt man hauptsächlich langsamlaufende Räder, die i. allg. geringe Kräfte zu übertragen haben, z. B. in Meßgeräten. Gegenüber Stahl weisen diese Werkstoffe bessere Verarbeitungseigenschaften und Korrosionsbeständigkeit auf. Außerdem sind sie unmagnetisch (z. B. CuZn37 oder CuZn40). Mitunter gelangt aber auch CuSn6 (Zinnbronze) zur Anwendung, z. B. wegen seiner Wasserbeständigkeit in Getrieben, die mit Wasser in Berührung kommen (Wasserzähler usw.), und bei stoßbeanspruchten Zahnrädern.

Kunststoffe [3] [11.8] weisen eine Reihe von Vorteilen auf. Sie wirken z. B. schwingungsdämpfend und gleichen durch niedrigen Elastizitätsmodul Verzahnungsabweichungen elastisch aus. Die Getriebe laufen geräuscharm, sie sind aber empfindlich gegen Feuchteeinflüsse, die die Maßhaltigkeit beeinträchtigen. Ihre vorrangige Anwendung erfolgt in Haushalt- und Büromaschinen, in Film- und Tonaufnahmegeräten und im Apparatebau. Wichtigste Vertreter sind die *Polyamide* (PA) und *Polyoximethylene* (POM), daneben aber auch Phenolharzpreßstoffe mit Gewebeeinlage (Hartgewebe). Beim Einbau von Hartgeweberädern darf die Betriebstemperatur nicht über 100 °C liegen, und Hartgeweberäder dürfen nicht miteinander gepaart werden, da dann erhöhter Verschleiß auftritt.

Getriebe mit Polyamidrädern sollen geschmiert werden. Dabei genügt grundsätzlich eine einmalige Schmierung vor Inbetriebnahme. Ihre Betriebstemperatur darf 80 °C nicht übersteigen. Bei nicht zu hoher Belastung können Polyamidräder miteinander in Eingriff stehen. Abgesehen von Rädern aus PA und POM sollten jedoch bei Getriebepaarungen für Rad und Gegenrad immer verschiedene Werkstoffe verwendet werden, um Verschleißminderung zu erreichen [11.8].

- Als *Zahnradwerkstoffe für Leistungsgetriebe* im Maschinen- und Elektromaschinenbau gelangen Stahl und Gußeisen sowie ebenfalls Hartgewebe und Polyamide zur Anwendung. Die besten Eigenschaften hierfür hat Stahl; bei Übertragung kleinerer Kräfte wird jedoch oft Gußeisen wegen seiner leichten Zerspanbarkeit und des geringen Fertigungsaufwands bevorzugt. Speziell bei Schneckenrädern für Leistungsgetriebe gelangt des weiteren CuSn12Ni2-C (Bronze) zum Einsatz.

11.3.8 Konstruktive Gestaltung und Schmierung [3] [10] [11] [11.6] [11.8]

Gegenstand der konstruktiven Gestaltung der Zahnräder sind in erster Linie die Radkörperform **(Bild 11.26)** und die Art der Verbindung von Radkörper und Welle (Nabenverbindungen, vgl. a. Abschn. 4). Wichtig sind dabei neben dem Grad der Lösbarkeit bzw. Verstellbarkeit das übertragbare Drehmoment, die Getriebepassung, die Werkstoffwahl und das Herstellungsverfahren bei Beachtung der Wirtschaftlichkeit. Neben der normalen Ausführung (Bild 11.26a) werden die Radkörper u. a. aus Gründen der Materialeinsparung (Leichtbau) durchbrochen (b, c) oder mit Aussparungen (d) versehen. Bei großen Stirnrädern wird als Zahnkranz (e) nur ein Stahlring aus hochwertigem Material auf den Gußradkörper aufgeschrumpft.

Bei Leistungsgetrieben des Maschinenbaus mit Modulm $m \geq 1$ mm darf die Zahnbreite nicht beliebig groß ausgeführt werden, da sonst zu große Spannungsspitzen infolge der durch Verformung und Fertigungsabweichungen hervorgerufenen ungleichmäßigen Lastverteilung auftreten. Richtlinien für die zweckmäßige Wahl des Zahnbreitenverhältnisses b/d_1 sind in DIN 3990 (s. auch [10]) enthalten. Allgemein gilt, daß bei gehärteter und geschliffener Verzahnung mit mittlerer Fertigungsqualität das Zahnbreitenverhältnis $b/d_1 = 0,4 \ldots 0,5$ und bei ungehärteter Verzahnung (vergütet oder normalgeglüht und wälzgefräst bzw. wälzgestoßen) $b/d_1 \leq 1$ betragen soll. Bei der Festlegung der Zähnezahl z_1 für das Ritzel ist die Unterschnittgrenze zu beachten. Bei höheren Umfangsgeschwindigkeiten ($v_u > 10$ m/s) ist zur

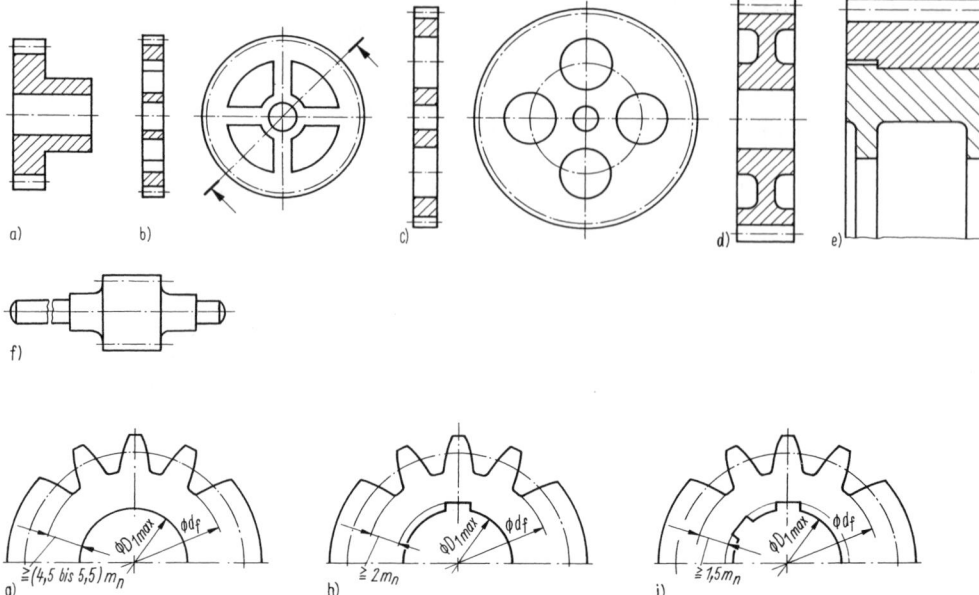

Bild 11.26 Gestaltung der Radkörper von Stirnrädern [3] [5] [10] [11] [11.8], s. auch **Anhang**, Abschn. A5.3
a) gedreht mit Bund; b) ausgeschnitten; c) gedreht; d) mit Aussparung; e) mit aufgeschrumpftem Zahnkranz; f) Ritzelwelle;
g) bis i) größtmöglicher Bohrungsdurchmesser $D_{1\,max}$ (Richtwerte) bei: Preßverbindung (g), Paßfederverbindung (h), Keilnabenverbindung (i)

Geräuschminderung Schrägverzahnung der Geradverzahnung vorzuziehen (Schrägungswinkel im Bereich $\beta = 8 \ldots 25°$). Kleinere Winkel sind zwecklos, und größere bewirken eine zu große Axialbelastung der Lager. Auf der Welle nicht verschiebbare Zahnräder der Leistungsgetriebe werden meist durch Preßpassung mit der Welle verbunden (s. Abschn. 4.3.1). Unterschreitet bei Ritzeln die Dicke zwischen Bohrung oder Paßfedernut und Fußkreis die im Bild 11.26g bis i angegebene Größe, dann müssen Ritzel und Welle als sog. Ritzelwelle (Bild 11.26f) aus einem Stück gefertigt werden.

▶ Flankenspielfreie Stirnradgetriebe siehe Bild 2.29.

Gehäusegestaltung

- Feinwerktechnische Zahnradgetriebe baut man oft mit Platinen auf **(Bild 11.27a)**, wobei auf möglichst stabile Anordnung zu achten ist. Die Verbindung der Platinen erfolgt i. allg. durch Nieten oder Verschrauben, und die Wellen sind in speziellen, in die Platinen eingepreßten Buchsen gelagert (s. Abschn. 8.1.2). Die Zwischenplatinen werden auf Stehbolzen gepreßt, ebenso sind die Zahnräder mit den Wellen durch Verpressen verbunden.
- Leistungsgetriebe, wie sie im Maschinen- und Elektromaschinenbau zum Einsatz kommen, werden i. allg. in einem geschlossenen Gehäuse angeordnet (Bild 11.27b). Die Teilfuge desselben verläuft meist horizontal und wird zur Erleichterung der Montage in die Ebene der Lagermitten gelegt. Dadurch können Zahnräder und Lager außerhalb des Getriebegehäuses auf den Wellen montiert werden. An den Lagerstellen sind Versteifungen vorgesehen, um eine verformungs- und schwingungsarme Gehäusekonstruktion zu erhalten. Dadurch wird ein gleichmäßiges Tragbild über die gesamte Zahnbreite erzielt und gleichzeitig die Geräuschabstrahlung vermindert. Die Verbindungsschrauben beider Gehäusehälften sollen aus gleichem Grunde möglichst nahe an den Lagerstellen angebracht werden. Die Lagerung der Wellen erfolgt in der Regel in Wälzlagern und nur in Sonderfällen (Großgetriebe) in Gleitlagern. In DIN 747 sind Achshöhen für Maschinen enthalten. Für die Serienfertigung werden aus wirtschaftlichen Gründen gegossene Gehäuse verwendet, bei Einzelfertigung geschweißte Ausführungen.

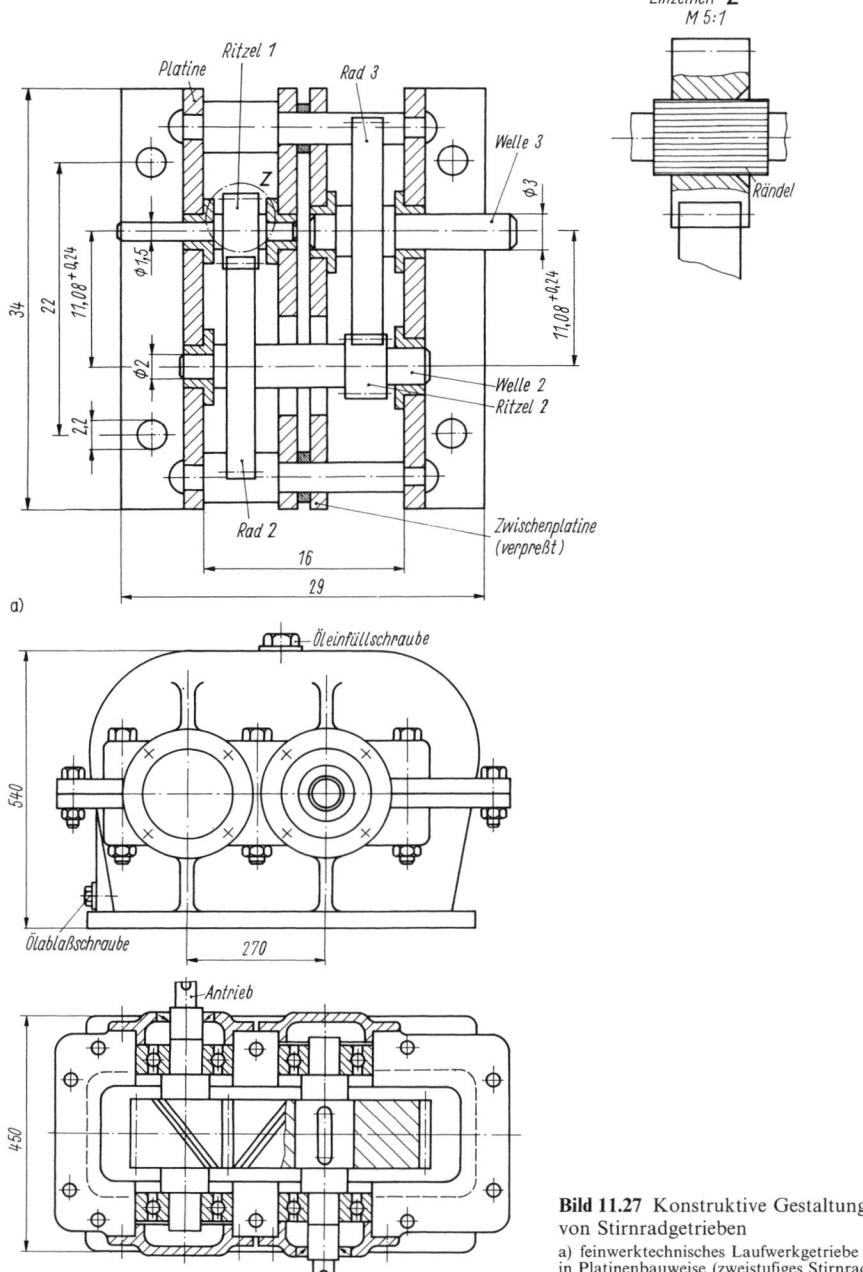

Bild 11.27 Konstruktive Gestaltung von Stirnradgetrieben
a) feinwerktechnisches Laufwerkgetriebe in Platinenbauweise (zweistufiges Stirnradgetriebe);
b) Leistungsgetriebe (einstufiges Stirnradgetriebe)

Schmierung

Zahnräder für Laufwerk- oder Meßgetriebe mit Moduln $m < 1$ mm und meist geringen Belastungen werden nur einmalig vor der Montage mit Fett oder Öl geschmiert. Ebenso ist für Leistungsgetriebe mit einer Umfangsgeschwindigkeit der Räder $v_u < 1$ m/s Fett als Schmierung ausreichend. Bei Industriegetrieben mit $v_u = 1 \ldots 10$ m/s muß man dagegen Tauchschmierung vorsehen, d. h., die Räder tauchen mit der Verzahnung in ein im Gehäuse stehendes Ölbad ein. Für Getriebe mit $v_u > 10$ m/s wird mit Umlaufschmierung und erforderlichenfalls mit Rückkühlung des Öls gearbeitet. Bei Umlaufschmierung wird das Öl durch Pumpen auf die in Eingriff kommenden Zahnflanken gespritzt.

11.4 Bauformen der Zahnradgetriebe

Im Abschn. 11.2.3 wurden bereits die Bauformen genannt, die sich aus der unterschiedlichen Lage der Achsen ergeben. Zu diesen Bauformen sollen die wichtigsten Getriebeparameter und Eigenschaften erläutert werden.

11.4.1 Stirnradgetriebe [3] [10] [11] [11.8] [11.14] bis [11.17]

Stirnradgetriebe sind die gebräuchlichsten Ausführungsformen. Sie werden eingesetzt zur Übertragung von Drehbewegungen und Drehmomenten zwischen parallelen Wellen sowohl bei stark miniaturisierter Bauweise mit Modulm ab 0,05 mm und Leistungen von nur einigen Watt als auch für Antriebsleistungen bis 20000 kW und Drehzahlen bis 100000 U/min. Die Umfangsgeschwindigkeit der gerad- oder schrägverzahnten Räder kann dabei im Extremfall 200 m/s erreichen. Der Wirkungsgrad je Übersetzungsstufe beträgt etwa 95 bis 99%.

Stirnradgetriebe werden für Übersetzungen bis acht als einstufige, bis 35 als zweistufige und darüber als mehrstufige Getriebe ausgeführt (Bilder 11.2 und 11.3). Das einstufige Getriebe (Bild 11.3a) hat die Übersetzung

$$i = n_1/n_2 = d_2/d_1 = z_2/z_1 \,. \tag{11.44}$$

Bei mehrstufigen Getrieben ist die Gesamtübersetzung das Produkt aus den Teilübersetzungen der einzelnen Stufen,

$$i_{ges} = i_I \cdot i_{II} \cdot \ldots \cdot i_n \,. \tag{11.45}$$

Für das zweistufige Getriebe nach Bild 11.3b und c gilt demnach

$$i_{ges} = n_1/n_3 = (n_1/n_2)(n_{2'}/n_3) = (d_2/d_1)(d_3/d_{2'}) = (z_2/z_1)(z_3/z_{2'}) \,. \tag{11.46}$$

Die Zahnräder 2 und 2' sitzen fest auf einer gemeinsamen Welle, deshalb ist $n_2 = n_{2'}$.

Die Aufteilung der Gesamtübersetzung in Teilübersetzungen wird bei mehrstufigen Leistungsgetrieben i. allg. unter der Voraussetzung vorgenommen, daß das Gesamtvolumen aller Räder ein Minimum wird. **Bild 11.28** zeigt die ermittelten optimalen Teilübersetzungen.

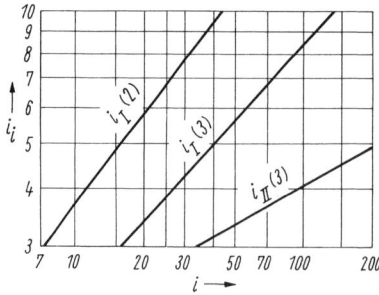

Bild 11.28
Aufteilung der Gesamtübersetzung bei mehrstufigen Leistungsgetrieben
$i_{I(2)}$ Teilübersetzung der ersten Stufe eines zweistufigen Getriebes;
$i_{I(3)}$ Teilübersetzung der ersten Stufe eines dreistufigen Getriebes;
$i_{II(3)}$ Teilübersetzung der zweiten Stufe eines dreistufigen Getriebes

Um die Fertigung von Stirnrädern feinwerktechnischer Laufwerkgetriebe mit i. allg. sehr kleinen zu übertragenden Leistungen zu vereinfachen, wird dagegen eine gleiche Übersetzung der einzelnen Stufen angestrebt. Die Stufenübersetzung i_i eines n-stufigen Getriebes errechnet sich dabei zu $i_i = \sqrt[n]{i_{ges}}$. Bei Umlaufrädergetrieben sind die Berechnungsformeln komplizierter. Es empfiehlt sich sowohl zur Analyse als auch zur Synthese die Anwendung des Kutzbach-Planes, einem grafischen Verfahren.

Der *Kutzbach-Plan* [3] besteht aus drei Teilen, dem Getriebeschema, dem Geschwindigkeitsplan und dem Drehzahlplan **(Bild 11.29 a)**.

Im *Getriebeschema* (I) ist das zu untersuchende Getriebe in einer die Drehachsen enthaltenden Schnittdarstellung aufgezeichnet, und zwar maßstäblich, soweit es die Raddurchmesser und den Achsabstand betrifft.

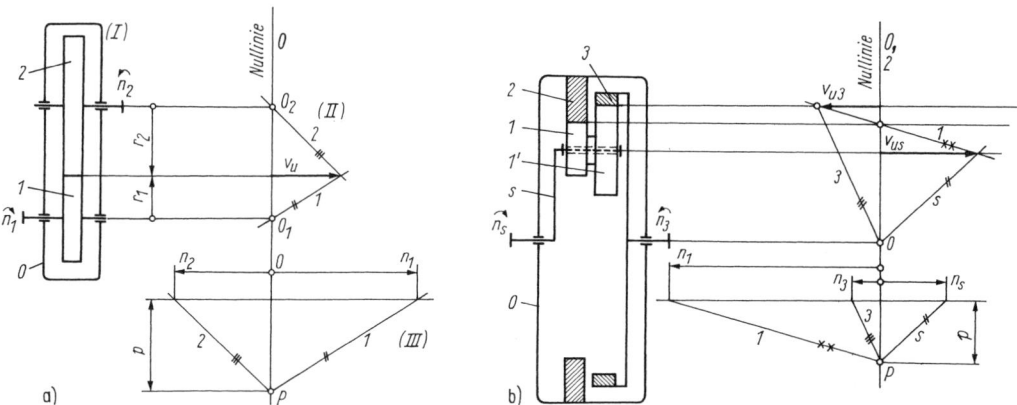

Bild 11.29 Kutzbach-Plan
a) für einstufiges Stirnradstandgetriebe
0 Gehäuse; *1, 2* Räder
b) für zweistufiges Umlaufrädergetriebe (vereinfachte Darstellung)
0 Gehäuse; *s* Steg; *1, 1'* Planeten- bzw. Umlaufräder; *2* innenverzahnter gestellfester Radkranz; *3* innenverzahntes Rad

Der *Geschwindigkeitsplan* (II) besteht aus der Nullinie, den aus dem Getriebeschema heraus verlängerten Achslinien der Räder sowie den Paarungslinien (in Bild 11.29a nur eine), die alle senkrecht auf der Nullinie stehen. Die die Umfangsgeschwindigkeiten der Räder repräsentierenden Linien *1* und *2* schneiden die Achslinien jeweils auf der Nullinie (in den Drehachsen ist $v_u = 0$) und schneiden einander auf der Paarungslinie. Der Abstand dieses Schnittpunkts von der Nullinie ist der Umfangsgeschwindigkeit v_u der beiden Räder auf dem Wälzkreis proportional.

Der *Drehzahlplan* (III) entsteht, indem die Geschwindigkeitslinien parallel zu sich selbst so verschoben werden, daß beide durch den frei gewählten Pol *P* auf der Nullinie gehen. Senkrecht zur Nullinie im geeigneten Abstand *p* (Polabstand) wird eine Linie gezogen, auf der die Geschwindigkeitslinien die Abschnitte $\overline{n_1 0}$ und $\overline{0 n_2}$ abschneiden. Das Verhältnis dieser Strecken ist dem Verhältnis der zugeordneten Drehzahlen der Räder gleich. Darüber hinaus ist der Drehsinn der Räder zu erkennen. Liegen beide Abschnitte auf der gleichen Seite der Nullinie, so haben beide Räder den gleichen Drehsinn. Im anderen Fall liegen die entsprechenden Abschnitte beiderseits der Nullinie.

Das Bild 11.29b zeigt ein zweistufiges Umlaufrädergetriebe und die Anwendung des Kutzbach-Plans auf dieses Getriebe.

Die Antriebsdrehzahl n_s des Steges *s* sei gegeben und n_3 gesucht. Nach Aufzeichnen des Getriebeschemas sowie der Achslinien, der Paarungslinien und der Nullinie wählt man eine geeignete Lage des Pols *P* und einen Polabstand *p*. Dann wird mittels eines Maßstabs (vgl. Abschn. 3.2.1) die Drehzahl n_s eingetragen. Die sich damit ergebende Linie *s* kann nun in den Geschwindigkeitsplan übertragen und v_{us} ermittelt werden. Die Räder *1, 1'* sind fest miteinander verbunden und auf dem Steg drehbar gelagert. Ihre Drehachse ist ein Punkt des Steges, also muß die Geschwindigkeitslinie *1* der Räder *1, 1'* durch den Endpunkt der Geschwindigkeit v_{us} gehen. Außerdem wälzt Rad *1* auf dem innenverzahnten gestellfesten Zahnkranz *2* ab. Dieser Wälzpunkt ist ein Momentandrehpunkt der Räder *1, 1'*. Deshalb muß die Geschwindigkeitslinie *1* auch durch den Schnittpunkt dieser Paarungslinie mit der Nullinie gehen. Damit sind Lage und Richtung der Linie *1* bestimmt. Da das innenverzahnte Rad *3* mit Rad *1'* im Eingriff steht, hat es die gleiche Umfangsgeschwindigkeit wie dieses. Rad *3* ist zentral gelagert, seine Geschwindigkeitslinie *3* kann nun ebenfalls eingezeichnet werden. Aus dem Drehzahlplan geht hervor, daß sich das Rad *3* (Abtrieb) gegenläufig zum Steg (Antrieb) dreht. Entspricht die Strecke $\overline{0n_s}$ z. B. einer Drehzahl $n_s = 300$ U/min, so folgt für die Strecke $\overline{n_3 0}$ eine Drehzahl von $n_3 = 130$ U/min.

11.4.2 Kegelradgetriebe [3] [10] [11]

Die Achsen der Kegelräder schneiden sich unter dem Winkel Σ im Punkt *0* (**Bild 11.30a**), und die Wälzkegel der jeweils miteinander kämmenden Räder berühren sich in der gemeinsamen Mantellinie $\overline{0C}$. Sie rollen bei der Drehung, ohne zu gleiten, aufeinander ab.

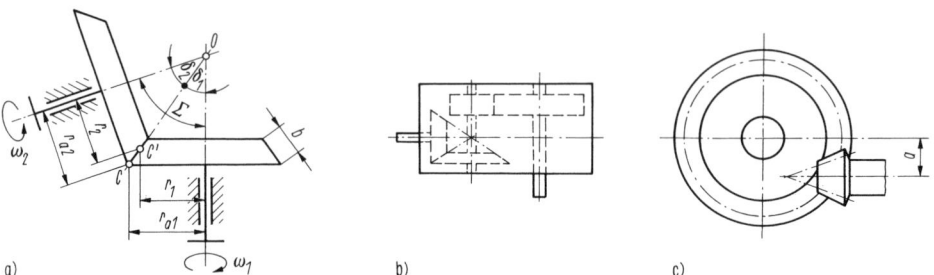

Bild 11.30 Kegelradgetriebe
a) Bezeichnungen; b) Kegelstirnradgetriebe; c) Schraubenkegelradgetriebe (*a* Achsversetzung)

Mit den Beziehungen von Bild 11.30a gilt

$$\text{Übersetzung} \quad i = n_1/n_2 = z_2/z_1 = r_2/r_1 = \sin \delta_2 / \sin \delta_1 \qquad (11.47\text{a})$$

$$\text{Achsenwinkel} \quad \Sigma = \delta_1 + \delta_2 \,. \qquad (11.47\text{b})$$

Die Teilkegelwinkel δ_1 und δ_2 ergeben sich aus

$$\cot \delta_1 = (z_2/z_1 + \cos \Sigma)/\sin \Sigma \quad \text{bzw.} \quad \cot \delta_2 = (z_1/z_2 + \cos \Sigma)/\sin \Sigma \,. \qquad (11.48)$$

Für den häufig vorkommenden Fall $\Sigma = 90°$ vereinfachen sich die Gleichungen zu

$$\tan \delta_1 = z_1/z_2 \quad \text{bzw.} \quad \tan \delta_2 = z_2/z_1 \,.$$

Wegen der Anordnung der Zähne auf den kegelförmigen Radkörpern sind Teilung, Zahndicke, Lückenweite, Zahnhöhe und Raddurchmesser nicht wie beim Stirnrad konstant, sondern ändern sich stetig über die Zahnbreite *b*. Für die Zahnkräfte gelten:

$$\text{Radialkraft} \quad F_{r1,2} = F_t \tan \alpha \cos \delta_{1,2} \qquad (11.49)$$

$$\text{Axialkraft} \quad F_{x1,2} = F_t \tan \alpha \sin \delta_{1,2} \qquad (11.50)$$

mit der Umfangskraft (Tangentialkraft) $F_t = M_d/r$.

Kinematisch einwandfreier Lauf wird nur erzielt, wenn beide Kegelspitzen im Schnittpunkt der Achsen liegen. Kegelräder müssen deshalb sehr genau gelagert und in Axialrichtung eingestellt werden. Kegelradgetriebe sind für Übersetzungen bis $i = 6$ einsetzbar. Für größere Übersetzungen kommen Kombinationen mit Stirnradgetrieben zur Anwendung (Bild 11.30b), und zwar bis $i = 40$ als zweistufige und bis $i = 250$ als dreistufige Ausführungen. Für geringe Anforderungen bezüglich Tragfähigkeit und Laufruhe können geradverzahnte Kegelräder eingesetzt werden. Für höhere Anforderungen werden Kegelräder meist bogenverzahnt sowie gehärtet und in dieser Form auch in Schraubenkegelradgetrieben (Hypoidgetrieben) für sich kreuzende Wellen angewendet (Bild 11.30c). Vorteilhaft ist die erhöhte Laufruhe und die Möglichkeit der beiderseitigen Lagerung des Ritzels. Hauptanwendungsgebiet dieser Bauform ist der Achsantrieb von Kraftfahrzeugen; wegen der komplizierten Fertigung und Montage sollte ihre Anwendung in der Feinwerktechnik vermieden werden.

11.4.3 Schneckengetriebe [3] [10] [11]

Wie im Abschn. 11.2.3 bereits erwähnt, können die Radkörper Zylinder oder Globoide sein. Folgende vier Kombinationen sind möglich **(Bild 11.31)**: Zylinderschnecke – Globoidrad (a), Zylinderschnecke – Zylinderrad (Stirnrad) (b) sowie Globoidschnecke – Zylinderrad (Stirnrad) und Globoidschnecke – Globoidrad.

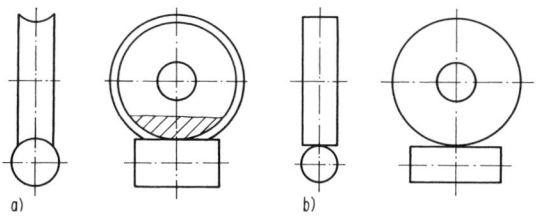

Bild 11.31
Bauformen der Schneckengetriebe
[3]
a) Zylinderschnecke – Globoidrad;
b) Zylinderschnecke – Zylinderrad

Das Kleinrad wird meist als Zylinderschnecke ausgeführt. Sie hat trapezähnliches Gewinde mit der Gangzahl g (i. allg. g = 1 ... 5), die der Zähnezahl z_1 entspricht. Für das Großrad (Schneckenrad) wird i. allg. ein Globoidrad verwendet. In der Feinwerktechnik genügt jedoch oft ein einfaches Schrägstirnrad, vor allem wenn es sich um niedrig belastete Getriebe handelt. Für die Paarung Zylinderschnecke – Globoidrad gilt:

Übersetzung $\quad i = n_1/n_2 = z_2/g = z_2/z_1$ \hfill (11.51)

Mitten- bzw. Teil-
kreisdurchmesser $\quad d_{m1}\,(=d_1) = z_1 m_n/\sin\gamma_m; \quad d_2 = m_t z_2$ \hfill (11.52)

Mittensteigungs-
winkel $\quad \tan\gamma_m = d_2/(u d_{m1}), \quad u = z_2/z_1$. \hfill (11.53)

Wird $\gamma_m \leq \varrho$ (ϱ Reibungswinkel), tritt Selbstsperrung auf. Der Modul im Normalschnitt m_n und der Modul im Stirnabschnitt m_t sind verknüpft durch

$$m_n = m_t \cos\gamma_m,$$

wobei m_n der Auswahlreihe nach Tafel 11.3 entsprechen muß.

Schneckengetriebe werden vorzugsweise für große Übersetzungen ins Langsame eingesetzt ($i_{max} = 100$ je Übersetzungsstufe). Sie können höhere Leistungen als z. B. Schraubenstirnradgetriebe (s. Abschn. 11.4.4) übertragen, laufen geräuscharm, sind aber empfindlich gegen Achsabstandsänderungen und haben einen relativ schlechten Wirkungsgrad. Der Achsabstand beträgt $a = (d_1 + d_2)/2$.

11.4.4 Schraubenstirnradgetriebe [3] [10] [11]

Bei Schraubenstirnradgetrieben haben die Flankenlinien der gepaarten Räder im Gegensatz zu Stirnradgetrieben mit schrägverzahnten Rädern gleichen Steigungssinn (beide rechts- oder beide linkssteigend). Der Achsenwinkel Σ ist gegeben durch die Schrägungswinkel β_1 und β_2 der Räder:

$$\Sigma = \beta_1 + \beta_2.$$ \hfill (11.54)

Für die Übersetzung gilt:

$$i = n_1/n_2 = z_2/z_1 = (d_2/d_1)(\cos\beta_2/\cos\beta_1).$$ \hfill (11.55)

Das bedeutet, daß im Gegensatz zu Stirnradgetrieben mit Schraubenrädern gleichen Durchmessers Übersetzungen $i \neq 1$, z. B. $i = 2$ verwirklicht werden können.

Die Berührungsverhältnisse von zwei im Eingriff stehenden Flanken sind bei Schraubenstirnradgetrieben **(Bild 11.32)** wesentlich ungünstiger als bei Stirnradgetrieben. Neben dem Wälzgleiten

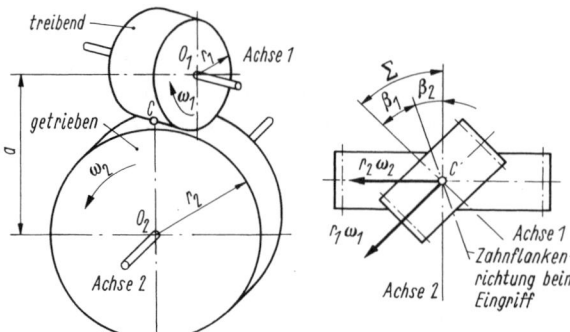

Bild 11.32
Schraubenstirnradgetriebe [3]

tritt noch ein Schraubgleiten auf, und entlang der Flanken herrscht Punktberührung. Dies hat eine größere Flächenpressung und damit höheren Verschleiß zur Folge. Im Vergleich zu den Schneckengetrieben sind Schraubenstirnradgetriebe nur für kleinere Leistungen geeignet, jedoch ist ihre Unempfindlichkeit gegen geringe Abweichungen im Achsenkreuzungswinkel und geringe Achsabstandsvergrößerung vorteilhaft. Der Wirkungsgrad ist stark vom Schrägungswinkel der Räder abhängig, die günstigsten Verhältnisse liegen bei $\beta_1 = \beta_2 = \Sigma/2 = 45°$. Schraubenstirnradgetriebe können selbstsperrend ausgeführt werden.

11.5 Zugmittelgetriebe
[3] [10] [11] [11.12]

Zugmittelgetriebe finden Anwendung, wenn größere Abstände zwischen An- und Abtriebswelle zu überbrücken sind oder die räumlichen Gegebenheiten andere Getriebearten ausschließen. Sie zeichnen sich gegenüber Zahnradgetrieben durch einen einfachen Aufbau aus und erfordern geringen Aufwand bezüglich der Wartung. Man unterscheidet zwischen kraftgepaarten (Schnur- und Bandgetriebe, Flachriemen-, Keilriemengetriebe) und formgepaarten Zugmittelgetrieben (Zahnriemen-, Kettengetriebe). Die kraftgepaarten Getriebe, deren Zugmittel ungegliedert sind, arbeiten schwingungs- und stoßdämpfend und laufen geräuscharm, während die formgepaarten Getriebe gegliederte Zugmittel haben, dadurch höhere Leistungen übertragen können und auch keine größere Vorspannung benötigen, so daß Wellen und Lager weniger beansprucht werden. Infolge des Polygoneffekts (s. Abschn. 11.5.2) entsteht aber eine mehr oder

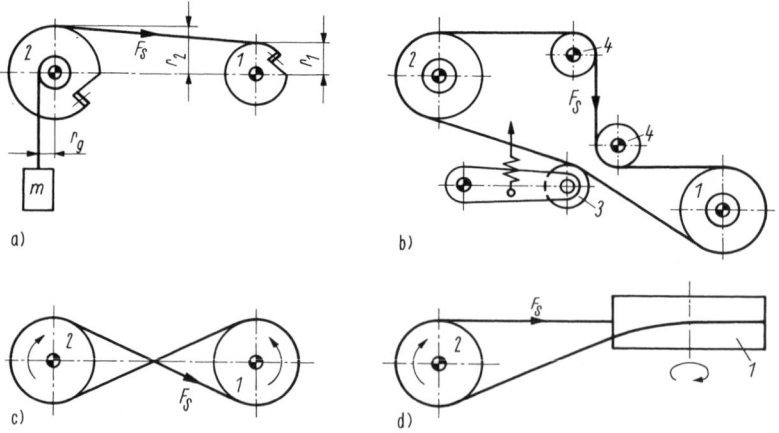

Bild 11.33 Anordnungsmöglichkeiten von Zugmittelgetrieben [3]
a) ebene Anordnung; b) mit Umlenk- und Spannrolle; c) gekreuzt; d) halbgekreuzt
a) offenes Zugmittel; b), c), d) geschlossenes Zugmittel; 1, 2 An-, Abtriebsscheibe; 3 Spannrolle; 4 Umlenkrollen; F_S Zugmittelbelastung

weniger große Ungleichmäßigkeit der Drehbewegung. **Bild 11.33** zeigt schematisch die verschiedenen Anordnungen der Zugmittelgetriebe, deren Zugmittel offen (a) oder geschlossen (b, c, d) ausgebildet und die Getriebeglieder in einer Ebene (a, b, c) oder räumlich angeordnet sein können (d).

Bei Leistungsgetrieben werden als Zugmittel vorwiegend Flach- und Keilriemen sowie Zahnriemen und Ketten verwendet. Für feinwerktechnische Getriebe kleiner Leistung und für Führungsgetriebe gelangen auch einfache Schnüre, Seile, Bänder oder Drähte zur Anwendung.

11.5.1 Zugmittelgetriebe mit Kraftpaarung (Schnur-, Band-, Flachriemen- und Keilriemengetriebe)

Schnur- und Bandgetriebe mit *geschlossenem Zugmittel* finden in der Feinwerktechnik dann Anwendung, wenn bei kleinen zu übertragenden Leistungen eine fortlaufende Drehbewegung an eine oder mehrere Wellen weiterzuleiten ist, die einen größeren Abstand zueinander haben, bzw. wenn bei Schwenkbewegungen Drehwinkel größer als 360° zu realisieren sind. Beispiele zeigen die Bilder 11.33 b), c) und d). Bei Getrieben mit *offenem Zugmittel* sind in Bild 11.33 a) sowie in **Bild 11.34** Bauformen dargestellt, mit denen man Dreh- in Drehbewegungen mit konstanter (vgl. Bild 11.33 a) oder veränderlicher Übersetzung (Bild 11.34 a) umformen kann sowie auf einfache Weise auch eine Schub- in eine Drehbewegung (b). Häufig finden diese Schubgetriebe Anwendung für den Antrieb eines Linearschlittens.

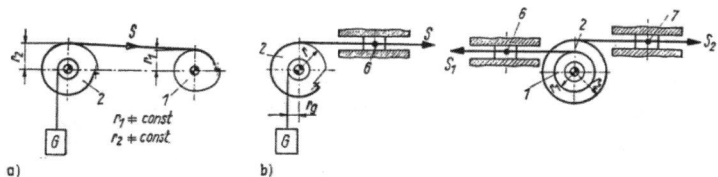

Bild 11.34 Getriebe mit offenem Zugmittel
1, 2 An-, Abtriebsscheibe; *6, 7* Schubglied; *S* Zugmittelbelastung; *G* Gewichtskraft

Schnüre wendet man bei diesen Getrieben für kleine bis mittlere Zugkräfte an. Sie werden aus Hanf (Durchmesser 3 ... 4 mm), Baumwolle (1 ... 3 mm), Darmsaiten (0,7 ... 2 mm) sowie aus Seide und Kunststoff (evtl. umsponnen) hergestellt. Bei größeren Kräften wählt man Leder (Durchmesser 4 ... 8 mm) oder auch Drahtwendel, Drahtseile und neuerdings Aramid-Fasern.

Bänder werden aus gewebter Baumwolle oder Seide, aus Gummi, Leder oder, bei geringer zulässiger Dehnung, aus Stahl und bei Korrosionsgefahr z. B. auch aus Phosphorbronze gefertigt.

Flachriemengetriebe [3] [10] gelangen bei Übertragung größerer Leistungen zur Anwendung. Sie zeichnen sich durch günstiges elastisches Verhalten (stoß- und schwingungsmindernd) und einen Wirkungsgrad von 97 bis 98% aus. Es können Leistungen bis etwa 30 kW je cm Riemenbreite bei Riemengeschwindigkeiten bis 100 m/s übertragen werden. Die Übersetzung ist im Normalfall bis $i = 8$ und bei Verwendung von Spezialriemen bis $i = 15$ ausführbar. Als Riemenwerkstoffe dienen Leder, Kunststoffe und Textilien. Leder hat gutes Dehnungsverhalten und Haftvermögen. Reine Lederriemen werden aber zunehmend von tragfähigeren kombinierten Flachriemen verdrängt. Diese bestehen aus einem Polyamidband, das auf der Laufseite mit dünnem Chromleder als Adhäsionsmaterial und auf der Außenseite mit dünnem Deckleder als Schutzmantel versehen ist **(Bild 11.35a)**. Textilriemen haben eine Zugschicht aus Baumwoll-, Kunstseide- oder Polyamidgewebe zur Aufnahme der Zugspannungen und eine ein- oder beidseitige Laufschicht aus PVC (weich) oder Gummi zur Verbesserung des Haftvermögens (b). Sind z. B. mit Rücksicht auf die Montagemöglichkeit endliche Riemen einzusetzen, werden deren Enden im Gegensatz zu früher üblichen verschraubten Platten (c) jetzt fast ausschließlich durch Kleben verbunden (d). Die Riemenscheiben sind vorzugsweise aus Gußeisen und die Riemenbreite nach DIN 111 zu wählen. Zu beachten ist, daß die Scheibe stets breiter sein muß als der Riemen und daß durch eine Scheibenwölbung (Bild 11.35e) das Abwandern des Riemens verhindert wird. Die Lauffläche der Scheibe ist möglichst fein zu bearbeiten und zu polieren, um den durch Dehnschlupf auftretenden Verschleiß zu vermindern und die Reibung klein zu halten.

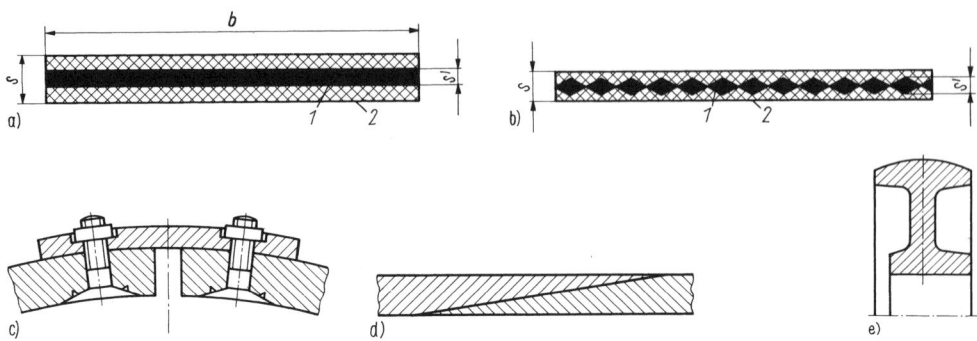

Bild 11.35 Flachriemen
a) Leder-Polyamid-Riemen; b) Textilriemen; c), d) Riemenverbindung mittels Platten bzw. durch Kleben; e) Flachriemenscheibe
1 Zugschicht; *2* Lauffläche

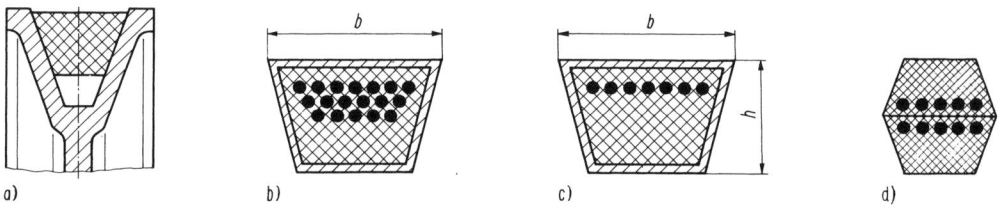

Bild 11.36 Keilriemengetriebe (Riemenscheibe und Riemenarten)
a) Keilriemenscheibe einrillig (maximal 19 Rillen); b) Normalkeilriemen, Paketkordausführung; c) Normalkeilriemen, Kabelkordausführung; d) Doppelkeilriemen

Bei **Keilriemengetrieben** [3] [10] wird das Zugmittel (Keilriemen) unter der Belastung in die trapezförmige Rille der Riemenscheibe hineingezogen **(Bild 11.36a)**. Infolge der Keilwirkung entstehen dadurch bereits bei relativ geringer Vorspannung große Reibkräfte an den Flanken. Die Vorteile gegenüber Flachriemengetrieben sind kleinere Lagerbelastungen und größere Übersetzungen bei kleineren Achsabständen. Die maximale Übersetzung beträgt $i = 15$. Nachteilig gegenüber dem Flachriemen sind die höheren Biegeverluste, die stärkere Walkarbeit und die große Erwärmung. Die zulässigen Riemengeschwindigkeiten sind deshalb bei Keilriemengetrieben niedriger als bei Flachriemengetrieben.

Keilriemen (Bilder 11.36b bis d) bestehen aus Fadensträngen (Kunstseide, Polyesterfasern u. ä.), Zugorganen (Paketkord, Kabelkord) und einem Gummipolster, das die Fadenstränge umhüllt und den Keilriemen profiliert. Das Gummiprofil wird von einem aufvulkanisierten Hüllgewebe umschlossen, das die Reibkräfte zwischen Riemen und Scheibenrille übernimmt und darüber hinaus gegen Einwirkung von Öl und Staub schützt. Der Kabelkordriemen ist biegeelastischer und für hohe Umfangsgeschwindigkeiten besser geeignet als der Paketkordriemen. Dem Bestreben nach höheren Umfangsgeschwindigkeiten kommt vor allem der Schmalkeilriemen entgegen. Während die Geschwindigkeitsgrenze bei Normalkeilriemen bei 25 m/s liegt, erreicht man mit dem Schmalkeilriemen maximal etwa 40 m/s. Keilriemen werden als Meterware oder als endlose Riemen geliefert. Sofern es die Montage gestattet, sollten endlose Riemen bevorzugt werden, da sie durch Fortfall des Keilriemenschlosses einen ruhigeren Lauf und höhere Lebensdauer sichern. Das Einsatzgebiet für Keilriemengetriebe ist praktisch unbegrenzt. Es reicht von Kleinantrieben in der Feinwerktechnik und in Haushaltmaschinen über leichte Antriebe, z. B. in Kreiselpumpen und Ventilatoren, bis zu Schwerlastantrieben wie Steinbrecher-, Bagger- und Krananantrieben.

Generell ist bei der Konstruktion von Zugmittelgetrieben mit Kraftpaarung auf das ordnungsgemäße Spannen des Zugmittels zu achten. Es kann bei geschlossenen Zugmitteln entweder durch Verändern der Länge oder durch Spannvorrichtungen (Bild 11.33b und **Bild 11.37**) erzielt werden. Nur bei stark elastischen Materialien (Gummischnüre oder Drahtwendel) sind keine besonderen Maßnahmen notwendig.

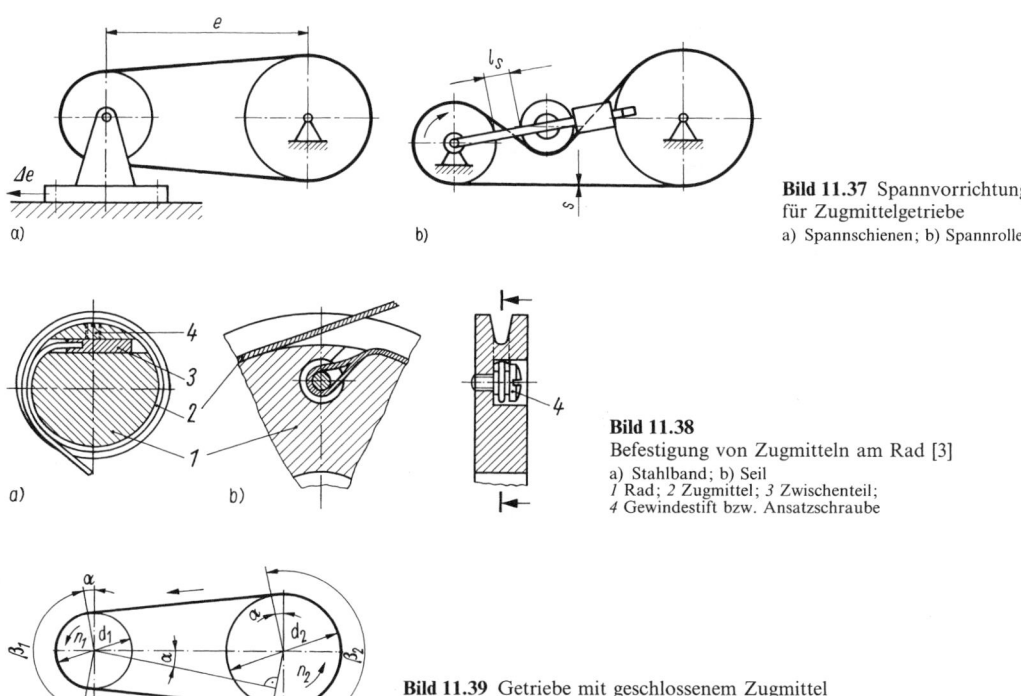

Bild 11.37 Spannvorrichtung für Zugmittelgetriebe
a) Spannschienen; b) Spannrolle

Bild 11.38
Befestigung von Zugmitteln am Rad [3]
a) Stahlband; b) Seil
1 Rad; *2* Zugmittel; *3* Zwischenteil; *4* Gewindestift bzw. Ansatzschraube

Bild 11.39 Getriebe mit geschlossenem Zugmittel
e Achsabstand; d_1, d_2 Scheibendurchmesser; α Trumneigungswinkel; β Umschlingungswinkel; *1, 2* treibende, getriebene Scheibe

Bei Verwendung von offenen Zugmitteln, wie in Registriergeräten, Positioniereinrichtungen (z. B. Linearachsen [11.11]) und Stelleinrichtungen (Skalentrieb), muß des weiteren der Befestigung der Zugmittelenden am treibenden und am getriebenen Rad besondere Beachtung geschenkt werden, weil die Einspannstelle die Bewegungsübertragung nicht stören darf **(Bild 11.38)** [3].

Die zu übertragenden Drehmomente bei Getrieben mit geschlossenen Zugmitteln sind vom Umschlingungswinkel abhängig (s. a. [3] [10]). Für die geometrischen Abmessungen der Zugmittelgetriebe nach **Bild 11.39** gelten folgende Beziehungen:

Übersetzung	$i = n_1/n_2 \approx d_2/d_1$ (es tritt Schlupf auf)	(11.56a)
Trumneigungswinkel	$\sin \alpha = (d_2 - d_1)/(2e)$	(11.56b)
Umschlingungswinkel	$\beta_1 = 180° - 2\alpha$; $\beta_2 = 360° - \beta_1$	(11.56c)
Zugmittellänge	$L = 2e \cos \alpha + 0{,}5\pi(d_2 + d_1) + (d_2 - d_1)\pi\alpha/180°$.	(11.56d)

Der Achsabstand *e* läßt sich nicht aus der Gl. für *L* berechnen, da α unbekannt ist. Näherungsgleichung für *e* s. [3].

260   11 Zahnrad- und Zugmittelgetriebe

Für eine winkeltreue Übertragung, wie sie oft in der Feinwerktechnik verlangt ist, sind die Zugmittelgetriebe mit Kraftpaarung wegen des auftretenden Schlupfes nicht geeignet.

11.5.2 Zugmittelgetriebe mit Formpaarung (Zahnriemen- und Kettengetriebe)

Zahnriemengetriebe (Synchronriemengetriebe) [3] [11.11] verbinden die Vorzüge des Riemens (kleine Masse, hohe Umfangsgeschwindigkeit, Geräuscharmut, Wartungsfreiheit) mit denen der Kette (Schlupffreiheit, geringe Vorspannung). Die Umfangskraft wird durch Formpaarung übertragen, indem ähnlich wie bei Zahnradgetrieben die Riemenzähne in die Zahnlücken der Scheiben eingreifen **Bild 11.40**). Hinsichtlich Aufbau und Technologie lassen sich gegenwärtig zwei Zahnriementypen unterscheiden. Man teilt sie nach der Art des Basismaterials des Riemens und damit des Herstellungsverfahrens in Polychloroprene-Riemen (CR-Riemen — Vulkanisationsverfahren) und Polyurethan-Riemen (PU-Riemen — Gieß- oder Extrusionsverfahren) ein. Der grundsätzliche Aufbau des Riemens ist bei beiden Arten ähnlich. Längsstabile Zugträger sind im Basismaterial vollständig eingebettet, eine schützende Nylon-

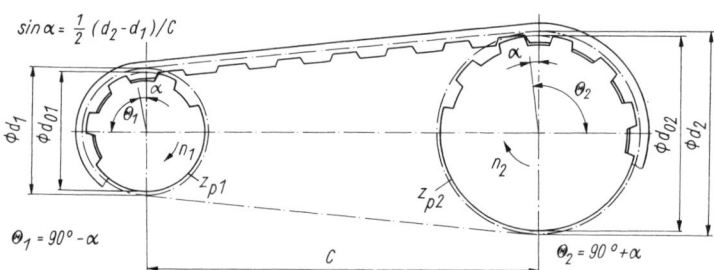

Bild 11.40 Zahnriemengetriebe
C Achsabstand; d_1, d_2 Wirkdurchmesser; d_{01}, d_{02} Außendurchmesser der Scheiben; z_{p1}, z_{p2} Scheibenzähnezahlen; Θ_1, Θ_2 halber Umschlingungswinkel; α Trumneigungswinkel; Index 1: treibende Scheibe, Index 2: getriebene Scheibe (Zeichen und Benennungen nach DIN ISO 5288 und DIN 7721 [3] [11.11])

Gewebeschicht über die Verzahnung ist nur bei CR-Riemen erforderlich. PU-Riemen können aber zusätzlich mit einer solchen Schutzschicht versehen werden, z. B. für den Fall des Gleitens über Stützschienen in Transportsystemen zur Senkung des Reibwertes. CR-Zahnriemen werden mit Zugsträngen aus Glasfaser oder Aramid, PU-Zahnriemen mit solchen aus Stahllitze oder Aramid hergestellt.

Die Zahnscheiben für beide Riemenarten unterscheiden sich grundsätzlich nicht. Sie besitzen einseitig oder auch beiderseitig angebrachte Bordscheiben, um ein Ablaufen des Riemens zu verhindern. Dieses Ablaufverhalten resultiert zum einen aus dem inneren Aufbau des Riemens, zum anderen aus Montageabweichungen. So verlaufen die im endlosen Riemen eingebetteten Zugstränge spiralförmig, mit der Folge der Erzeugung einer axialen Kraftkomponente bereits bei Vorspannung und damit der Gefahr des seitlichen Ablaufens von der Scheibe. Werden Riemen als sogenannte Meterware, z. B. für Anwendungen in der Lineartechnik, hergestellt, liegen die Zugstränge kantenparallel und das Ablaufverhalten reduziert sich auf das Wirken vorhandener Montageabweichungen, insbesondere Achsneigungs-, Achsschränkungs- und Fluchtungsabweichungen der Scheiben.

Die Anzahl angebotener Profilgeometrien ist groß. So gibt es Trapezprofile, Profile mit Kreisbogenform (HTD), Profile mit parabolischer Flanke (S, STD, GT) oder auch speziell geformte Profile (ATP, RPP, OMEGA) in einem breiten Teilungs- und Längensortiment **(Tafel 11.9)**. Die sogenannten Hochleistungsprofile zeichnen sich gegenüber den genormten Trapezprofilen grundsätzlich durch ein vergrößertes Riemenzahnvolumen **(Bild 11.41)** und verstärkte, biegewilligere Zugstränge aus, was zu einer deutlichen Steigerung der Leistungsfähigkeit führt.

Zollgeteilte Zahnriemen mit Trapezprofil (auch doppeltverzahnt) sind in DIN ISO 5296, die zugehörigen Zahnscheiben in DIN ISO 5294 genormt. Das metrisch geteilte Trapezprofil

11.5 Zugmittelgetriebe

Tafel 11.9 Zahnriemenprofile (Auswahl); weitere Profile und neues Berechnungsverfahren s. [11.11]

Profilbezeichnung	Teilungs-kurzzeichen	Teilung in mm	Profilbezeichnung	Teilungs-kurzzeichen	Teilung in mm
Standardprofil Trapezform (nach DIN 7721)	T2,5	2,500	Hochleistungsprofil Trapezform (nicht genormt)	AT3	3,000
	T5	5,000		AT5	5,000
	T10	10,000		AT10	10,000
	T20	20,000		AT20	20,000
Standardprofil Trapezform (nach ISO 5296)	MXL	2,032	Hochleistungsprofil Kreisform (z. T. nach ISO 13050)	HTD 3M	3,000
	XXL	3,175		HTD 5M	5,000
	XL	5,080		HTD 8M	8,000
	L	9,525		HTD 14M	14,000
	H	12,700	Hochleistungsprofil Parabolform (z. T. nach ISO 13050)	S 3M	3,000
	XH	22,225		S 5M	5,000
	XXH	31,750		S 8M	8,000

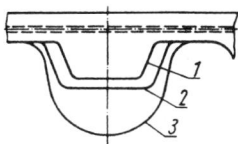

Bild 11.41 Standard- und Hochleistungsprofile
1 Standardprofil (Trapezform); *2* Hochleistungsprofil mit vergrößertem Zahnvolumen (Trapezform, sog. Automobilprofil); *3* Hochleistungsprofil HTD (Kreisform)

ist in DIN 7721, Teil 1 und 2 beschrieben. Die sogenannten krummlinigen Profile (H, S und R entsprechen weitestgehend den von vielen Herstellern verwendeten Größen HTD, S oder STD und RPP) sind seit 1999 in ISO 13050 festgelegt. Ein Überblick zur Berechnung von Zahnriemengetrieben vermittelt ISO 5295, wobei aber die notwendigen Leistungsdaten für die Festlegung der Riemenbreite nicht enthalten sind und somit diese Norm mehr informativen Charakter besitzt. Anwendungsorientierter ist die Richtlinie VDI 2758, die neben der Berechnung von Zahnriemengetrieben auch eine Auslegung von Flach- und Keilriemen ermöglicht. In ISO 5288 wird das Vokabular von Zahnriemengetrieben geregelt, wobei nach Norm eigentlich nicht von Zahn-, sondern von Synchronriemen zu sprechen ist. Der VDI, die meisten Produzenten und Anwender im deutschsprachigen Raum verwenden aber fast ausschließlich den Begriff „Zahnriemen".

Das Montieren von Nocken der unterschiedlichsten Formen auf dem Riemenrücken zum Transport verschiedener Güter ist bei PU-Riemen weit verbreitet **(Bild 11.42)**. Die Befestigung der Nocken in kundenspezifisch geforderten Abständen erfolgt bisher durch Schweißen. Neueste Entwicklungen (ATN-Profil) ermöglichen ein Wechseln anschraubbar gestalteter Nocken und somit auch ein Ändern der Nockenabstände und -formen durch den Kunden selbst, was für das schnelle Reagieren auf Markterfordernisse vorteilhaft ist.

Für das Nutzen der hohen Leistungsfähigkeit moderner Riemengetriebe ist das Realisieren der vom Hersteller genannten Vorspannkraft unbedingt zu prüfen. Die Kontrolle der Vor-

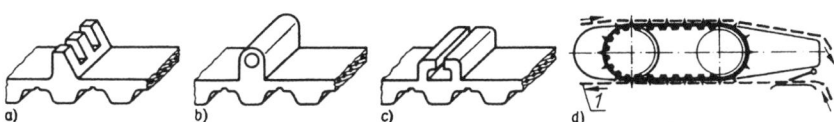

Bild 11.42 Ausführungsformen von Mitnehmern im Riemenrücken
a) bis c) spezielle Ausformungen des Riemenrückens; d) Stahlhütchen im Riemenrücken zum Transport von Datenträgern *1*

spannung mittels einfacher „Daumenprüfmethode" nach Gefühl oder durch Messen der Durchdrückung führt zu großen Abweichungen vom Normwert und ist für hochwertige Antriebsaufgaben (Lineartechnik **Bild 11.43**, Robotik, Kfz-Technik usw.) sowie für die Qualitätssicherung von Produkten der Serienfertigung nicht geeignet. Deshalb sind eine Reihe von einfach zu bedienenden, elektronischen Vorspannungs-Meßgeräten auf dem Markt [11.20].

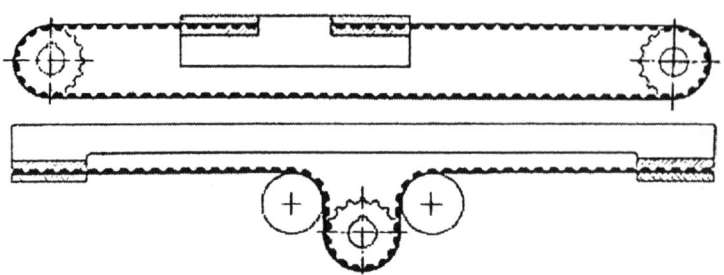

Bild 11.43 Endliche Zahnriemen in der Lineartechnik

Kettengetriebe [3] [10] [11.10] haben ebenfalls den Vorteil, daß sie infolge der Formpaarung schlupffrei arbeiten, daß keine große Vorspannung erforderlich ist und damit kleine Wellen- und Lagerbelastungen auftreten und daß eine hohe Leistung übertragbar ist. Von Nachteil ist aber, daß infolge des sog. Polygoneffekts eine Ungleichmäßigkeit der Drehbewegung entsteht und damit Beschleunigungskräfte und Schwingungen auftreten können.

Der Polygoneffekt ist durch die vieleckförmige Auflage der Kette auf dem Rad bedingt **(Bild 11.44)**. Bei Umdrehung des Kettenrades schwankt der wirksame Teilkreisdurchmesser zwischen einem Maximal- und einem Minimalwert und damit auch die Geschwindigkeit. Da die Zähnezahl des Kettenrades nicht unendlich groß ausgeführt werden kann, läßt sich eine periodisch schwankende Kettengeschwindigkeit nicht vermeiden. Die Geschwindigkeitsabweichung wird aber mit zunehmender Zähnezahl kleiner. Man wählt deshalb bei Leistungsgetrieben für das kleine Kettenrad bei Kettengeschwindigkeiten von $v_u \leqq 5$ m/s mindestens 19 Zähne und bei Geschwindigkeiten von $v_u > 5$ m/s mindestens 25 Zähne. Die größtmögliche Umfangsgeschwindigkeit beträgt bei Kettengetrieben 40 m/s. Getriebeketten gelangen in unterschiedlichen Ausführungen zur Anwendung. Zu den einfachsten Kettenformen, die in der Feinwerktechnik in untergeordneten Fällen eingesetzt werden, zählt die Ringkette **(Bild 11.45a)**. Ihre Glieder werden aus Stahl-, Messing- oder Bronzedraht gebogen und je nach geforderter Belastbarkeit offen gelassen oder durch Schweißen bzw. Löten verbunden. Für Leistungsgetriebe sind Rollenketten (b) am gebräuchlichsten. Sie bestehen aus Innen- und Außengliedern, deren Laschen durch Bolzen bzw. Hülsen fest verbunden sind. Zur Verminderung des Verschleißes sind auf die Hülsen Rollen aufgeschoben. Das Spiel zwischen Rolle und Hülse sowie zwischen Hülse und Bolzen ist so bemessen, daß die Teile zueinander frei drehbar sind. Bei Zahnketten werden mehrere verzahnte Laschen auf Bolzen nebeneinandergereiht (c). Die Laschen sind paarweise versetzt über die Bolzenbreite angeordnet und greifen tangential ohne

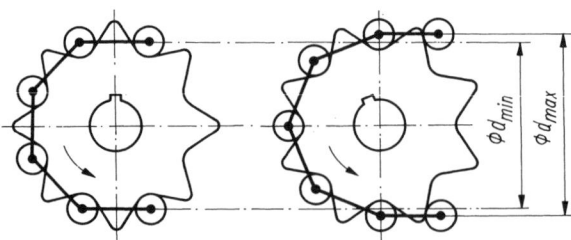

Bild 11.44 Darstellung des Polygoneffekts bei Kettengetrieben

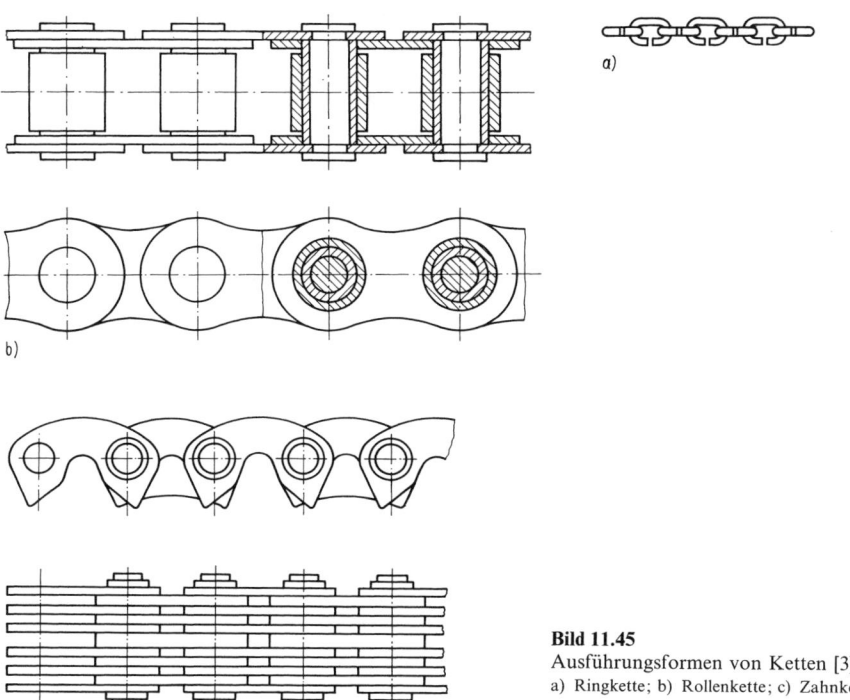

Bild 11.45
Ausführungsformen von Ketten [3]
a) Ringkette; b) Rollenkette; c) Zahnkette

Gleitbewegung in die Zahnlücken der Kettenräder ein. Dadurch sind Geräusch und Abnutzung gering. Zahnketten werden besonders dort eingesetzt, wo ein ruhiger Lauf auch bei hohen Geschwindigkeiten erforderlich ist.

Um den durch die Relativbewegung in den Kettengelenken oder an den Zahnflanken der Kettenräder bedingten Verschleiß zu vermindern, müssen die Ketten mit Fett oder Öl geschmiert werden [3] [11.10].

Für die Gestaltung der Welle-Nabe-Verbindungen bei Zugmittelgetrieben gelten die analogen Richtlinien wie bei Zahnradgetrieben.

Die Berechnung der geometrischen Abmessungen und der Tragfähigkeit der Zugmittelgetriebe ist der Literatur zu entnehmen [3] [10] [11] [11.10] bis [11.12].

11.6 Aufgaben und Lösungen zu Abschnitt 11

Aufgabe 11.1 Achsabstandsanpassung

Es ist zu überprüfen, ob bei einem einstufigen Geradstirnradgetriebe mit $z_1 = 20$ und $z_2 = 35$ bei einem Modul $m = 0,8$ mm ein Achsabstand von 22,50 mm eingehalten werden kann. Wie groß ist erforderlichenfalls die Profilverschiebung?

Aufgabe 11.2 Zahnfußbiegespannung

Bei einem einstufigen Geradstirnradgetriebe mit den Parametern $z_1 = 19$, $z_2 = 79$, $x_1 = 0,56$, $x_2 = 0,50$, $m = 2,5$ mm, $b = 24$ mm und $\varepsilon_\alpha = 1,41$ (Profil mit Kopfhöhe $h_a = 1,0 m$) wirkt an der Antriebswelle ein Drehmoment $M_{d1} = 165$ N · m. Es ist zu überprüfen, ob das Getriebe bei Verwendung von einsatzgehärteten Stirnrädern, bei denen die Paarung gleicher Werkstoffe zulässig ist, der Belastung hinsichtlich Zahnbruch standhält. Für Ritzel und Rad ist Einsatzstahl 16MnCr5 zu wählen.

Aufgabe 11.3 Modulberechnung

Einem elektrischen Gerät soll ein zweistufiges Getriebe gemäß Bild 11.3c vorgeschaltet werden. Der Antriebsmotor gibt bei einer Drehzahl $n_1 = 2800$ U/min eine Leistung $P_1 = 60$ W ab. n_3 beträgt 660 U/min und der Wirkungsgrad je Zahneingriffsstelle $\eta = 0{,}92$; Lagerreibung wird vernachlässigt. Die Raddurchmesser sind $d_1 = 12$ mm, $d_2 = 44$ mm, $d_{2'} = 26$ mm und $d_3 = 30$ mm. Gesucht ist der Modul nach der Bachschen Beziehung!

Lösung zu Aufgabe 11.1

Mit den gegebenen Zahnraddaten z_1, z_2 und m ergibt sich ein Achsabstand

$$a_d = \frac{z_1 + z_2}{2} m = \frac{20 + 35}{2} \cdot 0{,}8 \text{ mm} = 22 \text{ mm}.$$

Da ein Achsabstand $a = 22{,}50$ mm gefordert ist, muß Profilverschiebung vorgenommen werden (V-Getriebe). Die erforderliche Profilverschiebung errechnet man aus

$$x_1 + x_2 = (\text{ev } \alpha_w - \text{ev } \alpha)(z_1 + z_2)/(2 \tan \alpha).$$

Der benötigte Betriebseingriffswinkel α_w ist aus $\cos \alpha_w = (a_d/a) \cos \alpha$ zu gewinnen. Er beträgt im vorliegenden Fall

$$\cos \alpha_w = (22/22{,}5) \cos 20° = 0{,}9188; \quad \alpha_w = 23{,}25° = 23°15'.$$

Der Wert für ev $\alpha_w = $ inv α_w ist Tafel 11.4 durch Interpolation zu entnehmen:

$$\text{ev } 23°15' = 0{,}023845 \quad \text{und} \quad \text{ev } 20° = 0{,}014904.$$

Die erforderliche Profilverschiebung beträgt

$$x_1 + x_2 = \frac{(0{,}023845 - 0{,}014904)(20 + 35)}{2 \cdot 0{,}3640} = +0{,}675.$$

Das ist die Summe der Profilverschiebungsfaktoren beider Räder. Die Aufteilung auf die einzelnen Räder kann innerhalb der in Bild 11.17 angegebenen Grenzen erfolgen. Im vorliegenden Fall könnte empfohlen werden:

$$x_1 = 0; \quad x_2 = +0{,}675.$$

Daraus folgt für die Profilverschiebung $v = xm$:

$$v_1 = 0; \quad v_2 = 0{,}675 \cdot 0{,}8 \text{ mm} = +0{,}54 \text{ mm}.$$

Lösung zu Aufgabe 11.2

Die Festigkeitsberechnung erfolgt am Ritzel (Rad *1*). Die Zahnfußbiegespannung wird berechnet aus

$$\sigma_F = \frac{F_t}{b m_n} K_F Y_{FS} Y_\beta Y_\varepsilon \leq \sigma_{FP}.$$

Die Umfangskraft F_{t1} beträgt

$$F_{t1} = 2 M_d / d_1 \quad \text{mit} \quad d_1 = m z_1;$$
$$F_{t1} = 2 \cdot 165000/(2{,}5 \cdot 19) \text{ N} = 6947 \text{ N}.$$

Der Beanspruchungsfaktor K_F wird wegen $b/m_n = 24$ mm$/2{,}5$ mm < 10 näherungsweise $K_F \approx 1$ gesetzt. Wegen $b/m_n < 10$ wird hier der Kopffaktor Y_{FS} vereinfacht durch den Zahnformfaktor Y_{Fa} ersetzt und aus dem Diagramm Bild 11.23a entnommen oder nach DIN 3990 bestimmt (s. auch [3] [10] [11]). Für $z_1 = 19$ und $x_1 = 0{,}56$ ergibt sich $Y_{Fa} = 2{,}15$. Für den Schrägenfaktor erhält man aus Abschn. 11.3.6.3 bei $\beta = 0°$ (Geradverzahnung) den Wert $Y_\beta = 1$.

Der Überdeckungsfaktor Y_ε ist für die gegebene Profilüberdeckung

$$Y_\varepsilon = 0{,}25 + 0{,}75/\varepsilon_\alpha = 0{,}25 + 0{,}75/1{,}41 = 0{,}782.$$

Damit ergibt sich am Ritzel eine Zahnfußbiegespannung von

$$\sigma_F = \frac{6947}{24 \cdot 2{,}5} \cdot 1 \cdot 2{,}15 \cdot 1 \cdot 0{,}782 \text{ N/mm}^2 = 194{,}7 \text{ N/mm}^2.$$

Die zulässige Zahnfußbiegespannung

$$\sigma_{FP} = \sigma_{F\,lim}/S_{F\,min}$$

beträgt für 16MnCr5 mit $\sigma_{F\,lim} = 460$ N/mm² (Tafel 11.6) und $S_{F\,min} = 1{,}4$ (Abschn. 11.3.6.3)

$$\sigma_{FP} = 460/1{,}4 \text{ N/mm}^2 = 328{,}6 \text{ N/mm}^2.$$

Ergebnis: Die am Ritzel auftretende Zahnfußbiegespannung ist kleiner als die zulässige Spannung. Die Zahnfußbiegespannung an den Zähnen des Rades ist analog zu berechnen. Es ergibt sich mit $Y_{Fa} = 2{,}1$ eine Spannung $\sigma_{FP} = 190{,}3$ N/mm², die ebenfalls in den zulässigen Grenzen liegt. Das Getriebe hält den Belastungen stand.

Lösung zu Aufgabe 11.3

Nach Gl. (7.13) lassen sich die Drehmomente an den Wellen *1* und *2* ermitteln:

$$M_{d1} = 204{,}64 \text{ N} \cdot \text{mm} \quad \text{und} \quad M_{d2} = 690{,}32 \text{ N} \cdot \text{mm}.$$

Aus $F_t = 2M_d/d$ erhält man die Umfangskräfte in den Wälzpunkten:

$$F_{t1,2} = 34{,}1 \text{ N} \quad \text{und} \quad F_{t2',3} = 53{,}1 \text{ N}.$$

Bei Annahme eines mittleren Zahnbreitenverhältnisses $\lambda = 10$ und bei einem gewählten Zahnradwerkstoff S235JR (mit $C_{grenz} \approx 0{,}07\sigma_{bzul} \approx 7$ N/mm² für Bezugsprofil mit Kopfhöhe $h_a = 1{,}0\,m$, s. Abschn. 11.3.6.2) ergibt sich der Modul aus

$$m \geq \sqrt{F_t/(\lambda \pi C_{grenz})} \quad \text{zu} \quad m_{1,2} = 0{,}39 \text{ mm} \quad \text{und} \quad m_{2',3} = 0{,}49 \text{ mm}.$$

Gewählt wird mit Rücksicht auf die Vereinheitlichung der Fertigung $m = 0{,}5$ mm.

A Anhang

Technisches Zeichnen

Grundwissen für Studenten

der Elektronik, Elektrotechnik, Feinwerktechnik und Mechatronik

Inhalt

A1 Aufbau und Bestandteile eines Zeichnungssatzes 269
    A1.1 Zeichnungsarten 269
    A1.2 Schriftfeld und Stückliste 269
    A1.3 Zeichnungsmaßstäbe 270
    A1.4 Formate und Falten von Zeichnungen 271
    A1.5 Linienarten und Linienbreiten 272

A2 Projektionsarten und Anordnung von Ansichten 273

A3 Darstellung von Schnitten 275
    A3.1 Schnittarten (Voll-, Halb-, Teil-, Profilschnitt,
           Besonderheiten bei Schnittdarstellungen) 275
    A3.2 Schnittverlauf und Schnittlinien 278
    A3.3 Schraffuren und Schraffurlinien 278
    A3.4 Bruchdarstellungen 279
    A3.5 Hervorhebung von Einzelheiten 279

A4 Allgemeine Richtlinien für die Bemaßung 280
    A4.1 Angabe von Maßen 280
    A4.2 Arten der Bemaßung 281
    A4.3 Eintragung und Anordnung von Maßen 282
    A4.4 Angabe von Toleranzen und zur Oberflächenbeschaffenheit . . . 283
    A4.5 Angabe von Werkstoffen in Zeichnungen 286

A5 Bemaßung von Konstruktions- und Formelementen 287
    A5.1 Schrauben (Gewinde, Gewindeausläufe und -freistiche, Bohrungen,
           Senkungen) 287
    A5.2 Achsen und Wellen (Freistiche, Zentrierbohrungen, Paßfedern,
           Sicherungsringe) 292
    A5.3 Zahnräder (Beispiel geradverzahnte Stirnräder) 298
    A5.4 Rändel 299
    A5.5 Biegeteile 299
    A5.6 Formelemente (Kegel, Kugeln, Rundungen, Quadrate usw.) . . . 301

A6 Stromlaufpläne 304

A7 Beschriftung elektronischer Bauelemente 309
    A7.1 Beschriftung durch Schriftzeichen 309
    A7.2 Beschriftung durch Farben 311
    A7.3 Kennzeichnungsbeispiele (durchsteckbare Bauelemente) 312
    A7.4 Kennzeichnungsbeispiele (oberflächenmontierte Bauelemente, SMD) 313

A8 E-Reihen 315

A1 Aufbau und Bestandteile eines Zeichnungssatzes

Um technische Produkte rationell fertigen zu können, sind Produktdokumentationen erforderlich, die alle Einzelteile eindeutig sowie hinreichend beschreiben und eine vollständige Montage ermöglichen. Für eine solche Dokumentation sind Grundkenntnisse auf dem Gebiet des Technischen Zeichnens erforderlich. Dazu gehören die wichtigsten Richtlinien und Regeln zum Anfertigen von Zeichnungen, wie der Aufbau und die Bestandteile eines Zeichnungssatzes, das Darstellen von Körpern, die Ausführung von Einzelteilzeichnungen, Schnittdarstellungen, Grundsätze der Bemaßung und die Gestaltung besonderer Elemente, unter anderem Gewinde und Zahnräder.

Für den Leserkreis dieses Buches haben aber auch die Dokumentation elektrischer bzw. elektronischer Schaltungen in Form von Stromlaufplänen sowie die Beschriftung elektronischer Bauelemente gleichermaßen Bedeutung. Die Nutzung normierter Darstellungen gewährleistet darüber hinaus eine allgemeingültige Verständlichkeit der Angaben und bewahrt vor Fehldeutungen.

A1.1 Zeichnungsarten

Der Zeichnungssatz für ein Produkt, das aus mehreren Einzelteilen besteht, umfasst folgende Bestandteile:

Haupt- oder Gesamtzeichnung
(diese ist unbedingt erforderlich),

Baugruppenzeichnungen
(sie sind notwendig, wenn das Produkt aus mehreren Baugruppen besteht),

Einzelteilzeichnungen
(sie sind für alle herzustellenden Einzelteile anzufertigen),

Stückliste
(diese enthält alle Einzelteile des Produktes, auch Norm- oder Kaufteile und ist zwingend erforderlich; sie kann bei wenigen Einzelteilen auf der Haupt- oder Gesamtzeichnung bzw. der Gruppenzeichnung angeordnet werden oder ist anderenfalls auf einem gesonderten Blatt darzustellen),

Montage- oder Zusammenbauzeichnungen
(sie sind bei Bedarf, also bei komplexeren Produkten oder Baugruppen bereitzustellen).

A1.2 Schriftfeld und Stückliste

Jede technische Zeichnung benötigt ein Schriftfeld gemäß DIN EN ISO 7200, welches in der unteren rechten Ecke des Zeichenblattes platziert wird. **Bild A1.1** zeigt ein Beispiel für ein normgerecht ausgeführtes Schriftfeld mit darüber angeordneten Hinweisen, in welchen Abschnitten dieses Anhangs des Buches die zugehörigen Angaben zu finden sind.

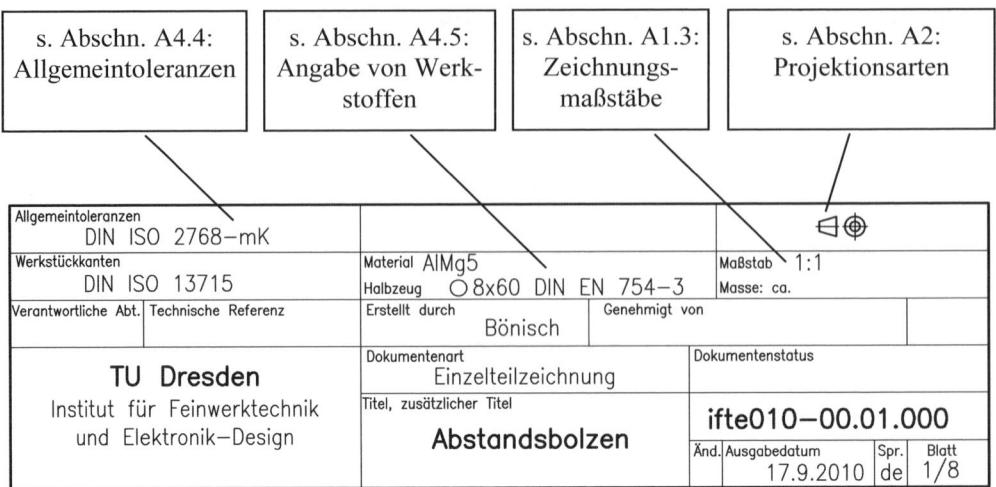

Bild A1.1 Normgerechtes Schriftfeld mit Angaben (Beispiel)

Bei wenigen Einzelteilen kann die Stückliste auf der Gesamt- oder Baugruppenzeichnung angeordnet werden, wie es **Bild A1.2** zeigt, ansonsten ist ein extra Blatt erforderlich. Dafür sind entsprechende Vordrucke verfügbar.

5	1	Stk.	Bolzen	DIN EN 22340–A–4x22	
4	1	Stk.	Rillenkugellager	DIN 625 T1–6000–12x26x8	
3	1	Stk.	Rillenkugellager	DIN 625 T1–6201–12x32x10	
2	1	Stk.	Flansch	ifte010–00.01.002	
1	1	Stk.	Welle 1	ifte010–00.01.001	
Pos.	Menge	Einheit	Benennung	Sachnummer/Norm–Kurzbezeichnung	Bemerkung

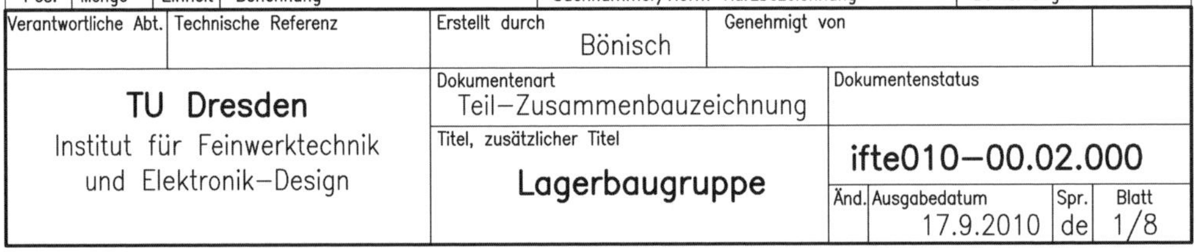

Bild A1.2 Ausschnitt aus einer Baugruppenzeichnung mit Stückliste

A1.3 Zeichnungsmaßstäbe

Die Zeichnung gibt die genaue Form eines Bauteils an. Es kann erforderlich sein, dasselbe in natürlicher Größe oder in vergrößertem bzw. verkleinertem Maßstab darzustellen. In jedem Fall ist das Bauteil maßstäblich zu zeichnen und der verwendete Maßstab auf der Zeichnung anzugeben. Er ist dabei so zu wählen, dass alle Einzelheiten erkennbar sind, der Gesamteindruck aber nicht verloren geht. Danach richtet sich auch die zu wählende Größe des Zeichnungsformats.

A1 Aufbau und Bestandteile eines Zeichnungssatzes

Nach DIN ISO 5455 sind nur die in **Tafel A1.1** aufgeführten Maßstäbe zugelassen.

Tafel A1.1 Vergrößerungs- und Verkleinerungsmaßstäbe

Natürlicher Maßstab	1 : 1		
Vergrößerungsmaßstab	2 : 1 20 : 1 usw.	5 : 1 50 : 1 usw.	10 : 1 100 : 1 usw.
Verkleinerungsmaßstab	1 : 2 1 : 20 usw.	1 : 5 1 : 50 usw.	1 : 10 1 : 100 usw.

A1.4 Formate und Falten von Zeichnungen

Die Formate basieren auf dem metrischen System (internationales Einheitensystem). Die Fläche des Formats A0 als Ausgangsformat ist daher gleich der metrischen Flächeneinheit Quadratmeter, d. h. $A = x \cdot y = 1$ m². Durch Halbieren der langen Seite des Ausgangsformates A0 (= 841 mm x 1189 mm) entsteht die nächst kleinere Blattgröße A1. Die Flächen zweier aufeinander folgender Formate verhalten sich daher wie 2 : 1 und die Seiten x und y der Formate wie die Seite eines Quadrats zu dessen Diagonale.
Daraus ergibt sich die Gleichung

$$x : y = 1 : \sqrt{2} \ .$$

Die Formate der Hauptreihe (A-Reihe) werden bei Papier-Erzeugnissen, wie Geschäftsbriefen, Vordrucken, Prospekten, Zeichnungsvordrucken, Zeitschriften usw. angewendet. Die Formate der Zusatzreihen (B- und C-Reihe) finden bei Erzeugnissen Anwendung, die zur Unterbringung in Formaten der A-Reihe bestimmt sind, wie Briefhüllen, Mappen, Aktendeckel usw. Dabei ist in den Normen das DIN-Format A4 nur als Hochformat vorgesehen, alle anderen Formate nur als Querformat.
Die Blattgrößen sind in DIN EN ISO 5457 festgelegt **(Tafel A1.2)**. Größere Formate als A4 sind nach DIN 824 zu falten, so daß man das Schriftfeld im gefalteten Zustand lesen kann.

Tafel A1.2 Blattgrößen für technische Zeichnungen und deren Faltung (hier Format A3)

Reihe A	Blattgröße in mm²
A0	841 x 1189
A1	594 x 841
A2	420 x 594
A3	297 x 420
A4	210 x 297

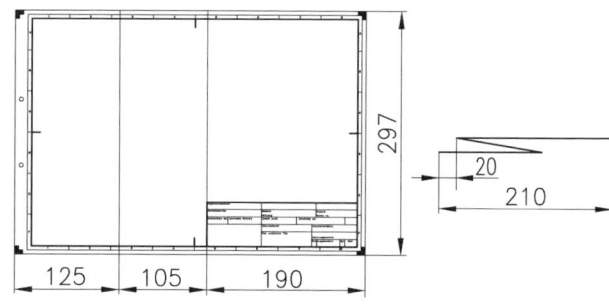

A1.5 Linienarten und Linienbreiten

Es sind stets die breitesten Linien anzuwenden, die unabhängig vom Zeichenmaßstab noch die exakte Lesbarkeit der Zeichnung garantieren. Komplizierte Zeichnungen mit hoher Informationsdichte verlangen also eher schmalere Linien. Am häufigsten werden die Linienbreiten 0,5 und 0,7 mm verwendet.

Tafel A1.3 zeigt dazu die Anwendung der wichtigsten Linienarten und Linienbreiten.

Tafel A1.3 Linienarten, Linienbreiten und deren Anwendung

Linienarten	Linienbreiten in mm *)	Anwendung (Auswahl)
1. Volllinie, breit	0,25 0,35 **0,5** **0,7** 1,0	- Sichtbare Kanten und Umrisse - Schraubenüberstände (Schraubenenden) - Nutzbare Gewindelängen
2. Volllinie, schmal	0,13 0,18 **0,25** **0,35** 0,5	- Maßlinien, Maßhilfslinien - Schraffuren - Biegelinien - Hinweislinien
3. Freihand- bzw. Zickzacklinie	0,13 0,18 **0,25** **0,35** 0,5	Begrenzung von abgebrochenen oder unterbrochen dargestellten Ansichten und Schnitten
4. Strichlinie, schmal	0,13 0,18 **0,25** **0,35** 0,5	Verdeckte Kanten und Umrisse
5. Strich-Punktlinie, schmal	0,13 0,18 **0,25** **0,35** 0,5	- Mittellinien - Symmetrielinien - Teilkreise von Verzahnungen - Lochkreise
6. Strich-Punktlinie, breit	0,25 0,35 **0,5** **0,7** 1,0	Kennzeichnung einer Schnittebene
7. Strich-Zweipunktlinie, schmal	0,13 0,18 **0,25** **0,35** 0,5	- Umrisse angrenzender Teile - Grenzstellung von Teilen - Umrisse vor der Verformung - Umrahmung besonderer Felder

*) Fett gedruckte Linienbreiten sind bevorzugt anzuwenden.

A2 Projektionsarten und Anordnung von Ansichten

Für das Darstellen eines Körpers sind eine Reihe von Projektionsarten bekannt (**Bild A2.1**), wobei für die technische Zeichnung lediglich die *Normalprojektion*, als rechtwinklige Parallelprojektion, Verwendung findet. Sie hat den Vorteil, dass alle Ansichten unverzerrt und maßstabsgerecht mit vollständiger Bemaßung darstellbar sind, wie es die nachfolgenden Hinweise und ein Beispiel verdeutlichen. Darüber hinaus haben aber auch die in Bild A2.1 gezeigten Arten der axonometrischen Projektion Bedeutung. Man unterscheidet bei ihnen zum einen die Isometrie. Bei dieser sieht der Betrachter einen Körper von oben an, so daß dessen Kanten einen Winkel von 30° zur Horizontale bilden. Die drei gleichzeitig dargestellten Ansichten des Körpers, also Vorderansicht, Draufsicht und Seitenansicht, sind dabei gleichwertig. Im Gegensatz dazu betont die Dimetrie von den drei Ansichten die Vorderansicht. Der Betrachter schaut von schräg oben auf den Körper, so daß dessen Kanten einen Winkel von 42° und 7° zur Horizontale einnehmen. Dadurch verkürzen sich die nach hinten verlaufenden Achsen sehr stark. Als Sonderformen der axonometrischen Projektion sind die Kavalier- und Kabinettprojektion zu nennen. Letztere z. B. vereinfacht die Dimetrie, da die aus der Normalprojektion übernommene Vorderansicht unverändert bleibt. Hingewiesen sei noch auf die Zentralprojektion, bei der sich die Projektionslinien paralleler Körperkanten jeweils in einem Punkt, dem sog. Fluchtpunkt, treffen. Sie findet vorwiegend in der Architektur Anwendung (s. [A1] bis [A6]).

Axonometrische Projektion
(perspektivische Projektion nach DIN ISO 5456)

▶ Rechtwinklige axonometrische Projektion
  (z. B. isometrische und dimetrische Projektion)

▶ Schiefwinklige axonometrische Projektion
  (z. B Kavalier- und Kabinettprojektion)

▶ Zentralprojektion
  (z. B. Ein-Punkt-, Zwei-Punkt- und Drei-Punkt-Methode)

Normalprojektion
(rechtwinklige Parallelprojektion nach DIN ISO 128-30)

Bild A2.1 Projektionsarten

Bei der Normalprojektion sind die nachfolgend gezeigten sechs Ansichten möglich, deren Lage zueinander definiert ist (**Bild A2.2**, Projektionsmethode 1 nach DIN ISO 128-30):

                                    Unteransicht
                                          |
Seitenansicht von rechts − **Vorderansicht** − Seitenansicht von links − Rückansicht
                                          |
                                    Draufsicht

Hinweise:

- Die Seitenansicht von links befindet sich rechts neben der Vorderansicht (Seitenansicht von rechts entsprechend links).
- Für die eindeutige Darstellung eines Körpers gilt der Grundsatz: Nur so viele Ansichten, wie nötig **(Bild A2.3)**!
- Um die Abgrenzung zu anderen Projektionsarten sicherzustellen, sollte folgendes Symbol verwendet werden, welches im oder über dem Schriftfeld angeordnet wird:

Beispiel: Körper 1

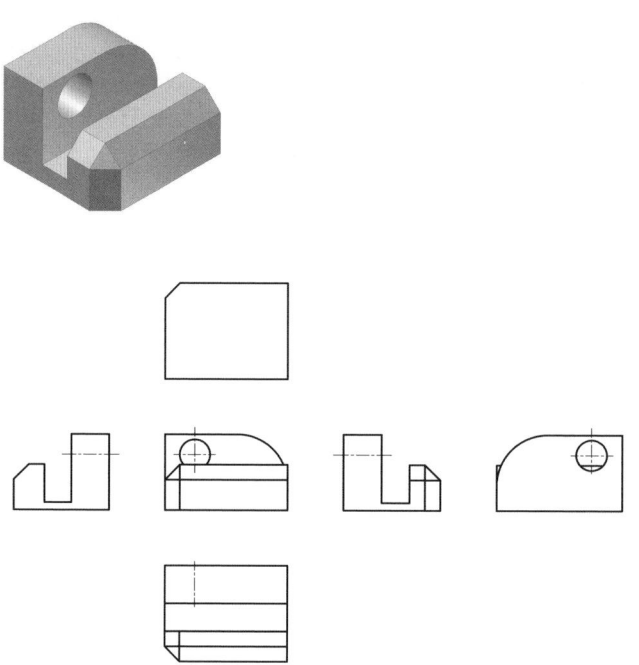

Bild A2.2 Alle sechs Ansichten der Normalprojektion von Körper 1

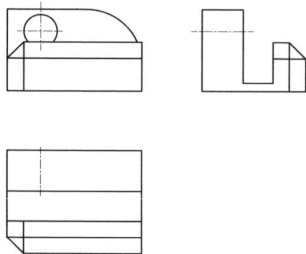

Bild A2.3 Eindeutige Darstellung des Körpers 1 in drei Ansichten

A3 Darstellung von Schnitten

Um Besonderheiten im Innern eines Körpers zu verdeutlichen oder um Ansichten einzusparen, verwendet man Schnittdarstellungen, kurz als Schnitte bezeichnet. Sie sind in DIN ISO 128-40, -44, -50 genormt, wobei folgende allgemeine Regeln gelten:

- Schnittflächen werden schraffiert, Hohlräume dagegen nicht; Schnittflächen des gleichen Teils erhalten die gleiche Schraffur.
- Jeder Schnitt enthält eine Darstellung des ungeschnittenen Objekts.
- Ist der Schnittverlauf nicht eindeutig zu erkennen, wird er mit einer breiten Strich-Punktlinie am ungeschnittenen Objekt gekennzeichnet. Die Blickrichtung wird mit Pfeilen angegeben.

Verschiedene Werkstoffe können durch unterschiedliche Schraffuren gekennzeichnet werden (s. Abschn. A3.3). Bei mehreren Teilen aus dem gleichen Werkstoff verwendet man jeweils andere Schraffurrichtungen und -winkel.

A3.1 Schnittarten
(Voll-, Halb-, Teil-, Profilschnitt, Besonderheiten bei Schnittdarstellungen)

• Vollschnitt

Der Vollschnitt ist die Projektion eines Bauteils, die vollständig als Schnitt gezeichnet ist.

In **Bild A3.1** ist ein Körper mit verdeckter Bohrung und angedeuteter Schnittebene in Seitenansicht von rechts im Vollschnitt sowie in Vorderansicht dargestellt.

 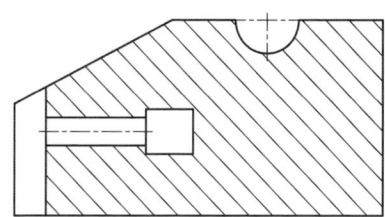 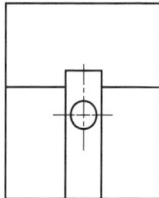

Bild A3.1 Darstellung eines Körpers in Seitenansicht von rechts im Vollschnitt sowie in Vorderansicht

Hinweis: Da die Lage der Schnittebene in Bild A3.1 eindeutig ist, muß sie am ungeschnittenen Objekt nicht gekennzeichnet werden. Ist der Schnittverlauf jedoch nicht eindeutig zu erkennen, wird er vorzugsweise mit einer breiten Strich-Punktlinie gemäß Abschn. A1.5 gekennzeichnet (s. auch Abschn. A3.2).

• Halbschnitt

Der Halbschnitt kommt nur für symmetrische Bauteile zur Anwendung (**Bild A3.2**, DIN ISO 128-40).

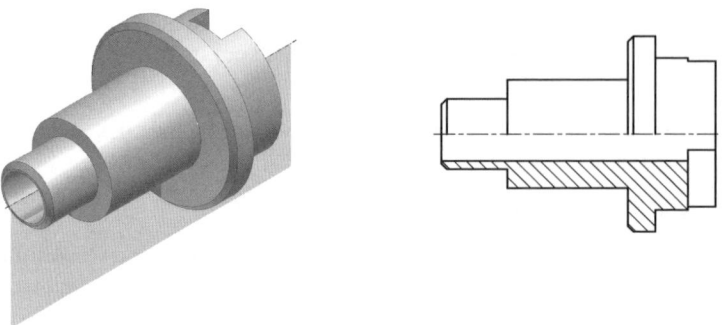

Bild A3.2 Drehteil mit Schnittebene für die Erzeugung eines Halbschnittes

• Teilschnitt

Der Teilschnitt ist eine Darstellung, bei der nur ein Teilbereich eines Bauteils als Schnitt gezeichnet ist (**Bild A3.3**, DIN ISO 128-40).

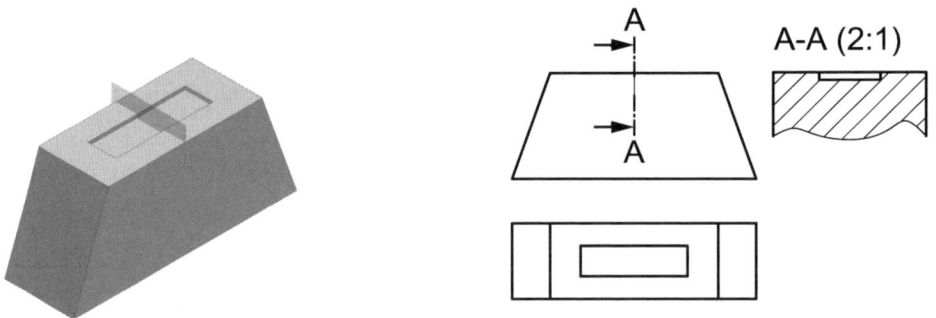

Bild A3.3 Teilschnitt A-A im Maßstab 2:1 zur Verdeutlichung der Tiefe der Ausfräsung

• Profilschnitt

Der Profilschnitt (DIN ISO 128-44) ist ein Schnitt, bei dem lediglich die Schnittebene (das Profil) von Interesse ist. Somit wird die Schnittdarstellung auf die Schnittfläche begrenzt, hinter der Schnittebene liegende Konturen bleiben dabei unberücksichtigt. Häufig wählt man diese Art einer Schnittdarstellung, wenn längere Bauteile mit unterschiedlichen Querschnitten oder Besonderheiten dargestellt werden sollen, z. B. Wellen oder Hebel. **Bild A3.4** zeigt hierzu die Profilschnitte an einer Welle.

A3 Darstellung von Schnitten 277

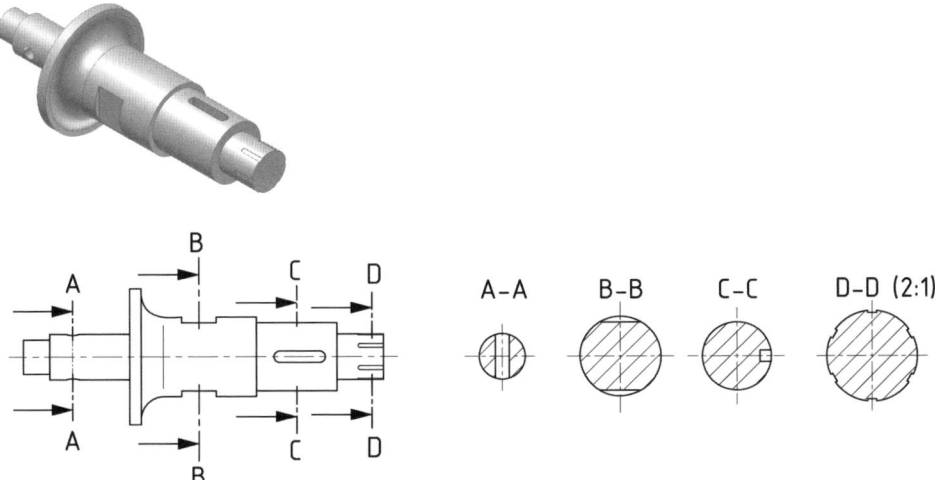

Bild A3.4 Profilschnitte an einer Welle

• **Besonderheiten bei Schnittdarstellungen**

Volle Werkstücke, z. B. Wellen und Bolzen, Stifte, Schrauben, Paßfedern, Keile und Wälzlagerkörper, werden ebenso wie Rippen nicht im Längsschnitt gezeichnet, sondern ungeschnitten dargestellt **(Bild A3.5)**.

Hinweis: Obwohl Schnittflächen angrenzender anderer Bauteile unterschiedlich schraffiert werden, erfolgt z. B. die Schnittdarstellung von Innen- und Außenring eines Wälzlagers mit gleicher Schraffur (s. auch Abschn. 8.2 im vorderen Teil des Buches).

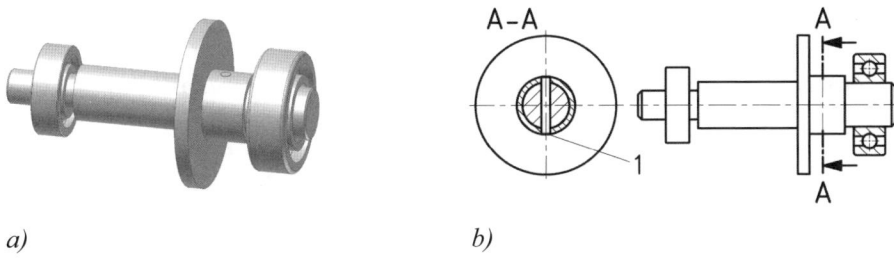

a) *b)*

Bild A3.5 Beispiele für Schnittdarstellungen
a), b) Welle mit Wälzlager und verstiftetem Flansch (hier rechtes Wälzlager geschnitten dargestellt);
c) Schraube mit Scheibe im montierten Zustand
1 ungeschnittene Darstellung des Stiftes; 2 ungeschnittene Darstellung von Schraube und Unterlegscheibe

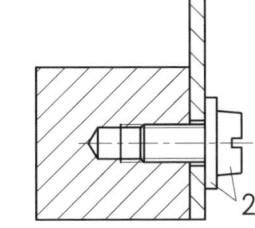

c)

A3.2 Schnittverlauf und Schnittlinien

Um möglichst viele Details in nur einer Schnittdarstellung sehen zu können, wendet man den sogenannten Schnittverlauf an. Die Schnittlinie kennzeichnet dabei den Verlauf des Schnittes, der Pfeil die Blickrichtung **(Bild A3.6)**.
Bei übersichtlichen Teilen und wenigen Schnittrichtungsänderungen können die einzelnen Buchstaben an den Knickpunkten der Schnittlinie weggelassen werden, so daß man den im folgenden Bild dargestellten Schnitt auch nur mit A-A bezeichnen kann (DIN ISO 128-44).

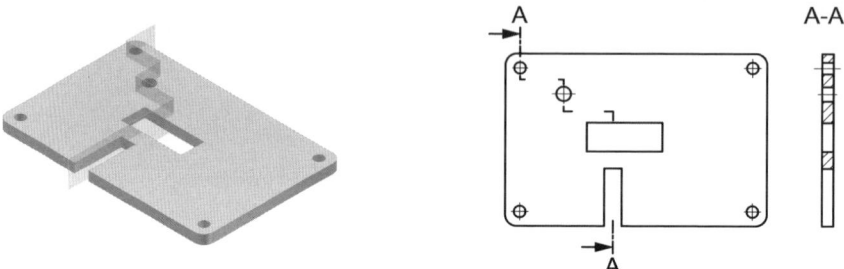

Bild A3.6 Platte mit eingezeichnetem Schnittverlauf in der Vorderansicht sowie Schnittdarstellung in der Seitenansicht

A3.3 Schraffuren und Schraffurlinien

Schnittflächen werden vorzugsweise im Winkel von 45° mit schmaler Volllinie schraffiert. Das Kennzeichnen spezifischer Werkstoffe erfolgt mit definierten Schraffuren **(Bild A3.7)**.

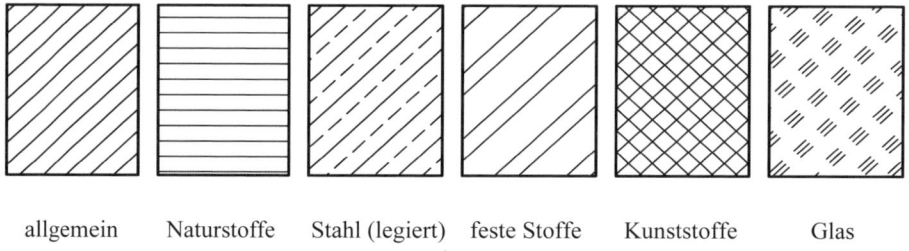

allgemein   Naturstoffe   Stahl (legiert)   feste Stoffe   Kunststoffe   Glas

Bild A3.7 Ausgewählte Schraffuren für verschiedene Werkstoffe (nach DIN ISO 128-50)

Liegen mehrere Bauteile einer Baugruppe in einer Schnittebene, so werden die jeweiligen Schnittflächen durch unterschiedliche Schraffuren gekennzeichnet **(Bild A3.8)**.

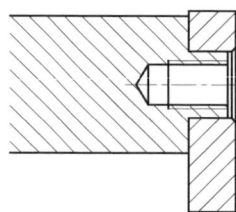

Bild A3.8 Einzelheit einer Baugruppe im Schnitt, bei der die beiden Teile durch unterschiedliche Schraffurwinkel gekennzeichnet sind

A3.4 Bruchdarstellungen

Bruchdarstellungen dienen der verkürzten Darstellung eines langen Bauteils. Das gedanklich entfernte (also das nicht gezeichnete) Stück zwischen den Bruchlinien darf keine weiteren Informationen, wie Kanten, Bohrungen, Absätze usw. enthalten, die nicht aus anderen Ansichten ersichtlich sind **(Bild A3.9)**.

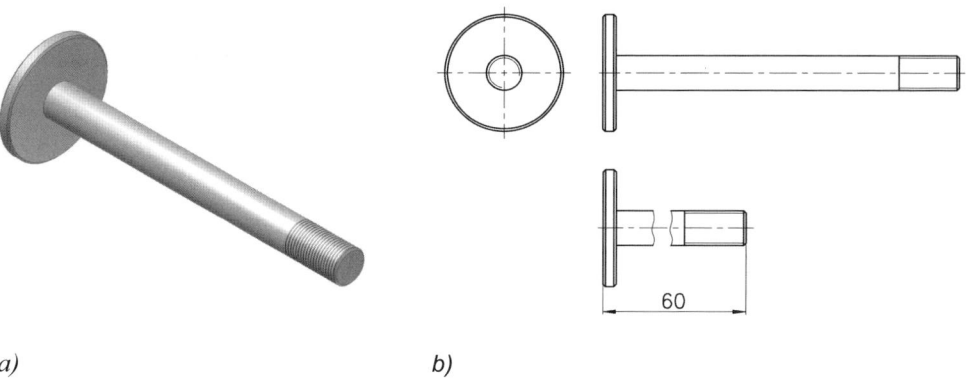

a) b)

Bild A3.9 Bolzen mit Gewinde
a) in Originallänge (60 mm); b) Vorder- und Seitenansicht von rechts sowie Vorderansicht in Bruchdarstellung

A3.5 Hervorhebung von Einzelheiten

Zur Verdeutlichung der Funktion oder der Montage von Bauteilen werden Einzelheiten oft in größerem Maßstab hervorgehoben **(Bild A3.10)**.

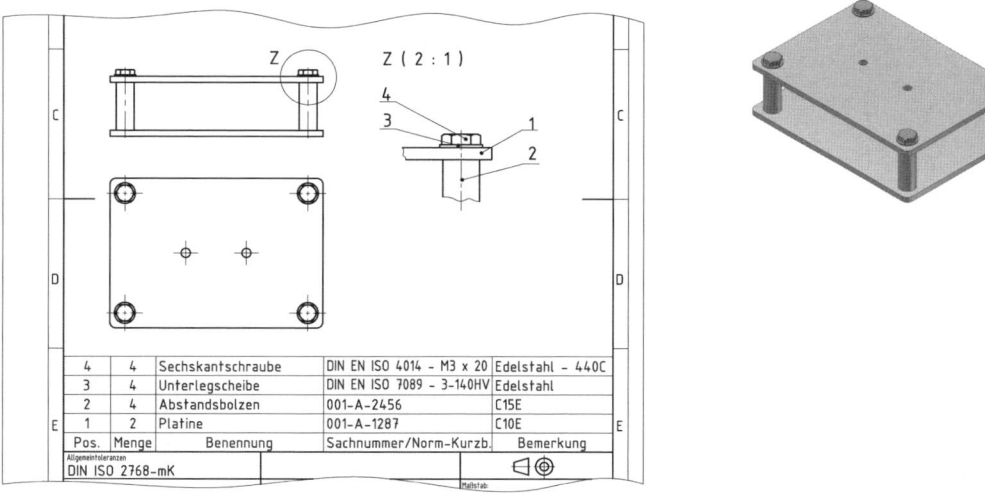

Bild A3.10 Hervorgehobene Einzelheit Z eines Gehäusegrundkörpers

A4 Allgemeine Richtlinien für die Bemaßung

Wenn Einzelteile für den Fertigungs- und Prüfprozess gezeichnet werden, sind sie in einer Einzelteilzeichnung eindeutig darzustellen und vollständig zu bemaßen.

Die vollständige Bemaßung an einem Einzelteil beinhaltet:

- **Einzelmaße mit Toleranzen** • **Form- und Lagetoleranzen** • **Oberflächenangaben**
  - Einzelmaß (z. B. Ø 60)   - Rauheit (z. B. Rz 6,3)
  - Toleranz (z. B. ISO-Toleranz $G8$)   - Oberflächenbehandlung

Außerdem sind Angaben zum Werkstoff erforderlich (s. Abschn. A4.5 sowie Abschn. 2.4 und Tafel 3.2 im vorderen Teil des Buches).

A4.1 Angabe von Maßen

Für die Angabe von Maßen in technischen Zeichnungen sind in DIN 406 T10 und T11 folgende Elemente festgelegt:

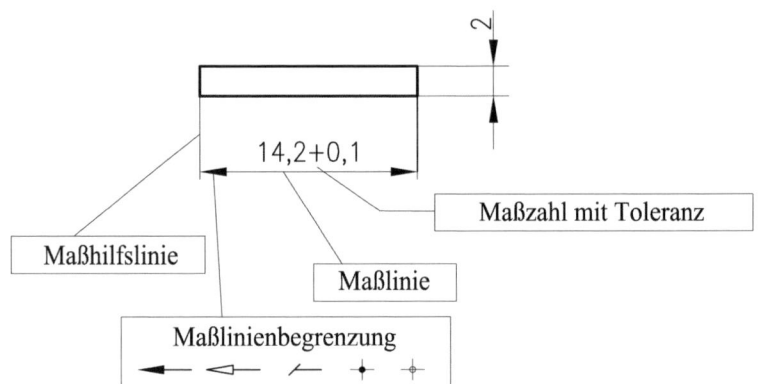

Maßhilfslinie: Sie wird als Verlängerung des zu bemaßenden Geometrieelementes, ca. 2 mm über die Maßlinie überstehend als schmale Volllinie gezeichnet.

Maßlinie: Sie wird mit 10 mm Abstand von der Körperkante und 7 mm Abstand zwischen einzelnen, weiteren Maßlinien als schmale Volllinie gezeichnet.

Maßlinienbegrenzung: Man verwendet vorzugsweise gefüllte Maßpfeile (wie oben dargestellt).

Maßzahl mit Toleranz: Es erfolgt die Angabe von Einzelmaß und Toleranz in mm ohne Maßeinheit; bei freier Wahlmöglichkeit sind Normmaße der Reihe $R'20$ bevorzugt zu verwenden (s. Tafel 2.3 im vorderen Teil des Buches).

A4.2 Arten der Bemaßung

Außer den in Abschn. A4.3 genannten generellen Regeln ist bei der Bemaßung von Einzelteilen auch der künftige Anwendungszweck der eingetragenen Maße zu berücksichtigen. Man unterscheidet folgende drei Bemaßungsarten:

Funktionsbezogene Bemaßung:

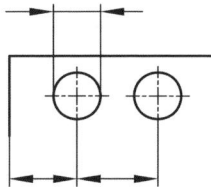

Funktionsbezogen wird nur bemaßt, wenn ein funktionswichtiges Maß direkt angegeben werden muß, z. B. der Achsabstand eines Getriebes. Diese Maße sind als erstes in die Zeichnung einzutragen!

Fertigungsbezogene Bemaßung:

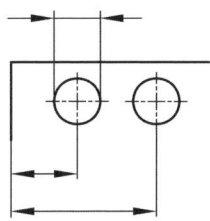

Die verbleibenden Maße bemaßt man *fertigungsbezogen*, d. h. daß diese angegebenen Maße nur für die Fertigung sinnvoll sind.

Prüfbezogene Bemaßung:

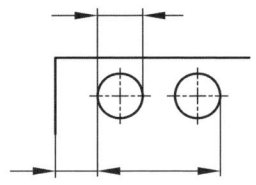

Prüfbezogen wird nur bemaßt, wenn das angegebene Maß als Prüfmaß direkt Verwendung findet, z. B. indirektes Bestimmen des Achsabstandes durch Messen von Bohrungsdurchmesser und -abstand. Diese Prüfmaße werden in der Regel nur in Prüfzeichnungen benutzt.

Oft tritt dabei eine Mischform, z. B. funktions- und fertigungsbezogene Bemaßung auf.

Bei der Eintragung von Maßen selbst unterscheidet man drei Arten:

Parallelbemaßung: Die Maßlinien werden parallel zueinander eingetragen **(bevorzugen!)**.

Steigende Bemaßung: In jeder erforderlichen Bemaßungsrichtung wird im Normalfall nur eine Maßlinie eingetragen. Trägt man vom Ursprung ausgehend auch Maße in der Gegenrichtung ein, so ist eine der beiden Richtungen mit Minuszeichen zu markieren.

Koordinatenbemaßung: Die Koordinatenrichtung ist stets anzugeben und die Koordinatenwerte trägt man in Tabellen ein – beide Bemaßungen sind nur für Sonderfälle vorgesehen, s. [A1].

A4.3 Eintragung und Anordnung von Maßen

• **Generelle Regeln**

- Die Bemaßungsart ist abhängig vom Zweck der Zeichnung (zur Fertigung oder zur Prüfung). Die Maße in Einzelteilzeichnungen werden in der Regel fertigungsgerecht angegeben, da sie für die Fertigung vorgesehen sind. Nur funktionswichtige Maße werden funktionsbezogen bemaßt.
- Die Bemaßung sollte übersichtlich und in der Ansicht erfolgen, die eine eindeutige Zuordnung erlaubt.
- Jedes Maß ist pro Einzelteilzeichnung nur einmal anzugeben.
- In der Regel soll die Bemaßung außerhalb der Einzelteilansicht erfolgen. In besonderen Fällen kann es jedoch zweckmäßig sein (z. B. der Übersichtlichkeit wegen), ein Maß auch innerhalb der Ansicht zu platzieren.
- Leserichtung der Maßzahlen ist immer von rechts oder von unten (bezogen auf das Schriftfeld).
- Kettenmaße und Maßketten sind ungünstig, da sich dabei Toleranzen summieren und indirekt erzeugte Maße mit hohen Abweichungen erzeugt werden.
- Die Bemaßung verdeckter Kanten ist zu vermeiden.
- Maßlinien und Maßhilfslinien sollen sich und andere Linien möglichst nicht schneiden, um die Lesbarkeit der Zeichnungseintragungen nicht zu beeinträchtigen
- Maßeintragungen für Einzelheiten sind möglichst zusammenhängend darzustellen, um Fehler beim Lesen einer Zeichnung zu vermeiden.
- Die Angabe der äußeren Abmessungen ist immer vorzunehmen.

• **Besonderheiten bei der Bemaßung von Teilungen**

Teilungen sind die Aufeinanderfolge mehrerer Abstände, die auf einer Geraden oder einem Kreisbogen liegen. Vereinfacht können Teilungen gleicher Abstände oder geometrischer Elemente wie folgt bemaßt werden (DIN 406 T11):

- Teilungen für Löcher, Schlitze und Nuten werden wie in den folgenden Beispielen dargestellt bemaßt.
- Regelmäßige Kreisteilungen brauchen keine Winkelangabe, wenn Zweifel über die Winkelgröße ausgeschlossen sind.
- Wenn nur die Seitenansicht dargestellt wird, dürfen Teilkreisdurchmesser, Anzahl der Löcher und Lochdurchmesser in einer Maßangabe zusammengefaßt werden.
- Das Gesamtmaß wird in Klammern angegeben.
- Bei der vereinfachten Bemaßung sind unbedingt die Auswirkungen der Toleranzen zu beachten (s. auch Abschn. 2.3.3 im vorderen Teil des Buches).

Beispiele:

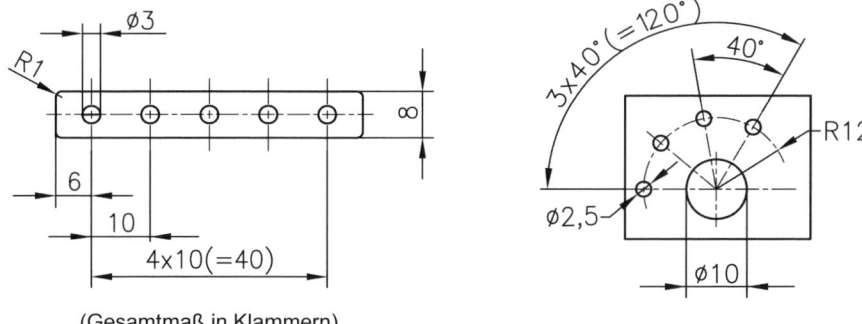

(Gesamtmaß in Klammern)

Da in obigen Beispielen identische Elemente in gleichen Abständen angeordnet sind, genügt es, nur für das erste Element die Größe und Lage anzugeben.

A4.4 Angabe von Toleranzen und zur Oberflächenbeschaffenheit

Es gibt folgende Tolerierungsmöglichkeiten (s. Abschn. 2.3.1 im vorderen Teil des Buches): ISO-Toleranzen, Allgemeintoleranzen, freitolerierte Maße, Form- und Lagetoleranzen sowie Oberflächenangaben.

- **ISO-Toleranzen**

  Sie dienen nach der Norm DIN ISO 286 zur Kennzeichnung von Toleranzfeldern direkt am Nennmaß, z. B. Ø 15 g8.

  Beachte: ISO-Toleranzen sind nur bei besonderen Funktions- und Passungsanforderungen anzuwenden. Die Kennzeichnung der Toleranzfelder erfolgt durch einen Buchstaben (Lage der Felder bezüglich einer Nulllinie) und eine Ziffer (Größe der Felder). Die Einheit von Lage (z. B. Grundabmaß g) und Größe eines Toleranzfeldes (z. B. Grundtoleranzgrad bzw. Qualität 8) bezeichnet man als Toleranzklasse (z. B. $g8$). Außenmaße (Wellen) werden dabei mit kleinen und Innenmaße (Bohrungen) mit großen Buchstaben gekennzeichnet.

- **Allgemeintoleranzen**

  Sie gelten für Maße ohne Toleranzangabe am Nennmaß, ihre Kennzeichnung erfolgt im Schriftfeld, z. B. DIN ISO 2768 –mK.

  Die Angabe der Allgemeintoleranzen gilt für alle Nennmaße in der Zeichnung, die keine direkte Toleranzangabe enthalten. Sie erfolgt im Schriftfeld der Zeichnung mit Verweis auf die Norm DIN ISO 2768 und die entsprechende Toleranzklasse (Kurzzeichen):

  - Grenzabmaße für Längenmaße s. Tafel 2.7 im vorderen Teil des Buches;
  - Grenzabmaße für Rundungshalbmesser und Fasenhöhen, Winkelmaße, Geradheit und Ebenheit, Rechtwinkligkeit, Symmetrie sowie Rund- und Planlauf s. nachfolgende **Tafel A4.1**.

  ▶ Die überwiegende Anzahl der Nennmaße in einer Zeichnung sollte mit Allgemeintoleranzen toleriert werden.

284   A Technisches Zeichnen

- **Freitolerierte Maße**

  Sie sind nur dann vorzusehen, wenn sowohl ISO-Toleranzen als auch Allgemeintoleranzen nicht geeignet erscheinen. Die Abmaße werden dann frei gewählt, z. B. Ø 10 $_{-0,2}$ (s. Abschn. 2.3.1 im vorderen Teil des Buches).

- **Form- und Lagetoleranzen**

  Werkstücke weichen von der idealen Form und Lage ab. In DIN ISO 1101 wurden deshalb Begriffe und Symbole für Form- und Lagetoleranzen sowie zugehörige Allgemeintoleranzen festgelegt, die bei Bedarf in die Zeichnung einzutragen sind (s. auch Tafel 2.8 im vorderen Teil des Buches):

  - *Formtoleranzen* bestimmen den zulässigen Bereich, in dem das geometrische Element liegen muß und nur innerhalb dessen es eine beliebige Form haben darf.
  - *Lagetoleranzen* geben Höchstwerte für zulässige Abweichungen von der geometrischen Lage zweier oder mehrerer Elemente zueinander an.

- **Oberflächenangaben**

  Der Oberflächenzustand eines Bauteils umfaßt Angaben zur Rauheit, zum Bearbeitungsverfahren einschließlich des Verlaufs der Bearbeitungsspuren entlang der Rauheitsbezugsstrecke sowie zur Nachbehandlung durch Härten, Beschichten usw. Sie erfolgen direkt am jeweiligen Einzelteil sowie zusätzlich im Schriftfeld (s. Tafeln 2.9 bis 2.11 im vorderen Teil des Buches).

  Beispiel:

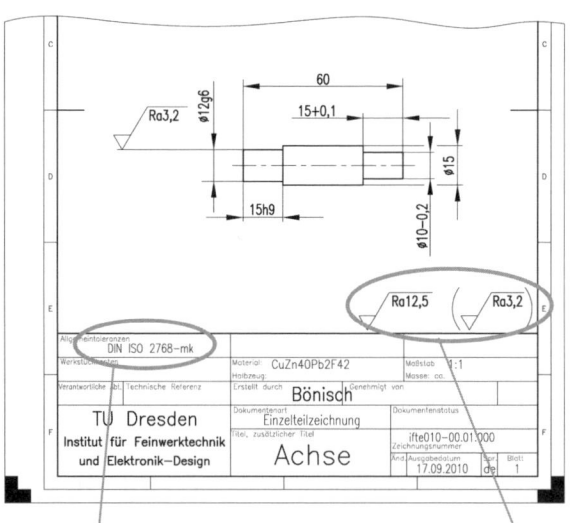

Allgemeintoleranzen:
Sie haben Gültigkeit für alle Maße in der Zeichnung, die nicht anderweitig toleriert sind.

Angaben zur Oberfläche:
Der in Klammern angegebene Wert bezieht sich ausschließlich auf die mit ihm in der Zeichnung markierten Flächen. Für alle anderen Flächen gilt der davor stehende Wert.

Dafür stehen international vereinheitlichte Symbole nach DIN EN ISO 1302 zur Verfügung.

Nachstehend sind einige davon dargestellt, wobei z. B. /10/ eine Meßstrecke von 10 mm bedeutet:

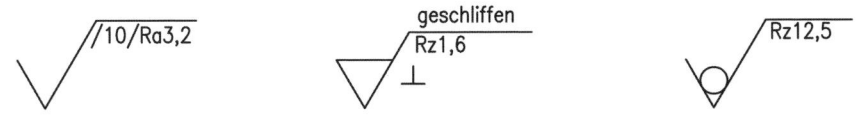

Tafel A4.1 Grenzabmaße nach DIN ISO 2768

a) für Rundungshalbmesser und Fasenhöhen; Werte in mm

Toleranzklasse (Kurzzeichen)	Nennmaßbereich *)		
	von 0,5 bis 3	über 3 bis 6	über 6
fein (*f*)	± 0,2	± 0,5	± 1
mittel (*m*)	± 0,2	± 0,5	± 1
grob (*c*)	± 0,4	± 1	± 2
sehr grob (*v*)	± 0,4	± 1	± 2

*) Bei Nennmaßen unter 0,5 mm sind die Grenzabmaße direkt am Nennmaß anzugeben.

b) für Winkelmaße

Toleranzklasse (Kurzzeichen)	Grenzabmaße in Winkeleinheiten für Nennmaßbereiche des kürzeren Schenkels in mm				
	bis 10	über 10 bis 50	über 50 bis 120	über 120 bis 400	über 400
fein (*f*)	± 1°	± 30′	± 20′	± 10′	± 5′
mittel (*m*)	± 1°	± 30′	± 20′	± 10′	± 5′
grob (*c*)	± 1°30′	± 1°	± 30′	± 15′	± 10′
sehr grob (*v*)	± 3°	± 2°	± 1°	± 30′	± 20′

c) Allgemeintoleranzen für Geradheit und Ebenheit; Werte in mm

Toleranzklasse (Kurzzeichen)	Nennmaßbereich					
	bis 10	über 10 bis 30	über 30 bis 100	über 100 bis 300	über 300 bis 1000	über 1000 bis 3000
H	0,02	0,05	0,1	0,2	0,3	0,4
K	0,05	0,1	0,2	0,4	0,6	0,8
L	0,1	0,2	0,4	0,8	1,2	1,6

Tafel A4.1 Fortsetzung

d) Allgemeintoleranzen für Rechtwinkligkeit; Werte in mm

Toleranzklasse (Kurzzeichen)	Nennmaßbereich			
	bis 100	über 100 bis 300	über 300 bis 1000	über 1000 bis 3000
H	0,2	0,3	0,4	0,5
K	0,4	0,6	0,8	1
L	0,6	1	1,5	2

e) Allgemeintoleranzen für Symmetrie; Werte in mm

Toleranzklasse (Kurzzeichen)	Nennmaßbereich			
	bis 100	über 100 bis 300	über 300 bis 1000	über 1000 bis 3000
H	0,5	0,5	0,5	0,5
K	0,6	0,6	0,8	1
L	0,6	1	1,5	2

f) Allgemeintoleranzen für Rund- und Planlauf; Werte in mm

Toleranzklasse (Kurzzeichen)	Lauftoleranz
H	0,1
K	0,2
L	0,5

A4.5 Angabe von Werkstoffen in Zeichnungen

Die Angabe des *Werkstoffs* für ein Bauteil erfolgt im Schriftfeld und gegebenenfalls in der Stückliste, wobei es zwei unterschiedliche Bezeichnungssysteme gibt, *Kurzzeichen* und *Werkstoffnummern*.
Bei Stählen, Gußeisen, Nichteisenmetallen und Kunststoffen gelten dafür jeweils eigene Normen, wobei die Bildung der Kurzzeichen sehr komplex ist [2.10].

Beispiel für die Kennzeichnung von Stählen (s. auch Tafel 3.2 im vorderen Teil des Buches):

Hauptsymbole:		**Zusatzsymbole:**		**Zusatzsymbole:**	**Kurzzeichen:**
1. S	**2.** 355	**3a.** J2G3	**3b.** W +	**4.** CR	→ S355J2G3W + CR
Verwendungszweck	mechanische Eigenschaften	für den Werkstoff		für das Erzeugnis	

(S) Baustahl mit R_e > 355 N/mm²; (J) Kerbschlagarbeit KV = 27 J bei (2) -20° C Schlag-Temperatur; (G3) normalisiert; (W) wetterfest; (+CR) kaltgewalzt.

Bei *Halbzeugen* sind Angaben zu dessen Form, den Abmessungen in mm, der DIN- bzw. DIN EN-Norm und dem Werkstoff erforderlich, z. B. mit Kurzzeichen oder Werkstoffnummer.

Beispiele:

Flach 40x12 DIN EN 10278 - S185 *oder* Flach 40x12 DIN EN 10278 - 1.0035
Rund 20 DIN EN 10278 - C35E *oder* Rund 20 DIN EN 10278 - 1.1181 (Rund bzw. Rd oder ⌀)
Rundstab DIN EN ISO 9988 - POM - 60 (Werkstoff POM, ⌀ 60)

A5 Bemaßung von Konstruktions- und Formelementen

Eine Reihe von Konstruktionselementen sowie von Formelementen an Bauteilen wird besonders dargestellt und bemaßt. Nachfolgend sind einige wesentliche erläutert.

A5.1 Schrauben
(Gewinde, Gewindeausläufe und -freistiche, Bohrungen, Senkungen)

Schrauben dienen dem kraftschlüssigen und lösbaren Verbinden von Bauteilen, die entweder selbst ein *Gewinde* tragen und sich unmittelbar verschrauben lassen oder die durch dritte Bauteile (Schrauben und Muttern, s. Abschn. 4.3.2 im vorderen Teil des Buches) mittelbar zu verschrauben sind. In beiden Fällen wird jeweils ein mit Außengewinde versehenes Bauteil mit einem das Innengewinde tragende Bauteil gefügt. An die nutzbare Gewindelänge schließt sich herstellungsbedingt ein *Gewindeauslauf* an. Zusätzlich kann ein sog. *Gewindefreistich* erforderlich werden, wenn ein Bauteil über die nutzbare Gewindelänge hinaus aufzuschrauben ist. Bei mittelbaren Verbindungen sind in den Bauteilen je nach der Kopfform der Schrauben entsprechende *Senkungen* und außerdem *Durchgangslöcher* für die Schrauben vorzusehen.

• **Gewinde**

Die Grundform des Gewindes ist eine Schraubenlinie, und die Höhe einer Windung derselben bezeichnet man als Steigung bzw. Ganghöhe P. Alle gebräuchlichen Gewinde sind genormt, gleichermaßen wie deren Darstellung in einer Zeichnung.
Die **Bilder A5.1** und **A5.2** zeigen je ein Bauteil mit Außengewinde sowie mit Innengewinde und dessen normgerechte Darstellung.

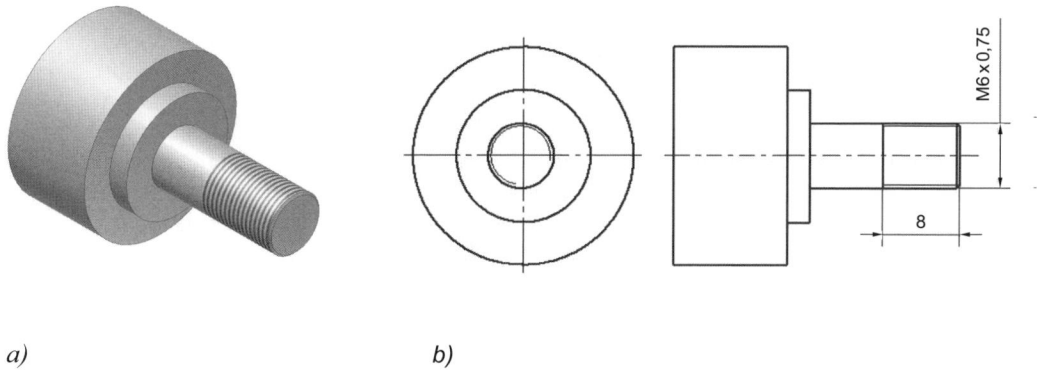

a) *b)*

Bild A5.1 Bauteil mit Außengewinde (a) und normgerechte Darstellung (b)

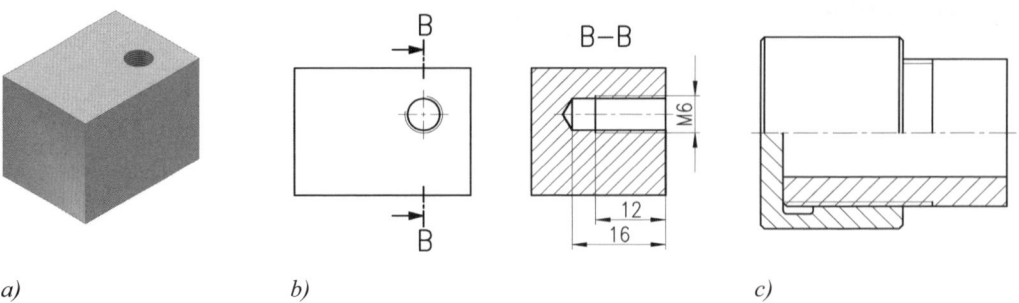

a) b) c)

Bild A5.2 Normgerechte Darstellung von Innengewinde
a) Klotz mit Innengewinde; b) Innengewinde in normgerechter Darstellung; c) Rohr-Deckel-Verschraubung im Halbschnitt

- **Gewindeausläufe und Gewindefreistiche**

Wenn ein Außengewinde an eine Planfläche grenzt bzw. wird ein Innengewinde in ein Grundloch eingebracht, ist aus fertigungstechnischen Gründen ein Gewindeauslauf oder ein Gewindefreistich erforderlich. Ihre Abmessungen sind in DIN 76 festgelegt.

Beim *Gewindeauslauf* kann (vereinfacht) nur der Abstand des letzten vollen Gewindegangs von der Anlagefläche mit einer Volllinie gezeichnet werden. Man bemaßt dann lediglich die nutzbare Gewindelänge. Die Darstellung des *Gewindefreistichs* kann weggelassen werden. Der Hinweis auf DIN 76 erfolgt (vereinfacht) mit einer Hinweislinie.

Beispiele für vereinfachte Darstellungen:

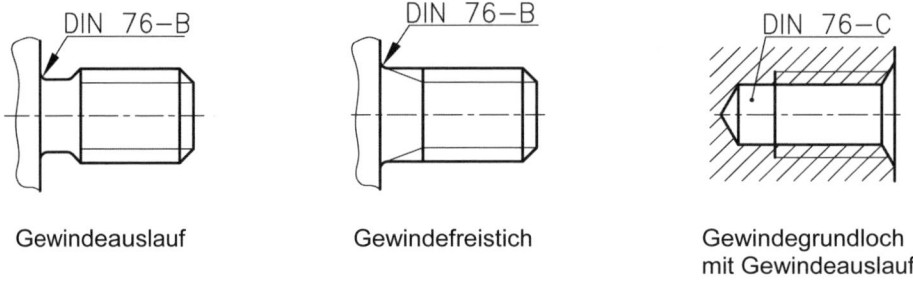

Gewindeauslauf   Gewindefreistich   Gewindegrundloch
                                                              mit Gewindeauslauf

Die Länge eines *Gewindeauslaufs* ist genormt und hat z. B. bei einem Außengewinde M 12 den Wert von $a_1 = 4{,}3$ mm. Als Richtwert gilt, daß diese Länge etwa das 2,5fache der Steigung P beträgt. Beim Innengewinde muß darüber hinaus noch der Grundlochüberhang berücksichtigt werden, um es auch schneiden zu können. Dieser Überhang ist z. B. bei dem genannten M 12-Gewinde $e_1 = 8{,}3$ mm lang.

Analoge Festlegungen gelten für den *Gewindefreistich*. Beim Außengewinde beträgt im Regelfall (Form A) z. B. bei einem Gewinde M 16 die Länge $g_2 = 7$ mm und $d_g = 13$ mm bei einer Toleranz $h13$. Beim Innengewindefreistich betragen in diesem Fall (Form C) für M 16 die Werte $g_2 = 10{,}3$ mm und $d_g = 16{,}5$ mm bei einer Toleranz $H13$.

Tafel A5.1 enthält hierzu für Gewindenenndurchmesser von 1,6 bis 27 mm einige der in der Norm DIN 76 festgelegten Maße für die Formen A, B, C und D.

Tafel A5.1 Maße für Gewindeausläufe und Gewindefreistiche in mm (Auszug aus DIN 76)

a) für Außengewinde

Gewindeausläufe und Gewindefreistiche für Außengewinde:

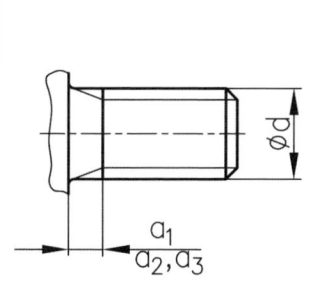
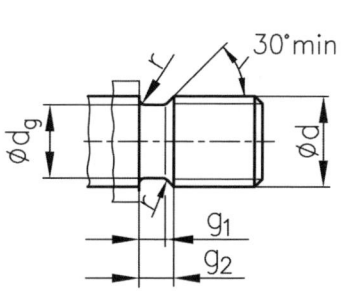

Gewinde-steigung P	Gewinde-nenndurchmesser (Regelgewinde) d	Gewindeauslauf		Gewindefreistich	
		a_1 (Regel)	a_2 (kurz)	g_2 Form A (Regel)	g_2 Form B (kurz)
0,35	1,6; 1,7; 1,8	0,9	0,45	1,2	0,9
0,4	2; 2,3	1	0,5	1,4	1
0,45	2,2; 2,5; 2,6	1,1	0,6	1,6	1,1
0,5	3	1,25	0,7	1,75	1,25
0,6	3,5	1,5	0,75	2,1	1,5
0,7	4	1,75	0,9	2,45	1,75
0,75	4,5	1,9	1	2,6	1,9
0,8	5	2	1	2,8	2
1	6; 7	2,5	1,25	3,5	2,5
1,25	8	3,2	1,6	4,4	3,2
1,5	10	3,8	1,9	5,2	3,8
1,75	12	4,3	2,2	6,1	4,3
2	14; 16	5	2,5	7	5
2,5	18; 20; 22	6,3	3,2	8,7	6,3
3	24; 27	7,5	3,8	10,5	7,5

• **Senkungen für Schrauben**

Senkungen für Schrauben sind in Abhängigkeit von der jeweiligen nachstehend genannten Schraubenform genormt:

- Form H für Zylinderschrauben,
- Formen J und K für Zylinderschrauben mit Innensechskant,
- Form A für Senk- und Linsensenkschrauben,
- Form B für Senkschrauben mit Innensechskant.

Die **Tafeln A5.2** und **A5.3** enthalten die Abmessungen für die jeweiligen Senkungen.

Tafel A5.1 Fortsetzung

b) für Innengewinde

Gewindeausläufe und Gewindefreistiche für Innengewinde:

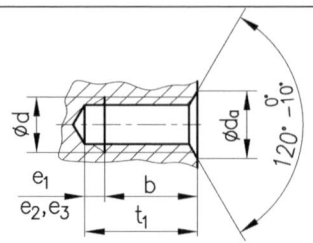
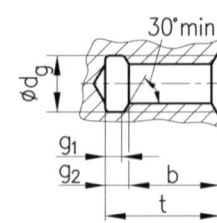

Gewinde-steigung P	Gewinde-nenndurchmesser (Regelgewinde) d	Gewindeauslauf		Gewindefreistich	
		e_1 (Regel)	e_2 (kurz)	g_2 Form C (Regel)	g_2 Form D (kurz)
0,35	1,6; 1,7; 1,8	2,1	1,3	1,9	1,4
0,4	2; 2,3	2,3	1,5	2,2	1,6
0,45	2,2; 2,5; 2,6	2,6	1,6	2,4	1,7
0,5	3	2,8	1,8	2,7	2
0,6	3,5	3,4	2,1	3,3	2,4
0,7	4	3,8	2,4	3,8	2,75
0,75	4,5	4	2,5	4	2,9
0,8	5	4,2	2,7	4,2	3
1	6; 7	5,1	3,2	5,2	3,7
1,25	8	6,2	3,9	6,7	4,9
1,5	10	7,3	4,6	7,8	5,6
1,75	12	8,3	5,2	9,1	6,4
2	14; 16	9,3	5,8	10,3	7,3
2,5	18; 20; 22	11,2	7	13	9,3
3	24; 27	13,1	8,2	15,2	10,7

• **Durchgangslöcher für Schrauben**

Durchgangslöcher für Schrauben sind in DIN EN 20273 genormt.

Nachstehend ist eine Auswahl für Gewindenenndurchmesser d von 1 bis 10 mm aufgeführt (Angaben in mm):

Gewindenenndurchmesser d	1	1,6	2	2,5	3	4	5	6	8	10
Durchmesser d_h des Durchgangslochs	1,2	1,8	2,4	2,9	3,4	4,5	5,5	6,6	9	11

A5 Bemaßung von Konstruktions- und Formelementen

Beispiele:

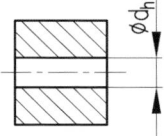

Durchgangs-
loch

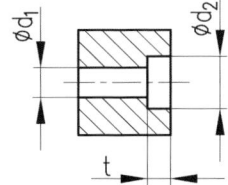

Senkung Form
H, J, K

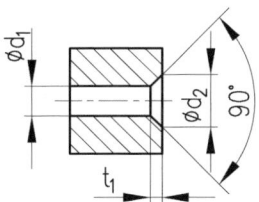

Senkung Form A, B
Ausführung mittel (*m*)

Tafel A5.2 Abmessungen für Senkungen der Formen H, J und K - Richtwerte
(Auswahl für Gewindenenndurchmesser *d* von 2 bis 12 mm); Angaben in mm

Form H für Zylinderschrauben (DIN EN ISO 1207)

Form J für Zylinderschrauben mit Innensechskant (DIN 6912, DIN 7984)

Form K für Zylinderschrauben mit Innensechskant (DIN EN ISO 4762)

Gewindenenn-durchmesser d		2	2,5	3	4	5	6	8	10	12
Durchmesser d_1 mittel		2,4	2,9	3,4	4,5	5,5	6,6	9	11	13,5
Durchmesser d_1 fein		2,2	2,7	3,2	4,3	5,3	6,4	8,4	10,5	13
Durchmesser d_2		4,3	5	6	8	10	11	15	18	20
Tiefe t	Form H	1,6	2	2,4	3,2	4	4,7	6	7	8
Tiefe t	Form J				3,4	4,2	4,8	6	7,5	8,5
Tiefe t	Form K	2,3	2,9	3,4	4,6	5,7	6,8	9	11	13

Tafel A5.3 Abmessungen für Senkungen der Formen A und B - Richtwerte
(Auswahl für Gewindenenndurchmesser *d* von 2 bis 12 mm); Angaben in mm

Form A für Senkschrauben (DIN EN ISO 2009 und DIN EN ISO 7046) und
   für Linsensenkschrauben (DIN EN ISO 2010 und DIN EN ISO 7047)

Form B für Senkschrauben mit Innensechskant (DIN EN ISO 10642)

Gewindenenn-durchmesser d		2	2,5	3	4	5	6	8	10	12
Durchmesser d_1 mittel		2,4	2,9	3,4	4,5	5,5	6,6	9	11	13,5
Durchmesser d_1 fein		2,2	2,7	3,2	4,3	5,3	6,4	8,4	10,5	13
Durchmesser d_2		4,6	5,7	6,5	8,6	10,4	12,4	16,4	20,4	24,4
Tiefe t_1	mittel	1,1	1,4	1,6	2,1	2,5	2,9	3,7	4,7	5,2
Tiefe t_1	fein	1,2	1,5	1,7	2,2	2,6	3	4	5	5,7

A5.2 Achsen und Wellen
(Freistiche, Zentrierbohrungen, Paßfedern, Sicherungsringe)

Achsen und Wellen sind Funktionselemente, die Geräte- bzw. Maschinenteile tragen und deren Gewichts- und Funktionskräfte aufnehmen. Sie werden durch spanende Bearbeitung (Drehen und Schleifen [4]) aus vollem Material gefertigt oder bestehen aus Halbzeugen (s. Abschn. A4.5), die z. T. aber eine Nacharbeit erfordern, um die endgültige Form zu erreichen. Bei ihrer konstruktiven Gestaltung muß man eine Reihe von Formelementen anordnen, wie *Freistiche* und *Zentrierbohrungen*.

Werden weitere Konstruktionselemente, so z. B. Wälzlager oder Zahnräder, auf Achsen und Wellen angeordnet, sind zu deren Lagesicherung u. a. *Sicherungsscheiben* und *Sicherungsringe* erforderlich, deren normgerechte Darstellung und Bemaßung nachfolgend ebenfalls dargestellt ist.

• Freistiche

Freistiche verringern die Kerbwirkung an sonst scharfkantigen Absätzen bei Drehteilen und sind nach DIN 509 in den Formen E und F genormt. Die Form des Freistichs ist in dieser Darstellung detailliert ersichtlich und mit relativ vielen Einzelmaßen beschrieben. In der technischen Zeichnung wird die genaue Geometrie nicht gezeichnet, sondern der Freistich lediglich durch eine dünne Volllinie im Abstand f gekennzeichnet (vereinfachte Darstellung). Die Freistichbezeichnung beinhaltet den Radius r und die Tiefe t_1.

Beispiel:

Freistich DIN 509–F1x0,4 bezeichnet einen genormten Freistich der Form F mit einem Radius r von 1 mm und einer Tiefe t_1 von 0,4 mm.

Nachfolgend sind die Freistiche der oben genannten Formen E und F mit allen erforderlichen Maßen ausführlich sowie für Form F in vereinfachter Darstellung gezeigt und für die häufig angewendete Form E in **Tafel A5.4** die Einzelmaße angegeben.

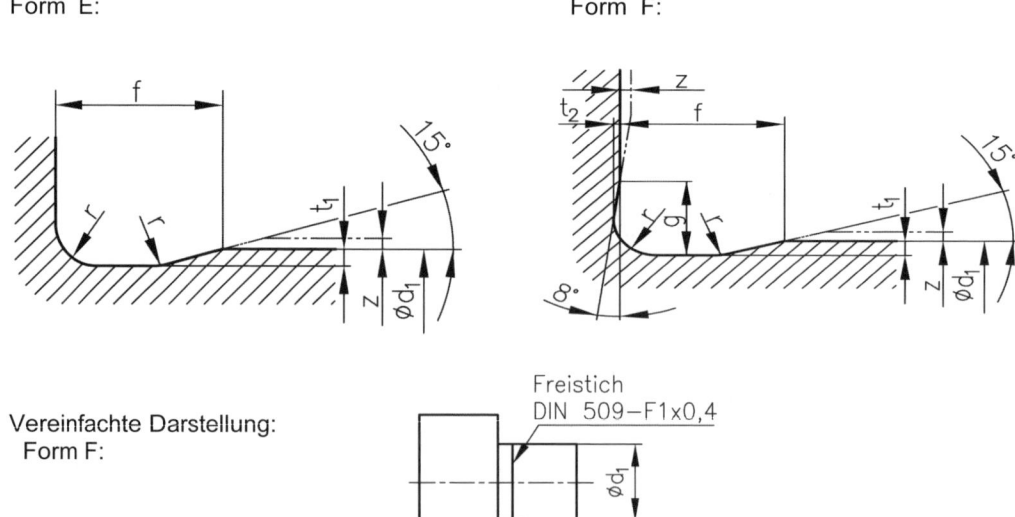

Tafel A5.4 Einzelmaße für Freistich Form E (für Form F s. DIN 509)

Zuordnung zum Durchmesser d_1 in mm	r in mm	t_1 in mm	f in mm
über 1,6 bis 3	0,2	0,1	1
über 3 bis 10	0,4	0,2	2
über 10 bis 18	0,6	0,2	2
über 18 bis 80	0,6	0,3	2,5
über 80	1	0,4	4

Beispiel:

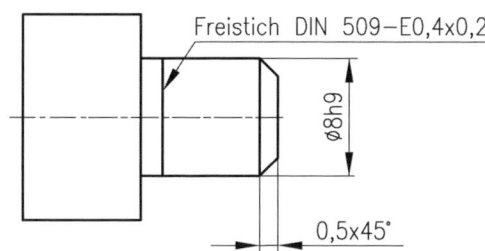

- **Zentrierbohrungen**

Bei der Gestaltung von Achsen, Wellen und ähnlichen Bauteilen ist deren Einspannmöglichkeit in Dreh- und Schleifmaschinen zu berücksichtigen. Einseitiges Einspannen reicht nur bei sehr kurzen Werkstücken aus. Meist ist zum Begrenzen von Verformungen infolge der Schnittkräfte auch das andere Ende des Bauteils in einem sog. Reitstock zu führen. Dies erfordert an der Stirnseite des Rohlings die entsprechende Aufnahme in einer *Zentrierbohrung*. Bei Umspannen während der Bearbeitung sind derartige Bohrungen an beiden Stirnseiten vorzusehen. Zentrierbohrungen sind in DIN ISO 6411 genormt, wobei zwischen mehreren Ausführungsformen gewählt werden kann. Die Formen A, B und R in den **Tafeln A5.5** und **A5.6** sind zu bevorzugen, weil man sie mit einem genormten Zentrierbohrer fertigen kann. Die Darstellung erfolgt in der Regel vereinfacht nach DIN ISO 6411 und besteht aus Symbol und Normbezeichnung.

Beispiel: Zentrierbohrung DIN ISO 6411 – R 6,3 / 13,2 (Form R; d = 6,3 mm; D_1 = 13,2 mm).

Tafel A5.5 Ausgewählte Maße in mm der Formen A, B und R für Nennmaße von 1 bis 10 mm

Nennmaß	d	1	1,6	2	2,5	3,15	4	6,3	10
Form A	D_2	2,12	3,35	4,25	5,3	6,7	8,5	13,2	21,2
	t	0,9	1,4	1,8	2,2	2,8	3,5	5,5	8,7
Form B	D_3	3,15	5	6,3	8	10	12,5	18	28
	t	0,9	1,4	1,8	2,2	2,8	3,5	5,5	8,7
Form R	D_1	2,12	3,35	4,25	5,3	6,7	8,5	13,2	21,2

A Technisches Zeichnen

Tafel A5.6 Zentrierbohrungen – Formen A, B und R

A	B	R
ohne Schutzsenkung	mit Schutzsenkung	mit Radiusform
(Zenrierbohrer nach ISO 866)	(Zentrierbohrer nach ISO 2540) [1])	(Zentrierbohrer nach ISO 2541)

Abmessungen:

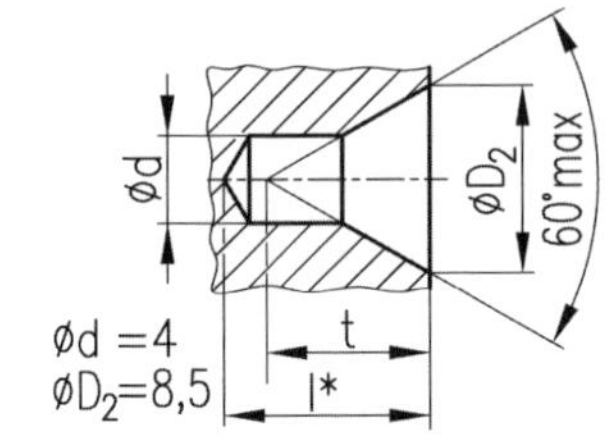

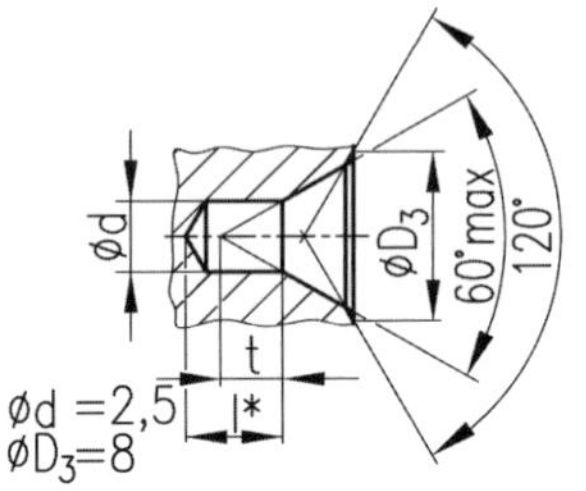

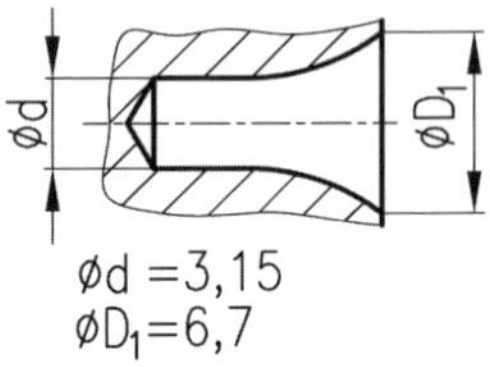

⌀d = 4 ⌀D_2 = 8,5	⌀d = 2,5 ⌀D_3 = 8	⌀d = 3,15 ⌀D_1 = 6,7

Angabe in Zeichnung [2]):

ISO 6411–B2,5/8	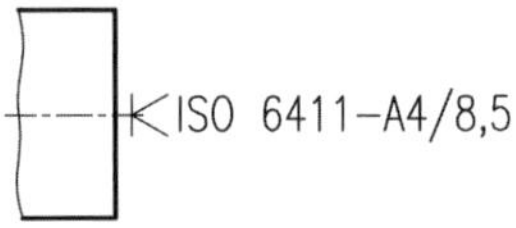 ISO 6411–A4/8,5	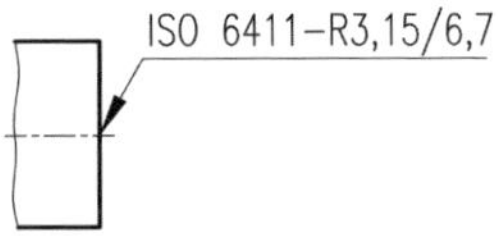 ISO 6411–R3,15/6,7
(Zentrierbohrung ist am fertigen Teil erforderlich)	(Zentrierbohrung darf am fertigen Teil verbleiben)	(Zentrierbohrung darf nicht am fertigen Teil verbleiben)

[1]) Maß l* abhängig von Zentrierbohrer (l* nicht kleiner als t)
[2]) bei der vereinfachten Angabe der Zentrierbohrung wird als Norm ISO 6411 angegeben

• Paßfedern und Sicherungsringe

Die **Bilder A5.3** und **A5.4** verdeutlichen die Angabe von Nuten für Paßfedern und Sicherungsringe, und in den folgenden Punkten **1.** und **2.** sind die zugehörigen Abmessungen dargestellt.

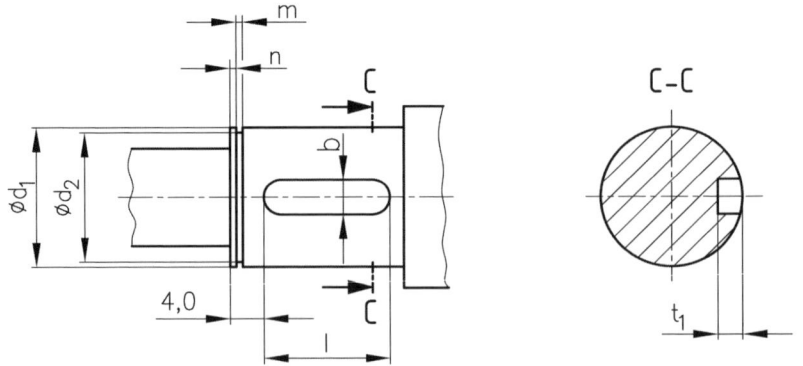

Bild A5.3 Nut für Paßfeder der Form A und Einstich für Sicherungsring (ausführliche Darstellung)

A5 Bemaßung von Konstruktions- und Formelementen

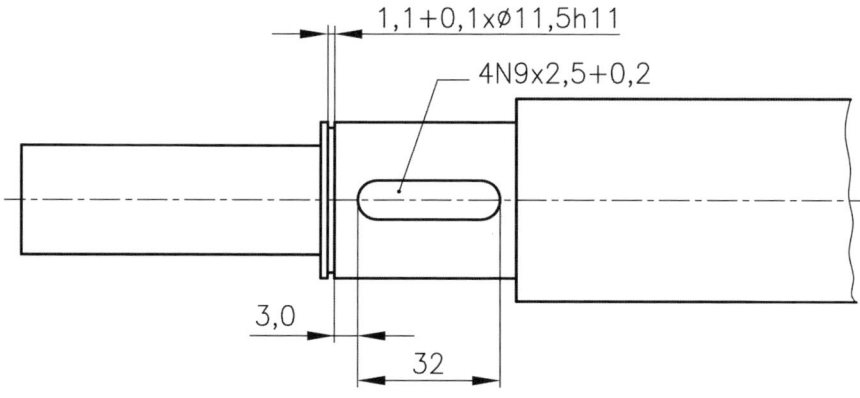

Bild A5.4 Nut für Paßfeder (Breite 4 mm, Toleranz $N9$, Tiefe 2,5 mm + 0,2 mm) und Einstich für Ring (Nutbreite 1,1 mm, Durchmesser 11,5 mm − vereinfachte Darstellung)

1. Nuten für Paßfedern

Die Norm DIN 6885 enthält Angaben zu Paßfedern der Formen A bis J. Das **Bild A5.5** zeigt die gebräuchlichsten Formen A und B sowie eine Welle-Nabe-Verbindung mit Paßfeder.

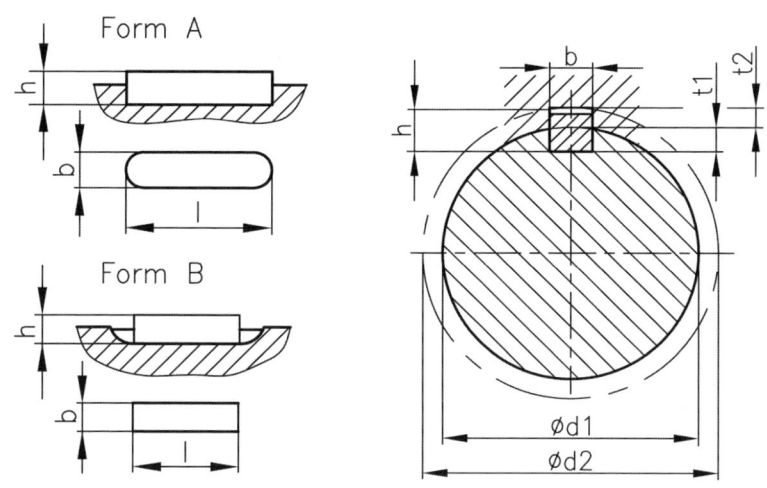

Bild A5.5 Paßfedern der Formen A und B sowie Welle-Nabe-Verbindung mit Paßfeder

In **Tafel A5.7** sind die Maße für Paßfedernuten in Wellen und Naben dargestellt.

Die Angaben z. B. für eine Paßfeder mit der Breite $b = 3$ mm, der Höhe $h = 3$ mm und der Länge $l = 12$ mm in der Stückliste lauten dabei: Paßfeder A 3x3x12 DIN 6885

Tafel A5.7 Maße für Nuten in Wellen und Naben

Maße in mm		Paßfedernut für Paßfedern nach DIN 6885 T1 bzw. DIN 6880				
Wellen-durch-messer d_1 (Auswahl) über …bis	h (Höhe der Paß-feder)	b (Breite der Nut in Welle und Nabe)	t_1 (Tiefe der Nut in Welle)	t_2 (Tiefe der Nut in Nabe; mit Rückenspiel)	l (Länge der Nut in Welle; Stufung 2 mm bis $l = 22$ mm, danach gröber) von	bis
6…8	2	2	1,2	1	6	20
8…10	3	3	1,8	1,4	6	36
10…12	4	4	2,5	1,8	8	45
12…17	5	5	3	2,3	10	56
17…22	6	6	3,5	2,8	14	70
22…30	7	8	4	3,3	18	90
30…38	8	10	5	3,3	20	110
38…44	8	12	5	3,3	28	140
		Toleranzen-Welle: Fester Sitz: $P9$ Leichter Sitz: $N9$ Toleranzen-Nabe: Fester Sitz: $P9$ Leichter Sitz: $JS9$	Toleranzen: $+ (0,1…0,2)$	Toleranzen: $+ (0,1…0,2)$	Toleranzen: $+ (0,1…0,5)$	

2. Nuten für Sicherungsringe

Sicherungsringe und Sicherungsscheiben sind mittelbare Einspreizverbindungen. Sie finden hauptsächlich für zylindrische Bauteile und Bohrungen Anwendung, als Anschläge auf Wellen und in Bohrungen, als abschließende Verbindungsmittel zum Befestigen und Sichern von Wälzlagern, Zahnrädern, Hebeln usw. (siehe Abschn. 4.2 im vorderen Teil des Buches). Ihnen gemeinsam ist eine umlaufende Nut auf Wellen und in Bohrungen, in die sie einzuspreizen sind. Die axiale Belastbarkeit ist verschieden, den größeren Belastungen können die Sicherungsringe ausgesetzt werden.

Das nebenstehende Bild zeigt genormte Sicherungsscheiben sowie Sicherungsringe für Wellen und Bohrungen. Zugehörige Abmessungen enthält **Tafel A5.8**.

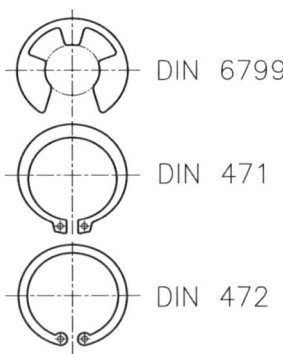

oben: Sicherungsscheibe
mitte: Sicherungsring für Wellen
unten: Sicherungsring für Bohrungen

Tafel A5.8 Maße für Sicherungsringe sowie Wellen- und Bohrungsnuten

Maße in mm	Sicherungsring nach DIN 471		Wellennut für Sicherungsring nach DIN 471 (siehe Bild A5.3)		
Wellendurch-messer d_1	s	d_3	d_2	m	n
3	0,4	$2,7^{+0,04}_{-0,15}$	2,8	0,5	0,3
4	0,4	$3,7^{+0,04}_{-0,15}$	3,8	0,5	0,3
5	0,6	$4,7^{+0,04}_{-0,15}$	4,8	0,7	0,3
6	0,7	$5,6^{+0,04}_{-0,15}$	5,7	0,8	0,5
7	0,8	$6,5^{+0,06}_{-0,18}$	6,7	0,9	0,5
8	0,8	$7,4^{+0,06}_{-0,18}$	7,6	0,9	0,6
10	1	$9,3^{+0,06}_{-0,18}$	9,6	1,1	0,6
Toleranzen	h11		h11	H13	

s Dicke des Sicherungsringes
d_3 Innendurchmesser des Sicherungsringes in ungespanntem Zustand
d_2 Nutdurchmesser
m Nutbreite
n Bundbreite
(s. Bild A5.3)

Maße in mm	Sicherungsring nach DIN 472		Bohrungsnut für Sicherungsring nach DIN 472		
Bohrungs-durchmesser d_1	s	d_3	d_2	m	n
8	$0,8^{0}_{-0,05}$	8,7	8,4	0,9	0,6
9	$0,8^{0}_{-0,05}$	9,8	9,4	0,9	0,6
10	$1,0^{0}_{-0,06}$	10,8	10,4	1,1	0,6
12	$1,0^{0}_{-0,06}$	13	12,5	1,1	0,8
13	$1,0^{0}_{-0,06}$	14,1	13,6	1,1	0,9
14	$1,0^{0}_{-0,06}$	15,1	14,6	1,1	0,9
15	$1,0^{0}_{-0,06}$	16,2	15,7	1,1	1,1
16	$1,0^{0}_{-0,06}$	17,3	16,8	1,1	1,2
Toleranzen		$+0,36$ $-0,10$	H11	H13	

Beispiel für Angaben z. B. in der Stückliste
Sicherungsring bei Bohrung mit $d_1 = 10$ mm: Sicherungsring 10x1 DIN 472

A5.3 Zahnräder (Beispiel geradverzahnte Stirnräder)

Bei Stirnrädern werden in der Zeichnung Teilkreise als Strich-Punktlinie und Kopfkreise als breite Volllinie eingetragen. Kopfkreis- (d_a), Fußkreisdurchmesser (d_f) sowie Breite (b) sind anzugeben **(Bild A5.6)**. Die normgerechte Darstellung eines Stirnradpaares zeigt **Bild A5.7**. Eine Verzahnungstabelle **(Bild A5.8)** enthält weitere Festlegungen und ist Bestandteil der Zeichnung (s. DIN 3966). Evolventenverzahnungen sind in DIN 867 und bisher in DIN 58400 genormt. Der Modul m (m = Teilung p / π) ist für die meisten Verzahnungsparameter am Zahnrad die bestimmende Größe und in Modulreihen 1 (bevorzugt anzuwenden) und 2 nach DIN 780 genormt (s. Abschn. 11.3 und Tafel 11.3 im vorderen Teil des Buches).

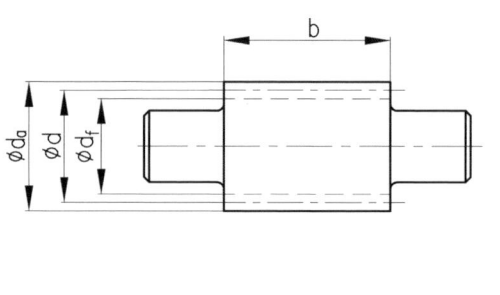

Bild A5.6 Maße an einer Ritzelwelle

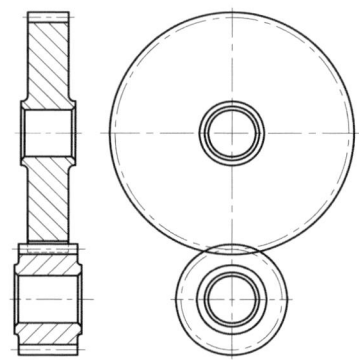

Bild A5.7 Darstellung eines Stirnradpaares

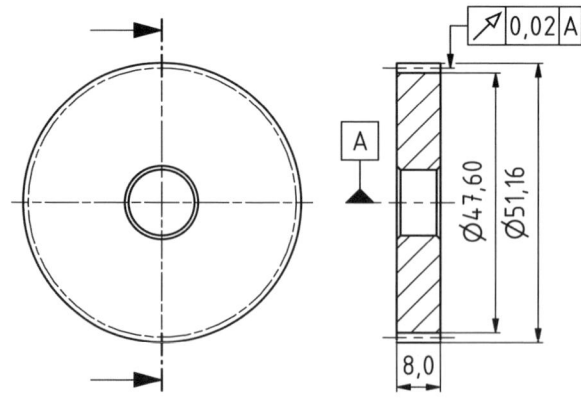

Stirnrad		außenverzahnt
Modul	m	0,8 mm
Zähnezahl	z	62
Bezugsprofil		DIN 867
Schrägungswinkel		0°
Flankenrichtung		–
Profilverschiebungsfaktor	x	0
Gegenrad	Sachnummer	....
	Zähnezahl	19

Bild A5.8 Zahnrad im Vollschnitt und Beispiel einer Verzahnungstabelle

A5.4 Rändel

Von Hand bewegte zylindrische Teile kann man durch Rändeln griffiger gestalten. Bei der Herstellung eines Rändels werden gehärtete Rändelräder in das sich drehende Werkstück eingedrückt, so daß eine Abformung des Rändels der Rändelräder entsteht. Zu beachten ist, daß sich der Ausgangsdurchmesser dabei vergrößert. Die Rändelriefen sind entweder achsparallel oder im Winkel von +30° (Linksrändel) bzw. −30° (Rechtsrändel) oder in Kombinationen angeordnet **(Tafel A5.9)**.

Die Bezeichnung eines Rändels besteht aus Rändelkennzeichen, Grundform, Richtung und Form sowie Rändelteilung. Die Angaben in der Zeichnung erfolgen ohne Komma.

Tafel A5.9 Angaben für Rändel nach DIN 82

Kennzeichen	R
Grundformen	A (achsparallel); B (schräg); G (links-rechts-Rändel); K (Kreuzrändel)
Richtung und Form	A = achsparallel; L = links; R = rechts; E = erhöht; V = vertieft
Rändelteilungen	0,5 / 0,6 / 0,8 / 1 / 1,2 / 1,6 (in mm)

Rändel werden als breite Volllinie gezeichnet, möglichst aber nur stellenweise angedeutet.

Beispiele:

Rändel RAA 08 DIN 82
(Rändel der Form A mit achsparallelen
Riefen der Teilung 0,8 mm)

Rändel RGV 08 DIN 82
(analog)

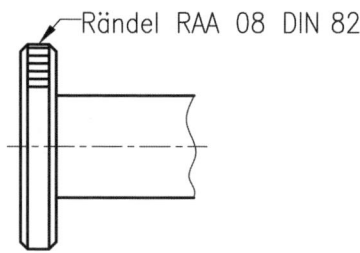

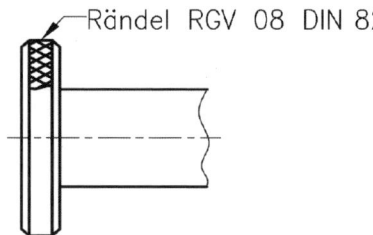

A5.5 Biegeteile

Gebogene Teile (z. B. Bleche) werden nicht nur im Fertigzustand gezeichnet, sondern zusätzlich auch in der sog. Abwicklung, dem zugeschnittenen Rohteil vor dem Biegen (DIN 406 T11). Die Biegekanten sind als dünne Volllinien einzuzeichnen **(Bild A5.9)**. Zu beachten ist dabei, daß die Berechnung der gestreckten Länge unter der Annahme erfolgt, daß die Zuschnittlänge L und die Länge der neutralen Faser des gebogenen Werkstücks gleich sind. Für relativ zur Werkstoffdicke s große Biegradien R ist die Verschiebung der neutralen Faser zur Stauchzone hin vernachlässigbar klein. Bei kleinen Biegeradien oder scharfkantigem Biegen muß für die neutrale Faser mit einem Ausgleichswert v gerechnet werden (s. nachstehendes Beispiel).

Die Lage der Walzrichtung des Biegeteils ist für die Güte des Biegeumformens von Einfluß. Es ist daher bereits beim Zuschneiden der Streifen und beim Anordnen der Biegezuschnitte auf die günstigste Lage der Biegelinien zu achten. Bei kleinen Biegeradien legt man diese bevorzugt quer zur Walzrichtung. Erfordert ein Werkstück mehrere senkrecht zueinander stehende Biegelinien, läßt sich in den meisten Fällen eine günstige Anordnung unter 45° ermöglichen. Keinesfalls sollte jedoch ein Winkel von 30° zwischen Biegelinie und Walzrichtung unterschritten werden. Bei großen Biegeradien hat die Lage der Walzrichtung nur einen geringen Einfluß. Eine ausführliche Darstellung enthält [4].

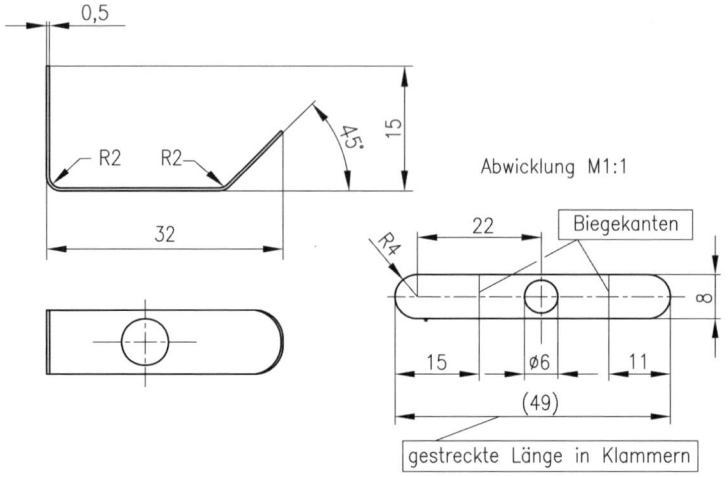

Bild A5.9 Biegeteil im Maßstab 2:1 mit Abwicklung im Maßstab 1:1

Das Berechnen der gestreckten Länge erfolgt nach DIN 6935, wobei das ermittelte Maß dieser Länge in der Abwicklungszeichnung in Klammern zu setzen ist. Für Biegewinkel von 90° berechnet sich die gestreckte Länge L für Winkel mit zwei Abkantungen wie folgt: $L = l_1 + l_2 + l_3 - (v_1 + v_2)$, mit den Ausgleichswerten v, die vom Biegeradius R und der Blechdicke s abhängen (s. nachstehendes Beispiel). Eine ausführliche Darstellung enthält [4].

Tafel A5.10 zeigt die Werte v in Abhängigkeit von R und s für Blechdicken von 1 bis 4 mm.

Tafel A5.10 Ausgleichswerte v in mm (Auszug aus DIN 6935)

Biegeradius R in mm	Blechdicke s in mm						
	1	1,5	2	2,5	3	3,5	4
1	1,9	-	-	-	-	-	-
1,6	2,1	2,9	-	-	-	-	-
2,5	2,4	3,2	4,0	4,8	-	-	-
4	3,0	3,7	4,5	5,2	6,0	6,9	-
6	3,8	4,5	5,2	5,9	6,7	7,5	8,3
10	5,5	6,1	6,7	7,4	8,1	8,9	9,6
16	8,1	8,7	9,3	9,9	10,5	11,2	11,9

Beispiel

Berechnung der gestreckten Länge L des nebenstehend dargestellten Biegeteils:

$L = [26 + 30 + 15 - (2{,}4 + 2{,}4)]$ mm $= 66{,}2$ mm.

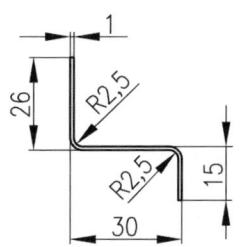

A5.6 Formelemente
(Kegel, Kugeln, Rundungen, Quadrate usw.)

1. Kegel
(DIN ISO 3040)

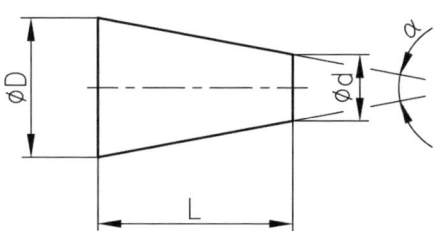

Sie werden nach DIN ISO 3040 bemaßt, wobei die nachfolgend dargestellten drei Varianten bestehen:

1. *Allgemeine Bemaßung:* Kegellänge L und Durchmesser D, d

2. *Angabe der Kegelverjüngung:* Kegellänge L, Durchmesser D und Kegelverjüngung C mit
   $C = (D - d)/L = 2 \cdot \tan(\alpha/2)$, als 1 : x, z. B. 1 : 3

3. *Angabe des Kegelwinkels:* Kegellänge L, Durchmesser d und Kegelwinkel α mit $\alpha = 2 \arctan (D - d)/(2 \cdot L)$

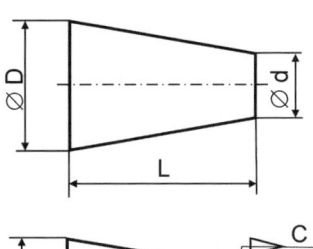

Bild A5.10 zeigt ein Beispiel für die normgerechte Darstellung und Bemaßung eines Kegels.

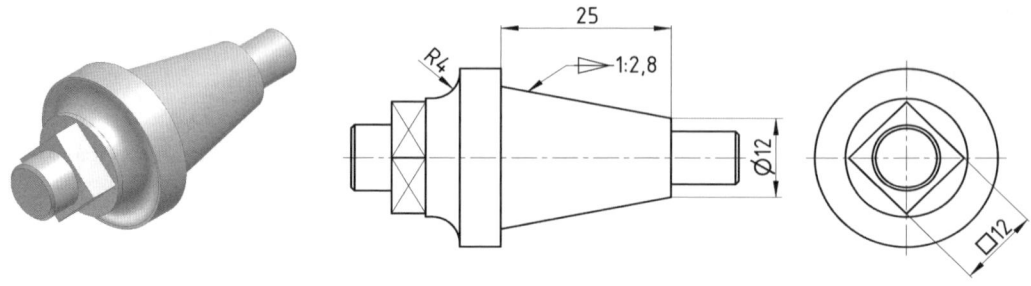

Bild A5.10 Bauteil mit Kegel, Rundung und quadratischem Vierkant mit normgerechter Darstellung und Bemaßung

2. Kugel, Kugelabschnitt
(DIN 406-11)

Bemaßung: Großbuchstabe S ist in jedem Fall vor ∅ oder R zu setzen, z. B. S∅2 oder SR2

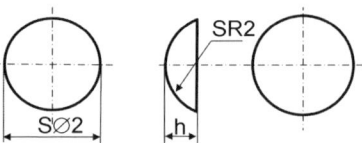

3. Zylinder, Durchmesser
(DIN 406-11)

Bemaßung
Allgemein: Das Symbol ∅ ist in jedem Fall vor die Maßzahl für den Durchmesser zu setzen, z. B. ∅5

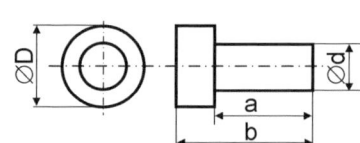

Sonderform:
Bei Platzmangel oder in Halbschnitten dürfen die Maßlinien mit nur einer Maßlinienbegrenzung bzw. mit Hinweislinien gezeichnet werden

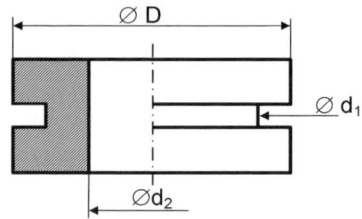

4. Radien, Rundungen
(DIN 406-11)

Bemaßung: Der Großbuchstabe R muß in jedem Fall vor der Maßzahl stehen, z. B. R2

5. Quadrat
(DIN 406-11)

Bemaßung: Quadratzeichen muß in jedem Fall vor der Maßzahl stehen, und es wird nur eine der Seitenlängen bemaßt, z. B. □10

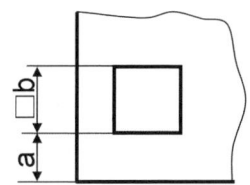

6. Schlüsselweite
(DIN 406-11)

Bemaßung: Großbuchstaben SW müssen in jedem Fall vor der Maßzahl stehen (optional Eckenmaß $e = (2/\sqrt{3}) \cdot c$

SW-Stufung, mm	2	2,5	3,0	3,2	4
	5	5,5	7	8	10
	13	16	18	20	....

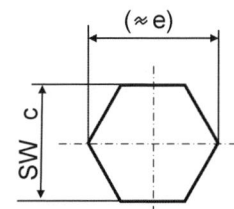

7. Neigung
(DIN 406-11)

Bemaßung
Allgemein: Länge L, Höhen H, h

Angabe der Neigung: Länge L, Höhe H und Neigung D mit $D = (H-h)/L$, z. B. 1 : 3

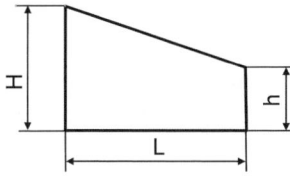
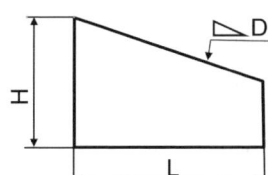

8. Fasen
(DIN 406-11)

Bemaßung: Fasenbreite und Fasenwinkel werden in einem Maß zusammengefaßt, z. B. 1x45°

(wegen ihrer geringen Größe kann man nicht dargestellte Fasen oft auch einfach mit Hinweislinien bemaßen)

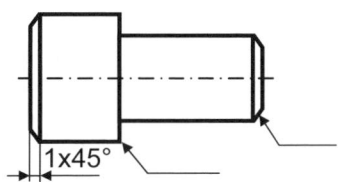

9. Blechdicke
(DIN 406-11)

Bemaßung: Die Blechdicke wird ohne Angabe der Maßeinheit in der Blechfläche angegeben, z. B. $t = 3$

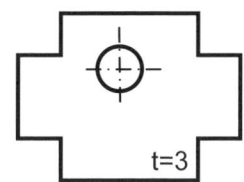

A6 Stromlaufpläne

Stromlaufpläne dienen der Dokumentation elektrischer bzw. elektronischer Schaltungen. Sie beinhalten die symbolische Darstellung von elektrischen Komponenten und deren Verbindungen. Größe, Form und räumliche Lage der Elemente werden dabei nicht berücksichtigt.

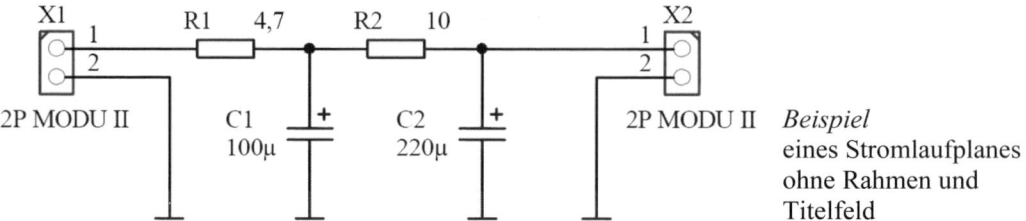

Beispiel eines Stromlaufplanes ohne Rahmen und Titelfeld

Elemente eines Stromlaufplanes sind:
- Bauelementesymbole,
- Bezeichner (Kennbuchstabe mit fortlaufender Nummerierung),
- Wert *oder* Typ eines Bauelementes,
- Pinnummern bei Bauelementen, deren eindeutige Pinzuordnung funktionsnotwendig ist, z. B. IC, Steckverbinder,
- Verbindungen, z. B. Leitungen, Signale oder Busse,
- Rahmen und Titelfeld.

Kennzeichnung von Symbolen

Bauelementesymbole sind durch einen Bezeichner sowie die Angabe des Bauelementewertes (bei generischen Bauelementen, wie Widerständen und Kondensatoren) oder des Typs (alle sonstigen Bauelemente, wie Transistoren und IC) zu kennzeichnen. Der Bezeichner und der Wert bzw. Typ des Bauelementes sind unmittelbar und eindeutig am Symbol anzuordnen. Bei der Beschriftung des Wertes wird auf die Angabe der Einheit verzichtet. Man schreibt bei einem Kondensator beispielsweise 100 µ statt 100 µF.

Verbindungen

Elektrische Verbindungen werden durch eine Volllinie zwischen den jeweiligen Bauelementeanschlüssen gekennzeichnet. Abzweigungen von Signalen sollten für eine eindeutige Lesbarkeit mit einem Punkt gekennzeichnet werden. Eine weitere Möglichkeit der Verbindung besteht im Verwenden von Labeln. Signale werden hierzu mit einem eindeutigen Bezeichner gekennzeichnet. Alle Signale mit gleichlautendem Bezeichner sind elektrisch verbunden. Eine durchgehende Verbindung kann dann entfallen.

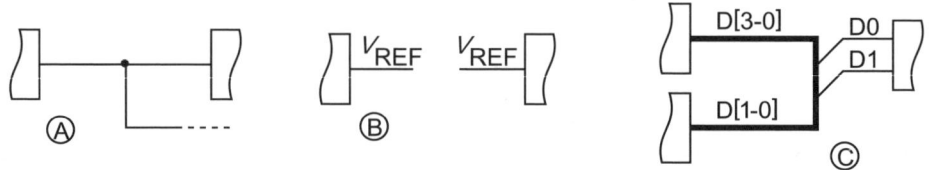

Beispiele für Verbindungen (A: direkte Verbindung mit Abzweig, B: mittels Label, C: Bus)

Beispiele für Bauelementesymbole

Bauelementesymbole nach DIN EN 60617-2

⊕ ⊖	Spannungsquelle (links), Stromquelle (rechts)
◇↓ ◇↓	gesteuerte Spannungsquelle (links), gesteuerte Stromquelle (rechts)

Bauelementesymbole nach DIN EN 60617-3

o—	Anschluss, z. B. Klemme

Bauelementesymbole nach DIN EN 60617-4

—▭—	Widerstand allgemein, Dämpfungsglied allgemein
—▭— U	Widerstand, nichtlinear spannungsabhängig, Varistor
—▭—	Widerstand, veränderbar
—▭—	Widerstand mit beweglichem Kontakt, Potentiometer
—∥—	Kondensator allgemein
—∥⁺—	Kondensator, gepolt, z. B. Elektrolytkondensator („Elko")
—⌒⌒⌒—	Induktivität, Spule, Wicklung, Drossel
—⊣∥⊢—	Piezoelektrischer Kristall, Schwingquarz

Bauelementesymbole nach DIN EN 60617-5

Symbol	Beschreibung
	Halbleiterdiode allgemein
	Leuchtdiode (LED)
	Z-Diode, Durchbruchdiode, unidirektional
	Fotodiode
	pnp- (links) und npn-Transistor (rechts)
	n-Kanal (links) und p-Kanal Sperrschicht FET (rechts)
	n-Kanal (links) und p-Kanal MOSFET selbstleitend (rechts)
	n-Kanal (links) und p-Kanal MOSFET selbstsperrend (rechts)
	Fototransistor (npn-Typ)

Bauelementesymbole nach DIN EN 60617-6

⊣├	Primär- bzw. Sekundärzelle oder Element, Akkumulator; die längere Linie kennzeichnet den positiven Anschluß
(Einphasentransformator-Symbol)	Einphasentransformator mit zwei Wicklungen und Schirm
(M)	Schrittmotor allgemein
(M 3~)	Drehstrom-Reihenschlußmotor
(MS 1~)	Synchronmotor einphasig

Bauelementesymbole nach DIN EN 60617-7

(Schaltersymbole)	Schließer, Schalter allgemein (links), handbetätigter Schalter allgemein (rechts)
(Druckschalter-Symbol)	Druckschalter, Schließer mit selbsttätigem Rückgang
─▭─	Sicherung allgemein

A Technisches Zeichnen

Bauelementesymbole nach DIN EN 60617-12

≥1	ODER-Element allgemein
&	UND-Element allgemein
1	Nicht-Element, Inverter
≥1	NOR- (Nicht-ODER) Element
&	NAND- (Nicht-UND) Element

Bauelementesymbole nach DIN EN 60617-13

▷∞ 2− 3+ 1	Operationsverstärker
▷∞ 2− 3+ 6 5 AOFS 1 AOFS	Operationsverstärker mit Offset-Korrektur

A7 Beschriftung elektronischer Bauelemente

Die Beschriftung handelsüblicher Bauelemente erfolgt durch Schriftzeichen oder durch Farbringe. Sie enthält Angaben zum Nennwert sowie zu einem Multiplikator, oft zusätzlich auch Angaben zur Toleranz.

A7.1 Beschriftung durch Schriftzeichen

Beschriftung von Festwiderständen und Festkondensatoren nach DIN EN 60062

Nennwert	Multiplikator	Grenzabweichung	
		relativ	absolut
Zwei bis vier Ziffern; Teilung nach E-Reihe gem. DIN IEC 60063	Kennzeichnung des Dezimalpunktes sowie des Multiplikators durch Buchstaben Bei Widerständen R 1 K 10^3 M 10^6 G 10^9 T 10^{12} Widerstandswert in Ohm [Ω] Bei Kondensatoren p 10^{-12} n 10^{-9} μ 10^{-6} m 10^{-3} F 1 Kapazitätswert in Farad [F]	Symmetrisch: E $\pm$ 0,005 % L $\pm$ 0,01 % P $\pm$ 0,02 % W $\pm$ 0,05 % B $\pm$ 0,1 % C $\pm$ 0,25 % D $\pm$ 0,5 % F $\pm$ 1 % G $\pm$ 2 % H $\pm$ 3 % J $\pm$ 5 % K $\pm$ 10 % M $\pm$ 20 % N $\pm$ 30 % Unsymmetrisch: Q $-10 \ldots +30$ % T $-10 \ldots +50$ % S $-20 \ldots +50$ % Z $-20 \ldots +80$ %	A[*]) Die Toleranz ist in einem Datenblatt schriftlich fixiert. Bei Kondensatoren < 10 pF: B $\pm$ 0,1 pF C $\pm$ 0,25 pF D $\pm$ 0,5 pF F $\pm$ 1 pF G $\pm$ 2 pF

[*]) Bei Kennzeichnung mit Buchstaben A ist die Toleranz in einem getrennten Schriftstück (z. B. im Datenblatt) anzugeben.

Beispiele für Bauelementekennzeichnung:

Festwiderstände

R15 = 0,15 Ω;
1R5 = 1,5 Ω;
10K00 = 10,00 kΩ;

Kondensatoren

p15 = 0,15 pF;
1n5 = 1,5 nF;
68μ = 68 μF;
68p00 = 68,00 pF

Alternative Beschriftung von Festwiderständen und Festkondensatoren nach DIN EN 60062		
Nennwert	Multiplikator	Grenzabweichung
Zwei oder drei Ziffern bei Widerständen; Zwei Ziffern bei Kondensatoren; Teilung nach E-Reihe gem. DIN IEC 60063	Nachfolgende Ziffer gibt Multiplikator an: 0 10^0 ... 9 10^9 Widerstandswert in Ω; Keramik- und Kunststofffolien- kondensatoren Kapazität in pF; Elektrolyt- und Doppelschicht- kondensatoren Kapazität in µF	Angaben s. vorhergehende Tafel

Beispiele für alternative Bauelementekennzeichnung:

Festwiderstände
$152 = 15 \times 10^2 \; \Omega = 1{,}5 \; k\Omega$;
$1500 = 150 \times 10^0 \; \Omega = 150 \; \Omega$;

Kondensatoren
Keramikkondensator $222 = 22 \times 10^2 \; pF = 2{,}2 \; nF$;
Elektrolytkondensator $471 = 47 \times 10^1 \; µF = 470 \; µF$.

Beschriftung von Festinduktivitäten nach DIN EN 61605			
Nennwert Teilung nach E-Reihe gem. DIN IEC 60063	Multiplikator	Grenzabweichung	
		relativ	absolut
$L < 100$ nH Zwei Ziffern Induktivitätswert	Kennzeichnung des Dezimalpunktes durch Buchstaben N; Induktivität in nH	F ± 1 % G ± 2 % H ± 3 % J ± 5 % K ± 10 % L ± 15 % M ± 20 % N ± 30 %	A*) Die Toleranz ist in einem Datenblatt schriftlich fixiert. W ± 0,05 nH B ± 0,1 nH C ± 0,2 nH S ± 0,3 nH D ± 0,5 nH
100 nH $\leq L < 10$ µH Zwei Ziffern Induktivitätswert	Kennzeichnung des Dezimalpunktes durch Buchstaben R; Induktivität in µH		
$L \geq 10$ µH Zwei Ziffern Induktivitätswert	Dritte Ziffer gibt Multiplikator an: 0 10^0 ... 6 10^6 Induktivität in µH		A*) s. Seite 309

Beispiele für Kennzeichnung von Festinduktivitäten:

N47 = 0,47 nH; $101 = 10 \times 10^1 \; µH = 100 \; µH$;
1R0 = 1,0 µH; $474 = 47 \times 10^4 \; µH = 470 \; mH$.

A7.2 Beschriftung durch Farben

Bei der Beschriftung durch Farbringe ist der erste Ring der dem Bauelementerand am nächsten liegende.

Beschriftung von Festwiderständen nach DIN EN 60062

Ringfarbe	Zwei oder drei Ringe Nennwert in Ω; Teilung nach E-Reihe gem. DIN IEC 60063	Ein Ring Multiplikator	Ein Ring Grenzabweichung
silbern	-	10^{-2}	$\pm 10\,\%$
golden	-	10^{-1}	$\pm 5\,\%$
schwarz	0	1	-
braun	1	10	$\pm 1\,\%$
rot	2	10^2	$\pm 2\,\%$
orange	3	10^3	$\pm 0,05\,\%$
gelb	4	10^4	$\pm 0,02\,\%$
grün	5	10^5	$\pm 0,5\,\%$
blau	6	10^6	$\pm 0,25\,\%$
violett	7	10^7	$\pm 0,1\,\%$
grau	8	10^8	$\pm 0,01\,\%$
weiß	9	10^9	-
keine	-	-	$\pm 20\,\%$

Beispiele für Kennzeichnung von Festwiderständen:
braun, schwarz, orange, gold = $10 \cdot 10^3\,\Omega \pm 5\,\% = 10\,\text{k}\Omega \pm 5\,\%$;
rot, rot, braun, braun = $22 \cdot 10\,\Omega \pm 1\,\% = 220\,\Omega \pm 1\,\%$.

Beschriftung von Festinduktivitäten nach DIN EN 61605

Ringfarbe	Zwei Ringe Nennwert in µH; Teilung nach E-Reihe gem. DIN IEC 60063	Ein Ring Multiplikator	Ein Ring Grenzabweichung
silbern	-	10^{-2}	$\pm 10\,\%$
golden	-	10^{-1}	$\pm 5\,\%$
schwarz	0	1	-
braun	1	10	$\pm 1\,\%$
rot	2	10^2	$\pm 2\,\%$
orange	3	10^3	-
gelb	4	10^4	-
grün	5	10^5	-
blau	6	10^6	-
violett	7	10^{-3}	-
grau	8	10^{-4}	-
weiß	9	-	-
keine	-	-	$\pm 20\,\%$

Beispiele für Kennzeichnung von Festinduktivitäten:
gelb, violett, gold, rot = $47 \cdot 10^{-1}\,\mu\text{H} \pm 2\,\% = 4,7\,\mu\text{H} \pm 2\,\%$;
braun, schwarz, braun, gold = $10 \cdot 10\,\mu\text{H} \pm 5\,\% = 100\,\mu\text{H} \pm 5\,\%$.

A7.3 Kennzeichnungsbeispiele (durchsteckbare Bauelemente)

Kennzeichnung von Kondensatoren		
 Elektrolytkondensator (Elko, gepolt)	*Beispiele:* Aufschrift 0,47 µ/63 V → 0,47 µF/63 V	Allgemeine Hinweise Kennzeichnung: Wert mit Einheit, z. B. 100 n entspricht 100 nF (s. Tafel in Abschn. A7.1)
 Folienkondensator (Polyester)	Aufschrift 1000/100 → 1 nF/100 V	Alternativ übliche Bezeichnung: • Aufdruck >1: zweistelliger Wert + Multiplikator, Kapazität in pF, z. B. 103 entspricht $10 \cdot 10^3$ pF = 10000 pF = 10 nF
 Polypropylenkondensator	Aufschrift 47p/630 → 47 pF/630 V	
 Tantalkondensator (Tropfenform, gepolt)	Aufschrift 475 → 4,7 µF	• Aufdruck <1: Kapazität in µF, z. B. 0,47 entspricht 0,47 µF Die Angaben sind häufig firmenspezifisch, dann s. Datenblatt. Die angegebene Spannung ist die maximal zulässige Spannung.
 Keramikkondensatoren	Aufschrift 224 → 220 nF	

Kennzeichnung von Dioden	
 Gleichrichterdioden	Kennzeichnung: meist direkter Aufdruck des Typs Polung: Kathode meist mit Ring oder Balken gekennzeichnet
Typische Bauformen (v. links): axiale Form TO-222AC (L 28,9 x B 10), radiale Formen	*Beispiel:* Aufschrift 1N4001, weitere Angaben s. Datenblatt

Kennzeichnung von Dioden (Fortsetzung)

 Lichtemitterdiode (LED)	Bei LED: abgeflachte Seite Kathode (Minuspol)

Kennzeichnung von Transistoren

 Transistoren	Kennzeichnung: meist direkter Aufdruck des Typs Polung: allgemein Polung nur aus Datenblatt ersichtlich
Typische Bauformen (v. links): TO-218 (L 31 x B 15), TO-220AB (L 28,8 x B 10,4), TO-92, TO-18	*Beispiel:* Aufschrift 2SC2166, weitere Angaben s. Datenblatt

A7.4 Kennzeichnungsbeispiele (oberflächenmontierte Bauelemente, SMD)

Kennzeichnung von SMD-Widerständen

 SMD-Widerstände	Bei drei- bzw. vierstelliger Angabe ohne „R": Die ersten beiden bzw. drei Ziffern geben den Wert, die letzte die Anzahl der folgenden Nullen an. Kennzeichnung mit „R": Der Buchstabe „R" kennzeichnet den Dezimalpunkt (s. Tafel in Abschn. A7.1).	Toleranzen: Chip-Ausführung ± 5 % Dickschicht ± 1 % Präzisions-Dünnschicht ± 0,1 %
Typische Bauformen (v. links): 2010, 1210, 1206, 0805 (L 2 x B 1,25), 0603	*Beispiele:* $1001 = 100\ \Omega$ (Ohm) $\cdot 10 = 1\ k\Omega$ $103 = 10 \cdot 10^3\ \Omega = 10\ k\Omega$ (Kiloohm) $1502 = 150 \cdot 10^2\ \Omega = 15{,}0\ k\Omega$	$R27 = 0{,}27\ \Omega$ $287R = 287\ \Omega$

Kennzeichnung von SMD-Spulen

 SMD-Speicherdrosseln (links) und SMD-Spulen (rechts)	Wird kein Buchstabe „R" oder „N" verwendet, gibt die 3. Ziffer die Anzahl der folgenden Nullen an. Die Buchstaben „R" und „N" stellen den Dezimalpunkt dar. Bei „N" erfolgt Werteangabe in nH, bei „R" in µH (s. Tafel in Abschn. A7.1)	Toleranzen: F = ± 1 % G = ± 2 % J = ± 5 % K = ± 10 % M = ± 20 %
Typische Bauform 0805 (L 2,2 x B 1,4)	*Beispiele:* 101J = 100 µH ± 5 % 4R7K = 4,7 µH ± 10 % 3N3F = 3,3 nH ± 1 %	221K = 220 µH ± 10 % 4R7J = 4,7 µH ± 5 % R22K = 0,22 µH ± 10 %

Kennzeichnung von SMD-Kondensatoren

 Keramikkondensatoren  Polyesterkondensatoren  Elektrolytkondensatoren  Tantalkondensatoren	Wertebestimmung: äquivalent zu den Kondensatoren in Abschn. A7.1 Bemerkungen: Keramikkondensatoren sind häufig unbeschriftet (dann messen). Elektrolytkondensatoren (Elkos): Der Minuspol ist gekennzeichnet. Ebenfalls übliche Bezeichnung: Angabe des Wertes in µF; Buchstabe stellt Dezimalpunkt dar und gibt die Spannungsklasse an. Tantalkondensatoren: Der Pluspol ist gekennzeichnet. Die Angaben sind häufig firmenspezifisch, s. dann Datenblatt. Die angegebene Spannung ist die maximal zulässige Spannung.	Toleranzen: Keramik- kondensatoren ± (5…10) % Polyester- kondensatoren ± 20 % Elektrolyt- und Tantalkonden- satoren ± 20 % Spannungsklasse: C = 6,3 V D = 10 V E = 15 V F = 25 V G = 40 V H = 63 V
Typische Bauform: „1812" (L 4,5 x B 3,5)	*Beispiele:* Tantal: 226 / 20 = 22 pF · 10^6 / 20 V = 22 µF / 20 V Elko: 3F3 = 3,3 µF / 25 V	

Kennzeichnung von SMD-Dioden

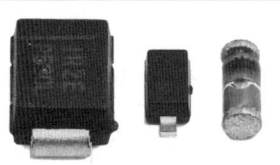 SMD-Dioden	Kodierung richtet sich nach Gehäuseform. Evtl. auch ohne Aufdruck, Datenblatt erforderlich! Polung: Kathode meist mit Balken oder Ring gekennzeichnet
Typische Bauformen (v. links): SMB (L 4,4 x B 3,55), SOD-123 (L 3,7 x B 1,6), SOD-80 "Mini-MELF" (L 3,5 x ∅ 1,5)	*Beispiel:* Zwei Dioden im Gehäuse SOT23 mit Aufschrift „JJ" = Typ BAV70, weitere Angaben s. Datenblatt.

Kennzeichnung von SMD-Transistoren	
SMD-Transistoren	Kodierung richtet sich nach Gehäuseform. Evtl. auch ohne Aufdruck, Datenblatt erforderlich!
Typische Bauformen (v. links): D²PAK (L 15,1 x B 10,16), DPAK (L 9,9 x B 6,5), SOT223 (L 7,0 x B 6,5), SOT23 (L 2,8 x B 3,0)	*Beispiel:* pnp-Schalttransistor im Gehäuse SOT23 mit Aufschrift „T1" = Typ BCX17, weitere Angaben s. Datenblatt.

A8 E-Reihen

Die Nennwerte (angegebene Werte ohne Toleranz) passiver Bauelemente (R, L, C) sind nach sogenannten *E-Reihen* gestuft. Diese Reihen benennen die Anzahl von Stufen (*Stufenzahl r*) einer geometrischen Reihe innerhalb einer Dekade (Bereich von einer Zehnerpotenz zur nächsten, z. B. 1…<10 oder 10^3…<10^4). Die Reihen entstehen, indem man die Bereiche zwischen den Zehnerpotenzen so aufteilt, daß das Verhältnis je zwei aufeinander folgender Zahlen, der sog. *Stufensprung q* (mit $q_r = \sqrt[r]{10}$), konstant ist. Der übliche Bereich erstreckt sich von $E\,3$ bis $E\,192$ ($E\,3$: $r = 3$, d. h. drei Werte je Dekade, $E\,6$: $r = 6$, $E\,12$: $r = 12$ usw.). Am gebräuchlichsten sind die Reihen $E\,6$, $E\,12$ und $E\,24$. Beim Entwurf sollten Bauelemente aus den kleinen E-Reihen gewählt werden, da diese weniger Werte enthalten und dadurch z. B. geringere Lagerkosten verursachen.

Die mit dem in Abschn. 2.2 im vorderen Teil des Buches dargestellten Bildungsgesetz berechneten und gerundeten Werte sind in DIN IEC 60063 festgelegt.
Achtung: Bei numerischen Werten im Bereich zwischen 2,7 und 4,7 weicht der genormte Wert aus historischen Gründen vom mathematisch berechneten ab.

Beispiel: Gesucht sind die Zahlenwerte bei Stufung nach der Reihe $E\,6$ im Bereich der Dekade von 1 bis <10.

Lösung: Die Stufung erfolgt mit der Stufenzahl $r = 6$ und dem Stufensprung $q_6 = \sqrt[6]{10} = 1{,}468$; d. h. a, aq, aq^2, … aq^{n-1} mit dem Anfangsglied $a = 1$ sowie der Anzahl der Glieder n (hier $= r$) $= 6$.
Es ergeben sich die gerundeten Werte 1,0; 1,5; 2,2; 3,3; 4,7; 6,8.

Literaturverzeichnis

Grundlagenliteratur

[1] *Fleischer, B.; Theumert, H.:* Entwickeln, Konstruieren und Berechnen. 4. Aufl. Wiesbaden: Vieweg+Teubner Verlag 2015.
[2] *Roloff, H.; Matek, W.:* Maschinenelemente – Normung, Berechnung, Gestaltung und Tabellenbuch. 22. Aufl. Wiesbaden: Vieweg+Teubner Verlag 2015.
[3] *Krause, W.:* Konstruktionselemente der Feinmechanik. 1. Aufl. Berlin: Verlag Technik 1989 und München/Wien: Carl Hanser Verlag 1989; 4. Aufl. München/Wien: Carl Hanser Verlag 2018.
[4] *Krause, W.:* Fertigung in der Feinwerk- und Mikrotechnik. Verfahren, Werkstoffe, Gestaltung. München/Wien: Carl Hanser Verlag 1996.
[5] *Hildebrand, S.; Krause, W.:* Fertigungsgerechtes Gestalten in der Feingerätetechnik. 2. Aufl. Berlin: Verlag Technik 1982 und 1. Aufl. Braunschweig: Verlag Friedrich Vieweg & Sohn 1978.
[6] *Grothe, K. (Hrsg.):* Dubbel – Taschenbuch für den Maschinenbau. 24. Aufl. Berlin/Heidelberg/ New York: Springer Verlag 2014.
[7] *Hinzen, H.:* Basiswissen Maschinenelemente. München: De Gruyter/Oldenburg Verlag 2014.
[8] *Kurz, U.:* Konstruieren, Entwerfen, Gestalten. 4. Aufl. Wiesbaden: Vieweg+Teubner Verlag 2009.
[9] *Köhler, G.; Rögnitz, H.:* Maschinenteile. 10. Aufl. Wiesbaden: Vieweg+Teubner Verlag 2008.
[10] *Niemann, G.; Winter, H.; Höhn, B.-R.:* Maschinenelemente. Bd. I: Verbindungen, Lager, Wellen. 4. Aufl.; Bd. II: Zahnradgetriebe, Grundlagen; Stirnradgetriebe. 2. Aufl.; Bd. III: Schraubrad-, Kegelrad-, Schnecken-, Ketten-, Riemen-, Reibradgetriebe, Kupplungen, Bremsen, Freiläufe. 2. Aufl. Berlin/Heidelberg/New York/Tokio: Springer-Verlag 2005; 2002; 2004.
[11] *Decker, K.-H.:* Maschinenelemente – Gestaltung und Berechnung. 19. Aufl. München/Wien: Carl Hanser Verlag 2014.
[12] *Krause, W.:* Gerätekonstruktion in Feinwerktechnik und Elektronik. 3. Aufl. München/Wien: Carl Hanser Verlag 2000.
[13] *Klein, M.:* Einführung in die DIN-Normen. 14. Aufl. Wiesbaden: Vieweg+Teubner Verlag 2008.
[14] *Fischer, K.-F.:* Taschenbuch der technischen Formeln. 4. Aufl. Leipzig: Fachbuchverlag (im Carl Hanser Verlag München/Wien) 2010.
[15] DIN-Taschenbuch 22: Einheiten und Begriffe für physikalische Größen. Berlin/Köln: Beuth-Verlag.

Weiterführende Literatur

Abschnitt 1

[1.1] *Krause, F.-L.; Franke, H.-J.; Gausemeier, J.:* Innovationspotentiale der Produktentwicklung. München/Wien: Carl Hanser Verlag 2007.
[1.2] *Pahl, G.; Beitz, W.; Feldhusen, J.; Grothe, K.-H.:* Konstruktionslehre. 8. Aufl. Berlin/ Heidelberg/ New York: Springer-Verlag 2013.
[1.3] *Ehrlenspiel, K.:* Integrierte Produktentwicklung. 6. Aufl. München/Wien: Carl Hanser Verlag 2016.
[1.4] *Lindemann, U.:* Methodische Entwicklung technischer Produkte. 3. Aufl. Berlin/Heidelberg/ New/York: Springer-Verlag 2009.
[1.5] *Spur, G.; Krause, F.-L.:* Das virtuelle Produkt: Management der CAD-Technik. München/Wien: Carl Hanser Verlag 1997.
[1.6] *Vajna, S.; Weber, Ch.; Bley, H.; Zeman, K.:* CAx für Ingenieure. Berlin/Heidelberg/New York: Springer-Verlag 2009.
[1.7] *Heimann, B.; Gert, W.; Popp, K.:* Mechatronik. Komponenten - Methoden - Beispiele. 4.Aufl. Leipzig: Fachbuchverlag (im Carl Hanser Verlag München/Wien) 2016.
[1.8] *Roloff, H.:* Roloff/Matek Bauteilkatalog. Maschinen- und Antriebselemente. Wiesbaden: Vieweg+Teubner Verlag 2009. http://www.inggo.com/bauteilkatalog_index.html

[1.9] *Höhne, G.; Weber, Ch.; Husung, S.; Lotter, E.:* Virtuelle Produktentwicklung unter Nutzung eines audiovisuellen VR-Systems. Konstruktion 10 (2009) 61, S. 52.
[1.10] *Anderl, R.; Binde, P.:* Simulationen mit NX: Kinematik, FEM, CFD und Datenmanagement. 4. Aufl. München/Wien: Carl Hanser Verlag 2017.
[1.11] *Meissner, M.; Schorcht, H.-J.:* Metallfedern. Grundlagen, Berechnung, Gestaltung und Rechnereinsatz. 3. Aufl. Berlin/Heidelberg/New York: Springer-Verlag 2015.
[1.12] MDESIGN mechanical – die Berechnungs-Bibliothek für den Maschinenbau. http://www.tedata.com/beschreibung_mdmechanical.html
[1.13] VDI Handbuch Produktentwicklung und Konstruktion. Düsseldorf [u. a.]: VDI-Verlag [u. a.] 2017 sowie VDI-Richtlinien: VDI 2206 Entwicklungsmethodik für mechatronische Systeme; VDI 2209 3D-Produktmodellierung; VDI 2218 Feature-Technologie; VDI 2221/2222 Konstruktionsmethodik.

Abschnitt 2

[2.1] *Klein, B.:* Prozessorientierte statistische Tolerierung – Mathematische Grundlagen, Toleranzverknüpfungen, Prozesskontrolle, Maßkettenrechnung. 4. Aufl. Renningen: expert-Verlag 2016.
[2.2] *Trumpold, H.; Beck, Ch.; Richter, G.:* Toleranzsysteme und Toleranzdesign. München/Wien: Carl Hanser Verlag 1997.
[2.3] *Konold, P.; Reger, H.:* Praxis der Montagetechnik – Produktdesign, Planung, Systemgestaltung. 2. Aufl. Wiesbaden: Vieweg+Teubner Verlag 2009.
[2.4] *Keferstein, C. P.:* Fertigungsmesstechnik – Praxisorientierte Grundlagen, moderne Messverfahren. 8. Aufl. Wiesbaden: Springer Vieweg 2015.
[2.5] *Bäßler, R.:* Montagegerechte Produktgestaltung. Ehningen bei Böblingen: expert-Verlag 1988.
[2.6] *Hornbogen, E.:* Werkstoffe. Aufbau und Eigenschaften von Keramik-, Metall-, Polymer- und Verbundwerkstoffen. 10. Aufl. und: Fragen und Antworten zu Werkstoffen. 8. Aufl. Berlin/Heidelberg/New York: Springer-Verlag 2010 und 2016.
[2.7] *Rößler, J.; Harders, H.; Bäker, M.:* Mechanisches Verhalten der Werkstoffe. 5. Aufl. Wiesbaden: Springer Vieweg 2016.
[2.8] *Moeller, E.:* Handbuch Konstruktionswerkstoffe – Auswahl, Eigenschaften, Anwendung. 2. Aufl. München/Wien: Carl Hanser Verlag 2014.
[2.9] *Hofmann, H.:* Werkstoffe in der Elektrotechnik. Grundlagen, Aufbau, Eigenschaften, Prüfung, Anwendung, Technologie. 7. Aufl. München/Wien: Carl Hanser Verlag 2013.
[2.10] *Weißbach, W.:* Werkstoffkunde und Werkstoffprüfung. 19. Aufl. Wiesbaden: Verlag Friedrich Vieweg und Sohn 2016.
[2.11] *Bergmann, W.:* Werkstofftechnik. Bd. 1: Grundlagen. 7. Aufl. Bd. 2: Werkstoffherstellung, Werkstoffverarbeitung, Werkstoffanwendung. 4. Aufl. München/Wien: Carl Hanser Verlag 2013; 2009.
[2.12] *Domininghaus, H.:* Die Kunststoffe und ihre Eigenschaften. 8. Aufl. Berlin/Heidelberg/New York: Springer-Verlag 2012.
[2.13] *Brinkmann, T.:* Produktentwicklung mit Kunststoffen. 2. Aufl. München/Wien: Carl Hanser Verlag 2011.
[2.14] *Erhard, G.:* Konstruieren mit Kunststoffen. 4. Aufl. München/Wien: Carl Hanser Verlag 2008.
[2.15] Datenbank WIAM-METALLINFO. Werkstoffinformation und -auswahl für Stähle, Stahlguß, Gußeisen, NE-Metalle und Sintermetalle. IMA Materialforschung und Anwendungstechnik GmbH Dresden.

Abschnitt 3

[3.1] *Müller, W. H.:* Technische Mechanik für Ingenieure. 4. Aufl. Leipzig: Fachbuchverlag (im Carl Hanser Verlag München/Wien) 2012.
[3.2] *Müller, W. H.; Ferber, F.:* Übungsaufgaben zur Technischen Mechanik (mit CD-ROM). 3. Aufl. Leipzig: Fachbuchverlag (im Carl Hanser Verlag München/Wien) 2015.
[3.3] *Balke, H.:* Einführung in die Technische Mechanik: Statik. 3. Aufl. Berlin: Springer-Verlag 2010.
[3.4] *Böge, A.:* Technische Mechanik: Statik – Reibung – Dynamik – Festigkeitslehre – Fluidmechanik. 32. Aufl. Wiesbaden: Springer Fachmedien Wiesbaden 2017.
[3.5] *Knappstein, G.:* Aufgaben zur Festigkeitslehre – ausführlich gelöst: mit Grundbegriffen, Formeln, Fragen, Antworten. 6. Aufl. Haan-Gruiten: Verlag Europa-Lehrmittel 2014.
[3.6] *Herr, H.:* Technische Mechanik – Statik, Dynamik, Festigkeit (Lehr- und Aufgabenbuch). 11. Aufl.; Formel- und Tabellensammlung. 4. Aufl. Haan-Gruiten: Verlag Europa-Lehrmittel Nourney 2016.
[3.7] *Romberg, O.:* Keine Panik vor Mechanik – Erfolg und Spaß im klassischen „Loser-Fach" des Ingenieurstudiums (mit Übungsaufgaben). 8. Aufl. Wiesbaden: Vieweg+Teubner Verlag 2011.
[3.8] *Assmann, B.; u. a.:* Aufgaben zur Festigkeitslehre. 13. Aufl. München: Oldenbourg Verlag 2009.
[3.9] *Kabus, K.:* Mechanik und Festigkeitslehre – Aufgaben. 8. Aufl. München/Wien: Carl Hanser Verlag 2017.

[3.10] *Zimmermann, K.:* Technische Mechanik – Übungsbuch mit Multimedia-Software. 2. Aufl. Leipzig: Fachbuchverlag (im Carl Hanser Verlag München/Wien) 2003.

Abschnitt 4

[4.1] Fachgruppe Schweißtechnische Ingenieurausbildung: Fügetechnik, Schweißtechnik. 8. Aufl. Düsseldorf: DVS-Verlag (Verlag für Schweißen und verwandte Verfahren) 2012.
[4.2] *Matthes, K.-J.:* Schweißen von metallischen Konstruktionswerkstoffen (mit 130 Tafeln). 6. Aufl. Leipzig: Fachbuchverlag (im Carl Hanser Verlag München/Wien) 2016.
[4.3] *Schultz, H.:* Elektronenstrahlschweißen. 3. Aufl. Düsseldorf: DVS-Verlag 2017.
[4.4] *Dilthey, U.:* Laserstrahlschweißen. Düsseldorf: DVS-Verlag 2000.
[4.5] *Schoer, H.:* Schweißen und Hartlöten von Aluminiumwerkstoffen. 2. Aufl. Düsseldorf: DVS-Verlag 2002.
[4.6] *Matthes, K.-J.:* Fügetechnik – Überblick Löten, Kleben, Fügen durch Umformen. Leipzig: Fachbuchverlag (im Carl Hanser Verlag München/Wien) 2003.
[4.7] Deutsches Institut für Normung: Schweißtechnik (Normen, DVS-Merkblätter) – Weichlöten, gedruckte Schaltung. 1. Aufl. und: Hartlöten. 5. Aufl. Berlin: Beuth-Verlag 2008.
[4.8] Deutscher Verband für Schweißen und Verwandte Verfahren: Hartlöten – eine Einführung (Hrsg. von der Fachgesellschaft Löten im DVS). Düsseldorf: DVS Media 2010.
[4.9] *Brandenburg, A.:* Kleben metallischer Werkstoffe. Düsseldorf: DVS-Verlag 2001.
[4.10] *Kittsteiner, H.-J.:* Auswahl und Gestaltung kostengünstiger Welle-Nabe-Verbindungen. Schriftenreihe Konstruktionstechnik, Bd. 3. München/Wien: Carl Hanser Verlag 1990.
[4.11] *Dilthey, U.:* Schweißtechnik und Fügetechnik. 3. Aufl. Berlin/Heidelberg: Springer-Verlag 2005.
[4.12] *Bauer, C. O.:* Handbuch der Verbindungstechnik. München/Wien: Carl Hanser Verlag 1991.

Abschnitt 5

[5.1] *Scheel, W.:* Baugruppentechnologie der Elektronik – Montage. 2. Aufl. Berlin: Verlag Technik 1999.
[5.2] *Hanke, H.-J.; Fabian, H.:* Technologie elektronischer Baugruppen. 3. Aufl. Berlin: Verlag Technik 1982.
[5.3] *Behrens, V.:* Elektrische Kontakte – Werkstoffe, Gestaltungen, Anwendungen. 3. Aufl. Renningen: expert-Verlag 2010.
[5.4] *Vinaricky, E.:* Datenbuch der elektrischen Kontakte – Kontaktwerkstoffe, Halbzeuge, Kontaktteile, elektromechanische Baugruppen, Beschichtungen u. a. 3. Aufl. Mühlacker: Stieglitz-Verlag 2009.
[5.5] *Enser, W.:* Neue Formen permanenter und lösbarer elektrischer Kontaktierungen für mechatronische Baugruppen. Bamberg: Meisenbach-Verlag 2005.
[5.6] *Schmolke, H.:* Auswahl und Bemessung von Kabeln und Leitungen. 6. Aufl. München [u. a.]: Hüthig & Pflaum-Verlag 2015.
[5.7] *Knoblauch, G.:* Steckverbinder – Systemkonzepte und Technologien. 4. Aufl. Renningen: expert-Verlag 2016.
[5.8] *Rahn, A.:* Bleifrei löten – ein Leitfaden für die Praxis. Bad Saulgau: Eugen G. Leuze Verlag 2004.
[5.9] *Bell, H.:* Reflowlöten – Grundlagen, Verfahren, Temperaturprofile und Lötfehler. Bad Saulgau: Eugen G. Leuze Verlag 2005.
[5.10] *Schock, M.:* Plug-&-Play-Profibusstecker, ausfallsicher verbinden. Mechatronik 117 (2009) 3, S. 30.
[5.11] Zeitschrift Verbindungstechnik der Elektronik (VTE). Düsseldorf: Verlag für Schweißen und verwandte Verfahren (DVS-Verlag) GmbH. http://www.dvs-media.eu
[5.12] VDI/VDE-Richtlinie 2251, Bl. 3: Feinwerkelemente – Lötverbindungen. Düsseldorf: VDI-Verlag 1998.

Abschnitt 6

[6.1] *Meissner, M.; Schorcht, H.-J.:* Metallfedern. 3. Aufl. Berlin/Heidelberg: Springer-Verlag 2015.
[6.2] *Steinhilper, W.:* Elastische Elemente, Federn, Achsen und Wellen, Dichtungstechnik, Reibung, Schmierung, Lagerungen. 4. Aufl. Berlin/Heidelberg/New York: Springer-Verlag 2000.
[6.3] Thermobimetalle: Berechnung, Gestaltung, Auswahl. G.-Rau-Double-Fabrik Pforzheim.
[6.4] *Göbel, E. F.:* Berechnung und Gestaltung von Gummifedern. 3. Aufl. Berlin/Heidelberg/New York: Springer-Verlag 1969.
[6.5] *Meissner, M.:* Parameteroptimierung von Federn. Draht 44 (1993) 6, S. 365.
[6.6] DIN Taschenbuch 29: Normen über Federn. Berlin/Köln: Beuth-Verlag GmbH.
[6.7] VDI/VDE-Richtlinie 2255: Feinwerkelemente; Energiespeicherelemente. Übersicht, Bl. 1 und 2. Düsseldorf: VDI-Verlag.
[6.8] *Reichenberger, J.; u. a.:* Nutzung nichtlinearer Federn zur Schwingungsisolation. Feinwerktechnik – Mikrotechnik – Mikroelektronik 104 (1996) 7–8, S. 567.

[6.9] *Lutz, St.:* Kennlinie und Eigenfrequenzen von Schraubenfedern. Diss. TU Ilmenau 1999.
[6.10] *Berger, Ch.; u. a.:* Schwingfestigkeit von Tellerfedersäulen. Konstruktion 53 (2001) 6, S.84.
[6.11] Febrotec Berechnungs- und Lieferprogramme für Druck-, Zug- und Torsionsfedern. Febrotec GmbH Halver.

Abschnitt 7

[7.1] *Schlecht, B.:* Maschinenelemente, Bd.1: Festigkeit, Wellen, Verbindungen, Federn, Kupplungen. 2. Aufl. München [u.a.]: Pearson Studium 2015.
[7.2] *Roloff/Matek* Bauteilkatalog: Maschinen- und Antriebselemente; Erzeugnisse und Hersteller nach eCl@ss; CD mit Zugangsdaten zu Bauteildatenbank. Wiesbaden: Vieweg+Teubner Verlag 2009.
[7.3] VDI-Gesellschaft Entwicklung Konstruktion Vertrieb: Welle-Nabe-Verbindungen. Gestaltung, Fertigung, Anwendung. Tagung Wiesloch 2007, VDI-Bericht. Düsseldorf: VDI-Verlag 2007.
[7.4] *Steinhilper, W.; Sauer, B.:* Konstruktionselemente des Maschinenbaus. Band. 1: Grundlagen des Konstruierens, der Berechnung und Gestaltung, Verbindungen, Schrauben, Federn, Wellen und Welle-Nabe-Verbindungen. 7. Aufl. Berlin/Heidelberg: Springer-Verlag 2008.
[7.5] GEMO G. Moritz GmbH & Co. KG Krefeld – Spezialfabrik für biegsame Wellen zur Übertragung von Dreh- und Axialbewegungen. Firmenschriften.
[7.6] Elbe Holding GmbH & Co. KG Bietigheim-Bissingen – Spezialfabrik für Gelenkwellen. Firmenschriften.

Abschnitt 8

[8.1] *Lang, O. R.; Steinhilper, W.:* Gleitlager – Berechnung und Konstruktion von Gleitlagern mit konstanter und zeitlich veränderlicher Belastung. Berlin/Heidelberg/New York: Springer-Verlag 1978.
[8.2] *Bartz, W. J.:* Wälzlagertechnik. Sindelfingen: expert-Verlag 1985.
[8.3] *Sturm, A.:* Wälzlagerdiagnostik für Maschinen und Anlagen. Berlin: Verlag Technik 1985.
[8.4] *Koyo; Dahlke, H.:* Handbuch Wälzlagertechnik. Wiesbaden: Verlag Friedrich Vieweg & Sohn 1994.
[8.5] *Brändlein, J.; u. a.:* Die Wälzlagerpraxis – Handbuch für die Berechnung und Gestaltung von Lagerungen. 3. Aufl. Mainz: Vereinigte Fachverlage 2009.
[8.6] *Weck, M.:* Untersuchungen von Wälzführungen hinsichtlich Lebensdauer unter praxisnahen Bedingungen. Frankfurt/M.: VDW – Verein Deutscher Werkzeugmaschinenfabriken e. V. 1995.
[8.7] *Bartz, W. J.; u. a.:* Luftlagerungen und Magnetlager – Grundlagen und Anwendungen. 3. Aufl. Kontakt & Studium, Bd. 78. Renningen: expert-Verlag 2014.
[8.8] *Schweitzer, G.; Traxler, A.; u. a.:* Magnetlager – Grundlagen, Eigenschaften und Anwendungen berührungsfreier elektromagnetischer Lager. Berlin/Heidelberg/New York: Springer-Verlag 1993.
[8.9] *Czichos, H.:* Tribologie-Handbuch, Reibung und Verschleiß. 4. Aufl. Wiesbaden: Vieweg+Teubner Verlag 2015.
[8.10] *Martin, A.:* Betriebsverhalten von Sinterlagern der Feinwerktechnik. Diss. TU Dresden 1991.
[8.11] *Ehrenstein, G. W.:* Maschinenelemente aus Kunststoffen – Mikrogetriebe, Zahnräder und Gleitlager. Düsseldorf: Springer VDI-Verlag 2005.
[8.12] *Huber, A.:* Lager der Feinwerktechnik. Feinwerktechnik und Meßtechnik 98 (1990) 5, S. 209.
[8.13] Hauptkatalog/SKF: Das Wälzlagerhandbuch für Studenten. Schweinfurt: SKF GmbH.
[8.14] *Krause, W.; Phan Ba:* Montage von Plastgleitlagerbuchsen durch Einpressen. Feingerätetechnik 30 (1981) 4, S. 147.
[8.15] *Bartz, W. J. (Hrsg.):* Keramiklager. Werkstoffe – Gleit- und Wälzlager – Dichtungen. Renningen: expert-Verlag 2003.
[8.16] iglidur Gleitlager. Firmenschriften igus GmbH Köln.
[8.17] GLACIER-Gleitmaterial. Firmenschriften GLACIER-IHG GLEITLAGER GmbH Heilbronn.
[8.18] *Krause, W.:* Schadensfälle bei wartungsfreien Gleitlagern. F&M Mechatronik 110 (2002) 9, S. 37.

Abschnitt 9

[9.1] *Roth, K.:* Konstruieren mit Konstruktionskatalogen. Bd. 2. Berlin/Heidelberg: Springer-Verlag 1994.
[9.2] VDI/VDE-Richtlinie 2252: Feinwerkelemente; Führungen, Bl. 1 bis 9. Düsseldorf: VDI-Verlag.
[9.3] Längsführungen. Firmenschriften SKF-Kugellagerfabriken GmbH Schweinfurt.
[9.4] *Tanner, A.; Winkler, M.:* Wissensbasierte Konstruktion von Linearführungen. Konstruktion 49 (1997) 3, S. 12.

[9.5] *Breitinger, R.:* Lösungskatalog für Sensoren. T. 1: Federführungen und Federgelenke. Mainz: Krausskopf-Verlag 1976.

Abschnitt 10

[10.1] *Stübner, K.; Rüggen, W.:* Kupplungen (1961) – Kompendium der Kupplungstechnik (1962) – Kupplungen im Betrieb (1963). München: Carl Hanser Verlag.
[10.2] *Schalitz, A.:* Kupplungs-Atlas. Bauarten und Auslegung von Kupplungen und Bremsen. 5. Aufl. Ludwigsburg: A. G. T. – Verlag G. Thüm 1975.
[10.3] *Hintze, J.; Früngel, W.:* Maschinenelemente, Baugruppen und ihre Montage, Teil 2: Übertragungselemente. 23. Aufl. Berlin: Verlag Technik 1990.
[10.4] *Peeken, H.; Troeder, C.:* Elastische Kupplungen – Ausführungen, Eigenschaften, Berechnung. Berlin/Heidelberg/New York/Tokio: Springer-Verlag 1986.
[10.5] *Winkelmann, S.; Harmuth, H.:* Schaltbare Reibkupplungen – Grundlagen, Eigenschaften, Konstruktion. Berlin/Heidelberg/New York/Tokio: Springer-Verlag 1985.
[10.6] *Breuer, B.; Bill, K.-H.* (Hrsg.): Bremsenhandbuch – Grundlagen, Komponenten, Systeme, Fahrdynamik. 4. Aufl. Wiesbaden: Springer Vieweg 2013.
[10.7] *Schmidt, M.:* Das Verhalten von hydrodynamischen Kupplungen. Aachen: Shaker-Verlag 2003.
[10.8] *Rimpel, A.; Wöber, M.:* Torsionssteife Metallbalgkupplungen. antriebstechnik 31 (1992) 2, S. 42.
[10.9] Nichtschaltbare und schaltbare Kupplungen. antriebstechnik 36 (1997), Marktübersicht 1998, S. 107 und S. 132.
[10.10] *Geilker, U.:* Industriekupplungen. Funktion, Auslegung, Anwendungen. Landsberg/Lech: Verlag Moderne Industrie 1999.
[10.11] *Schlecht, B.:* Maschinenelemente, Bd. 1: Festigkeit, Wellen, Verbindungen, Federn, Kupplungen. München [u. a.]: Pearson Studium 2007.
[10.12] VDI/VDE-Richtlinie 2254, Bl. 1 und 2: Feinwerkelemente; Drehkupplungen. Düsseldorf: VDI-Verlag.

Abschnitt 11

[11.1] *Hagedorn, L.:* Konstruktive Getriebelehre. 6. Aufl. Berlin/Heidelberg: Springer-Verlag 2009.
[11.2] *Kerle, H.:* Einführung in die Getriebelehre – Analyse und Synthese ungleichmäßig übersetzender Getriebe. 3. bearb. Aufl. Wiesbaden: Verlag B. G. Teubner 2007.
[11.3] VDI-Handbuch Getriebetechnik. I: Ungleichförmig übersetzende Getriebe; II: Gleichförmig übersetzende Getriebe. Hrsg: VDI-Gesellschaft EKV. Berlin: Beuth-Verlag.
[11.4] *Leistner, F.; Lörsch, G.; u. a.:* Getriebetechnik – Umlaufrädergetriebe. 4. Aufl. Berlin: Verlag Technik 1990.
[11.5] *Müller, H. W.:* Die Umlaufgetriebe. Auslegung und vielseitige Anwendung. 2. Aufl. Berlin/Heidelberg/New York: Springer-Verlag 1998.
[11.6] *Zirpke, K.:* Zahnräder. 13. Aufl. Leipzig: Fachbuchverlag 1989.
[11.7] *Schlecht, B.:* Getriebe, Verzahnungen, Lagerungen. München [u.a.]: Pearson Studium 2011.
[11.8] *Krause, W.:* Plastzahnräder. Berlin: Verlag Technik 1985.
[11.9] *Linke, H.:* Stirnradverzahnungen – Berechnung, Werkstoffe, Fertigung. 2. Aufl. München/Wien: Carl Hanser Verlag 2010.
[11.10] *Berents, R.:* Handbuch der Kettentechnik. Einbeck: Arnold & Stolzenberg GmbH 1989.
[11.11] *Nagel, T.:* Zahnriemengetriebe – Eigenschaften, Normung, Berechnung, Gestaltung. München/Wien: Carl Hanser Verlag 2008.
[11.12] *Funk, W.:* Zugmittelgetriebe. Grundlagen, Aufbau, Funktion. Berlin/Heidelberg/New York: Springer-Verlag 1995.
[11.13] *Krause, W.:* Normung feinwerktechnischer Verzahnungen. Feinwerktechnik & Meßtechnik 103 (1995) 9, S. 506.
[11.14] *Krause, W.:* Zahnradgetriebe für Kleinst- und Mikromotoren. VDI-Berichte 1269. Düsseldorf: VDI-Verlag 1996.
[11.15] *Krause, W.:* Betriebsverhalten feinwerktechnischer Stirnradgetriebe – Genauigkeit der Bewegungsübertragung. Feinwerktechnik – Mikrotechnik – Mikroelektronik 104 (1996) 11–12, S. 858.
[11.16] *Krause, W.:* Verlustleistung und Wirkungsgrad von Stirnradgetrieben. Feinwerktechnik – Mikrotechnik – Mikroelektronik 105 (1997) 1–2, S. 50.
[11.17] *Krause, W.:* Lärmminderung bei Stirnradgetrieben. Feinwerktechnik – Mikrotechnik – Mikroelektronik 105 (1997) 4, S. 212.

[11.18] *Krause, W.; Mokronowski, J.:* Wirkungsgradmessung bei Kleinstgetrieben. antriebstechnik 38 (1999) 8, S. 49.
[11.19] *Krause, W.; Vollbarth, J.:* Lineare Positionierung mit Zahnriemengetrieben. Feinwerktechnik – Mikrotechnik – Mikroelektronik 106 (1998) 1–2, S. 18.
[11.20] *Krause, W.; Nagel, T.:* Vorspannung bei Zahnriemengetrieben – Probleme und Chancen. antriebstechnik 38 (1999) 2, S. 64.
[11.21] *Krause, W.; Nagel, T.:* Innovative Antriebslösungen mit Synchronriemen. antriebstechnik 39 (2000) 3, S. 73.
[11.22] *Krause, W.:* Schadensfälle bei feinwerktechnischen Zahnrädern. F&M-Mechatronik 110 (2002) 6, S. 48.
[11.23] *Krause, W.:* Überdeckung von Schraubenstirnradgetrieben. antriebstechnik 41 (2002) 8, S. 54.
[11.24] *Krause, W.:* Wirkungsgrad feinwerktechnischer Schneckengetriebe. antriebstechnik 41 (2002) 11, S. 59.
[11.25] *Krause, W.:* Konstruktionselemente für Kleinantriebe. antriebstechnik 42 (2003) 2, S. 47.
[11.26] *Krause, W.:* Flankenspiel bei Kunststoffzahnrädern. antriebstechnik 42 (2003) 7, S. 41.
[11.27] *Krause, W.:* Gleitschraubengetriebe für Positionierantriebe. Jahrbuch für Optik und Feinmechanik 50 (2003), S. 49.
[11.28] *Krause, W.:* Feinwerktechnische Schneckengetriebe. Jahrbuch für Optik und Feinmechanik 51 (2004), S.60.
[11.29] *Krause, W.:* Feinmechanische Stirnradgetriebe – Optimierung des Übertragungsverhaltens. Jahrbuch für Optik und Feinmechanik 62 (2016) S. 179.

A Anhang Technisches Zeichnen

[A1] *Kurz, U.; Wittel, H.:* Technisches Zeichnen – Grundlagen, Normung, darstellende Geometrie und Übungen. 26. Aufl. Wiesbaden: Vieweg+Teubner Verlag 2014.
[A2] *Grollius, H.-W.:* Technisches Zeichnen für Maschinenbauer. Grundlagen – Praxistipps – Rechnergestützte Arbeit – Übungsaufgaben. 3. Aufl. München/Wien: Carl Hanser Verlag 2017.
[A3] *Viebahn, U.:* Technisches Freihandzeichnen. Lehr- und Übungsbuch. 8. Aufl. Berlin/Heidelberg/New York: Springer-Verlag 2013.
[A4] Praxishandbuch Technisches Zeichnen: DIN-Normen und Technische Regeln (Hrsg.: DIN, Deutsches Institut für Normung). Berlin: Beuth-Verlag.
[A5] *Harnisch, H.-G.:* Auto CAD-Zeichenkurs. Lehr- und Übungsbuch. 3. Aufl. Wiesbaden: Verlag Friedrich Vieweg & Sohn 2008.
[A6] *Köhler, P.; Bechthold, J.:* Pro-ENGINEER-Praktikum – Arbeitstechniken der parametrischen 3D-Konstruktion mit Wildfire 5.0. 5. Aufl. Wiesbaden: Vieweg+Teubner Verlag 2010.
[A7] *Jansen, D. (Hrsg.):* Handbuch der Electronic Design Automation. München/Wien: Carl Hanser Verlag 2001.
[A8] Normen zu Stromlaufplänen und zur Beschriftung elektronischer Bauelemente:
DIN EN 60617 Graphische Symbole für Schaltpläne
DIN EN 61082-1 Dokumente der Elektrotechnik, Teil 1: Allgemeine Regeln
DIN EN 61605 Festinduktivitäten für elektrische und nachrichtentechnische Einrichtungen
DIN EN 60062 Kennzeichnung von Widerständen und Kondensatoren
DIN IEC 60063 Vorzugsreihen für die Nennwerte von Widerständen und Kondensatoren
DIN IEC 60115 Festwiderstände zur Verwendung in Geräten der Elektronik
DIN IEC 60384 Festkondensatoren zur Verwendung in Geräten der Elektronik

Sachwörterverzeichnis

Abbildungsmaßstab 61
Abbrand 95
Abdichtung 201
Abmaß 33, 238
Abplattung 76, 189, 202
Abrollbewegung 191, 201
Abwälzfräsen 234
Achsabstand 233, 240, 255, 259
Achsabstandsabmaß 238
Achse 21, 163
Achsen/durchmesser 163
-winkel 254
Aderleitung 134
Allgemeintoleranz 38
Aluminium 53, 73, 183
Anlaufmoment 187
Anzugsmoment 125
Äquivalentlast 197
Aufgabenstellung 15
—, präzisierte 15, 17
Auflager/größe 67, 171, 208
-reaktion 66, 68
Augenschraube 122
Ausfallquote 49
Ausgleichskupplung 212
Austauschbau 47
Autogenschweißen 91
Automatenstahl 52
Axial/faktor 196
-Kugellager 193
-lager 173, 176
-rastgesperre 59
-Rollenlager 193
-spiel 189, 200

Bachsche Formel 242
Bandleitung 138
Baustahl 52, 72, 244
Bauweise, elastische 51, 56, 59, 200, 205
Beanspruchungsart 72
Bearbeitungsverfahren 41
Befestigungsschraube 119
Belastungsfall 72, 84, 108, 164
Betriebs/achsabstand 237
-drehzahl 169, 175
-eingriffswinkel 237
Bewegungs/schraube 121
-widerstand 174, 191
Bezugsprofil 232

Biege/beanspruchung 69, 78, 150, 163, 243
-feder 150
-federgelenk 203
-festigkeit 72, 74
-linie 81, 167
-moment 78
-radius 112, 300
-steifigkeit 81
-wechselfestigkeit 74, 245
Biegung 78, 150, 163, 243
Bimetallfeder 159
Blattfeder 150, 203, 207
Blech/schraube 122
-steppen 113
Bohrreibung 173, 189
Bohrung 32, 42
Bohrungskennziffer 194
Bolzen 106
-kupplung 213
Bördeln 111
Bordscheibe 261
Brechbolzenkupplung 220
Bruchgrenze 85, 149, 244
Buchsenleiste 141
Buckelschweißen 94
Bügelelektrode 137
Bündelverdrahtung 138

CAD-Arbeitsplatz 19
Concurrent Engineering 22

Dauerfestigkeit 85, 128, 244
Dauerfestigkeitsschaubild 85
Deckstein 188, 190
Dehn/grenze 74, 85
-schraube 127
Dehnung 74, 78
Dialog 19
Dichtung 201
Diffusions/löten 99
-schweißen 94
Dimensionierung 86
Dokumentation 15, 16
Doppel/falz 112
-passung 51
Drehen 41
Dreh/elastizität 216
-feder 153
-flankenspiel 238
-moment 81, 147, 164

-momentschlüssel 123
-momentstoß 212, 216
-schwingung 211
Drehzahl/faktor 197
—, kritische 162, 216
-plan 253
Dreigelenkbogen 63
Drillungswiderstand 83
Druck/beanspruchung 75
-feder 150
-guß 53
-mittelgetriebe 226
Drucker 19
Durch/biegung 81, 147, 167
-steckschraube 123
-zug 128
Dynamik 60, 217
Dynamoblech 52

Ebenheitstoleranz 39
Edel/metall 53
-stein 188, 202
Einbetten 114
Eingriffs/bogen 229
-flankenspiel 238
-linie 234
-strecke 234
-teilung 234
-winkel 232
Einheitensystem (SI) 60
Einheits/bohrung 42
-welle 42
Einlegekeil 109
Einpressen 115
Einpreßmutter 115
Einrollen 111
Einsatzstahl 52, 72, 244
Einscheibenkupplung 219
Einschraubtiefe 124
Einspannung 151
Einspreizen 113
Eintourenkupplung 223
Eisen 52
Elastische Linie 81, 167
Elastizitäts/grenze 85
-modul 72, 74, 148, 189
Elektrogewinde 121
Elektronische Bauelemente 309
Entwicklungsprozeß 13, 17
Entwurfsberechnung 163, 242
E-Reihe, internationale 32, 315

Sachwörterverzeichnis

Ergonomie 27
Ersatzzähnezahl 241
Erzeugnis/entwicklung 13
-erprobung 16
Euler-Hyperbel 77
Evolventen/funktion 237
-profil 229
Extenter 51, 130

Falzen 111
Faser, neutrale 78, 160
Feder 147
-arbeit 148
-berechnung 149
-führung 207
-gelenk 203
-haus 152
-kennlinie 147, 156
-lager 203
-ring 129
-scheibe 129
-stahldraht 149
-steife 126, 169
-system 156
-verbindung 109
-vorspannung 151, 155
-werkstoff 149
Fein/gewinde 119
-schweißen 93
Fertigungs/dokumentation 16
-muster 16
-verfahren 35, 41
Festigkeits/kenngrößen 72
-klasse 127
-lehre 71
Festkörper/reibung 174
-schmierstoff 186
Festlager 173, 199
Filzring 182, 188
Flächen/last 61
-pressung 75, 178, 189, 202
-trägheitsmoment 79
Flachformfeder 152
Flach/riemengetriebe 257
-rundniet 103
-verdrahtung 138
Flachsteck/armatur 141
-verbindung 141
Flanken/pressung 245
-spiel 59, 238
-winkel 233
Fliehkraftkupplung 221
Fließ/grenze 85
-löten 98
Fluchten 212
Flügelmutter 122
Flüssigkeitsreibung 175
Flußmittel 99
Form/elemente 25
-faktor 247

-kabel 138
-schluß 100, 103
-toleranz 38
-zahl 87, 166
Fräsen 41
Freilaufkupplung 222
Freistiche 288
Freimaßtoleranz 38
Freiverdrahtung 139
Fugenpressung 118
Füge/spiel 119
-temperatur 119
Führung 173, 204
–, einstellige 205
–, geschlossene 205
–, offene 205
–, zweistellige 205
Führungs/bahn 205, 207, 227
-getriebe 227
-länge 204, 206
Funktion 15
Funktions/muster 16
-struktur 17
Fußkreisdurchmesser 240

Ganghöhe 119
Gangzahl 255
Gasschweißen 91
Gebilde, technisches 14
Gegenmutter 129
Geelenk 203, 215, 225
-kupplung 214
Genauigkeits/grad 34, 38
-klasse 238
Geradführung 50, 204
Geradheitstoleranz 39
Geradverzahnung 230
Gerätesteckverbinder 142
Geschwindigkeitsplan 253
Gestalt/abweichung 38
-festigkeit 86
Gestaltänderungshypothese 84
Gestalten 23
–, automatisierungsgerechtes 27
–, montagegerechtes 27
–, passungsgerechtes 50
Gestaltungs/phase 17
-richtlinine 18, 23, 27
Getriebe/arten 225
-passungen 238
Gewichtskraft 67
Gewinde 51, 119, 287
-auslauf 128, 288
-buchse 128
-nenndurchmesser 121
-reibmoment 125
–, spielfreies 51
-stift 122
-tiefe 124

Glaskeramik 54
Gleich/ganggelenk 215
-gewicht 60
-gewichtsbedingungen 66
-lauf 217
Gleit/feder 109
-führung 204 *
Gleitlager 174
–, Entwurfsberechnung 176, 181
–, Gestaltung 177, 182
–, hydrodynamisches 175, 178
–, wartungsfreies 175
Gleit/modul 76, 148
-reibung 173
Globoid/rad 228
-schnecke 255
Graphit 186
Grauguß 52, 73, 246
Grenz/lastspielzahl 85, 248
-maß 33
-zähnezahl 235
Größtmaß 33, 42
Grundformen 24
Grundgesetz, dynamisches 60
Grund/kreis 231
-reihen 31
-toleranzgrad 34
Gummi/feder 158
-federkupplung 216
-härte 158
-schlauchleitung 135
Gußeisen 52, 73, 246, 249

Haft/beiwert 118
-maß 118
Halb/rundniet 103
-zeug 24
Halskerbstift 107
Hardware 19
Härte 148, 182, 197
Hart/gewebe 248
-löten 98, 99
Haupt/funktion 30
-werte 31
Hebelarm 65
Heizelementschweißen 94
Hertzsche Pressung 76, 189, 202
Hobeln 41
Hochfrequenzleitung 134
Hohl/keil 109
-niet 103
-welle 83
Honen 41
Hookesches Gesetz 74, 83, 147
Hülsenkupplung 211, 213
Hutmutter 115, 122
Hyperm 52
Hypoidgetriebe 254

Impulsschweißen 92, 94
Infrarotlöten 136
Innen/maß 32
-ring 191
Instandhaltung 27
Innstrumentenlager 195
Involut (inv) 237
ISO-Toleranzen 33
Ist/abmaß 33
-maß 33
IT-Reihen 34

Justage 50

Kabel/baum 137
-kordriemen 258
-schuh 140
-verdrahtung 138
Käfig 192, 206
Kalotte 188
Kalottenlager 187
Kalt/gerätestecker 142
-preßlöten 98
Kanalverdrahtung 138
Kantenpressung 168, 177
Kardan-Gelenk 214
Kegel/feder 156
-kupplung 219
-radgetriebe 254
-rollenlager 193
-stift 107
Kehlnaht 95
Keil/riemengetriebe 257
-schubgetriebe 226
-verbindung 106
-welle 109
Keramik 53
Kerb/nagel 107
-wirkung 84, 86, 166, 170
-wirkungszahl 87, 166
Kerndurchmesser 121
Kettengetriebe 260, 262
Kipp/achse 67
-moment 67
Kittverbindung 102, 216
Klauenkupplung 213
Kleb/stoff 101
-verbindung 101
Kleinstmaß 33, 42
Klemm/feder 152
-fuge 130
-leiste 140
-ring 114, 130
-verbindung 140
Knebelkerbstift 107
Knick/beanspruchung 78
-sicherheit 78
Knotenpunkt 64
Koaxialitätstoleranz 39
Koaxialkabel 133

Kolophonium 99
Kondensatorimpulsschweißen 94
Konstruktion/aufgaben 13
-dokumentation 15, 17
Kontakt/art 135
-element 132
-feder 136
Kontaktierung 135
Kopf/kreisdruchmesser 240
-kürzung 238
-spiel 233
-überschneidverfahren 234
Koppel/getriebe 226
-rastgetriebe 225
Körnerlager 190
Korrosion 27, 249
Kosten 35
Kraft/eck 64
–, eingeprägte 62
-maßstab 61
–, resultierende 63
-schluß 115
-system, allgemeines 64
– –, zentrales 63
-vektor 64
Kräfte/paar 65
-parallelogramm 64
Kreis/evolvente 231
-formtoleranz 39
Kreuz/federgelenk 203
-gelenkkupplung 215
-lochmutter 122
-scheibenkupplung 214
Kriechneigung 186
Kronenmutter 122
Kugel/gelenkkupplung 215
-lager 192
Kunststoff 53, 184, 248
Kupferlegierung 52, 148, 183, 249
Kupplung 211
Kurvengetriebe 226
Kutzbachplan 253

Lage/plan 63
-toleranz 39
Lager 173
-buchse 177, 182
-deckel 143
-passung 44, 182, 200
-spiel 44, 175, 178
-stein 188
-temperatur 180
-werkstoff 182
-zapfen 177, 188
Lagerung, spielfreie 200, 203
Lamellenkupplung 219
Längenmaße 38
Längen-Temp.Koeff. 46, 117

Längs/keil 109
-kraft 123
-lager 173
-preßverbindung 116
-stift 107
Lappen 111
Läppen 41
Last/fall 73, 84, 108, 164
-spielzahl 85
-wechsel 72, 85
Lauf/fläche 177
-geräusch 187
-werkgetriebe 241
Lebensdauer 13, 85, 196
Lehrenbau 35
Leicht/bau 83
-metall 53, 73, 183
Leistungsgetriebe 241
Leiterplatte 139
Leitung, gedruckte 139
Leitungs/dichte 140
-ebene 142
-verbindung, elektrische 132
Licht/bogenschweißen 93
-strahllöten 139
Linie, elastische 81, 167
Linienberührung 77, 202
Linsen/halsschraube 122
-niet 103
Loch/lager 178
-leibung 104
-stein 188, 190
Los/größe 49
-lager 173, 199
Lot 97, 99
Löt/fahne 25
-fett 99
-spalt 100
-verbindung 97
-verfahren 98
-wasser 99
Luftlager 206

Magnesiumlegierung 53, 73, 183
Magnetkupplung 218
Malteserkreuzgetriebe 225
Maß/bezugslinie 33, 46, 280
-kette 46
-stab 61, 271
-toleranzfeld 34
Maße 33, 280
–, freitolerierte 38
– ohne Toleranzangabe 38
Maximum-Minimum-Methode 47
Mehrfachpaßstelle 51
Mehrlagenleiterplatte 141
Membran 207, 215
-kupplung 215
Menütechnik 22

Sachwörterverzeichnis

Meßfeder 149
Minderungsfaktor 95
Mindestführungslänge 204, 206
Miniaturwälzlager 195
Mischreibung 175
Mitnehmer 110, 213
-kupplung 213
Mittelspannung 73
Mitten/rauhwert 40
-steigungswinkel 255
-toleranz 39
Modul 230, 243, 255
Molybdändisulfid 186
Moment 78
Momenten/begrenzung 221
-diagramm 71
-verlauf 70, 82
Mutter/formen 122
-höhe 124

Nabenverbindung 109, 170, 250
Nachstellbarkeit 50, 206
Nadellager 193
Naht/anhäufung 96
-schweißen 94
Nasenkeil 109
Nebenfunktion 30
Neigung 167
Nenn/abmaß 36
-durchmesser 121
-maß 32
Neukonstruktion 20
Nicht/eisenmetalle 52
-metalle 53
Niet/form 103
-kopf 103, 105
-querschnitt 104
-verbindung 103
-zapfen 105
Nitrierstahl 52, 72, 244
Normal/modul 239
-spannung 74
-teilung 239
-verteilung 50
Normen 23
Normmaße, Normzahlen 31
Notlaufeigenschaft 183
Null/achsabstand 233, 236, 240
-getriebe 236
-serie 16
Nuten 294

Oberflächenrauheit 39, 180, 284
Ofenlöten 98
Öl/senkung 187
-viskosität 175
Optimierung 14, 22
Outsert-Technik 115

Paketkordriemen 258
Parallelitätstoleranz 39
Parallel/spaltschweißen 97, 137
-stoß 97
Paß/feder 109
-schraube 123
-stelle 50
-stift 106
-system 32, 42
-toleranz 42, 118
Passung 32, 41
Passungsauswahl 43, 182, 200
Pendelkugellager 192
Permaloy 52
Pfanne 201
Pflichtenheft 16
Planetenradgetriebe 227
Plaste 53, 184, 248
Platine 176, 250
Platinenbauweise 251
Plotter 19
Poissonsche Zahl 75, 118, 189
Polstrahl 253
Poly/amid 73, 184, 248
-chloropren 260
-oximethylen 73, 184, 248
-styren 73
-tetrafluoräthylen 184
-urethan 73, 260
-vinylchlorid 73
Polygoneffekt 262
Pressen 41
Preß/fuge 116
-passung 41
-schweißen 94
-stoff 114
-verbindung 115, 250
Pressung, maximale 77
Pressungsbeiwert 118
Preßverbände 115
Prinzip, technisches 16, 17
Prismenführung 206
Profil/bezugslinie 235
-form 231
-überdeckung 233, 235, 237
-verschiebung 235
-wellenverbindung 109
Projektionsarten 273
Proportionalitätsgrenze 74, 76
Punkt/berührung 76, 189, 191
-last 196
-schweißen 94

Qualität 34, 238
Qualitätsstahl 52
Quer/kraft 69, 123
-lager 173
-preßverbindung 116
-stift 107

-verkürzung 75
-zahl 75, 118, 189, 246

Räder/kette 228
-koppelgetriebe 225
Radial/dichtring 201
-faktor 196
-lager 173, 176
Rändel/mutter 122
-schraube 122, 299
Rastvorrichtung 56, 59
Rauheit 39, 180
Räumen 41
Reaktions/kraft 62
-löten 99
-prinzip 62
Rechentechnik 18
Rechtwinkligkeitstoleranz 39
Recycling 14, 27
Reiben 41, 50
Reib/fläche 224
-körpergetriebe 226
-löten 99
-moment 174, 189
-paarung 220
-richtgesperre 222
-schweißen 94
-werkstoffe 221
Reibung 173
Reibungskupplung 218
Reibwert 174, 179, 191, 204, 220
Reihe, geometrische 31, 56
Relais 17
Richtgesperre 222
Riemengetriebe 156
Rillenkugellager 192
Ring/kette 262
-schmierlager 182
-schraube 122
Rippe 80
Risikofaktor 50
Ritzelwelle 250
Robotermontage 29
Rohrführung 205
Roll/bahn 191
-reibung 173, 191
-widerstand 191
Rollen/führung 206
-kette 262
Rötscher-Kegel 126
Rück/holfeder 153
-verdrahtung 139
Rund/gewinde 121
-laufabweichung 238
-wertreihen 31
Rutsch/kraft 118
-kupplung 221

Sägengewinde 121
Schadensfälle 241

Schälbeanspruchung 102
Schalenkupplung 211
Schalt/draht 133
-kupplung 217, 218
-zeichen 304
Scheiben/feder 109
-kupplung 211, 213
Schelle 130
Schenkelfeder 153
Scherbeanspruchung 75, 104
Schlangenfederkupplung 216
Schlankheitsgrad 77
Schließkopf 103
Schlingfederkupplung 222
Schlupf 261
Schluß/maß 47
-toleranz 47
Schmelzschweißen 91
Schmieden 41
Schmier/druck 175
-fett 186, 251
-öl 185, 251
-schichtdicke 178
-spalt 178
-stoff 175, 185
Schmierung 185, 251
—, hydrodynamische 176
Schnecke 255
Schneckengetriebe 255
Schneidenlager 201
Schneidschraube 122
Schnitt/darstellungen 275
-reaktion 69
Schräg/kugellager 192
-zahnrad 230, 239, 255
Schrägungswinkel 239
Schränken 111
Schraube 119
—, längsbelastet 124
—, querbelastet 124
Schrauben/ende 123
-feder 154, 214
-form 122
-getriebe 226
-kegelradgetriebe 254
-linie 119
-stirnradgetriebe 256
Schraubenverbindung, Berechnung 124
—, Gestaltung 128, 287
—, Sicherung 129
Schub/modul 76, 148
-spannung 76
Schulterkugellager 192
Schutzgaslöten 99
Schwalbenschwanzführung 51, 206
Schwallöten 98, 139
Schweißbarkeit 93
Schweiß/elektrode 92

-konstruktion 96
-nahtberechnung 94
-verbindung 91
-verfahren 92
Schwellast 72
Schwellfestigkeit 72
Schwenkrahmen 144
Schwermetall 53
Schwerpunkt 67
Schwingungsminderung 216
Sechskant/mutter 122
-schraube 122
Seil 63
Seileckverfahren 65, 88
Seilrolle 146
Selbst/reinigungseffekt 137
-sperrung 255
Senk/niet 103
-schraube 51, 122
Serienfertigung 16
Shore-Härte 158
Sicherheitsfaktor 74, 86, 101, 104, 166, 243
Sicherungs/blech 129
-ring 114, 199
-scheibe 114
Sicken 80, 111
SI-Einheiten 60
Silikate 53
Simulation 22
Simultaneous Engineering 22
Sinterlager 187
Smith-Diagramm 85
Software 18
Sommerfeld-Zahl 178
Sonderstahl 52
Spann/bandlager 152, 203
-rolle 256
-stift 107
Spannung, ertragbare 73, 84, 95
—, zulässige 73, 84, 95
—, zusammengesetzte 83
Spannungs-Dehnungs-Diagramm 85
Spannungs/ausschlag 73
-querschnitt 124
-zustand 72
Spiel 42, 239
-freiheit 51, 59, 200, 207, 214
-passung 41
Spiralfeder 152
Spitzenlager 188
Spreizverbindung 113
Spreng/niet 105
-ring 114
Sprungüberdeckung 239
Spur/fläche 177
-platte 195
Stab 63
-federkupplung 216

Stabilität 60
Stahl 52, 72, 148, 244
-guß 52, 73
-profile 24
Stand/getriebe 227
-moment 66
-sicherheit 66
Statik 60
Stauchung 78
Stecker 142
-leiste 141
Steck/hülse 141
-verbindung 141
Steg 227
Steigung 119
Steinerscher Satz 79
Steinlager 188
Stift/schraube 122
-verbindung 106
Stirn/lauftoleranz 47
-modul 239
-radgetriebe 252
-schnitt 239
-teilung 239
Stockpunkt 186
Stoffschluß 91
Stoßarten 97, 100, 102
Stoßsicherung 190
Streckenlast 68, 82, 88
Streckgrenze 85, 127, 148, 247
Streuung, relative 50
Stribeck-Diagramm 175
Stromlaufplan 304
Struktur, Strukturplan 14, 62
Stückzahl, Stückliste 28, 269
Student-Verteilung 50
Stufen/sprung 31
-übersetzung 252
Stumpfnaht 95, 97
Stützlager 173, 201
Symmetrietoleranz 39
Synchronisiereinrichtung 218
Synchronriemen 260, 261

T-Stoß 97
Tangentialspannung 76
Tauchlöten 98
Teilkegelwinkel 254
Teilkreis 229
-durchmesser 230
-teilung 229
Teilübersetzung 252
Teilung 229
Teilungsabweichung 238
Teilverfahren 234
Tellerfeder 157
Temperaturdehnung 46, 149
Temperguß 52
Tetmayersche Gleichung 78
Thermobimetall 159

Sachwörterverzeichnis

Titan 53
Toleranzen 32, 283
Toleranz/faktor 34
-fortpflanzungsgesetz 47
-grad 34
-kette 46
-klasse 35
-mittenabmaß 48
-mittenmaß 47
-rechnung 46
Torsion 81, 154, 164
Torsions/band 154
-beanspruchung 81, 150, 164
-feder 154
-moment 81, 164
-schwingungen 168
-spannung 81, 164
-steifigkeit 83
Traganteil 110
Träger 63, 68
Tragfähigkeit 196, 241
—, dynamische 196
—, statische 199
Trägheits/achse 79
-moment 79
Tragzahl 196
Trapez/feder 150
-gewinde 121
Triebfeder 152
Trockenreibung 174, 220
Tropfenverhalten 186
Trumneigung 259

Über/bestimmung 27, 51
-deckung 233, 237
-gangsdrehzahl 175
-gangspassung 42
-lappstoß 97
-lastsicherung 221
-maß 42
Übersetzung 227, 252, 255, 259
Übertragungs/funktion 225
-getriebe 225
Uhrenöl 186
Uhrwerkverzahnung 231
Ultraschallschweißen 94
Umfangslast 196
Umlauf/biegung 165
-faktor 196
-rädergetriebe 227, 253
-schmierung 252
Umschlingungswinkel 259
Ungleichmäßigkeitsgrad 214
Unstetigkeitsstelle 70, 170
Unterschnitt 235
Unwucht 111, 168

V-Getriebe 237
V-Null-Getriebe 237

Varianten/auswahl 28
-konstruktion 20
Verbindungs/elemente 91
-verfahren 91
Verdrahtung 137
Verdreh/festigkeit 85
-flankenspiel 238
-sicherung 106
Verdrehung 81
Verdrillung 168
Verformung 76, 83, 167
Vergleichsspannung 84, 164
Vergütungsstahl 52, 72, 244
Verkanten 204
Verlustleistung 174
Verpressen 115, 117
Versagensspannung 86
Verschleiß 173
-lager 176
Verschlußscheibe 114
Verschlußschraube 122
Versetzungsmoment 66
Verspannung, radiale 59
—, tangentiale 59
Verspannungsdreieck 125
Vertikallager 188
Verzahnung 229
—, spielfreie 59
Verzahnungs/gesetz 229
-größen 232
Vierkantmutter 122
Viskosität 178, 185
Vorspannkraft 125, 259
Vorzugs/maße 31
-passungen 35, 200
-toleranzen 35

Wahrscheinlichkeitstheorie 49
Walzen 41
Wälz/fräsen 234
-führung 206
-kreis 232
-lager 191
-lagereinbau 43, 199
-lagerpassung 200
-lagersitz 170
-punkt 229
-reibung 173
-zylinder 230
Wärmeleitvermögen 184
Warm/gerätestecker 142
-spiel 182
Wasseraufnahme 46
Wechsel/festigkeit 72
-last 72
Weichlöten 98
Welle 32, 42, 163
Wellendurchmesser 164

Werkstoff/auswahl 51, 149, 169, 182, 246, 286
-kenngrößen 72, 74, 84
Werkzeugstahl 52
Wickelverbindung 142
Widerstands/löten 98, 139
-moment 78, 83, 163
-schweißen 94
Winkligkeitstoleranz 39
Wirk/fläche 18, 28
-prinzip 24
Wirkungslinie 61
Wöhler-Kurve 85

Zähigkeit 178, 185
Zahlenreihe 31
Zahn/breite 239
-dicke 230
-dickenabmaß 238
-flanke 229, 232
-flankentragfähigkeit 245
-fußhöhe 230
-fußtragfähigkeit 243
-kette 262
-kopfhöhe 230
-kraft 242
-kranz 249
-kupplung 215
-profil 229
-weitenabmaß 238
Zähnezahl 230
Zahnrad, Gestaltung 249, 298
-getriebe 225, 227
—, Spielfreiheit 59
-werkstoffe 244
Zahn/riemengetriebe 260
-scheibe 129, 260
-stangengetriebe 228
Zapfen 177, 182
Zeichnungs/formate 271
-satz 269
Zeitfestigkeit 85, 241, 248
Zentrierbohrung 212, 293
Zug 75
-faser 71
-feder 150, 160
-festigkeit 72, 85, 148, 244
-mittelgetriebe 225, 256
Zwangszustand 24
Zweckform 25
Zweiflankenanlage 59, 239
Zykloide 231
Zylinder/formtoleranz 39
-führung 205
-rollenlager 193
-schnecke 255
-schraube 122
-stift 106

HANSER

Vom Problem zur Lösung

Koltze, Souchkov
Systematische Innovation
TRIZ-Anwendung in der Produkt- und Prozessentwicklung
2., überarbeitete Auflage. 350 Seiten
€ 34,–. ISBN 978-3-446-45127-8

Auch als E-Book erhältlich
€ 26,99. E-Book-ISBN 978-3-446-45507-8

Dieses Buch beflügelt Sie zu ungeahnten Lösungskonzepten! Die Erfinderische Problemlösung (TRIZ) bietet Erkenntnisse und Methoden zur systematischen Entwicklung von Produkt- und Prozessinnovationen. Basis ist eine umfangreiche Patentanalyse, die Denkmuster bei der Lösung technischer und nicht-technischer Probleme entschlüsselt und auf eigene Problemstellungen übertragbar macht.

Zusätzlich wird dieses Vorgehen mit der klassischen Konstruktionsmethodik, der strategischen Marketingplanung und dem Qualitätsmanagement verbunden. Zahlreiche Checklisten, Tabellen und Vorgehensanleitungen unterstützen die Umsetzung in die Praxis.

Mehr Informationen finden Sie unter **www.hanser-fachbuch.de**